ELSEVIER

国外油气勘探开发新进展丛书

GUOWAIYOUQIKANTANKAIFAXINJINZHANCONGSHU

HYDRAULIC FRACTURING IN UNCONVENTIONAL RESERVOIRS

THEORIES, OPERATIONS, AND ECONOMIC ANALYSIS

(SECOND EDITION)

非常规油气藏水力压裂：理论、操作与经济分析

（第二版）

【美】Hoss Belyadi 【美】Ebrahim Fathi 【美】Fatemeh Belyadi 著

崔明月 崔伟香 梁 冲 王春鹏 等译

石油工業出版社

内 容 提 要

本书介绍了非常规油气藏储层特点、页岩储层精细表征、储量计算、页岩油气有机质在多尺度流动与传输、水力压裂技术、设计方法、井距优化及完井方式、裂缝诊断与数值模拟、生产动态分析及经济效益等内容,提供了大量的经典数据及在北美 Marcellus 页岩气田开发和水力压裂的经典案例。

本书可为行业内从事非常规油气藏开发及增产措施相关的研究人员和技术工作者提供技术指导和帮助。

图书在版编目(CIP)数据

非常规油气藏水力压裂:理论、操作与经济分析:第二版/(美)霍斯·贝尔亚迪(Hoss Belyadi),(美)易卜拉欣·法蒂(Ebrahim Fathi),(美)法蒂梅·贝尔亚迪(Fatemeh Belyadi)著;崔明月等译.—北京:石油工业出版社,2023.1

(国外油气勘探开发新进展丛书;二十五)

书名原文:Hydraulic Fracturing in Unconventional Reservoirs: Theories, Operations, and Economic Analysis,2nd Edition

ISBN 978-7-5183-5349-1

Ⅰ.①非… Ⅱ.①霍… ②易… ③法… ④崔… Ⅲ.①油层水力压裂-研究 Ⅳ.①TE357.1

中国版本图书馆 CIP 数据核字(2022)第 077159 号

Hydraulic Fracturing in Unconventional Reservoirs: Theories, Operations, and Economic Analysis, 2nd Edition
Hoss Belyadi, Ebrahim Fathi, Fatemeh Belyadi
ISBN: 9780128176658

非常规油气藏水力压裂:理论、操作与经济分析(第二版)(崔明月 崔伟香 梁 冲 王春鹏 等译)
ISBN: 9787518353491

北京市版权局著作权合同登记号:01-2022-6568

出版发行:石油工业出版社
(北京安定门外安华里 2 区 1 号 100011)
网 址:www.petropub.com
编辑部:(010)64210387 图书营销中心:(010)64523633

经 销:全国新华书店

印 刷:北京中石油彩色印刷有限责任公司

2023 年 1 月第 1 版 2023 年 1 月第 1 次印刷

787×1092 毫米 开本:1/16 印张:26.5

字数:660 千字

定价:130.00 元

(如出现印装质量问题,我社图书营销中心负责调换)

《国外油气勘探开发新进展丛书(二十五)》
编 委 会

序

“他山之石，可以攻玉”。学习和借鉴国外油气勘探开发新理论、新技术和新工艺，对于提高国内油气勘探开发水平、丰富科研管理人员知识储备、增强公司科技创新能力和整体实力、推动提升勘探开发力度的实践具有重要的现实意义。鉴于此，中国石油勘探与生产分公司和石油工业出版社组织多方力量，本着先进、实用、有效的原则，对国外著名出版社和知名学者最新出版的、代表行业先进理论和技术水平的著作进行引进并翻译出版，形成涵盖油气勘探、开发、工程技术等上游较全面和系统的系列丛书——《国外油气勘探开发新进展丛书》。

自2001年丛书第一辑正式出版后，在持续跟踪国外油气勘探、开发新理论新技术发展的基础上，从国内科研、生产需求出发，截至目前，优中选优，共计翻译出版了二十四辑100余种专著。这些译著发行后，受到了企业和科研院所广大科研人员和大学院校师生的欢迎，并在勘探开发实践中发挥了重要作用。达到了促进生产、更新知识、提高业务水平的目的。同时，集团公司也筛选了部分适合基层员工学习参考的图书，列入“千万图书下基层，百万员工品书香”书目，配发到中国石油所属的4万余个基层队站。该套系列丛书也获得了我国出版界的认可，先后七次获得了中国出版协会的“引进版科技类优秀图书奖”，形成了规模品牌，获得了很好的社会效益。

此次在前二十四辑出版的基础上，经过多次调研、筛选，又推选出了《非常规油气藏水力压裂:理论、操作与经济分析(第二版)》《地下流体动力学》《石油岩石力学——钻井作业与钻井设计(第二版)》《钻井工程复杂问题及处理方法》《压裂液化学与液体技术》《石油天然气生产与输送的腐蚀研究及技术进展》等6本专著翻译出版，以飨读者。

在本套丛书的引进、翻译和出版过程中，中国石油勘探与生产分公司和石油工业出版社在图书选择、工作组织、质量保障方面积极发挥作用，一批具有较高外语水平的知名专家、教授和有丰富实践经验的工程技术人员担任翻译和审校工作，使得该套丛书能以较高的质量正式出版，在此对他们的努力和付出表示衷心的感谢！希望该套丛书在相关企业、科研单位、院校的生产和科研中继续发挥应有的作用。

中国石油天然气股份有限公司副总裁 张道伟

译者前言

本书是关于推动全球能源供需格局出现历史性转折的水力压裂技术的又一经典论著。本书的作者都是业内具有多年非常规油气藏水力压裂经验的工程师、学者及专家。

Hoss Belyadi 目前是 EQT 公司(一家可以追溯到 1878 年,1950 年在美国纽约证券交易所上市的领先的独立天然气生产商)的一名高级石油工程师,专门从事生产和完井优化、完井和油藏建模、机器学习和项目评估。在玛丽埃塔学院和旧金山大学(Marietta College 和 Saint Francis University)教授天然气工程、提高石油采收率和水力压裂增产设计,是西弗吉尼亚大学(West Virginia University)的兼职教授,是 SPE 会员,在油藏/完井优化、增产和机器学习方面著述颇丰。他在西弗吉尼亚大学获得了石油和天然气工程学士和硕士学位。

Ebrahim Fathi 目前是西弗吉尼亚大学石油和天然气工程学院副教授。他获得了 2014 年(AIME) Rossiter W. Raymond 纪念奖、2013 年和 2018 年 SPE 杰出技术编辑奖。撰写了多篇同行评议的期刊论文和会议论文,在非常规油藏开发各个方面进行了大量的研究,包括人工智能的应用、水平井多级水力压裂、开发新一代非常规油藏流体模拟器的创新研究,以及计算流体力学领域。他在伊朗德黑兰大学(Tehran University)获得采矿工程勘探学士学位和石油工程勘探硕士学位,在俄克拉荷马大学(University of Oklahoma)获得石油工程博士学位和博士后学位。

Fatemeh Belyadi 是美国西弗吉尼亚州摩根敦综合智能数据解决方案有限责任公司创始人兼首席执行官。她曾是西弗吉尼亚州大学石油和天然气工程学院助理教授,曾任 Exterran Energy Solution Company(EESC)的工艺工程师、Kish Oil and Gas Company (KOGC)的石油工程师,主要从事工艺设备、天然气工厂、炼油厂反应堆设计、储层管理和机器学习。SPE 发表了她的大量专业论文。她的研究兴趣包括多相流体流动、井筒完整性、钻井液设计和管理、机器学习及提高采收率,特别是低产井的采收率。她在西弗吉尼亚大学获得石油和天然气工程学士、硕士和博士学位。

本书作者基于自己的理论研究和现场作业经验,结合马塞勒斯(Marcellus)页岩气田典型案例,系统梳理有关非常规油气储层水力压裂的最新、最重要的技术进展进行编纂,内容涉及非常规水力压裂施工设计、水平井多级完井工艺、井距及完井优化、多层系协同开发、完井和返排设计以及与产能的相关性、水力压裂延伸数值模拟技术、产量递减动态曲线分析、机器学习在水力压裂优化中的应用及经济评价、天然气和凝析油的处理、计算和盈亏平衡分析等。这些内容均对非常规油气藏的生产动态、井距优化及油气开发过程的方方面面产生重要的影响。

本书的一个特点是针对每一个概念术语、重要的理念、典型的曲线或关键技术都有一个单独的、不受下文影响的介绍，在介绍相关理论和技术后都给出实际算例予以说明。作者旨在借助阐述这些撬动美国乃至全球能源革命的非常规压裂技术的内涵，向从事油气领域的技术人员和管理人员展现出当前这个非常规油气时代、大数据和数据分析时代及一个快速适应和日新月异的时代，是将那些不具备创新思维的行业排挤出局的时代，压裂技术不断进步的同时，为人类带来了丰富的油气资源，随着科技的加速跨界融合，未来压裂技术还会不断进步，我们对未来充满期待！

本书由崔明月教授统稿，杜德林教授、杨军征、肖玥、郑伶俐等校正，共分为25章。前言、第1章、第2章由崔明月翻译，第3章、第20章、第21章由梁冲翻译，第4章、第18章由张希文翻译，第5章、第6章由王超翻译，第7章、第8章和第11章由崔伟香翻译，第9章、第10章由王春鹏翻译，第12章、第13章、第14章由张合文翻译，第15章、第25章由朱大伟翻译，第16章、第24章由晏军翻译，第17章、第22章、第23章由邹春梅翻译，第19章由江良冀翻译。丁云宏教授、姚飞、邹洪岚在本书翻译过程中给予大量的指导和帮助，在此表示感谢。

前　　言

就石油和天然气行业来说，我们生活在一个独特的时代。在这个时代，自动化和机器学习(ML)受到全球各公司越来越多关注。该行业经历了快速变化，改进运作流程，引入自动化并创造价值——因为适者生存。由于公司要寻求为股东创造价值的方式和机会，颠覆性的思想和观念将充盈整个行业。因此，重要的是要适应新变化，将之视为难得的机会而欣然接纳。反观非常规油气革命之前的油气行业，该行业已经适应了许多振奋人心的新变化，这些变化将塑造整个行业的未来。我们生活在这样一个激动人心的时代确属幸运——一个非常规油气时代，一个大数据和数据分析时代，一个快速适应和日新月异的时代，一个具有创新思维人才的新秀公司可能会将那些墨守成规的公司排挤出局的时代，一个为普通百姓带来了巨大财富、百姓因而对未来感到兴奋和乐观的时代。这就是石油天然气行业的现状。

本书的目的是提供有关非常规油气储层水力压裂的最新、最重要的信息，这些信息直接影响生产动态、井距优化及油气开发过程的方方面面。本书在第一版的基础上增加了多个新颖的章节，涉及井距和完井设计优化，人工智能在完井设计优化中的应用，NGL 和凝析油的加工、处理和分步工作流程及其有关计算，生产动态分析和井口设计，多层储层开发及其分析，以及美国联邦储备系统的作用和经济影响。并且还包括 Marcellus 页岩气田案例研究，其数据来自一个公开的数据资源，遵循的是可应用于任何非常规储层的方法思路，该思路也可用于本科生的毕业设计项目。此外，本书在第一版已有的产量递减曲线分析和射孔设计两章中还增加了不少内容。

常规储层与非常规储层

我们生活在石油天然气行业的一个重要时代——非常规储层为各个国家创造了巨大财富的时代。实质上，我们正在从难发现、易开采的资源（常规储层）过渡到易发现、难开采的资源（非常规储层）。非常规储层很难开采，这是因为必须进行水力压裂，否则将无法经济可行地开采该资源。归类为非常规储层的渗透率小于0.1mD，而按教科书的定义，常规储层的渗透率大于0.1mD。在常规储层中，碳类在烃源岩中生成并发生运移，直到遇到某种地质和构造圈闭为止。但是，在非常规储层中，我们直接在烃源岩中完井。常规储层和非常规储层之间的另一个主要区别是有无生产历史。有一些常规储层生产井的开采数据已有一个多世纪的历史。但是，非常规生产井的开采数据最多只有二三十年，在有些盆地甚至只有不到十年的生产数据。根据微地震和诊断性测试，由于天然裂缝和断层的普遍存在，非常规储层的非均质性和复杂性是显而易见的。事实证明，复杂地质直接影响井的生产动态，因此，要求工程师和地质师勤勉尽责，以确保油气钻井避开可能严重危及生产的复杂地质区域。与常规储层相比，非常规储层的非均质性使产量预测更具挑战性；常规储层使用体积法估算储量即可。使用类比井来创建样板产量曲线是必不可少的。然而，对于非常规储层来说，随机分析是准确估算储量的另一个重要手段。在常规储层中，瞬态流动（压力脉冲在无限或半有限泄油范围的储层中移动）仅持续数天；然而，非常规储层中瞬态流动持续的时间却很长。在常规储层中，钻少数几口井即可以实现经济开采；但在非常规储层中，需要钻许多井才能使一个油田成功开采，并取得经济效益。非常规储层的主要有利条件之一是可以在水力压裂方面做文章，以提升油田的净资产价值。将2005年至今的压裂设计进行比较分析即可得知，减小射孔簇间距和增加支撑剂用量已为许多油公司带来了巨大的进步和经济价值。这证实了非常规储层压裂（完井）优化方面所存在的提升潜力。随着大数据和自动化技术的兴起，石油天然气行业及能够适应新变化的从业人员的未来是一片光明；在我们的前方，将是一种令人激动的职业生涯。希望本书能够为读者提供有关水力压裂和非常规储层的最准确和最前沿的信息，以满足读者对知识的渴望。本书的每位作者都有其特定的学术和实践背景，为读者提供最适用的具体工作流程，使其能够在油气行业中实际应用。希望读者能够在阅读本书的过程中获得乐趣，同时也期待新版本的问世。

目　　录

第1章　绪　　论

1.1　简介

石油和天然气是人类社会依赖的化石燃料，在人们的日常生活中扮演着重要角色。从食品的包装到房屋供暖，再到各种运输需求，如果没有石油天然气，人们的生活将陷入停顿。基于当前的技术进步，石油和天然气将与风能、太阳能、电力、生物燃料等其他能源一起满足日益增长的全球能源需求。与化石燃料相比，天然气是最清洁的，因为天然气燃烧时排放的二氧化碳量要少得多。天然气是一种烃混合物，主要由甲烷（CH_4）组成。它还包括一定数量的重烃和一些非烃（表1.1）。表1.2还列出了天然气成分的一般用途。

表1.1　典型的天然气成分

天然气成分	化学分子式	缩写	备注
甲烷	CH_4	C_1	轻烃
乙烷	C_2H_6	C_2	
丙烷	C_3H_8	C_3	重烃
异丁烷	C_4H_{10}	$i-C_4$	
正丁烷	C_4H_{10}	$n-C_4$	
异戊烷	C_5H_{12}	$i-C_5$	
正戊烷	C_5H_{12}	$n-C_5$	
己烷+	C_6H_{14}	C_{6+}	
氮气	N_2	N_2	惰性，无热量
二氧化碳	CO_2	CO_2	
氧气	O_2	O_2	

表1.2　天然气成分的一般用途

天然气成分	一般用途
甲烷	烹饪，取暖，燃料，炼油用氢气生产和氨生产
乙烷	塑料，石油化工原料用乙烯
丙烷	住宅和商业供暖，烹饪燃料，石化原料
异丁烷	炼油原料，汽油，石化原料的混合物
正丁烷	石化原料，汽油调合料
戊烷	“天然汽油”掺入汽油，喷气燃料，石脑油裂解
正戊烷	“天然汽油”掺入汽油，喷气燃料，石脑油裂解
己烷+	“天然汽油”掺入汽油，喷气燃料，石脑油裂解

续表

天然气成分	一般用途
氮气	空气中78%是N_2
二氧化碳	空气中0.04%是CO_2
氧气	空气中21%是O_2

天然气可以在构造或地层的天然气储层中发现,或在存在气顶气的油藏中发现。天然气水合物和煤层气也被认为是天然气的主要来源。天然气通常采用MSCF,即1000标准立方英尺(10^3ft^3)进行测量。燃烧$1ft^3$的天然气产生等量于1000Btu的热量,这是传统的英热单位。根据定义,1Btu热值是将1lb水冷却或加热1℉所需的能量。每种碳氢化合物都有不同的热值,碳氢化合物越重,热值越高。表1.3列出了每种天然气组分的热值和热值因子。表1.1中甲烷的热值为$1012Btu/ft^3$。如果假设天然气价格为4美元/10^6Btu,则$1000ft^3$的纯甲烷的价值为4.048美元。为了测量天然气的实际热值,从生产井中采集气体样本,然后将该样品带到实验室,通过气相色谱仪可以按组分测量天然气成分(摩尔分数)。在测量天然气样品的气体成分之后,可以计算出该气体的近似加权平均热值。要注意,天然气是按体积和热含量出售的。因此,出于销售目的,必须测量和计算天然气的热量(加权平均热值)。图1.1所示为气相色谱仪。

图1.1 气相色谱仪

表1.3 每个天然气成分的热值和热值因子

天然气成分	热值/(Btu/ft^3)	热值因子/($10^6Btu/10^3ft^3$)
甲烷	1012	1.012
乙烷	1774	1.774
丙烷	2522	2.522
异丁烷	3259	3.259
正丁烷	3270	3.270
戊烷	4010	4.010
正戊烷	4018	4.018
己烷+	4767	4.767
氮气	—	—
二氧化碳	—	—
氧气	—	—

例 1:

从生产井现场采集气体样品并转移到实验室。使用气相色谱仪测量天然气样品的成分。结果在表 1.4 中以每种组分的摩尔分数的形式报告。计算气体样品的近似热值,不考虑可压缩性因素,因为可压缩性因素会稍微改变热值。

要计算气体的加权平均热值,请取摩尔分数(从气相色谱仪测量),然后将其乘以每种组分的热值因子。摩尔分数与热值因子的乘积之和将得出加权平均热值因子。气体样本的热值为 $1113Btu/ft^3$(未针对可压缩性进行校正),但热值因子为 1.113。如果天然气价格为 4 美元/10^6Btu,则基于热量的天然气价值实际上为 $4 \times 1.113 = 4.452$ 美元/10^3ft^3。

表 1.4 加权平均热值因子示例

已知参数			色谱仪测量结果	
天然气成分	热值/(Btu/ft^3)	热值因子/ $10^6Btu/10^3ft^3$	摩尔分数/%	产品热值因子乘以摩尔分数
甲烷	1012	1.012	88.2187	0.8928
乙烷	1774	1.774	9.3453	0.1658
丙烷	2522	2.522	1.4754	0.0372
异丁烷	3259	3.259	0.1768	0.0058
正丁烷	3270	3.270	0.2125	0.0069
异戊烷	4010	4.010	0.0586	0.0023
正戊烷	4018	4.018	0.0236	0.0009
己烷 +	4767	4.767	0.0313	0.0015
氮气	—	—	0.3323	—
二氧化碳	—	—	0.0932	—
氧气	—	—	0.0323	—
总计(加权平均热值因子)			1.113	

1.2 不同类型的天然气

天然气可以以不同的形式存在,例如天然气液体(NGL)、压缩天然气(CNG)、液化天然气(LNG)、液化石油气(LPG)。NGL 是指在地面设施或天然气加工厂中为液态的天然气成分。就本书而言,NGL 由乙烷、丙烷、丁烷、戊烷和己烷 + 组成,但不包括甲烷。异戊烷、正戊烷和己烷 + 也被称为“天然汽油”。CNG 是将天然气压缩至标准大气压下所形成的压缩气体,其所占体积是原来的 1% 甚至更少。CNG 在圆柱形和球形高压容器中存储和运输。LPG 仅由丙烷和丁烷组成,并已在低温和中等压力下液化。液化石油气有很多用途,包括加热、烹饪、制冷、汽车燃料等。LPG 的一个简单应用示例是用于烧烤的丙烷罐装气。除了上述类型的天然气外,石油和天然气工业中还使用了诸如伴生气或非伴生气之类的术语。伴生气是指与石油沉积有关的气体,既可以是游离气体,也可以是溶解在溶液中的气体。非伴生气不与大量液态石油接触,有时也称为干气。

1.3　天然气运输

可以使用三种不同的方法来运输天然气:第一种方法是通过管道输送;第二种方法是天然气液化之后运输;第三种方法是将天然气转化为水合物并运输。LNG 是将天然气在大气压下冷却至 260℉冷凝,转化为 LNG 的主要目的是易于存储和运输。天然气液化之后体积可缩小 600 倍。LNG 可通过远洋运输船运输。液化天然气的另一个优势是从天然气中去除了氧气、硫、二氧化碳(CO_2)、硫化氢(H_2S)和水。

将天然气转化为 LNG 的主要缺点之一是成本过高。但是,技术进步可以降低成本,并使该过程在经济上可行。在某些地方,由于缺乏基础设施,管道设施的建设可能会更加昂贵。LNG 的缺点或风险是当冷却的天然气与水接触时,会导致快速的相变爆炸。在这种爆炸中,常温水与 260℉的 LNG 之间交换了大量的能量。能量的这种传递导致快速的相变,这也称为冷爆炸。当储气罐远离管道时,可以使用将气体转化为水合物的第三种气体传输方法。经济性在选择天然气运输技术方面起着重要作用,在某些情况下,正如 Gudmundsson 等于 1995 年研究的那样,在经济上更可行的是将天然气转化为天然气水合物,然后以冷冻水合物的形式运输。天然气水合物运输中的一个主要问题是其稳定性。在 -20℉下进行中度制冷可防止气体脱水,这是由于在水合物周围形成了冰壳,防止早期气体脱水。世界上有数个从事天然气水合物运输的试点和实验室正在开展相关研究,其中包括英国天然气有限公司和日本国家海洋研究所。

1.4　非常规油气藏

随着技术的不断进步,石油和天然气逐步实现商业化生产。例如,对于页岩,从认识到具备经济可行的开采手段来开发和生产页岩油气经历了数十年时间。水平井多级水力压裂技术的发展,不仅使以前未开发的资源得以利用,而且对大小规模的运营商来说都是有利可图。这些新的开采方法使得页岩油气藏在石油和天然气工业中起着举足轻重的作用。这些新兴技术将使人们能够充分利用地球上有限的天然气资源。因此,在 50 年后,如果提出"地球上还剩下多少石油和天然气"的问题,答案将是 50 年。因此,技术的不断进步和完善,将使石油和天然气得到更有效、更经济的开发。例如,非常规页岩油气藏的开发为石油和天然气行业增加了巨大的储量和价值。

非常规油气藏在提供清洁能源、环境可持续性和提高安全性方面发挥着重要作用。美国能源信息署(EIA)预测,2010 年页岩气产量将增长 23%,到 2035 年将增长 49%。2008 年的地质调查估计,仅蒙大拿州威利斯顿(Williston)盆地和北达科他州的美国部分的 Bakken 地层中未发现的油气资源储量就极为惊人,平均估计有 36.5×10^8bbl 石油、1.48×10^8bbl 的 NGL 和 $1.85\times10^{12}ft^3$ 的缔合/溶解天然气。由于这些资源的开发与生产,美国将在改变全球能源格局中发挥关键作用。生产和开发技术转让的潜力已引起对世界非常规油气资源的日益增长的兴趣。这可以从美国石油工程师协会(SPE)在 2014 年 3 月刊《Journal of Petroleum Technology》杂志上发表的油气分布图中可以看到。

由于页岩结构的致密性和多尺度性,压裂增产措施比较困难,导致大量资源的产量递减较快(当前与页岩油资源相关的技术导致减少的产量在5%~10%之间)(Roffman,2012)。由于超低渗透率,常规的提高采油率的技术(例如注水)也是次优的增产方法。当前的行业标准做法是多级分段压裂,以提高产量。但是水力压裂也带来了严重的环境问题,迫切需要开发新技术,以提高钻井废弃物的回收率,并将这些措施相关的环境影响降低至最小。在没有相关技术的情况下,对这种新一代清洁能源的现场规模化生产的预期和优化可能会受到限制。

非常规天然气资源与常规天然气资源的不同之处在于,由于地层渗透率低或对其生产机理了解不足,技术上难以生产。这些资源的风险分析和经济性也存在挑战。图1.2所示为天然气资源金字塔,根据其地层渗透率,将天然气资源分为"好""平均"和"差"三类。大多数"好"资源得到了开发生产。随着石油和天然气行业开始转向"平均"和"差"资源,必须在这些资源的生产上投入更先进的技术并花费更多的时间和研究费用。

非常规气藏属于"差"资源类别,主要由致密砂岩气、煤层气、页岩气和天然气水合物组成。目前致密砂岩气、煤层气、页岩气和天然气水合物的生产开发,对技术、经济和环境构成了最大的挑战。致密砂岩气、页岩气和煤层气可根据其总有机质含量(TOC)进行区分。TOC以有机质的质量分数表示。页岩气储层需要总有机质质量分数至少为2%才能在经济上进行投资。TOC超过12%的页岩储层被认为是极好的。

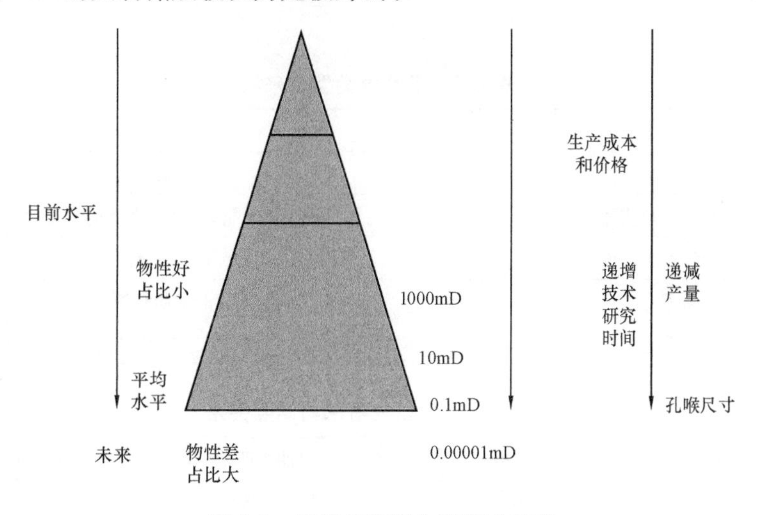

图1.2 天然气资源金字塔示意图

致密砂岩气藏的最小TOC小于0.5%。存在于致密气砂中的大部分气体是游离气体。页岩气储层的总有机质含量为0.5%~40%,煤层气储层主要由有机质构成(超过40%)。在这些非常规天然气资源中,煤层气和页岩气储层非常相似。它们都是具有低至超低渗透率和多尺度孔隙结构的有机质材料的沉积岩。煤是各种矿物和有机质材料的混合物,具有复杂的孔隙网络。煤化定义为随着地质时期压力和温度的升高,煤的物理和化学性质逐渐变化的过程。煤化也称为变质作用,描绘了不同等级的煤。随着煤的等级上升,它包含更多的碳含量和挥发性成分,以及更少的水分。

页岩是最常见的沉积岩,由细颗粒和黏土大小的颗粒组成。与黏土矿物相比,页岩样品基质中的石英含量更高,导致页岩更易脆或更碎。具有生烃潜力的页岩沉积物通常富含一种称为干酪根的有机质(Kang et al,2010)。页岩的颜色取决于有机质含量,从灰色到黑色不等。通常,随着页岩变深,会出现更多的有机质。页岩可以作为非常规和常规储层中的烃源岩或盖层岩。烃源岩是产生石油和天然气的源头。当它的总有机质含量高时,它被称为黑色页岩。通常,富含有机质的黑色页岩的 TOC 和气体含量较高,含水饱和度较低。在成岩过程中,页岩和煤的大部分有机质被转化成干酪根的大分子。温度增加及微生物活性降低,会使干酪根转变为沥青质,而沥青质的分子较小且流动性更大。干酪根是由矿物组成的,相当于无机材料中的矿物质。在 4 种不同的干酪根类型中,Ⅰ型干酪根是最有价值和最脆弱的,因为它具有最高的产生液态烃的能力。Ⅱ型干酪根也是产生液态烃的良好来源。但是,Ⅲ型干酪根除与Ⅱ型干酪根混合外,主要是产生气体。Ⅳ型干酪根被高度氧化并且没有产生液态烃的潜力。Waples(1985)根据其原始有机质和宏观成分对不同的干酪根类型进行了分类(表 1.5)。除了干酪根类型和 TOC 以外,页岩的热成熟度(TM)也是页岩储层评估的关键参数。TM 是对由热引起的将有机质转化为石油或天然气的过程的度量。TM 测量地层暴露于将有机质分解为碳氢化合物所需的高热量的程度。该参数基于镜质组反射率(R_o)进行量化,该值可测量有机质的成熟度。镜质组反射率从 0.7% 到 2.5% 不等。镜质组反射率大于 1.4% 表明烃是干燥的,镜质组反射率接近 3% 表示过熟会导致气体蒸发。表 1.6 总结了镜质组反射率及其在各种储层流体窗口中的重要性。不同生烃窗口(油、气和凝析油)的镜质组反射率范围可能取决于干酪根类型。

表 1.5 干酪根类型及来源

干酪根类型	显微组分组	母质
Ⅰ	藻质体	淡水藻类
Ⅱ	壳质组,角质体	高等植物的表皮组织、分泌物及孢子花粉等
	树脂体、类脂组	所有高等植物分泌物,海藻类
Ⅲ	镜质组	高等植物的木质纤维素
Ⅳ	惰质组	高等植物的木质纤维,组织经过煤化作用形成

表 1.6 镜质组反射率与储层关系

生油岩所处阶段	镜质组反射率阈值/%	生油岩所处阶段	镜质组反射率阈值/%
未成熟	<0.6	凝析气窗/湿气窗	1.1~1.4
生油窗	0.6~1.1	干气窗	>1.4

页岩和煤都具有多尺度的孔隙结构,对气体的输送和生产很重要,由初级孔隙(具有游离气体和吸附气体的无机材料)和次级孔隙(无机材料)组成。图 1.3 显示了来自黑武士盆地和马塞勒斯的煤层气和页岩的示意图和样本图片。图 1.3 说明了煤层气基质主要由有机物组成,而页岩基质的有机质则用无机基质内部的有机质聚集群表示。表 1.7 显示了北美页岩气气藏的典型 TOC。

重要的是要分析煤层气和页岩储层中存在的不同天然裂缝系统。煤层气具有统一的裂缝网络,因此易于使用双孔隙度和双渗透率模型(通常称为"立方糖"模型)进行建模。相反,页岩基质具有不均匀的裂缝系统,需要复杂的数值模型,例如四孔隙度和双渗透率模型。天然裂缝在对煤层和页岩地层经济有效开发中发挥非常重要的作用。水力裂缝(压裂作业期间产生)与储层中的天然裂缝之间的联系为优化生产创造了必要的渠道。因此,要从页岩储层经济地开采页岩油气,储层内必须适度存在天然裂缝。

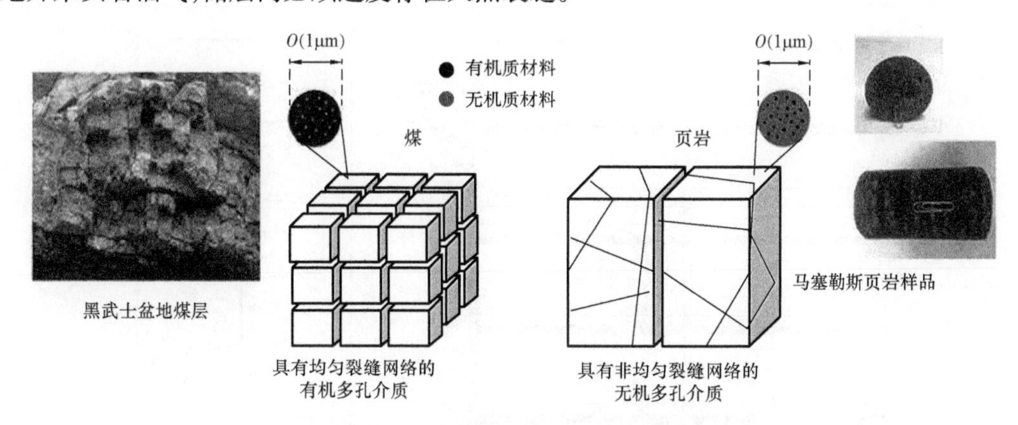

图 1.3 典型的页岩和煤的对比

改编自 Kang, S. M., Fathi, E., Ambrose, R. J., Akkutlu, I. Y., Sigal, R. F. 2010. 富含有机质的页岩的二氧化碳储存能力. SPE J. 16(4), 842-855.

表 1.7 北美页岩气典型 TOC

页岩	TOC 平均值/%	页岩	TOC 平均值/%
Barnett	4	Horn river	3
Marcellus	1~10	Woodford	5
Haynesville	0~8		

除页岩有机质含量和质量外,生产上的含水饱和度还必须小于45%才能在经济上可行。马塞勒斯页岩的含水饱和度通常小于25%,而北达科他州的巴肯页岩的含水饱和度变化范围在25%~60%之间。页岩的黏土含量是研究页岩储层评价的另一个重要参数。黏土是由于风化和长期侵蚀而形成的柔软而疏松的材料。页岩气储层中最常发现的黏土矿物是伊利石、绿泥石、高岭石和蒙皂石。与水直接接触时,一些黏土会溶胀,这会导致水力压裂效率的降低。为了在页岩储层中进行开发生产,黏土含量需要小于40%。在设计压裂作业时,岩石的机械特性(如脆性、杨氏模量和泊松比)也起着重要作用。高杨氏模量和低泊松比是水力压裂区域的目标。岩石脆性通常被用作地层易碎性的指示。必须确定地层密度,以决定水平井井眼位置。为此,通常使用密度测井来确定地层的密度。地层的密度越低,越适合钻井。另外,较低的密度通常表示较高的有机质含量。

自然伽马测井仪是钻井作业中最常用的测井仪之一。它可以检测油管或套管内部是否存在页岩,并且可以在盐泥或非导电性钻井液(例如油或合成钻井液)中运行。自然伽马测井仪可以测量地层中的自然辐射,砂岩和石灰石的伽马射线较低,而页岩的自然伽马值较高。在自然伽马对数中,对光发射进行计数,并最终将其显示为每秒计数(CPS)与深度的关系图。自然伽马的单位从 CPS 转换为伽马射线,并在日志上显示为 API。当铀是马塞勒斯页岩的驱动力时,较高的伽马射线通常与岩石中较高的 TOC 和有机质含量有关。如果铀不是驱动因素,则可以使用密度测井确定有机质含量较高的区域。图 1.4 为自然伽马测井和解释。

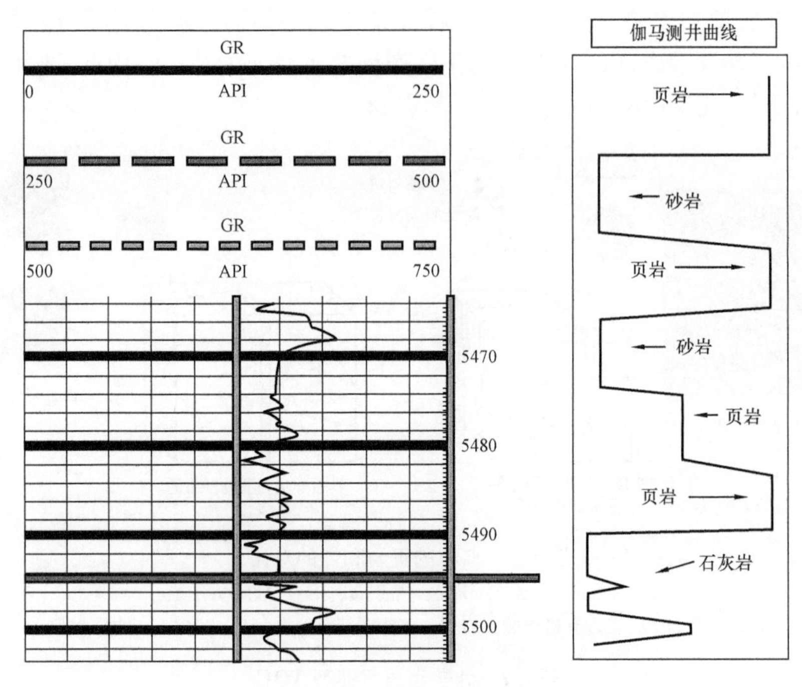

图1.4　自然伽马测井曲线

在页岩油气藏的商业生产中,储层压力(也称为孔隙压力)是另一个重要参数。压力梯度大于0.465psi/ft为异常高压储层。储层压力梯度高于正常值的区域被认为是提高产量的最佳选择,异常高压储层最终采收率较高。储层压力可以通过积压试验来计算,也经常使用诊断性裂缝注入试验(DFIT)来计算。第14章将对DFIT进行详细讨论。

本书将重点关注与页岩开发有关的许多重要考虑因素,即页岩储层表征、建模、水力压裂、页岩油气藏增产措施和经济分析。此外,还将讨论最佳现场开发策略以及应用各种机器学习算法来优化生产和创造价值的案例研究。

第2章　页岩储层的精细表征

2.1　概述

非常规页岩储层表征对于准确地估算原始油、气地质储量（OOIP 和 OGIP）和产量来说是非常重要的。非常规储层的产量是由储层基质孔隙度、渗透率、含油气饱和度、孔隙压力、储层暴露面积及由水力压裂和提高采收率措施产生的导流能力等因素决定的（Rylander et al.，2013）。储层表征通常包括实验室测试选定页岩样品的孔隙体积、渗透率、分子扩散系数、饱和度和吸附能力。由于岩心样品的致密性和多尺度性，常规采样和测量方法很少能取得成功。因此，需要采取新的实验技术对页岩样品进行分析。

2.2　页岩孔径分布测量

随着页岩油气开采的普及，挖掘更多有关其岩石和流体特征的信息变得至关重要。其中一个关键信息就是页岩的孔隙度。了解页岩储层的总孔隙度和有效孔隙度，是确定原始原油地质储量（OOIP）、原始天然气地质储量（OGIP）及储气能力的关键。除了页岩基质的孔隙度，了解孔隙形状和连通性还可以提供以下信息：油气产量如何？随着储层压力的变化，产量会受到何种影响？因此，为了获得最准确的储层储气能力，必须对孔径分布进行分析和解释。

国际化学和应用化学联合会（IUPAC）将孔径划分为四大类，分别定义为大孔、中孔、微孔和超微孔，对应的直径分别为 >50nm、2~50nm、0.7~2nm 和 <0.7nm。富含有机质的页岩的主要特征之一是其基质微孔结构，这种结构控制着这类致密地层中的油气存储及运移。Ambrose 等（2010）利用聚焦离子束扫描电子显微镜（FIB/SEM）观察发现，大部分与页岩气相关的页岩孔隙都存在于被称为干酪根的有机质中。干酪根的孔径分布在 2~50nm 之间，平均孔径通常小于 10nm（Akkutlu et al.，2012；Adesida et al.，2011）。孔径的分布范围表明，富含有机质的页岩也可被视为有机纳米孔隙材料。

现有的几种孔径分布测量技术可用来测得不同的孔径范围。为了获得整个孔径分布，需要配合使用不同的测量技术。最早的孔径分布测量工作，可追溯到 Drake 和 Ritter 于 1945 年的研究。他们将汞注入多孔材料中，并利用驱替压力和置换出的汞量获得孔径分布。压汞技术是一种常用的测定页岩孔径分布的方法。使用该技术时，在压汞过程中记录压力变化曲线，再利用 Washburn 方程[式(2.1)]（Washburn，1921），计算得出孔径。

Washburn 方程：

$$D = \frac{-4\sigma\cos\theta}{p} \tag{2.1}$$

式中　D——孔径；

σ——表面张力;

θ——接触角;

p——压力。

如果压入介质是汞,接触角通常取130°,表面张力通常取4.85×10^{-5}N/m。

工业界通常采用核磁共振(NMR)技术进行孔径分布估算和岩石基质颗粒分选。在该技术中,对用盐水饱和的样品实施核磁共振,采集单一流体的弛豫时间,该时间反映了样品基质的孔径分布和颗粒分选。这里的假定是孔隙内的水分子经核磁共振脉冲激发后会扩散,隐藏在孔壁中,这个过程很像克努森扩散。如果时间充足,这些流体—岩石分子碰撞会导致核磁共振信号弛豫,对此,可以用类似式(2.2)的指数函数予以模拟:

$$N(t)=\omega_0 e^{-1/T} \tag{2.2}$$

式中 ω_0——总弛豫时间;

T——总体积弛豫、表面弛豫和分子扩散梯度效应的函数。

为简单起见,将T视为与流体—岩石分子碰撞有关的表面弛豫函数。流体—岩石分子碰撞是孔隙半径、压力、温度和流体类型的函数。对于被水饱和的样品,可在弛豫时间与孔径之间建立起线性关系,并用于估算孔径。在核磁共振信号中,微孔的T值最短,中孔的T值中等,大孔的T值最长。

成像技术的最新进展以及借此能够获取的富含有机质页岩不同尺度的三维图像技术,使得研究控制流体流动、存储和有机纳米级孔中多相共存的基础物理学成为可能。这些先进技术为开发这类丰富的石油和天然气资源提供了全新的机会。FIB/SEM可用于页岩样品微观结构成像(Ambrose et al.,2010),还可以提供有关富含有机质页岩样品微观结构、岩石和流体特性的详细信息。聚焦离子束用于从页岩样品中去除极薄的材料薄片,而扫描电镜则用于提供岩石结构、不同类型孔隙和矿物质的高分辨率图像。Curtis等(2010)利用FIB/SEM技术测量了不同页岩样品的孔径分布,进而得出结论:就所研究样品来说,若以数量计,小孔隙占主导地位;若以体积计,则大孔隙占比较大。扫描透射电子显微镜成像(STEM)技术也被用于页岩样品孔径分布的成像和测量。STEM和FIB/SEM的分辨率相当。

还可以利用吸附—解吸数据来表征不同材料的孔隙结构。Homfray和Physik(1910)率先采用不同气体的吸附行为表征木炭的孔隙结构。目前,低温氮吸附技术已广泛用于测定页岩样品的孔径分布,预估其有效孔径,并测定其吸附行为。

2.3 页岩吸附测试技术

吸附是气体分子附着在固体物质的表面或从表面脱离的物理或化学过程,可分为物理吸附和化学吸附两类。物理吸附是由静电和范德华力引起的,而化学吸附(高热能吸附)是更强的化学键作用的结果(Ruthven,1984)。气体吸附量随着游离气体压力的增加而增加,这就是吸附过程。解吸是指伴随着游离气体压力下降,吸附气体分子从固体表面脱离的过程。吸附等温线常用于测定最大吸附能力和不同孔隙压力下的实际吸附量。本书中,重点关注的是黏土矿物和有机物(如煤和页岩)的吸附行为。

在几种描述平衡吸附行为的模型中,亨利定律等温线模型最为简单,该模型认为吸附气体与游离气体之间具有线性关系,即 $C_{\mu}=KC$,式中 C_{μ}表示吸附气体浓度,K 表示亨利常数,C 表示游离气体浓度。尽管吸附气体与游离气体浓度之间实际上不存在线性关系,但由于亨利定律简单而仍被广泛应用。其他等温线模型包括吉布斯等温线模型、吸附势理论模型和朗格缪尔(Langmuir)等温线模型等。其中,吉布斯模型采用二维膜状态方程描述吸附过程。包括 Saunders 等(1985)和 Stevenson 等(1991)在内的几位学者使用这个模型测量了煤对气体的吸附。吸附势理论模型中将吸附量定义为热力学吸附势。吉布斯模型和吸附势理论模型大量应用于煤气吸附测量。Langmuir 模型是冷凝/蒸发平衡模型,该模型由三种不同类型的等温线组成,包括朗格缪尔等温线、弗罗因德利希(Freundlich)等温线,以及这两种等温线的组合(Yang,1987)。

Irvin Langmuir(1916)建立了朗格缪尔等温线理论,这是石油天然气行业中最常用于描述吸附关系的模型。为了推导朗格缪尔方程,主要进行了如下假设:

(1)每个吸附位点吸附一个气体分子;

(2)相邻点位的吸附气体分子之间无相互作用;

(3)各点位之间的吸附位能相等(均质吸附剂)。

比较公认的朗格缪尔等温线为 $C_{\mu}=abC/(1+aC)$。式中,a 表示朗格缪尔平衡常数,b 表示裸露表面被单层气体分子完全覆盖。朗格缪尔平衡方程是 Brunauer、Emmett 和 Teller 多层吸附方程 $C_{\mu}=abC/\{1-/[1+b(C-1)]\}$ 的特殊形式。重新整理朗格缪尔方程,可得到式(2.3)。

朗格缪尔等温线(气体含量):

$$V=V_{\mathrm{L}}\frac{p}{p+p_{\mathrm{L}}} \tag{2.3}$$

式中 V——孔压为 p(psi)时吸附气体的体积(含气量),scf/t;

V_{L}——样品的最大单层吸附量,scf/t;

p_{L}——朗格缪尔压力,即一半吸附点位被占据时的孔隙压力(图 2.1),psi。

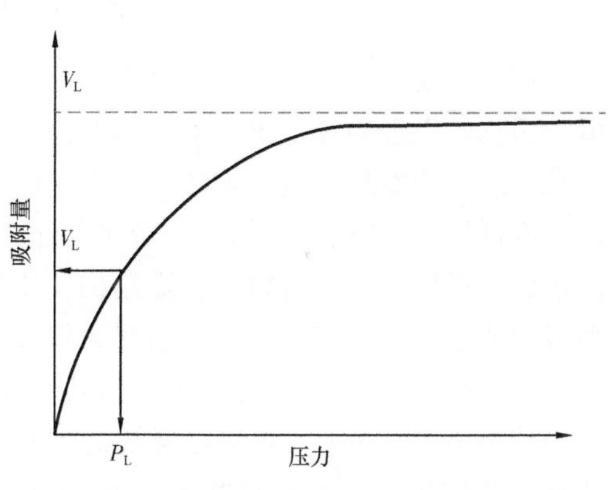

图 2.1 典型吸附等温线示意图

通过对方程(2.3)两边取倒数,朗格缪尔模型即可以线性形式来表示(Mavor et al.,1990;Santos et al.,2012;Fathi et al.,2014)。

朗格缪尔方程的线性化形式:

$$\frac{1}{V}=\frac{1}{V_{\mathrm{L}}}+\left(\frac{p_{\mathrm{L}}}{V_{\mathrm{L}}}\right)\frac{1}{p} \tag{2.4}$$

弗罗因德利希等温线如公式(2.5)所示。

弗罗因德利希方程:

$$V=Kp^{n} \tag{2.5}$$

朗格缪尔—弗罗因德利希组合等温线方程:

$$V = V_{\mathrm{L}} \frac{Kp^n}{1 + Kp^n} \tag{2.6}$$

在吸附平衡条件下、均质性和各向同性介质中,吸附气体体积与游离气体压力的关系是非线性的。对不同材料吸附行为的实验研究显示了六种不同的吸附等温线类型,如图 2.2 所示(Sing,1985)。

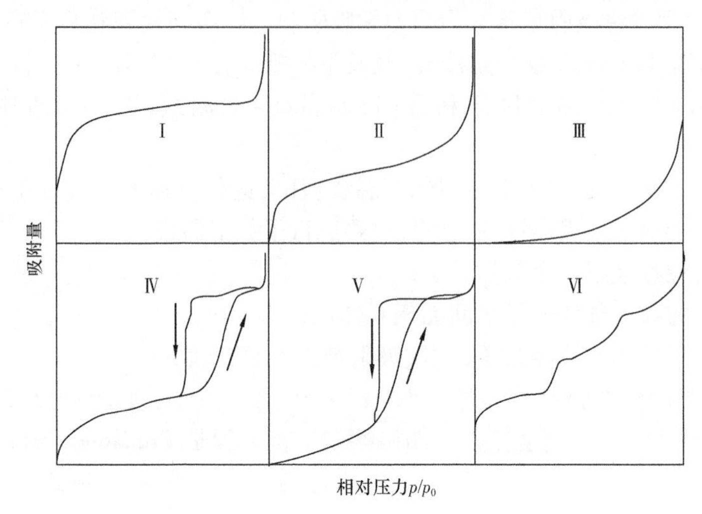

图 2.2 不同吸附等温线类型

图 2.2 展示了吸附量与相对压力的关系图,相对压力是系统的绝对压力与饱和压力的比值。根据已有经验确定了许多气体的饱和压力,也可以通过对气体加压直到气体凝结而得到该数值。当绝对压力接近饱和压力时,吸附量最大。通过达到最大吸附量,然后按照既定程序逐步降低压力,并绘制脱附分子数量与压力的关系曲线,也可以得到解吸等温线。吸附等温线的形状也可用来表征材料的孔隙结构。Ⅰ型等温线通常代表单层吸附微孔材料,如朗格缪尔型吸附所示。富含有机质的页岩对天然气的吸附等温线一般遵循Ⅰ型等温线。Ⅱ型等温线和Ⅳ型等温线非常相似,只是Ⅳ型等温线存在滞后性,或者说解吸等温线偏离吸附等温线,这可能与冷凝有关,再就是Ⅱ型等温线的饱和压力较高。这些通常是非孔隙性或大孔隙材料的特征。当固体表面同时存在单层和多层吸附时,就会呈现为Ⅱ型等温线。Ⅲ型和Ⅴ型等温线形状也非常相似。与Ⅲ型不同,Ⅴ型等温线在解吸时也表现出滞后性。Ⅲ型等温线通常代表大孔,Ⅴ型等温线代表中孔。Ⅵ型等温线对应于无孔隙且完全均匀的表面上的多层吸附。

IUPAC 引入了四种不同类型的滞后,如图 2.3 所示。Ⅰ型表示孔隙分布均匀,且没有互连通道。Ⅱ型表示互连通道;Ⅲ型和Ⅳ型主要表示狭缝状孔隙。Ⅱ型和Ⅳ型的不同之处在于,Ⅱ型始终未达到吸附平衡状态,而Ⅳ型达到了最大吸附量,即使此时的压力非常高(Sing,1985)。

已经有多种实验技术可用来测量样品的吸附能力,包括容积法、重量法、色谱法、脉冲法和动态吸附法。其中,脉冲法和动态吸附法是对传统容积测量法的延伸。在所有这些不同的测量技术中,容积法是石油天然气行业中测量页岩吸附能力的最常用方法。低温氮吸附技术即是容积法的一种,用于测定样品的吸附能力。正如前面所述,该技术也可用于测定页岩的孔径

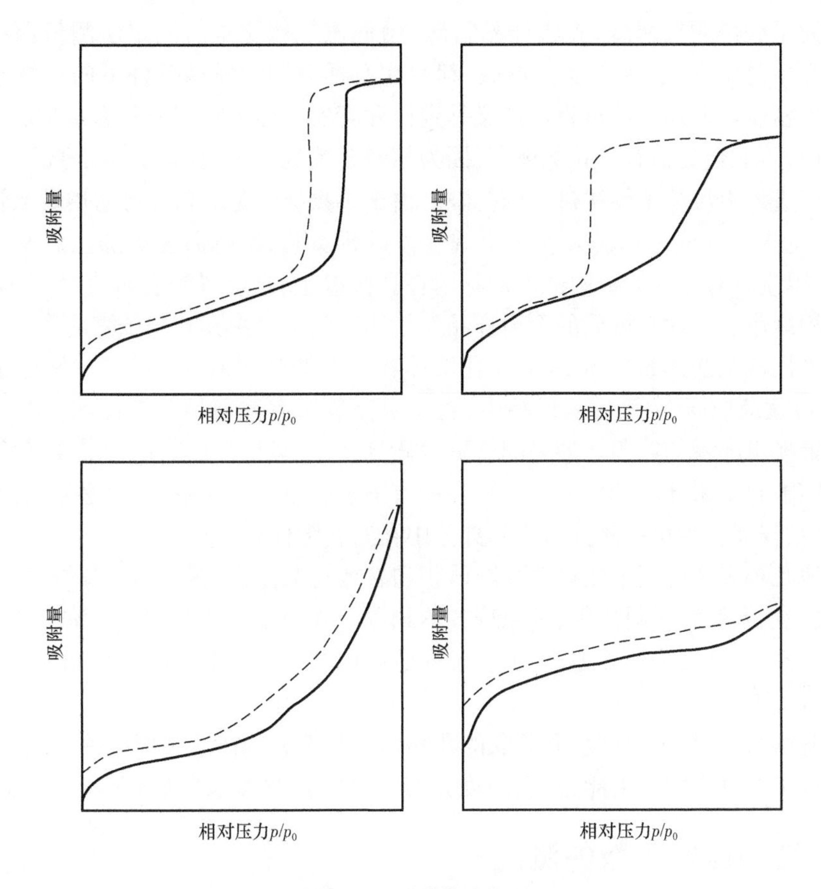

图 2.3 不同滞后类型

分布,以及表征页岩样品的有效孔隙度。容积吸附测量技术通常利用一个置于恒温系统中的双室气体膨胀孔隙度仪。实验分多个阶段进行,主要包括以下步骤:

(1)在初始条件下准确地测量样品室和参照室的压力(参照室内压力较高时);

(2)将样品室与参照室连通,使两室压力达到平衡,并测量新的平衡压力;

(3)对参照室加压至新的初始条件,并在逐级升高的压力下重复以上两个步骤,以测得完整的等温线。

然后,利用物质平衡和压缩状态方程计算吸附气体的量。通常采用粉碎样品进行吸附测量。但是,利用粉碎样品无法在储层地应力条件下进行实验。Kang 等(2010)采用了一种新的五级吸附测量技术,在实际储层条件下使用岩心柱进行了测量。

2.4 页岩孔隙度测定

孔隙度指总孔隙体积在堆积体积中的占比,有效孔隙度指有效孔隙体积在堆积体积中的占比。有效孔隙体积指相互连通的孔隙体积。样品的有效孔隙体积可利用样品的堆积密度和颗粒密度之差得到。首先,测出样品的堆积密度,再测量出样品的颗粒密度。将样品浸入汞浴中并测量置换出的汞量,即可计算样品的堆积体积。然后再测量干样品重量,可以算出样品的堆积密度。为了获得颗粒密度，先将样品粉碎，用低压气体比重瓶测定法测量颗粒密度。为此，将气体（通常是氦气）引入气体比重瓶，利用在有样品和无样品条件下的比重瓶内的气压差可获得颗粒密度。上述计算过程以波义耳定律和真实气体的状态方程为基础。对于页岩样品，采用此方法可能会高估有效孔隙体积，因为相较于甲烷分子，氦分子的分子尺寸要小得多，氦气分子可以进入甲烷分子无法进入的孔隙。由于感兴趣的是页岩样品对甲烷来说的孔隙度（甲烷是主要的天然气成分），需要使用甲烷气体进行实验，这就需要更加注意操作安全。除了分子尺寸，甲烷具有更强的吸附能力而黏附在孔隙壁上，这会导致孔隙直径减小，从而造成有效孔隙体积减小。富含有机质的页岩样品在气体吸附测试中具有分子筛的作用。

通常还采用压汞法测量样品的有效孔隙体积。在测试过程中，利用一种高压注入装置（penetrometer）逐渐加压，将汞压入样品中，直到汞充满所有连通的孔隙体积。样品的有效孔隙体积等于置换出的汞的体积。如果测试页岩样品由于其孔径非常小，则需要在很高的压力（通常为10000psi）下汞才开始侵入。要想在所有连通孔隙中注入汞，压力必须超过60000psi。低于这个压力，仪器就无法检测到微孔和部分中孔对孔隙体积的贡献。

还有其他几种方法可用于测量总孔隙体积和有效孔隙体积，例如热重分析法、核磁共振波谱法、扫描电镜法和低温吸附法等，其原理各不相同。在测试页岩样品时，所有这些技术都有其自身的局限性，这是因为所有这些测量都不是在储层条件（油藏地应力和温度）下进行的（Akkutlu et al.，2012）。

人们普遍认为，与页岩中有机质关联的孔隙体积与页岩的热成熟度有关。因此，热成熟度会影响富含有机质页岩的储集能力（孔隙度）和运移能力（渗透率）（Curtis et al.，2013）。

2.5　页岩孔隙压缩系数的测定

孔隙压缩系数是指样品孔隙体积在恒温条件下随压力的变化值，用 C_p 表示：

$$C_p = \frac{-1}{V_0}\frac{dV}{dp} \tag{2.7}$$

这里，需测量出样品孔隙体积相对于参考体积（通常指标准条件下）的相对变化。式（2.7）中有一个负号，这是因为在恒定温度下增加压力将导致孔隙体积减小。孔隙的压缩系数也可用于表征岩石力学性质（如体积弹性模量）。因此，准确测量非均质性岩石孔隙的压缩系数并非易事。考虑到油气开采过程中孔隙压力和上覆压力会逐渐变化，问题将变得更为复杂；这将导致孔隙压缩系数具有动态特征。已经有几位学者针对不同胶结地层和疏松地层研究了孔隙的压缩系数与矿物成分的关系，如Newman（1973）、Anderson（1988）、Zimmerman（1991）和Cronquist（2001）。然而，除了几个特殊的例子之外，并没有发现二者之间有清晰而普遍适用的关系。因此，建立的大多数关系式都只能用于定性研究和比较性研究。如果测试的是页岩样品，则由于页岩样品的脆性（韧性）特征，二者之间的关系就更难确定。为此，Kang等（2010）设计了一种用于测试页岩样品的特殊实验装置。后来，Santos和Akkutlu（2012）又使用改进的脉冲衰减渗透仪，采用两步气体膨胀技术测量了页岩样品的孔隙压缩系数，实验设置细节如图2.5所示。

2.6 页岩渗透率测定技术

人们已认识到页岩储层具有超低的基质渗透率。渗透率指岩石传输流体的能力,以达西为单位(1D 等于 $9.869233\times10^{-13}m^2$)。块状页岩由页岩基质和天然裂缝组成。页岩的有效渗透率是基质渗透率和裂缝渗透率的组合,可以通过试井分析、诊断性压裂测试、先进的稳态或压力脉冲衰减等测量技术来测定。达西定律描述了流体通过多孔介质时的流动规律:通过多孔介质的流量、介质的几何尺寸(长度和横截面积)、流体的黏度、流动方向上的压力梯度这几个变量之间呈现一种比例关系。由于流体总是从高压流向低压,公式中需要存在一个负号。由达西公式(2.8)可知,将其整理可得式(2.9),即可计算绝对渗透率 K。

达西公式:

$$Q=\frac{-KA\times(\Delta p)}{\mu\times L} \tag{2.8}$$

式中 Q——流量,m^3/s;

K——绝对渗透率,m^2;

Δp——岩心样品两端的压差,Pa;

μ——流体黏度,Pa · s;

L——样品长度,m。

将达西公式重新整理,即可求得渗透率:

$$K=\frac{-Q\times\mu\times L}{A\times(\Delta p)} \tag{2.9}$$

图 2.4 是达西实验示意图,其中横截面积为 A、长度为 L 的样品处于点 1 和点 2 之间的压差 $\Delta p(p_1>p_2)$ 作用之下。以恒定的流速 Q 注入不可压缩流体(如水),直到达到稳定状态。在稳态条件下,测得 Δp,即可利用式(2.9)算得 K(样品的绝对渗透率)。如果样品是页岩,则常规的稳态渗透率测量方法不可行,因为流速非常小,并且需要漫长的时间才能达到稳态条件。因此,基于压力脉冲衰减测量的非稳态方法广泛地用于估算页岩样品的渗透率(Brace,1968;Ning,1992;Finsterle et al.,1997)。非稳态法比较快,可以测量低至 10^{-9}mD 的渗透率(Ning,1992)。在储层条件下进行实验至关重要,因为孔隙压力、温度和围压条件都会导致页岩特性发生变化。

利用新型脉冲衰减渗透仪可在高温高压条件下进行实验。采用这种渗透仪可利用其脉冲衰减技术精确地测定页岩基质渗透率、裂缝渗透率和有效渗透率。该技术可在不同的有效应力条件下,在高达 10000psia 和 340℉的压力和温度条件下进行室内测试。在脉冲衰减渗透率测量技术中,将页岩岩心柱(制备后的)放置在岩心夹持器中,并使之达到压力平衡条件。然后向系统施加不同的压力脉冲,并以高准确度记录上游的压力衰减和下游的压力积累,如图 2.5所示。在图 2.5 中,温度保持在储层温度恒定不变,并施加围压以模拟储层的上覆应力。然后,可以使用不同的历史拟合算法进行压力曲线拟合并提炼出渗透率值。得到的结果一定程度上取决于压力脉冲的大小,可以分别得到裂缝渗透率、基质渗透率或有效渗透率。小脉冲极可能反映裂缝的影响,可用于测定裂缝的渗透率。同时,大脉冲会同时受到裂缝和基质

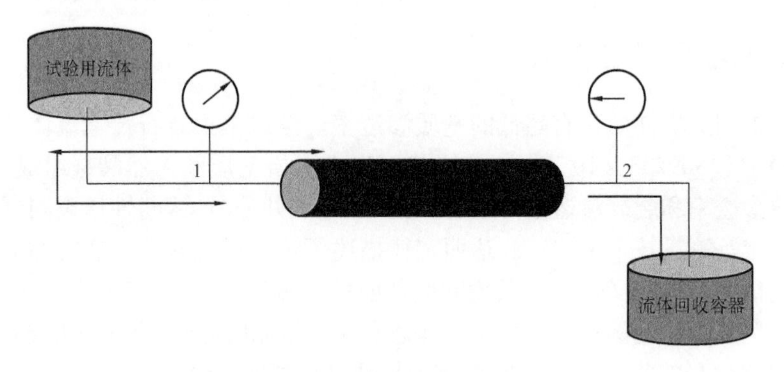

图 2.4　达西实验示意图

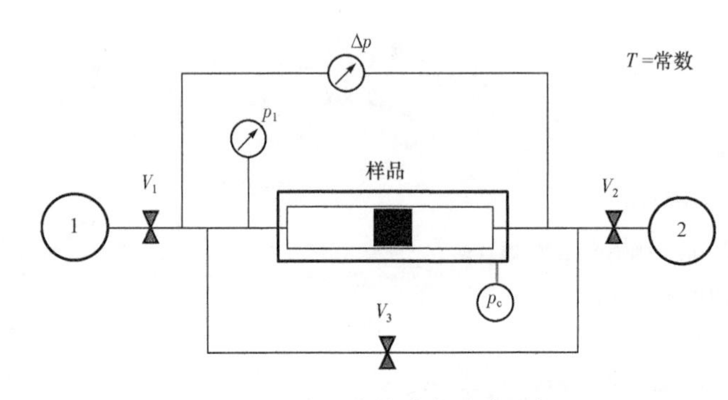

图 2.5　岩心柱脉冲衰减渗透仪

的影响，可用来获取有效渗透率。图 2.6 显示了在大小不同的脉冲下进行实验的装置示意图。

通常，采用半对数曲线图中的压力与时间的斜率估算基质的渗透率。Yamada(1980)得出了脉冲衰减过程中压力瞬态行为的解析解。但是，该解只有在非常具体和简化的条件下才有效。行业内最常用的方法是 Jones(1997)引入的技术。他通过使用相等的岩心上部和下部体积修改了传统的脉冲衰减设置，并增加了两个大的死体积，以减少达到平衡压力所需的时间。在 Jones 的技术中，忽略了页岩的吸附能力以及固体或表面运移的可能性。Akkutlu 和 Fathi (2012)、Fathi 和 Akkutlu(2013)引入了新的控制方程组，以模拟页岩储层中的气体运移和吸附，并应用了非线性历史匹配算法以获得独特的页岩岩石性质。

为了使用从压力脉冲衰减技术获得的压力递减曲线，需要获得不同压力下样品的孔隙体积和孔隙度。如先前所述，可采用双管波义耳定律孔隙度计对这些量进行精确估算。由于结果的不唯一性和不可重复性，利用瞬态技术获得的数据的解释会带来很大的不确定性（除非使用更先进的技术）。为了避免解释复杂的脉冲衰减技术，并在更短的时间内完成实验，大多数商业实验室都采用破碎样品渗透率测量方法，即 Luffel(1993)提出的气体研究测试(GRI)技术。在这种情况下，使用双管孔隙度计测量破碎样品的渗透率。通常认为，通过压碎样品，可以消除天然裂缝的影响，且利用该技术测得的渗透率可以很好地代表页岩基质渗透率。测量破碎样品渗透率所用的 GRI 技术如图 2.7 所示。针对破碎岩石利用 GRI 渗透率测量技术时，受粒径、平均实验压力和气体类型的影响较大（Tinni et al.，2012；Fathi et al.，2012）。这导致不同的商业实验室采用相同样品测得的渗透率值差异高达 3 个数量级（Miller，2010；

图 2.6 高温高压(HTHP)自动脉冲衰减式渗透仪

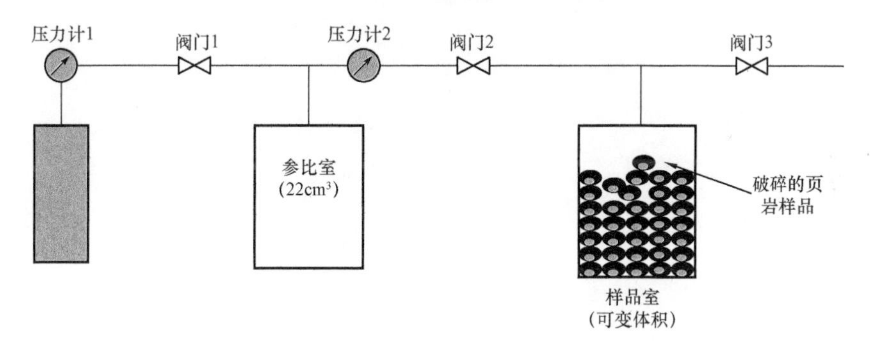

图 2.7 双管波义耳定律孔隙度计

Passey et al. ,2010)。此外,Tinni 等(2012)最近在不同尺寸的破碎页岩样品中注入汞,并使用微计算机断层扫描成像。结果表明,破碎页岩样品并不能去除基质中的微裂纹。因此,通过 GRI 技术测得的渗透率不是页岩基质渗透率,而是不受围压影响的基质渗透率和裂缝渗透率的组合。

最近,Zamirian 等(2014a,2014b)设计了一种新的准稳态渗透率测量实验,以克服常规稳态渗透率测量存在的困难,如达到稳态所需的时间非常长且无法测量极低流速等。该实验室系统称为精密物性分析实验室(PPAL)。实验装置与脉冲衰减渗透仪非常相似。在这种设置中,达到初始平衡压力后,将在岩心上部和下部之间施加压力梯度。随着下部压力的增加,采用超精密压差计测量样品和下部之间的压力差。下端压力升高 0.5psi 时,打开旁通阀,排出气体以保持下端压力恒定不变。在达西定律的基础上,利用下端压力累计速率随时间的变化计算基质的有效渗透率。为了达到稳定状态,下游压力升高 0.5psi 必须达 50 次以上。采用该技术,可测量低至 $10^{-6}cm^3/s$ 的流量。

第3章　页岩气初始地质储量计算

3.1　概述

初始油气地质储量计算对于确定页岩油气藏经济可行性和估算可采储量来说至关重要。在超低渗透储层中，瞬态流动模式可以持续很长一段时间。因此充分了解原始油气储量有助于预测长期产量，并能减少估算可采储量时的不确定性。目前有几种不同的方法可以计算非常规油气藏的原始油气地质储量，包括以体积法或物质平衡法为理论基础的数值方法或解析方法。体积法是其中最常用到的方法，该方法需要有关储层岩石和流体性质的详细数据，如孔隙度、压缩性、饱和度及地层体积系数等。此类数据大部分可从测井曲线中提取或利用前面第2章讨论过的实验技术取得。在体积法中，页岩基质被划分为颗粒体积（如黏土矿物、非黏土无机矿物和有机物质），水、石油及游离天然气所占的体积，黏土束缚水所占的体积，出口封闭孔隙及孤立孔隙体积等（Hartman et al.，2011）。图3.1显示了页岩样品的堆积体积示意图。

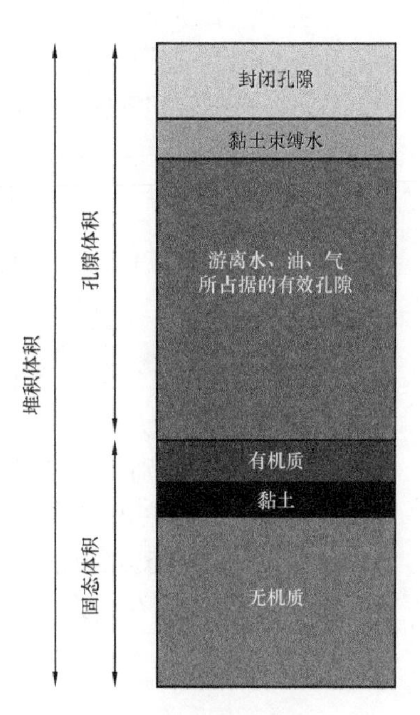

图3.1　页岩堆积体积

3.2　天然气原始储量的计算

就页岩气藏而言，其中储存的天然气可分为游离气、吸附气、吸收气、溶解气。游离气主要储存于天然裂缝及诱导裂缝、无机质大孔隙与有机质中小孔隙中；吸附气主要储存于有机质的固态表面上，部分储存于黏土矿物中。如前所述，吸收气的量可以忽略不计。不过，已有新研究工作对天然气原始地质储量（OGIP）计算中天然气吸收现象的影响（Ambrose et al.，2012）进行了分析。溶解在水及烃类中的天然气尚无法通过现有实验技术与吸附气区分开来，在地质储量计算中也通常被认为是吸附气的一部分。因此天然气原始地质储量（OGIP）包括游离气 $G_{游离}$ 与吸附气 $G_{吸附}$（单位：ft^3/t，标准立方英尺/吨）［式(3.1)］。

$$\mathrm{OGIP} = G_{游离} + G_{吸附} \tag{3.1}$$

体积法被用于测量有机质孔隙体积，从而得出游离气的量。然而有机纳米孔隙具有吸附作用，孔隙的部分体积会被吸附气占据，因而无法用于储存游离气。这也意味着游离气计算中高估了孔隙的天然气储存能力，因为其中包括了被吸附气所占据的孔隙。因此，Ambrose等（2010）提出了一个考虑吸附层厚度对游离天然气孔隙体积进行校正的模型［式(3.2)］：

$$G_{游离}=\frac{32.0368}{B_g}\left[\frac{\phi(1-S_w-S_o)}{\rho_b}-\Psi\right] \tag{3.2}$$

式中 $G_{游离}$——游离天然气原始地质储量;

B_g——天然气地层体积系数;

ϕ——岩石有效孔隙度;

S_w——含水饱和度;

S_o——含油饱和度;

ρ_b——页堆积密度,g/cm^3;

Ψ——吸附层厚度修正系数。

Ψ的定义如下:

$$\Psi=\frac{1.318\times10^{-6}M\rho_b}{\rho_s}\left(V_L\frac{p}{p+p_L}\right) \tag{3.3}$$

式中 M——单组分天然气的分子量或天然气混合物的表观分子量;

ρ_s——吸附态气体的密度;

p——孔隙压力;

p_L,V_L——分别为朗格缪尔(Langmuir)压力和朗格缪尔体积。

吸附态气体的密度参数需要更加深入的研究才能得出。学界提出了包括应用范德华(van der Waals)状态方程或分子动力学方法在内的不同解析方法与数值方法来获取这个参数。如前所述,假设$G_{吸附}$为单层吸附。朗格缪尔公式如下:

$$G_{ads}=V=V_L\frac{p}{p+p_L}$$

Ambrose 等(2010)还将计算扩展应用到多组分单相的情况中。一般而言,在 OGIP 的估算中忽略吸附层效应可能导致超过 30% 的高估。因此,油藏工程师和岩石物理学者通常使用常规旧方法和 Ambrose 等(2010)提出的新方法同时计算游离天然气地质储量(GIP)。

例 1:

计算具有以下性质的 0.5ft 厚储层的吸附天然气地质储量(单位:10^3ft^3)。以下数据来自岩心与测井分析:

$A=640acre$(640acre 即是大地测量中的一个区)

$h=0.50ft$

$\rho_b=2.6g/cm^3$(据测井)

$V_L=60ft^3/t$(据岩心分析)

$p_L=800lb/in^2$(绝对压力)(据岩心分析)

$p=4400lb/in^2$(绝对压力)(据诊断性压裂注入测试,即 DFIT)

$$G_{吸附}=V=V_L\frac{p}{p+p_L}=\frac{60\times4400}{800+4400}=50.77ft^3/t$$

上述半英尺厚储层的吸附气量可按如下方法算得:

$$\text{吸附气量} = Ah\rho_b G_{\text{吸附}}$$

$$= 640\text{acre} \times 43560\text{ft}^2/\text{acre} \times 0.5\text{ft} \times 2.6\text{g/cm}^3 \times \frac{1}{3.531\text{e}^{-5}\text{ft}^3/\text{cm}^3} \times$$

$$50.77\left(\frac{\text{ft}^3}{\text{t}\,\dfrac{907185\text{g}}{\text{t}}}\right) = 1359Ah\rho_b G_{\text{ads}} = 57.405 \times 10^3\text{ft}^3$$

这表明在上述 0.5ft 厚储层中，除了游离气地质储量之外，还含有 $57.4 \times 10^6\text{ft}^3$ 的吸附气。

例 2：

根据以下信息计算游离气和吸附气地质储量（假设 100% 为甲烷；单位为 10^9ft^3）：

$A = 640\text{acre}$，$h = 100\text{ft}$，$\rho_b = 2.35\text{g/cm}^3$，$\rho_s = 0.37\text{g/cm}^3$，$V_L = 60\text{ft}^3/\text{t}$，$p_L = 700\text{lbf/in}^2$（绝对压力），$p_R = 4800\text{lbf/in}^2$（绝对压力），$S_w = 20\%$，$S_o = 0$，$\phi = 10\%$，$B_{gi} = 0.0038$

$$\Psi = \frac{1.318 \times 10^{-6} M\rho_b}{\rho_s}\left(V_L \frac{p}{p + p_L}\right)$$

$$= \frac{1.318 \times 10^{-6} \times 16.04 \times 2.35}{0.37}\left(\frac{4800}{60 \times 700 + 4800}\right) = 0.00703$$

$$G_{\text{游离}} = \frac{32.0368}{B_g}\left[\frac{\phi(1 - S_w - S_o)}{\rho_b} - \Psi\right] = \frac{32.0368}{0.0038}\left[\frac{0.1 \times (1 - 0.2)}{2.35} - 0.00703\right]$$

$$= 227.7357\text{ft}^3/\text{t}$$

$$\text{游离气地质储量} = 43560Ah\rho_b G_{\text{游离}}$$

$$= 43560 \times 640 \times 100 \times 2.35 \times \left(\text{g/cm}^3 \times \frac{1}{3.531\text{e}^{-5}\text{ft}^3/\text{cm}^3}\right) \times$$

$$227.7357\left(\frac{\text{ft}^3}{\text{t}\,\dfrac{907185\text{g}}{\text{t}}}\right)$$

$$= 4.66 \times 10^{10}\text{ft}^3 = 46.6 \times 10^9\text{ft}^3$$

$$G_{\text{吸附}} = V = \frac{V_L p_R}{p_L + p_R} = \frac{60 \times 4800}{700 + 4800} = 52.36\text{ft}^3/\text{t}$$

$$\text{吸附气量} = 1359 \times A \times h \times \rho_b \times G_{\text{吸附}}$$

$$= 1359 \times 640 \times 100 \times 2.35 \times 52.36 = 10.7 \times 10^9\text{ft}^3$$

$$\text{总 GIP} = 46.6 + 10.7 = 57.3 \times 10^9\text{ft}^3$$

上述例子表明，在一个大地测量区面积（640acre）的储层中储有总计 $57.3 \times 10^9\text{ft}^3$ 的天然气。但这并不意味着全部天然气都可以采收出。就非常规页岩气储层而言，取决于储层性质和完井设计的变化，采收率（RF）可能是 10%～80% 区间内的任一数值。例如，假定本案例中特定储层的采收率为 25%，则每个大地测量区面积的储层中只能采收到 $57.3 \times 10^9\text{ft}^3$ 中的 25%，即 $14.325 \times 10^9\text{ft}^3$ 天然气。这个数值也被称为 640acre 的估算最终采出量（EUR）。

3.3 吸附态气体的密度

如前所述,计算页岩气藏的原始地质储量(OGIP)时需要先取得吸附态气体的密度。然而,很难在实验室里测得这个数据。Dubinin 于 1960 年提出用范德华(Van der Waals)状态方程计算吸附天然气密度。范德华状态方程将气体的密度同压力、温度与体积联系起来,是最早对理想气体状态方程进行改进的尝试之一。

范德华状态方程:

$$\left(p+\frac{a}{V^2}\right)(V-b)=RT \tag{3.4}$$

在范德华状态方程中,使用校正因子 a 和 b 分别将理想气体状态方程中忽略了的气体分子的相互作用力和分子体积考虑在内。Dubinin(1960)提出,在吸附作用显得重要的情况下,范德华状态方程中的常数 b 等于吸附相所占据体积 v 除以实际吸附气体积 μ:

$$v/\mu=b$$

因此,吸附气密度计算公式可以写为:

$$\rho_s=\frac{M\mu}{v}=\frac{M}{b}$$

式中 M——气体的分子量;

b——范德华系数。

利用范德华状态方程中临界温度下压力对体积的一阶和二阶导数,可以得到系数 b:

$$b=\frac{RT_c}{8p_c} \tag{3.5}$$

式中 R——通用气体常数;

T_c, p_c——分别为气体的临界温度和临界压力。

这样,利用式(3.5)可以得到吸附气密度:

$$\rho_s=\frac{8p_cM}{RT_c} \tag{3.6}$$

纯组分的临界性质为常数,可从物理性质表中查得。对于气体混合物而言,可在式(3.6)中使用气体混合物的表观分子量、拟临界压力和拟临界温度。气体混合物的拟临界性质定义为混合物中纯组分临界性质的加权平均值。在这种情况下,若纯组分的单独吸附性能已知,则也可采用理想吸附溶液(IAS)理论来计算气体混合物的吸附量(Myers et al.,1965)。近来已广泛使用分子动力学模拟来研究多组分气体混合物的吸附量、吸附相密度和厚度(更详细讨论见 Kim et al.,2003;Rahmani Didar et al.,2013)。

总体而言,在系统大小无所谓的情况下,应用不同状态方程来研究本体溶液的相变方面已经做了大量的工作。然而,当系统的体积缩减至中等及微观尺度时,相平衡就变得与系统大小相关,因为在这种情况下容器壁的约束效应会显著改变流体的热力学性质。对纳米孔隙材料中流体的平衡和非平衡热力学性质进行的实验和数模研究,表明此时的热力学性质与利用高压物性(PVT)实验得出的本体溶液(或气态)的性质有很大的偏差。最近的研究结果表明,当孔径减小到纳米尺度时,临界温度、凝固点和熔点也都相应降低。研究还发现,随着临界压力和界面张力的增加,水的黏度显著降低。

3.4　采收率

采收率(RF)公式如下:

$$RF = \frac{EUR}{IGIP} \tag{3.7}$$

式中　RF——采收率,%;

EUR——估算最终采出量,$10^9 ft^3$;

IGIP——天然气初始地质储量,$10^9 ft^3$。

早期的 OGIP 计算方法忽略了吸附气所占据的孔隙体积,取决于总有机质含量(TOC)和纳米级有机物孔径分布的变化,该忽略可能导致高达 30% 的高估(Ambrose et al.,2012)。Belyadi(2014)利用来自美国西弗吉尼亚州与宾夕法尼亚州 Marcellus 页岩的资料,研究了吸附气对 OGIP、总产气量和采收率(RF)的影响。她采用了组分模型进行储层模拟,其结果显示天然气原始地质储量随吸附气量的增加而增加,总产气量也会增加。然而,在实际生产过程中特定时间段内,随着吸附气量增加,累计采收率下降。吸附气量的增加会导致瞬态流动模式延长,而吸附气量的减少会导致边界主导流动模式较快出现。表 3.1 给出了计算的细节,图 3.2 比较了假定不同朗格缪尔体积(m)时一口水平井的单井采收率,该井采用 13 级水力压裂。可以看出,在生产初期朗格缪尔体积对累计采收率的影响较小,因为在这一时期产能受水力压裂裂缝的控制,产出的主要是游离气。在生产的中后期,朗格缪尔体积越大则累计采收率越低。这是因为,更大的吸附气量虽然伴随着更大的天然气地质储量与潜在天然气产量,但由于基质渗透率超低,绝大部分吸附气无法采出,因此累计采收率(RF)较低。第 4 章中,将探讨吸附和有机纳米孔径分布对页岩储层中流体流动和传输的影响。

表 3.1　不同朗格缪尔体积条件下的累计产气量、天然气初始地质储量和采收率

朗格缪尔体积(m)/($10^3 ft^3/t$)	总产气量(G_p)/$10^9 ft^3$	天然气初始地质储量(IGIP)/$10^9 ft^3$	总采收率
0	4.21	5.77	0.73
0.050	4.65	7.53	0.62
0.089	4.98	8.89	0.56
0.100	5.06	9.28	0.55

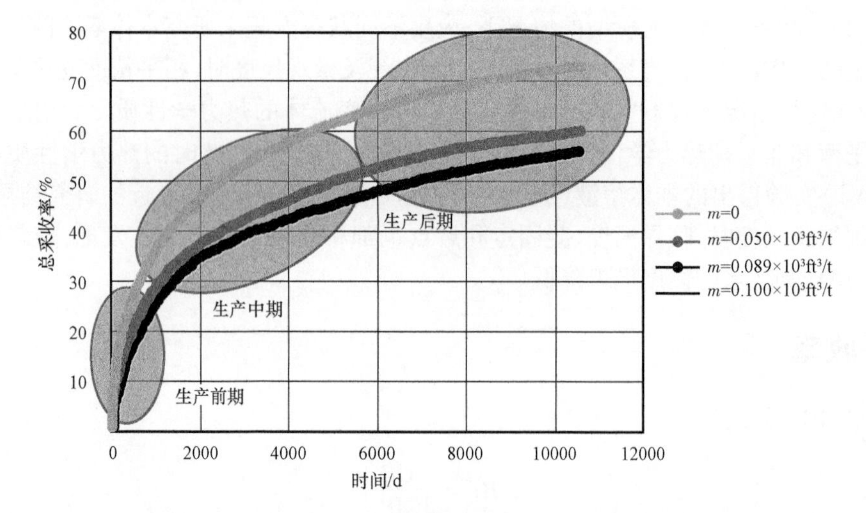

图 3.2 朗格缪尔体积对水平井页岩气总采收率的影响

第4章　富含有机质页岩中的多尺度流体流动和传输

4.1　概述

人们对富含有机质的页岩储层中的气体传输和存储知之甚少。以前使用双孔隙度单渗透率模型来模拟页岩储层中的流体流动和传输，该思路沿用的是用来模拟天然裂缝的碳酸盐岩油藏或煤层气藏的常规模拟器。为了将吸附速率以及基质和裂缝之间的质量交换考虑在内，有学者开发了双分散模型，该模型中引入了扩散速率作为吸附速率的控制因素（Gan et al.，1972；Shi et al.，2003）。在这些模型中，假设气体在有机质中瞬时吸附/解吸。流动阻力被认为由传输函数控制，传输函数是两种介质之间的压力梯度、基质传输和形状因子的函数。这基本上遵循了 Warren 和 Root（1963）较早提出的模拟基质与裂缝之间质量交换的思路。在该思路中，有两个主要假设。首先，假设存在一个均匀分布在基质中的裂缝网络，在裂缝与基质之间有一界面，该界面清晰地界定了基质岩石体。其次，采用了一个称为形状因子的匹配参数，该参数控制着裂缝和基质之间的质量交换。然而，在富含有机质的页岩储层中，不同尺度的孔隙结构造成了大小不同的天然裂缝在整个储层基质中不均匀分布。这些大小不同的天然裂缝在油气储存和传输中贡献的大小是储层有效应力的函数，有效应力定义如下：

$$\sigma_e = \sigma_n - \alpha p \tag{4.1}$$

式中　σ_e——有效应力；

σ_n——施加在岩石上的法向应力或上覆岩层压力；

α——Biot 孔隙弹性系数。

有几位学者应用离散裂缝网络模拟技术研究了这些地层中的流体流动、传输和存储。但是，他们的方法不仅需要有关裂缝清晰分布的详细信息，而且还需要较为准确的岩石基质中的压力分布信息。在某些情况下，可使用一般抛物线方程式来描述岩石基质中的压力分布。

4.2　页岩储层的多连续介质模型

最近，多连续介质模型已用于模拟页岩气储层中的流体流动和传递，这样可以避免使用离散裂缝网络模拟中的一些主要困难。在该方法中，首先确定储层中组成部分的数量；接下来，确定每个组成部分的液压特征，例如流体流动和传输性质。最后，研究描述各组成部分之间质量交换的不同耦合状况。与离散模型不同，该方法不需要明确定义每个组成部分的空间分布。在空间的任何位置，多连续介质模型的所有组成部分都存在，可以通过每个组成部分之间的耦合和质量交换项来确定它们对流动的贡献。图4.1展示了如何将概念性的页岩基质模型划分为三个连续体（无机体、有机体和裂缝），然后均匀地组合以生成多连续体结构。

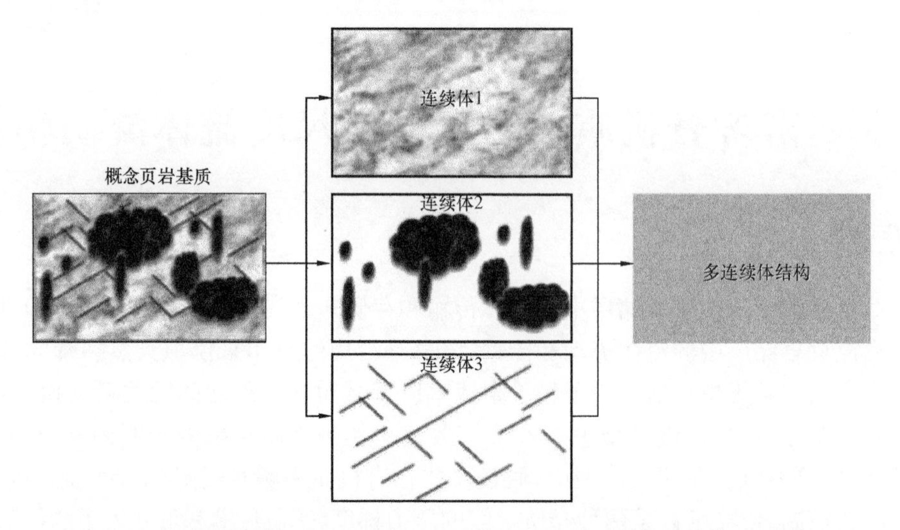

图 4.1　多连续体模拟方法示意图:连续体 3(浅灰色)表示无机体;连续体 2(棕色,印刷版为黑色)表示有机体(干酪根);连续体 1 表示离散天然裂缝系统

文献中介绍了三种不同类型的耦合以生成多连续体结构,包括串联、并联和选择性耦合。串联耦合定义为以液压传导率为顺序的耦合。Kang 等(2010)表明在所研究的 Barnett 页岩样品中,有机体、无机体与裂缝之间的耦合大多以串联方式存在。在开采初期,裂缝中的天然气被采出之后,有机体会向无机体供气,后者再与天然裂缝系统之间发生质量交换。在压力衰减测试中,从压力曲线上斜率的两个突变即可看出这种现象。在并联耦合的情况下,有机体和无机体都与裂缝处于液压连通状态,两者都向天然裂缝系统供气。当有机、无机两个连续体不处于液压连通状态,而是与第三连续体(裂缝)发生质量交换时,即是选择性耦合。图 4.2 展示了页岩储层中各种可能的不同液压耦合模式示意图。

最近的实验和数模研究表明,页岩基质可分为有机质、无机质和裂缝(Kang et al.,2010;Akkutlu et al.,2012)。有机质中的传输可用自由扩散和固体(表面)扩散来表示,而无机质中的传输主要为自由气体扩散和对流(达西流)所支配。式(4.2)表示页岩基质中有机微孔隙中的物质平衡;式(4.3)则表示页岩基质中无机大孔隙中的物质平衡。

有机质中的物质平衡:

$$\frac{\partial(\varepsilon_{\mathrm{kp}}\phi C_{\mathrm{k}})}{\partial t}+\frac{\partial[\varepsilon_{\mathrm{ks}}(1-\phi-\phi_{\mathrm{f}})C_{\mu}]}{\partial t}=\frac{\partial}{\partial t}\left(\varepsilon_{\mathrm{kp}}\phi D_{\mathrm{k}}\frac{\partial C_{\mathrm{k}}}{\partial x}\right)+\frac{\partial}{\partial x}\left[\varepsilon_{\mathrm{ks}}(1-\phi-\phi_{\mathrm{f}})D_{\mathrm{s}}\frac{\partial C_{\mu}}{\partial x}\right] \tag{4.2}$$

无机质中的物质平衡:

$$\frac{\partial[(1-\varepsilon_{\mathrm{kp}})\phi C]}{\partial t}=\frac{\partial}{\partial x}\left[(1-\varepsilon_{\mathrm{kp}})\phi D\frac{\partial C}{\partial x}\right]+\frac{\partial}{\partial x}\left[(1-\varepsilon_{\mathrm{kp}})\phi C\frac{K_{\mathrm{m}}}{\mu}\frac{\partial p}{\partial x}\right]-W_{\mathrm{km}} \tag{4.3}$$

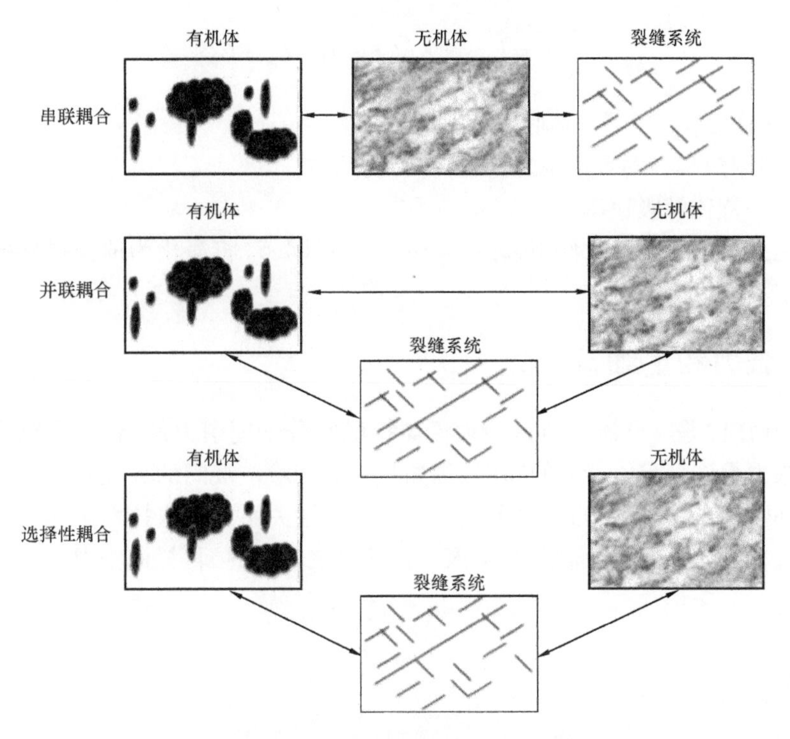

图 4.2 多连续体方法中采用的不同水力耦合模式

裂缝网络中的游离气体质量平衡也可表示为:

$$\frac{\partial(\phi_{\mathrm{f}}C_{\mathrm{f}})}{\partial t}=\frac{\partial}{\partial X}\left(\phi_{\mathrm{f}}K_{\mathrm{L}}\frac{\partial C_{\mathrm{f}}}{\partial X}\right)+\frac{\partial}{\partial X}\left(C_{\mathrm{f}}\frac{K_{\mathrm{f}}}{\mu}\frac{\partial p_{\mathrm{f}}}{\partial X}\right)-W_{\mathrm{mf}} \tag{4.4}$$

式(4.3)和式(4.4)中 W_{km}和 W_{mf}为不同连续体间的质量交换项,定义如下:

$$W_{\mathrm{km}i}=\Omega_{\mathrm{m}}\Psi_{\mathrm{k}i}(C_i-C_{\mathrm{k}i})$$

$$W_{\mathrm{mf}i}=\Omega_{\mathrm{f}}\Psi_{\mathrm{m}i}(C_{\mathrm{f}i}-\overline{C}_i)$$

在上述公式中,下标 k、m 和 f 分别表示与有机质(干酪根)、无机质和裂缝相关的量。变量 x 和 t 是空间和时间坐标。$C(x,t)$ 和 $C_{\mu}(x,t)$ 分别代表单位孔隙体积中自由气体的量(摩尔)和有机固体单位体积中吸附气的量(摩尔)。p 为孔隙压力,ϕ 和 ϕ_{f}分别为基质和裂缝的孔隙度。$\varepsilon_{\mathrm{ks}}$为有机质总含量,用有机颗粒体积与总体积之比表示;$\varepsilon_{\mathrm{kp}}$为单位基质孔隙体积中的有机孔隙体积。$D$ 表示总的自由气体扩散,例如体扩散加克努森扩散。D_{s}是固体或表面扩散系数。K 为绝对渗透率,K_{L} 代表裂缝网络中的宏观扩散系数,μ 为动态气体黏度。Ω 为形状因子,Ψ 为源介质中的传输函数,$\overline{C}$ 称为平均自由气浓度(Akkutlu et al.,2012)。

为了描述富含有机质的页岩储层中的气体吸附特性,Fathi 和 Akkutlu(2009)提出了非线性吸附动力学方程[式(4.5)]。Srinivasan 等(1995)和 Schlebaum 等(1999)此前也提出了这种思路,他们用该思路来研究土壤中的碳分子筛和有机污染物的含量。他们认为,非线性吸附动力学可能会显著影响扩散过程。页岩的一般非线性吸附动力学模型可以表示如下:

$$\frac{\partial C_{\mu}}{\partial t}=k_{\text{desorp}}[K(C_{\mu s}-C_{\mu})C_{k}-C_{\mu}] \tag{4.5}$$

式中 $C_{\mu s}$——最大单分子层气体吸附量；

K——吸附速率与解吸速率之比，称为平衡系数；

k_{desorp}——气体解吸速率。

在系统达到平衡的限制条件下，即 $\partial C_{\mu}/\partial t=0$，式(4.5)将简化为前面提到的单组分单分子层朗格缪尔吸附等温线。

4.3 界面张力和毛细管压力

界面张力(IFT)是一种流体与另一种流体接触时分子间引力的增强，量纲为单位长度上的力。界面张力是许多流体行为的起因，例如气—液和液—液间的界面行为。拉普拉斯定律表明，两相之间的压差与界面的曲率半径之间存在线性关系。拉普拉斯定律已用于研究液体与其自身蒸气之间的界面(表面张力)以及不同流体之间的界面(界面张力)：

$$\Delta p=\frac{\sigma}{r} \tag{4.6}$$

式中 σ——表面张力；

r——曲率半径；

Δp——界面内外压力差。

该线性关系用可来获取表面张力，具体步骤是模拟一系列大小不一的气泡，测量其半径以及内部和外部密度(液体和气体)。石油和天然气工业中已使用了不同的实验技术来测量界面张力，包括毛细管上升和迪努伊环技术(du Noüy ring)。在迪努伊环方法中，可以按式(4.7)获得界面张力：

$$\sigma=\delta\frac{g}{2\pi d} \tag{4.7}$$

式中 σ——界面张力，mN/m；

g——万有引力常数，取 980cm/s^2；

d——环的直径，cm；

δ——用分析天平测得的克力。

在毛细管上升方法中，可以通过以下方法获得毛细管中液体上升的高度：

$$h=\frac{2\sigma\cos\theta}{r\rho g} \tag{4.8}$$

式中 r——毛细管的半径，cm；

ρ——密度较大的流体的密度，g/cm^3；

$\cos\theta$——毛细管内部液体表面与毛细管壁之间夹角的余弦。

界面张力也是实验温度的函数；随着温度升高，界面张力下降。如前所述，封闭状态下流体的相行为和相共存特性与本体流体不同，尤其是在富含有机质的页岩中。最近使用分子动力学模拟研究表明,孔壁约束下的界面张力降低了许多倍,并且对温度高度敏感(Singh et al.,2009)。Bui 和 Akkutlu(2015)采用分子动力学模拟,结果也表明甲烷的表面张力在封闭条件下较小,且是液体饱和度和孔隙直径的函数。

例 1:

采用迪努伊环测量合成油的界面张力,环的直径为 1.55cm,分析天平测得的力为 0.38gf。计算界面张力:

$$\sigma = \delta \frac{g}{2\pi d} = 0.38 \times \frac{980}{2 \times 3.1416 \times 1.55} = 38\text{nN/m}$$

用毛细管上升法再次测量界面张力。使用半径为 0.2cm 的毛细管,液面上升高度为 0.36cm,合成油的密度为 0.99g/cm^3。计算毛细管上升法界面张力。假设 $\cos\theta = 1.0$。

$$\sigma = \frac{hr\rho g}{2\cos\theta} = \frac{0.36 \times 0.2 \times 0.99 \times 980}{2 \times 1} = 35\text{nN/m}$$

通常,感兴趣的是多孔介质中的相共存,其中有两种不混溶流体相互接触。在这种情况下,取决于每种流体和地层固体表面的化学性质,其中一种流体倾向于具有较高的亲和力而润湿地层固体表面。附着在固体表面上的流体称为润湿相,另一种流体称为非润湿相。Young-Dupre 方程描述了流体—流体之间的不平衡力与流体—固体之间相互作用的关系:

$$A_T = \sigma_{nw-s} - \sigma_{w-s} = \sigma_{nw-w}\cos\theta_{eq} \tag{4.9}$$

式中 σ_{nw-s},σ_{w-s},σ_{nw-w}——分别是非润湿相和固体之间、润湿相和固体之间、非润湿相和润湿相之间的界面张力;

θ_{eq}——固体表面与液体之间的平衡接触角。

图 4.3 为气体(空气)、液体(水)、固体三相相互作用示意图,图中也标出了 Young-Dupre 方程中的量。液体和固体之间的接触角不是恒定的,随液体体积的变化而变化。如果用针头将少量液体注入液滴中,则液体与固体之间的接触线可保持恒定,但接触角会增加(最大角为 θ_{max})。另一方面,在固体和液体之间具有恒定接触线的情况下,从液滴中移除液体将导致接触角减小(最小角为 θ_{min}),如图 4.3 所示。可以使用 Tadmor(2004)方程计算平衡接触角:

$$\theta_{eq} = \arccos\left(\frac{r_{max}\cos\theta_{max} + r_{min}\cos\theta_{min}}{r_{max} + r_{min}}\right) \tag{4.10}$$

式(4.10)中 r_{max}和 r_{min}定义如下:

$$r_{max} = \left(\frac{\sin^3\theta_{max}}{2 - 3\cos\theta_{max} + \cos^3\theta_{max}}\right)^{1/3} \tag{4.11}$$

$$r_{min} = \left(\frac{\sin^3\theta_{min}}{2 - 3\cos\theta_{min} + \cos^3\theta_{min}}\right)^{1/3} \tag{4.12}$$

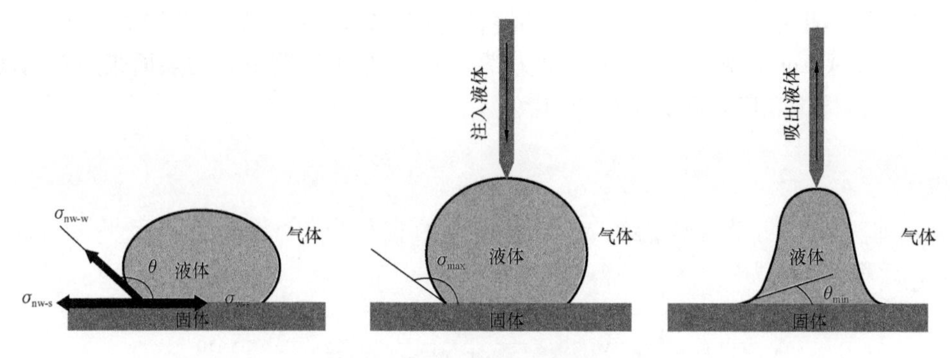

图 4.3　动态接触角测量

毛细管压力定义为非润湿相和润湿相之间的压力差,可以通过以下方式获得:

$$p_c = p_{nw} - p_w \tag{4.13}$$

考虑到多孔介质中存在的是水和油,如果固相和水相之间的接触角在 0°~70°之间,该地层称为水润湿;如果接触角在 70°~110°之间,该地层称为中性湿润;如果接触角大于 110°,则该地层称为油润湿。地层的毛细管压力主要是地层润湿性、各相的饱和度和孔隙几何形状的函数。Young－Laplace 方程描述了在没有流动的平衡条件下的这种关系:

$$p_c = \frac{2\sigma\cos\theta}{r} \tag{4.14}$$

已有多种技术可用来测量毛细管压力,包括多孔膜法、压汞法、离心法和动态法。

压汞法是测量毛细管压力的最常用、最快速的技术。在这项技术中,将汞作为一种非润湿性的液体注入岩心样品中,并记录随汞饱和度的增加所需压力的变化。汞饱和度是根据注入量和岩心的孔隙体积计算得出的。该技术有一个主要缺点:样品在与汞接触后就无法用于进一步分析。将从汞—空气体系获得的毛细管数据转换为储层流体体系的毛细管压力,也需要特殊的处理方法。习惯上用压汞法测量页岩样品的毛细管压力。在这种情况下,将汞注入粉碎的页岩样品中,注入压力不断增加,直至 60000psi。汞将侵入三个不同类型的体积,包括闭合体积或称波及体积(即为了克服样品表面粗糙度汞需要侵入的体积)、样品的孔隙体积,以及由于汞的压缩作用样品体积的变化。粉碎页岩样品会人为产生颗粒间体积,该体积在低压下即会被汞占据。该体积被视为闭合体积,需要予以校正。在注入压力超过汞进入大孔隙需克服的毛细管压力之后,汞才真正侵入页岩孔隙中。这将持续下去,直到所有可能的孔隙都被汞侵入为止。汞可以侵入的最小孔隙为 3nm,但是,有些页岩样品中存在大量小于 1nm 的孔隙,即使在 60000psi 的注入压力下也无法被汞侵入。为了准确测量毛细管压力,至关重要的是能够识别闭合体积被充满、开始真正侵入孔隙的压力,也就是汞开始侵入样品中较大孔隙的压力。这可以通过汞的注入压力随汞饱和度变化曲线的斜率的突变来识别。在大多数孔隙为纳米级的极其致密的页岩样品中,很难识别这一点,因而会导致毛细管压力测量出现明显误差。在向样品中注入汞时,在达到侵入较大孔隙所需的最低压力之前,汞会对样品本体及其孔隙施加一个外部应力。这取决于孔隙可压缩性和颗粒可压缩性之间的差异,以及孔喉体积的大小,这个外部应力会由于样品被压缩而增大颗粒间体积,并可影响实际的侵入压力。需要进一步深入研究页岩孔隙可压缩性随压力的变化关系,以加深对超致密样品中使用汞注入法进行毛细管测量的认识(Bailey,2009)。

如前所述,压汞技术使用粉碎的样品。因此,它并非是在原始储层条件下进行的。为了能够在储层条件下进行毛细管压力测量,有学者提出了一种先进的高压高温多孔膜方法,使用此方法时将岩心柱安放到电阻率岩心夹持器中,然后向岩样施加围压和孔隙压力,并通过加热套升温至油藏温度。在这种技术中,在岩心夹持器的下游安装一个被岩心流体饱和了的低渗透多孔膜片,并使用一个高精度泵注入不同的液体以进行吸入或驱替试验。根据从下游接收到的驱替出来的流体体积和从上游注入的流体体积,即可确定岩心样品的平均流体饱和度。通过测量岩心样品的轴向和径向电阻率,即可判断是否达到平衡条件。如果1h内电阻率变化小于0.5%,即可认为达到了电阻平衡。在上游和下游之间施加不同的压差,以及在逐级升高的温度下重复该实验。虽然多孔膜法可以在储层条件下测定毛细管压力,并能提供更准确的结果,但需细致的校准和准备工作,实验非常耗时。

最近,有几项研究使用了非平衡分子动力学对有机纳米级毛细管中烃类的流动进行了研究,以了解富含有机质的页岩储层中毛细管压力和界面张力等物理现象。这些研究背后的主要动因是直接测量页岩样品中这些特性的难度以及与这些直接测量技术相关的巨大不确定性(Feng et al.,2015)。

4.4 润湿性对页岩采收率的影响

如前所述,润湿性定义为流体对固体表面的相对黏附力。润湿性通常使用三种不同的技术来测量,包括接触角、Amott润湿指数、美国矿业局(USBM)润湿指数测量技术。在Amott润湿指数测量中,先让样品充分吸水至其残余油饱和度。之后,将样品在油中浸泡20h,测量通过自发驱替排出来的水的体积(V_{wsp});将油注入样品强行驱替至残余水饱和度,记录驱替出来的水的总体积(包括自发排出的)V_{wt}。再后,将样品在盐水中浸泡20h,测量通过自发驱替排出来的油的体积V_{osp};将盐水注入样品强行驱替至残余油饱和度,记录驱替出来的油的总体积(包括自发排出的)V_{ot}。然后利用式(4.15)即可获得Amott润湿性指数。

$$I_w = \frac{V_{osp}}{V_{ot}} - \frac{V_{wsp}}{V_{wt}} \tag{4.15}$$

式(4.15)中,I_w是Amott润湿指数,范围在$-1\sim1$之间,其中-1表示油润湿,0表示中性润湿,1表示水润湿。地层的润湿性特征极大地影响烃的采收率和孔隙性介质中的多相流动,润湿性随固体表面化学性质和表面的微观粗糙度而变化。由于润湿性的广泛应用,在改变或恢复固体表面润湿性方面已有几位学者做了研究工作。通过改变固体表面的化学性质或改变表面微观粗糙度,即可改变固体表面的润湿性。可以使用不同的技术来改变固体表面的化学性质,包括固体表面的氧化、在固体表面上沉积非润湿性材料、施加电场。但是,在改变固体表面的微观粗糙度方面这些技术都很欠缺(Aria and Gharib,2011年)。在油气工业中,使用了不同的技术来改变地层的润湿性,包括使用涂敷剂(如有机硅烷)处理固体表面、使用环烷酸或沥青质,以及在注入的流体中添加表面活性剂。为了恢复岩心样品的润湿性,也使用甲苯,然后再用乙醇甲苯。在某些情况下,还建议将岩心样品干燥或在65℃下在原油中老化100h。对于富含有机质的页岩储层来说,这些技术是不可行的,这是由于这类页岩的复杂孔隙结构、极低渗透率,以及矿物成分非均质性。最近,诸如核磁共振(NMR)之类的无损技术被用于研究页岩储层的润湿性特征,并监测页岩样品的液体吸入和驱替过程。Ousina 等(2011)使用 NMR 技术测量了来自美国不同盆地的 50 个页岩样品的润湿性。在这种方法中,他们首先对收到的原始样品进行了 NMR 测试。接下来,他们将样品在室温条件下浸入盐水中,并在自发吸液 48h 后再次进行 NMR 测试。然后将样品在十二烷中浸泡 48h,再次对样品进行 NMR 测试。他们发现,页岩样品通常显示出混合润湿性,而有机质则倾向于增强油润湿性。为了更好地了解富含有机质的页岩储层的润湿性,需要将不同的直接和非破坏性方法结合起来。

第5章　压裂液体系

5.1　概述

水力压裂已成为完井过程中的最重要措施之一。水力压裂实质上是以非常高的速率和压力向地层中泵送水、支撑剂和特定化学物质，以使岩石破裂并释放出碳氢化合物。水力压裂增产措施用于提升地层渗透率并减轻钻井引起的表皮伤害。众所周知，非常规页岩储层具有极低的渗透率。为了提高非常规页岩储层的产量，每口井都要进行水力压裂。没有水力压裂，低渗透率储层根本无法经济开采。

早在1947年就首次使用了水力压裂技术。但是，称为“水平井滑溜水多级压裂”或“滑溜水压裂”的现代压裂技术是1998年在得克萨斯州的Barnett页岩地层首次实施的，与早先的技术相比，现代技术用水量更大，泵速或排量更高。水平井滑溜水压裂的应用使低渗透油藏的生产具有广阔前景。这一新型压裂技术正是在油气行业开始关注美国和世界各地各种页岩储层的时机中应运而生的。该行业正在从难发现、易开采的高渗透常规资源，过渡到易发现、难开采的页岩油气类资源。常规资源很难发现，但是一旦找到合适的储层，通常不需要进行水力压裂来提升渗透率。常规资源的渗透率通常足够高，射孔后圈闭在储层中的碳氢化合物会立即自动流入井眼。相反，如果不进行水力压裂，非常规资源则无法经济开采。如下所述，水力压裂有许多不同的用途。

（1）一般性提高页岩类低渗透储层的产量。

（2）增加储层与井眼的接触面积。

（3）采用水平井水力压裂增产措施减少了所需的加密井数量。

（4）将水力压裂裂缝与现有的天然裂缝连通。

（5）增加由于钻井施工而受到伤害的井（近井带表皮伤害）的产量。

（6）减少近井带压力降，以便减少出砂量。

上面列出的第一种用途（也是最重要的用途）是水力压裂的核心，因为进行水力压裂的主要原因是提升储层的渗透率。在低渗透储层中，天然裂缝越多，产量越高；水力压裂还能够将储层中的天然裂缝和断层（如果存在）连通起来。当储层被压开后，储层与井眼接触的面积将大幅度增加，产量自然也会增加。充满大量碳氢化合物的高孔高渗储层是各油公司所日思夜想、梦寐以求的。但是，胶结性差的高渗透砂岩储层投入开采时会引起很多问题。在这类储层中，砂粒随采出的碳氢化合物流入井眼并带来各种问题，进而可导致严重的管道腐蚀或损坏、出口管线堵塞，最终导致产量下降。不同的完井技术，例如砾石充填、压裂充填和可膨胀防砂筛管，都可以用来解决这个问题。砾石充填实质上是安装一段钢丝防砂筛管，并用特别设计粒径的砾石充填周围环空，这些砾石可阻止地层砂粒进入井眼。水力压裂还可以与传统的砾石充填技术结合使用，称为压裂充填。在压裂充填过程中，实施砾石充填之后再进行水力压裂，从而为离井眼一定距离的碳氢化合物流入井眼建立了良好的通道。因此,对于具有出砂问题的常规高渗透砂岩储层,水力压裂也能发挥积极作用。油气工业中有各种类型的压裂液体系,每种储层都需要特定的体系。以下各节将介绍最常用的几种压裂液体系。

5.2 滑溜水压裂液体系

这类压裂液体系在业内众所周知,目前正在 Marcellus、Barnett、Eagle Ford、Hayesville、Utica/Point Pleasant 等页岩及许多其他低渗透储层中使用。在该技术中,将水、砂子和特定化学剂泵入井下,以便在储层内产生复杂的裂缝网络系统。对低渗透储层实施水力压裂的主要目的,就是建立复杂的裂缝系统和最大的接触面积。如果未能在低渗透储层中产生足够的接触面积,就无法充分发挥井的产能。这就是为什么压裂施工会使用大量的水来创建最大可能的接触面积的原因。此外,排量是在储层中创建复杂裂缝系统所需的驱动力,高排量将产生更大的接触面积,因此有可能带来更高的产量。一些作业者限制排量以防裂缝高度过度增长,并可以就较低的压裂泵功率向承包商支付更少的费用,降低施工费用情况只是在部分合同价格取决于泵功率时才会出现。高排量需要更多台泵车,但有时井场平台的大小以及许多其他限制因素使作业者无法部署施工所需的多台压裂泵。

限制排量提高的另一个因素是压力。有多种因素限制增压,例如地面设备和套管抗内压强度。例如,在 Marcellus 页岩压裂时,如果使用的是 5½in、20lb/ft 的 P-110 产层套管,允许的最大井口压力通常为 9500psi。该压力由所用的套管、地面管线和井口设备的额定压力确定。例如,如果在压裂施工期间在排量 60bbl/min 时井口压力即达到 9500psi 左右,则应将排量限制在 60bbl/min 以下。在施工中只有当压力降到该最大允许压力以下时,才能提高排量。排量可以说是水力压裂中最重要的参数。但是,有时井场平台的大小、成本、压力限制等因素会限制压裂施工过程中达到设计排量。

需要特别指出的是,更高的排量将产生更多的接触面积。乔治·米切尔(George Mitchel)是滑溜水压裂的先驱,他花费了多年时间致力于最佳压裂设计,以便经济开采 Barnett 页岩气资源。开展滑溜水高排量压裂施工是他成功的关键。美国各地的许多页岩储层都有发育良好的天然裂缝,这是将流体传输到井眼的主要通道之一。随着水力压裂连通更多的天然裂缝并产生更大的接触面积,将获得更高的产能。低黏度流体(例如水)压裂时,倾向于追踪天然裂缝,产生更大的接触面积,并在储层内部形成复杂的裂缝系统。用水作为介质的压裂之所以被称为"滑溜水压裂",是由于水中加入了一种被称为减阻剂(FR)的化学添加剂,没有减阻剂就不能以高流速泵送水流。在水中添加减阻剂可以降低摩阻,使泵送压力降低从而提高排量。

最佳的压裂液类型不一定是淡水。实际上,在某些地区,地层水(返排水)被认为是更好的压裂液,因为返排水含有地层中的矿物质。使用淡水压裂可能会在产生的裂缝壁上形成滤饼,从而造成渗透率和导流能力降低。大多数公司使用经过处理或未经处理的返排水与淡水的混合物来获得施工所需的水量。一些公司甚至尝试使用了 100% 的返排水进行压裂,他们已在合适的减阻剂选择方面取得了显著进展,选定的减阻剂可以对付返排水中高浓度的总溶解固相(TDS)、铁离子等。每一级滑溜水压裂通常消耗大约 4000~11000bbl(168000~462000gal)水,具体用量取决于作业规模的大小(支撑剂量)、施工复杂性、产能要求等。例如,如果在某级压裂中设计的支撑剂用量为200000lb,则所需的水量自然会小于支撑剂用量为500000lb的作业。较大的支撑剂量一般来说需要更多的水才能将其携带至地层中。某级压裂可能需要更多的水,因为该级施工难度较大,需要更大的支撑剂量。有些压裂作业不需要较高的支撑剂浓度(如3lb/gal),在较低的支撑剂浓度下就可以将设计的支撑剂量带入地层中。在滑溜水压裂中,如果该压裂作业施工难度大,则与采用较高的支撑剂浓度(较少量的水)、使裂缝长度达不到设计要求相比,将所需的支撑剂量以较低的浓度(较大量的水,以获得更大的接触面积)带入地层中更为重要。

水力压裂的一个重要候选对象是脆性较高的地层。岩石的脆性有助于在地层破裂后使裂缝保持打开状态。例如,玻璃是一种脆性材料,当玻璃破裂时,它会散落。水力压裂的主要应用是在高杨氏模量和低泊松比的地层中。高杨氏模量和低泊松比基本上表明岩石是脆性较强的,可以使用滑溜水进行压裂。在滑溜水压裂中,在最佳情况下,能够泵送的支撑剂最高浓度为3~3.5lb/gal。在施工顺畅、排量高、地层条件好的情况下,使用滑溜水也可以达到4lb/gal的支撑剂浓度(很罕见)。滑溜水压裂无法携带更高的支撑剂浓度(大于4lb/gal),并且可能导致脱砂(支撑剂被滤出)。可以使用其他压裂液体系(例如交联凝胶液)来携带更高的支撑剂浓度,下文将详细讨论。

如前所述,滑溜水压裂作业的主要目的是建立一个复杂的裂缝网络,而不是由少数几条大裂缝主导的网络。通常,在水力压裂中,低黏度流体倾向于产生复杂的裂缝网络,而高黏度流体(例如线性凝胶液和交联凝胶液)倾向于产生由少数几条大裂缝主导的网络。天然裂缝发育的储层中滑溜水压裂的本质是追踪天然裂缝,同时通过向岩石施加高压而产生多条流动路径。只有在较高的排量下才可形成这种高压。较高的排量和低黏度滑溜水的结合能够将支撑剂携带到地层中较远的地方,从而提高长期产能。这里有一个问题,油气行业的经济效益在很大程度上取决于油气井投产后的短期产能,致使一些公司只盯着短期产能而忽略长期产能。这是在比较和设计油气井生产动态时导致失败的一个陷阱。同样重要的是,不要只根据一口井的生产数据做出决策;重要的经济决策应当依据整个油田的生产数据才能敲定。在本书的机器学习(ML)一章中,将讨论如何使用各种统计技术为所研究的油田找到隐含的规律,并将其应用于重要的经济决策。

在多级滑溜水压裂中,取决于前面已讨论的泵压限制,各级的平均排量是不相同的。目标是达到最大设计排量,通常为70~100bbl/min。在Barnett页岩中,平均排量甚至更高,最高纪录曾达130bbl/min。高排量还可解决压裂过程中的渗漏和裂缝宽度问题。渗漏是指压裂液流失进入地层中。在压裂时采用高排量就不必担忧会发生大量渗漏。大量渗漏可能会导致脱砂。在低渗透非常规储层压裂时不应轻易降低排量,其主要原因之一是因为低排量无法产生维护长效产能所需的接触面积。当对低渗透储层以有限的排量实施水力压裂时,只能产生有限的接触面积。一旦邻近这个特定接触面积的油气被采空,产量将显著降低。在高渗透常规储层中,接触面积并不是唯一的决定因素,因为无论产生的接触面积大小,在压裂波及范围之外的区域的高渗透率仍可将流体传输到水力压裂所产生的裂缝之中。

随着油气井开采时间延长,天然裂缝发育的储层成为重复压裂的最佳候选对象,更有利于提高油气采收率。例如,对于储层中存在天然裂缝的油气井,如果开采20年以后,产

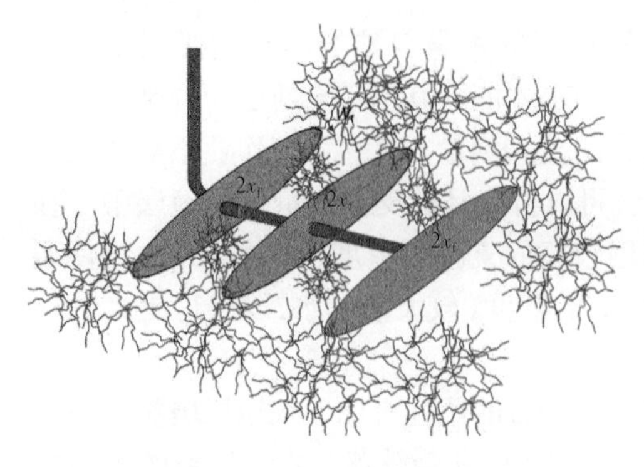

图 5.1 复杂裂缝网络示意图

量下降到经济极限之下,则强烈建议实施重新压裂,以提高采收率。除了具有天然裂缝外,储层还应具有较高的天然气初始地质储量(IGIP)、较高的孔隙压力和优良的储层物性,才能作为最佳的重复压裂候选对象。同样非常重要的是应基于初始的油气井完井情况选择重复压裂候选对象。综合以上讨论过的所有因素可知,初始完井情况较差的井更适合重复压裂。图 5.1 是典型的水力压裂和滑溜水压裂所产生的复杂裂缝网络示意图。

5.3 交联凝胶液体系

交联凝胶液体系可用于常规和非常规储层中,以产生所谓的双翼裂缝系统。这类压裂液体系是一种很黏稠的流体,在这类体系中,依靠黏度(而不是速度)将支撑剂带入地层中。交联凝胶液通常用于具有较高渗透率的延展性地层中(例如 Eagle Ford 和 Bakken 两个页岩产区的油层段),也广泛用于各个页岩储层的油层段,以便获得必要的裂缝宽度,实现最佳的原油产量。这类压裂的目标是通过使用高黏流体在近井带区域造成最高的砂浓度(较高的导流能力)。与依靠速度携带支撑剂的滑溜水压裂不同,交联凝胶液压裂依靠黏度将支撑剂带入地层中。使用这种压裂液体系时不需要高排量,通常 25 ~ 70bbl/min 即可将支撑剂带入。当且仅当能够获取交联良好的凝胶液时,才能携带高达 10lb/gal 的支撑剂浓度。如果在压裂过程中由于设备故障或任何其他原因,不得不中断了泵送凝胶液,那么第一要务就是停止加砂并冲洗井眼,以防止脱砂。其原因是依靠高黏度才能将高的砂浓度带入地层,在没有高黏度流体以及如此高的砂浓度下,很容易发生脱砂。使用交联液最常犯的错误之一是砂浓度太低(小于 6lb/gal)。交联体系的优点是利用高黏度来泵送非常高的砂浓度,这将在井眼附近形成被大量支撑剂充填的主导性裂缝。

交联液体系的另一个优点是减少流体滤失,在流体大量滤失的高渗透储层中,交联液体系可减少压裂液滤失并保持支撑剂悬浮直至停止加压。另外,使用交联液体系可以达到非常高的黏度(几千毫帕·秒)。

选择交联凝胶液的另一个主要准则是地层的延展性,较低的杨氏模量、较高的泊松比以及较高的渗透率地层是这类压裂的最佳候选对象。最重要的是需要考虑生产数据来最后决定最佳压裂液体系。有时即使在考虑了所有必要的因素后,选定的压裂液体系仍无法获得最佳产量。例如,如果在使用交联凝胶液压裂后,该井的产量低于预期,则应采用另一种技术来使产量最大化。熟悉和掌握理论固然重要,但是,选择压裂液体系的主要决定因素还是生产数据。在 Marcellus 和 Barnett 两个页岩产区,大多数作业公司选择了滑溜水作为主要压裂液体系,原因是获得了令人满意的产能。如果实际效果并非如此,那么许多作业公司早就换成了别的压裂液体系。

如前所述,在交联体系压裂中,依靠黏度(而不是排量或者流速)将高浓度的支撑剂带入地层中。使用交联体系最大的担忧之一是体系会在地层中留下凝胶残渣。如果无法在储层条件下适当破胶,则这种残渣会降低渗透率和导流能力,从而对所产生的裂缝造成严重的伤害(后面会讨论这个问题)。图 5.2 给出了使用交联凝胶液产生的双翼裂缝系统的示意图。

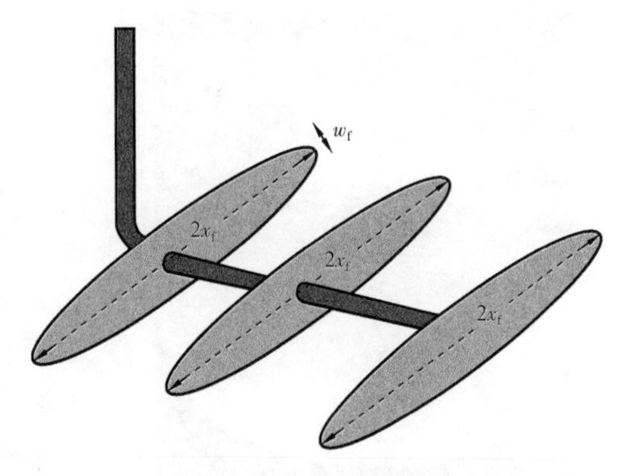

图 5.2 双翼裂缝系统的示意图

5.4 混合压裂液体系

在这类压裂液体系中,先用滑溜水携带较低的砂浓度,然后再用交联或线性凝胶液携带较高的砂浓度,以使近井带导流能力最大化。对于非常规储层来说,如果很难将较高的砂浓度带入,一些公司会使用这种压裂方式。这是因为某些储层难以接受较高的砂浓度,而将设计砂量带入储层的唯一方法是使用线性凝胶液(与交联凝胶液相比黏度低些)或交联凝胶液携带较高的砂浓度。例如,在 Marcellus 页岩压裂中,如果使用滑溜水压裂液无法将设计的砂量都带入地层中,则使用线性凝胶来提升流体的黏度,这样可增加裂缝宽度并克服近井眼处裂缝的曲折走向。Marcellus 页岩地层的有些压裂层段需要黏度较高的流体,如线性凝胶液,才能将设计的砂量成功地带入地层中。通常,如果在较高的砂浓度下难以提高泵排量,则在开始时使用 5~10lb 的线性凝胶液,以产生较大的裂缝宽度,提供较强的支撑剂传输能力。对有些压裂级来说,在压裂起始阶段,即使在较低的砂浓度下仍旧无法达到一个基本排量,此时可使用 15~20lb 的线性凝胶液将支撑剂带入地层中,而不会在低排量下发生脱砂。一旦达到了基本排量,在本级压裂的后续施工中就可以逐步减少或完全停用线性凝胶。例如,如果在最大允许井口压力下只能达到 25bbl/min 的排量,则可以使用 15~20lb 的凝胶体系,并以 0.1~0.25lb/gal(磅砂/每加仑水)作为起始支撑剂浓度。一旦达到了基本排量,在后续施工中就可以减少或停用凝胶。凝胶浓度通常以每 1000gal 基液(水)中所加入的聚合物磅数来表示。例如,制备 20lb 的 ABC 聚合物凝胶体系,就是在每 1000gal 基液中加入 20lb ABC。所用聚合物通常有两种形式:干粉和浓缩液(LGC)。在一种合适溶剂中混入高浓度的聚合物干粉即可制成浓缩液。浓缩液中干粉的含量有所不同,通常为每加仑溶剂含 4lb 干粉。浓缩液需求量的计算公式见式(5.1)。

$$\text{浓缩液需求量(加仑/千加仑)} = \frac{\text{压裂液体系中聚合物浓度(磅/千加仑)}}{4} \tag{5.1}$$

例如,若欲配制 5lb 浓度的压裂液,则 5 除以 4 得 1.25,即每千加仑水中需加入 1.25gal 浓缩液。换句话说,浓缩液是在每加仑溶剂中溶入 4lb 干粉制成的。要配制 5lb/1000gal 的凝胶液体,每千加仑将需要加入 1.25gal 浓缩液。5lb 凝胶液体系并非超黏性液体,这个黏度水平的凝胶液体系恰好能够避免过高摩阻,并能产生较大的压裂宽度,以便能够将砂带入地层中。当裂缝走向异常曲折时,将需要更高浓度的凝胶液体系,例如 15~20lb。图 5.3 显示了在 Marcellus 页岩分级压裂中使用的 20lb 线性凝胶液体系。

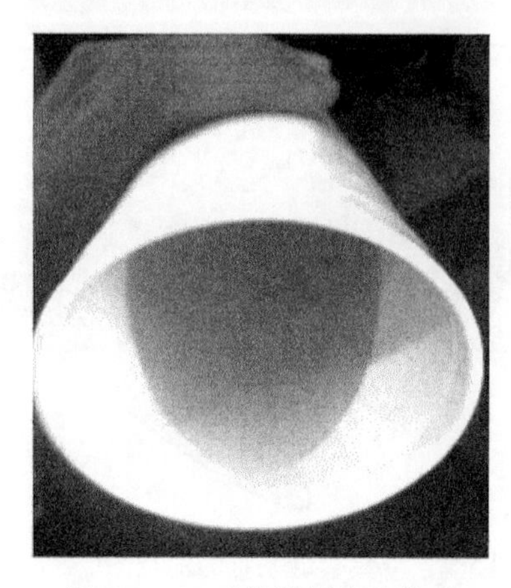

图5.3 20磅线性凝胶液体系

5.5 泡沫压裂液体系

对大多数非常规页岩储层来说,泡沫并不是常见的压裂液体系,但是这种类型的压裂液体系具有其他体系无法提供的某些属性。泡沫由两部分组成。第一部分是气泡,称为内相;第二部分是液体,称为外相。氮气泡沫压裂是最常用的泡沫压裂形式。在这种类型的流体体系中,通常将氮气与水和其他添加剂一起泵送至井下以形成泡沫状流体。氮气泡沫压裂液体系常用于煤层气、致密砂岩和一些深度通常小于5000ft的低渗透页岩储层中。

像其他类型的压裂液体系一样,泡沫压裂液也有其优缺点。由于氮气泡沫压裂液体系中的液体较少,其很大一部分是氮气,因此非常适合水敏性地层(例如含黏土的地层)。由于在氮气泡沫压裂中泵入的液体较少,因此黏土膨胀以及其对水敏性地层的损害最小。氮气泡沫压裂是低压和枯竭地层的理想选择,在这种情况下在压裂作业完成后,利用氮气的能量来帮助井的清洗和返排。由于泡沫压裂液大多数情况下都是由60%以上的气相组成,因此与非泡沫压裂液体系相比,低压储层中压裂液的返排效率更高。泡沫压裂液具有可压缩性,当压裂液回流进入井眼时,气体的膨胀有助于液体返排。采用氮气泡沫压裂时,作业之后井的清洗速度快,清洗时间短。如果没有这种类型的压裂液体系,在枯竭和低压储层中,将没有返排泵入井下的压裂液的能量。由于泡沫压裂液体系仅含有5%~35%的液体,所以它对地层施加的液柱压力较小。

泡沫压裂液体系的另一个优点是滤失量低。如前所述,使用这类体系进行压裂时,泵入井下的液体较少,因此,泡沫压裂的液体效率较高,而这又降低了滤失量。在手上涂些剃须膏并将手翻转,剃须膏不会轻易脱落,这就说明了这类流体的低滤失性能。此时不需要添加降滤失剂,当然也就减轻了降滤失剂对裂缝渗透率和导流能力的任何伤害。请注意,在天然裂缝高度发育、渗透率高的地层中可能需要这种低滤失性能。当将氮气注入液体(例如水)中时,会产生一些泡沫。但是,由于水的黏度低,一些气泡会破裂,添加起泡剂(如肥皂)就可使气泡变得更稳定。已知肥皂是一种表面活性剂,可以在注入氮气时稳定泡沫。一般性经验规则是,在渗透率大于1mD的地层中,添加降滤失剂可能是有益的。

泡沫压裂液的另一个重要优点是支撑剂携带能力。与滑溜水体系不同,泡沫能够将支撑剂带入地层而不发生脱砂,使支撑剂颗粒能够在整个裂缝中均匀分布。泡沫压裂液可以悬浮的支撑剂浓度将取决于泡沫质量(下文讨论)。如果在泡沫压裂液中使用普通砂(相对密度为2.65),并且希望每加仑泡沫中含3lb砂,则搅拌机处的砂浓度应如下确定:泡沫质量为67%时,9lb/gal;质量泡沫为75%时,12lb/gal;质量泡沫为80%时,15lb/gal。图5.4说明了这一概念,这里假定使用相对密度为2.65的普通砂。

泡沫质量是在给定压力和温度下气相体积与泡沫总体积(气相+液相)之比。氮气或二氧化碳可用于产生泡沫,但通常首选氮气,因为当水存在时,二氧化碳的腐蚀性很强。

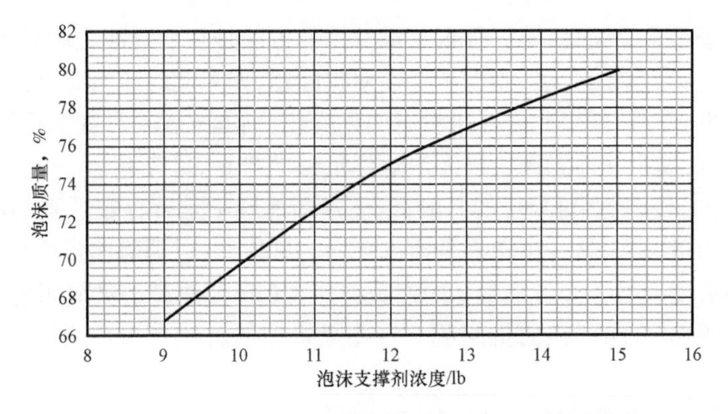

图 5.4 泡沫中支撑剂浓度随泡沫质量的变化关系

$$FQ = \frac{气相体积}{气相体积 + 液相体积} \tag{5.2}$$

式中 FQ——泡沫质量,%。

当泡沫质量在 0~52% 之间时,气泡不会彼此接触,呈球形。此时泡沫黏度也很低,因为体系中存在大量的自由液体,而这又不利于降低滤失量。当泡沫质量在 52%~96% 之间时,气泡彼此接触,结果会使黏度上升。52%~60% 的泡沫质量不具备支撑剂悬浮能力。最后,当泡沫质量超过 96% 时,泡沫将分解成雾,黏度丧失。请注意,较高的泡沫质量具有较高的黏度,悬浮支撑剂的能力更强。随着泡沫质量的提高,将需要更大的驱动马力才能将其泵入井下。这是因为泡沫质量的提高会降低液柱压力,进而不得不提高井口泵送压力。提高井口泵送压力也就需要更大的驱动马力。最常用的泡沫质量通常为 70%~75%。

有几个因素会影响泡沫的稳定性,泡沫质量、表面活性剂类型(浓度)、聚合物类型(浓度)即是部分因素。泡沫压裂的最重要问题之一是尽量保持泡沫处于流动状态,因为泡沫不流动就不稳定。当泡沫停止流动时,重力将导致泡沫中的自由液体排出。正是这种排液会导致泡沫不稳定。泡沫排液速率取决于许多因素,例如温度、液相黏度、发泡剂浓度。温度升高有可能会导致流体的黏度降低。随着温度升高,必须使用更多的发泡剂。聚合物也非常重要,因为它们可用于增强流体的稳定性。聚合物将提高黏度(不十分明显),但是将改善支撑剂的携带能力并降低滤失量。必须适度使用聚合物,因为较高的流体黏度更难发泡和泵送,因而会需要更大的驱动马力。

5.6 裂缝走向曲折度

走向曲折会导致压裂液流过射孔孔眼进入主裂缝时发生较大压力损失,曲折大体上可以被认为是压裂液流动的瓶颈,还可以被认为是造成脱砂的主要原因之一。在垂直井中曲折度不是问题。然而,在水平井和中等至大斜度井、坚硬岩石储层和射孔密度低的井中,曲折度影响似乎非常严重。压裂液泵送条件和岩石性质会直接影响曲折度。对于有些压裂级,曲折度问题可能很严重,这就是为什么要使用高黏流体(例如线性凝胶液)来对付这个问题,以便将设计的砂量成功地带入地层。通常,在压裂时无法达到足够的排量可能就是由严重的曲折度造成的。通过泵送较高黏度的流体(例如线性凝胶液)可以轻松解决此问题,一旦线性凝胶液抵达孔眼,井口泵压很快就会下降,这表明克服了孔眼和主裂缝之间的曲折问题。有多种方法可以判定曲折度是否是个问题,第一种也是最常用的方法是在前置液之后泵入低含砂量段塞。如果该段塞到达地层后泵压升高,则表示存在曲折问题;如果此时压力先升高,然后显著下降,则表示消除了曲折;最后,如果此时泵压没有明显变化,则本来就不存在曲折问题。

滑溜水压裂时,如果在前置液阶段无法达到足够的排量,可先泵送一个低含砂量段塞(通常为0.1~0.25lb/gal),观察对泵压的影响,以便判断地层中是否存在严重的曲折度。在不超过井口压力上限的情况下,另一个选择是再次泵送含砂段塞,以消除曲折路径。在压裂过程中判断是否存在曲折度的另一个方法是从瞬时关井压力(ISIP)中减去裂缝闭合压力。如果二者之差大于400psi,则很可能存在曲折问题。一些最常用的解决严重曲折问题的技术(如前所述)如下:

(1)泵送低支撑剂浓度段塞;

(2)使用高浓度凝胶液(15lb以上);

(3)提高排量(在可能的情况下)。

确定曲折度或严重孔眼摩阻是否就是无法将压裂液泵入地层的原因是一大难题。可以使用以下技术来解决严重孔眼摩阻问题:

(1)泵送低支撑剂浓度段塞;

(2)将少量酸液定点泵至孔眼内(第二次);

(3)重复射孔。

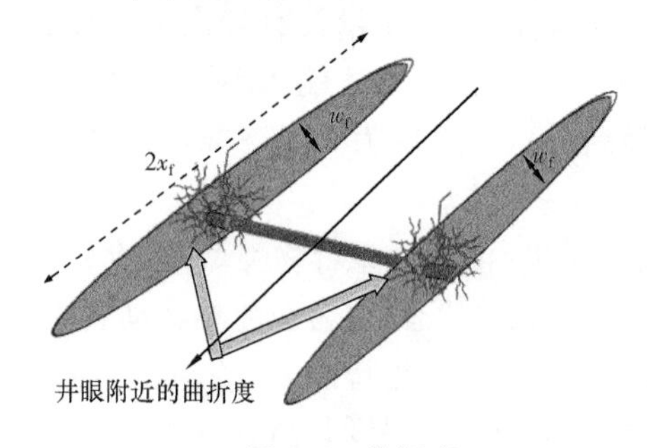

图5.5 曲折度

在第一次酸洗未能完全清除全部孔眼内的水泥和碎屑的情况下,第二次定点泵酸或许会解决问题。当上面列出的前五个选项无法解决曲折度和严重孔眼摩阻时,可使用重新射孔来解决问题并开始压裂。一些公司甚至根本不尝试其中任何一种技术,而直接重新射孔,因为重新射孔的成本可能比尝试任何技术都便宜。图5.5显示了孔眼和裂缝之间可能存在的曲折度示意图。图5.6说明了基于岩石力学性能进行压裂液设计的基础,从脆性岩石(高杨氏模量、低泊松比)到延展性岩石。如图5.6所示,从硬脆性岩石过渡到延展性岩石,需要改变压裂液体系(从滑溜水到交联凝胶液)。这将导致较高的流体黏度、较好的支撑剂传输能力、较低的裂缝网络复杂程度和更低的排量。

5.7 滑溜水压裂典型程序

如前所述,滑溜水是页岩气压裂最常用的流体体系。每一级滑溜水压裂都可分为四个主要步骤或阶段,依次进行。以下各节一一介绍。

5.7.1 酸洗阶段

在此阶段,将不同浓度的HCl(盐酸)或HF(氢氟酸)泵入井下,以清洗孔眼中的任何类型的碎屑或水泥。酸洗的目的只是清除任何水泥或碎屑,并不打算酸化地层。但当地层中有石灰岩夹层或方解石时,酸洗确实有助于储层改善。关于酸的用量和浓度,各公司都有各自的理

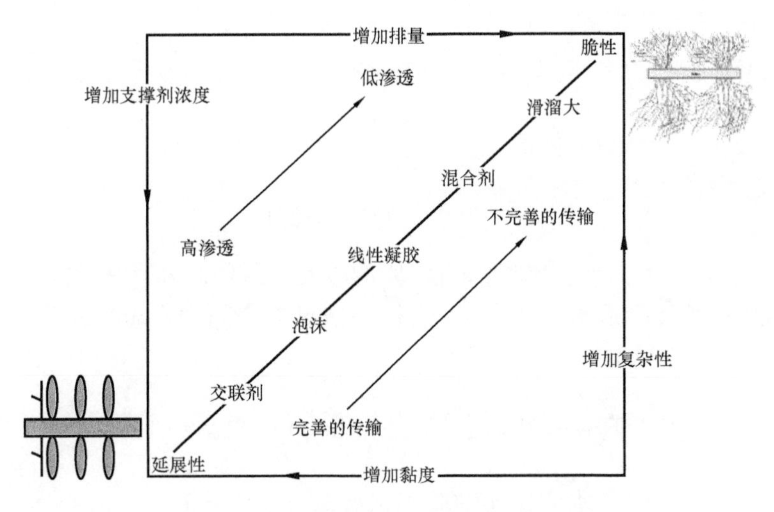

图 5.6 压裂液设计基础(Britt,2011)

论,取决于作业区域和地层类型。通常将 500~4000gal 的 3%~15% 的酸液泵入井下以清洁孔眼。在井口泵压曲线上可以很容易地识别出酸洗阶段,因为一旦酸液抵达孔眼(套管上的孔眼),泵压就会降低,这时就可以提高排量。表 5.1 给出了在各种酸浓度下盐酸的相对密度。

表 5.1 盐酸的相对密度

酸浓度/%	相对密度	酸浓度/%	相对密度
3.00	1.015	25.00	1.126
5.00	1.025	28.00	1.141
10.00	1.048	30.00	1.151
15.00	1.075	31.45	1.160
20.00	1.100	36.00	1.179

泵送酸液时接触时间非常重要。通常,可以泵送较低浓度的酸液来达到接触时间。例如,可以泵送 3000gal 的 3%~7% 的酸液,而不是 3000gal 的 15% 酸液,以便延长酸液与孔眼的接触时间。与泵送更高浓度的酸液相比,这可能会强化清洗效率。通常,服务公司都有自己的酸液配制工厂,进厂的酸浓度为 31.45%,然后根据需要在厂里混配,并取样以确保配出的浓度正确。一般情况下,普通油田罐车能够运输的最高酸浓度为 28%。由于泵入井下的酸浓度通常为 5%~15%,因此通常是在井场配制出所需的百分比。将酸运至井场配制要容易操作得多,其优点之一是可以用一批酸配制出不同阶段所需的酸浓度。这是大有裨益的,因为这样可以简化每个施工阶段酸液的运进运出。现场配制的酸浓度最为接近所期望的浓度。计算稀释比率以确保使用的酸液浓度正确无误是甲方监督的责任。式(5.3)可用于计算配制所期望的酸液浓度所需的原酸体积(gal):

$$原酸体积 = \frac{所需酸液浓度 \times 所需酸液相对密度}{原酸浓度 \times 原酸相对密度} \times 所需酸液体积 \tag{5.3}$$

例1:

假定运抵井场的盐酸的浓度为28%。欲配制3000gal的5%的酸液,需要多少盐酸和水?

$$原酸体积=\frac{5\times1.025}{28\times1.141}\times3000=481.3\text{gal}$$

$$水体积=3000-481.3=2518.7\text{gal}$$

从该示例可以看出,欲配制3000gal的5%的酸液(运抵井场的原酸浓度为28%),只需要481.3gal原酸,其余都是水。现在,再进行一次计算:欲配制3000gal的15%(而不是5%)的酸液,需要多少原酸?

$$原酸体积=\frac{15\times1.075}{28\times1.141}\times3000=1514.2\text{gal}$$

$$水体积=3000-1514.2=1485.8\text{gal}$$

所以,配制的酸液浓度较高时,所需原酸的量较大。

5.7.2　前置液阶段

在泵入设计的酸量和浓度后,将前置液(仅含水和化学剂)泵入井下,在主压裂阶段(携带支撑剂)之前启动压裂,产生裂缝长度、高度和宽度。换句话说,前置液就是在泵送支撑剂阶段之前泵入井下的流体,以产生足够的裂缝网络。为创建足够的裂缝网络,在前置液阶段尽可能提高排量至关重要。为了防止过早的尖端脱砂,前置液体积大小的确定是极其重要的。工程师们坚信,如果在前置液阶段未能产生足够的裂缝网络,后果就可能是过早脱砂。裂缝网络是在整个压裂过程中逐渐形成的,但其绝大部分是前置液阶段产生的。如果没有泵入足够的前置液,则在压裂过程中的某个时间点,支撑剂将会到达所产生裂缝的尖端,在裂缝中形成砂桥,并最终封堵所有裂缝。此种情况下如果不提前结束泵送支撑剂阶段(停止加砂),则会导致井眼脱砂。另一方面,前置液量太大也可能有害。如果前置液量太大,则在停泵后,裂缝尖端会继续扩展,从而在裂缝尖端附近留下较大的未支撑(即没有支撑剂)区域。主裂缝区域的支撑剂可以运移到未支撑的裂缝区域,最终导致支撑剂在主裂缝区域内分布状况很差。这里阐述了如何计算在主压裂阶段之前需泵入的前置液体积,并强调了理解前置液量大小的重要性。使用式(5.4)和式(5.6)计算前置液体积,该体积是地层中流体效率(FE)的函数。

$$\text{Nolte 法:前置液体积,(\%)}=(1-\text{FE})^2+5\% \tag{5.4}$$

$$\text{Shell 法:前置液体积,(\%)}\frac{1+\text{FE}}{1-\text{FE}} \tag{5.5}$$

$$\text{Kane 法:前置液体积,(\%)}=(1-\text{FE})^2 \tag{5.6}$$

流体效率是裂缝内储存的体积与注入的总流体之比,与流体渗漏成反比例关系。较高的流体效率意味着较低的流体渗漏,较低的流体效率意味着较高的流体渗漏。渗漏量是指在压裂过程中或压裂后漏失到地层中的压裂液量。一般来说,非常规页岩储层的渗漏量较低,因为其渗透率非常低。页岩储层中的渗漏量少,不像在高渗透储层中那样多。由于渗漏量低,泵入低渗透储层中的流体将更高效地产生裂缝。通常,页岩具有较高的流体效率(低渗漏量),因而需要较少量的前置液。可以根据诊断性压裂注入测试来计算流体效率,下文将对此进行讨论。

高渗透地层水力压裂时,井眼脱砂可能会成为一个代价高昂的问题,因为流体会很快渗漏到地层中,而初期泵入的前置液也是如此。这就是为何较高渗漏量的高渗透储层需要更大的前置液体积才能有效地将所设计的砂量带入地层中。

例 2:

某级压裂的压裂液设计用量是 7000bbl,流体效率为 70%。计算本级压裂所需的前置液体积百分比。

$$\text{Nolte 法:前置液体积,(\%)} = [(1-0.7)^2 + 0.05] \times 100\% = 14\%$$

$$\text{前置液体积} = 7000 \times 14\% = 980\text{bbl}$$

$$\text{Kane 法:前置液体积,(\%)} = (1-0.7)^2 \times 100\% = 9\%$$

$$\text{最小前置液体积} = 7000 \times 9\% = 630\text{bbl}$$

$$\text{Shell 法:前置液体积,(\%)} = \frac{1+0.7}{1-0.7} \times 100\% = 17.6\%$$

$$\text{最大前置液体积} = 7000 \times 17.6\% = 1232\text{bbl}$$

在上面的示例中,本次作业至少需要占压裂液总量 9% 的前置液。压裂施工期间需要时刻关注的另一个重要参数是压力变化曲线。如果在施工的中途或接近结束时,井口压力开始升高,则表示可能发生了大量渗漏,损失了大量前置液流体。在这种特殊情况下,可以在中途泵入一个小型前置液段塞或加长清洗段塞,以清除近井眼地带积聚的支撑剂,再泵入更多的支撑剂以便为恢复正常作业创造更大的回旋余地,并将现有的支撑剂带入地层深部。

一方面,泵入清洗段塞实质上就是停止加砂、仅泵入水和化学剂,此时砂子已经开始充填裂缝。通常,泵入一个相当于套管容积的段塞之后,井口压力就会开始下降,这可能表明近井眼地带积聚的支撑剂已经被带走。另一方面,加长清洗段塞或称小型前置液段塞,是指泵入的液量大于套管容积,直到井口压力显示下降趋势。在有些油气产区,清洗段塞可能很常用,尤其是支撑剂用量很大时。有时早在压裂设计中就安排了清洗段塞,而其他情况下是根据需要临时泵入。强烈推荐在必要时及时中断加砂、泵入清洗段塞,以便能够恢复正常施工,并将所设计的砂量带入地层中。如果地层出现异常(在井口压力曲线上可以方便地看出),而不泵入清洗段塞,结果就可能是脱砂。在任何压裂阶段,经验丰富的压裂工程师和技术顾问在必要时都会大胆地中断加砂,泵入清洗段塞。

5.7.3 支撑剂阶段

在泵送完设计量的前置液后,即可开始支撑剂泵送阶段,在本阶段将支撑剂、水和化学剂混合(称为浆液)泵入井下。在滑溜水压裂中,在开始加砂之前提升至足够的排量是非常重要的。如前所述,在使用滑溜水体系时,排量是将支撑剂带入地层的主要手段。如果没有达到足够的排量(至少35bbl/min),则不应开始加砂,因为此时加砂会导致井眼脱砂。有时将低浓度的支撑剂段塞(如500~1000lb,0.1~0.25lb/gal)泵入井下,以便在正式实施压裂设计之前确认地层是否能够吸收该段塞。在滑溜水压裂过程中,通常支撑剂的起始浓度为0.1~0.25lb/gal,之后逐渐加大到更高的浓度。重要的是在加大支撑剂浓度之前要确保正在泵送的砂浓度已抵达射孔孔眼,这样才能保证地层能接受设计的砂浓度。例如,如果正在泵送1.5lb/gal的砂浓度,则至关重要的是让其抵达孔眼,然后再将砂浓度加大至1.75lb/gal或2.00lb/gal。

必须利用整个套管容积(充满浆液)使支撑剂抵达孔眼。所以应计算出套管最大容积以便判断砂子何时会抵达孔眼。在现场作业中,经常会有人问:“砂子到达井底了吗?”这即是问支撑剂是否已抵达孔眼。在滑溜水压裂中,通常按0.25lb/gal的级差逐级加大砂浓度。但在更为大胆的压裂施工中,也有人尝试0.5lb/gal的级差。在滑溜水压裂时,至关重要的是以非常低的浓度(例如0.1lb/gal或0.25lb/gal)开始加砂,以便冲蚀孔眼。若以较高的浓度(例如1lb/gal)开始加砂,则可能会封堵所有孔眼,从而造成脱砂。一个压裂阶段与一个运动员起跑非常相似。通常,运动员在跑步前要做热身运动,再以非常低的速度起跑,然后逐渐加速。压裂阶段遵循相同的模式,即从低砂浓度开始,并在随后的整个阶段逐渐提升浓度。

5.7.4 冲洗阶段

在设计的泵送步骤完成后,停止加支撑剂并开始冲洗井眼。冲洗是指仅将水和化学剂泵入井下,以清除生产套管内的支撑剂,直到套管中残留的所有支撑剂都被清除、带入地层为止。依据套管尺寸、钢级、重量和射孔最大深度,可以计算出冲洗液需求量。经验法则是,在地面管线没有残留的支撑剂后,再将至少一个套管容积(计算至射孔最大深度)的水和化学剂混合液泵入井下。在地面管线的末端、进入井口之前装有一个密度计(显示砂浓度)。当全部地面管线中都不再有支撑剂时,该密度计显示为0lb/gal。一旦达到这一条件,立即开始计量泵入的冲洗液体积。在冲洗阶段密切关注泵压是非常重要的,因为在停止加砂后,井口压力会上升(这是由于浆液密度降低,液柱压力减小),需要监控井口压力以确保不超过最大允许压力。使用式(5.7)计算冲洗液需求量:

$$\text{冲洗液需求量}=\text{单位长度套管容积}\times\text{射孔最大深度(斜深)} \tag{5.7}$$

式(5.7)中,单位长度套管容积单位是bbl/ft,射孔最大深度(斜深)单位是ft。

单位长度套管容积也可以使用式(5.8)计算。

$$\text{单位长度套管容积}=\frac{ID^2}{1029.4} \tag{5.8}$$

式中 ID——生产套管的内径,in。

例3:

如果使用公称直径5½in、20lb/ft的P-110(ID=4.778in)生产套管,射孔最大深度(斜深)是12650ft,计算冲洗液需求量。

$$\text{单位长度套管容积}=\frac{4.778^2}{1029.4}=0.0222\text{bbl/ft}$$

请注意,可以从任何套管数据表格中查得单位长度套管容积,而任何服务公司的标准手册中都有套管数据表。

$$冲洗液需求量 = 0.0222 \times 12650 = 280\text{bbl}$$

因此,在地面管线上的密度计显示 0lb/gal 后,需要再泵送 280bbl 冲洗液才能将井眼冲洗至射孔最大深度。

有些作业者为了确保井眼中完全没有残留的支撑剂,在冲洗至射孔最大深度后再额外泵送 10~40bbl 冲洗液(过量冲洗)。这只是一些作业者采取的安全预防措施,以确保在桥塞—射孔式完井的情况下,可以将复合桥塞和射孔枪顺畅地泵入井下。如果孔眼附近的支撑剂未能完全清除,则沉淀出的支撑剂可能会充填部分孔眼,其后果是在泵入复合桥塞和射孔枪的时候会发生过压现象。在垂直井中,一般来说过度冲洗是一大禁忌,因为过度冲洗会将井眼附近的支撑剂带走,导致近井带导流能力下降,从而影响产能。如前所述,在水平井桥塞—射孔式完井多级压裂中行业惯例是过度冲洗 10~40bbl(取决于作业者,有时量更大)。这种作法引起了人们的担忧,担心会降低近井带导流能力,进而影响产能。尽管此作法有争议,但是由于在美国各地的页岩油气产区获得了令人满意的产量和经济效果,这种作法仍在继续。必须进行更多的实验和数模研究,才能真正了解在不同压裂液体系、不同地层性质压裂的情况下过度冲洗对水平井产能的影响。Besler 等(2007)使用交联凝胶液体系在 Bakken 页岩中创建横向裂缝系统时进行了过度冲洗,他们因此而受到关注。Gijtenbeek 等(2012)得出结论:滑溜水压裂时由于其支撑剂传输能力弱,过度冲洗对产能可能不会有不利影响。另外,过度冲洗究竟会如何影响产能,还在很大程度上取决于硬脆性等地层性质。但这里仍然建议不要对水平井进行过度冲洗,因为可能会导致近井带的导流能力下降。过度冲洗对水平井的影响有待于更深入的研究。图 5.7 显示了在一次滑溜水压裂作业中使用的密度计示例。

图 5.7　密度计

5.8　压裂液选择总结

压裂液的选择是水力压裂设计工作中最具挑战性的问题之一。在设计合适的压裂液体系时,深刻认识地层特性,如杨氏模量、泊松比和地层渗透率,是至关重要的。每种压裂液体系各有其优缺点,目前尚没有现成的完美压裂液体系。压裂液的选择会影响裂缝的几何形状、压裂后的导流能力、井眼清洁的难易和压裂作业最终成本。

第6章　支撑剂特性及其使用

6.1　概述

压裂作业结束后,靠支撑剂保持裂缝张开。支撑剂为碳氢化合物从储层流向井筒提供了具有高导流能力的通道。压裂作业结束后,支撑剂可以防止裂缝由于上覆压力的作用而闭合。但是,未被支撑的裂缝将在上覆压力下重新闭合,并随着时间的流逝失去导流能力。

每次压裂作业中最重要的问题之一是使用什么类型的支撑剂。地层中如果没有支撑剂,裂缝将在上覆压力的作用下重新闭合。将不含支撑剂的清水泵入井下也可能会带来不错的初始产量(IP);然而,由于缺乏支撑剂来保持裂缝张开,产量将急剧下降,从长远来看该井将没有什么经济效益。有几种支撑剂可在压裂作业中使用,在以下各节中将对它们进行讨论。

6.2　石英砂

石英砂是强度最低的支撑剂,市场供应充足,价格合理(最便宜)。通常石英砂可以承受6000psi 以下的闭合压力(即裂缝开始闭合的压力)。水力压裂中主要使用的两种石英砂分别被称为渥太华(Ottawa)砂和布雷迪(Brady)砂。渥太华砂(也称为约旦砂、白砂或北方砂)是美国许多页岩油气产区使用的支撑剂类型,它来自美国北部(约旦矿床)。这种支撑剂是具有单晶颗粒的优质白砂。而布雷迪砂产自得克萨斯州布雷迪附近,是从 Hickory 地层露头开采的,也是用于压裂的优质砂。这种石英砂由于其颜色而被称为“棕砂”,由于它比渥太华砂含有较多的杂质且颗粒更趋于棱角状,通常比渥太华砂便宜。布雷迪砂的质量不如渥太华砂。石英砂的相对密度通常为 2.65。

6.3　预固化树脂涂覆砂

树脂涂覆砂被认为是一种中等强度的砂。树脂砂比普通砂价格高,因此,必须进行经济分析以确定使用这种砂的经济可行性。第一种类型的树脂涂覆砂被称为预固化树脂涂覆砂(PRCS)。PRCS 的砂粒表面有坚硬的涂覆,使它具有比未涂覆砂更高的导流能力。这种类型的砂用于闭合压力在 6000~8000psi 之间的地层中。树脂砂能够包被砂子碎屑,但不会堵塞裂缝。人们相信这类砂可以防止碎屑的运移。在闭合压力作用于砂粒后,会产生这种碎屑。

封闭压力超过 6000psi 而不使用树脂涂覆砂的主要原因之一可能是其成本高。水力压裂不能仅根据闭合压力选择砂的类型,而还要考虑每级压裂的成本,评估压裂作业的经济效益。在压裂设计时不可拘泥于理论,而要考虑设计的经济效益,这点是非常重要的。

6.4　可固化树脂涂覆砂

可固化树脂涂覆砂(CRCS)具有与 PRCS 非常相似的特性。CRCS 主要用途之一是控制返排。如果在压裂作业结束后的返排期间,泵入井下的砂大量流回地面(即返排),则可在每级压裂接近尾声时将 CRCS 泵入(尾随注入)以缓解这个问题。这类砂将在裂缝中固结(在闭合压力作用下),以防压裂作业结束后砂粒返排。此外,这种砂和 PRCS 一样,通常具有 6000~8000psi 的抗压强度。图 6.1 显示了标准条件下的可固化树脂涂覆砂,而图 6.2 显示了在储层条件下固结后的同一种砂。Yuyi 等(2016)实验测试了三种支撑剂(普通砂、树脂涂覆砂、陶粒)在 Utica 页岩同一钻井平台上三口只产干气的深井中的作用,目的是从经济角度确定随后平台将使用的支撑剂类型。他们的结论是,在 2016 年的市场条件下,最终可采储量必须分别增加约 13% 和 26%(与基准情况比较),使用树脂涂覆砂和陶粒所增加的投资才是经济可行的。因此,进行这类实验测试和分析对于做出重要决策、为股东创造长期价值是至关重要的。

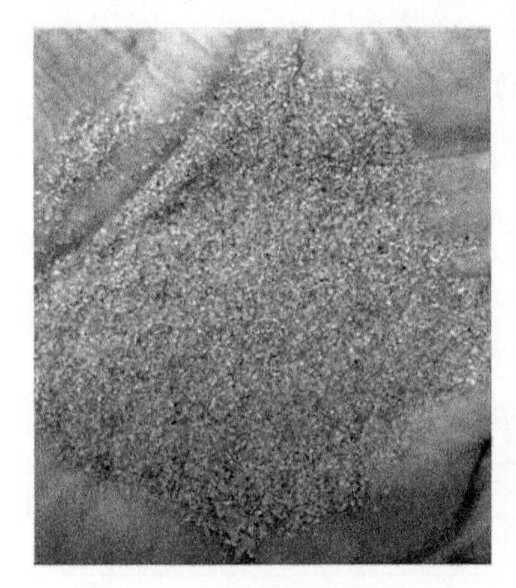

图 6.1 处于标准条件下的可固化树脂涂覆砂

图 6.2 处于储层条件下的可固化树脂涂覆砂

6.5 中等强度陶粒支撑剂

这一类支撑剂质量最高,称为陶粒支撑剂,其质量比树脂涂覆砂还高。这种支撑剂具有均匀的尺寸和形状,并且耐高温。中等强度支撑剂的一个例子是低密度融结陶粒支撑剂。这类支撑剂可以承受 8000~12000psi 的闭合压力,其相对密度为 2.9~3.3(根据制造商的不同,可能会更低,该差异是由原材料不同而造成的)(Economides et al.,2007)。陶粒支撑剂的抗压强度很高,如果将一些陶粒放在平的台面上,然后用锤子尽力敲击,陶粒不会破碎,而是分散在台面上。这样可以演示这类支撑剂的高抗压性。

6.6 轻质陶粒支撑剂

轻质陶粒支撑剂(LWC)不如中等强度支撑剂的强度高。这类支撑剂可以承受 6000~10000psi 的闭合压力(Economides et al.,2007)。LWC 的相对密度通常为 2.72,也可能与普通砂的相对密度相近。由于具有更好的球度和粒径分布(下文讨论),这类支撑剂可提供更高的导流能力。轻质支撑剂还具有均一的尺寸和形状,并且抗温能力强。

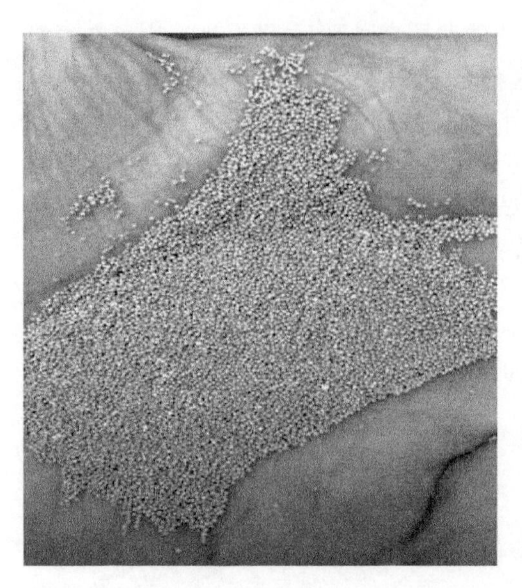

图 6.3 陶粒支撑剂

6.7 高强度支撑剂

高强度支撑剂的一个例子是高强度烧结铝土矿,它是行业内使用的强度最高的支撑剂。它可以承受高达 20000psi 的闭合压力,用于闭合压力超过 10000psi 的深层高压地层中。这种支撑剂含有刚玉,刚玉是已知的最硬的材料之一,可用于高压和高温环境。高强度和中强度烧结铝土矿的制造工艺相同,两者之间的主要区别在于所使用的原材料。中强度铝土矿通常可以承受 15000psi 的闭合压力,而高强度铝土矿可以承受高达 20000psi 的闭合压力。烧结铝土矿的相对密度通常为 3.4 或更高。图 6.3 显示的是一种中强度陶粒支撑剂。

表 6.1 简要比较了所讨论的三种主要支撑剂的性能。

表 6.1 各种支撑剂比较

普通砂	树脂涂覆砂	陶粒
最便宜	价格较高(与普通砂比较)	最昂贵
导流能力最低	导流能力中等	导流能力最高
强度最低	强度中等	强度最高
粒径与形状不规则	粒径与形状不规则	粒径与形状均一
天然存在	人为制造	人为设计和制造

6.8 支撑剂粒径

既然支撑剂类型的概念已经清楚了,那么下一个必须讨论的概念就是应用于非常规页岩储层的支撑剂的粒径。支撑剂粒径的选择取决于压裂设计和不同粒径的增产能力。以下粒径在非常规页岩储层中最为常用。

6.8.1 100 目

100 目的颗粒非常类似于婴儿爽身粉,因颗粒非常小,被用来充填地层中的毛细裂缝。压裂作业通常用 100 目颗粒开始,以便密封微裂缝。100 目颗粒也可有效减缓所遇到的任何裂缝的渗漏。这种颗粒通过封堵地层中的微小裂缝、冲蚀射孔孔眼,而为随后而来的较大颗粒建立传输通道。有时,有的工程师会将含有 100 目颗粒的浆液视作前置液的一部分。对于存在天然裂缝的地层,强烈建议使用这种粒径的支撑剂。使用这类粒径的支撑剂不是为了提高导流能力,常常是为了封堵微裂缝、冲蚀孔眼,以及因挤入地层深部而创建尽可能大的接触面积。100 目通常是压裂作业中使用的最小粒径。由于使用 100 目颗粒后获得了优越的产能,不同盆地的许多作业者已转换为在整个压裂级中 100% 使用这种颗粒。这样一来,对 100 目颗粒的需求必然增加,导致其价格上扬,而 40/70 目和其他的粒径则会降价。图 6.4 显示的是 100 目粒径的支撑剂。

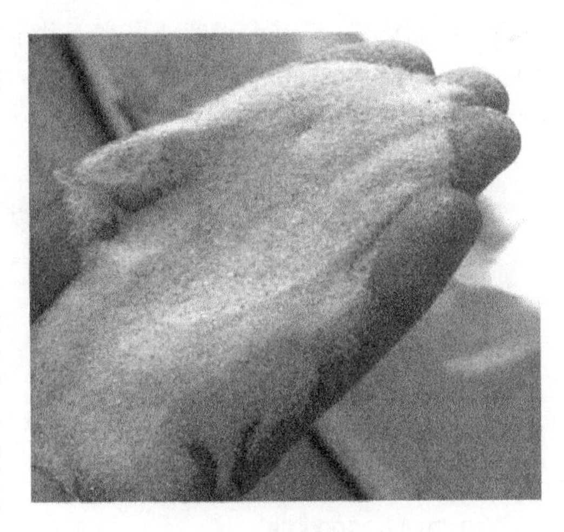

图 6.4 100 目砂粒

6.8.2 40/70 目

通常在 100 目(如使用)之后使用 40/70 目,后者的粒径较前者大。将 40/70 目的支撑剂泵入井下会产生所需的裂缝长度,以创建最大的接触面积和具有一定导流能力的裂缝。截至本书出版时,在大多数非常规页岩储层中,最常见的是泵入 100% 的 100 目支撑剂或 100 目与 40/70 目组合使用。人们已经认识到,与较大粒径的同类支撑剂相比,较小的粒径具有较高的抗压强度。这是因为在小粒径的情况下,在给定的裂缝宽度中有更多的颗粒承受应力。换句话说,在这种情况下应力在更多的支撑剂颗粒上均匀地分布。因此,在为任何压裂作业设计支撑剂颗粒尺寸时,必须考虑到这一概念。

6.8.3 30/50 目

30/50 目的粒径大于 40/70 目,所以其导流能力更高,可为多相流提供更大的流动通道。有些公司不使用 40/70 目粒径,而是在 100 目之后直接泵入 30/50 目的支撑剂,以提高近井带裂缝的导流能力,特别是在液相含量较高时以及油层段。其他公司则倾向于在 40/70 目之后再泵入 30/50 目,以便在 100 目之后逐渐而平稳地过渡。建议在液相含量高的产区(烃类的热值高)测试 30/50 目,这是由于在这类产区存在多相流效应(下文讨论)。一些作业者不相信 30/50 目粒径的作用,因为其颗粒较大,不能像 100 目或 40/70 目颗粒那样进入地层深部。斯托克斯定律表明,支撑剂在裂缝内部的分布取决于其在压裂液中的沉降速度。另外,由于操作上的问题,例如在使用较大粒径、较高支撑剂浓度时容易脱砂,有些作业者不喜欢使用 30/50 目或 20/40 目的支撑剂。因此,进行风险—回报分析很重要,以便权衡是否值得为了潜在的产能增加而承担泵送较大粒径的作业风险。

可以肯定地说,与较大的砂粒相比,较小的砂粒能进入地层的更深处。随着支撑剂粒径的增加,单个颗粒的沉降速度也随之增加。因此,与 30/50 目(粒径较大)相比,40/70 目(粒径较小)进入地层更深。一些作业者在干气井和液相含量高的产区都会尾随泵入 30/50 目的颗粒,以便在近井带获得更高的导流能力。到底使用哪种粒径,最终决定必须基于每个产区的生产数据和成功程度。如果仅使用 100 目和 40/70 目的井,产能好于同一产区使用 100 目和 30/50 目的井,则随后的井中就需使用 100 目和 40/70 目,反之亦然。总而言之,基于理论和计算机模拟(下文讨论)进行压裂设计是很重要的,但是,到头来必须通过现有的生产数据来证实所用粒径的合理性,在后续工作中才能交出成功的压裂设计。如本书第 14 章所述,可以根据由裂缝闭合前的分析所获得的渗漏模式(例如 G 函数或平方根曲线)来确定粒径大小。

6.8.4 20/40 目

与已经讨论过的所有粒径相比,压裂中使用的最大粒径为 20/40 目。有些作业者尾随泵入 20/40 目颗粒,以最大程度地提高近井带导流能力。而另外一些作业者甚至不用 20/40 目,100 目、40/70 目或 30/50 目便是泵入井下的全部不同粒径。再次强调,产能必须是决定每个产区使用何种粒径的最终决定因素。

取决于压裂作业的地层、设计和井距,每级压裂需要 200000 ~ 700000lb 的支撑剂。如果一级压裂的支撑剂总用量为 400000lb,则以下是几个示例设计。

1 号设计(400000lb/级):

100 目 50000lb;

30/50 目 200000lb;

20/40 目 150000lb。

2 号设计(400000lb/级):

100 目 120000lb;

40/70 目 230000lb;

30/50 目 50000lb。

3 号设计(400000lb/级):

100 目 70000lb;

40/70 目 330000lb。

4 号设计(400000lb/级):

100 目 400000lb(100% 使用 100 目)。

以上几种设计不过是示例而已,只是想着重说明不同的粒径应该如何组合使用,这取决于施工设计、产能和经济效益。产能优化所需的支撑剂类型,在各作业者之间是有争议的,每个作业者都有其偏爱的配方。有多种压裂软件可用于各种模拟,以便确定压裂设计工作所需的最佳支撑剂粒径、类型和用量。

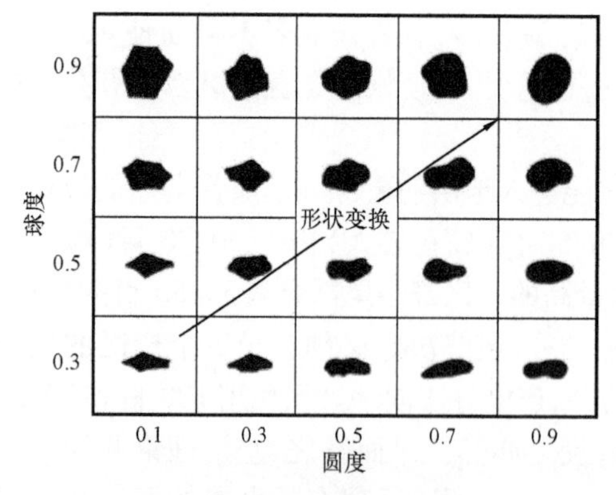

图 6.5　圆度和球度示意图

(Krumbein and Sloss,1963)

根据下述文章修改:Saaid, I. M., Kamat, D., Muhammad, S., 2011. *Characterization of Malaysia sand for possible use as proppant*. Am. Int. J. Contemp. Res. 1(1),37

6.9　支撑剂特性

重要的是要掌握有关支撑剂特性的基本知识,以及理解为什么某些支撑剂类型(例如树脂涂覆砂和陶粒)与普通砂相比要昂贵得多。必须掌握和监控的支撑剂的一些特性包括圆度、球度、抗压强度、相对密度、堆积密度、酸溶解度、粒径、粉砂和细颗粒含量、结块趋势。

圆度是颗粒棱角的相对尖锐程度。改善支撑剂的圆度会使应力分布更加均匀,并可能增大支撑剂充填区的孔隙度。球度则反映物体的球形程度或颗粒接近圆球形状的程度。美国石油学会(API)推荐的支撑剂的圆度和球度的下限都是 0.6。图 6.5 显示了 Krumbein 和 Sloss(1963)文章中给出的圆度和球度示意图。

抗压强度衡量在给定荷载(或应力)下因发生破碎而产生的粉末的量。这可以在实验室中施加不同的压力(例如 3000psi、4000psi、5000psi 等)进行测量。对不同类型的支撑剂 API 推荐了允许产生的粉末百分比上限。K 值测试是一项重要的试验,可以对各种支撑剂类型和粒径进行测试,以了解每种给定应力下产生的粉末百分比。K 值是使 10% 的支撑剂发生破碎、变成粉末或小于原粒径下限的闭合应力(向下舍入)。为了测试支撑剂的质量,强烈建议从抵达现场的运砂车中取样,然后将其发送到有声望的支撑剂检测机构进行 K 值和其他标准测试。请注意,为了保持测试的可靠性,不应由支撑剂供应商实施此类测试。API 标准抗压强度测试程序通常要求在测试设备中加载 $4lb/ft^2$ 的浓度。但是,在滑溜水压裂液体系中很难获得这样的浓度。因此,非常重要的一点是,在不同的支撑剂浓度下进行这种抗压测试,例如模拟接近或远离井眼的平均裂缝宽度,以获得更切合实际的抗压强度值。

相对密度是支撑剂的绝对密度除以水的绝对密度。API 推荐的砂最大相对密度为 2.65。

堆积密度是在堆积状态时单位体积内支撑剂的质量。API 推荐的支撑剂最大堆积密度为 $105lb/ft^3$。

酸溶解度是指支撑剂在 12% HCl 或 3% HF 酸中的溶解度。除了反映支撑剂在酸中的相对稳定性外,酸溶解度还反映支撑剂中存在的污染物量。API 推荐的支撑剂最大酸溶解度,对于较大粒径(30/50 目)是 2%,对于较小粒径(40/70 目)是 3%。

筛分分析是十分必要的,以确保所用的粒径合适,对支撑剂进行质量控制。该分析可以说明支撑剂的粒径分布是否在所设计的颗粒尺寸范围内。该分析通常由支撑剂协调人员进行,在分析中 90% 的样品应落在设计的颗粒尺寸范围之内。大于设计粒径上限的颗粒含量不应超过 0.1%,小于设计粒径下限的颗粒含量不应超过 1%。例如在表 6.2 中,如果测试的是 40/70 目支撑剂,则大于 0.0165in 的颗粒含量不应超过 0.1%,小于 0.0083in 的颗粒含量不应超过 1%。甲方监督负责验证在整个压裂作业过程中筛分分析是否正确无误。

表 6.2 标准筛孔眼直径(Ely,2012)

美国标准筛目数	孔眼直径/in	美国标准筛目数	孔眼直径/in
4	0.1870	25	0.0280
6	0.1320	30	0.0232
8	0.0937	35	0.0197
10	0.0787	40	0.0165
12	0.0661	60	0.0098
14	0.0555	70	0.0083
16	0.0469	100	0.0059
18	0.0394	170	0.0035
20	0.0331		

图 6.6 试验用振筛器

粉砂和细颗粒含量反映样品中存在的粉砂、黏土和其他微细颗粒(杂质)的量,API 推荐的上限值为 250FTU(浊度单位)。图 6.6 所示为实验室中用于分析支撑剂粒径分布的振筛器。除了在实验室内,这类测试在现场进行也很方便。

聚结性反映支撑剂颗粒彼此之间的结块程度。API 推荐的结块性上限为 1%(重量百分比)。进行此类测试的主要原因之一是避免在使用过程中支撑剂发生结块(Ely,2012)。

6.10 支撑剂粒径分布

在使用 API 标号筛子的大多数情况下,所用支撑剂的最大粒径与最小粒径之比约为 2 比 1。例如,20 目颗粒的直径大约是 40 目颗粒的两倍,见表 6.2。20 目颗粒的直径为 0.0331in,而 40 目颗粒的直径为 0.0165in(约为 0.0331in 的一半)。表 6.2 显示了不同的美国标准筛及其孔眼尺寸。

6.11 支撑剂的传输与在裂缝中的分布

在水力压裂过程中,根据初始压裂设计并在储层允许的限度内泵入不同浓度的支撑剂。泵入的支撑剂会沿着水平和垂直两个方向运动。在水平方向上,支撑剂以与压裂液相同的速度追随裂缝尖端前进。然而在垂直方向上,由于重力作用,支撑剂颗粒在流体中有滑动现象,支撑剂的速度(即沉降速度)与流体并不相同。由于尺度效应(裂缝宽度远小于裂缝长度和高度),通常忽略支撑剂在裂缝宽度方向上的运动。当支撑剂颗粒沉降时,它们会充填裂缝宽度,因此会增加垂向剖面中的支撑剂浓度。存在一个临界支撑剂浓度值,超过该浓度就会发生脱砂。支撑剂充填区的增长速度或者说脱砂速度是支撑剂沉降速度的函数。假设裂缝无限大(此时可忽略边界效应),利用斯托克斯定律即可计算出单个完美球形的支撑剂颗粒的沉降速度。可以计算不同流动状态下的沉降速度,而流动状态取决于无量纲雷诺数。

如果雷诺数小于 2,可用式(6.1)计算支撑剂颗粒沉降速度。

$$V_{ps}=\frac{g(\rho_p-\rho_f)d_p^2}{18\mu} \tag{6.1}$$

如果雷诺数介于 2~500 之间,可用式(6.2)计算支撑剂颗粒沉降速度。

$$V_{ps}=\frac{20.34(\rho_p-\rho_f)^{0.71}d_p^{1.14}}{\rho_f^{0.29}\mu^{0.43}} \tag{6.2}$$

如果雷诺数在 500 以上,可用式(6.3)计算支撑剂颗粒沉降速度。

$$V_{ps}=1.74\sqrt{\frac{g(\rho_p-\rho_f)d_p}{\rho_f}} \tag{6.3}$$

式中 p_p,p_f——分别代表支撑剂和压裂液的密度;

μ——压裂液的动力黏度;

d_p——支撑剂颗粒直径;

V_{ps}——未校正的颗粒沉降速度。

如前所述,使用斯托克斯定律计算沉降速度时,因假定裂缝无限大而忽略了边界(裂缝宽度)效应。另外,由于公式是针对单个颗粒推导出来的,因而也忽略了支撑剂颗粒之间的相互作用。Gadde 等(2004)给出了一个关联公式,可以针对这两个因素校正颗粒沉降速度:

$$V'_{ps}=V_{ps}\left[0.563\left(\frac{d_p}{w}\right)^2-1.563\left(\frac{d_p}{w}\right)+1\right](2.37c^2-3.08c+1) \tag{6.4}$$

式中　V'_{ps}——校正后的支撑剂颗粒沉降速度;

c——支撑剂浓度。

当支撑剂沉降时,压裂液黏度将改变。压裂液黏度随支撑剂浓度的变化可以使用式(6.5)确定。

$$\mu=\mu_0\left\{1+\left[0.75(e^{1.5n}-1)e^{\frac{-\gamma(1-n)}{1000}}\right]\frac{1.25c}{1-1.5c}\right\}^2 \tag{6.5}$$

式中　μ_0——未针对支撑剂浓度进行校正的流体黏度;

n,γ——非牛顿流体常数。

Kong 等(2015)研究了支撑剂沉降速度对 Marcellus 页岩储层中支撑剂分布和裂缝导流能力的影响,表明忽略支撑剂沉降速度可能导致无量纲产能指数高估 18% 以上。他们的研究结果还表明,在致密的储层中使用较大的支撑剂颗粒,无量纲产能指数高估可能高达 32%。准确预测水力压裂裂缝中支撑剂的分布可以极大地帮助作业者设计最佳压裂作业。在超低渗透率储层中,例如页岩(渗透率小于 1μD),存在一个临界粒径值,该粒径值可产生最高的水力压裂效率,如图 6.7 所示。在水力压裂作业中,偶尔将不同粒径支撑剂组合泵入井下。通常先泵入较小的粒径,然后再泵入较大的粒径。在页岩类超低渗透率储层中,存在一个大小粒径的临界组合点,在该点可产生最大的油井产能指数(图 6.8)。

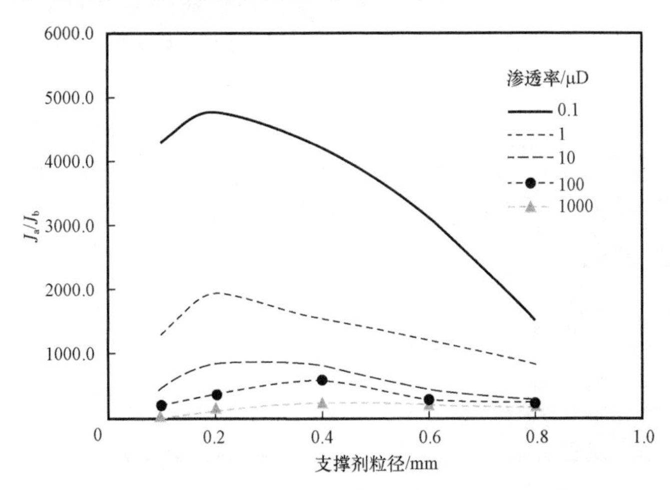

图 6.7　不同渗透率时支撑剂粒径对无量纲产能指数的影响

改编自 Kong, B., Fathi, E., Ameri, S., 2015. Coupled 3 – D numerical simulation of proppant distribution and hydraulic fracturing performance optimization in Marcellus shale reservoirs. Int. J. Coal Geol. 147 – 148, 35 – 45.

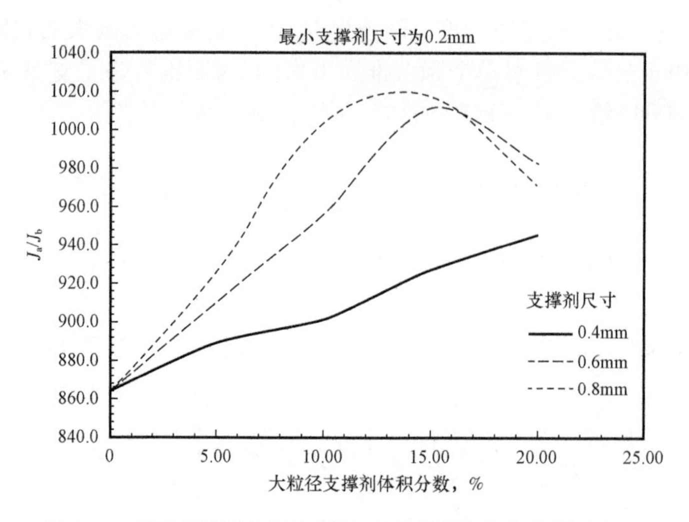

图 6.8　不同支撑剂粒径和用量比对无量纲产能指数的影响

改编自 Kong, B., Fathi, E., Ameri, S., 2015. Coupled 3 - D numerical simulation of proppant distribution and hydraulic fracturing performance optimization in Marcellus shale reservoirs. Int. J. Coal Geol. 147 - 148, 35 - 45.

6.12　裂缝的导流能力

裂缝的导流能力是水力压裂中最重要的概念之一，因此在每项压裂设计中都必须认真考虑。导流能力实质上是裂缝宽度(ft)与裂缝内部支撑剂充填区渗透率(mD)的乘积。支撑剂充填区的渗透率和导流能力随应力不同会发生变化。例如，在6000psi 的闭合压力下 20/40 目支撑剂的渗透率(最终表现为导流能力)与 10000psi 下是不相同的。导流能力有时也称为回流能力，单位为 mD · ft。导流能力反映裂缝将储层流体输送到井眼的能力。随着闭合压力的增加，导流能力下降。支撑剂供应商通常会为每类支撑剂提供一条曲线，其 x 轴是闭合压力，y 轴是裂缝的导流能力。

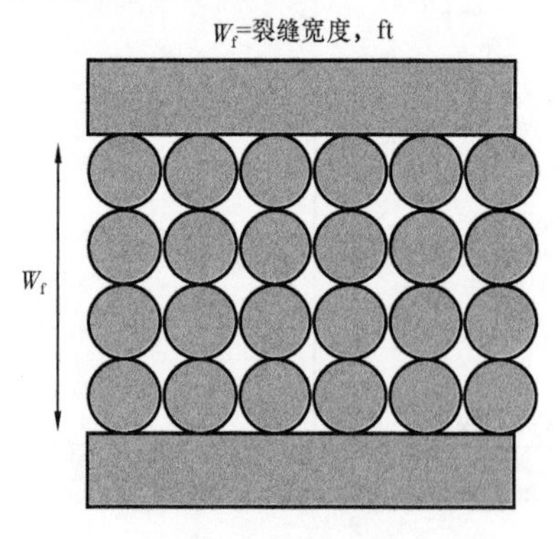

图 6.9　裂缝宽度

影响裂缝宽度的因素有支撑剂密度、支撑剂浓度、因压裂液渗漏而形成的滤饼，以及支撑剂颗粒是否会嵌入地层。而影响支撑剂充填区渗透率的因素通常是支撑剂粒径、球度、强度、细颗粒含量和聚合物的不利影响。图 6.9显示了裂缝示意图，以及用于计算裂缝导流能力的裂缝宽度。

$$裂缝导流能力 = K_f W_f \tag{6.6}$$

式中　K_f——支撑剂充填区的渗透率；

W_f——裂缝宽度。

6.13　无量纲裂缝导流能力

无量纲裂缝导流能力是裂缝将储层流体输送到井眼的能力与地层将流体输送到裂缝的能

力之比。无量纲裂缝导流能力用 F_{CD} 表示:

$$F_{CD}=\frac{K_f W_f}{K X_f} \tag{6.7}$$

式中 K_f——裂缝渗透率,mD;

W_f——裂缝宽度,ft;

K——地层(基质)的渗透率,mD;

X_f——单翼裂缝的长度,ft。

图 6.10 给出的是两级压裂及波及的储层体积示意图,其中的参数可用于计算无量纲裂缝导流能力。图 6.11 说明了使用不同支撑剂类型时裂缝导流能力与闭合压力的关系。

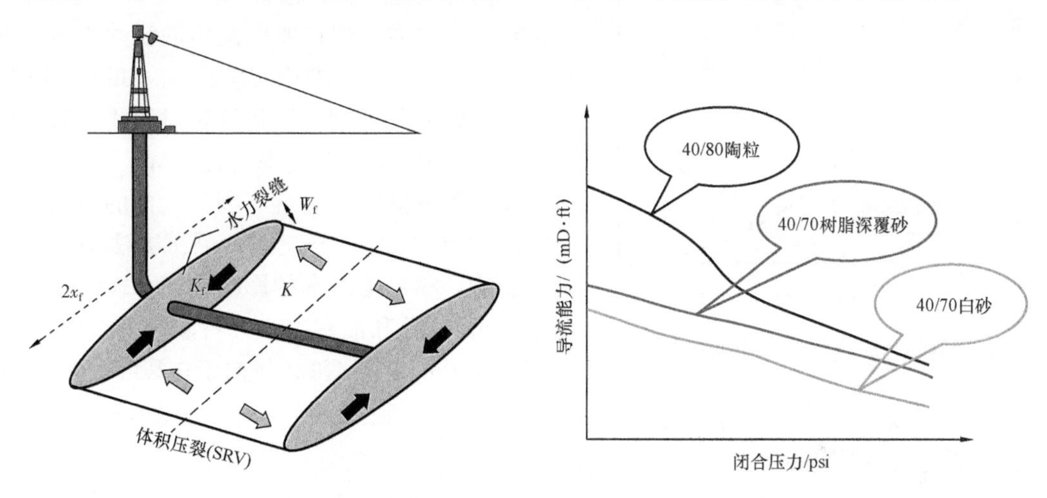

图 6.10 基质与水力压裂裂缝的相互作用　　图 6.11 裂缝导流能力测试

6.14 国际标准化组织导流能力测试方法

通常在以下条件下对不同支撑剂类型和粒径进行裂缝导流能力测试:

(1)俄亥俄砂岩;

(2)2lb/ft² 支撑剂浓度;

(3)保压 50h;

(4)150~200℉;

(5)极低的水流速度(2mL/min)(水中含 2% KCl)。

该导流能力测试考虑的因素包括:支撑剂粒径、支撑剂强度/破碎曲线、部分颗粒嵌入地层的情况、部分温度影响、天然气含有液相。未考虑的因素有:

(1)非达西流动;

(2)多相流;

(3)低支撑剂浓度;

(4)聚合物对导流能力的不利影响;

(5)循环加载的应力;

(6)微粒运移;

(7)导流能力随时间延长而衰减。

6.14.1 非达西流动

达西定律假定流体在地层中呈层流状态,但非达西流动不符合达西定律,因为此时在地层中、特别是在近井带流体以紊流状态流动。非达西流动在天然气井的近井带高流速区非常普遍。因此,一些作业者喜欢在每级压裂结束前尾随泵入较高导流能力的支撑剂,以缓解近井带的非达西流动效应。

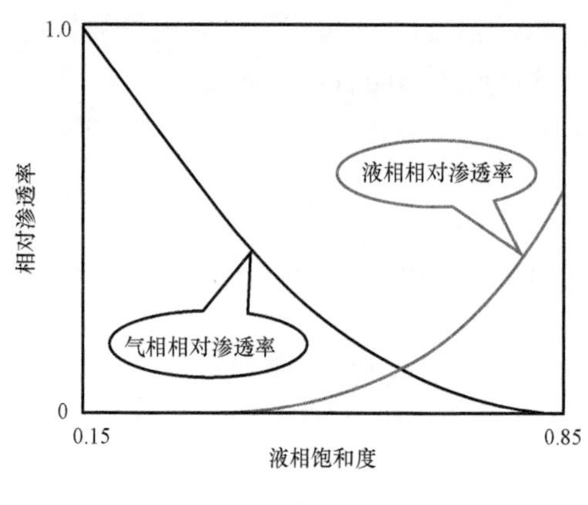

图6.12 相对渗透率曲线

6.14.2 多相流

水力压裂通常包括液体(水、油、凝析液)和气体的流动。水力压裂作业中流体的流动更多地取决于每一相在地层中的相对渗透率。如图6.12所示,增加某相的饱和度,该相的相对渗透率就会增加,而另一相的相对渗透率就会下降。因此,支撑剂充填区被液体饱和后就不利于气体的流动。国际标准化组织(ISO)导流能力测试方法中未考虑这一影响。相对渗透率的影响在高BTU气藏(主要是凝析气藏)和油藏中非常明显,这种情况下流体以液体形式存在。液体倾向于在裂缝中聚积,占据部分孔隙,使之无法用于气体的流动。在液相含量较高的产区,有时会将导流能力较高的支撑剂泵入近井带,以缓解相对渗透率的影响。

6.14.3 低支撑剂浓度

ISO导流能力测试方法使用$2lb/ft^2$的支撑剂浓度,这可能有误导作用。地层条件下的支撑剂浓度通常小于$1lb/ft^2$。例如,如果在闭合压力为6000psi的情况下,常规砂(例如40/70目)在$2lb/ft^2$浓度时裂缝导流能力为400mD·ft,则在地层条件下的导流能力(砂浓度为$1lb/ft^2$或更低)会小得多,约为200mD·ft。因此,在地层条件下的导流能力降为200mD·ft,而不是导流能力测试报告中的400mD·ft。

6.14.4 聚合物对导流能力的不利影响

在交联凝胶液压裂作业中,压裂液的黏度非常高,常常会发生聚合物对导流能力的不利影响。即使用破胶剂破胶之后,残留的聚合物也可能对裂缝导流能力产生伤害。需要提醒的是,破胶剂可以显著改善分布在地层中的聚合物的清除效率。在滑溜水压裂中,除非使用高浓度的线性聚合物来提高压裂液的携砂能力,否则聚合物对导流能力的伤害现象并不常见。这种伤害形式之一是裂缝表面伤害,这是由于滤液渗入岩石中而造成的。另一种形式是聚合物残渣的积累,这在非常狭窄的孔喉中很容易发生,最终影响流体的传输能力。由于聚合物会形成滤饼,也可能会导致有效裂缝宽度减小。压裂液渗漏到地层中,就会形成滤饼,裂缝闭合时可能会被滤饼堵塞。保持裂缝的宽度极为重要,这样才能使裂缝中天然气的流速尽可能低些。Forchheimer方程表明,降低天然气流速将大大降低压力损耗。凝胶液是非牛顿流体。牛顿流体的剪切应力和剪切速率之间呈线性关系,非牛顿流体的剪切应力和剪切速率之间的关系不同于牛顿流体,并且可能具有时间依赖性。聚合物伤害的另一种形式是由于聚合物嵌入裂缝的尖端而造成有效裂缝长度的损失。由于凝胶液是非牛顿流体,必须达到某个最低压差才能使其流动。凝胶液的这一特征使得聚合物会嵌入裂缝尖端,导致裂缝的有效长度减少。实验室研究表明,与其他类型的支撑剂相比,具有更好的圆度、球度、孔隙度和渗透率的支撑剂更能促进聚合物的清除。

6.14.5 循环加载应力

在油气开采过程中需要关注一个压力,即井底流动压力。井底流压是在流动状态下的井底压力,用 p_{wf} 表示。该压力极其重要,因为支撑剂应力(是指施加在支撑剂上的应力)是闭合压力和井底流压的函数。每当井底流压变化时,裂缝内部的支撑剂分布就会重新排列,其后果可能是部分导流能力的丧失。图 6.13 显示了设计的理想支撑剂分布和实际的支撑剂分布,包括压裂作业期间和井投产后两种工况。理想情况是假定裂缝内部的支撑剂分布均匀。油气井投产后,由于有效应力的增加,裂缝宽度减小。然而实际上,由于支撑剂沉降和流体渗漏到地层中,支撑剂分布并非均匀。结果,在裂缝中会有被支撑区域和未被支撑区域。由于开采过程中有效应力的增加,未被支撑区域将会闭合,被支撑区域的裂缝宽度也会减小,这都会导致裂缝导流能力降低。

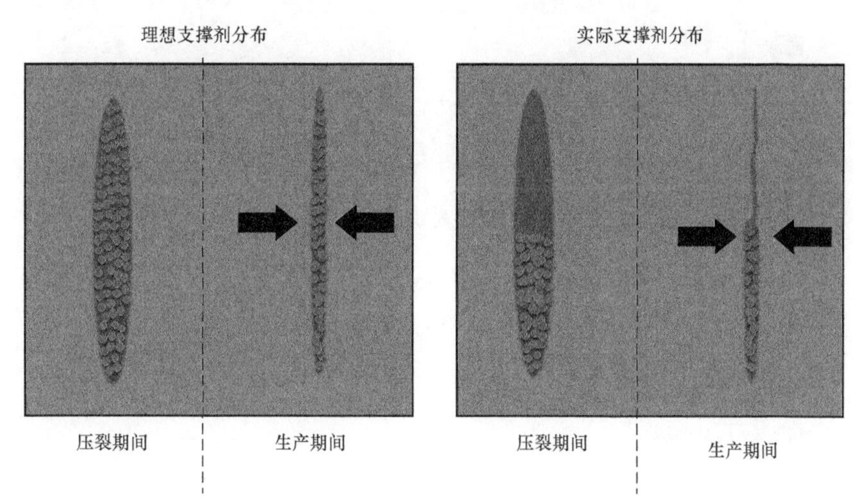

图 6.13 水力压裂裂缝中支撑剂的分布(改编自 Kong, B., Fathi, E., Ameri, S., 2015. Coupled 3 - D numerical simulation of proppant distribution and hydraulic fracturing performance optimization in Marcellus shale reservoirs. Int. J. Coal Geol. 147 - 148, 35 - 45)

6.14.6 微粒运移

在储层中封闭压力条件下,支撑剂会产生一些碎屑或者说微粒(取决于所用支撑剂的类型),而这些微粒会降低导流能力。降低的幅度在很大程度上取决于有效应力的变化速率,而变化速率又取决于作业工况。不幸的是,在油井生产初期,作业者往往会提高初始产量,以取悦于项目的各个投资方。高初始产量只能通过激进的井底生产压差来获得。在许多非常规页岩储层中,“竭泽而渔”或“杀鸡取卵”的作法很普遍。这种作法导致支撑剂承受的应力过大,结果是一些支撑剂嵌入地层、产生微粒并发生微粒运移,进而导致导流能力降低,这就等于产能的损失,最终结果是经济效益的损失。适中的初始产量伴随着适度的生产压差,对裂缝导流能力的伤害也就较小,如图6.14所示。式(6.8)显示了在开采过程中尽可能保持较高的井底流压的重要性;尽可能减小生产压差即可保持较高的井底流压。Belyadi等(2016a,b)分析了Utica/Point Pleasant产区8口井的实际数据,结果表明,通过将生产压差控制在15~20psi/d的套管或油管压降,可以将最终可采储量提高30%。此外,他们还表明,裂缝的导流能力随压力而变化,过大的生产压差很可能会造成储层伤害。根据公司的长期财务指标以及天然气市场价格即可确定最佳经济产量。实质上,激进的生产压差可伤害开采效果,而保守的压差会影响短期经济效益。因此,必须根据公司的战略目标和考核指标为每个产区确定压差调整时间表和最佳经济产量。

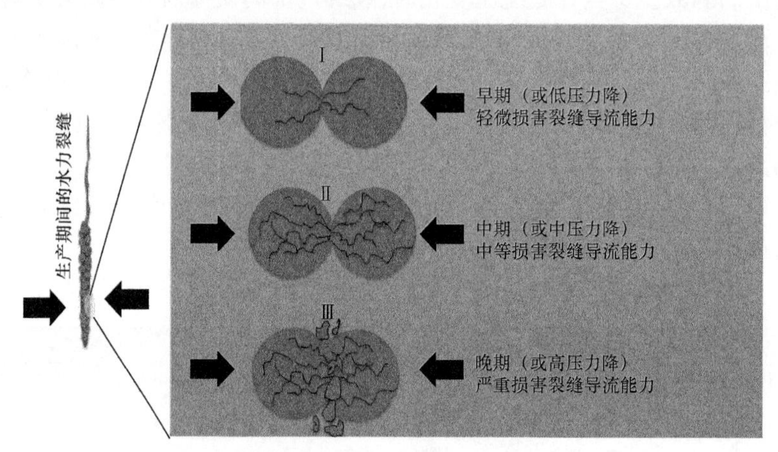

图6.14 支撑剂破碎及嵌入地层

$$支撑剂承受应力 = p_{\text{closure}} - p_{\text{wf}} + p_{\text{net}} \tag{6.8}$$

式中 p_{closure}——闭合压力,psi;

p_{wf}——井底流动压力,psi;

p_{net}——净压力,psi。

例1:

根据以下两个给定条件计算支撑剂所承受的应力,假设净压力为零。

(1)该井投产初期,井底流动压力4500psi,DFIT(诊断性压裂注入测试)所得闭合压力约为6500psi。

(2)在初期返排之后,在2d的时间内,将井底流动压力急剧降至大约1000psi(假定此时间段内闭合压力保持恒定)。

条件1:支撑剂所承受压力 $= p_{\text{closure}} - p_{\text{wf}} = 6500 - 4500 = 2000\text{psi}$

条件2:支撑剂所承受压力 $= p_{\text{closure}} - p_{\text{wf}} = 6500 - 1000 = 5500\text{psi}$

该例表明,支撑剂所承受应力在短短2d内从最初的2000psi增加到近5500psi。这种作法可能会显著降低支撑剂的导流能力,并可能导致产能损失,最终影响经济效益。因此,重要的是针对特定储层特性研究生产压差对产量的影响。与其他压力梯度小于 0.8psi/ft 的储层相比,在异常高压储层中,如 Eagleford 页岩以及部分深层干气 Utica 页岩储层,激进的生产压差对产能的不利影响更为严重。最后,如果激进的生产压差对产量没有不利影响,则建议尽可能提高产量,以使油田的净资产价值最大化。

6.14.7 导流能力随时间延长而衰减

裂缝的导流能力将随着开采时间延长而下降。经验表明随着时间的流逝,裂缝的导流能力可降低 75%。这种行为导致水力压裂的页岩储层过早出现产量下降,迄今为止尚不十分清楚其原因何在。被作为产量过早下降的可能原因予以研究的主要物理现象之一是压裂裂缝和页岩基质渗透率的时间依赖性特征,这种特征也称为恒定载荷下的蠕动变形。这种现象的原因主要是基质和压裂裂缝与压裂液的相互作用。

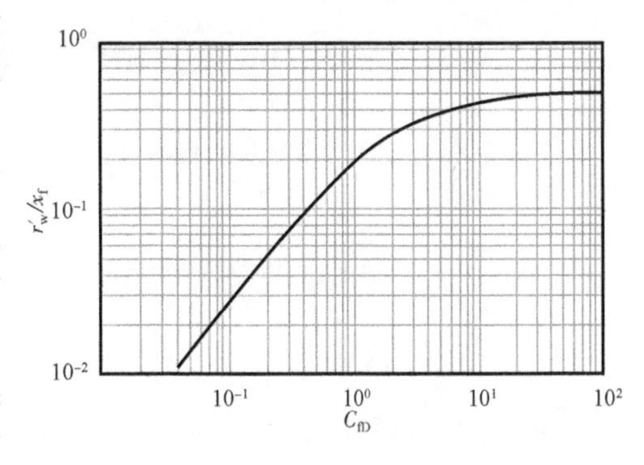

图 6.15 无量纲裂缝导流能力与有效泄油半径的关系(Cinco - Ley and Samaniego,1981)

如果 F_{CD}大于 30,则视为无限导流能力;如果 F_{CD}小于 30,则视为有限导流能力。Cinco - Ley 和 Samaniego(1981)给出了图 6.15,该图绘制了无量纲裂缝导流能力(x 轴)与有效井眼半径/裂缝半长(y 轴)的关系图。

例 2:

假设二叠纪页岩中一口井的无量纲裂缝导流率为 50。从图 6.15 可以得出有效井眼半径如下:

$$\frac{r'_w}{X_f}=0.5$$

假设计算出的裂缝半长约为 300ft,将 $X_f=300$ft 带入上式:

$$\frac{r'_w}{300}=0.5 \quad \rightarrow \quad r'_w=150\text{ft}$$

只要无量纲裂缝导流能力大于 30,就认为裂缝具有无限大的导流能力,有效泄油半径就不会改变。例如,如果使用 40/70 目的支撑剂能够将井下条件下无量纲裂缝导流能力提升至 30(将 ISO 导流能力测试未考虑的所有因素均考虑进去之后),那么泵入 30/50 目的支撑剂还有什么意义吗?只要能够将井下条件下无量纲裂缝导流能力提升至 30(无限导流能力),就不建议泵入较大粒径的支撑剂。在考虑了所有已讨论的因素之后,最难的部分就是确定裂缝的导流能力了。由于非常规页岩储层的渗透率非常低,因此需要注意的是,从理论上讲实现无限导流能力更加容易。然而,正如前面所讨论的那样,有诸多因素可能会降低裂缝导流能力,因此在有些储层中实现无限导流能力可能非常困难,这些因素包括支撑剂类型、压裂液体系类型、生产压差大小、储层流体类型等。

例 3:

一口低渗透率的水平井将使用滑溜水体系进行水力压裂。储层的基质渗透率为 0.0003mD(300nD),估算出的被支撑裂缝的半长为 300ft。根据实验室 ISO 导流能力测试($2lb/ft^2$),在闭合压力为 6000psi 时的裂缝导流能力为 400mD · ft。计算 $1lb/ft^2$ 下的裂缝导流能力,假设在前面讨论的所有因素的影响下导流能力下降了 85%。计算无量纲裂缝导流能力,并说明裂缝属于有限导流还是无限导流。

$$2lb/ft^2\text{下裂缝导流能力} = K_f \times W_f = 400mD \cdot ft$$

$$1lb/ft^2\text{下降低 85\% 后裂缝导流能力} = \frac{400}{2} \times (1 - 0.85) = 30mD \cdot ft$$

$$\text{无量纲裂缝导流能力 } F_{CD} = \frac{K_f \times W_f}{K \times X_f} = \frac{30}{0.0003 \times 300} = 333$$

由于 $F_{CD} > 30$,所以属于无限导流能力。

从该例可以看出,由于地层基质渗透率非常低,即使考虑了一些可能改变裂缝导流能力的因素,裂缝仍然属于无限导流能力。

第7章　非常规油气藏开发环境影响

7.1　概述

非常规储层开发包括水力压裂和废水在地下储层中的留存等活动。这些都在原有储层中引入了外来应力，改变了地层中的原有地应力条件，可能会诱发地震。诱发地震的震级是周围应力场的取向、大小和相对状态的函数。美国地质调查局（USGS）提供的一些统计数据表明，自2005年以来，美国中部和东部地区的地震累计次数呈指数增长，这与这些地区的非常规油藏开发活动恰好吻合。也有一些研究试图将这些统计数据与油气行业的水力压裂、开采或流体注入相关联；然而，没有直接证据和详细研究能够证明这种相关性。通过仔细查看美国地质勘探局2014年公布的《国家地震危害分布图》，可以看到，大多数高于3级的地震发生在主要断层面附近，而这些断层面恰好也非常邻近主要的非常规页岩开发区。如此说来，在非常规油藏开发中常常会改变地下应力场，可能影响地层、断层和任何不连续面的稳定性。这进而可能会导致裂缝和断层复活，或水力压裂和含水层相互干扰。在占据美国大部分非常规油气资源的超低渗透页岩储层中，水力压裂对获得经济产能至关重要。这些水力压裂活动是引起低震级地震活动的主要原因。这些低震级地震被石油和天然气工业用来监控水力裂缝的大小和走向。通常，这些低震级地震事件在地表无法感觉到，仅限于压裂作业层位。然而，在极少数情况下，由于水力裂缝和自然裂缝之间的意外相互作用，这些事件有可能会在地表产生一些影响。

水力压裂对环境的影响还不只是诱发地震。井眼完整性也是油气行业的主要问题之一，受到各州立法的高度监管。水力压裂可以显著影响油井的地质力学行为。这些问题已成为油气行业研究的热点，例如水力压裂过程中水泥在围压作用下的行为和胶结状态，以及水力裂缝与老井和废弃井的连通等问题。在某些情况下，在水力压裂实施过程中，生产套管可能会因超过其破裂压力、或因其制造缺陷而破裂。这在套管的选择和设计方面引发了诸多讨论和争议。非常规资源开发的其他环境影响可分为与地下水保护、野生动物影响、社区影响和地表干扰等有关问题。但在另一方面，非常规资源开发在提供更多就业机会、促进能源安全和可持续发展、提供更清洁的能源而减少污染，以及总体上提高人民生活质量等方面，具有巨大的、正面的社会和政治影响。

7.2　套管选择

水平井开发中常用的套管有如下四种类型：

（1）导管；

（2）表层套管；

（3）技术套管；

（4）生产套管。

7.2.1 导管

在钻机到达井场之前就要下入导管。通常情况下导管直径为18~36in,长20~50ft。导管主要是为了防止井口塌陷,同时防止地表附近松散土壤的坍塌;此外,它还用于建立从井眼到地面的钻井液循环。导管需要灌注水泥浆加固。

7.2.2 表层套管

在下入导管并固井后,在下表层套管之前需要钻下一段井眼。下一段井眼需要使用钻机钻至所需深度,通常在几百英尺到2000ft之间。这是美国环境保护署(EPA)所关注的最关键的一层套管,因为饮用水源通常位于该井段所处的深度范围内。因此,为了保护水源不受污染,环保署通常要求下入表层套管并用水泥固井,下入深度至少比最深的淡水层深50ft。在宾夕法尼亚州的一些地区,州环境保护局(DEP)要求下入两层表层套管,除保护饮用水源外还要保护煤层。表层套管的主要目的是保护淡水源免受污染。当且只有当该层下套管或固井作业操作不当时,产出的烃类或盐水才可能造成淡水层污染。请注意,这一关键施工环节受到环保署的严厉监管,违规者将支付巨额罚款,甚至可能会被叫停钻完井施工。此外,必须在固井作业开始之前24h和结束之后24h通知当地环保部门(各州要求不尽相同),确保淡水层和油井之间的密封合格。通常(各州要求不尽相同),来自州政府的一名代表将亲临固井作业现场,以确保固井质量合格,符合所有法律法规。如果在表层套管固井后,水泥未能返至地面,则必须写出作业总结,报送州政府进行审批,以确保在下步施工开始之前彻底解决问题,非此不得继续作业。表层套管的另一个目的是确保钻下一个井段时,表层井段不会损坏或坍塌。如果套管下入不当,由于井下各种复杂情况(压力、温度、水侵入等),表层井段可能会损坏甚至坍塌。下入表层套管的另一个重要原因是便于安装主要井控设备(如防喷器)。表层套管是提供安装主要井控设备必要手段的第一层套管,典型尺寸为13⅜in。

7.2.3 技术套管

在下入表层套管、固井、并由环保部门确认可以继续作业后,即开始钻下一段井眼。钻完这一井段后即下入技术套管,该层套管具有多重作用,其主要作用是尽量减少与异常压力层或其他可能造成污染的地层相关的危险,例如地下盐水层。技术套管通常用于较长的分支井段,以便使钻井液的液柱压力维持在地层孔隙压力和破裂压力之间。即使上述情况都不存在,对于任何意外的井下异常高压来说该层套管都是非常重要的。大多数作业公司使用的技术套管尺寸都是9⅝in。

7.2.4 生产套管

最后,在下入技术套管并固井到地面后,即开始钻下一段井眼。造斜点(KOP)是开始并逐渐造斜、以便钻出定向井段的那一点。从该点开始,按照预先设计好的井眼轨迹钻达所期望的目的储层。钻完造斜段后即到达着陆点,也即进入目的层的点,从该点开始即可水平钻进直至总井深(TD)。一旦达到总井深,可下入通常为5½in的生产套管并用水泥固井。根据地层特征和工程设计,也可以下入4½in、6in或7in的生产套管。生产套管也称为“长管柱”,是一口井中最长的管柱,因为该套管从设计井深一直延伸到地面。这种套管基本上是沟通井口与产层的一个通道。生产套管的尺寸取决于诸多因素,包括将使用的提升设备、完井工艺设计,以及日后该井加深的可能性。例如,如果预计该井以后会加深,并按加深要求设计,那么生产套管应足够大,以便允许将来加深时钻头能够通过。图 7.1 给出了各种套管柱的图示。

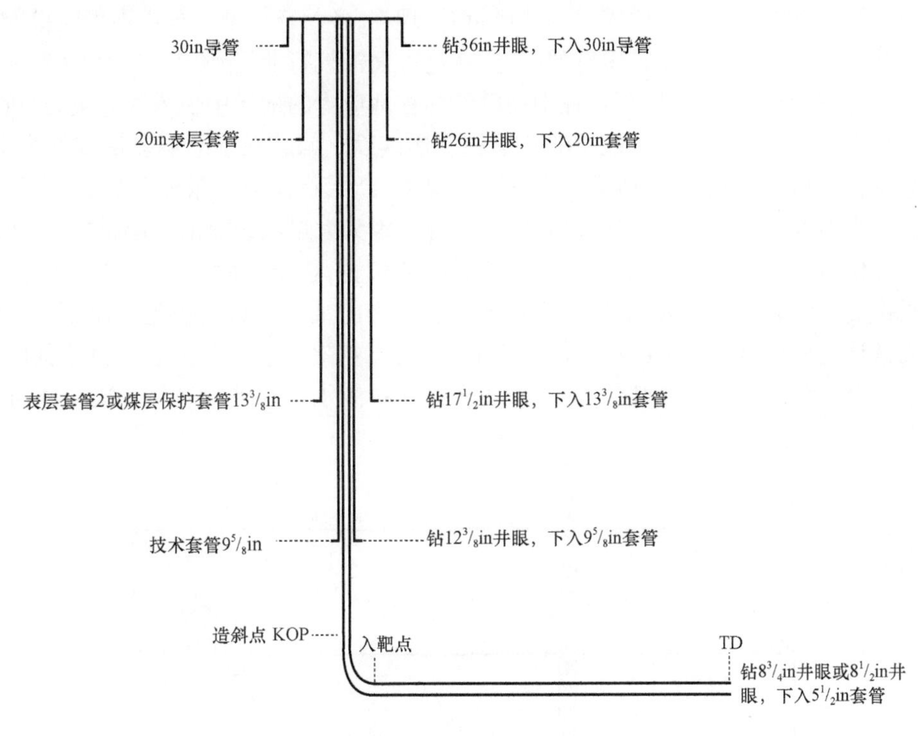

图 7.1 各种套管柱图示

7.3 水力压裂与含水层相互作用

这是一个有争议的话题,争议主要存在于关注水力压裂所用的化学剂是否会影响饮用水源的环保人士中间。水力压裂本身不会造成饮用水污染,早在 1947 年该增产措施就出现了,迄今没有饮用水源受到污染的任何案例。有可能造成水污染的主要问题是固井质量不合格。在下入数千英尺套管(钢管)后,由于每根套管之间的螺纹连接可能会有瑕疵,套管始终存在微环隙泄漏的可能性。然而,即使表层套管固井有缺陷,通常还会下入两层或三层套管(煤层套管、技术套管和生产套管)并进行固井,均可保护浅层水免受任何污染。固井是钻完井作业中的一个关键环节。这就是为什么美国环保署对固井作业进行严厉监管的原因,其主要是确保淡水免受任何污染。

水力压裂作业中,产生的裂缝不会延伸至地面。本章随后将讨论裂缝高度的概念。例如,在 Marcellus 页岩中,多数井的垂深(TVD)在 6500~8000ft 之间(取决于所在地区),并在该深度进行水力压裂。饮用水源位于 50~1000ft(最大深度)之间。根据现有的压裂微地震监测数据,水力压裂过程中产生的裂缝高度极不可能达到 6000~7000ft,所以也不可能污染当地饮用水源。由于地层中的夹层、岩石中的应力(垂直应力、最小水平应力和最大水平应力)、滤失性、高度增长的阻力,裂缝的扩展受到天然限制。如果地层中没有应力,水力压裂时裂缝很容易扩展到地面。各作业者在多个盆地和层位中进行了微地震监测,以确定裂缝走向、高度、长度和宽度等,结果表明,裂缝平均高度最大不过1000ft。因此,基于微地震数据可知,即使裂缝达到最大高度,仍然位于饮用水源数千英尺之外。

造成水源污染的一个主要原因是固井质量差;现在,各州环保部门根本不可能批准质量不合格的固井。由于这是一个非常敏感的问题,在这方面油气行业受到严厉监管,从业人员十分小心谨慎。如前所述,在水力压裂过程中向已经存在地应力的地层中引入人为应力,可能会引起诱发性地震。这种诱发地震可能激活断层和不连续面。问题在于断层复活或发生滑移后,可以一直延伸到地表,如图7.2所示。在这种情况下,断层将作为一条流动通道,压裂液会沿着该通道一直泄漏至地面。这会导致压裂作业失败,因为大量压裂液沿断层跑掉,并可能导致严重的环境伤害。幸而,从业人员很清楚敏感断层的位置,在断层附近压裂是无效的,不会有人在断层带实施水力压裂。因此,被认为处于断层带内的某级压裂会被免除而不予实施。此外人们通常认为地质极其复杂的地区油气产能很差,当然就不会进行压裂。由于其经济效益差,作业者压裂时会避开这些地区。油气作业者在保护淡水源和消除环境污染风险方面工作非常出色。

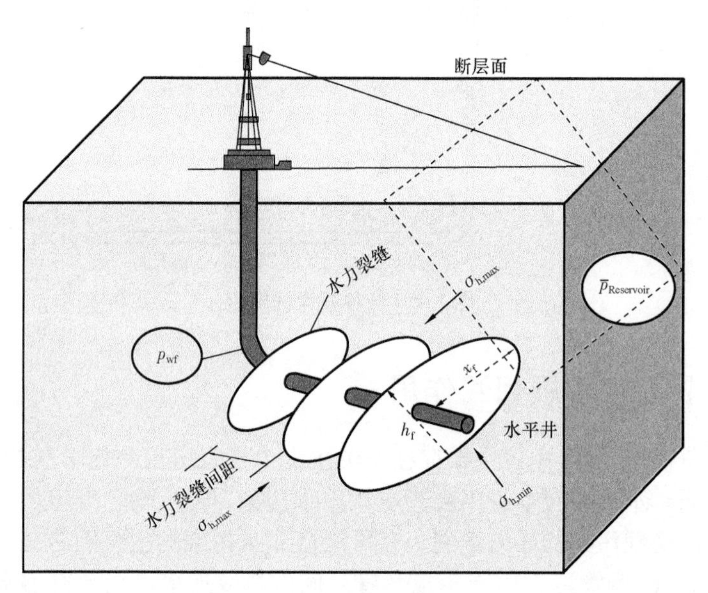

图7.2 裂缝扩展受限状况

7.4 水力压裂与断层激活

在水力压裂过程中,储层的原始地应力条件会发生变化。地应力变化的大小与以下因素直接相关:地层力学性质、裂缝起裂和扩展时的人为压力梯度,以及可能存在的断层或不连续面的性质。因此,区域内断层或其他不连续面可能会受水力压裂干扰而被激活。断层滑移或者说断层运动与摩擦系数直接相关。实验室测量不同岩石类型在不同应力条件下的摩擦系数表明,摩擦系数在0.6~1.0之间小范围变化。摩擦系数是反映已有断层和断裂面状况的一种接触特性。由于水力压裂改变了原始地应力场,沉寂的断层和断裂面的摩擦系数会发生变化,从而导致断层被激活、失稳,岩石被破坏。

Gao 等(2015)进行了解析和数值模拟工作,目的是研究页岩储层多级压裂附近已识别出和未识别出的断层的稳定性。结果表明,断层的稳定性取决于断层和水力裂缝的相对位置。假设断层处于临界应力状态,初始滑移趋势为 0.6,则存在一个临界角($\theta=50°$)和临界距离 r,小于这两个临界值,断层极可能会被激活。换言之,对于滑移趋势为 0.6、处于临界应力条件下的断层,如果水力裂缝与断层面之间的夹角降至 50°或更低($\theta\leqslant 50°$),且断层平面与起裂点之间的距离小于裂缝高度的 2.5 倍($r\leqslant 2.5H$),断层被激活的可能性就很大,如图 7.3 所示。图 7.4 显示了充满高压的水力裂缝对其周围不同区域稳定性的影响。水力裂缝表面的高压导致垂直于该表面的滑移趋势减小,平行于该表面的滑移趋势增大,尤其是在裂缝尖端。因此,处于垂直于裂缝方向上的区域的稳定性增加,而处于裂缝扩展方向上区域的稳定性降低。多级水力压裂附近的稳定区和不稳定区如图 7.4 所示。

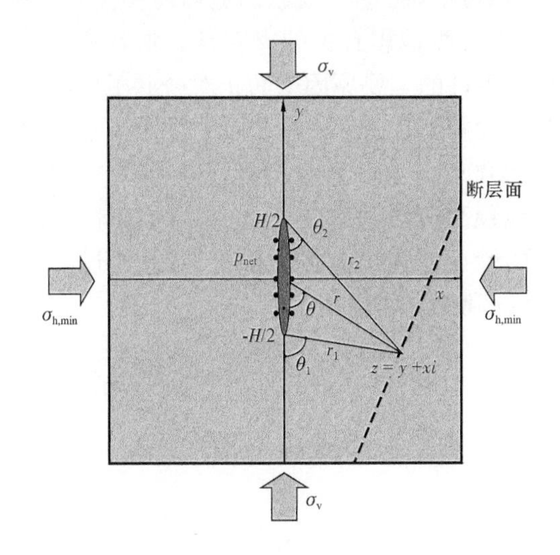

图7.3 单一水力裂缝和断层面的几何关系(修改自 Gao,Q. ,Cheng,Y. ,Fathi,E. ,Ameri,S. ,2015 Aalysis of stress – field variations expected on subsurface faults and discontinuities in the vicinity of hydraulic fracturing. SPE – 168761,SPE Reserv. Eval. Eng. J.)

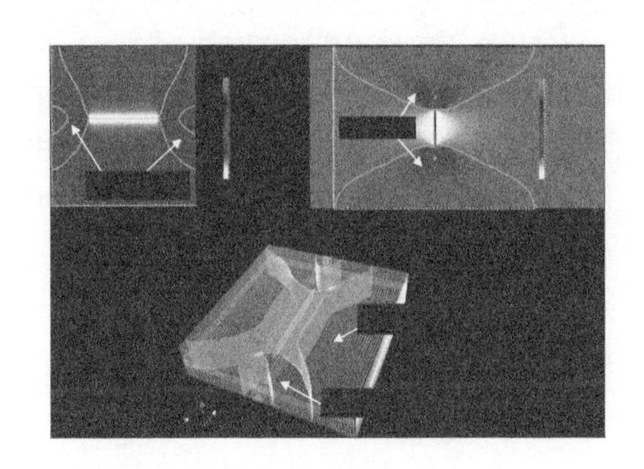

图 7.4 带压水力裂缝附近滑移趋势有限元数值模拟(Gao et al. ,2015)

如前所述,利用滑移趋势可以确定断层稳定还是失稳,滑动趋势定义为作用在断层平面上的剪切应力与法向应力之比,如式(7.1)所示:

$$T_s=\frac{\tau}{\sigma_n}\geqslant\mu_s \tag{7.1}$$

式中 T_s——滑移趋势;

τ——剪应力;

σ_n——法向应力;

μ_s——静摩擦系数。

7.5 水力压裂与低震级地震

断层激活或滑动可能会引发地震,但震级通常小于 1.0 级。然而,在非常罕见的情况下,也有 3 级左右的地震(Ellsworth,2013)见诸报端。美国地质勘探局最近公布了 1973 年至 2014 年美国 3 级以上地震的分布图。该图表明,进入 21 世纪以来,3 级或以上地震的累计次数显著增加。美国的媒体很快就把矛头指向了石油和天然气行业,但并没有任何科学和合理的证据表明这些事件实际上与油气开发活动有关,例如水力压裂或污水回注。油气行业被严厉监管,作业者必须利用微地震监测技术跟踪这些诱发性地震,但尚未发现油气开采活动与高级别地震之间有任何关联。

尽管如此,由于存在诱发高级别震级地震的潜在可能性,这一领域仍迫切需要深入研究。确定大震级地震发生的原因和影响因素,对预防与大震级地震有关的灾害具有重要意义。这些研究的主要目标应该是通过减少或消除这些意外事件的主要原因来防止对公共卫生和基础设施的损害。水力压裂和水力压裂后污水处理等活动并不是诱发地震的唯一原因。这些储层的油气生产也可能引发地震活动(Soltanzadeh et al,2009)。在这种情况下,需要研究影响地层应力行为的复杂岩石和流体相互作用。为了有效地预测应力状态的变化,必须使用耦合的流体力学数值解进行精确的模型表示。该解决方案的验证应通过分析手段获得,并通过实验结果逐步完善,且应使用实时井下数据,如微地震、光纤和先进成像技术。

第8章　化学剂选择与设计

8.1　概述

化学剂选择和设计是水力压裂设计的另一个重要方面。值得注意的是，与公众对石油行业的感知——许多有毒化学物质正在被泵入地下——刚好相反，该行业在研发新的化学剂方面做了大量的工作，这些新化学剂品种属环境友好型，不会对公众健康和安全造成任何危害。水力压裂过程中使用的每种化学剂都有其非常特定的作用。例如，滑溜水压裂液体系使用减阻剂（FR）来降低在高速泵送时的摩擦阻力，而交联压裂液体系则使用线性聚合物和交联剂来产生将高浓度支撑剂带入地层所需的黏度。通过精心选择和设计化学剂，勘探与生产（E&P）公司可能会节省数十万美元。一个包括所需各种化学剂类型和浓度的优化设计方案对于一次成功且经济的压裂作业至关重要。因此，必须进行大量的现场试验和实验室实验，以确定最佳设计方案。由于化学剂是每级压裂成本的一部分，E&P 公司负责为所用化学剂的类型和用量买单，因此非常重要的是进行这类试验以确定最佳化学剂设计方案，本章随后将讨论这些问题。水力压裂作业中使用的化学剂十分昂贵，如果使用不必要的高浓度化学剂会无谓地大幅度增加每级压裂施工的开支，使多级压裂的累计成本高得惊人。水力压裂中使用的化学剂品种有限，最常用的化学剂品种将在以下各节中予以讨论。

8.2　减阻剂

减阻剂（FR）是滑溜水压裂作业中使用的最重要的化学剂。FR 是一种聚合物，用于大幅度降低压裂液在管道内的摩阻，以便在最大允许井口压力下顺畅地泵送压裂液。FR 可降低压裂液与管壁之间的摩擦力。没有 FR，管道内的摩擦压耗就会很严重，不可能顺畅地泵送压裂液。高摩擦压耗是由于滑溜水压裂作业中泵速很高。依据 FR 和水的质量，使用的 FR 浓度从 0.5gpt 到 1.0gpt 不等。FR 浓度的单位是 gpt，即每千加仑水中所加 FR 的加仑数；1.0gpt 表示 1000gal 水中加有 1gal 的 FR。水质对 FR 有重大影响。例如，如果压裂作业用的是淡水，只需较低浓度的 FR 即可降低摩擦压耗；但如果用的是循环再生水，则需要较高浓度的 FR 才能降低摩擦压耗。另一个必须使用较高浓度 FR 的重要因素是 FR 的质量。十分重要的是作业公司必须讨论服务公司提供的 FR 的类型和质量；必须监测 FR 类型和质量的原因之一是成本控制。所有的压裂用化学剂都很昂贵，大多数压裂服务公司通常都是靠销售化学剂来赚钱的。因此，如果不控制 FR 的类型和质量，服务公司可能会使用较高浓度的 FR 而花费掉作业者大量资金，而这种高浓度可能完全不必要。压裂最常用的 FR 是聚丙烯酰胺，其中有非离子型、阳离子型和阴离子型。FR 以干粉或液体形式供应，液体以矿物油为基液。聚丙烯酰胺也用于土壤稳定和制作儿童玩具。FR 的选择取决于：

（1）压裂用水源的化学成分；

（2）高矿化度水还是淡水（需要采用不同类型的化学剂）；

(3)FR 的质量(应关注供应商或服务提供商)。

8.2.1 减阻剂流动环实验

非常规页岩油气藏产量的经济效益如何,在很大程度上取决于水力压裂的效果,因为压裂有可能产生最大的储层接触面积。通过在高泵速下向这类致密地层中注入数百万加仑的压裂液,可能实现这一目标。然而,存在一些与压裂措施相关的技术和环境问题,必须予以解决。为了实现高泵速,主要问题是克服管内摩擦阻力,通过在压裂液中加入 FR 可以实现这一点,能够将水马力需求降低 80%(Virk,1975)。压裂后的返排液具有极高的矿化度和不同浓度的溶解矿物和化学物质,不能直接排放到环境中。采出水的处理成本也非常高,因此大多数作业者都直接将采出水用于后续压裂施工,从而实现循环再利用。随着返排液矿化度和总溶解固相含量的增加,FR 的作用变差仍然是一个有待解决的问题。

不同的页岩储层具有不同的温度和含盐量,所以对于各种压裂液添加剂的成分或用量,没有一个千篇一律的配方。地层中的盐分会以复杂的方式影响添加剂的作用,包括表面活性剂、聚合物和交联剂。研究这类影响、寻求最佳配方的最有效的方法就是物理模拟实验,例如动态流动环实验。图 8.1 显示了流动环实验装置示意图。该装置包括 13ft 的 1/2in 不锈钢管(流出方向)、13ft 的 3/4in 直管(回流方向)、16gal 储液罐、7hp 电动机、可变排量泵、流量计、液体搅拌器、热电偶、管路绝热层,以及带式加热器。考虑到 FR 的性能会影响支撑剂的携带和沉降,而且由于水力压裂的有效性在很大程度上取决于是否能够将支撑剂带入地层,因而在实验中也应关注这一问题。如前所述,数值模拟是模拟水力裂缝中支撑剂携带和就位的有力工具。

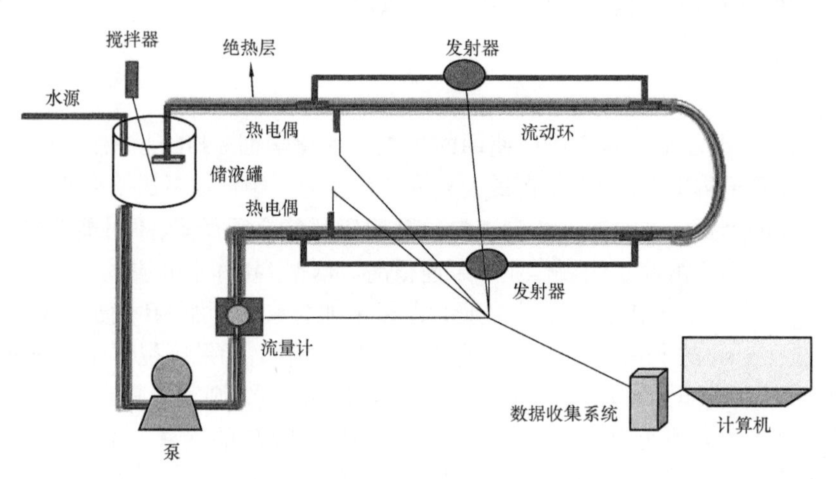

图 8.1 流动环实验装置示意图

FR 的最佳浓度可通过实验室实验(如 FR 流动环实验)来确定,实验所用水样取自井场压裂作业使用的水。实验过程中,使水样流过一个环路,测试各种类型和浓度的 FR,进而筛选出最佳的 FR 类型,并确定其最佳浓度。欲筛选出最佳 FR 类型,先在相同的浓度下测试不同的 FR,选出具有最大减阻效果的 FR。然后,逐渐增加预选出的 FR 类型的浓度,直至浓度增加对压耗没有明显影响为止,记录该浓度值并报告给作业公司,以便他们进行最佳 FR 浓度设计。图 8.2 显示了流动测试结果的示例,其中流量和温度由流量计和热电偶进行测量,平均压耗由两个分别安装在流出管路和回流管路上的压力传感器进行测量,三个参数均作为时间的函数测量,并以时间为横坐标绘制曲线。在实验过程中,保持流量恒定,在实验流体中加入 FR,并随时监测压耗。除了实验室实验和测量外,还可以基于井场压裂数据建立受控机器学习模型(将在第 24 章中讨论),以分析更多因素对单位长度上的总摩擦压耗的影响,包括 FR 类型、FR 浓度、射孔孔眼直径(压裂液入口直径)、孔眼数目、总溶解固相(TDS)、杀菌剂浓度,结垢物黏度、地质力学和岩石物理性质等。该研究可显示出 FR 的最佳浓度和临界浓度,后者是指在该点继续提高浓度不再有明显的减小压耗的作用。同样重要的是弄清楚 FR、防垢剂和杀菌剂之间的相互作用,以及它们之间是否存在不利相互影响。一旦训练出机器学习模型之后,即可很容易地进行这类分析,进而弄清楚各种化学剂之间的相互作用。

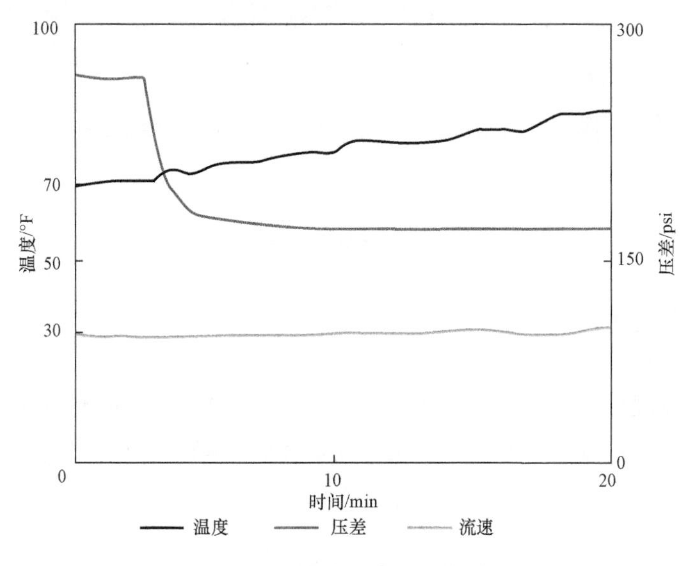

图 8.2 流动回路测试结果

8.2.2 管内摩擦压耗

在讨论下一种化学剂之前,重要的是先了解在不含 FR 的滑溜水作业中的摩擦压耗。管内的摩擦压耗受流体流速、黏度、管路直径和流体密度的影响。管路直径越小,摩擦压耗越大。例如,如果使用 4½in 生产套管代替 5½in 套管进行水力压裂,则管内的摩擦压耗将增加。流体的黏度和密度也是非常重要的参数。不同的作业公司使用不同的 FR 浓度来降低管内和射孔孔眼处的摩擦压耗。压裂作业所用的水质是设计 FR 浓度时须考虑的一个重要因素。如果使用矿化度较高的返排水而不经任何处理,则必须添加更多的 FR,以减少管内的摩擦。

流体流速是影响管内摩擦压耗的另一个重要参数,二者成正比关系。这意味着,流速上升,管内摩擦压耗也会上升。流速不仅增加管内摩擦压耗,而且还增加射孔孔眼处摩擦压耗,这点随后予以讨论。

摩擦压耗用式(8.1)计算:

$$管路内摩擦压耗=\frac{11.41\times 范宁摩擦系数\times 管路长度\times 流体密度\times 流速^2}{管路内径^5} \tag{8.1}$$

其中管路长度单位为 ft,流体密度单位为 lb/gal,流速单位为 bbl/min,管路内径单位为 in。

范宁摩擦系数是最难获取的参数,学者们建立了各种方法来获取该系数。计算范宁摩擦系数必须知道另外两个参数,即雷诺数和管壁相对粗糙度。

8.2.3 雷诺数

为了获取范宁摩擦系数,需要计算出雷诺数。滑溜水被认为是牛顿流体,因此,可使用式(8.2)计算该牛顿流体的雷诺数:

$$Re=\frac{1.592\times 104\times 流速\times 流体密度}{管路内径^{❶}\times 流体黏度} \tag{8.2}$$

8.2.4 管壁相对粗糙度

相对粗糙度是管路内壁表面凹凸不平的严重程度。管壁的绝对粗糙度除以其内径即为其相对粗糙度。

$$相对粗糙度=\frac{\varepsilon}{D} \tag{8.3}$$

式中 ε——绝对粗糙度,in;

D——管路内径,in。

一旦计算出相对粗糙度和雷诺数,便知流动是层流还是紊流,进而可获得范宁摩擦系数。计算范宁摩擦系数有两个公式。式(8.4)适用于层流(意味着雷诺数小于2300):

$$F=16/Re \tag{8.4}$$

如果雷诺数大于4000,则使用式(8.5)计算达西摩擦系数:

$$f(D)=\left\{\frac{1}{-1.8\times \lg\left[\left(\frac{相对粗糙度}{3.7}\right)^{1.11}+\left(\frac{6.9}{Re}\right)\right]}\right\}^2 \tag{8.5}$$

请注意,达西摩擦系数=4×范宁摩擦系数,所以:

$$紊流范宁摩擦系数=\frac{f(D)}{4} \tag{8.6}$$

一旦获得范宁摩擦系数,就可以计算出管路的摩擦压耗。这只是管路摩擦计算的一种方法,可能会非常繁琐而耗时。但是,有各种手册和软件可用来计算管路内的摩擦压耗,而且考虑了 FR 浓度的影响。请注意,这里给出的计算未考虑 FR 的影响,只是为了说明,如果在滑溜水压裂作业中不使用 FR,实际上是不可能以高速泵送压裂液的。表 8.1 列出了不同管材的绝对粗糙度。

---

❶ 此公式可能有误,因为管路内径应在分子位置。——译者注。

表 8.1 管材绝对粗糙度(Binder,1973)

管路材质	绝对粗糙度	管路材质	绝对粗糙度
拉制黄铜	0.00006	镀锌铁	0.006
拉制铜	0.00006	铸铁	0.0102
普通钢	0.0018	木板	0.0072~0.036
熟铁	0.0018	混凝土	0.012~0.12
柏油铸铁	0.0048	铆结钢	0.036~0.36

例 1:

假定下入井眼中的套管为外径 5½in,钢级 P-110,重量 20lb/ft(内径 4.778in),长度 11000ft,不使用 FR,压裂使用的是淡水。另外假定管路内壁相对粗糙度为零。

流速 100bbl/min,淡水密度 8.33lb/gal,淡水黏度 1mPa·s。

第 1 步:为获得范宁摩擦系数,先计算雷诺数:

$$Re = \frac{1.592 \times 10^4 \times 100 \times 8.33}{4.778 \times 1} = 2775504$$

第 2 步:由于假定管路内壁相对粗糙度为零,而计算出的雷诺数表明流动呈紊流状态,因此可以计算达西摩擦系数。

$$f(D) = \left(\frac{1}{-1.8 \times \lg\left[\left(\frac{0}{3.7} \right)^{1.11} + \left(\frac{6.9}{2775504} \right) \right]} \right)^2 = 0.009826$$

$$\text{紊流范宁摩擦系数} = \frac{0.009826}{4} = 0.00246$$

第 3 步:既然已获得范宁摩擦系数,即可用下式计算管路摩擦压耗:

$$\text{管内摩阻压差} = \frac{11.41 \times 0.00246 \times 11000 \times 8.33 \times 100^2}{4.778^5} = 10314\text{psi}$$

在压裂作业期间不使用 FR,管路摩擦压耗将高达 10314psi,说明高排量泵送压裂液实质上将是不可能的。本计算示例凸显了以预先确定的浓度加入 FR 的重要性。

8.3 FR 破胶剂

FR 破胶剂用于降低 FR 的黏度,常用的 FR 破胶剂之一是过氧化氢。

8.4 杀菌剂

杀菌剂是水力压裂中使用的另一种重要化学剂。杀菌剂的首要作用是杀灭细菌和控制其滋生。细菌会导致压裂液黏度不稳定。杀菌剂的加量通常在 0.1~0.3gpt。压裂作业之前须进行水质测试,以便检测水中已经存在的细菌。检测时,将压裂用水的水样盛入试验瓶中,再加入一种杀菌剂。瓶子中水样的变化与细菌数量直接相关。然后根据试验结果确定压裂作业所需的杀菌剂浓度(gpt)。最常用的杀菌剂产品是戊二醛,该产品通常作为液体添加剂与水力压裂液一起泵送。油田细菌的基本类型有:

(1)硫酸盐还原菌,这是最早发现的细菌,它能产生硫化氢(有毒气体)和硫离子,后者会形成 FeS(硫化亚铁)垢;

(2)生酸菌,会产生腐蚀性的酸,能适应有氧或无氧条件;

(3)一般异养细菌,通常在有氧条件下形成。

不使用杀菌剂的后果是:

(1)地层中产生 H_2S(H_2S 是生产井的安全隐患);

(2)微生物造成的腐蚀;

(3)微生物滋生导致产量下降。

讲完了不同类型的细菌,现在了解一下水力压裂和其他作业中使用的杀菌剂类型。

(1)氧化性杀菌剂对细菌造成不可逆的细胞损伤,简单地说,这种杀菌剂会灼伤细胞。常用的有氯、溴、臭氧和二氧化氯。

(2)非氧化性杀菌剂改变细胞壁通透性,干扰其生物学过程。这种杀菌剂实质上会导致细菌的细胞发生癌变,从而导致细菌死亡或使其生存艰难。常用的有醛类、溴硝丙二醇、DPNPA 和丙烯醛。

8.5　防垢剂

防垢剂是水力压裂中另一种常用的化学剂,它可以防止铁和水垢在地层和井筒中积聚。此外,防垢剂通过消除地层和套管中的水垢来提高导流能力。水垢是一种白色物质,在管道(套管)内形成并限制流体流动。防垢剂的加量通常为 0.1~0.25gpt。垢是由温度变化、压力降低、不同来源的水相互混合以及搅拌形成的。常用防垢剂的一个例子是乙二醇(常用于防冻液中)。油气田最常见的结垢类型如下:

(1)碳酸钙,是最常见的结垢类型,与大多数垢不同,温度越高越不易溶解;

(2)硫酸钡,是一种非常坚硬且不溶于水的垢,必须用机械方法去除;

(3)硫化铁,是最常见的硫化物类型,由硫还原菌还原硫酸盐形成;

(4)氯化钠,又称盐,是另一种不言而喻的垢。

8.6　线性聚合物

在滑溜水压裂中有时使用线性凝胶,以利于将支撑剂带入地层中。线性聚合物提高压裂液的黏度,增强减阻作用,并提升压裂液的携砂能力。较高的流体黏度会增加裂缝宽度,使支撑剂更容易进入地层,特别是在较高的砂浓度下。此外,胶凝剂,如线性聚合物可提高液体降滤失能力。用作胶凝剂的典型聚合物类型为瓜尔胶(G,生瓜尔胶含有 10%~13% 不溶残渣)、羟丙基瓜尔胶(HPG,含 1%~3% 不溶残渣)、羧甲基羟丙基瓜尔胶(CMHPG,含 1%~2% 不溶残渣)、羟乙基纤维素(HEC,含微量残渣)和聚丙烯酰胺(减阻剂,含微量残渣)。通常,含不溶残渣较少的胶凝剂都是经过深加工制成的,因此更为昂贵。

瓜尔胶是目前石油工业最常用的线性聚合物。与上面讨论的其他聚合物相比,瓜尔胶最便宜,因为它会留下更多的不溶残渣。瓜尔豆主要生长在印度和巴基斯坦,是一种次要农作物,通常由贫苦农民手工收割,可用作人类和牛的食物。瓜尔豆籽可以磨成粉末。瓜尔胶通常以浓缩液的状态供应,但也可以以干粉状态供应,使用时在现场临时配制。

如前所述,线性聚合物可增加裂缝宽度,有利于将更大粒径和更高浓度的支撑剂带入地层中。在滑溜水压裂过程中当线性聚合物到达射孔孔眼处时,井口泵压会降低,这样即可提高排量。例如,如果某级压裂过程中井口泵压为9500psi(此即5½in,P-110,20lb/ft套管的最大允许泵压)和排量为30bbl/min,可在滑溜水中加入线性聚合物来克服裂缝弯曲走向、增加裂缝宽度、降低井口泵压、成功地将支撑剂带入地层中。使用线性聚合物之所以能够提高泵送排量,是由于线性聚合物可增加裂缝宽度和流体黏度,因而有利于将支撑剂带入裂缝。在任何一级压裂中使用的线性聚合物浓度都是随时变化的,通常为5~30lb,这取决于裂缝走向弯曲的严重程度。由于瓜尔胶浓缩液的净含量通常为4lb/gal,5lb的压裂液体系意味着5除以4,即1.25gpt(每千加仑水中所加聚合物的加仑数)。图8.3显示了线性聚合物压裂液中聚合物分子链的存在状态示意图。

图8.3 线性聚合物(分子链)

8.7 破胶剂

破胶剂与聚合物一起泵入地层,这样一旦聚合物进入地层后就会被降解。破胶剂造成聚合物在井下特定温度条件下降解,因而可以降低地层中聚合物的黏度。聚合物降解的程度受破胶剂类型、聚合物浓度、破胶剂浓度、温度、时间和pH值的控制。可在地面测试破胶剂性能,测试中需模拟地层温度(使用水浴加热),以确保破胶后黏度有足够程度的降低。强烈建议进行破胶试验,以观察了解其降黏作用。如果聚合物在地层中没有完全降解,就会造成严重的地层伤害,比如裂缝的导流能力降低。

8.8 酸碱度缓冲剂

酸碱度缓冲剂是与线性聚合物配合使用的另一种化学剂。基于实验室试验分析,缓冲剂以预定浓度加入,其作用是调节和控制pH值,使聚合物发挥出最佳性能。只有当基液具有碱性pH值(pH值8~14被认为是碱性)时,才需要与聚合物配合使用缓冲剂(滑溜水压裂)。如果基液呈碱性,则必须加入缓冲剂,将pH值降至中性或弱酸性(pH值6.5~7)。测量压裂液的pH值以确定是否需要加入缓冲剂,是服务公司的质量保证/质量控制(QA/QC)职责。石油工业中使用的缓冲剂有两种类型。第一种是酸性缓冲剂,用来加快聚合物的水化;第二种称为碱性缓冲剂,在交联液中使用以便延迟交联发生,以确保压裂液流过数千英尺长的套管时,管内的摩擦压耗较低。交联液流出套管后,开始正常发挥作用,力图克服射孔孔眼和主裂缝之间的弯曲路径。pH值反映物质的酸性或碱性强弱,变化范围从0到14。pH值等于7(如蒸馏水)为中性;pH 值小于7(如黑咖啡和橙汁)为酸性;pH 值大于7(如漂白剂和小苏打)为碱性。压裂作业中常用的缓冲剂有碳酸钾和乙酸。

8.9 交联剂

交联剂是用来交联流体中其他化学物质的化学剂。向一种 20～30lb 的线性聚合物溶液中加入交联剂,即可产生交联液体系。交联剂通过将分散的聚合物分子链连接在一起来增加聚合物溶液的黏度。交联剂将多个分子连接在一起,增加聚合物的分子量,进而显著增加溶液黏度。交联剂增加聚合物的分子量而不必增加其用量。从经济角度看,单纯用线性聚合物生成高黏流体要比使用具有类似黏度的交联流体昂贵得多。例如,当使用线性聚合物来生成黏度为 150mPa · s 的流体时,就比使用相同黏度的交联流体昂贵得多。交联流体的这一特点被认为是其最大优点。交联剂的缺点之一是可能增加摩擦压耗。另外,交联剂提高了流体携带支撑剂的能力,而且因黏度提高而能够产生更宽的裂缝。常见的交联剂有硼酸盐(用于高 pH 值和适中温度环境)和锆酸酯(用于低 pH 值和高温环境)。图 8.4 显示交联剂如何将多个分子连接在一起。

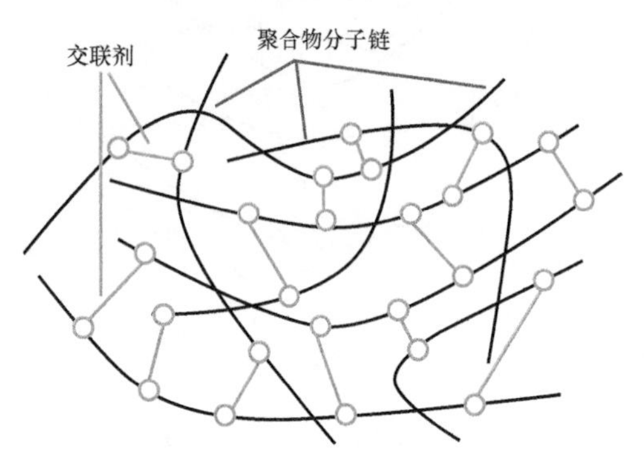

图 8.4 聚合物交联示意图

8.10 表面活性剂

表面活性剂具有不同的用途,但其主要用途是降低液体的表面张力。表面张力是液体表面抗拒外力的趋势。工业上有各种各样的表面活性剂,分别适用于不同用途。水力压裂作业中最常用的表面活性剂如下。

(1)微乳液中所用的是一种能改变接触角、从而降低表面张力的活性剂。表面张力降低,即可在压裂后返排出更多的残余流体。在 Marcellus 页岩气开发的早期,使用了这种表面活性剂,以返排出更多的压裂残余液;然而,由于没有观察到任何效益,在 Marcellus 页岩和 Barnett 页岩的干气区,很多作业者在压裂时已不再使用表面活性剂。

(2)防乳化剂用以尽量减轻或防止地层和压裂液中的乳化现象。这种表面活性剂通常用于含有原油或凝析油的地层中,以避免油与水混合形成乳状液。一些油公司在 Utica 页岩富含液态烃的区域使用防乳化剂。

(3)发泡剂能够产生稳定的泡沫,能够更有效地携带支撑剂。

表面活性剂有更多的用途,应根据所期望的目的选用之。表面活性剂的例子有甲醇、异丙醇(常见用途:玻璃清洁剂)和乙氧基醇。

8.11 铁离子控制剂

铁离子控制剂用于控制压裂液中溶解的铁离子,防止其结垢。铁离子控制剂可以防止一些化学物质的沉淀,如碳酸盐和硫酸盐,这些盐类沉淀可以阻塞地层中的流动通道。铁离子控制剂的例子有氯化铵、乙烯、柠檬酸(食品添加剂)和乙二醇。

第9章　压裂压力分析与射孔设计

9.1　概述

水力压裂必须弄清楚几个基本压力概念，以便成功实现压裂设计和施工。理解压力概念也是确保压裂作业安全和成功的主要先决条件之一。计算井口压力(STP)是其中一个重要的概念，完井工程师在进行生产套管设计时需要用到这个参数，本章将进一步详细讨论。在新的勘探区块，套管设计尤为重要，一些作业者可能因为低估了预期井口压力而采用了额定抗内压等级较低的套管钢级和壁厚，导致水力压裂不能成功实施。因此，了解套管设计中用到的基本压力概念对于压裂作业的成功至关重要。射孔设计是完井设计中的另一个重要参数，本章重点讨论在非常规油藏中获取最佳增产效果的限流射孔设计。

9.2　压力

压力的定义是力除以面积，油田常用的压力单位为 psi，即磅每平方英寸。例如，3000psi 就是每平方英寸上有 3000lb 的力。

$$p = \frac{F}{A} \tag{9.1}$$

式中　p——压力，psi；

F——力，lbf；

A——面积，in^2。

9.3　静液柱压力

静液柱压力是在静止条件下液柱施加的压力，这是个很重要的概念，需要用心学习。静液柱压力由液体密度(lb/gal，磅每加仑)和井的垂深(TVD)决定，0.052 是将单位转换为 psi 的常数。初学者常犯的错误就是用测量深度(MD)而不是垂深(TVD)来计算静液柱压力。MD 可以用来计算液体体积，但计算静液柱压力则必须用 TVD，计算公式见式(9.2)：

$$p_h = 0.052\rho \times \text{TVD} \tag{9.2}$$

式中　p_h——静液柱压力，psi；

ρ——流体密度，lb/gal；

TVD——垂深，ft。

9.4　液柱压力梯度

液柱压力梯度是指每英尺垂深的流体柱所施加的压力。例如淡水的液柱压力梯度为

0.433psi/ft,这意味着每1ft垂深的液柱会施加0.433psi的压力。液柱压力梯度是常数0.052乘以流体密度(lb/gal),可以用公式(9.3)计算。

$$p_h \text{gradient} = 0.052\rho \tag{9.3}$$

式中 $p_h$gradient——液柱压力梯度,psi/ft;

ρ——流体密度,lb/gal。

例1:

用下面的参数计算井眼中的液柱压力和液柱压力梯度:

$$TVD = 10500\text{ft}, MD = 19500\text{ft}, \rho = 8.55\text{lb/gal}$$

务必使用TVD而不是MD来计算液柱压力。

$$p_h = 0.052 \times \rho \times TVD = 0.052 \times 8.55 \times 10500 = 4668\text{psi}$$

$$p_h \text{gradient} = 0.052 \times \rho = 0.052 \times 8.55 = 0.4446\text{psi/ft}$$

9.5 瞬时停泵压力

瞬时停泵压力用ISIP表示,是水力压裂施工或诊断性压裂注入测试(DFIT)结束、所有泵关停后那一刻的压力。在每级水力压裂结束后,可利用井口施工压力(STP)曲线获得ISIP。在一个将要进行压裂的新探区,确定ISIP对于最终计算下一口井的预计STP非常重要。图9.1中给出了STP、计算出的井底压力、排量、混砂泵处砂浓度和地层中的砂浓度,图中的ISIP是所有泵关停后那一刻的压力(即排量降至0的时候),这里大约是4900psi。另外还可以用式(9.4)计算ISIP。

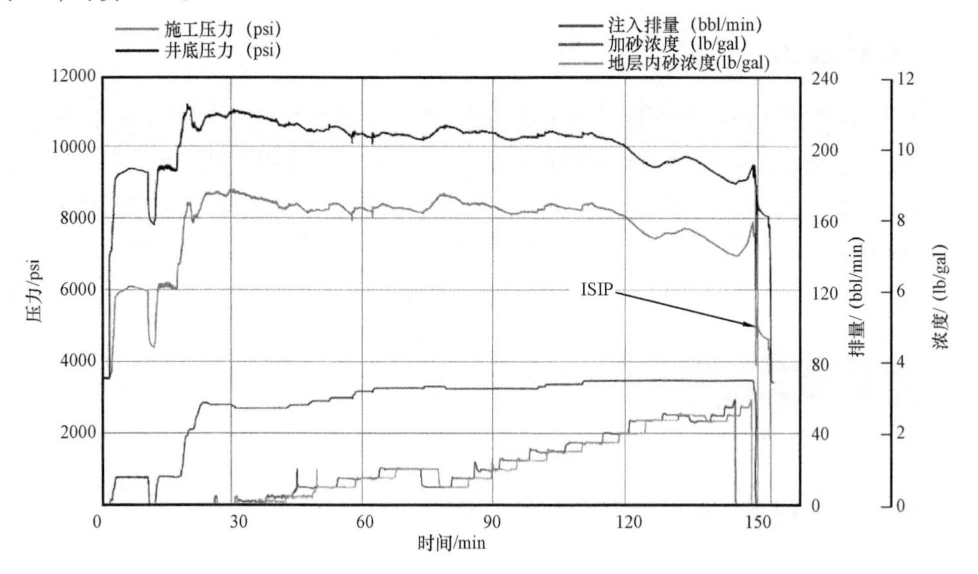

图9.1 瞬时停泵压力图示

$$\text{ISIP} = \text{BHTP} - p_h \tag{9.4}$$

式中 ISIP——瞬时停泵压力,psi;

BHTP——井底压力,psi;

p_h——静液柱压力,psi。

当一级水力压裂结束、所有泵都关停后,井口压力急剧下降,通过压力信号可以看到水击效应。由于压裂液向地层中滤失,井口压力会继续下降,降低幅度的大小与地层渗透率和压裂液黏度直接相关。图9.2显示的是STP和注入速率(泵排量)随时间的变化关系。为了确定ISIP,需要在注入速率降至0的那一点画一条垂线,再用一条直线拟合关井后记录到的压力下降走势,这两条线的交点即是ISIP。

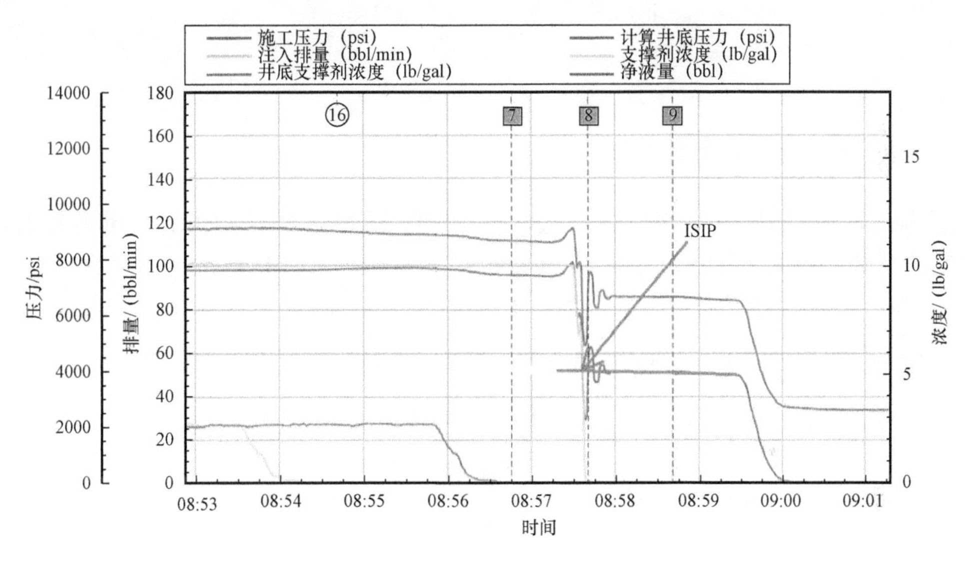

图9.2 瞬时停泵压力的确定

例2:

用下面的数据计算ISIP:

井底压力=10000psi,垂深=7550ft,流体密度=8.9lb/gal

$$\text{ISIP} = \text{BHTP} - p_h = 10000 - (0.052 \times 8.9 \times 7550) = 6506\text{psi}$$

9.6 破裂压力梯度

破裂压力梯度(FG)就是致使地层开始产生裂缝时的压力梯度,为了在压裂作业开始前计算预期井底施工压力(BHTP),了解破裂压裂梯度至关重要。可以用式(9.5)来计算破裂压力梯度。

$$\text{FG} = \frac{\text{ISIP} + p_h}{\text{TVD}} \tag{9.5}$$

式中 FG——破裂压力梯度,psi/ft;

ISIP——瞬时停泵压力,psi;

p_h——静液柱压力,psi;

TVD——垂深,ft。

例3:

在诊断性压裂注入测试结束时获取的ISIP大约为4500psi,如果地层的垂深是7500ft(假定在该测试中使用的是淡水),计算地层的破裂压力梯度。

$$p_h = 0.052 \times 8.33 \times 7500 = 3249\text{psi}$$

$$\text{FG} = \frac{4500 + 3249}{7500} = 1.033\text{psi/ft}$$

9.7 井底施工压力(BHTP)

井底施工压力(BHTP)是水力压裂过程中,为使裂缝延伸,射孔孔眼处所需要的压力。BHTP是沿裂缝表面保持裂缝张开的压力,也称为井底压裂压力(BHFP)。在预测STP和制订最后的压裂方案时,正确估算BHTP至关重要。BHTP可以用式(9.6)计算。

$$\text{BHTP} = \text{FG} \times \text{TVD} \quad \text{或} \quad \text{BHTP} = \text{ISIP} + p_h \tag{9.6}$$

请注意第二个公式可以通过重新排列第一个公式来推导,方式如下:

$$\text{BHTP} = \text{FG} \times \text{TVD} \rightarrow \frac{\text{ISIP} + p_h}{\text{TVD}} \times \text{TVD} = \text{ISIP} + p_h$$

例4:

已知ISIP为6427psi(利用DFIT获得),TVD为8500ft(假设为淡水),计算预计BHTP。

$$\text{FG} = \frac{\text{ISIP} + p_h}{\text{TVD}} = \frac{6427 + (0.052 \times 8500 \times 8.33)}{8500} = 1.189\text{psi/ft}$$

$$\text{BHTP} = \text{FG} \times \text{TVD} = 1.189 \times 8500 = 10109\text{psi}$$

或

$$\text{BHTP} = \text{ISIP} + p_h = 6427 + (0.052 \times 8500 \times 8.33) = 10109\text{psi}$$

9.8 总摩擦压耗

为了确定射孔效率和优化压裂设计,在设计前和施工后必须考虑和计算各种类型的摩擦压耗。压裂施工中的摩擦压耗包括管柱摩擦压耗、孔眼摩擦压耗和裂缝弯曲摩擦压耗,每级压裂的总摩擦压耗可以用式(9.7)来计算。

$$FP_T = \text{平均井口施工压力} - ISIP \tag{9.7}$$

式中 FP_T——总摩擦压耗,psi;

ISIP——瞬时停泵压力,psi。

正如其名称所示,平均井口施工压力是水力压裂过程中井口压力的平均值,ISIP 也可以利用压裂施工数据获得。

例 5:

在 Barnett 页岩储层中完成了一级压裂,施工结束后获得的数据如下。计算本级压裂过程中的总摩擦压耗。

$$\text{平均井口施工压力} = 8650\text{psi}, ISIP = 4500\text{psi}$$

$$FP_T = \text{平均井口施工压力} - ISIP = 8650 - 4500 = 4150\text{psi}$$

本例中的 4150psi 是总摩擦压耗,包括管柱摩擦压耗、孔眼摩擦压耗和裂缝弯曲摩擦压耗,大体上表明在 8650psi 的平均井口施工压力中有 4150psi 是总摩擦压耗。在本例中,总摩擦压耗占平均井口施工压力的 48%,这就说明了理解和计算管柱、孔眼和裂缝弯曲摩擦压耗的重要性。请注意这里的 4150psi 是在施工中使用了减阻剂的情况下产生的;正如先前所述,没有减阻剂,在大排量下泵送滑溜水进行压裂是根本不可能的。

9.9 管柱摩擦压耗

可以计算出不用减阻剂情况下的管柱摩擦压耗,但更重要的是获取在压裂液中添加减阻剂之后的管柱压耗;该计算随着服务公司提供的减阻剂的类型不同而有所不同。根据减阻剂的类型,有多种工具可以用来估算管柱压耗。服务公司通常会在实验室测试其特定减阻剂的作用,并定量表征减阻剂的降压耗效果。每一种减阻剂的降压耗效果取决于该产品的类型和制造商。

9.10 孔眼摩擦压耗

管柱摩擦压耗是水力压裂设计中考虑的重要因素之一,除此之外,射孔孔眼摩擦压耗也是设计中的另一重要参数,需要予以考虑和计算。孔眼摩擦压耗可以用式(9.8)来计算。

$$\text{孔眼摩擦压耗} = \frac{0.2369 \times Q^2 \times \rho}{C_d^2 \times D_p^4 \times N^2} \tag{9.8}$$

式中 Q——泵送排量,bbl/min;

ρ——流体密度,lb/gal;

C_d——排放系数,即孔眼的圆度系数,一般假定为 0.8~0.85;

D_p——孔眼直径,in;

N——孔眼数。

从式(9.8)可知,随着排量和流体密度的增加,孔眼摩擦压耗也增加。另一方面,随着孔眼数和孔眼直径增加,孔眼压耗降低。孔眼直径也称为入口通道直径(Entry - Hole Diameter,简称 EHD)。排放系数是一个衡量流体通过孔眼时射孔效率的指标,一般新射开孔眼取 0.6,已被冲蚀的孔眼取 0.85。

例 6:

利用以下数据计算孔眼摩擦压耗:

$$Q = 85\text{bbl/min}, \rho = 8.5\text{lb/gal}, \text{排放系数为} 0.8, D_p = 0.42\text{in}, N = 40$$

$$\text{孔眼摩擦压耗} = \frac{0.2369 \times Q^2 \times \rho}{C_d^{\,2} \times D_p^4 \times N^2} = \frac{0.2369 \times 85^2 \times 8.5}{0.8^2 \times 0.42^4 \times 40^2} = 457\text{psi}$$

9.11 畅通孔眼数

畅通孔眼数是指在水力压裂过程中实际敞开的孔眼个数。在非常规页岩开发之初,有些公司在一级压裂中最多射了 90 个孔(套管射孔完井)。但这是否意味着在压裂施工中所有的孔都会敞开呢?不,绝非如此。这就是为什么工业界减少了射孔数目,以图增大施工中敞开孔眼的比例。根据储层的不同,单孔的流速可以达到 1~3bbl/min。采用滑溜水压裂时设计的泵排量通常在 70~100bbl/min 之间。因此完井工程师们会进行各种计算,以便做出最佳射孔设计和孔眼效率,进而在施工中能使尽可能多的孔眼保持敞开。

将孔眼摩擦压耗公式重排,即可得到式(9.9),在已知最佳孔眼摩擦压耗的情况下就可以计算敞开孔眼数。

$$\text{敞开孔眼数} = \sqrt{\frac{0.2369 \times \rho \times Q^2}{\text{孔眼摩擦压耗} \times C_d^{\,2} \times D_p^4}} \tag{9.9}$$

9.12 射孔效率

射孔效率是指压裂之前或压裂之后敞开孔眼数占总孔眼数的百分比。在压裂作业中射孔效率通常在 30%~80% 之间;如果能达到 80% 的射孔效率,就被认为是相当优秀的射孔设计。如果每级压裂的设计眼孔数是 45 个,通常在压裂施工中可能有 50%~60% 的孔眼保持敞开,也就是说在压裂施工中有 23~27 个孔眼发挥作用。因此,重要的是应明白,射孔效率在很大程度上取决于射孔设计、地层类型、地层非均质性、天然裂缝和被压裂层位及其周围的地应力。射孔效率可以用式(9.10)来计算。

$$\text{射孔效率} = \frac{\text{敞开孔眼数}}{\text{设计孔眼数}} \times 100\% \tag{9.10}$$

9.13 射孔设计

水力压裂设计中的另一个重要概念是每级压裂的射孔数目。对于非常规页岩储层来说,每级压裂的孔眼数目设计与常规储层完全不同。限流法是油气工业所用的一个术语,是指在完井时限制孔眼数目的作法,其目的是有助于在水力压裂施工中产生孔眼摩擦压耗。这种“阻流”效应会在套管内产生回压,这样就能够使压裂液同时进入多个地应力状态不同的层位,进而能够在一定程度上控制不同层位之间的压裂液分配。人们已经认识到限流法射孔可以提高射孔效率,进而提高非常规页岩储层的产量(Cramer,1987)。可以通过下面步骤实现限流。

(1)确定限流法射孔设计中单个孔眼的摩擦压耗。建议至少取 200~300psi,因为这个级别的压力值在总井口泵送压力(STP)中可以观察到。

(2)选定了摩擦压耗后,再计算每个孔眼的排量(即 Q/N)。可以用下面的新公式(9.11a)来计算产生所选单孔摩擦压耗所需的单个孔眼排量。

初始孔眼摩擦压耗为:

$$p_{\mathrm{f}}=\frac{0.2369\times Q^{2}\times\rho}{C_{\mathrm{d}}^{2}\times D_{\mathrm{p}}^{4}\times N^{2}} \tag{9.11a}$$

将式(9.11a)重排,即可得到计算单孔排量 Q/N 的式(9.11b)。

$$\frac{Q}{N}=\frac{D_{\mathrm{p}}^{2}\times C_{\mathrm{d}}\times\sqrt{\frac{P_{\mathrm{f}}}{\rho}}}{0.487} \tag{9.11b}$$

请注意,单个孔眼的摩擦压耗值必须基于该地区的成功压裂案例选定(需要了解区块不同井的压裂泵送排量和孔眼数目)。

例 7:

如果所期望的单孔摩擦压耗为 260psi,根据以下数据计算所需的单孔排量(Q/N)。

$D=0.42\mathrm{in}$,$C_{\mathrm{d}}=0.80$(孔眼圆度系数,1.0 为圆孔),$p_{\mathrm{f}}=260\mathrm{psi}$,$\rho=8.33\mathrm{lb/gal}$

$$\frac{Q}{N}=\frac{D_{\mathrm{p}}^{2}\times C_{\mathrm{d}}\times\sqrt{\frac{p_{\mathrm{f}}}{\rho}}}{0.487}=\frac{0.42^{2}\times0.8\times\sqrt{\frac{260}{8.33}}}{0.487}=1.6\mathrm{bbl/min}$$

基于计算出的单孔排量,结合所允许的最大 STP,就可以得出限流法压裂的泵送排量。由上面的例 7 可以得到表 9.1。该表显示了在将单孔摩擦压耗选定为 260psi 时,不同排量下所需的孔眼数。

表 9.1 限流法射孔设计例子

孔眼数	排量/(bbl/min)	孔眼数	排量/(bbl/min)
20	32	40	65
25	40	45	73
30	49	50	81
35	57		

9.13.1 孔眼数和限流技术

射孔孔眼数目在压裂设计中非常重要,早先工业界认为,在非常规页岩储层中,孔眼数越多,沟通的储层体积就越大,井的产能也就越高。但随着时间推移,人们发现实际生产效果并非如此。现在人们相信限流法可以产生更高的射孔效率和产量。限流法意味着每个孔眼可贡献 2bbl/min 或更大的排量。在限流技术中,套管上的孔眼起着节流阀的作用,在压裂过程中有限数目孔眼的节流作用会产生回压。这样,该回压向地层施加压力,造成裂缝扩展。这在一定程度上可以控制各层位的压裂液分配。每一簇的射孔数目由射孔枪的长度决定,例如,若采用 1ft 长的射孔枪、设计射孔密度为 6 孔/ft,每簇就有 6 个孔眼。如果某一级压裂有 6 簇,该级压裂就有 36 个孔眼。这取决于作业者的习惯,射孔枪长度为 1~3ft 不等。

9.13.2 射孔直径与深度

页岩储层常见的射孔孔眼直径大体为 0.42~0.58in。0.42in 的 EHD 就是指在套管上形成直径为 0.42in 的孔眼。另外,能够形成的孔眼的公称深度取决于射孔枪的类型、尺寸和制造商,以及射孔枪中使用的炸药量。在页岩储层中能够形成的孔眼深度通常在 7~45in 之间。人们认为穿透深度大的孔眼可以克服近井带污染(如钻井造成的表皮伤害)、更加接近原始储层,有利于产生初始裂缝。

9.13.3 孔眼冲蚀

水力压裂领域的另一个重要话题是孔眼冲蚀。在泵送数千磅的支撑剂通过孔眼后,孔眼的直径(例如 0.42in)会一直保持不变吗?答案是否定的——孔眼会被冲蚀而逐渐变大。孔眼的摩擦压耗取决于其冲蚀率,随着冲蚀程度增大,孔眼的摩擦压耗下降。如前所述,在计算孔眼摩擦压耗时,公式中的排放系数项中已经考虑了孔眼是新的还是已被冲蚀的。

9.14 近井带摩擦压耗

近井带摩擦压耗(NWBFP)是表示井眼附近总压力损失的另一个术语,是孔眼摩擦压耗和弯曲裂缝摩擦压耗的总和,可以用式(9.12)来计算。

$$\text{近井带摩擦压耗} = \text{孔眼摩擦压耗} + \text{弯曲裂缝摩擦压耗} \tag{9.12a}$$

到目前为止,已经讨论过的总摩擦压耗如下:

$$\text{总摩擦压耗} = \text{管柱摩擦压耗} + \text{孔眼摩擦压耗} + \text{弯曲裂缝摩擦压耗} \tag{9.12b}$$

9.15 裂缝延伸压力

裂缝延伸压力是指裂缝内部的液压,随着压裂液的泵入,这个压力能够使裂缝继续扩展;换句话说,也就是使现有裂缝继续延伸的压力。为了保证裂缝在长、宽、高三个维度增长的同时保持敞开,裂缝延伸压力必须大于裂缝闭合压力。裂缝延伸压力可以认为就是井底施工压力(BHTP),这些术语常常互换使用。

$$\text{裂缝延伸压力} = \text{破裂压力梯度} \times \text{TVD} \tag{9.13}$$

9.16 闭合压力

闭合压力是保持裂缝敞开所需的最小压力;换句话说,也就是如果没有支撑剂存在裂缝会闭合的压力。例如在水力压裂过程中,为了使现有裂缝扩展,井底施工压力(BHTP)必须大于储层的闭合压力。压裂作业中有时很难产生初始裂缝,其原因可能是该储层闭合压力太高,井底施工压力未超过该闭合压力。因此,为了能将裂缝限制在某个层位,强烈建议把井眼置于其上下都有较高闭合压力的层位内。可以假定闭合压力与最小水平主应力相等。确定闭合压力大小对压裂设计来说是极其重要的,因为这有助于设计人员选择支撑剂类型。闭合压力可以通过诊断性压裂注入测试(DFIT)或者步进式排量测试来获得。

通常在压裂作业前进行步进式排量测试,以便确定裂缝延伸压力(p_{EXT}),该压力一般略高于闭合压力。确定闭合压力的第一个方法是升排量测试,这也是步进式排量测试的一部分。因此,该方法有助于确定闭合压力的上边界值。

测试步骤。

(1)一般在所用压裂泵的最低排量下(0.5~1.0bbl/min)泵入清水;达到预定排量后,等待压力稳定,之后记录下准确的排量和压力值。

(2)获取准确的排量和压力值之后,将排量依次提高到1.5bbl/min、2.0bbl/min、3.0bbl/min、5.0bbl/min、10bbl/min,记录每个排量下的稳定压力。

如果操作得当,该测试还是很简单的。请注意,为了获得准确的结果,一定要在压裂施工之前进行测试。如果在压裂施工之后进行,得到的结果会不准确,也无法用该结果确定闭合压力。图9.3展示了如何确定裂缝延伸压力,可用于估算闭合压力的上边界值。这个测试通常需要15min。

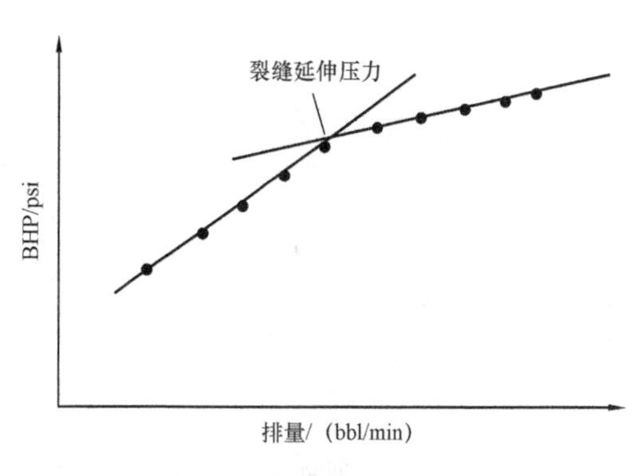

图9.3 裂缝延伸压力

确定闭合压力的第二个方法是注入压力回落测试。在该测试中,以恒定的排量向地层注入流体,然后关井;压力自然会降低至闭合压力以下,最终裂缝闭合。裂缝闭合时间取决于地层的渗透率;渗透率越低,降至闭合压力所需的时间就越长。实现闭合所需的时间还是泵送持续时间的函数。由于非常规页岩储层的渗透率太低,所需的关井时间较长,该测试实际上仅用于高渗透率的储层。实现闭合所需的时间可以用式(9.14)近似计算(Barree,2013)。

$$裂缝闭合时间=(0.3\times泵送持续时间)/估算渗透率 \tag{9.14}$$

式(9.14)中的泵送持续时间单位为min,估算渗透率单位为mD。

例8:

如果泵入持续时间为5min,储层渗透率分别为0.003mD和0.03mD,计算裂缝闭合所需时间。

$$0.003\text{mD 下裂缝闭合时间} = \frac{0.3 \times 5}{0.003} = 500\text{min} = 8.33\text{h}$$

$$0.03\text{mD 下裂缝闭合时间} = \frac{0.3 \times 5}{0.03} = 50\text{min} = 0.833\text{h}$$

确定裂缝闭合压力的方法如下:将关井井底压力(y 轴)对时间的平方根(x 轴)作图,偏离直线的拐点即是闭合压力。

例 9:

利用表 9.2 中的数据估算裂缝闭合压力。

需要将关井井底压力(y 轴)对时间的平方根(x 轴)作图(图 9.4),图中标出了闭合压力,即偏离直线的拐点。在本例中闭合压力大约为 3600psi。

表 9.2 井底压力(BHP)与时间平方根之关系

关井时间/min	BHP/psi	时间平方根/$\text{min}^{1/2}$
0	4300	0.00
1	4073	1.00
4	3840	2.00
6	3740	2.45
8	3605	2.83
10	3470	3.16
12	3350	3.46

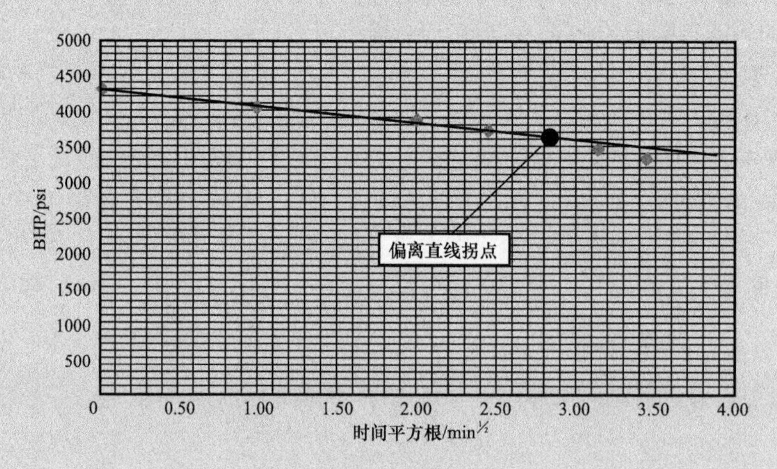

图 9.4 根据注入压力回落试验确定闭合压力

9.17 净压力

净压力是水力压裂中需要考虑的一个重要因素,是压裂施工过程中裂缝扩展和增大宽度所需要的能量,是指超出裂缝延伸所需破裂压力的额外压力。净压力实质上是压裂液压力与闭合压力之差,是裂缝增长的驱动力。缝内的压力越高,裂缝增长的潜力也越大。净压力这个术语只在裂缝敞开的状态下才有意义;如果裂缝呈闭合状态,则净压力为0。净压力取决于若干个参数,如杨氏模量、裂缝高度、压裂液黏度、施工排量、裂缝总长度、裂缝尖端压力等。净压力也被称为处理层位压力,可用式(9.15)或式(9.16)计算。

$$p_{\text{net}} = \text{BHTP} - p_{\text{c}} \tag{9.15a}$$

或

$$p_{\text{net}} = \text{BH ISIP} - p_{\text{c}} \tag{9.15b}$$

式中 p_{net}——净压力,psi;

BHTP——井底施工压力,psi;

p_{c}——闭合压力,近似等于最小水平主应力,psi;

BH ISIP——井底瞬时停泵压力,BH ISIP = ISIP + p_{h},psi。

$$p_{\text{net}} = \frac{E^{3/4}}{h}(\mu \times Q \times L)^{1/4} + p_{\text{tip}} \tag{9.16}$$

式中 E——杨氏模量,psi;

h——裂缝高度,ft;

Q——施工排量,bbl/min;

L——裂缝总长度,ft;

p_{tip}——裂缝尖端压力,psi。

从式(9.16)可以看出,杨氏模量取3/4次方,而施工排量、流体黏度、裂缝总长度仅取1/4次方,说明比起其他三个因素杨氏模量对净压力的影响较大,因此地层杨氏模量是影响裂缝扩展的关键参数。裂缝尖端压力是个不太容易确定的量,在作出一系列假定(如有、无流体滞后现象)的前提下,不同数值模拟方法都可给出一个尖端压力估计值(Bao et al.,2016)。在水力压裂中,在裂缝尖端和追随尖端流动的压裂液之间存在一个动态的滞后距离,这个距离影响裂缝尖端压力。

在双对数坐标系中将水力压裂过程中的净压力(y轴)对时间(x轴)作图,即可得到净压力曲线,这也称为Nolty曲线,用于在整个水力压裂过程中跟踪各种压力趋势。净压力曲线也用于预测不同时间点的裂缝扩展行为。如前所述,由于净压力是裂缝增长的驱动力,因此可以用它来预测裂缝尺寸。因为Nolty曲线在常规油藏中预测裂缝非常准确,在压裂施工过程中作业者高度依赖该曲线。在非常规储层中,该曲线也是预测裂缝扩展的有力工具,但是不如在常规储层中那样准确。图9.5说明了压裂中的净压力概念,可用来作出一些关键性决策。

(1)如果压力响应与Nolty曲线中的趋势1相近,表明裂缝高度受到了限制,而裂缝长度的延伸未受限制(曲线斜率略为正)。

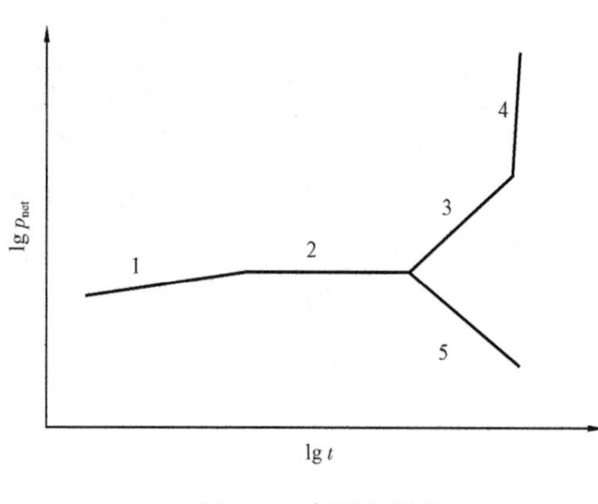

图 9.5 净压力解释

(2)如果净压力曲线斜率几乎为0(趋势2),表明裂缝高度受到了限制,可能产生了更多的裂缝,这些新裂缝处还发生了流体滤失。此种情况下裂缝长度的延伸较慢。

(3)趋势3反映出压裂施工异常,其原因是发生了大量漏失,如果不及时停止加砂,很可能会在裂缝尖端处发生脱砂。

(4)趋势4基本上可以认为是完全脱砂,一旦压力开始急剧上升,需要停泵,以避免压力过高超过套管和井口设备的额定压力。

(5)趋势5表明裂缝高度已经失控。

净压力一般在100~1400psi之间,在有些情况下可能更高。如果净压力远远超过1400psi,可能是因为近井带摩擦压耗较大或者裂缝尖端塑性较强。

例10:

依据下列数据计算静压力:在步进式排量测试中获得的闭合压力为6500psi,瞬时停泵压力(ISIP)为4700psi,井垂深(TVD)6800ft,压裂液密度8.8lb/gal。

$$\text{BH ISIP} = \text{ISIP} + p_h = 4700 + (0.052 \times 8.8 \times 6800) = 7811\text{psi}$$

$$p_{net} = \text{BH ISIP} - p_c = 7811 - 6500 = 1312\text{psi}$$

9.18 井口泵送压力

井口泵送压力(STP或WHTP),是水力压裂施工期间井口的压力,是从安装在地面主管线上的压力传感器读出的实时压力值,传感器的工作原理是脉冲作用。井口泵送压力可以用式(9.17)来估算。

$$\text{STP} = \text{BHTP} + p_f - p_h + p_{net} \tag{9.17}$$

式中 BHTP——井底施工压力,psi;

p_f——总摩阻,psi;

p_h——液柱压力,psi;

p_{net}——净压力,psi。

为了为压裂施工配备足够的水马力(HHP),估算井口泵送压力是十分重要的。施工所需的水马力是井口泵送排量和井口泵送压力的函数,估算出井口泵送压力并已知泵送排量后,就可以用式(9.18)计算水马力。

$$\text{HHP} = \frac{\text{WHTP} \times R}{40.8} \tag{9.18}$$

式中 WHTP——井口泵送压力,psi;

R——井口泵送排量,bbl/min。

重排井口泵送压力的计算公式,即可得到用于计算 BHTP 的公式:

$$\mathrm{BHTP} = \mathrm{STP} - p_{\mathrm{f}} + p_{\mathrm{h}} - p_{\mathrm{net}} \tag{9.19}$$

例 11:

假定读者是一名完井工程师,在一次低渗透油藏水力压裂施工中负责确定预期的井口泵送压力,下面给出了相关数据。假定设计排量为 80bbl/min,需要多大的水马力(HHP)?如果每台泵车的水马力为 2250hp,需要多少台泵车?

ISIP = 7500psi(取自诊断性压裂注入测试),TVD = 10500ft,水的密度 = 8.6lb/gal,管内摩擦压耗 = 4221psi(在以下假定条件下的计算值:使用 1gpt 的减阻剂、排量为 80bbl/min、MD 为 20000ft、套管直径为 4.778in),$D_{\mathrm{p}} = 0.42\mathrm{in}$,$N = 36$ 孔,$C_{\mathrm{d}} = 0.8$,$\Delta p_{\mathrm{net}} = 0\mathrm{psi}$(假设净压力为 0)。

第 1 步,计算液柱压力:

$$p_{\mathrm{h}} = 0.052 \times \rho \times TVD = 0.052 \times 8.6 \times 10500 = 4696\mathrm{psi}$$

第 2 步,计算破裂压力梯度:

$$\mathrm{FG} = \frac{\mathrm{ISIP} + p_{\mathrm{h}}}{\mathrm{TVD}} = \frac{7500 + 4696}{10500} = 1.16\mathrm{psi/ft}$$

第 3 步,计算井底泵送压力:

$$\mathrm{BHTP} = \mathrm{FG} \times \mathrm{TVD} = 1.16 \times 10500 = 12180\mathrm{psi}$$

第 4 步,计算孔眼摩擦压耗:

$$孔眼摩擦压耗 = \frac{0.2369 \times Q^2 \times \rho}{C_{\mathrm{d}}^2 \times D_{\mathrm{p}}^4 \times N^2} = \frac{0.2369 \times 80^2 \times 8.6}{0.8^2 \times 0.42^4 \times 36^2} = 505\mathrm{psi}$$

第 5 步,计算井口泵送压力:

$$\mathrm{STP} = \mathrm{BHTP} + p_{\mathrm{f}} - p_{\mathrm{h}} + p_{\mathrm{net}} = 12180 + (4221 + 505) - 4696 + 0 = 12210\mathrm{psi}$$

第 6 步,计算施工所需水马力:

$$\mathrm{HHP} = \frac{\mathrm{WHTP} \times \mathrm{R}}{40.8} = \frac{12210 \times 80}{40.8} = 23941\mathrm{psi}$$

第 7 步,如果每台泵车的功率为 2250hp,计算所需的泵车数量:

$$泵车数量 = \frac{23941}{2250} = 10.6$$

为了确保在施工过程中即使有泵车发生故障的情况下仍有足够的水马力,一般要附加 20% 的安全系数,因此本次施工需要配备 13 台泵车。请注意,上面的孔眼摩擦压耗是在假定所有孔眼都敞开的前提下计算出来的。建议还是要慎重一些,最好假定只有部分孔眼可让压裂液通过(例如60%),以此为基础重新估算孔眼摩擦压耗。

为了就水力压裂作业使用的功率大小给读者一个更直观的概念,假定该作业使用16台泵车,每台泵车的功率为2250hp,这大约相当于72辆雪佛兰Corvette跑车的功率。

9.19 生产套管设计

估算出井口泵送压力(STP)后,下一个关键步骤就是生产套管设计了。请注意,在设计生产套管时需要同时考虑井口泵送压力和破裂压力,以较高者为准,可以参阅《井控技术数据手册》(WWCTDB)(https://wildwell.com/wp-content/uploads/technical-databook.pdf)查找不同重量、尺寸和钢级的套管的破裂压力。假定预期的井口泵送压力为9500psi(高于破裂压力),要求选定一种在压裂作业中能够承受这个压力的5½in套管。查找手册中"套管强度"数据表可知,钢级为P-110的20lb/ft套管可以承受12640psi的破裂压力。另外的关键点是考虑一个安全系数,一般取值为表中所列套管强度的80%,由此可以得到:

$$套管强度取值 = 80\% \times 12640 = 10112psi$$

如上所示,P-110、20lb/ft的5½in套管的抗内压强度为10112psi,足以承受9500psi的压力。如果预计压裂施工期间井口泵送压力是11300psi怎么办?"套管强度"数据表显示,P-110、23lb/ft套管的抗内压强度为14520psi,同样分析可以得到:

$$套管强度取值 = 80\% \times 14520 = 11616psi$$

所以,在本例中,为了承受11300psi的压力,同时考虑80%的安全系数,需要选用较大壁厚的P-110、23lb/ft的5½in套管。有些钢级的套管数据未被列入该手册中,但可以方便地从钻井管理部门或者供应商那里获得。作为一个成功的生产套管设计,在考虑安全系数、保证能够承受预计的井口压力或破裂压力(以较高者为准)的前提下,必须选用最具经济效益的套管。

随着井深增加,管内总摩擦压耗也会增加,在滑溜水压裂期间,能够实现的泵送排量可能会低于预期。例如,若总测量井深为15000ft时,可以实现100bbl/min的排量,但总测量井深增加到30000ft(由于水平分支井眼延伸)后,如果仍旧使用同样钢级、重量和尺寸的套管,则会导致排量受限,无法达到100bbl/min。此时十分重要的是重新设计套管、井口及其他地面设备,以避免不得不降低排量。在滑溜水压裂时,只有在现场试验结果表明对油气产量没有影响时,才可以降低排量。在尽量避免被迫降低排量方面有以下几种做法。

(1)重新设计套管钢级和重量,以便在保持套管尺寸不变的情况下提高其承压能力;压裂使用的井口和地面设备也必须重新设计。

(2)增大套管尺寸以降低管内摩擦压耗,井口也必须重新设计。

(3)当且仅当增大减阻剂浓度可以降低总摩擦压耗时(结果就是降低井口泵送压力),增大减阻剂浓度。人们常常发现,增加减阻剂浓度(例如增加0.2gpt)即可显著降低总摩擦压力。

在水平分支井眼较深的情况下,以上是几种设计生产套管、避免被迫降低排量的常见作法。

9.20 阶梯式降排量求压力参数和射孔效率

了解射孔效率(例如孔眼数目、射孔相位和孔眼直径的作用)的另一种方法,是阶梯式降排量分析(RSD)。Massaras 和 Dragomir(2007)提出了一种阶梯式降排量分析的新方法,下面将通过一个实例分步骤说明该方法的实际应用。具体步骤如下。

(1)在滑溜水压裂中,提高泵送排量至设计值(如 100bbl/min)。稳定排量 10~20s 或直至压力稳定,然后逐级降低排量并记录每一级的稳定压力和排量。三步降排量测试需要记录三对稳定排量和压力值,四步降排量测试需要记录四对稳定排量和压力值,五步降排量测试需要记录五对稳定排量和压力值。此外,当压力降至 0 时记录瞬时关井压力 ISIP。例如,如果是四步降排量测试,记录 100bbl/min、80bbl/min、60bbl/min 和 40bbl/min 时的稳定压力,并在排量降至 0 时记录 ISIP。在进行降排量测试时务必加入所有通常使用的化学剂,如减阻剂、杀菌剂和阻垢剂等。

(2)该测试可以在一个水平分支井眼的多级压裂的若干级进行。有些作业者在每级压裂时都进行这种测试,但这样做耗力费时。为了节省时间和成本,沿着水平分支井眼选择若干压裂级进行测试,一般来说就应该能够为射孔设计提供足够的信息了。

(3)必须用油气产量数据或其他可能的分析来验证该测试的效果。例如,如果射孔设计 A 的平均射孔效率是 90%,射孔设计 B 的平均射孔效率是 60%(其他完井参数都相同),就预测的单位厚度产层最终累计产量(或公司所用的其他任何产量指标)来说,两者相比较,设计 A 是否优于设计 B? 这样即可验证降排量测试的有效性。

(4)根据测量井深(MD)、排量等参数计算总摩擦压耗;总摩擦压耗与减阻剂类型、水质以及其他许多参数有关。作业者必须与服务商密切合作,计算出大家都认可的一个总摩擦压耗值,以便用于各个环节。在压裂过程中也可以利用井下压力计来验证摩擦压耗的计算结果。

(5)计算出不同排量下的总摩擦压耗后,再计算井底施工压力(BHTP):

$$\mathrm{BHTP} = \mathrm{STP} + p_{\mathrm{h}} - p_{\mathrm{f}}$$

(6)按下式计算近井带压差($\Delta p_{\mathrm{near-wellbore}}$)的实际值:

$$\Delta p_{\mathrm{near-wellbore}} = \mathrm{BHTP}_{特定排量} - \mathrm{BH\ ISIP}$$

(7)按下式计算孔眼摩擦系数(K_{pf}),式中 N_{p}是孔眼数目。使用 Excel 求解器对孔眼数目进行迭代(逐级调整孔眼数目),直至得到合适的结果。

$$K_{\mathrm{pf}} = 0.2369 \times \frac{\rho}{N_{\mathrm{p}}^2 \times D^4 \times C_{\mathrm{d}}^2}$$

(8)假定一个近井带摩擦系数值(K_{nw}),在随后的计算中用 Excel 求解器计算时将对几个参数进行迭代(逐级调整),K_{nw}是其中之一。

(9)按下式计算近井带压差的计算值($\Delta p_{\mathrm{calculated\_near-wellbore}}$):

$$\Delta p_{\mathrm{calculated\_near-wellbore}} = (K_{\mathrm{pf}} \times \mathrm{Rate}^2) + (K_{\mathrm{nw}} \times \mathrm{Rate}^{\frac{1}{2}})$$

(10)计算近井带压差的实际值与近井带压差的计算值这两个参数之差的绝对值:

$$\Delta \left| p_{\text{near-wellbore}} - \Delta p_{\text{calculated\_near-welbore}} \right|$$

(11)按下式计算孔眼摩擦压耗:

$$孔眼摩擦压耗 = K_{\text{pf}} \times \text{Rate}^2$$

(12)按下式计算曲折裂缝摩擦压耗:

$$曲折裂缝摩擦压耗 = K_{\text{nw}} \times \text{Rate}^{\frac{1}{2}}$$

(13)计算参数 X,该参数在使用 Excel 求解器时将用作被最小化的单元格:

$$X = (和积函数 \left| \Delta p_{\text{near-wellhole}} - \Delta p_{\text{calculated\_near-wellhole}} \right|)^{\frac{1}{2}}$$

(14)使用 Excel 求解器执行下面操作。

目标函数:

最小化 X。

约束条件:

①计算中的敞开孔眼数目必须等于或小于设计的总孔眼数目;

②K_{nw}必须大于或等于 0。

调整:

①敞开孔眼数目;

②近井带摩擦系数(K_{nw});

③排放系数(如果本级压裂施工已经完成,取施工结束时的值)。

在 Excel 求解器中用非线性 GRG(广义简约梯度)算法求解。

降排量测试例子如下。

在压裂施工开始时进行了一次四步降排量测试,所得数据列入表 9.3。

TVD = 9000ft。

MD = 14000ft。

压裂液密度 = 8.6lb/gal。

射孔数目 = 60。

孔眼直径 = 0.42in。

排放系数 C = 0.8。

表 9.3 测试数据

排量/(bbl/min)	井口压力/psi	总摩擦压耗/psi
86	8687	1999
81	8473	1824
63	7684	1268
43	6960	780
0	6013	0

(1)计算每个排量下的 BHTP。

$BHTP = STP + p_h - p_f$

第 1 步：$BHTP = 8687 + (0.052 \times 9000 \times 8.6) - 1999 = 10713psi$

第 2 步：$BHTP = 8473 + (0.052 \times 9000 \times 8.6) - 1824 = 10673psi$

第 3 步：$BHTP = 7694 + (0.052 \times 9000 \times 8.6) - 1268 = 10441psi$

第 4 步：$BHTP = 6960 + (0.052 \times 9000 \times 8.6) - 780 = 10204psi$

$BH\ ISIP = 6013 + (0.052 \times 9000 \times 8.6) - 0 = 10038psi$

(2)计算近井带压差的实际值($\Delta p_{near-wellbore}$)。

$$\Delta p_{near-wellbore} = BHTP_{特定排量} - BH\ ISIP$$

第 1 步：$\Delta p_{near-wellbore} = 10713 - 10038 = 675psi$

第 2 步：$\Delta p_{near-wellbore} = 10673 - 10038 = 636psi$

第 3 步：$\Delta p_{near-wellbore} = 10441 - 10038 = 403psi$

第 4 步：$\Delta p_{near-wellbore} = 10204 - 10038 = 166psi$

在 ISIP 下：$\Delta p_{near-wellbore} = 10038 - 10038 = 0psi$

(3)计算孔眼摩擦系数。

$$K_{pf} = 0.2369 \times \frac{\rho}{N_p^2 \times D^4 \times C_d^2} = 0.2369 \times \frac{8.6}{60^2 \times 0.42^4 \times 0.8^2} = 0.02841$$

(4)假定近井带摩擦系数是 10。

(5)计算近井带压差的计算值($\Delta p_{calculated\_near-wellbore}$)。

$$\Delta p_{calculated\_near-wellbole} = (K_{pf} \times Rate^2) + (K_{nw} \times Rate^{\frac{1}{2}})$$

第 1 步：$\Delta p_{calculated\_near-wellbole} = (0.02841 \times 86^2) + (10 \times 86^{\frac{1}{2}}) = 301psi$

第 2 步：$\Delta p_{calculated\_near-wellbole} = (0.02841 \times 81^2) + (10 \times 81^{\frac{1}{2}}) = 274psi$

第 3 步：$\Delta p_{calculated\_near-wellbole} = (0.02841 \times 63^2) + (10 \times 63^{\frac{1}{2}}) = 190psi$

第 4 步：$\Delta p_{calculated\_near-wellbole} = (0.02841 \times 43^2) + (10 \times 43^{\frac{1}{2}}) = 117psi$

在 ISIP 下：$\Delta p_{calculated\_near-wellbole} = (0.02841 \times 0^2) + (10 \times 0^{\frac{1}{2}}) = 0psi$

(6)计算近井带压差的实际值与近井带压差的计算值这两个参数之差的绝对值。

$$|\Delta p_{near-wellbole} - \Delta p_{calculated\_near-welbole}|$$

第 1 步：$|675 - 301| = 374psi$

第 2 步：$|636 - 274| = 361psi$

第 3 步：$|403 - 190| = 213psi$

第 4 步：$|166 - 117| = 50psi$

在 ISIP 下：$ISIP = |0 - 0| = 0psi$

(7)计算孔眼摩擦压耗。

$$孔眼摩擦压耗 = K_{pf} \times Rate^2$$

第 1 步:孔眼摩擦压耗 $=0.02841\times86^2=208$psi

第 2 步:孔眼摩擦压耗 $=0.02841\times81^2=184$psi

第 3 步:孔眼摩擦压耗 $=0.02841\times63^2=111$psi

第 4 步:孔眼摩擦压耗 $=0.02841\times43^2=52$psi

在 ISIP 下:孔眼摩擦压耗 $=0.02841\times0^2=0$psi

(8)计算曲折裂缝摩擦压耗。

$$曲折裂缝摩擦压耗 = K_{nw}\times \text{Rate}^{\frac{1}{2}}$$

第 1 步:曲折裂缝摩擦压耗 $=10\times86^{\frac{1}{2}}=92$psi

第 2 步:曲折裂缝摩擦压耗 $=10\times81^{\frac{1}{2}}=90$psi

第 3 步:曲折裂缝摩擦压耗 $=10\times63^{\frac{1}{2}}=79$psi

第 4 步:曲折裂缝摩擦压耗 $=10\times43^{\frac{1}{2}}=65$psi

在 ISIP 下:曲折裂缝摩擦压耗 $=10\times0^{\frac{1}{2}}=0$psi

(9)计算参数 X,该参数在使用 Excel 求解器时将用作被最小化的单元格。

$$X = (和积函数\,|\Delta p_{\text{near-wellhole}} - \Delta p_{\text{calculated\_near-wellhole}}|)^{\frac{1}{2}}$$

$$X = [(374\times374)+(361\times361)+(213\times213)+(50\times50)]^{\frac{1}{2}} = 564\text{psi}$$

(10)使用 Excel 求解器执行下面操作。

目标函数:

目标函数是最小化 X,这实质上是最小化近井带压差的实际值与近井带压差的计算值。

约束条件:

一定要包含下面两个约束条件:

① 计算中的敞开孔眼数目必须小于设计的总孔眼数目;

② 近井带摩擦系数(K_{nw})必须大于或等于 0。

调整:

① 近井带摩擦系数(K_{nw});

② 敞开孔眼数目。

用非线性 GRG(广义简约梯度)算法求出最佳答案。在本例中运行求解器后,将获得以下参数:

① 敞开孔眼数 =33;

② 近井带摩擦系数(K_{nw}) =2.87。

可计算射孔效率:

$$射孔效率 = \frac{敞开孔眼数}{设计孔眼总数}\times100\% = \frac{33}{60}\times100\% = 55\%$$

使用 Excel 求解器计算时,调整近井带摩擦系数和孔眼数目,直到模型收敛并求得一个解,结果列入表 9.4 中。另外,图 9.6 显示了使用 Excel 求解器求解后,近井带压差的实际值与近井带压差的计算值这两个参数之差。如本节所述,可以对其他降排量测试步骤重复同样的运算过程。绘制“射孔效率”对“压裂级数”的关系曲线是个不错的作法,这样可以保证各级压裂的平均射孔效率一致,还可以剔除由于不良测试条件而产生的异常值。这是对比不同井各种射孔设计方案的射孔效率的有力工具。

表 9.4 Excel 求解器运算结果

排量/bbl/min	井口压力/psi	近井带压差实际值/psi	近井带压差计算值/psi	实际值与计算值之差的绝对值/psi	孔眼摩擦压耗/psi	曲折裂缝摩擦压耗/psi
86	8687	675	696	21	670	27
81	8473	636	620	16	594	26
63	7684	403	381	22	358	23
43	6960	166	185	18	166	19
0	6013	0	0	0	0	0

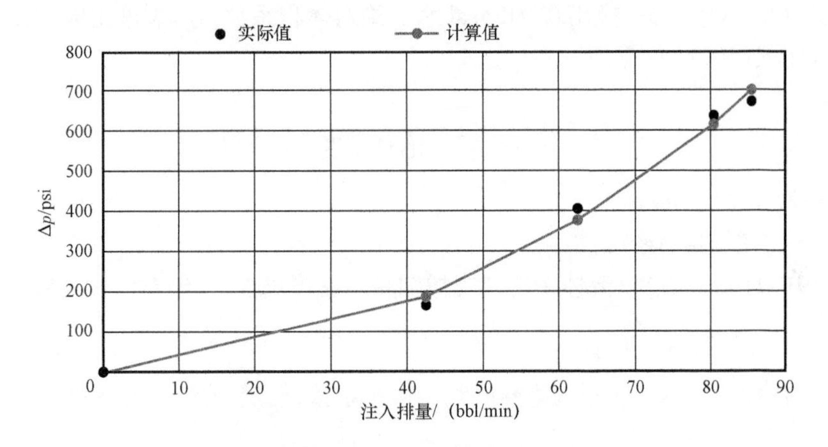

图 9.6 Excel 求解器运算之后近井带压差的实际值与近井带压差的计算值对比

第10章　水力压裂设计

10.1　概述

前面已经讨论了不同压力的概念，接下来将要讨论的是压裂设计。本章将介绍不同压裂作业程序和相关计算，以便设计出现场压裂施工实用的作业程序。本章主要关注滑溜水和泡沫压裂作业程序的设计，并给出了几个示例，读者可以参照使用。这里介绍的工作流程可用于设计不同的作业程序，以便试验比较不同设计方案的优劣。

10.2　绝对体积系数

绝对体积系数（AVF）是指固体在水中所占的绝对体积，例如，将1lb 渥太华砂（相对密度为2.65）倒入1gal 水中，将置换出0.0453gal 水。绝对体积系数与压裂液密度和支撑剂相对密度有关，可以用式（10.1）计算。

$$\text{绝对体积系数} = \frac{1}{\text{绝对密度}} = \frac{1}{\rho_f \times SG} \tag{10.1}$$

式中　ρ_f——液体密度，lb/gal；

SG——支撑剂相对密度。

从公式（10.1）可以看出，流体密度和支撑剂相对密度增加时，绝对体积系数下降。

例1：

计算相对密度为2.65的渥太华砂的绝对体积系数，假定为淡水，其密度为8.33lb/gal。

$$\text{绝对体积系数} = \frac{1}{\rho_f \times SG} = \frac{1}{8.33 \times 2.65} = 0.0453\text{gal/lb}$$

注：使用常规砂子作为支撑剂时，水力压裂设计中绝对体积系数通常都取0.0453gal/lb。

计算相对密度为3.4的烧结陶粒的绝对体积系数（假设为淡水压裂液）。

$$\text{绝对体积系数} = \frac{1}{8.33 \times 3.4} = 0.0353\text{gal/lb}$$

10.3　混砂液与清液

在水力压裂施工中，常用到两个术语。第一个是清液量，是指水和化学添加剂构成的溶液体积；另一个是混砂液量，是指水、化学添加剂和支撑剂构成的总体积。另外，清液排量指的是清液（水+化学添加剂）的排量，混砂液排量指的是混砂液（水+化学添加剂+支撑剂）的排量。混砂液排量通常由安装在混砂车上的流量计读取,而清液排量可以用式(10.2)计算。

$$清液排量 = \frac{混砂液排量}{1 + (砂浓度 \times AVF)} \tag{10.2}$$

式(10.2)中混砂液排量和清液排量的单位是 bbl/min,砂浓度的单位是 lb/gal,AVF 的单位是 gal/lb。

例 2:

如果混砂液排量是 94bbl/min(由流量计读取),使用的是渥太华砂(相对密度 2.65),支撑剂浓度为 3lb/gal,计算清液排量。

$$AVF = \frac{1}{2.65 \times 8.33} = 0.0453 gal/lb$$

$$清液排量 = \frac{混砂液排量}{1 + (砂浓度 \times AVF)} = \frac{94}{1 + (3 \times 0.0453)} = 83 bbl/min$$

清液排量总是小于混砂液排量,这是因为如果只泵入水溶液的话,与溶液和支撑剂混合液相比较,排量肯定会低些。

10.4 混砂液密度

混砂液密度是注入井底的清液和砂子混合物的密度,在压裂施工中直接影响套管内的液柱压力。混砂液密度上升时,液柱压力随之上升。如果只泵入清水,水柱的压力可以直接利用清水液柱压力公式来计算。然而,在水力压裂的不同阶段,加入不同浓度的支撑剂时,在计算液柱压力时就必须使用混砂液密度了。

$$混砂液密度 = \frac{基液密度 + 砂浓度}{1 + (砂浓度 \times AVF)} \tag{10.3}$$

式(10.3)中基液密度单位为 lb/gal,砂浓度单位为 lb/gal,AVF 单位为 gal/lb。

假设在水力压裂施工过程中,井口压力计算公式中的每一个参数都保持不变,随着混砂液密度(砂浓度)和液柱压力增加,井口压力肯定会下降,这是因为井口压力与液柱压力呈反比例关系。在水力压裂顶替阶段,在管柱内的所有支撑剂都被顶替到裂缝中、管柱内只有清水时,井口压力通常会增加(增加幅度取决于先前所用的砂浓度)。也就是说,停止加砂后,液柱压力降低,导致井口压力增加。

例 3:

计算清液为淡水、砂浓度为 2.5lb/gal 的渥太华砂的混砂液密度,以及垂深 7450ft 处的液柱压力。如果停止加砂、只用淡水顶替,井口压力将上升多少?

$$混砂液密度 = \frac{基液密度 + 砂浓度}{1 + (砂浓度 \times AVF)} = \frac{8.33 + 2.5}{1 + (2.5 \times 0.0453)} = 9.73 lb/gal$$

可以计算垂深7450ft处混砂液液柱压力:

$$p_{h,混砂液}=0.052\times7450\times9.73=3769psi$$

也可计算垂深7450ft处淡水液柱压力:

$$p_{h,清水}=0.052\times7450\times8.33=3227psi$$

所以

$$井口压力上升=3769-3227=542psi$$

这个例子说明了在压裂作业中砂浓度在井口压力监测中的重要性,当各种砂浓度产生的额外液柱压力取消时,井口压力将会增加。

10.5　阶段清液量

清液量指的是水和化学添加剂的体积,阶段清液量就是每个加砂浓度阶段所需的清液量。例如,在酸洗和泵注完前置液之后,加砂压裂阶段就开始了。在滑溜水压裂中,支撑剂浓度从0.1~0.25lb/gal的低浓度开始,各阶段压裂所需的清液量可能各不相同。例如,如果某阶段压裂的支撑剂浓度为0.25lb/gal,设计清液量可能是500bbl;下一个阶段支撑剂浓度增大到0.5lb/gal时,设计的清液量可能是450bbl。某阶段压裂所需的清液量取决于期望产生的接触面积,通常用压裂软件计算,或根据优化的泵注程序求得,而该程序又是基于生产数据优化设计而成的。压裂用水量还取决于供水难易程度、运输难易程度、井间距(多分支井各分支之间的距离)、地层性质、与邻近生产井的距离。有时为了减少区域内新井和在产井之间裂缝的连通,会同时减少砂量和水量,以避免裂缝干扰(也称为裂缝击穿)。例如,如果一口水平井在过去4年里一直在生产,旁边距离该井750ft处有一钻井平台,平台上有6口水平井需要压裂,为了缓解与那口压力衰竭的在产井发生裂缝沟通,重要的是相应调整泵注程序。如果不谨慎设计泵注程序,并针对这个问题适当调整该程序,可能会对该井的产量产生不利影响。关于裂缝击穿及其缓解措施的概念将在第21章中进行讨论。

10.6　阶段混砂液量

如前所述,混砂液量是指水、化学添加剂和支撑剂混合浆液的总量。可以计算不同支撑剂浓度阶段的混砂液量,并将其作为压裂程序设计的一部分提供给现场人员。混砂液量总是大于清液量,因为支撑剂在混砂液中也占据一定体积。阶段混砂液量可以用式(10.4)计算。

$$混砂液量=清液量+(砂浓度\times清液量\times AVF)\tag{10.4}$$

式(10.4)中清液量单位为bbl,砂浓度单位为lb/gal,AVF单位为gal/lb。

例4:

如果清液量为250bbl,渥太华砂浓度为2lb/gal,计算混砂液量。

$$混砂液量 = 清液量 + (砂浓度 \times 清液量 \times AVF)$$

$$= 250 + (2 \times 250 \times 0.0453) = 273bbl$$

从上面的计算可以看出,混砂液量比清液量多出 23bbl,这是因为在该施工阶段使用了 2lb/gal 的渥太华砂。各阶段压裂砂浓度逐级递增时,混砂液量也会随之增加。

10.7 阶段支撑剂量

压裂程序设计的下一步是计算各砂浓度阶段所需的支撑剂量。阶段支撑剂量就是在不同的支撑剂浓度阶段下所需的支撑剂的量。例如,如果支撑剂浓度为 1lb/gal,取决于清液量的大小,该阶段所需支撑剂量可能是 20000lb。阶段支撑剂量是支撑剂浓度和清液量的函数,可以用式(10.5)计算。

$$阶段支撑剂量 = 42 \times 支撑剂浓度 \times 阶段清液量 \tag{10.5}$$

式(10.5)中阶段支撑剂量的单位为 lb,支撑剂浓度的单位为 lb/gal,阶段清液量的单位为 bbl。

例 5:

如果某阶段的设计清液量为 340bbl,支撑剂浓度为 2lb/gal,计算该阶段所需的支撑剂量。

$$阶段支撑剂量 = 42 \times 支撑剂浓度 \times 阶段清液量$$

$$= 42 \times 2 \times 340 = 28560lb$$

10.8 每英尺加砂量

每英尺加砂量就是每英尺压裂井段长度的加砂量,可以按照某级压裂和全井两个层次计算(假定为线性设计)。

$$每英尺加砂量 = \frac{本级压裂总加砂量}{压裂级间距} = \frac{全井总加砂量}{压裂井段总长度} \tag{10.6}$$

10.9 每英尺用水量

每英尺用水量就是每英尺压裂井段长度的用水量,可以按照某压裂级和全井两个层次计算(假定为线性设计)。

$$每英尺用水量 = \frac{本级压裂总用水量}{压裂级间距} = \frac{全井总用水量}{压裂井段总长度} \tag{10.7}$$

例6:

在 Barnett 页岩的某一区块,基于实际产量数据,确定最佳加砂量为 800lb/ft,用水量为 40bbl/ft,每级压裂之间的间距为 400ft。计算每级压裂所需的加砂量和用水量。

$$每级压裂加砂量 = 800 \times 400 = 320000\text{lb}$$

$$每级压裂用水量 = 40 \times 400 = 16000\text{bbl}$$

10.10 砂液比

砂液比(SWR)是水力压裂设计中的另一个重要指标。某级压裂的总加砂量除以总用水量就得到砂液比(SWR)。低砂水比意味着水相对于砂子的量更大。高砂液比表明本级压裂更具挑战性,因为加砂量相对于水的量更大。滑溜水压裂液的砂液比通常在 0.7~1.7 之间。提高液相黏度就可以采用高得多的砂液比。

$$砂水比 = \text{SWR} = \frac{总加砂量}{总用水量} \tag{10.8}$$

式(10.8)中总加砂量单位为 lb,总用水量单位为 gal。

例7:

某口井每级压裂加砂量为 400000lb,用水量为 8500bbl,计算砂液比。

$$\text{SWR} = \frac{总加砂量}{总用水量} = \frac{400000}{8500 \times 42} = 1.12\text{lb/gal}$$

10.11 滑溜水压裂泵注程序

完井工程师负责水力压裂设计。业内有各种水力压裂软件可以用来优化设计压裂作业。本节的目的不在于深入研究公式的推导和计算方法,而是要讨论压裂泵注程序的一些基本概念,而最后提供给现场人员执行的就是泵注程序。优化设计的理念就是花最少的钱,沟通尽可能大的油藏体积,进而获取最大的油气产量。只有深入调研以往完井资料,将这些数据与井的生产动态进行匹配,才能设计出最优、最全面的压裂方案。可以借助于计算机模拟完成设计工作。说到底,最终决定设计方案选择的还是油气井生产动态。

对水平井都是实施多级压裂,压裂级数取决于水平段长度。一般来说,水平段越长,压裂级数也越多。例如,4000ft 的水平段可以分为 20 级进行压裂(具体级数取决于设计);但 8000ft 的水平段就可能要分为 40 级进行压裂。为了改造和沟通更大的储层体积,需要进行多级水力压裂。在滑溜水压裂中,每级压裂可能会使用 150000~800000lb 支撑剂,泵注到井下的支撑剂的量是相当大的。例如 8000ft 水平段,如果分为 40 级进行压裂,每级使用 400000lb 支撑剂,总共将需要 1600×10^4lb 支撑剂。除了支撑剂外,还需要大量的水,每级压裂平均用水量取决于很多因素,如各级压裂间距、支撑剂用量、施工难度等。采用滑溜水压裂时,通常每级需要 4000 ~ 14000bbl 水。采用交联聚合物溶液压裂时用水量较小,因为黏度高的液体更容易将支撑剂带入地层中。例如,8000ft 水平段,如果分为 40 级进行压裂,每级使用 8000bbl 水,总共将需要 320000bbl(1344×10^4gal)水。讨论上面这些例子,是想让读者对采用滑溜水压裂低渗透油藏时所需的支撑剂和水的总量有个初步概念。

例 8:

根据下面的假设条件填写表 10.1,并计算砂水比(SWR)、每英尺加砂量、每英尺用水量、前置液百分比、100 目砂子百分比、40/70 目砂子百分比。

表 10.1 滑溜水压裂泵注程序举例(85bbl/min,396554lb)

阶段	排量/bbl/min	流体	阶段清液量/bbl	阶段混砂液量/bbl	清液量百分比/%	支撑剂浓度/lb/gal	阶段加砂量/lb	加砂量百分比/%	累计砂量/lb	泵注时间/min
泵入封堵球	15	滑溜水	300			0				
5%盐酸	85	酸	60			0				
前置液	85	滑溜水	410			0				
100 目支撑剂	85	滑溜水	600			0.25				
100 目支撑剂	85	滑溜水	550			0.50				
100 目支撑剂	85	滑溜水	375			0.75				
100 目支撑剂	85	滑溜水	550			1.00				
100 目支撑剂	85	滑溜水	450			1.25				
100 目支撑剂	85	滑溜水	500			1.50				
40/70 目支撑剂	85	滑溜水	450			0.50				
40/70 目支撑剂	85	滑溜水	365			0.75				
40/70 目支撑剂	85	滑溜水	365			1.00				
40/70 目支撑剂	85	滑溜水	455			1.25				
40/70 目支撑剂	85	滑溜水	350			1.50				
40/70 目支撑剂	85	滑溜水	379			1.75				
40/70 目支撑剂	85	滑溜水	389			2.00				
40/70 目支撑剂	85	滑溜水	380			2.25				
40/70 目支撑剂	85	滑溜水	360			2.50				
40/70 目支撑剂	85	滑溜水	299			2.75				
40/70 目支撑剂	85	滑溜水	299			3.00				
顶替	85	滑溜水	350			0				
		总清液量	8236							

支撑剂为渥太华砂,相对密度为 2.65,各级压裂间距为 350ft。

阶段混砂液量计算示例,砂浓度 0.25lb/gal,清液量 600bbl:

$$混砂液量 = 清液量 + (砂浓度 \times 清液量 \times AVF)$$

$$= 600 + (0.25 \times 600 \times 0.0453) = 607bbl$$

清液量百分比计算示例,砂浓度 0.25lb/gal,清液量 600bbl:

$$清液量百分比 = \frac{阶段清液量}{总清液量} \times 100 = \frac{600}{8236} \times 100 = 7.3\%$$

阶段加砂量计算示例,砂浓度 0.25lb/gal,清液量 600bbl:

$$阶段加砂量 = 42 \times 支撑剂浓度 \times 阶段清液量$$

$$= 42 \times 0.25 \times 600 = 6300lb$$

阶段加砂量占总加砂量的百分比计算示例,砂浓度 0.25lb/gal,清液量 600bbl:

$$砂量百分比 = \frac{阶段砂量}{总加砂量} \times 100 = \frac{6300}{396554} \times 100 = 1.6\%$$

阶段泵注时间计算示例,砂浓度 0.25lb/gal,清液量 600bbl:

$$泵注时间 = \frac{阶段混砂液量}{排量} = \frac{607}{85} = 7.14min$$

每英尺加砂量计算:

$$每英尺加砂量 = \frac{一级压裂总加砂量}{各级压裂间距} = \frac{396554}{350} = 1133lb/ft$$

每英尺用水量计算:

$$每英尺用水量 = \frac{一级压裂总用水量}{各级压裂间距} = \frac{8236}{350} = 24bbl/ft$$

砂水比计算:

$$砂水比 = \frac{一级压裂加砂量}{一级压裂用水量} = \frac{396554}{8236 \times 42} = 1.15lb/gal$$

前置液百分比计算:

$$前置液百分比 = \frac{前置液量}{总混砂液量(不含酸和送球用液)} \times 100\%$$

$$= \frac{410}{7876} \times 100\% = 4.94\%$$

请注意,有的完井工程师确实将酸液也计入前置液量,但本例子中未将酸液量计入。表10.2是本例完整的滑溜水压裂泵注程序,这种格式与提供给现场执行的施工程序非常相似。如前所述,设计的加砂量和用水量在很大程度上取决于每个地区以往的成功案例,泵注程序也是如此,这样才能产生最佳经济效益,或者说实现最大净现值(NPV)。例如,如果在某一特定油气区,使用较大的加砂量和用水量压裂能够带来较高的油气产量,证明用于砂子和水的额外投资在经济上是划算的,那么在该油气区就应该使用较高的加砂量和用水量。从本质上讲,带来的油气增产收益必须超过用于砂子和水的额外资金投入,以便从经济上证明设计方案的合理性。这个问题将在第21章中重点讨论。

表10.2 滑溜水压裂泵注程序举例(85bbl/min,396554lb)

阶段	排量/bbl/min	流体	阶段清液量/bbl	阶段混砂液量/bbl	清液量百分比/%	支撑剂浓度/lb/gal	阶段加砂量/lb	加砂量百分比/%	累计砂量/lb	泵注时间/min
泵入封堵球	15	滑溜水	300	300	3.64	0	0		0	20.00
5%盐酸	85	酸	60	60	0.73	0	0		0	0.70
前置液	85	滑溜水	410	410	4.98	0	0		0	4.80
100目支撑剂	85	滑溜水	600	607	7.29	0.25	6300	1.6	6300	7.10
100目支撑剂	85	滑溜水	550	562	6.68	0.50	11550	2.9	17850	6.60
100目支撑剂	85	滑溜水	375	388	4.55	0.75	11813	3.0	29663	4.60
100目支撑剂	85	滑溜水	550	575	6.68	1.00	23100	5.8	52763	6.80
100目支撑剂	85	滑溜水	450	475	5.46	1.25	23625	6.0	76388	5.60
100目支撑剂	85	滑溜水	500	534	6.07	1.50	31500	7.9	107888	6.30
40/70目支撑剂	85	滑溜水	450	460	5.46	0.50	9450	2.4	117338	5.41
40/70目支撑剂	85	滑溜水	365	377	4.43	0.75	11948	2.9	128535	4.44
40/70目支撑剂	85	滑溜水	365	381	4.43	1.00	15330	3.9	144165	4.49
40/70目支撑剂	85	滑溜水	455	481	5.52	1.25	23888	6.0	168053	5.66
40/70目支撑剂	85	滑溜水	350	374	4.25	1.50	22050	5.6	190103	4.40
40/70目支撑剂	85	滑溜水	379	409	4.60	1.75	27857	7.0	217959	4.81
40/70目支撑剂	85	滑溜水	389	424	4.72	2.00	32676	8.2	250635	4.99
40/70目支撑剂	85	滑溜水	380	419	4.61	2.25	35910	9.1	286545	4.93
40/70目支撑剂	85	滑溜水	360	401	4.37	2.50	37800	9.5	324345	4.71
40/70目支撑剂	85	滑溜水	299	336	3.63	2.75	34535	8.7	358880	3.95
40/70目支撑剂	85	滑溜水	299	440	3.63	3.00	37674	9.5	396554	3.99
顶替	85	滑溜水	350	350	4.25	0		0.0	0	4.12
		总清液量	8236							

砂水比:1.15lb/gal　　本级压裂总泵注时间:118.4min

前置液百分比:4.94%

100目砂:107888lb或27%　　各级压裂间距:350ft

40/70目砂:288666lb或73%　　每英尺用水量:24bbl/ft

总加砂量:396554lb　　每英尺加砂量:1133lb/ft

10.12　泡沫压裂设计与计算

氮气的计量单位是标准立方英尺(ft^3)。当压力作用于氮气时,氮气的体积会减小;相反,当对氮气加热时,氮气的体积会增大。泡沫压裂作业中送到井场的氮气是液态的。当氮气被注入井下时,就暴露于井下的压力和温度条件下。由于温度和压力对氮气体积的影响是相反的,因此计算氮气在井底条件下的体积是非常重要的。可以用体积系数图表计算多少立方英尺的氮气相当于1bbl。为了求得井下条件下的氮气体积系数,必须知道井底施工压力(BHTP)和井底静态温度(BHST)。氮气体积系数VF可以用式(10.9)近似计算。

每桶氮气对应的标准立方英尺数:

$$VF=\frac{ft^3}{bbl}=\left[\frac{\text{标准条件下的}Z\times\text{标准温度}\times BHTP}{Z\times(BHST+460)\times\text{大气压}}\right]\times 5.615 \tag{10.9}$$

式(10.9)中ft^3/bbl是每桶氮气对应的标准立方英尺数,标准条件下的Z为1,标准温度为520°R(60+460),BHTP是井底施工压力(psi),Z是井底条件下的气体压缩因子,BHST是井底静态温度(℉),大气压是14.7psi。

此外,从各种手册中的其他图表也可以查得不同温度和压力条件下的氮气体积系数。

10.12.1　泡沫体积

如果已知清液体积(水的体积),就可以计算泡沫体积,泡沫体积可以用式(10.10)计算。

$$\text{泡沫体积}=\frac{\text{清液体积}}{1-FQ} \tag{10.10}$$

式(10.10)中泡沫体积的单位为bbl,清液体积单位为bbl,FQ是泡沫质量,以百分数表示。

例9:

某次压裂作业需要600bbl泡沫,假设泡沫质量为70%,计算所需的清液体积(水的体积)。

$$\text{泡沫体积}=\frac{\text{清液体积}}{1-FQ}\rightarrow 600=\frac{\text{清液体积}}{1-70\%}$$

所以,清液体积=180bbl

10.12.2　所需氮气体积

在计算所需氮气体积之前,必须先知道在井下压力和温度条件下的氮气体积因子,有了体积因子后,就可用式(10.11)计算所需的标准状况下氮气体积。

$$\text{标准状况下氮气体积}=\text{净泡沫体积}\times VF\times FQ \tag{10.11}$$

式(10.11)中氮气体积的单位为ft^3,净泡沫体积的单位为bbl,VF是氮气体积因子(ft^3/bbl),FQ为泡沫质量,以百分数表示。

例 10：

假设净泡沫体积是 625bbl，利用下面的参数计算所需的标准状况下氮气体积。

BHTP = 2500psi，BHST = 125，FQ = 70%

第一步：

必须用式（10.9）计算氮在 125℉、2500psi 下的体积因子，由此得到的体积因子为 $810ft^3/bbl$。

第二步：

假设泡沫质量为 70%，计算氮气体积：

$$标准状况下氮气体积 = 净泡沫体积 \times VF \times FQ = 625 \times 810 \times 70\% = 354375ft^3$$

10.12.3 混砂车处砂浓度

泡沫压裂过程中，混砂车处的砂浓度必须远大于井底条件下的砂浓度，这是由于从混砂车流出的携带着支撑剂的混砂液会被氮气稀释。所以需要用式（10.12）计算混砂车处的砂浓度。

$$混砂车处砂浓度 = \frac{井底砂浓度}{1 - FQ} \tag{10.12}$$

式（10.12）中混砂车处砂浓度的单位为 lb/gal，井底砂浓度的单位为 lb/gal，FQ 以百分数表示。

例 11：

某一泡沫压裂设计中井底砂浓度分别为 0.5lb/gal、1.0lb/gal、1.5lb/gal 和 2.0lb/gal，假定泡沫质量分数为 75%，计算实现这些井底砂浓度所需的混砂车砂浓度。

$$混砂车砂浓度@0.5 = \frac{0.5}{1 - 0.75} = 2lb/gal$$

$$混砂车砂浓度@1.0 = \frac{1}{1 - 0.75} = 4lb/gal$$

$$混砂车砂浓度@1.5 = \frac{1.5}{1 - 0.75} = 6lb/gal$$

$$混砂车砂浓度@2.0 = \frac{2}{1 - 0.75} = 8lb/gal$$

10.12.4 混砂液系数

混砂液系数是泡沫压裂设计中必须计算的一个重要参数。由于井底和混砂车处的支撑剂浓度是不一样的，所以井口（混砂车处）和井底的混砂液系数（SF）都需要计算。由于采用泡沫压裂时向压裂液中加入支撑剂会降低泡沫质量，所以计算混砂液系数变得非常重要。混砂液排量一定时，增加砂浓度还会降低清液排量。

$$混砂液系数 = 1 + (砂浓度 \times AVF) \tag{10.13}$$

式(10.13)中砂浓度单位为 lb/gal,AVF 是绝对体积系数,单位为 gal/lb。

例 12:

假设所用的是常规支撑剂,相对密度为 2.65,泡沫质量为 70%,分别计算井底砂浓度为 1lb/gal 和 2lb/gal 时井底和井口(混砂车处)的混砂液系数。

$$AVF = \frac{1}{2.65 \times 8.33} = 0.0453 gal/lb$$

$$\begin{aligned} 井底混砂液系数@1lb/gal &= 1 + (砂浓度 \times AVF) \\ &= 1 + (1 \times 0.0453) = 1.0453 \end{aligned}$$

$$\begin{aligned} 井底混砂液系数@2lb/gal &= 1 + (砂浓度 \times AVF) \\ &= 1 + (2 \times 0.0453) = 1.0906 \end{aligned}$$

泡沫质量为 70% 时,计算可知,与 1lb/gal 和 2lb/gal 井底砂浓度对应的混砂车处砂浓度分别为 3.33lb/gal 和 6.67lb/gal。

$$井口混砂液系数@3.33lb/gal = 1 + (3.33 \times 0.0453) = 1.151$$

$$井口混砂液系数@6.67lb/gal = 1 + (6.67 \times 0.0453) = 1.302$$

10.12.5 清液排量(不加支撑剂)

泡沫压裂设计中,需要计算泵注前置液期间的清液排量(不加支撑剂),可以用式(10.14)计算。

$$清液排量(无支撑剂) = 泡沫排量 \times (1 - FQ) \tag{10.14}$$

式(10.14)中清液排量的单位为 bbl/min,泡沫排量(也称井下排量)的单位也为 bbl/min,FQ 以百分数表示。

例 13:

某一泡沫压裂设计中泡沫排量为 30bbl/min,假设泡沫质量分数为 75%,计算泵注前置液期间的清液排量。

$$\begin{aligned} 清液排量(无支撑剂) &= 泡沫排量 \times (1 - FQ) \\ &= 30 \times (1 - 0.75) = 7.5 bbl/min \end{aligned}$$

10.12.6 清液排量(加支撑剂)

计算了不加支撑剂时清液排量后,在设计泡沫压裂的加砂程序时,还需要计算加入不同支撑剂浓度(以井下条件)时用于携带支撑剂的清液的排量。可以用式(10.15)计算。

$$清液排量(加支撑剂)=\frac{清液排量(不加支撑剂)}{SF_{BH}} \tag{10.15}$$

式(10.15)中清液排量(加支撑剂)的单位为bbl/min,清液排量(不加支撑剂)是泵注前置液期间的排量,单位为bbl/min,SF_{BH}为井底砂浓度下的混砂液系数。

例14:

某一泡沫压裂设计中井底砂浓度为2lb/gal,设计的泡沫排量为25bbl/min。假设泡沫质量为68%,所用支撑剂为常规砂,相对密度为2.65,计算此状态下所需的清液排量。

$$清液排量(不加支撑剂)=泡沫排量\times(1-FQ)$$

$$=25\times(1-0.68)=8bbl/min$$

$$混砂液系数=1+(砂浓度\times AVF)$$

$$=1+(2\times0.0453)=1.0906$$

$$清液排量(加支撑剂)=\frac{清液排量(不加支撑剂)}{SF_{BH}}=\frac{8}{1.0906}=7.34bbl/min$$

10.12.7 混砂液排量

泡沫压裂设计中需计算的下一个重要参数是含有支撑剂的混砂液排量,可以用式(10.16)来计算。

$$混砂液排量=\frac{清液排量(不加支撑剂,即前置液)}{SF_{BH}}\times SF_{混砂车} \tag{10.16}$$

式(10.16)中混砂液排量的单位为bbl/min,清液排量(不加支撑剂)或说泵注前置液排量的单位为bbl/min,SF_{BH}为井底砂浓度下的混砂液系数,$SF_{混砂车}$为混砂车处砂浓度下的混砂液系数。

例15:

假设泡沫质量为72%,在井底砂浓度为1.5lb/gal,清液排量(不加支撑剂)为6bbl/min,支撑剂相对密度为2.65。计算混砂液排量。

$$SF_{BH}=1+(砂浓度\times AVF)=1+(1.5\times0.0453)=1.068$$

$$混砂车处砂浓度=\frac{井底砂浓度}{1-FQ}=(\frac{1.5}{1-0.72})=5.36lb/gal$$

$$SF_{混砂车}=1+(5.36\times0.0453)=1.242$$

$$混砂液排量=\left[\frac{清液排量(不加支撑剂)}{SF_{BH}}\right]\times SF_{混砂车}$$

$$=\left(\frac{6}{1.068}\right)\times1.242=6.98bbl/min$$

10.12.8 氮气排量(加支撑剂与不加支撑剂)

泡沫压裂设计的下一步是计算氮气排量,包括加支撑剂和不加支撑剂两种情况。不加支撑剂时的氮气排量可以用式(10.17)计算。

$$氮气排量(不加支撑剂)=混砂泡沫排量\times VF\times FQ \tag{10.17}$$

式(10.17)中不加支撑剂氮气排量的单位为 ft^3/min,混砂泡沫排量是压裂设计排量,单位为 bbl/min,VF 是氮气的体积系数,单位为 ft^3/bbl,FQ 是泡沫质量,以百分数表示。

加支撑剂时的氮气排量可以用式(10.18)计算。

$$氮气排量(加支撑剂)=(混砂泡沫排量-混砂液排量)\times VF \tag{10.18}$$

式(10.18)中混砂泡沫排量的单位为 bbl/min,混砂液排量的单位为 bbl/min,VF 为氮气体积系数,单位为 ft^3/bbl。

例 16:

某一泡沫压裂设计中,混砂泡沫排量为 32bbl/min,混砂液排量为 8.2bbl/min。计算出的氮气体积系数为 $1001ft^3/bbl$,设计的泡沫质量为 70%。计算加支撑剂和不加支撑剂时的氮气排量。

$$\begin{aligned}氮气排量(不加支撑剂)&=混砂泡沫排量\times VF\times FQ=32\times 1001\times 0.7\\&=22422ft^3/min\end{aligned}$$

$$\begin{aligned}氮气排量(有支撑剂)&=(混砂泡沫排量-混砂液排量)\times VF=(32-8.2)\times 1001\\&=23824ft^3/min\end{aligned}$$

例 17:

假定读者是一个完井工程师,负责设计一口煤层气井的泡沫压裂泵注程序。假设已选定以下部分参数和程序,请计算泡沫压裂的其余参数并完善程序设计。

ISIP = 2150psi,液柱压力 = 1350psi,BHST = 100℉,FQ = 70%,SG = 2.65(普通砂),混砂泡沫排量(井底) = 30bbl/min。

阶段	井底支撑剂浓度/(lb/gal)	混砂泡沫体积/bbl
酸洗	0	6.0
前置液	0	40.0
20/40 目	1.00	30.0
20/40 目	1.50	30.0
20/40 目	2.00	30.0
20/40 目	2.50	30.0
20/40 目	3.00	30.0
顶替	0	45.0

第 1 步,根据 BHTP 和 BHST 计算氮气体积系数:

$$BHTP = p_h + ISIP = 1350 + 2150 = 3500psi$$

根据式(10.9)计算得出3500psi和100℉时,氮气的体积系数约为1139ft^3/bbl。

第2步,表格中提供了不同泵注阶段的井底支撑剂浓度。根据下面的公式计算每个阶段的混砂车处支撑剂浓度。

$$混砂车处支撑剂浓度 = \frac{井底支撑剂浓度}{1 - FQ}$$

阶段	井底支撑剂浓度/(lb/gal)	混砂车处支撑剂浓度/(lb/gal)
酸洗	0	0
前置液	0	0
20/40目	1.00	1/(1-70%)=3.33
20/40目	1.50	1.5/(1-70%)=5
20/40目	2.00	2/(1-70%)=6.67
20/40目	2.50	2.5/(1-70%)=8.33
20/40目	3.00	3/(1-70%)=10
顶替	0	0

第3步,计算每个阶段的井底混砂液系数(SF):

$$AVF = \frac{1}{2.65 \times 8.33} = 0.0453gal/lb$$

$$SF = 1 + (砂浓度 \times AVF)$$

阶段	井底支撑剂浓度/(lb/gal)	井底混砂系数
酸洗	0	1+(0×0.0453)=1
前置液	0	1+(0×0.0453)=1
20/40目	1.00	1+(1×0.0453)=1.05
20/40目	1.50	1+(1.5×0.0453)=1.07
20/40目	2.00	1+(2×0.0453)=1.09
20/40目	2.50	1+(2.5×0.0453)=1.11
20/40目	3.00	1+(3×0.0453)=1.14
顶替	0	1+(0×0.0453)=1

第4步,用混砂泡沫体积除以井底混砂液系数,得到净泡沫体积。

阶段	混砂泡沫体积/bbl	井底混砂系数	净泡沫体积/bbl
酸洗	6.0	1+(0×0.0453)=1	6/1=6
前置液	40.0	1+(0×0.0453)=1	40/1=40
20/40目	30.0	1+(1×0.0453)=1.05	30/1.05=28.7

续表

阶段	混砂泡沫体积/bbl	井底混砂系数	净泡沫体积/bbl
20/40 目	30.0	1+(1.5×0.0453)=1.07	30/1.07=28.09
20/40 目	30.0	1+(2×0.0453)=1.09	30/1.09=27.51
20/40 目	30.0	1+(2.5×0.0453)=1.11	30/1.11=26.95
20/40 目	30.0	1+(3×0.0453)=1.14	30/1.14=26.41
顶替	45.0	1+(0×0.0453)=1	45/1=45

第 5 步,用下面的公式计算清液体积:

清液体积=净泡沫体积×(1-FQ)

阶段	净泡沫体积/bbl	清液体积/bbl
酸洗	6/1=6	6×(1-0)=6
前置液	40/1=40	40×(1-70%)=12
20/40 目	30/1.05=28.7	28.7×(1-70%)=8.61
20/40 目	30/1.07=28.09	28.09×(1-70%)=8.43
20/40 目	30/1.09=27.51	27.51×(1-70%)=8.25
20/40 目	30/1.11=26.95	26.95×(1-70%)=8.08
20/40 目	30/1.14=26.41	26.41×(1-70%)=7.92
顶替	45/1=45	45×(1-70%)=13.5

第 6 步,计算每个阶段的井口混砂液系数(SF)。

阶段	混砂车处支撑剂浓度/(lb/gal)	井口混砂系数
酸洗	0	1+(0×0.0453)=1
前置液	0	1+(0×0.0453)=1
20/40 目	1/(1-70%)=3.33	1+(3.33×0.0453)=1.15
20/40 目	1.5/(1-70%)=5	1+(5×0.0453)=1.23
20/40 目	2/(1-70%)=6.67	1+(6.67×0.0453)=1.30
20/40 目	2.5/(1-70%)=8.33	1+(8.33×0.0453)=1.38
20/40 目	3/(1-70%)=10	1+(10×0.0453)=1.45
顶替	0	1+(0×0.0453)=1

第 7 步,计算每个阶段的混砂液体积:

混砂液体积=清液体积×井口混砂液系数

阶段	清液体积/bbl	井口混砂系数	混砂液体积/bbl
酸洗	6×(1-0)=6	1+(0×0.0453)=1	6×1=6
前置液	40×(1-70%)=12	1+(0×0.0453)=1	12×1=12

续表

阶段	清液体积/bbl	井口混砂系数	混砂液体积/bbl
20/40 目	28.7×(1-70%)=8.61	1+(3.33×0.0453)=1.15	8.61×1.15=9.91
20/40 目	28.09×(1-70%)=8.43	1+(5×0.0453)=1.23	8.43×1.23=10.34
20/40 目	27.51×(1-70%)=8.25	1+(6.67×0.0453)=1.30	8.25×1.30=10.74
20/40 目	26.95×(1-70%)=8.08	1+(8.33×0.0453)=1.38	8.08×1.38=11.14
20/40 目	26.41×(1-70%)=7.92	1+(10×0.0453)=1.45	7.92×1.45=11.51
顶替	45×(1-70%)=13.5	1+(0×0.0453)=1	13.1×1=13.5

第8步，计算每个阶段的支撑剂用量：

支撑剂用量=清液体积(gal)×井口支撑剂浓度

阶段	混砂车处支撑剂浓度/(lb/gal)	清液体积/bbl	阶段砂量/lb	总砂量/lb
酸洗	0	6×(1-0)=6	6×42×0=0	0
前置液	0	40×(1-70%)=12	12×42×0=0	0
20/40 目	1/(1-70%)=3.33	28.7×(1-70%)=8.61	8.61×42×3.33=1205	1205
20/40 目	1.5/(1-70%)=5	28.09×(1-70%)=8.43	8.43×42×5=1770	1205+1770=2975
20/40 目	2/(1-70%)=6.67	27.51×(1-70%)=8.25	8.25×42×6.67=2311	2975+2311=5286
20/40 目	2.5/(1-70%)=8.33	26.95×(1-70%)=8.08	8.08×42×8.33=2830	5286+2830=8115
20/40 目	3/(1-70%)=10	26.41×(1-70%)=7.92	7.92×42×10=3328	8116+3328=11443
顶替	0	45×(1-70%)=13.5	13.5×42×0=0	11443

第9步，计算每个阶段的氮气体积：

氮气体积=净泡沫量×VF×FQ

阶段	FQ/%	净泡沫体积/bbl	阶段氮气体积/ft³	累计氮气体积/ft³
酸洗	0	6/1=6	6×0×1139=0	0
前置液	70	40/1=40	40×70%×1139=31892	31892
20/40 目	70	30/1.05=28.7	28.7×70%×1139=22882	31892+22882=54774
20/40 目	70	30/1.07=28.09	28.09×70%×1139=22397	54774+22397=77172
20/40 目	70	30/1.09=27.51	27.51×70%×1139=21932	77171+21932=99104
20/40 目	70	30/1.11=26.95	26.95×70%×1139=21486	99103+21486=120589
20/40 目	70	30/1.14=26.41	26.41×70%×1139=21057	120589+21057=141647
顶替	70	45/1=45	45×70%×1139=35879	141646+35879=177525

第10步，给定混砂泡沫排量为30bbl/min(设计排量)。计算净泡沫排量：

$$净泡沫排量 = \frac{混砂泡沫排量}{井底混砂液系数}$$

阶段	井底混砂系数	混砂泡沫排量/(bbl/min)	净泡沫排量/(bbl/min)
酸洗	1+(0×0.0453)=1	30	30/1=30
前置液	1+(0×0.0453)=1	30	30/1=30
20/40 目	1+(1×0.0453)=1.05	30	30/1.05=28.70
20/40 目	1+(1.5×0.0453)=1.07	30	30/1.07=28.09
20/40 目	1+(2×0.0453)=1.09	30	30/1.09=27.51
20/40 目	1+(2.5×0.0453)=1.11	30	30/1.11=26.95
20/40 目	1+(3×0.0453)=1.14	30	30/1.14=26.41
顶替	1+(0×0.0453)=1	30	30/1=30

第 11 步,计算每个阶段的清液排量:

$$清液排量 = 净泡沫排量 \times (1 - FQ)$$

阶段	FQ/%	混砂泡沫排量/(bbl/min)	净泡沫排量/(bbl/min)	清液排量/(bbl/min)
酸洗	0	30	30/1=30	30×(1-0)=30
前置液	70	30	30/1=30	30×(1-70%)=9
20/40 目	70	30	30/1.05=28.70	28.7×(1-70%)=8.61
20/40 目	70	30	30/1.07=28.09	28.09×(1-70%)=8.43
20/40 目	70	30	30/1.09=27.51	27.51×(1-70%)=8.25
20/40 目	70	30	30/1.11=26.95	26.95×(1-70%)=8.08
20/40 目	70	30	30/1.14=26.41	26.41×(1-70%)=7.92
顶替	70	30	30/1=30	30×(1-70%)=9

第 12 步,计算每个加砂段的混砂液排量:

$$混砂液排量 = 清液排量 \times 井口混砂液系数$$

阶段	井口混砂系数	混砂泡沫排量/bbl/min	清液排量/bbl/min	混砂液排量/bbl/min
酸洗	1+(0×0.0453)=1	30	30×(1-0)=30	30×1=30
前置液	1+(0×0.0453)=1	30	30×(1-70%)=9	9×1=9
20/40 目	1+(3.33×0.0453)=1.15	30	28.7×(1-70%)=8.61	8.61×1.15=9.91
20/40 目	1+(5×0.0453)=1.23	30	28.09×(1-70%)=8.43	8.43×1.23=10.34
20/40 目	1+(6.67×0.0453)=1.30	30	27.51×(1-70%)=8.25	8.25×1.3=10.74
20/40 目	1+(8.33×0.0453)=1.38	30	26.95×(1-70%)=8.08	8.08×1.38=11.14
20/40 目	1+(10×0.0453)=1.45	30	26.41×(1-70%)=7.92	7.92×1.45=11.51
顶替	1+(0×0.0453)=1	30	30×(1-70%)=9	9×1=9

第 13 步,选用下面任一公式计算每个加砂段氮气排量:

$$\text{氮气排量} = \text{净泡沫排量} \times FQ \times VF$$

或

$$\text{氮气排量} = (\text{混砂泡沫排量} - \text{混砂液排量}) \times VF$$

阶段	FQ/%	混砂泡沫排量/(bbl/min)	净泡沫排量/(bbl/min)	氮气排量/(ft^3/min)
酸洗	0	30	30/1 = 30	0
前置液	70	30	30/1 = 30	30 × 70% × 1139 = 23919
20/40 目	70	30	30/1.05 = 28.70	28.7 × 70% × 1139 = 22882
20/40 目	70	30	30/1.07 = 28.09	28.09 × 70% × 1139 = 22397
20/40 目	70	30	30/1.09 = 27.51	27.51 × 70% × 1139 = 21932
20/40 目	70	30	30/1.11 = 26.95	26.95 × 70% × 1139 = 21486
20/40 目	70	30	30/1.14 = 26.41	26.41 × 70% × 1139 = 21057
顶替	70	30	30/1 = 30	30 × 70% × 1139 = 23919

第 14 步,最后一步是计算每个阶段的泵注时间:

$$\text{泵注时间} = \frac{\text{混砂泡沫体积}}{\text{混砂泡沫排量}}$$

阶段	混砂泡沫体积/bbl	混砂泡沫排量/(bbl/min)	阶段泵注时间/min	累计时间/min
酸洗	6	30	6/30 = 0.2	0.2
前置液	40	30	40/30 = 1.33	0.2 + 1.33 = 1.53
20/40 目	30	30	30/30 = 1	1.53 + 1 = 2.53
20/40 目	30	30	30/30 = 1	2.53 + 1 = 3.53
20/40 目	30	30	30/30 = 1	3.53 + 1 = 4.53
20/40 目	30	30	30/30 = 1	4.53 + 1 = 5.53
20/40 目	30	30	30/30 = 1	5.53 + 1 = 6.53
顶替	45	30	45/30 = 1.5	6.53 + 1.5 = 8.03

本例泡沫压裂的泵注程序概括在表 10.3 中。

表 10.3 泡沫压裂设计泵注程序示例

阶段	井底支撑剂浓度/lb/gal	FQ/%	混砂车处支撑剂浓度/lb/gal	混砂泡沫体积/bbl	井底混砂系数	净泡沫体积/bbl
酸洗	0	0	0	6.0	1.00	6.00
前置液	0	70	0	40.0	1.00	40.00
20/40 目	1.00	70	3.33	30.0	1.05	28.70

续表

阶段	井底支撑剂浓度/lb/gal	FQ/%	混砂车处支撑剂浓度/lb/gal	混砂泡沫体积/bbl	井底混砂系数	净泡沫体积/bbl
20/40 目	1.50	70	5.00	30.0	1.07	28.09
20/40 目	2.00	70	6.67	30.0	1.09	27.51
20/40 目	2.50	70	8.33	30.0	1.11	26.95
20/40 目	3.00	70	10.00	30.0	1.14	26.41
顶替	0	70	0	45.0	1.00	45.00

清液体积/bbl	井口混砂系数	混砂液体积/bbl	阶段加砂量/lb	累计加砂量/lb	阶段氮气量/ft^3	累计氮气量/ft^3
6.00	1.00	6.00	0	0	0	0
12.00	1.00	12.00	0	0	31892	31892
8.61	1.15	9.91	1205	1205	22882	54774
8.43	1.23	10.34	1770	2975	22397	77172
8.25	1.30	10.74	2311	5286	21932	99104
8.08	1.38	11.14	2830	8115	21486	120589
7.92	1.45	11.51	3328	11443	21057	141647
13.50	1.00	13.50	0	11443	35879	177525

混砂泡沫排量/bbl/min	净泡沫排量/bbl/min	清液排量/bbl/min	混砂液排量/bbl/min	氮气排量/ft^3/min	阶段泵注时间/min	累计泵注时间/min
30.0	30.00	30.00	30.00	0	0.20	0.20
30.0	30.00	9.00	9.00	23919	1.33	1.53
30.0	28.70	8.61	9.91	22882	1.00	2.53
30.0	28.09	8.43	10.34	22397	1.00	3.53
30.0	27.51	8.25	10.74	21932	1.00	4.53
30.0	26.95	8.08	11.14	21486	1.00	5.53
30.0	26.41	7.92	11.51	21057	1.00	6.53
30.0	30.00	9.00	9.00	23919	1.50	8.03

第11章　水平井多级压裂完井技术

11.1　概述

多级水力压裂与长水平段水平井相配合，极大地帮助了石油行业开发非常规页岩资源，使得开发这种原来没有经济价值的资源变得经济可行。能够取得这些成就，在很大程度上应归功于石油行业的不懈努力，该行业一直在非常规页岩储层开发方面努力尝试各种理念，以使开发过程更安全、经济效益更佳，且更环保。这仅仅是个开端，未来几年，在这方面将涌现出更多的科技新进展。

石油行业有两种常用的完井（或者说压裂）方法。第一种被称为“传统桥塞与射孔法”，这是最常用的完井方法。第二种称为“滑套法”，使用频率较低，只是在Bakken等页岩油田使用较多（尽管在Bakken油田许多作业者已不再使用滑套法）。选择使用哪种压裂技术取决于作业者是否取得成功，以及每种特定技术的经济效益。如果从经济、操作和产量的角度来看，滑套技术在某些地区效果更好，则当然应该使用滑套技术。然而，如果桥塞与射孔技术带来产量大幅度提升而没有任何操作和经济方面的问题，则必须使用桥塞与射孔技术。这是由各公司因使用不同技术而获得的成功及其理念所驱动的。自20世纪90年代后期开发非常规页岩储层以来，该行业认识到的一个重要经验是，数据应该是每项工程和作业决策的第一驱动和决定因素。非常规页岩储层的地质异常复杂，非均质性极强，因此，在业务发展中更需要凭数据说话，而不是依赖具有不确定性效果的主观意见和理论。

使用大数据的优势在各作业者的经营中都很显眼。这就是使用人工智能和机器学习（AI&ML）的切入点，这两种新技术能够从多年的非常规开发实践中提取出隐含的规律。第24章将讨论几个应用AI&ML为股东创造价值的案例。

11.2　传统桥塞与射孔压裂完井

该方法是非常规页岩储层开发最常用的方法。复合桥塞（压裂桥塞）用于各级压裂之间的隔离。桥塞与射孔法是一种完井技术体系，该技术使用电缆将射孔枪和复合桥塞送入井下。一旦到达所期望的深度，就安放一个复合桥塞，然后将射孔枪上提至设计深度并发射，直到所有射孔枪都发射完毕。每个射孔枪射出一簇孔眼。发射完所有射孔枪后，将电缆起出井眼。在已固井套管或未固井套管的井眼中都可以使用传统桥塞与射孔法。这种方法被认为是一种缓慢的、重复性的射孔和压裂工艺；之所以缓慢，是因为在每级压裂之后，都必须将电缆穿入井眼。将桥塞和射孔枪送入井下，以便安放桥塞，发射射孔枪（簇），最后起出井筒。作业时间取决于井深、射孔队工作效率、起下电缆速度等，包括压裂级间隔离和射孔枪发射的整个过程可能需要2~4h。举个例子，如果一口井分为40级进行压裂，则该过程必须重复40次。假定每次花费约3h，则总共需要120h，也即5d时间。石油行业通常是在丛式井平台上采用交替压裂技术，当一口井正在压裂时，另一口井实施射孔，以尝试提高传统桥塞与射孔法的作业效率。

采用这种方法可以在每级压裂井段中射出多簇孔眼。从压裂后获得的产量的角度来看,传统桥塞与射孔技术非常成功。否则,鉴于该方法缓慢、耗时,本行业早就放弃这种技术了。石油行业还开发了其他效率较高的技术,例如可溶球和桥塞,它们会在井下溶解,因而可缩短压裂后的钻桥塞时间。一些作业者还在较深井段(邻近脚尖)使用了可溶性桥塞,以试图避免在较长水平分支井眼的作业中使用不压井作业装置。这样就可以使用连续油管钻进(但有井深限制),而不必用不压井作业装置。

11.2.1　复合桥塞压裂法

在传统桥塞与射孔法压裂过程中利用复合压裂桥塞实现各级压裂之间的隔离。之所以使用复合桥塞,是因在压裂作业结束后,可以轻松、快捷地钻掉这类桥塞。安放桥塞后,投球并泵入井下,直至小球坐落在复合桥塞内。通常以 10～15bbl/min 的排量将小球泵入井下,一旦小球坐落在桥塞内,井口泵送压力就会急剧上升,借此即可确信小球已经坐落就位。小球一旦就位,前一级压裂即被隔离,就可以开始下一级压裂施工了。图 11.1 显示了复合桥塞和相关组件,包括发火炸药、桥塞安放工具和泵送环。图 11.2 显示了在传统桥塞与射孔法中使用的射孔枪。图 11.3 显示了与图 11.2 中相同的射孔枪的内视图。图 11.4 显示了坐落在复合桥塞中的小球。图 11.5 为具有四簇孔眼的一级水力压裂(从桥塞到桥塞)的示意图。

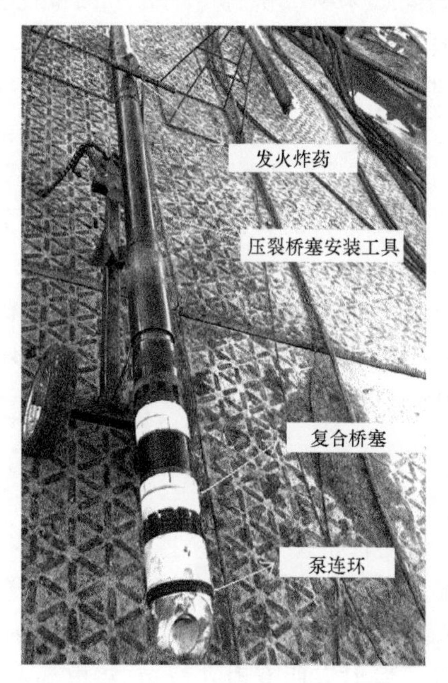

图 11.1　复合桥塞

11.2.2　逐序压裂

逐序压裂法是指完成一级压裂后,等待电缆作业在同一口井完成下一个压裂井段的射孔,然后才能压裂新射开的井段。这种类型的压裂,一次只能实现一口井的完井作业。逐序压裂在探井施工完井中十分常见,此时一个平台上只有一口井。在这种情况下,压裂作业队完成一级压裂后,等待电缆作业安放桥塞并射开下一个井段,同时对其设备进行日常维护。一旦电缆作业完成桥塞安放、射孔并起出井筒后,压裂队就会继续施工,压裂新射开的井段。这样反复持续进行,直到完成同一口井的全部多级压裂。逐序压裂的主要缺点是在各级压裂之间不得不等待电缆作业。如前所述,只有当平台上仅有一口井时才使用逐序压裂法,而在具有多口井的平台上建议采用拉链压裂法。

图 11.2 射孔枪

图 11.3 射孔枪内视图

图 11.4 用于隔离压裂级的坐落在复合桥塞中的小球

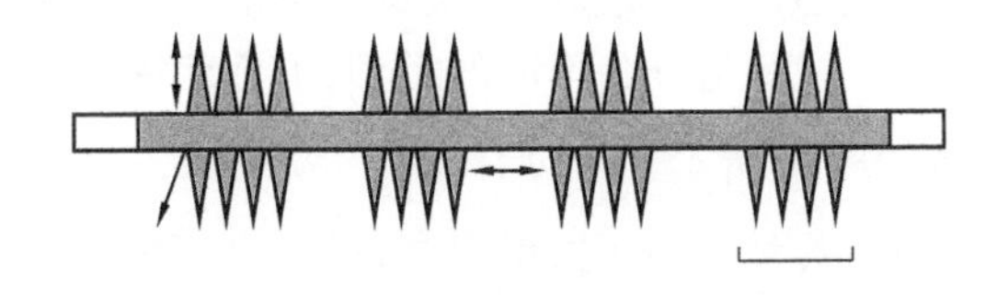

图 11.5 桥塞与孔眼簇间距示例

11.2.3 拉链压裂

拉链压裂是指在一口井上实施一级压裂,同时在另一口井上射孔和安放桥塞。可在多口井上实施交替压裂。拉链压裂的主要优点之一是不停顿地压裂和射孔,因而节省时间和金钱。在大多数页岩储层中普遍采用拉链压裂法。

11.2.4 同步压裂

同步压裂法不像拉链压裂或逐序压裂法那样常用。在同步压裂法中,两口井同时压裂。这需要大量的现场协调工作和设备。此外,平台必须足够大,以安放这类巨型压裂施工的所有设备。同步压裂的优势在于油气井能够更快投产,使得油气田能创造更高的净现值。

11.3　压裂滑套完井

滑套也叫压裂滑套,是桥塞与射孔法的替代方案,通过滑套上的开孔泵送压裂液,实现水平井多级压裂。该方法利用的是一个小球和一个挡板。当小球坐落在挡板上时,内套筒即被打开,这就为压裂液提供了流动通道。使用这种方法压裂,通常每级压裂有一个开孔(相当于一簇孔眼)。也有多开孔滑套可用于模拟桥塞和射孔法,实现多簇压裂。滑套法最大的优点是省时。由于不需要下入复合桥塞和射孔枪,因此可节省大量时间,也就等于省钱。该方法可以在固井或未固井状况下使用。

11.3.1　滑套的优点

滑套法已知的一个优点是缩短压裂施工时间。由于压裂级之间的隔离和射孔都不需要电缆作业,只要支撑剂和水的供应充足,就可以一级一级地连续压裂。滑套法还可减少用水量,减少泵送支撑剂之后的冲洗量。滑套还能够最大限度地提高近井带导流能力,并可与可溶性球一起使用。

11.3.2　滑套的缺点

滑套的最大缺点是机械方面的问题。任何机械都可能出现故障,而解决故障的过程成本可能十分高昂。另一个缺点是在下套管固井的工况下能实现的压裂级数有限。在当今传统桥塞与射孔法中,有时可将孔眼簇(也即射孔枪)的间距降至20ft,以便尽可能增大接触面积。但是,这取决于服务提供商,使用滑套时压裂级数可能会受到限制。由于滑套随套管一起下入井下,每根套管的长度通常为40~45ft。因此,除非订购特殊的套管,否则滑套之间的间距不可能小于40ft,而订购特殊的套管是很昂贵的。在将带有滑套的套管下入井下之前,对通井质量的要求也较为苛刻。最后,与屡试不爽的传统桥塞与射孔法相比,石油行业在滑套应用方面的经验有限。滑套可分为不同的类型,下面将介绍其中最常见的类型。

11.3.3　脚尖滑套(阀门)

脚尖滑套是一种压力操控阀,可在没有任何电缆操控干预的情况下创建流动通道。

11.3.4　单孔压裂滑套

单孔压裂滑套由小球和挡板操控。压裂用小球按从小到大的顺序投入井下以激活滑套。使用小球拖车或气动小球发射器从井口投球。

11.3.5　多孔压裂滑套

与单孔压裂滑套相反,在不使用桥塞和射孔的情况下,多孔压裂滑套可在同一级压裂井段打开多个流体入口。这样做是想使用滑套技术来模仿桥塞与射孔法;此时一个小球可以打开多个滑套。这种技术与传统的桥塞和射孔法非常类似,一个流体入口也被类似地称为一“簇”。

11.3.6　复合压裂法

复合压裂法组合使用滑套与桥塞和射孔。井的前半部分(脚尖部分)采用滑套,后半部分(脚跟部分)采用桥塞和射孔。Bakken 页岩是复合压裂设计的经典示例。由于该油气区所钻井的水平分支长度通常超过8000ft,而连续油管的使用深度有限,因此一些作业者使用复合压裂法来提升开发效率。

11.4 一级压裂井段长度(桥塞—桥塞间距)

一级压裂井段长度就是从一个桥塞到另一个桥塞之间的间距,无论是垂直井还是水平井。在美国各地的许多储层中,油气井的水平分支被划分为多个压裂级以便尽可能提高其产能。这就是为什么水力压裂常被称为多级压裂的原因,压裂级数取决于每口井的水平段长度、压裂设计和经济评价。因此,水力压裂的下一个有趣话题即是欲使水平井产量最大化,到底需要多少级压裂。在页岩油气资源开发的初始年代,一些公司尝试了单级压裂,但都不成功,因而需要在美国各地的各种储层中实施多级压裂。

11.5 短压裂井段方式完井

在传统的桥塞与射孔技术中,石油行业惯用的桥塞至桥塞的间距为150~300ft。作业公司曾基于以往产量数据,使用过不同的间距设计(例如150ft、200ft、300ft等)来实现最高产能,从而创造最佳经济效益。一些公司倾心于较短的压裂井段长度,例如150~200ft。由于桥塞至桥塞的间距较短,这种类型的压裂被称为短压裂井段(SSL)。例如,如果一口井的水平分支长度为6000ft,且选择200ft桥塞至桥塞间距,则水力压裂将分为30级进行。这意味在一口井中安放桥塞、射孔、压裂等程序需要重复进行30次。与压裂间距相关联的主要因素之一是经济效益。每级压裂都非常昂贵,确切成本取决于服务提供商、支撑剂、水、化学剂等材料消耗量,以及市场行情等因素。例如,如果一级压裂使用250000lb支撑剂以及与之相应的水和化学剂,与使用500000lb支撑剂比,成本当然较低。不同地区、不同地层的压裂级间距最终还是由产能大小和经济效益决定。

自2013年以来,短压裂井段(SSL)的理念被广泛应用和尝试,这是因为缩短压裂级井段长度通常会导致更高的初始产量(IP),但有些地区产量衰减快;而有些地区产量衰减慢,衰减百分比大致恒定。例如,采用惯用井段长度300ft时初始产量约为$6\times10^6ft^3d$,初始衰减率为62%;然而,采用短井段长度150ft时初始产量可能是$8\times10^6ft^3/d$,衰减率类似或超过62%。有时,这取决于完井设计的质量,实际衰减百分比可能小于以往采用短压裂井段所观察到的值。获得的初始产量增加等同于金钱的时间价值,因此,只要衰减百分比能够保持大体恒定,在某些地区采用短压裂井段经济效益会更好。金钱的时间价值意思是,由于金钱能够产生利息,今天获取的金钱比未来相同数额的金钱价值更高。但短压裂井段并非处处适用,成功的概率取决于储层属性。在某些地区,短压裂井段效果很好,产量可能提升10%~40%。然而,在其他一些地区,特别是地质复杂的地区,短压裂井段并不能导致产量提升。问题就在于产量提升是否能补偿特殊压裂设计所必需的额外投资。如果能够补偿,并且有资金来源,就一定要选用更优化的设计。

为了选定经济效益最佳的方案,在每个地区都必须针对这两种方法进行经济效益分析。短压裂井段设计的最大挑战是必需的增量投资。从短压裂井段获得的额外初始产量和估算最终可采储量(EUR)必须足以补偿在该油井的投资增量。使用短压裂井段还是惯用压裂井段长度的决策确实是一项经济决策,因此,经济效益必须是该决策的决定性因素,而不是井的初始产量和估算最终可采储量。能否选用短压裂井段确实取决于所在地区。

为何短压裂井段并非处处适用?原因如下:

(1)天然气地质储量不足;

(2)储层地质复杂,不确定性高;

(3)天然裂缝高度发育;

(4)岩石渗透率较高;

(5)有些地区孔隙压力较低,泵入过量的水可能有害;

(6)较低的孔隙压力还意味着较小的天然气地质储量(GIP),尤其是在干气区(几乎全部为甲烷);

(7)不同的压裂级相互干扰,裂缝作用相互影响。

11.6 簇间距

每个压裂井段内都有许多簇,分别对应一支射孔枪。如果一级压裂中有五个簇,则该井段就使用了五支射孔枪,通常是均匀分布的(等比设计)。对于非常规储层,石油行业在每级压裂中使用的射孔枪数(也即簇数)平均为3~20之间,等距离分布。例如,如果300ft井段中有六个簇,则各簇的间距为50ft。行业所用平均簇间距为20~60ft。关于一级压裂中的簇数和孔眼数,每个作业者都有自己的一套理论。选择簇数的主要决定因素是地层渗透率、天然气地质储量和射孔效率。一般的经验法则是,如果地层渗透率较高,则需要较小数目的簇。相反,如果地层渗透率较低,则需要较大数目的簇。总的目标是创建最大的接触面积。此外,如果一个特定区域的天然气地质储量不够丰富,则只需较少的压裂级数和簇数即可采出储层中的碳氢化合物。

一些作业公司认为,应尽可能减小簇间距,以便在给定地层中获得最大的接触面积。而另一些作业公司则认为,应减少簇数(即增大簇间距),以便迫使压裂能量进入有限数目的孔眼簇,进而产生更长的裂缝网络。而且各作业公司都能给出产能依据而支持其理论。在某些地区已经证明采用较短的簇间距可以提高产能,但这样的压裂作业有时显得很困难,这是由于裂缝的作用会相互影响,各簇裂缝之间也可能发生连通。

11.7 重复压裂的完井概述

重复压裂是指在对油气井产量数据评估的基础上对该井进行第二次压裂,自2011年以来,石油行业一直在各页岩油气区试验这一重要技术。在低油价环境下,人们有充裕的时间分析以往的设计不佳的压裂作业,因而对重复压裂的讨论十分热烈。此外,在具有优质储层和压力的地区,不必在新井钻完井上投入更多资金,而实施重复压裂有可能带来更好的经济效益。重复压裂已导致许多页岩油气区的产量大幅增加,包括但不限于Marcellus、Haynesville、Eagle Ford、Barnett和Bakken。重复压裂的主要理由如下。

(1)实施新的或更先进的完井设计:许多油气井都使用了过时的完井方式,例如一级压裂的井段长度为400~500ft,每英尺加砂量低、每一级孔眼数多、每一级的簇数或多或少等。这样的设计造成了很大部分的储层未被触及(仍处于原始状态)。实施新的完井设计并重新压裂,例如缩短一级压裂井段长度、缩短簇间距、减少流体入口、提高每 ft 加砂量等,在有些地区可能会提升油气井产能。

(2)通过转向、射孔和重新定向来扩大接触面积:最常见的重复压裂法之一是利用转向技术(加入特殊的可降解颗粒),许多服务公司都可提供。转向的基本概念是封堵当前敞开的孔眼,充分利用其他孔眼高效压裂未被触及的储层部分。除了转向之外,射开新的孔眼和重新定向也有助于扩大接触面积。

(3)击穿由结垢、微粒运移和铁离子或其他盐类沉积而造成的表皮伤害:管道和地层中结垢、铁离子或其他盐类沉积、或仅是微粒运移都可造成表皮伤害。水力压裂时使用不当的化学剂配方也可能对油气井的长效产能造成有害影响。

(4)油气开采过程中未控制生产压差(尤其是在超压储层中),致使支撑剂被挤碎和嵌入地层,导流能力下降:未受控生产压差已对许多页岩油气井的产能造成不利影响,尤其是在超压储层中。激进的生产压差会导致支撑剂被挤碎和嵌入地层、微粒运移、周期性变化的地应力,以及渗透率的压力依赖性效应。对超压储层来说必须考虑渗透率的压力依赖性。压力依赖性的原因是自然压实作用不彻底,在油气开采过程中孔隙体积会随压力降低而减小。因此,可用流动横截面积减小,渗透率随压力降低而降低。在 Haynesville 和 Eagle Ford 页岩等超压储层中,一些油气井初期开采时没有控制生产压差,重复压裂法在这些井上已经取得了成功。

(5)增强导流能力或恢复丧失的导流能力:水力压裂设计和产能评估中最未知的一个方面是,随着开采时间推移,导流能力的丧失将如何影响油气井生产动态和经济效益。几乎所有勘探生产公司的关注点都集中在气井开采寿命的前 5~10 年,因为从经济角度讲,这段时间可为股东提供 80% 以上的回报。因此,如果这段时间裂缝中或近井带的导流能力丧失不会严重影响产能,这个问题就不会成为讨论热点。然而,如果导流能力丧失发生过早,处于敏感的经济时间框架内,那么分析这种机理、寻求在未来完井设计中缓解该问题的方法就是非常重要的。迄今为止,已经对一些被认为遭受某种近井带伤害或裂缝导流能力丧失的井,实施了重复压裂试验,成功恢复了导流能力,提升了产能。导流能力丧失是由各种各样的因素造成的,例如未受控生产压差、结垢、非达西流效应、支撑剂被挤碎和嵌入地层、微粒运移、液体滞留、井底积液、裂缝表面表皮伤害、会聚式表皮伤害等。

(6)重复压裂时使用与初次压裂不同的压裂液体系,成功的可能性较大:重复压裂能够获得成功的另一个重要原因,可能是采用与初次压裂类型不同的压裂液体系,使之与目标地层更加匹配。例如,如果一口井最初使用交联流体进行压裂而未能成功提升产能,则采用其他流体体系(例如滑溜水)压裂可能会显著提升产能。需要注意的是,如果该地区从储量大小和储层特性来说都不够好,则不建议进行重复压裂。Rodvelt 等(2015)分析了 7 口被重复压裂的 Marcellus 页岩气井,这些井位于宾夕法尼亚州 Greene 县境内,储层特性极佳,储层压力很高,但初次完井设计较差。他们发现对这些井加入转向剂进行重复压裂后,可采储量增加了 65%~123%。

在评估一口井是否适合重复压裂时,请牢记以下指导方针。

(1)选择剩余储量高、储层地质优越的井。

(2)重点考虑原完井设计过时的井,例如一级压裂井段长度大且支撑剂加量小的井。

(3)远离机械完整性差的井,因为弥补这个问题十分昂贵。

(4)首先选择一口最适合重复压裂的井,以图获得成功,为整个油气区带来经济效益,该地区其他所有井即可效仿。一些勘探生产公司在转让资产时还会考虑适合重复压裂井的潜力,对这些井赋予一定的净现值。

(5)除非有确凿的证据表明初始压裂设计、材料选用或施工有明显失误,否则条件较差的井通常不适合重复压裂。

(6)远离低压或枯竭储层,在这类储层中压裂液返排极为困难。

(7)远离初始完井设计、施工优秀的井,首先关注设计差的井,通常会有许多设计差的井亟待解决。

(8)远离储层质量较差的井,在这些井上重复压裂可能不会产生任何经济增值。

(9)务必将已实施重复压裂的井作为类比,对重复压裂方案进行经济评价。

第 12 章　与生产相关的完井与返排设计评价

12.1　概述

在获得足够用于产能分析的数据之后，完井优化最重要的一个方面就是评价完井设计。一般来说，对于非常规页岩储层，评价每一种完井方式需要 6 个月到 1 年的生产数据（取决于数据质量）。有多种工具可用来评价非常规页岩储层的单井产能。利用各种产量递减曲线分析（DCA）或产量瞬变分析（RTA）计算出估计最终采出量（EUR），这种方法被广泛用来确定单井产能，并与多口井进行比较，以便将完井效果与完井设计相关联。用于确定单井产能的最重要的曲线之一是叠加图，根据此图可以确定每口井的产能或 $A\sqrt{K}$值。可以通过绘制这类关系曲线来确定单井产能，其中 y 轴为拟 $\Delta p/q$，x 轴为物质平衡时间的平方根（CUM/q），由此可确定其直线部分的斜率，该斜率与 $A\sqrt{K}$值成反比。对于非常规页岩储层来说，有许多重要参数可用来配合完井设计、储层特性、生产压差大小和其他变量确定单井产能，而 $A\sqrt{K}$值是这些重要参数之一。大体来说，$A\sqrt{K}$值是接触面积与岩石有效渗透率的乘积。非常规储层的 $A\sqrt{K}$值就相当于常规储层的 Kh。$A\sqrt{K}$值由平方根或叠加图获得，是原始储层压力、井底流压（随时间而变化）、产量（随时间而变化）、孔隙度、气黏度、总压缩系数和储层温度的函数。通过已经进行过的各种分析，工业界已经发现 $A\sqrt{K}$值和最终采出量 EUR 之间有直接相关性。产量递减曲线分析（DCA）假定井底流压、泄油面积、渗透率、表皮系数均恒定不变，而且是边界主导的流动；与之相反，$A\sqrt{K}$值分析考虑压力和产量均随时间及其他储层特性而变化，以便更准确地确定气井产能。$A\sqrt{K}$值还被用于对同一油气田不同完井设计方案从优到差进行排序，以协助公司选定完井设计方案。在评价一个完井方案的产能时，有许多重要参数必须予以考虑；以下各节将对这些参数逐一进行阐述。

12.2　目标层

为了在每一个油气田找到最佳目标层位，极为重要的是评价一口井的目标层。理论上讲，最佳目标层应该具有高电阻率、低含水饱和度、低地层密度、高总有机碳含量（TOC）、低黏土含量、高有效孔隙度、高杨氏模量和低泊松比（脆性，容易压裂）。但找到具备所有这些特性的地层是非常有挑战性的。因此，在新的探区中，必须对不同的目标层（保持所有其他变量不变）进行测试，以了解每个目标层的产能潜力。此外，从各种测井序列（比如声波测井）了解每个目标层周围的原地应力也同样重要。目标层厚度通常为 5～15ft，理想的目标层应该在目标层上方和下方都有优良的隔层，在钻进中使钻头尽可能长时间处于目标层内。压裂施工时隔层对于保证仅在目标层中产生裂缝、进而实现生产最优化是非常重要的。在宾夕法尼亚州的 Susquehanna 县境内，在 Marcellus 页岩层上、下均有良好的压裂隔层，因此生产动态也相当出色。目标层的选择在很大程度上取决于所在地区，在任一地区都必须反复进行测井和测试才能选定最佳目标层。最佳的优化技术是在富含油气层中选择两三个不同的区域作为目标层进行测试,以确定能够提供最佳生产动态的目标层。众所周知,在非常规页岩储层中,选定合适的目标层对一口井的生产动态和经济效益有重大影响。因此,应特别重视目标层的优选,以便提高油气井的产能。

12.3 一级压裂井段长度

一级压裂井段长度是另一个重要的完井设计参数,必须基于生产动态分析和评价予以考察和理解。压裂之目的是产生尽可能大的接触面积,同时最大程度地减轻裂缝干扰(裂缝作用的相互影响)。与非常规页岩储层中的其他任何参数一样,一级压裂井段长度的选择也取决于所在地区。例如,如果在某一地区,150ft 井段长度最佳,这并不一定意味着在其他地区该长度也是最佳的。因此,需要根据储层特性来确定井段长度。较短的井段长度意味着更多的成本支出;因此,重要的是确定较短长度所带来的产量上升,以确定该额外投资是否值得。如果市场价格较低、完井成本相对便宜,只需较低幅度的产量上升即可证实较短的井段长度的经济合理性。然而,如果完井成本高昂,就需要较大幅度的产量上升才能证实较短井段长度的经济合理性。因此,必须在开发进程中不同的时间点,基于原油、凝析油、天然气液体、天然气等产品的价格和每个完井设计方案的投资进行经济分析。例如,如果某一口井的水平分支长度为 7000ft,一级压裂井段长度为 150ft 时完井成本为 250 万美元,这个长度为最优;但如果因市场价格上涨,完井成本提高到 500 万美元,这就需要更大幅度的产能提升来证实较高投资的合理性,这个长度可能就不是最优了。因此,对任一地区,生产动态和经济分析必须是选择最优井段长度的唯一决定因素。

12.4 簇间距

簇间距是评估一口井的产能时需要考虑的另一个因素。对于传统的桥塞—射孔技术,应以获得最高产能为目标对簇间距进行优化。每级压裂通常分为 3 ~ 10 簇,这与一级压裂井段长度、储层特性、公司理念有关。在每个地区都必须对一级压裂中的簇数进行试验,以分析簇间距对产能的影响。

12.5 孔眼数、孔眼直径和射孔相位

从射孔设计的角度来说,孔眼数、孔眼直径(EHD)和射孔相位是三个最重要的设计参数,测试分析这三个参数时应考虑其增产效果。行业内一个经验规则是,孔眼直径至少是压裂用砂最大粒径的 6 倍,以防止压裂过程中发生砂粒桥堵和脱砂。人们也已经认识到,射孔方位与最大主地应力方向的夹角应在 30°以内,以便减小压裂施工中的近井带裂缝曲折走向和其他潜在问题。因此,可使用 60°相位的射孔枪,这样可保证孔眼方位与最大主应力方向的夹角永远都在 30°以内,此作法的主要原因是射孔枪在井下的准确取向往往是不清楚的。一些公司也使用其他相位的射孔枪,例如 0°、90°、120°和 180°。如前所述,通常基于限流技术来设计孔眼数,以便提高非常规储层的产量。但是,必须对孔眼数、孔眼直径和射孔相位进行测试,分析不同方案的增产结果。重要的是一次试验只测试一个参数,以便了解该参数对产能的独立影

响。还必须包括阶梯式降排量测试(已在第9章中讨论过),以便了解与每个设计方案相关的射孔效率。图12.1显示了不同的射孔相位。

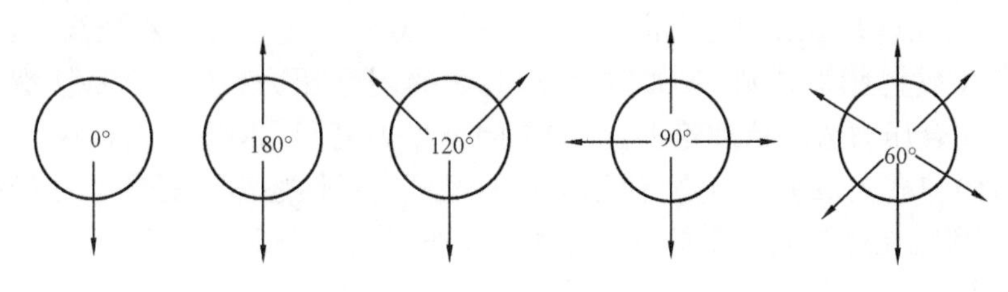

图12.1 射孔相位

12.6 每英尺加砂量和用水量

每英尺加砂量和用水量是另外两个重要的设计参数,必须对其进行测试以理解它们对产能和经济效益的影响,并最终确定最佳的加砂量和用水量设计方案。就像已经讨论过的其他参数一样,合适的加砂量和用水量也与所在地区有关。在孔隙压力较高且储层特性较好的地区,较大的加砂量和用水量可能会有助于油气井增产。另一方面,在孔隙压力较低且储层特性较差的地区,提高加砂量和用水量可能并非理想的增产方案。因此,对每个地区都必须测试不同的加砂量和用水量设计方案,以确定经济效益最佳的方案。对于数据有限的新区,必须测试不同的加砂量方案,如1000lb/ft、1500lb/ft、2000lb/ft、2500lb/ft、3000lb/ft等。在提高加砂量和用水量之前,应该确定用于砂子和水的附加投资的经济效益所需的产能提升百分比。一旦有了产能数据,就可以轻松地确定每种方案的产能提升百分比,从而得到每个地区经济效益最佳的加砂量和用水量设计方案。

压裂活动减少、市场低迷的另一个重要因素是废水处置成本。在可以连续进行压裂作业时,返排水和储存的水在后续的压裂作业中可继续使用,这样即可免除废水处置成本。这取决于供水基础设施和运输费用,可以选择持续使用这些水,而不必作为废水进行处置。但是,如果市场低迷、供水充足、储水设施饱和,就必须处置废水。废水处置费用可能会超过运输费用。因此,许多公司即使在市场低迷条件下也连续进行压裂作业,只是为了避免花费高昂的代价处置废水;这取决于所在地区,在某些地区废水处置可能十分昂贵。

12.7 支撑剂尺寸和类型

支撑剂尺寸和类型是影响产能的另外两个重要因素。不同的加砂程序选择,如泵注100目和40/70目的支撑剂,还是泵注100目、40/70目、尾随注入30/50目或20/40目的支撑剂,只能取决于不同方案所能带来的产能(包括经济分析)。有时,每种尺寸支撑剂的供货情况和价格会对支撑剂的选用有直接的影响。有些地区经验表明,泵入高比例的100目支撑剂可获得最佳产能。这可能是因为该地区天然裂缝极其发育,100目支撑剂由于其粒径比40/70目、30/50目或20/40目的粒径小,所以可以被带入储层深处。从理论上来讲,如果一个特定地区的闭合压力较高,泵入高比例的100目支撑剂是没有道理的;但是如果这样做确实可以提高产量、降成成本,那么就应该承认现实,泵入高比例的 100 目支撑剂。尚需开展进一步研究以便弄清楚这种增产作用的机理。

支撑剂的类型是另一个必须考虑的因素。对于闭合压力小于 7000psi 的地层,选用支撑剂的类型很简单,在这些地层中通常都是使用普通石英砂。但是,至于在较高闭合压力地区是否需要使用陶粒或树脂涂层砂,则取决于该地区的闭合压力;通过诊断性裂缝注入测试(DFIT)可获得闭合压力值。从理论上说,如果闭合压力高于 8000psi,则建议使用陶粒,以避免支撑剂被挤碎和嵌入地层。但是,使用陶粒的经济合理性还需认真考虑,因为陶粒非常昂贵,泵送高比例陶粒在经济上可能是不可行的。另外,对于过压地层,闭合压力很高,通常需要基于不同比例陶粒的试用效果来确定陶粒的用量。对于新探区,在第一口探井就要进行支撑剂类型测试,以了解每种支撑剂类型对产能的影响。不同盆地的作业者已经测试了不同支撑剂类型,如常规砂、树脂涂覆砂和陶粒,以了解每种支撑剂在较高闭合压力地层中的使用效果。由于非常规储层的非均质性,每个区块都有其独特之处。在有些区块可能绝对有必要使用陶粒,但在另一些区块经济上可能并不可行,即使其闭合压力高于 8000psi。

12.8 受限井和不受限井(内部井与外部井)

完井设计产能评价的另一个重要方面,是一口井的两侧是否都有其他井(这种情况称为"受限"),还是只有一侧有其他井或两侧都没有其他井。图 12.2 中,B 井两侧分别有 A 井和 C 井,所以 B 井就被认为是受限井(内部井),A 井和 C 井都被认为是单侧不受限井,而 D 井则是两侧不受限井。D 井也被称为"独立"井。一些区块的产量数据表明,单侧或双侧不受限井的生产动态通常较好,但这还取决于井的水力压裂顺序。Belyadi 等(2015)分析了 Marcellus 页岩产区具有同样地质特性的 100 多口井,结果显示,不受限井的产能最好。压裂顺序也可能影响裂缝扩展,主要是由于其他井的压裂而在本井眼周围产生压力屏障或称应力阴影效应后,本井压裂时裂缝会向另一侧不受限的原始岩层中扩展。假定图 12.2 中的 4 口井有完全相同的完井设计,如果先对 B 井和 D 井实施交替压裂,然后再对 A 井和 C 井实施交替压裂,4 口井的生产动态可能就会有所差异。由于在 B 井周围产生了应力阴影效应,当对 A 井、C 井实施压裂时,裂缝就会向外侧扩展。这就可能会使两口不受限井在外侧形成的裂缝较长、接触面积较大。相反,如果先交替压裂 A 井和 C 井,然后交替压裂 B 井和 D,则会使 B 井周围的情况更加复杂。D 井是独立井,应该不会对 A 井、B 井、C 井的产能产生直接影响。为了充分发挥不受限井的优势,有些公司提高了此类井的每英尺加砂量和用水量,以尽可能增大接触面积,尤其是在此类井的附近短期内不会进行压裂的情况下。所以,在测试完井设计方案时,极其重要的是一并考虑完井设计的各个方面,包括压裂顺序、受限井还是非受限井等,并将这些因素与投产后的生产动态相关联。同样极其重要的是避免在不受限井或独立井上测试备选设计方案,并

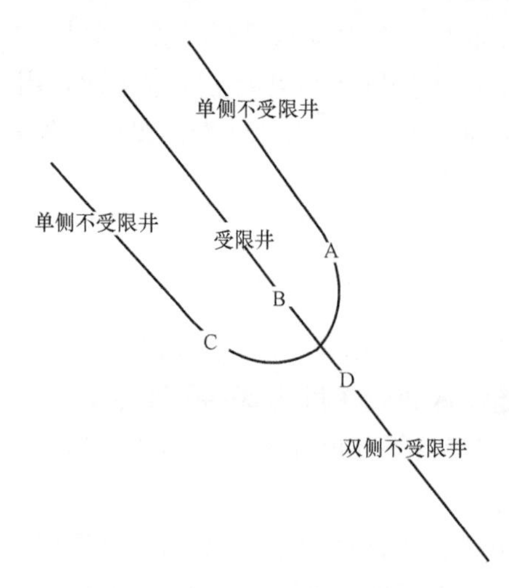

图 12.2 受限井和不受限井实例

与受限井进行比较。不然的话,这种测试结果将有重大偏见而毫无意义。

12.9 上翘与下倾

生产数据分析中另一个需要考虑的重要参数是这口井的水平段是上翘还是下倾,尤其是在富含液态烃、呈波浪状起伏的地层中。井斜大于 90°称为上翘,井斜小于 90°称为下倾(图 12.3)。有些区块上翘井的产能好,但也有些区块下倾井的产能好。在一些区块,由于完井设计千差万别,很难判断上翘好还是下倾好。图 12.3 显示了上翘和下倾的区别。

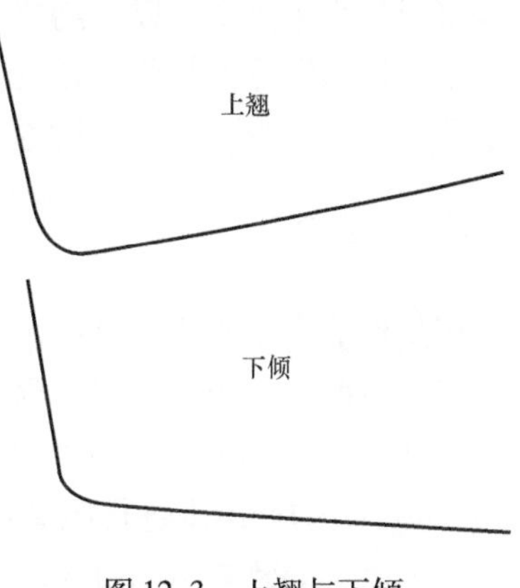

图 12.3 上翘与下倾

12.10 井距

在分析和对比同一区块不同井的产能效果时,井距或水平分支的间距也同样极为重要。取决于岩石特性(尤其是渗透率)、裂缝半长、裂缝导流能力、天然气价格、投资成本(CAPEX)、操作成本(OPEX)和许多其他参数,井距可能从 300ft 到 1500ft 不等。至关重要的是在产能和经济评价的基础上为每个地区选择最优井距。天然气价格对井距有很大影响,气价高时可以压缩井距,但气价低时则应加大井距。投资成本高时需要加大井距,但投资成本低时可以压缩井距。可以利用各种解析模型和数值模型进行模拟分析,以确定各地区的经济最优井距。从产能角度来说,十分必要的是确保在测试不同完井设计方案时要考虑所有试验井间距这个因素。从完井设计角度来说,井距不同,完井设计也应相应改变,包括每英尺加砂量和用水量、一级压裂井段长度、簇间距等。勘探生产公司在为每个地区设计井距时,除了凭借产量瞬变分析(RTA)、解析模拟器或数值模拟器等油藏模拟技术之外,主要是基于实际现场试验。Belyadi 等(2016a,2016b)进行了井距敏感性分析,对一个探区的一口 Utica 干气井进行了历史拟合,并利用压裂模拟器和油藏模拟器,结合经济分析确定了该地区的最优井距。他们得出的结论是,最佳井距受到裂缝半长、导流能力、有效渗透率、天然气价格、投资成本(CAPEX)和操作成本(OPEX)的强烈影响。他们还发现,最佳井距高度依赖于所在地区,并且随时间而变化,即当下最优井距在未来未必最优。除了井距,水平分支长度是分析产能数据时需要考虑的另外一个重要参数。近年来油气行业倾向于钻更长的水平分支(大于 8000ft)来降低每英尺投资成本;随着水平分支长度增加,一般来说经济效益越好,除非长水平分支影响了产能。应该进行经济分析,以掌握钻较长水平分支井时,在不影响经济效益的前提下容许损失的产能的大小。例如,由于长水平井完井效率(及其他因素)的影响,与钻 7000ft 的水平井相比较,钻 12000ft 的水平井每英尺最终采出量可能会下降 5%,但是即使损失这点儿储量,因钻更长的水平井可节约大量投资,仍能够为股东创造更高的价值,所以经济效益更佳。在有些情况下公司矿区所在位置不允许在该作业区内钻更长的水平井。有些区块的生产动态显示增加水平分支长度并不会导致产量损失,但其他一些区块却显示随着水平分支长度增加,每英尺最终采出量会有一定比例的下降。对此必须因地制宜进行评价,从而为公司选定最优方案。一些矿区收购交易旨在增加每口井的水平分支长度从而为股东创造高额回报。增加水平分支长度、跨越区块边界的作用十分显著。简单的经济分析即可揭示增加水平分支长度、跨越区块边界的重要意义，这是由于长水平分支可以节约成本。因此，如果公司能够以合适的价格进行大小规模的矿区收购来增加水平分支长度、跨越区块边界或钻井平台覆盖边界，就能够为股东创造巨大价值。至于井距和完井设计的更多讨论，请阅读第 21 章。

12.11 水质

压裂作业所用水质是另一个有争议的话题，许多公司都在努力分析研究。常被关注的影响生产动态的几个十分重要的水质参数是总溶解固相含量(TDS)、电导率和氯化物含量，这些参数在压裂作业之前均可以取水样检测。当使用 100% 的含有高总溶解固相(大于 120000mg/L)的产出水进行压裂作业时，水分析的重要性变得更加复杂化。总溶解固相含量高的水可能会导致减阻剂(FR)选用时出现一些问题，因此必须在实验室和现场进行各种减阻剂的测试，以确定在这类水中最佳减阻剂类型和浓度。有时，在实验室优选出的最佳减阻剂在现场使用效果未必理想。因此，应制订减阻剂优选应急方案，尤其是在滑溜水高排量压裂期间。这就是为什么在总溶解固相含量对减阻剂类型和浓度影响的评价方面，人工智能和机器学习技术(AI&ML)能够大有作为。

建议予以评价的其他压裂参数还有：

(1)平均施工压力和排量变化趋势；

(2)破裂压力和瞬时关井压力与支撑剂浓度之关系；

(3)破裂压力与平均施工压力之关系；

(4)簇数和孔眼直径与支撑剂浓度之关系；

(5)流体类型和用量与支撑剂浓度之关系。

12.12 返排设计

返排设计是至关重要的，与完井设计同等重要，对于超压储层尤其如此。实质上，一口井如何返排和开采与如何进行水力压裂一样关键。那种认为非常规页岩井可以和常规储层井一样进行开采的观念是不正确的，因为在支撑剂挤碎、嵌入地层、地质力学效应(超压储层)、颗粒运移、周期性变化的应力、近井带导流能力损失、非达西效应等诸多因素的影响下，支撑剂可能会失去其完整性。所以，必须谨慎行事，防止储层中的支撑剂损坏，保持未来数十年内气井能够正常开采。水力压裂完成以后需要钻掉桥塞。钻桥塞是指压裂和(或)酸化完成后、返排和开采之前使用连续油管或插入式油管清理掉井眼内的障碍物。

近来开发出了一些新技术，在传统的桥塞—射孔法中采用可溶桥塞实现各级压裂之间的隔离。使用可溶桥塞当然可以省去钻桥塞工序，并可利用第三方设备进行返排。有时，即使使用了可溶桥塞也要进行清理障碍物作业，以确保井筒内没有杂物。在完成钻桥塞和清理作业(必要时)之后，便开始返排。返排是指在钻桥塞(必要时)之后、正常开采之前，利用第三方设备进行排液。返排程序通常由采油采气工程师或完井工程师拟定，期间应听取油藏工程师的意见。应针对储层特性和孔隙压力拟定返排程序，保证储层压力下降后支撑剂完整性不受任何影响。返排作业的一条经验规则是保持生产压差在临界点之下。临界生产压差的定义见式(12.1)。

$$临界生产压差=裂缝闭合压力-储层压力 \tag{12.1}$$

一口井生命周期中最关键的阶段是返排过程中油管内流体由纯液逐渐变为纯气的阶段。因此在这个阶段特别需要谨慎从事,不可超过临界生产压差,以避免在此期间支撑剂受到伤害。闭合压力和储层压力之差被定义为临界生产压差,因为一旦生产压差超过该临界值,就会有应力作用在支撑剂上。在返排阶段会有很多事情发生,包括井筒清洗、支撑剂回流、油管内流体由液变气等,在此阶段至关重要的是避免有应力作用在支撑剂上。随着排液进行、油管内含气量升高,套压逐渐升高,直到达到峰值套压为止。一旦达到套压峰值,并伴随稳定的水和油管压力(如果下入了油管),就必须考虑临界生产压差问题了。从峰值套压中扣除临界生产压差后,生产压差必须处在随时可控的条件下。在各页岩气产区,不受控制的、急剧扩大的生产压差对产量都产生了不利影响,例如 Utica、Haynesville 和 Eagle Ford 页岩。需要在控制生产压差、细水长流,与竭泽而渔、牺牲长效产能之间掌握平衡。因此,必须进行经济分析,以了解控制生产压差对资产净值的作用,并获得一口井经济效益最佳的开采速率(Belyadi et al. ,2016a,2016b)。为使公司能够作出明智的决策,可以使用的一个分析方法是,确定最终采出量需要提高多大幅度,才能证实低速率开采的经济合理性。这种分析在很大程度上受到天然气价格的影响。在商品价格较低时,取决于各公司的目标和策略,如果未来天然气价格可能上涨,大幅度削减产量在经济上可能是合理的。但是,如果商品价格较高,则需要了解和分析经济效益对各种参数的敏感性,以获得必须坚守的最佳经济产量。例如,如果天然气价格为 6 美元/百万英热单位,每天多采 $5\times10^6ft^3$ 天然气时,最终采出量仅下降 5%(几乎可忽略),那么损失这 5% 的远期采出量,尽早采出更多的天然气,充分利用金钱的时间价值,从经济上来说公司可能是划算的。但是,如果生产数据显示,每天多采 $5\times10^6ft^3$ 时,最终采出量会下降 30%,则必须深入进行经济分析,以便彻底弄清楚最终采出量下降的后果,并确定能为股东创造价值的最佳经济产能。

12.13 返排设备

返排中会用到一些设备,这些设备是由第三方返排公司提供的。为了节省成本,一些勘探生产公司已经开始在进行液体生产以及在最初返排时使用第三方设备,如沉砂池、节流管汇和气罐等,直至达到一定的气体含量。一旦含气量达到一定水平,便可正常开采。但是必须控制产量,采用限产方式,以最大程度地减少出砂,且不超过产气装置的容量,控制出水量。通常使用的第三方返排公司的设备包括如下装置。

12.13.1 节流管汇

节流管汇利用回压来控制井的产出量。通常有两种节流阀组成的返排节流管汇。第一种类型是可调阀,应用较为普遍。可调阀由两部分组成:阀门和阀座。由于大量出砂,阀门和阀座很快会被冲蚀而损坏;但通过倒换阀门、更换阀门和阀座即可很容易解决这个问题。而且可调阀通过转动手轮操作,调节阀门尺寸是轻而易举之事。第二种类型是普通阀。普通阀有不同的尺寸,为了得到所需尺寸,必须更换阀门的内插件。普通阀有一个可更换的钢质内插件(也被称为“豆荚”)。内插件有不同的尺寸,分别带有不同直径的孔眼。除了这两种阀门之外,近年来自动阀在行业中的应用也越来越广泛,以实现远程操作,提高效率。图 12.4 是返排中使用的节流管汇。

图 12.4 节流阀

12.13.2 沉砂池

在多井钻井平台上,沉砂池通常安装在节流管汇下游、紧邻节流管汇的位置,用来阻止支撑剂等冲蚀性颗粒进入下游设备、致使设备被冲蚀和损坏。返排流体(水+气+砂子+原油)流经节流管汇后即进入沉砂池。由于支撑剂的密度较高,砂子会沉降到沉砂池的底部。利用位于沉砂池底部的吹砂管线将砂子强行排放到返排罐中,排砂的频度取决于出砂量。沉砂池的额定工作压力通常为2800~10000psi。

在单井应用中,沉砂池位于节流管汇的上游。在这种工况下,沉砂池应能够承受高于最大预计井口压力20%的压力。另外,在多井平台应用中,沉砂池位于节流管汇的下游;由于流经节流管汇后的流体压力较低,因此所需的沉砂池额定工作压力也可低些。在任何一种工况下,最好都将沉砂池安装在节流管汇的上游,这是因为井口和节流管汇之间的压差较小,因此流速较慢。然而,对于多井平台,如果在节流管汇上游安装沉砂池,则需要为每一口井都安装一个,成本将十分高昂;这就是为什么在此种工况下将沉砂池安装在节流管汇下游的原因。另外,有时由于沉砂池额定工作压力的限制,也只好将沉砂池安装在节流管汇下游。将沉砂池安装在节流管汇上游的另一个原因是防止节流管汇被冲蚀。大量出砂会很快冲蚀节流阀内的阀座和阀杆(控制节流阀所用)。为了避免花费大量成本更换节流管汇,在钻桥塞和排液作业期间,可以将沉砂池安装在节流管汇的上游。任何沉砂池在作业中都必须配备机械泄压系统,以便压力超过额定值时自动泄压。此外,必须每年检查沉砂池,还应配备旁路系统,以备沉砂池出现故障。图12.5是在返排作业中使用的沉砂池。

图 12.5 沉砂池

12.13.3 高阶分离器

高阶分离器有三种主要常见类型:立式、卧式和球形分离器。其中卧式分离器应用较为广泛。分离器可以是两相、三相或四相的。两相分离器将产出的流体分离为气相和液相。由于水的密度比气体大,因此水从分离器底部流出,而气体从顶部流出。三相分离器将流体分离为气、水和油。三相分离器中的第一个隔室是用来脱除水的。两相和三相分离器的主要区别之一是,在三相分离器中增加了一个挡板,用来控制油—水界面。最后,四相分离器(并不常用)可以分离砂子、水、油和气。砂子一进入分离器就被沉降到第一隔室(由于其密度较高),油和水则被引导至第二隔室(分离器的中间部分)。由于水的密度较高,因此它滞留在第二个隔室中,并通过排放管线流入返排罐。而与水相比,油的密度较低,会进入第三隔室,从这里再流入位于高阶分离器下游的低阶分离器中。例如,在 Marcellus 页岩气开采中,某些区块仅生产干气,因此使用两相分离器;但当预期出水量较高时,也可能需要使用三相分离器,以便有两个隔室来强化脱水作用。但是,如果已知某个区块会同时产水、凝析油和气,那么使用两相分离器就不可能将两种液相(凝析油和水)彼此分离开,在这种情况下就必须使用三相分离器来高效分离水、凝析油和气。分离器的主要分离作用发生在流体入口的扩散器处。足够大的隔室容许流体以紊流方式向下流,分离出液体。分离器的处理能力取决于流体在分离器中的滞留时间。为了实现较为彻底的分离,必须保证充足的滞留时间,使液气分离达到平衡状态。需要注意的是,即使流经沉砂池,仍可能有一些砂子未沉降在沉砂池内,这些残留的砂子会进入分离器。使用四相分离器时,这些砂子就会沉降在分离器的第一个隔室内,这可以说是防止分离器冲蚀损坏的附加安全保护。

每个分离器都有一定的压力、排量和容积上限,该限值取决于分离器的生产厂家。最常用的是 720psi、1440psi 和 2000psi 分离器。请注意,分离器的实际工作压力不得长时间持续高于其最大工作压力的 75%。例如,若使用 1440psi 分离器,为了安全起见,不能长时间在持续高于 1080psi 的压力下工作。分离器另外两个重要参数是它能够处理的排量和容积;不同的分离器可以处理不同量的液体和气体。为现场配备分离器的一条经验规则是,各台分离器均能处理超过最大预期产出排量(液体和气体)40% 的流量。对于多井平台和探井,这个安全系数还可以更高些。例如,对于一个 8 口井的平台,如果预期产量是 $6400\times10^4\mathrm{ft}^3/\mathrm{d}$,则分离器应能够处理至少 $9000\times10^4\mathrm{ft}^3/\mathrm{d}$,最好更大一些。分离器通常配有电子气体流量计,而且还有机械流量计(巴顿流量计)作为备用,以备电子流量计出现故障。另外必须为分离器配备的安全装置是单向阀,该阀安装在分离器的气体出口管线后。在基地工作的完井、设施或采气工程师负责设计钻桥塞时用的返排设备、油管以及返排作业。分离器有各种调压阀,用来降低分离器内某个区域的压力。需要调压的区域主要有以下几处。

(1)液位控制器(LLC)是一个气动控制器,用于从分离器中排放出液体。当水或油的液位达到预定位置(由制造商推荐、由操作员设定)时,它会自动将水排入返排罐,将油或凝析油排入低阶分离器。排放阀是由液位控制器激活的工作阀。在三相分离器上有两个排放阀(分别排放水和油)。排放阀的工作方式很像"马桶冲水"。除气动控制器外,还有备用手动控制器可实现水油排放。

(2)涤气釜用来去除气流中的微量液滴。当气体从分离器顶部排出后,它会先后通过除雾器(从气流中去除雾气)和涤气釜(进一步从气流中去除液滴)。涤气釜实质上是一个脱水装置,用于处理天然气以达到燃气供应标准。作为燃料供应的天然气含水量必须在某个限度之内,否则分离作业就是失败的。如果是湿气,在涤气釜后还应配备干燥器,以避免这个问题;干燥器同时还可以防止涤气釜上的压力表受潮。

(3)使用安装在分离器上的回压调节器(BPR)来保持所需的分离器内部压力。例如,如果天然气外销管线(通向压缩机站)的压力为700psi,则分离器回压就需要高于700psi才能将天然气输入外销管线中。所有分离器都必须配备一个气动、一个手动回压调节器。分离器的其他机械控制装置如下。

①使用机械泄压阀来防止分离器超压和爆裂。机械泄压阀的启动压力被设置为略高于分离器工作压力。分离器上的泄压阀应每年检查一次,每当发生爆裂时也应检查。一旦机械泄压阀被激活,它会释放气体至火炬处燃烧,以防止分离器超压。

②使用流量计测量排量。必须使用电子流量计,并配备机械流量计备用。通常至少要安装两个流量计来测流量。

分离器的流量处理能力与滞留时间和液体沉降量有关。所需要的液体在分离器中的滞留时间决定了分离器的处理能力。影响分离作用的因素是工作压力、工作温度和流体构成。在设计返排阶段使用的分离器通常用式(12.1)计算处理能力。图12.6是一个多井平台返排中使用的三台卧式分离器。图12.7是一个四相卧式分离器的内视图。

$$W=\frac{1440\times V}{t} \tag{12.1}$$

式中 W——分离器处理能力,bbl/d;
V——液体沉降量,bbl;
t——滞留时间,min。

图12.6 卧式分离器

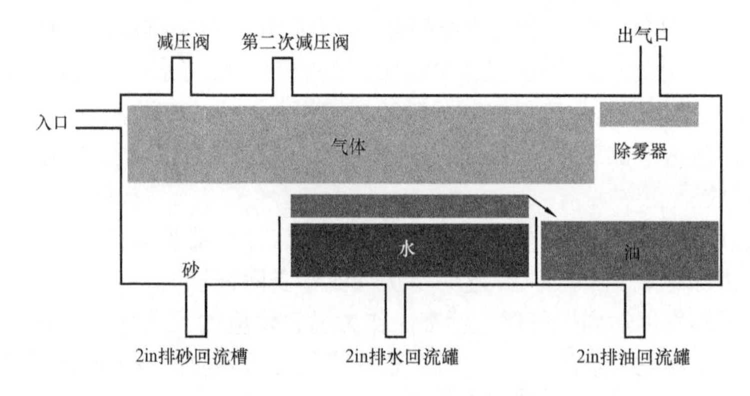

图12.7 四相卧式分离器内视图

图12.8至图12.10分别是卧式分离器上的液位控制器(LLC)、回压调节器(BPR)和机械泄压阀。

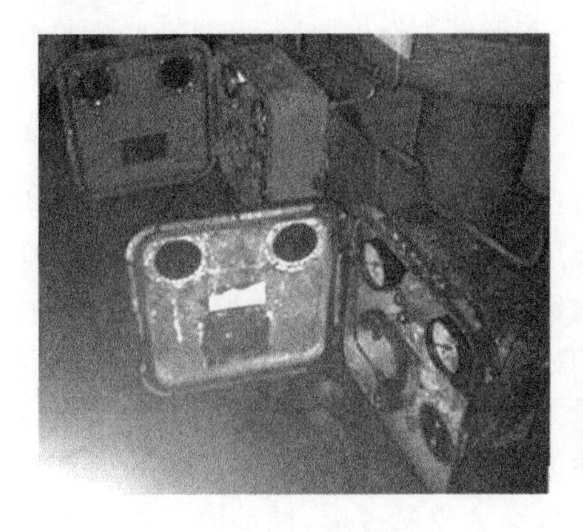

图12.8 液位控制器

图12.9 回压调节器

12.13.4 低阶分离器

只要有产出原油、凝析油或湿气的可能性,就需要配备低阶分离器。从高阶分离器(卧式分离器)的油分离隔室引出的管线被接入低阶分离器,以使油相在进入储油罐之前有更长的滞留时间。

图12.10 机械泄压阀

12.13.5 火炬塔

火炬塔用来在某些情况下烧掉可燃气体,其中一种情况是没有必要的管道基础设施。例如,在Utica页岩产区(俄亥俄州),许多作业公司仍处在页岩储层勘探阶段,而有些公司在新探区不具备用于商业开采和销售天然气的管道设施。结果,采出的所有天然气都被烧掉了。另一种情况是不具备处理产出天然气的合适设备。有时,出于某些原因,外销管线输送能力不足,无法外输产出的天然气量,只好将部分天然气烧掉。理想情况下,任何公司都希望销售产出的每一立方米天然气,但是,综合考虑多种因素后不得不将部分天然气排放至火炬塔。火炬塔实质上是在各种页岩油气开发作业中使用的一项安全措施。在Bakken页岩产区,由于缺少天然气基础设施,偶尔会将天然气烧掉。Bakken页岩主要含页岩油,产出的伴生气量很小,这是天然气被烧掉的主要原因。通常,会从高阶分离器引出一条管线至火炬塔;也有一条管线从低阶分离器引出,接入火炬塔。对火炬塔(图12.11)的一些要求如下:

(1)火炬塔直径至少应为6in;

图 12.11　火炬塔

(2)出于安全考虑,火炬塔的高度至少应为40ft,具体取决于预计需要燃烧的天然气体量;

(3)火炬必须配备单向阀,并且还必须具有自动点火系统。

12.13.6　储油罐(立式罐)

只有在可能产出工业油流或较大量的凝析油时才会用到储油罐。在井场安装储油罐的唯一目的是储存产出的较大量的原油或凝析油。储油罐的数量取决于预期的产出量。常用的储油罐容量为250bbl或450bbl(图12.12)。有全天候待命的卡车,用于外运储油罐中的原油或凝析油。从安全角度考虑,储油罐的罐顶必须是封闭的。如果使用敞顶式储油罐,原油或凝析油会有少量蒸发,因这类蒸汽比空气重,万一被点燃,将是致命性灾难。产生的蒸汽必须输送至蒸汽化解器(VDU),该装置会将返排期间产生的任何蒸汽燃烧掉。对于任何可能产生液体的位置,都要安装和使用蒸汽化解器。从本质上来讲,蒸汽化解器也是一种燃烧塔。

图 12.12　储油管(立式罐)

12.14　返排设备间距设置原则

(1)所有火源必须距离返排罐至少100ft;返排罐也必须距离井口至少100ft。如果可能,火源应位于返排罐的上风向。

(2)节流管汇应距离井口至少50ft。

(3)低阶和高阶分离器以及沉砂池应距离井口至少75ft,距离返排罐至少100ft。

(4)火炬塔与井口、返排罐的距离均应为至少100ft。

(5)在返排期间设备接地非常重要,这样可以释放掉有害的静电累积。

(6)为了防止静电累积,还应将所有金属设备相互连接起来。

12.15 油管分析

非常规页岩储层完井的最后几个步骤之一是下入油管柱。利用油管柱可高效地将井底的水排出,直至产气量降到临界值。低于临界产气量时井底即开始积液,此时就需要某种人工举升措施。当生产排量不足以将液体从井底携带到地面时,井内就开始积液。如果不能高效而正确地排液,井底液体就会越积越多,从而降低产量,最终导致气井被压死。

最常用油管柱的尺寸为2⅞in 和2⅜in。有些作业者并非一开始就下入油管柱,其目的是利用套管(通常为5½in)的大口径,尽可能以高排量生产,对于高产地区和较长水平分支井尤其是如此。在一口井中下入油管柱会限制其产量,此时能够实现的产量大小取决于如下多种因素:油藏压力、井口流压、产水量、紊流系数(n值)等。因此,需要进行节点分析和经济分析,以确定是否需要下入油管柱及油管柱尺寸,或者干脆利用套管生产,直至产量降至套管的临界产气量,然后才下入油管柱,利用油管柱高效排出井底积水。图12.13给出了一个节点分析示例,显示的是流入动态曲线(IPR)与管柱特性曲线(TPC)(各种管径)的关系,管柱尺寸有5½in(套管),2⅞in 和2⅜in。本例中假定储层压力为5200psi,n值为0.5(完全湍流),产气量为$1300\times10^4ft^3/d$,井口流压为3500psi,水气比(WGR)为$40bbl/10^6ft$。流入动态曲线(IPR)与管柱特性曲线(TPC)的交点代表一口特定井在某一特定时刻的操作点。在不同工况下对流入动态曲线与管柱特性曲线进行这类分析,即可确定一口特定井的油管尺寸、生产压差和压缩性。还应进行其他一些分析,例如计算沿水平分支各点的临界冲蚀速度和临界携液速度,以防超过临界冲蚀速度并保证能够从水平段内高效带走液体。

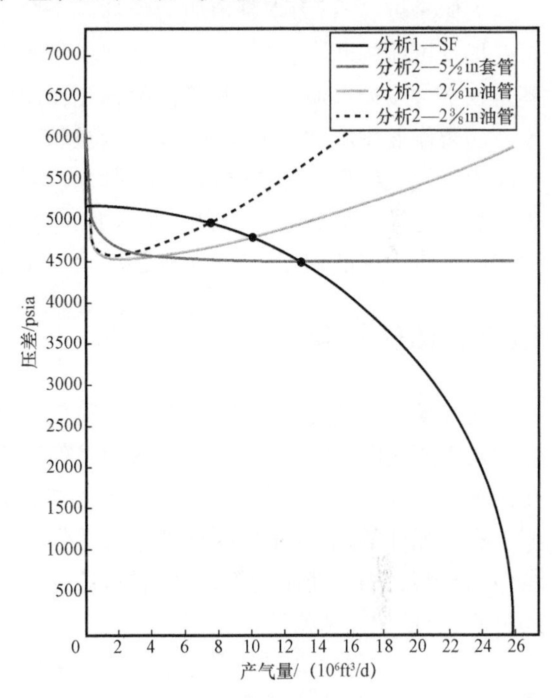

图12.13 节点分析

第 13 章　岩石力学性质和原地应力

13.1　概述

大体来讲，岩石力学是地质力学的一个分支，其研究重点是人为或天然作用力所导致的岩石变形及可能的断裂，这也一直是地球科学和工程研究的主题之一。在石油和天然气领域，尤其是在水力压裂方面，岩石和流体的相互作用已经成为研究的主题，在这种情况下重点研究由于在压裂作业中施加的液压而引起的裂缝起裂、裂缝扩展和最后的几何形状。这就需要对原地应力以及裂缝形成和扩展过程中周边应力的行为有更加深刻的理解。应力、应变和变形是表征岩石力学性能的核心参数。在本书的这一部分，将讨论岩石力学的各种概念，以及诱导应力和原地应力间的相互作用，尤其是在水力压裂过程中。

13.2　杨氏模量

杨氏模量反映应力与应变的关系，简而言之，杨氏模量是应力与应变关系曲线的斜率。在进行水力压裂时，杨氏模量可以被认为是使岩石变形所需的压力。杨氏模量反映岩石的硬度，杨氏模量越高，岩石越硬。欲使水力压裂作业成功，需要较高的杨氏模量。较高的杨氏模量表明岩石是脆性的，有助于压裂作业结束后保持裂缝敞开，从而维持较高产能。杨氏模量高的材料包括玻璃、钻石、花岗岩等，这些材料往往非常坚硬，但脆性较高。另一方面，杨氏模量较低的材料，包括橡胶和蜡等，它们非常柔软且塑性较好。在各种非常规页岩中，杨氏模量各不相同，岩石的脆性程度决定选用什么样的压裂液类型。可以通过声波测井或岩心实验来测得杨氏模量，岩心实验给出的是式(13.1)中的静态杨氏模量，而声波测井反映的则是动态杨氏模量。

$$E = \sigma / \varepsilon_{xx} \tag{13.1}$$

式中　E——杨氏模量，psi；

σ——应力，psi；

ε_{xx}——应变。

另一种计算杨氏模量的方法是利用声波测井数据。可利用式(13.2)由声波测井曲线计算动态杨氏模量，然后需要将动态杨氏模量转换为静态杨氏模量。

地层模量计算：

$$G = 1.34 \times 10^{10} \times \rho_b / \Delta t_s^2 \tag{13.2}$$

式中　G——地层模量，psi；

ρ_b——岩石堆积密度，g/cm^3；

Δt_s——横波时差，μs/ft。

动态杨氏模量计算:

$$E = 2G(1 + \upsilon) \tag{13.3}$$

式中 E——动态杨氏模量,psi;

G——地层模量,psi;

υ——泊松比。

Larry Britt 得出了将由测井数据获得的动态杨氏模量换算为静态杨氏模量的关系式,即式(13.4)。

$$E_{\text{static}} = 0.835 \times E_{\text{dynamic}} - 0.424 \tag{13.4}$$

例 1:

取心后将岩心送到实验室进行测试。对 0.3in^2 的岩心横截面施加 30000lb 的力之后,岩心长度从 7in 缩短至 6.8in,如图 13.1 所示。根据此岩心实验数据计算杨氏模量。

应力:$\sigma = F/A = 30000/0.3 = 100000$psi

应变:$\varepsilon_{xx} = \Delta L/L = (7 - 6.8)/7 = 0.02857$

杨氏模量:$E = \sigma/\varepsilon_{xx} = 100000/0.02857 = 3.5 \times 10^6$psi

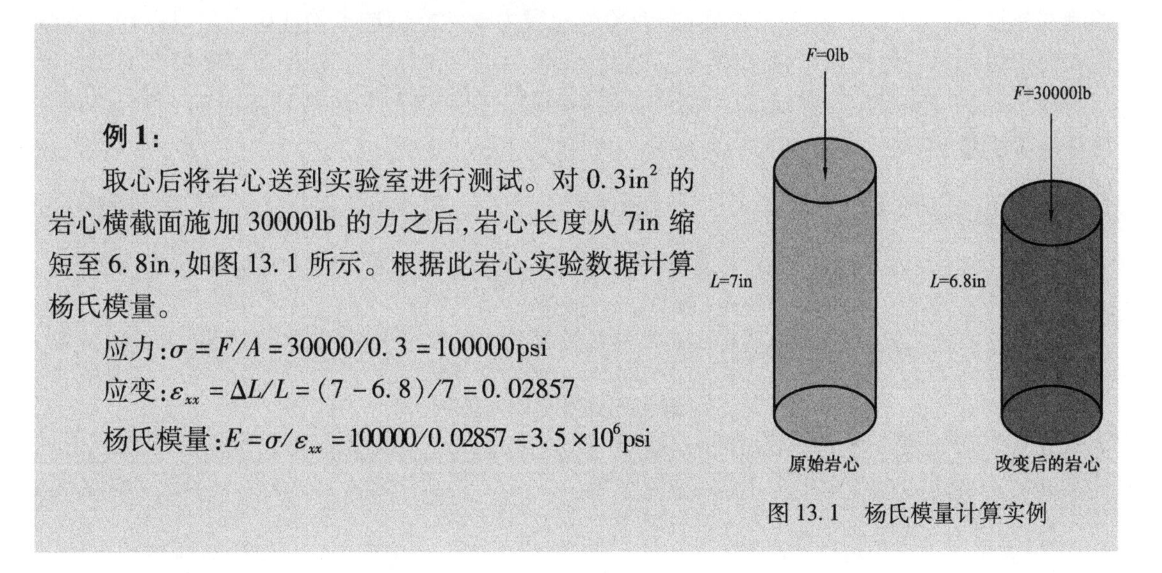

图 13.1 杨氏模量计算实例

13.3 泊松比

泊松比反映材料在垂直于所施加外力方向上的变形大小。从本质上说,泊松比是岩石强度的一种量度,是与闭合应力相关的岩石的另一个关键特性。泊松比无量纲,范围为 0.1 ~ 0.45。低泊松比(例如 0.1 ~ 0.25)表示岩石更易于破裂,而高泊松比(例如 0.35 ~ 0.45)则表示岩石不易破裂。请注意,不同层位的泊松比是不相同的。最适宜水力压裂的地层的泊松比最低。泊松比可以从岩心实验中测得。将岩心送到实验室,对其施加外力,然后,测量岩心高度和直径的变化(x 和 y 方向上的应变),即可用式(13.5)计算泊松比。

$$\upsilon = -\varepsilon_y/\varepsilon_x = \text{径向应变/轴向应变} \tag{13.5}$$

式中 ε_x——岩心受压后发生的轴向缩短量,视为正值;

ε_y——岩心受压后发生的径向伸长量,视为负值。

也可以通过对特定深度地层进行声波测井来获得泊松比。声波测井可给出横波和纵波传播时间,根据这两个参数即可用式(13.6)和式(13.7)计算泊松比。

$$\upsilon=(0.5R_{\upsilon}^{2}-1)/(R_{\upsilon}^{2}-1) \tag{13.6}$$

其中

$$R_{\upsilon}=\Delta t_{s}/\Delta t_{c} \tag{13.7}$$

式中 Δt_s——横波传播时间,μs/ft;

Δt_c——纵波传播时间,μs/ft。

由于有大量测井数据,机器学习是预测横波和纵波传播时间的可行方法。反过来,机器学习技术进展使得昂贵的声波测井变得没有必要,而在没有声波测井数据的情况下仍然可以准确预测横波和纵波传播时间,进而可计算杨氏模量、泊松比和最小水平应力。具备了成千上万条测井数据,就为训练机器学习模型、准确预测地质力学性能创造了绝佳机会。可以作为变量输入模型中的岩石性能包括伽马射线、深部电阻率、中子孔隙度、光电效应和堆积密度。该模型的输出是横波和纵波传播时间。机器学习主要用于预测横波和纵波传播时间,然后再用来计算杨氏模量、泊松比和最小水平应力。

例2:

有一块取自Marcellus页岩层的岩心样品,高10in,直径3in。加压150000lb后,高度减少0.15in,直径增加0.007in。计算样品的泊松比。

需要计算x轴和y轴方向的应变:

$$\varepsilon_x=\Delta L/L=0.15/10=0.015$$

$$\varepsilon_y=\Delta D/D=0.007/3=0.0023$$

由此可以计算泊松比:

$$\upsilon==-\varepsilon_y/\varepsilon_x=\text{径向应变/轴向应变}=0.0023/0.015=0.16$$

例3:

利用以下声波测井数据计算泊松比和杨氏模量:堆积密度$=2.6\text{g/cm}^3$,$\Delta t_s=115\mu\text{s/ft}$,$\Delta t_c=67\mu\text{s/ft}$。

$$R_{\upsilon}=\Delta t_s/\Delta t_c=115/67=1.72$$

$$\text{泊松比 }\upsilon=(0.5R_{\upsilon}^{2}-1)/(R_{\upsilon}^{2}-1)=(0.5\times1.72^2-1)/(0.5\times1.72^2-1)=0.24$$

$$\text{地层模量 }G=1.34\times10^{10}\times\rho_b/\Delta t_s^{2}=1.34\times10^{10}\times2.6/115^2=2.63\times10^6\text{psi}$$

$$\text{动态杨氏模量 }E=2G(1+\upsilon)=(2\times2.63\times10^6)\times(1+0.24)=6.5\times10^6\text{psi}$$

13.4 断裂韧性

断裂韧性模量是存在裂纹时岩石强度的另一个参数。例如,玻璃属于高强度材料,但是如果存在一个小裂纹,则会降低其强度。因此可以说,玻璃的断裂韧性较低。断裂韧性是水力压裂设计中的一个重要参数。在流体黏度极低(水)和地层模量极低时,断裂韧性是必须考虑的一个核心参数。较低的断裂韧性代表材料容易发生脆裂,而较高的断裂韧性是延展性强的标志。断裂韧性值一般处在 1000~3500psi/$\sqrt{\text{in}}$的范围内。断裂韧性由实验室测试获得,用 K_{IC} 表示。低泊松比、低断裂韧性和高杨氏模量的地层通常是滑溜水压裂的最佳选择。图 13.2 是岩样承受轴向应力时的示意图,纵向和横向尺寸都发生了变化,根据这两个变化量即可计算泊松比,如式(13.5)所示。

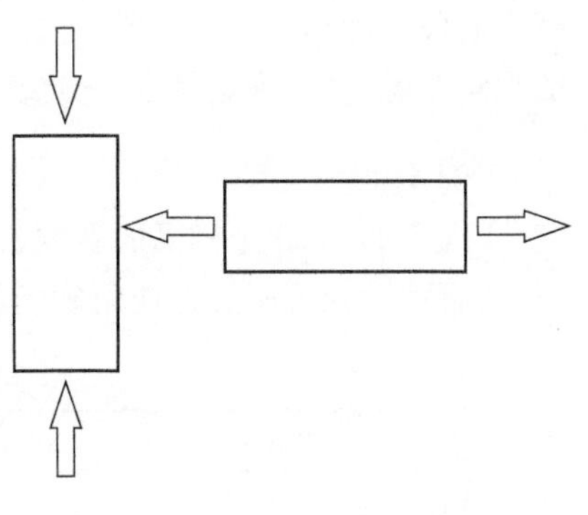

图 13.2　泊松比示意图

13.5　脆性指数和可压裂指数

在水力压裂设计中,理解并计算脆性指数和可压裂指数非常重要。分别计算杨氏模量和泊松比并不能完全知晓岩石的脆性和可压裂性。因此,学者们建立了将两个参数合并成单一变量的不同公式。了解岩石脆性的最简单方法是采用杨氏模量与泊松比(ν)的比值,E/ν 比值越大,脆性越强。前已述及,已经建立了表征可压裂指数和脆性指数的不同公式。式(13.8)和式(13.11)是主要为 Barnett 页岩建立的压裂指数和脆性指数公式,其中脆性指数是 Rickman 等(2008)建立的:

$$\text{脆性系数} = \frac{\left[\left(\frac{E_{\text{static}} - 1}{7}\right) \times 100\right] + \left[\left(\frac{\nu - 0.4}{-0.25}\right) \times 100\right]}{2} \tag{13.8}$$

式中　E_{static}——静态杨氏模量;

ν——泊松比。

可压裂指数式(13.11)是 Goodway 等(2010)建立的,该指数是不可压缩常数 λ 式(13.9)和刚性常数 μ 式(13.10)的函数。

$$\lambda = \frac{E_{\text{static}} \times \nu}{(1+\nu)(1-2\nu)} \tag{13.9}$$

$$\mu = \frac{E_{\text{static}}}{2(1+\nu)} \tag{13.10}$$

$$\text{可压裂指数} = \lambda/\mu = \text{不可压缩常数/刚性常数} \tag{13.11}$$

λ 通常用于表征岩石抵抗裂缝扩张的能力,μ 反映岩石抵抗剪切破坏的能力。

对 Barnett 页岩来说,欲使岩石符合脆性和可压裂性要求,脆性指数必须大于50,而可压裂指数必须小于1。这两个公式是针对 Barnett 页岩储层建立的;与北美其他页岩储层相比,Barnett 页岩具有最有利的杨氏模量和泊松比。如果已有声波测井数据,可由该数据计算出动态杨氏模量和泊松比,然后,将动态杨氏模量换算为静态杨氏模量。最后,使用脆性指数和可压裂指数公式计算出各小层段(通常将储层划分为6in厚的小层段)的这两个参数,进而从完井的视角考虑问题,确定将水平分支置于哪个层段。

例4:

现有如下20个样品的数据(表13.1),分别计算其脆性指数、可压裂指数、E/ν比值,并从岩石脆性和可压裂性视角确定最适合水力压裂的10个连续层段。

表13.1 脆性指数和可压性指数实例

提供数据			计算结果				
样品	静态模量	ν	脆性指数	λ	μ	可压裂指数	E/ν
1	4.8	0.33	41.1	3.50	1.80	1.94	14.5
2	5.3	0.35	40.7	4.58	1.96	2.33	15.1
3	4.5	0.27	51.0	2.08	1.77	1.17	16.7
4	3.5	0.22	53.9	1.13	1.43	0.79	15.9
5	3.3	0.25	46.4	1.32	1.32	1.00	13.2
6	5.0	0.30	48.6	2.88	1.92	1.50	16.7
7	4.5	0.27	51.0	2.08	1.77	1.17	16.7
8	4.1	0.23	56.1	1.42	1.67	0.85	17.8
9	4.3	0.26	51.6	1.85	1.71	1.08	16.5
10	4.0	0.19	63.4	1.03	1.68	0.61	21.1
11	3.5	0.33	31.9	2.55	1.32	1.94	10.6
12	3.5	0.32	33.9	2.36	1.33	1.78	10.9
13	3.2	0.39	17.7	4.08	1.15	3.55	8.2
14	4.1	0.29	44.1	2.19	1.59	1.38	14.1
15	4.1	0.33	36.1	2.99	1.54	1.94	12.4
16	4.1	0.34	34.1	3.25	1.53	2.13	12.1
17	3.3	0.37	22.4	3.43	1.20	2.85	8.9
18	4.1	0.36	30.1	3.88	1.51	2.57	11.4
19	3.8	0.28	44.0	1.89	1.48	1.27	13.6
20	3.9	0.32	36.7	2.63	1.48	1.78	12.2

从水力压裂的视角来看,最佳层段是具有最高杨氏模量和最低泊松比的层段。这大体上表示此层段脆性指数最大、可压裂指数最小、E/ν比值最大。一定要将表13.1中前10个样品所在层位作为钻井目的层。在实际作业中,在确定一口井的着陆层位之前,必须将地层的其他特性与脆性、可压裂性一并考虑。但在本例中其他所有参数都被忽略了。

13.6 垂向应力、最小水平应力和最大水平应力

水力压裂设计中接下来的一个有趣概念是存在于岩石中的各个主应力。岩石中存在三个主应力。

13.6.1 垂向应力

垂向应力，也称为上覆岩层应力，是所有不同岩石层施加压力的总和。每一地层都包含流体和岩石，这些要素都必须考虑在内。孔隙度可以方便地用来表示在岩石所占据的总体积中有多大部分被流体所占据。可以用式(13.12)方便地计算岩石的平均密度。

$$\rho_{avg} = \rho_{rock}(1-\phi) + \rho_{fluid}\phi \tag{13.12}$$

式中 ρ_{avg}——地层平均密度，lb/gal；
ρ_{rock}——岩石密度，lb/gal；
ρ_{fluid}——流体密度，lb/gal；
ϕ——孔隙度。

知道了储层平均密度，就可以用式(13.13)计算各向同性、均质和线弹性地层的垂向应力。

$$\sigma_V = 0.05195 \times \rho_{avg} \times H \tag{13.13}$$

式中 σ_V——垂向应力，psi；
ρ_{avg}——地层平均密度，lb/gal；
H——储层深度或TVD，ft；
0.05195——将lb/gal换算为psi/ft的单位换算系数。

如果平均地层密度的单位是 lb/ft^3，可将式(13.13)改写成如下形式：

$$\sigma_V = \frac{\rho \times TVD}{144}$$

例5：

岩心分析给出了如下数据，利用这些数据计算8000ft深处的垂向应力(上覆岩层应力)：

0～4000ft→第1层，孔隙度9%，岩石密度21.5lb/gal，流体密度8.35lb/gal；
4000～6000ft→第2层，孔隙度12%，岩石密度23.6lb/gal，流体密度8.6lb/gal；
6000～8000ft→第3层，孔隙度7.5%，岩石密度22.4lb/gal，流体密度8.4lb/gal。

第1层：$\rho_{avg} = \rho_{rock}(1-\phi) + \rho_{fluid}\phi = 21.5(1-9\%) + 8.35 \times 9\% = 20.32lb/gal$

第2层：$\rho_{avg} = \rho_{rock}(1-\phi) + \rho_{fluid}\phi = 23.6(1-12\%) + 8.6 \times 12\% = 21.8lb/gal$

第3层：$\rho_{avg} = \rho_{rock}(1-\phi) + \rho_{fluid}\phi = 22.4(1-7.5\%) + 8.4 \times 7.5\% = 21.35lb/gal$

现在即可计算各层对垂向应力(上覆岩层压力)的贡献。

第1层：$\sigma_v = 0.05195 \times \rho_{avg} \times H = 0.05195 \times 20.32 \times 4000 = 4222.5psi$

第2层：$\sigma_v = 0.05195 \times \rho_{avg} \times H = 0.05195 \times 21.8 \times (6000-4000) = 2265.0psi$

第3层：$\sigma_v = 0.05195 \times \rho_{avg} \times H = 0.05195 \times 21.35 \times (8000-6000) = 2218.3psi$

8000ft深处的总垂向应力为：

$$总垂向应力 = 4222.5 + 2265.0 + 2218.3 = 8706psi$$

8000ft 深处的垂向应力梯度为:

$$垂向应力梯度 = 8706/8000 = 1.09 psi/ft$$

在现实中,获得不同深度的岩石密度和流体密度非常困难。因此,可以用密度测井测量每半英尺地层的密度值。密度测井通常不是从井底一直测到地面,而是只测感兴趣层的上下几千英尺。垂向应力梯度通常在 1~1.1psi/ft 之间,具体取决于深度和孔隙度。对于给定地层,孔隙度越高、地层越浅,则垂向应力越小;反之,孔隙度越低、地层越深,则垂向应力越大。

13.6.2 最小水平应力

通常认为最小水平应力近似等于裂缝闭合应力。应力和压力的单位均为 psi,这并非巧合,因为应力和压力本来就是相关的;它们的主要区别在于压力均衡作用于所有方向,而应力只作用于特定方向。由于最小水平应力是垂向应力直接作用的结果,因此泊松比决定了可在水平方向上传递的应力大小。最小水平应力或裂缝闭合压力可利用线弹性理论或诊断性压裂注入测试(DFIT)得到,也可利用式(13.14)近似求得(如果岩石性质已知且裂缝为垂直方向):

$$\sigma_{h,min} = \frac{\nu}{1-\nu} \times (\sigma_v - \alpha p_p) + \alpha p_p + p_{Tectonic} \tag{13.14}$$

式中 $\sigma_{h,min}$——最小水平应力,psi;

ν——泊松比;

σ_v——垂向应力,psi;

α——Biot 常数;

p_p——孔隙压力,psi;

$p_{Tectonic}$——构造应力,psi。

从式(13.14)可以看出,影响最小水平应力的主要因素包括泊松比、垂向应力、Biot 常数和孔隙压力。构造应力在构造活跃地区很重要,可以由 DFIT 实际测得的应力与理论计算出的应力之间的差值获得。

13.6.3 Biot 常数(多孔弹性常数)

Biot 常数也被称为多孔弹性常数,反映流体将孔隙压力传导到岩石骨架的效率,其数值在 0~1 之间。在理想条件下,孔隙度不随孔隙压力和围压变化而变化,此时可利用式(13.15)计算 Biot 常数。

$$\alpha = 1 - \frac{C_{matrix}}{C_{bulk}} \tag{13.15}$$

式中 C_{matrix}——基质压缩系数;

C_{bulk}——基质和孔隙的整体压缩系数。

当孔隙度较高时,相对于岩石基质,岩层(整体)可压缩性较高,从而使 C_{matrix}/C_{bulk} 接近于 0,而 Biot 常数接近于 1。相反,当孔隙度较低时,C_{matrix}/C_{bulk} 接近于 1,而 Biot 常数接近于 0。

13.6.4 Biot 常数估算

如果孔隙度已知,但体积模量和泊松比等地质力学性能未知,则可利用式(13.16)估算 Biot 常数。

$$\alpha = 0.64 + 0.854 \times \phi \tag{13.16}$$

式中 ϕ——孔隙度,%。

例 6:

已知地层的泊松比为 0.25,上覆岩层压力为 9000psi,孔隙压力梯度为 0.67psi/ft,垂深(TVD)为 8500ft,孔隙度为 8.5%。假设构造应力为 400psi,计算闭合压力。

$$\alpha = 0.64 + 0.854 \times \phi = 0.64 + 0.854 \times 8.5\% = 0.713$$

$$孔隙压力\ p_p = 孔隙压力梯度 \times TVD = 0.67 \times 8500 = 5695\text{psi}$$

$$\sigma_{h,\min} = \frac{\nu}{1-\nu} \times (\sigma_v - \alpha p_p) + \alpha p_p + p_{Tectonic}$$
$$= 0.25/(1-0.25) \times (900 - 0.713 \times 5695) + 0.713 \times 5695 + 400 = 6107\text{psi}$$

13.6.5 最大水平应力

最大水平应力更难计算,可以利用 Haimson 和 Fairhurst(1967)提出的关系式来确定。他们给出了近井地带应力与水平应力之间的关系,后者可由破裂压力获得。

对于渗透性流体(滑溜水),可用式(13.17)计算最大水平应力。

$$p_b = \frac{3 \times (\sigma_{\min} - p_R) - (\sigma_{\max} - p_R) + T}{\left[2 - \alpha\left(\frac{1-2\nu}{1-\nu}\right)\right]} + p_R \tag{13.17}$$

式中 p_b——破裂压力,psi;

$\sigma_{\min}$——最小水平应力,psi;

$\sigma_{\max}$——最大水平应力,psi;

α——Biot 常数;

p_R——储层压力,psi;

ν——泊松比;

T——拉伸应力,psi。

对于非渗透性流体(凝胶液),可用式(13.18)计算最大水平应力。

$$p_b = 3 \times (\sigma_{\min} - p_R) - (\sigma_{\max} - p_R) + p_R + T \tag{13.18}$$

例 7:

利用下面给出的以及表 13.2 中的数据,计算垂向应力和最小水平应力。

上覆岩层平均密度 160lb/ft^3,Biot 常数假定为 1,构造应力 200psi。

表 13.2 垂深(TVD)、泊松比和孔隙压力梯度

地层	TVD/ft	泊松比	孔隙压力梯度/(psi/ft)
上覆页岩	7350	0.28	0.64
砂岩	7400	0.22	0.64
下部页岩	7450	0.28	0.65

首先必须计算各层的垂向应力：

$$上覆页岩层垂向应力 = \rho \times TVD/144 = 160 \times 7350/144 = 8167psi$$

$$砂岩层垂向应力 = 160 \times 7400/144 = 8222psi$$

$$下部页岩层垂向应力 = 160 \times 7450/144 = 8278psi$$

从计算出的上覆岩层压力可以看出，随着岩层的垂深增加，上覆岩层压力(垂向应力)也相应增加。

计算每个岩层的最小水平应力，如下。

上覆页岩层：

$$孔隙压力 = 0.64 \times 7350 = 4704psi$$

$$\sigma_{h,min} = 0.28/(1-0.28) \times (8167-4704) + 4704 + 200 = 6250psi$$

砂岩层：

$$孔隙压力 = 0.64 \times 7400 = 4736psi$$

$$\sigma_{h,min} = 0.22/(1-0.22) \times (8222-4736) + 4736 + 200 = 5919psi$$

下部页岩层：

$$孔隙压力 = 0.65 \times 7450 = 4843psi$$

$$\sigma_{h,min} = 0.28/(1-0.28) \times (8278-4843) + 4843 + 200 = 6379psi$$

例 8：

利用如下数据计算地层的最小水平应力和最大水平应力：

ν 为 0.24，垂向应力梯度为 1.1psi/ft，TVD 为 11500ft，孔隙压力梯度为 0.65psi/ft，拉伸应力为 250psi，破裂压力为 10500psi，Biot 常数为 1，假设使用的是滑溜水。

$$上覆岩层应力 = 垂向应力梯度 \times TVD = 1.1 \times 11500 = 12650psi$$

$$孔隙压力 = 孔隙压力梯度 \times TVD = 0.65 \times 11500 = 7475psi$$

$$\sigma_{h,min} = 0.24/(1-0.24) \times (12650-7475) + 7475 + 250 = 9359psi$$

$$p_{\mathrm{b}}=\frac{3(\sigma_{\min}-p_{\mathrm{R}})-(\sigma_{\max}-p_{\mathrm{R}}+T)}{\left[2-\alpha\left(\frac{(1-2\nu)}{(1-\nu)}\right)\right]}+p_{\mathrm{R}}$$

$$10500=[3\times(9359-7475)-(\sigma_{\max}-7475)+250]/[2-(1-2\times0.24)/(1-0.24)]+7475$$

$$\sigma_{\max}=9398\mathrm{psi}$$

13.6.6 各种应力状态

取决于最小水平应力、最大水平应力和垂向应力的大小,可能有三种不同的地质环境。三种断层环境如下。

(1)正断层环境:

$$\sigma_{\mathrm{v}}\geqslant\sigma_{\mathrm{h,max}}\geqslant\sigma_{\mathrm{h,min}}$$

(2)走滑(剪切)断层环境:

$$\sigma_{\mathrm{h,max}}\geqslant\sigma_{\mathrm{v}}\geqslant\sigma_{\mathrm{h,min}}$$

(3)逆断层(逆掩断层)环境:

$$\sigma_{\mathrm{h,max}}\geqslant\sigma_{\mathrm{h,min}}\geqslant\sigma_{\mathrm{v}}$$

13.7 裂缝取向

裂缝总是在垂直于最小应力(最小水平应力)的方向起裂并扩展。裂缝取向受多种因素的影响,如上覆岩层压力、孔隙压力、构造力、泊松比、杨氏模量、断裂韧性和岩石可压缩性等。为使压裂作业取得成功,极其重要的是理解作用在目的层段岩石上的主应力。工程师、岩石物理学家、地质学家和地球物理学家负责研究和计算各个主应力。通过水力压裂能够获得两种类型的裂缝。第一种称为纵向缝,实际上是一条主裂缝;第二种称为横向缝,是一系列长而窄的裂缝的组合。

13.7.1 横向缝

在美国几乎所有的非常规页岩储层中,从应力的方向、大小、产量和经济可行性等方面考量,压裂的目标都是要形成横向缝。为了形成横向缝,井眼轨迹需要平行于最小水平应力方向或垂直于最大水平应力方向。这就意味着,裂缝将沿着垂直于最小水平应力方向扩展。应力方向通常可以从裂缝微地震监测、地层显微成像(FMI)测井获得,或者,在最不利情况下可以从世界应力分布图(容易获取而且免费)获得。世界应力分布图是工程师和地质学家们用来了解各种原地应力的非常有用的工具。在一个特定地区,可用该分布图来获得最大水平应力的方向。因此,在确定实施压裂的目标区域后,必须将井眼置于垂直于分布图上的最大水平应力方向,以产生横向裂缝。例如,考察 Marcellus 和 Utica/Point Pleasant 页岩气田的开发方案平面图即可发现,几乎所有的井都是沿着西北—东南方向布置,因为从世界应力分布图来看,这些地区的最大水平应力方向是东北—西南方向。所以,为了形成横向缝,井眼方向必须垂直于东北—西南方向。

13.7.2 纵向缝

要形成纵向缝,需要在平行于最大水平应力或垂直于最小水平应力的方向上布置井眼。这就意味着,裂缝将沿着平行于最小水平应力方向、垂直于最大水平应力方向扩展,与横向缝正好相反。通常在较浅的储层中压裂出纵向缝。裂缝微地震监测数据证实,在 Bakken、Eagle Ford、Marcellus、Utica 和 Barnett 页岩,以及许多其他页岩储层中,形成的裂缝都是横向缝(图 13.3和图 13.4)。

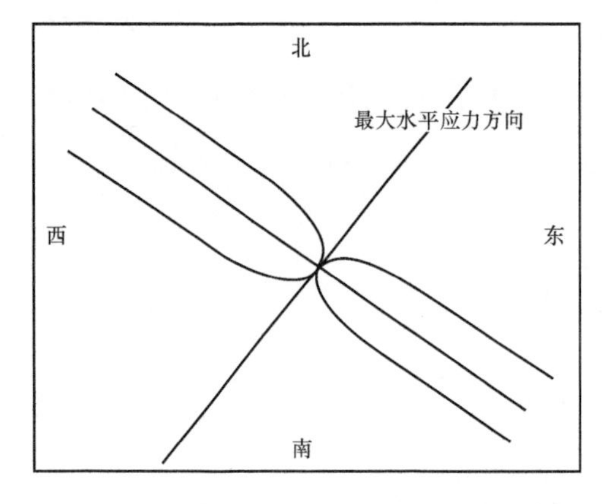

图 13.3 井眼方向与最大水平应力方向垂直

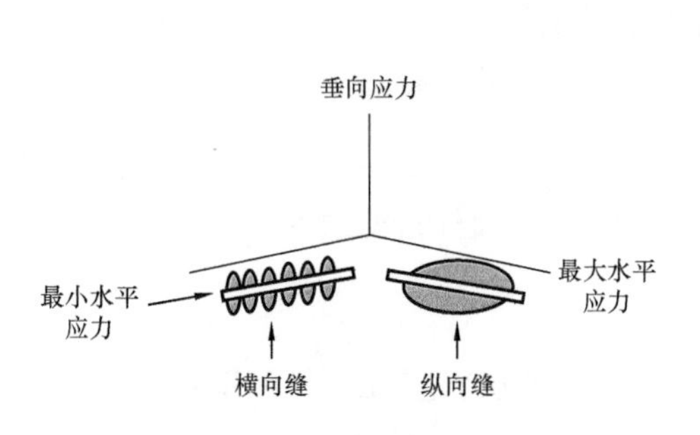

图 13.4 纵向缝和横向缝

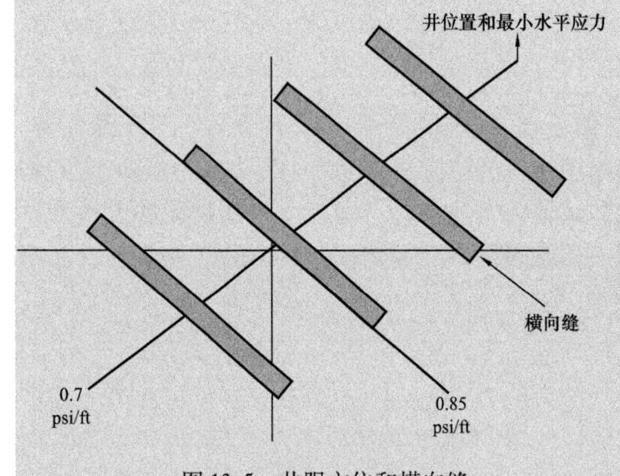

图 13.5 井眼方位和横向缝

例 9:

计划钻一口水平井,并对其进行水力压裂。计算得出的垂向上覆岩层应力梯度为 1psi/ft,一个水平主应力梯度是 0.7psi/ft,方向 N45°E,另一个水平主应力梯度为 0.85psi/ft,方向为 N45°W。如果要形成横向缝,请绘制草图表示水平井和横向缝的方向。

由给定数据可知,最小水平应力梯度为 0.7psi/ft,N45°E 方向;最大水平应力梯度为 0.85psi/ft,N45°W 方向。为了形成横向缝,井眼布置必须垂直于最大水平应力方向,也就是说必须垂直于 N45°W,如图 13.5 所示。同时,水力裂缝(横向缝)将沿着垂直于最小水平应力方向扩展。

第14章　诊断性压裂注入测试

14.1　概述

诊断性压裂注入测试(DFIT)在非常规页岩储层中的应用变得非常普遍。DFIT是非常规页岩储层中最常用的技术,用于测定完井参数和储层性质,以优化压裂设计。测试方法是以2~10bbl/min的排量泵入10~100bbl水,形成小型裂缝,并在一个特定的时间段内监测压力下降。DFIT通常在压裂作业开始前几周实施,具体实施时间取决于地层渗透率。泵注后的关井监测持续时间取决于地层渗透率和泵注持续时间,而这两个参数又决定了达到准径向流所需要的时间。泵注之后应留出足够的监测时间,以便达到准径向流,这样才能得到储层的各种性质。可以从DFIT获得的一些参数包括瞬时关井压力(ISIP)、破裂梯度、裂缝净延伸压力、流体滤失机理、裂缝闭合所需时间、裂缝闭合压力(最小水平应力)、最大水平应力的近似值、各向异性、压裂液效率、有效渗透率、储层传导率和孔隙压力。强烈建议在纳达西级渗透率储层中泵液量不要超过50bbl,因为液量过大可能会迟滞达到准径向流的时间。如果渗透率较高,用液量可以高达100bbl,此时仍可较快达到准径向流。诊断性压裂注入测试的主要目的是沟通整个产层,以获得准确的完井参数和储层性质。以下是达到准径向流、准确计算储层性质所需的关井时间估算值(DFIT之后关井)。

如果$K>0.1$mD,则为1天。

如果$K>0.01$mD,则为1周。

如果$K>0.001$mD,则为2周。

如果$K>0.0001$mD,则为1个月。

为了达到准径向流,大部分非常规储层井所需关井时间都在2~6周之间。

14.2　典型DFIT程序

典型的DFIT作业程序如下。

(1)DFIT可以通过孔眼(位于脚趾段)或脚趾段起裂工具实施。

(2)如果通过孔眼实施DFIT,将TCP(油管传输射孔)枪下入井内,在脚趾段进行射孔,孔眼数6~10个。

(3)如果使用脚趾段起裂工具实施DFIT,则无须射孔。

(4)可以使用淡水或氯化钾(KCl)溶液作为射孔液,具体取决于地层中的黏土含量。如果地层易于膨胀,则必须使用KCl溶液。

(5)安装地面自供电智能数据采集(SPIDR)压力计(或其他任何类型的高分辨率压力计)以获得准确的压力数据(分辨率应为1psi)。如果资金充足,建议下入井底压力计而不用地面压力计,以便更加准确地记录压力。

(6)在井筒内充满淡水或KCl溶液。

(7)在井筒(套管)被充满之后,以设计排量继续泵注,直到地层破裂。

(8)地层破裂后,继续以 2~10bbl/min 的排量泵注,直到达到设计的 DFIT 用液量(不应超过 100bbl,具体取决于地层渗透率)。

(9)地层破裂后,要以恒定排量持续泵注,这点非常重要,因为计算 DFIT 的前提就是恒定排量。

14.3 DFIT 数据记录和报告

在 DFIT 测试期间应记录如下数据:

(1)注入流体的类型和密度;

(2)地层发生破裂时和泵注 DFIT 设计用液量时的排量(bbl/min);

(3)瞬时关井压力;

(4)地层破裂压力;

(5)开始和结束时间;

(6)总泵注时间;

(7)地层破裂之后泵入的体积;

(8)任何异常情况,如临时停泵及如何开泵恢复测试、套管和(或)地面设备漏失、泵注期间的压力峰值、压力计显示的 DFIT 初始压力、时间记录等。

图 14.1 显示的是一次典型的压裂注入测试,该测试分为两个部分:第一部分由裂缝主导,第二部分由储层主导。从裂缝主导部分可以确定完井参数,从储层主导部分可以获得重要的储层性质。

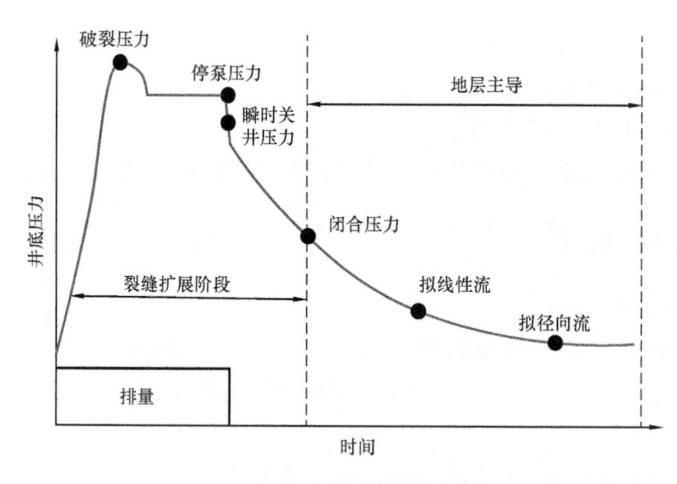

图 14.1 典型的压裂注入测试

14.4 闭合前分析

DFIT 中首先要进行的分析称作闭合前分析(BCA),顾名思义,就是直至裂缝闭合之前的分析。用于 BCA 的主要有三种曲线。

(1)平方根曲线:绘制井底压力 BHP(y 轴)与时间的平方根(x 轴)之间的关系曲线;

(2)双对数曲线图:绘制井底瞬时关井压力(BH ISIP)与井底压力(BHP)之差的对数与时间的对数之间的关系曲线;

(3)井底压力(BHP)与 G 函数关系曲线。

请注意,如果在 DFIT 测试期间使用地面压力计,则通常是基于地面压力计算井底压力。因此,在井底压力计算中一定要使用正确的流体密度,因为它对 DFIT 分析的结果会产生重大影响。计算中用到的时间从停泵的瞬间开始起算。分析中的一个主要思路是使用不同类型的诊断性测试曲线来确保从各种曲线获得的结果相互印证。所有曲线必须相互结合使用,以便更好地估算储层性质;大多数 DFIT 商业解释软件包都具有这种功能。将压力衰减曲线的一次导数和二次导数用作 DFIT 分析的辅助手段。

(1)一次导数:

①给出曲线的斜率;

②如果斜率为常数则代表一条直线;

③给出局部极小值和极大值。

(2)二次导数:

给出压力衰减曲线的曲率。

14.5 平方根曲线

通常用平方根曲线来确定裂缝闭合压力。将井底压力(y 轴)对时间的平方根(x 轴)作图,该图包括三条曲线:压力曲线、一次导数曲线和二次导数曲线(也称为叠加曲线)。叠加曲线的直线段部分与一条通过原点的直线重叠;根据叠加曲线与直线的偏离点可获得裂缝闭合压力。在图 14.2 中,蓝色曲线为压力曲线,绿色曲线为一次导数曲线,红色曲线为二次导数曲线(叠加曲线)。

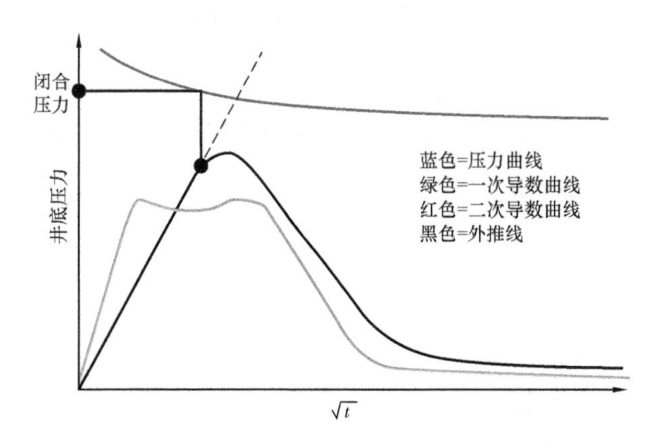

图 14.2 井底压力(BHP)与时间平方根关系曲线

为了找出裂缝闭合时间点,将二次导数曲线的直线段外推,可以得到一条过原点的直线(黑色)。二次导数曲线偏离该直线的那一点可以近似地认为是裂缝闭合时间点。确定裂缝闭合时间点之后,从该点画一条垂线(红色)与压力曲线相交。依据这个交叉点,即可在 y 轴上读出闭合压力。

在图 14.3 中,二次导数曲线与过原点的外推直线的偏离点称为闭合点,在本例中闭合压力为 6845psi;闭合所需时间约 463min。

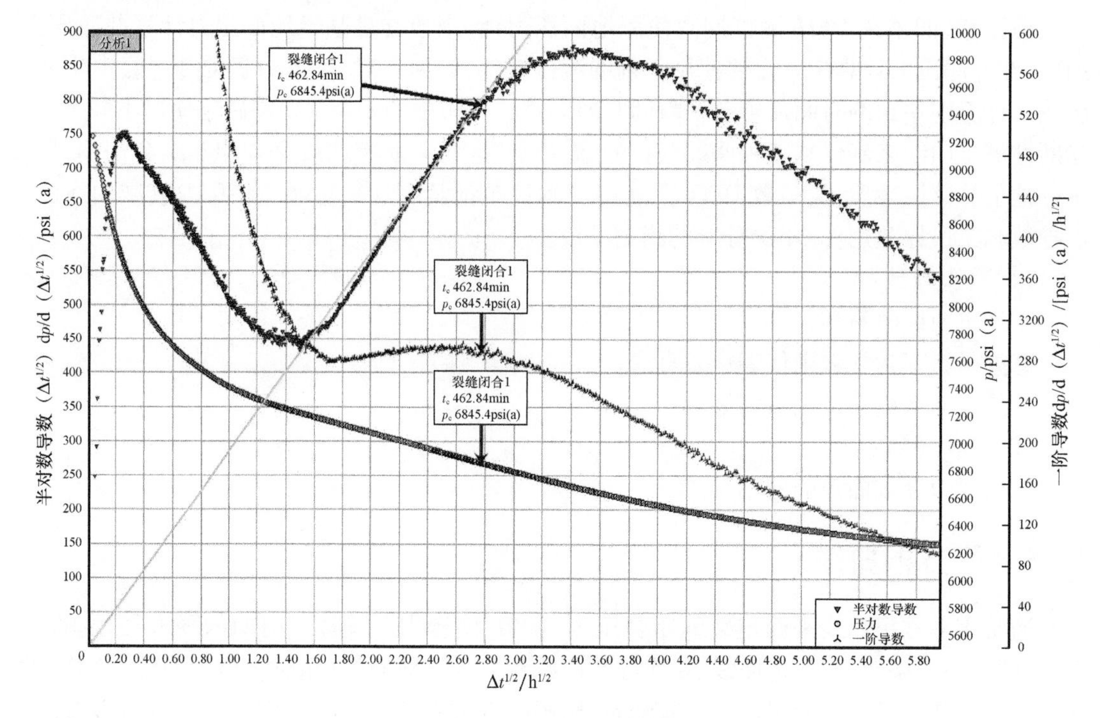

图 14.3 平方根曲线实例

14.6 双对数曲线[lg(BH ISIP - BHP)—lg$t$]

双对数曲线是从平方根曲线衍生而来的,利用该曲线足以识别出裂缝的闭合以及闭合前后的各种流态。从双对数曲线的二次导数曲线上能够确定的不同流态如下。

闭合前分析:

1/2 斜率段,对应于线性流;

1/4 斜率段,对应于双线性流。

闭合后分析:

-1/2 斜率段,对应于线性流;

-3/4 斜率段,对应于双线性流;

-1 斜率段,对应于准径向流。

双对数曲线上,裂缝闭合前的二次导数曲线斜率为 1/2,有些情况下为 1/4,斜率由正变负时即表示发生了裂缝闭合。二次导数曲线斜率为 -1/2、一次导数曲线斜率为 -1.5,表示出现了准线性流。二次导数曲线斜率为 -1、一次导数曲线斜率为 -2,表示出现了准径向流(Barree et al. ,2007)。

在图 14.4 给出的双对数曲线示例中,蓝色曲线代表压力之差,绿色曲线代表一次导数,红色曲线代表二次导数。从二次导数曲线可以看出,曲线的斜率呈现从正到负的变化。二次导数曲线上代表敞开裂缝的曲线段的斜率为 1/2,与 1/2 斜率发生的任何偏离都表示裂缝的状态发生了改变,在本例中是裂缝发生了闭合,根据这个偏离点即可获得裂缝闭合压力。二次导数曲线上斜率为 -1 的曲线段代表准径向流。达到准径向流时,计算出的储层性质(尤其是孔隙压力)可信度更高。

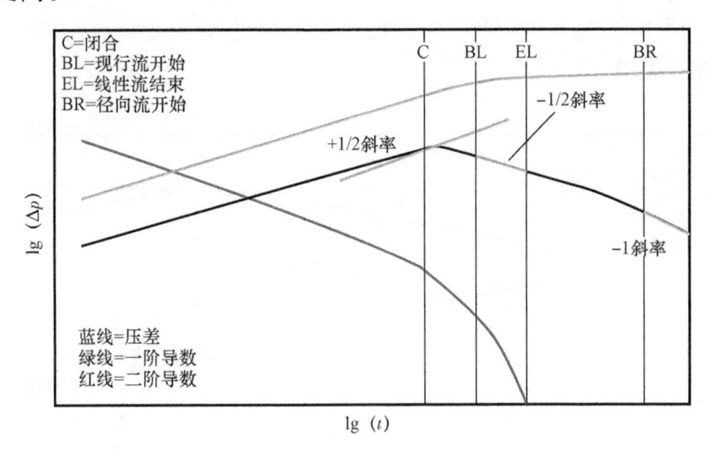

图 14.4 双对数曲线

图 14.5 是另一个双对数曲线示例,其中二次导数曲线上的斜率从 1/2 变为负值那一点即是裂缝闭合点,在本例中闭合压力为 16627psi。另外,线性流的开始和结束(闭合之后)都可以

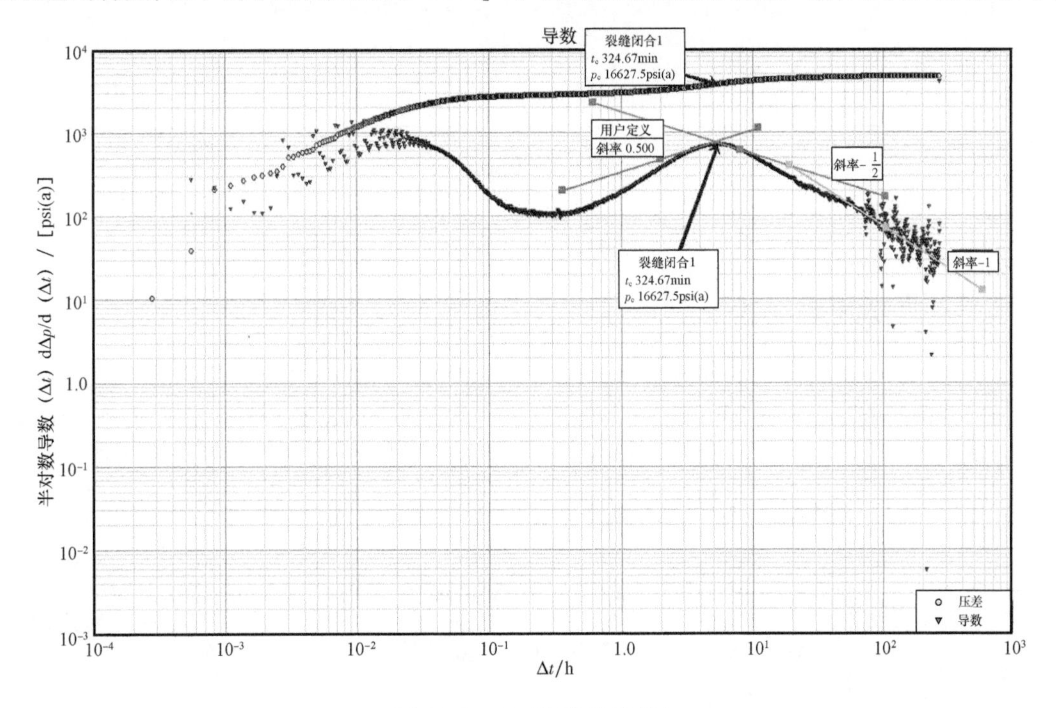

图 14.5 双对数曲线示例 1

由 -1/2 斜率曲线段确定。这口井似乎已经出现了准径向流,但是还需要对压力下降进行更长时间的监测,以便使准径向流阶段的散乱数据可信度更高,这可以利用图中斜率为 -1 的曲线段来识别。请注意在双对数曲线图中,闭合之前的二次导数曲线斜率始终为正,闭合之后则为负。斜率为 1 代表闭合前的井筒储存效应,斜率为 -1 代表闭合后的准径向流(Barree et al. ,2007)。

图 14.6 又是一个双对数曲线的示例,可以看到,二次导数曲线的斜率从 1/2 变为负值,说明裂缝发生闭合(闭合压力为 9250psi);但是由于其他操作和数据记录方面的问题,无法观察到准径向流。一定不能用此 DFIT 的结果进行任何类型的闭合后分析。数据记录和监测是成功进行 DFIT 分析的关键。

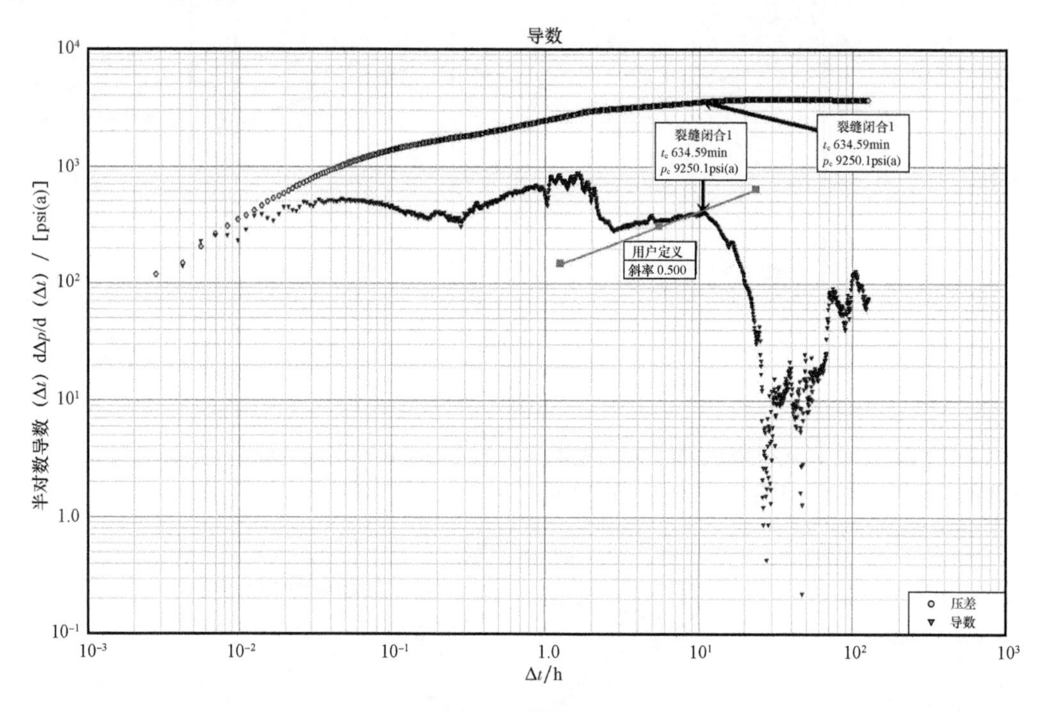

图 14.6 双对数曲线示例 2

14.7 G 函数分析

G 函数是一个与时间有关的变量,通过绘制井底压力(y 轴)与 G 函数(x 轴)的关系曲线,可以确定各种裂缝参数和地层性质,如裂缝闭合、流体效率、有效渗透率和滤失机理。G 函数假定裂缝高度不变、排量不变,停泵后裂缝即停止扩展。式(14.1)可用于近似计算 G 函数值:

$$\begin{cases} G(\Delta t_D) = \dfrac{4}{\pi}[g(\Delta t_D) - g_0] \\ g(\Delta t_D) = \dfrac{4}{3}(1 + \Delta t_D)^{1.5} - \Delta t_D^{1.5}; \beta = 1.0 \\ g(\Delta t_D) = (1 + \Delta t_D)\sin^{-1}(1 + \Delta t_D)^{0.5} + \Delta t_D^{0.5}; \beta = 0.5 \\ \Delta t_D = \dfrac{t - t_p}{t_p} \end{cases} \tag{14.1}$$

式中 t——关井时间,min;

t_p——总泵注时间,min;

Δt_D——关井持续时间与泵注持续时间之比。

β 值为 1.0 表示是滤失量较低的致密储层,而 β 值为 0.5 表示是滤失量较高的高渗透储层。

需要注意的是,在关井(ISIP)那一刻的 G 函数值为零。例如,如果总泵注时间为 5min(t_p =5min),则关井时(ISIP)的 t 值也为 5min,所以关井时的 G 函数等于零。从关井那一刻开始计算 G 函数。可以利用如下步骤由 G 函数确定闭合压力:

(1)找到一次导数的局部极大值;

(2)找到压力曲线与直线发生偏离的点;

(3)找到二次导数曲线与过原点直线发生偏离的点;

(4)二次导数曲线与直线发生偏离的点即为闭合点。

从 G 函数曲线上可以辨别出四种独特的流体滤失类型。第一种滤失称为"正常滤失",这是指通过均质性岩石基质的滤失(并非非常规油气藏的典型特征)。G 函数曲线上的其他滤失类型是压力依赖性滤失(PDL)、缝高退化滤失(横向储层)和裂缝尖端扩展滤失,下面将详细讨论。

14.7.1 压力依赖性滤失

压力依赖性滤失(PDL)通常发生在坚硬的、含有天然裂缝的岩石中。由于岩石中含有天然裂缝,压力依赖性滤失在水力压裂过程中可能会产生复杂现象。此时存在着这么一个压力值,一旦超过该值,天然裂缝就会敞开,发生滤失的表面积也将增加。在这种情况下压力是滤失的驱动因素,因此称为压力依赖性滤失。由于非常规页岩储层中存在天然裂缝,所以压力依赖性滤失是这类储层中最常见的滤失类型。

在 G 函数曲线上可以轻松识别出压力依赖性滤失(PDL)。识别 PDL 最简单的方法是找出二次导数曲线在过原点的外推直线上方斜率开始变小那一点,如图 14.7 所示。在图 14.7 中,蓝色代表压力曲线,绿色代表一次导数曲线,红色代表二次导数曲线。在二次导数的直线段外推出一条过原点的直线(黑色),在直线上方有一个拱形特征(驼峰)。这表示存在天然裂缝,在水力压裂时会形成复杂的裂缝系统,流体的滤失比常规双翼裂缝更快。二次导数曲线重新回到正常线性趋势(即外推直线)那一点对应的压力称为 PDL 压力。当且仅当天然裂缝与水力压裂产生的裂缝相互垂直时,该压力还可以作为最大水平应力的近似值。该点一旦确定,就可以从该点画一条垂线与压力曲线相交,基于此交点,即可以在 y 轴上读取 PDL 压力或最大水平应力,如图 14.7 所示。

G 函数曲线上可识别出的下一个现象是裂缝闭合。当二次导数曲线偏离过原点的直线时,裂缝开始闭合。一旦在 G 函数曲线上确定了该点,画一条垂线直至与压力曲线相交,利用该交点(如红色所示)可以在 y 轴上读取闭合压力,闭合压力也被认为是最小水平应力。概括起来讲,PDL 压力代表最大水平应力(如果天然裂缝与水力裂缝相互垂直),闭合压力代表最小水平应力。利用式(14.2)可以计算各向异性:

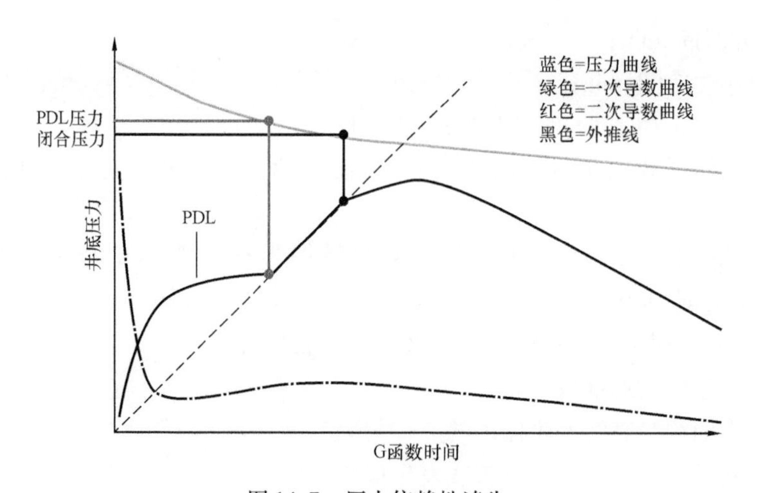

图 14.7　压力依赖性滤失

$$各向异性 = 最大水平应力 - 最小水平应力 \tag{14.2}$$

当最大水平应力与最小水平应力之差较小(例如 200psi)时,形成的裂缝会很复杂。相反,当两个应力之差较大时,形成的裂缝会是双翼裂缝。PDL 反映当压力高于闭合压力、天然裂缝敞开时流体向裂缝中的滤失。作为一个经验规则,当 PDL 压力和闭合压力之差小于闭合压力的 5% 时,将会形成复杂裂缝。

图 14.8 是一个有 PDL 特征的 G 函数曲线示例,该特征即是二次导数曲线在过原点的外推直线上方呈现拱形。闭合压力是二次导数曲线与过原点直线发生偏离那一点所对应的压力。本例中闭合压力约为 6845psi(G 函数值为 29.4)。

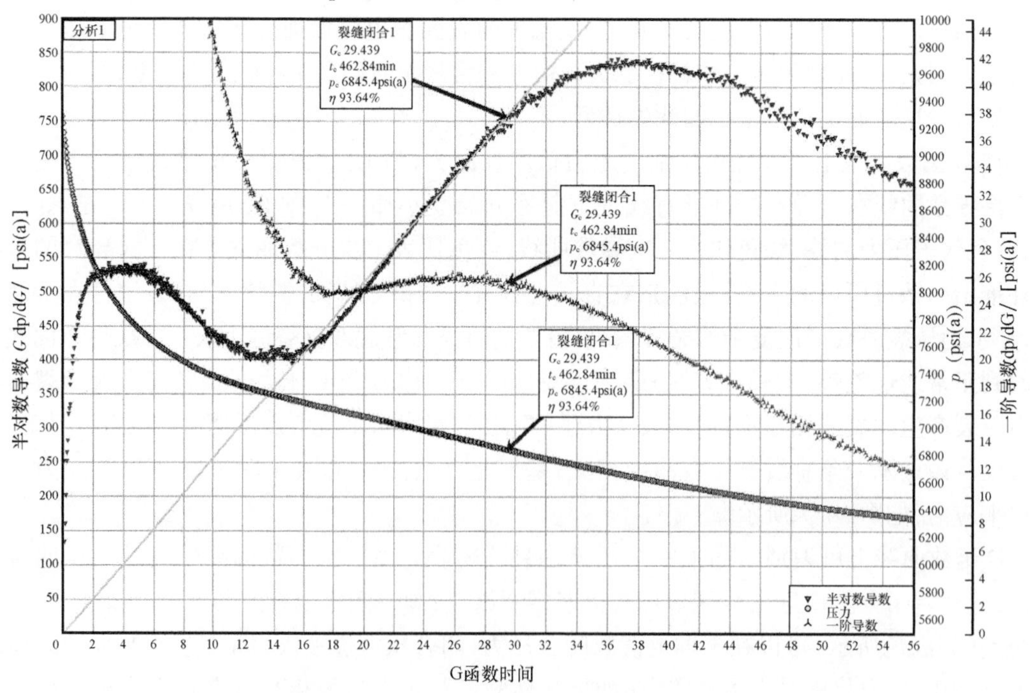

图 14.8　具有 PDL 特征的 G 函数曲线示例

解决压力依赖性滤失问题。在天然裂缝性地层中,压力依赖性滤失十分常见,尤其是在非常规页岩储层中。因此应考虑使用较小粒径、较低浓度的支撑剂(100 目和 40/70 目)和较大压裂级间距。泵送小粒径的支撑剂(例如 100 目)可以起到桥堵天然裂缝、降低脱砂风险的可能性;这样即可防止流体通过天然裂缝大量滤失,提高流体效率。

14.7.2 缝高退化滤失

从 G 函数曲线上可以观察到的第二种滤失类型是缝高退化滤失。在裂缝闭合过程中,由于非渗透性层位的存在而使裂缝高度降低,这便是缝高退化。在这种情况下,裂缝内可能会出现一些奇怪的现象。当裂缝闭合时,由于上、下非渗透层的应力较高,因此闭合得也较快。然而,由于上、下层的渗透率非常低,因此流体不会滤失到这类地层中,而是被挤入裂缝的中心区。这样就降低了裂缝的表观滤失速率,也就降低了从井筒到裂缝的滤失速率。大体上说,流体的滤失速率要比预期的正常双翼裂缝的滤失速率要低,所以形成的裂缝可能又窄又高(图 14.9)。

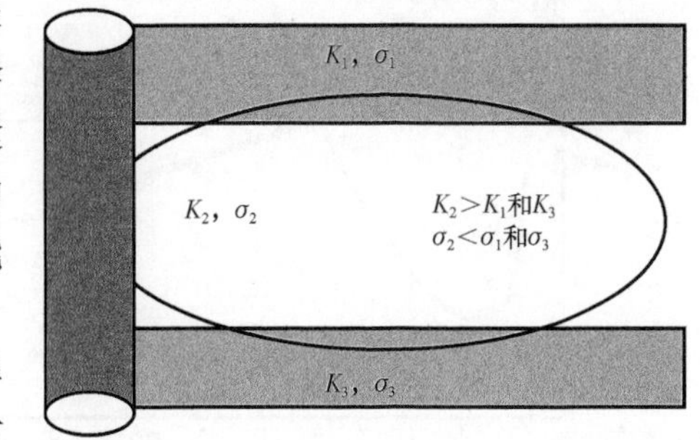

图 14.9 缝高退化

识别缝高退化滤失。在 G 函数曲线上,二次导数曲线在过原点外推直线的下方有一个上凹特征,该特征即表示缝高退化。

解决缝高退化滤失问题。如果可能发生缝高退化,就应考虑降低排量和支撑剂用量。同样,降低支撑剂浓度以便桥堵非渗透层,亦可有效解决缝高退化问题。

在图 14.10 中,蓝色是压力曲线,绿色是一次导数曲线,红色是二次导数曲线。二次导数曲线在过原点的外推直线下方的凹形特征即表示缝高退化。

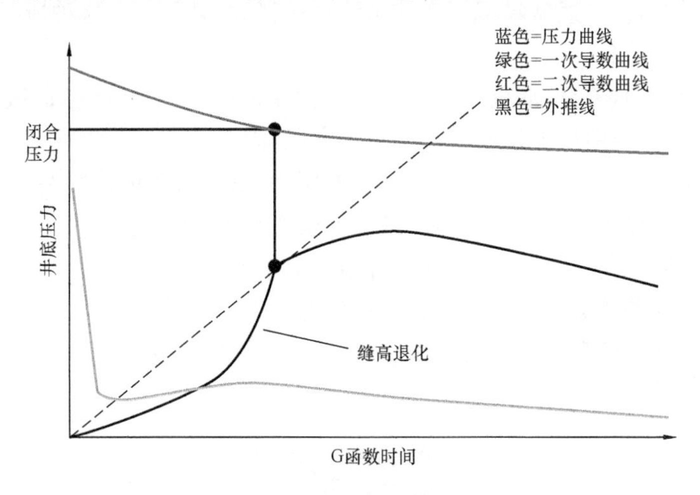

图 14.10 缝高退化滤失

图 14.11 是一个有缝高退化特征的 G 函数曲线示例。从二次导数曲线在过原点的外推直线下方的凹形特征即可确定存在缝高退化。本例中的闭合压力约为 16743psi(G 函数为 18.4)。

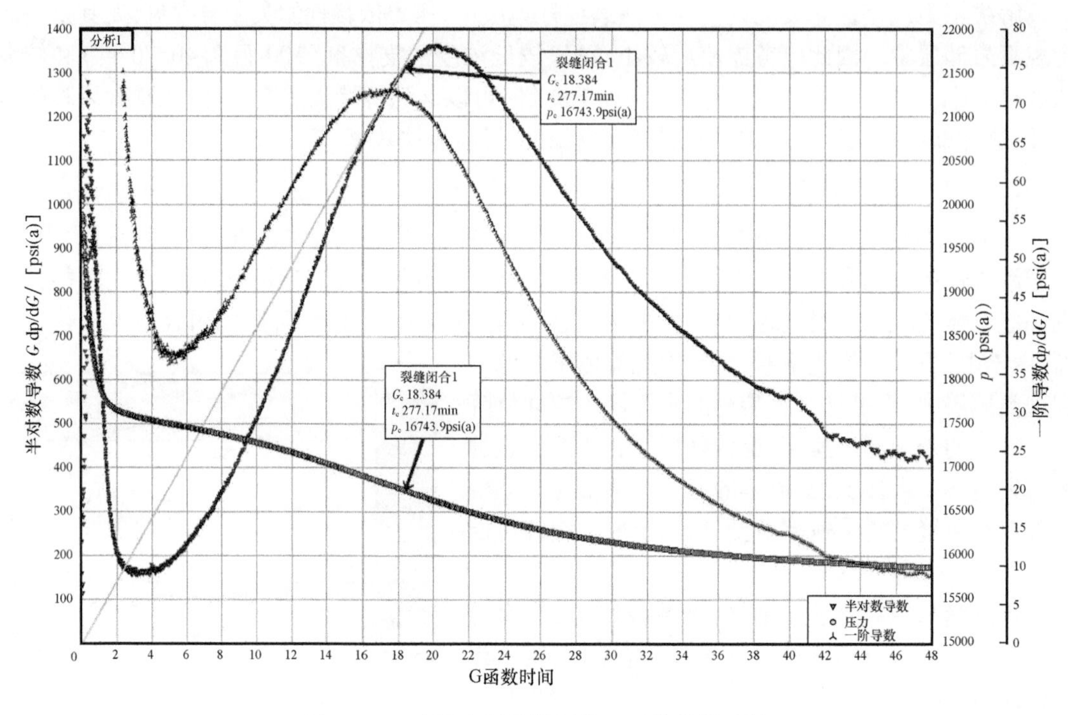

图 14.11 有缝高退化特征的 G 函数曲线示例

14.7.3 裂缝尖端扩展滤失

裂缝尖端扩展是在特低渗透储层中发生的一种现象,在这种情况下,即使在停泵关井之后,裂缝仍会继续扩展。在通常情况下本该由滤失所释放的压力,在这种情况下被转移到裂缝的尖端而导致裂缝尖端延伸。

识别和应对裂缝尖端延伸滤失。当存在裂缝尖端延伸时,二次导数曲线的外推直线不经过原点。另外,二次导数曲线上没有持续的负斜率段;因此存在裂缝尖端延伸时看不到裂缝闭合。应对尖端延伸滤失的最佳方式是增大前置液用量,以便形成更长的裂缝。

图 14.12 显示了裂缝尖端延伸行为。蓝色是压力曲线,绿色是一次导数曲线,红色是二次导数曲线。从二次导数曲线可以看出,在这种情况下看不到持续的负斜率段或裂缝闭合。

由 G 函数曲线估算有效渗透率。G 函数曲线是一个强有力的手段,可用来获取各种裂缝参数和储层性质。除了计算闭合压力和识别各种滤失类型外,利用式(14.3)还可以从 G 函数曲线计算有效渗透率(Barree et al. ,2007)。

$$K=\frac{0.0086\mu\sqrt{0.01p_z}}{\phi C_t\left(\dfrac{G_cE\gamma_p}{0.038}\right)} \tag{14.3}$$

式中 K——对油藏流体的有效渗透率,mD;

μ——DFIT 测试时注入流体的黏度,mPa · s;

p_z——净延伸压力,即井底瞬时关井压力—闭合压力,psi;

ϕ——孔隙度,%;

C_t——总压缩系数,psi^{-1};

G_c——裂缝闭合时的 G 函数值;

E——杨氏模量,$10^6 psi$;

γ_p——储层矫正系数。

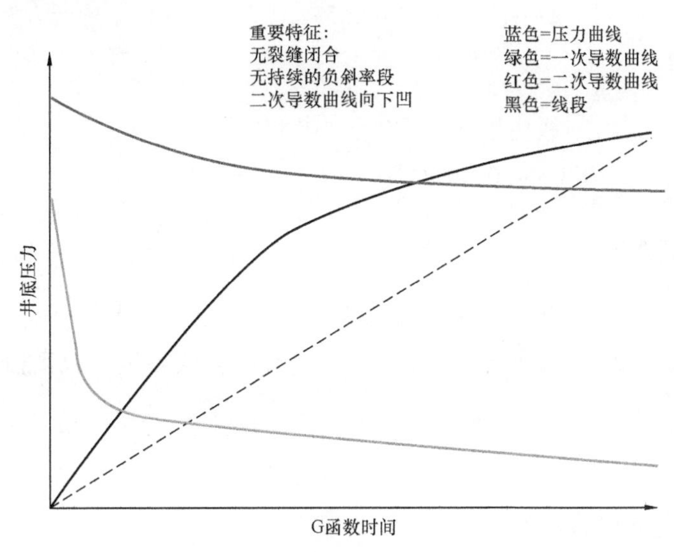

图 14.12　裂缝尖端延伸滤失

对于常规滤失和 PDL 滤失,通常假定 γ_p 等于 1;对于缝高退化滤失和尖端延伸滤失,通常假定 γ_p 小于 1。

除了可以计算有效渗透率外,利用式(14.4)还可以从裂缝闭合时的 G 函数值计算流体效率。

$$\text{流体效率} = \frac{G_c}{2 + G_c} \tag{14.4}$$

式中　G_c——裂缝闭合时的 G 函数值。

例 1:

根据从 G 函数曲线获得的以下参数,估算有效渗透率和流体效率:

注入流体黏度 $\mu = 1 mPa \cdot s$, BH ISIP = 7748psi, $p_c = 6338 psi$, $C_t = 0.0000234 psi^{-1}$, $G_c = 29.012$, $E = 3.5 \times 10^6 psi$, $\gamma_p = 1$(压力依赖性滤失), $\phi = 10\%$。

$$p_z = \text{BH ISIP} - p_c = 7748 - 6338 = 1410 psi$$

$$K = \frac{0.0086\mu\sqrt{0.01p_z}}{\phi C_t\left(\frac{G_c E \gamma_p}{0.038}\right)^{1.96}} = \frac{0.0086 \times 1 \times \sqrt{0.01 \times 1410}}{0.1 \times 0.0000234 \times \left(\frac{29.012 \times 3.5 \times 0.1}{0.038}\right)^{1.96}} = 0.00265 mD$$

$$流体效率 = 29.012/(29.012+2) = 0.9355 或 93.55\%$$

94%的流体效率和0.00265mD的渗透率表示流体效率较高,滤失量较低。

如果裂缝闭合时的G函数值为0.554,而不是29.012,有效渗透率和流体效率将会是多少?

在同样的公式中,对于G函数值G_c,用0.554代替29.012,保持所有其他参数不变,有效渗透率计算如下:

$$K = \frac{0.0086 \times 1 \times \sqrt{0.01 \times 1410}}{0.1 \times 0.0000234\left(\frac{0.554 \times 3.5 \times 1}{0.038}\right)^{1.96}} = 6.2\text{mD}$$

流体效率计算如下:

$$流体效率 = 0.554/(0.554+2) = 0.2169 或 21.69\%$$

如果G函数值为0.554,则地层的流体效率较低,有效渗透率较高,这表示流体滤失量高。

14.8 闭合后分析(ACA)

闭合后分析(ACA)是指用于在裂缝闭合后确定储层性质的各种方法。ACA的第一步是根据DFIT分析确定各种流态,这可以通过在双对数曲线上识别出准线性流和准径向流来实现。一旦在双对数曲线上识别出了准线性流和准径向流,便可以利用各种技术来估算孔隙压力、流动系数和渗透率,下面将要讨论这些方法。在某些情况下,DFIT测试后没有足够的时间,此时只能达到准线性流,而无法达到准径向流。在这种情况下可以基于准线性流估算储层孔隙压力,但这样算出的压力(从准线性流获得的)过于乐观。准径向流是在准线性流之后出现的,一旦达到准径向流,即可利用霍纳曲线或其他已有的压力瞬变分析方法确定孔隙压力。

14.8.1 霍纳曲线(一种ACA方法)

霍纳分析就是以霍纳时间的对数作为横坐标,以井底压力作为纵坐标,绘制曲线,进而利用该曲线来计算孔隙压力和储层渗透率。请注意,y轴是笛卡儿坐标,x轴是对数坐标。霍纳时间的定义见式(14.5)。

$$霍纳时间 = \frac{t_p + \Delta t}{\Delta t} \tag{14.5}$$

式中 t_p——裂缝扩展时间,min;

Δt——关井持续时间,min。

随着关井持续时间的延长,霍纳时间变小,当关井时间无限长时,霍纳时间接近于1。直线段外推后在y轴上的截距(霍纳时间约为1)即为储层压力(孔隙压力)。利用霍纳曲线最大的局限性之一是必须达到准径向流，否则不建议使用霍纳分析。识别出准径向流后，将外推直线的斜率记为 m_H。外推直线在 y 轴上的截距即为孔隙压力（如下所示）。根据式（14.6）即可利用霍纳曲线的斜率（m_H）估算储层的传导率（Kh/μ），还可进一步估算储层的渗透率。

$$\frac{Kh}{\mu}=\frac{162.6(1440)q}{m_H} \tag{14.6}$$

式中 Kh/μ——储层传导率，mD·ft/（mPa·s）；

K——储层渗透率，mD；

h——储层净厚度，ft；

μ——储层深处流体黏度（不是注入流体黏度），mPa·s；

m_H——霍纳曲线的斜率；

q——流体平均注入排量，bbl/min。

有了储层深处流体黏度和储层净厚度，即可利用式（14.6）计算储层的有效渗透率。图14.13给出了一个霍纳分析示例。

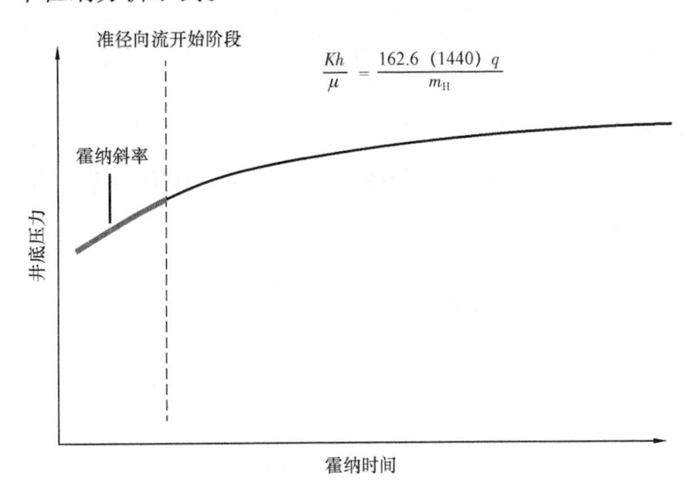

图14.13 霍纳分析

例2：

给定如下霍纳曲线（图14.14）和数据，计算储层传导率和渗透率，并估算储层压力和压力梯度（假设垂深为8250ft）。

平均泵注排量 =7bbl/min，h =100ft，储层深处流体黏度（μ）=0.0452mPa·s，m_H =568564。

从图14.14可知，霍纳曲线斜率为568564，所以：

$$\text{传导率}=Kh/\mu=162.6(1440)q/m_H=(162.6\times1440\times7)/568564$$
$$=2.88\text{mD}\cdot\text{ft}/(\text{mPa}\cdot\text{s})$$

$$\text{有效渗透率}=K=(2.88\times0.0452)/100=0.0013\text{mD}$$

将准径向流曲线段(直线段)外推后在 y 轴上的截距即为储层压力,在本例中大约是4600psi。因此,储层压力梯度为4600psi除以8250ft,即0.56psi/ft。

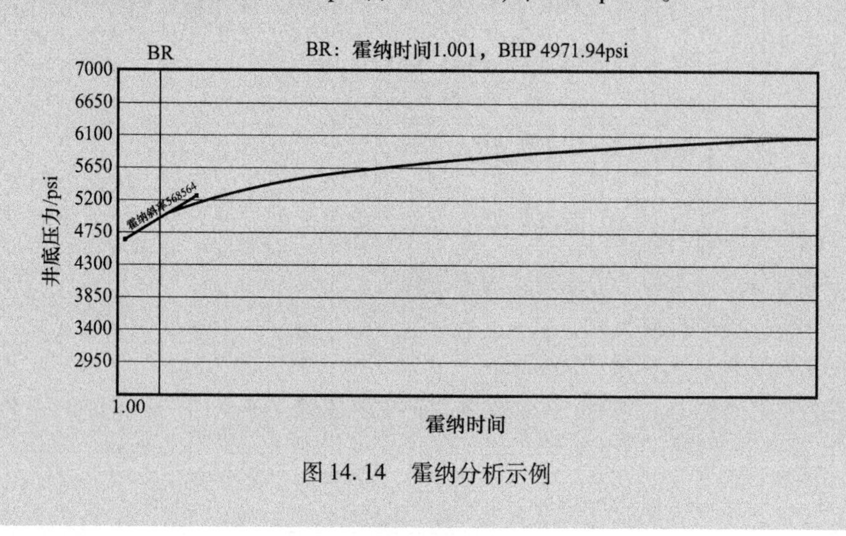

图14.14 霍纳分析示例

14.8.2 线性流时间函数与井底压力关系(另一种ACA方法)

除霍纳分析外,还可通过线性流时间函数(x 轴)与井底压力(y 轴)的关系曲线确定储层压力。线性流时间函数见式(14.7)。

$$F_{\mathrm{L}}(t,t_{\mathrm{c}})=\frac{2}{\pi}\sin^{-1}\sqrt{\frac{t_{\mathrm{c}}}{t}},t\geqslant t_{\mathrm{c}} \tag{14.7}$$

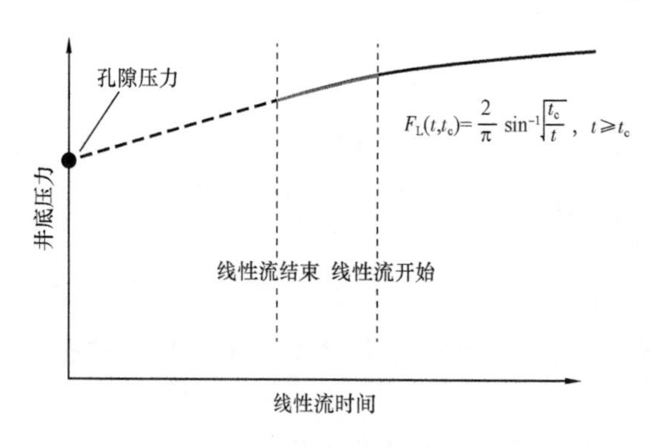

图14.15 线性流时间函数曲线

式中 t_{c}——闭合所需时间,min;

t——总泵注时间,min。

在线性流时间函数曲线上,据线性流段的外推直线可以估算出孔隙压力。换句话说,在关井期间,一旦观察到闭合后的准线性流,则准线性流段的外推直线在 y 轴上的截距即为孔隙压力的估算值。外推可以得到储层孔隙压力,但不能得到关于储层传导率的直接信息。如果DFIT分析中未能达到准径向流,可以用该曲线上的线性流段来估算储层压力(图14.15)。

14.8.3 径向流时间函数与井底压力关系(另一种ACA方法)

如果识别出了准径向流,即可用径向流时间函数来计算储层压力和传导率。径向流时间函数的定义见式(14.8):

$$F_{\mathrm{R}}(t,t_{\mathrm{c}})=\frac{1}{4}\ln\left(1+\frac{Xt_{\mathrm{c}}}{t-t_{\mathrm{c}}}\right),X=\frac{16}{\pi^2}\cong 1.6 \tag{14.8}$$

式中 t_c——闭合所需时间,min;

t——总泵注时间,min。

除了储层压力外,在正确识别出准径向流阶段后,知道了外推直线斜率、裂缝闭合所需时间、测试期间总注入量后,利用径向流时间函数及式(14.9)还可以计算储层深处的传导率(图14.16)。

$$\frac{Kh}{\mu}=251000\frac{V_i}{m_R t_c} \tag{14.9}$$

式中 V_i——测试期间流体注入量,bbl;

m_R——外推直线斜率;

t_c——闭合所需时间,min;

K——渗透率,mD;

h——储层净厚度,ft;

μ——储层深处流体黏度,mPa·s。

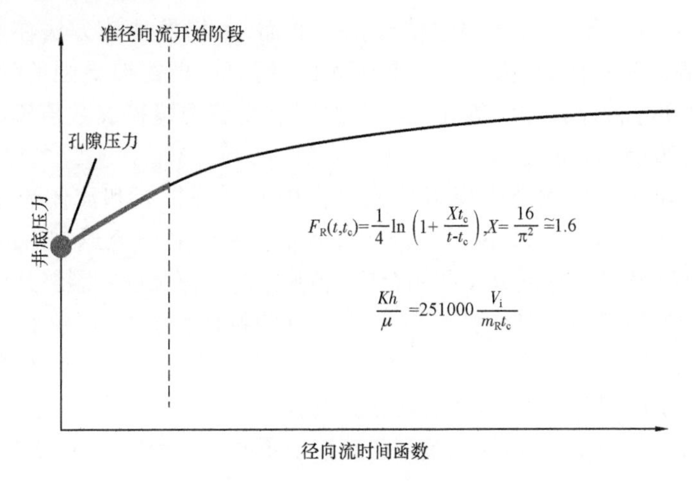

图14.16 径向流时间函数曲线

第15章　水力裂缝延伸的数值模拟

15.1　概述

水力压裂已被公认是一种具有多种用途的技术。这些用途包括原地应力的测量(Hayashi et al.,1991)、有害物质地下存储(Levasseur et al.,2010)、地热能开采(Legarth et al.,2005)以及构建防止污染物运移的屏障(Murdoch,2002)。当前,水力压裂最重要的用途之一是提高非常规油气藏的采收率。水力压裂是一个复合过程,包括:(1)固体介质的变形,此时裂缝宽度整体取决于流体压力,并且具有非局部性;(2)流体在裂缝内的流动,它是流体压力和裂缝宽度的非线性函数。在研究水力压裂时,这两个基本特性给水力压裂研究带来了极大的困难。

水力压裂数值模拟的常规方法是边界元法和有限元法。不连续位移(DD)法是边界元法的一个变种,已广泛用于水力压裂数值模拟。然而,人们发现该方法在复杂结构情况下难以应用。与边界元法相比,有限元法具有更大的灵活性,但需要更强的计算机计算能力。近年来,聚合算法和并行计算方法等先进技术被用于突破裂缝扩展数值模拟方法的局限性(Bao et al.,2014,2015,2016)。

虽然人们已经付出了巨大努力模拟注入过程中的裂缝扩展和流体流动(Mobbs et al.,2001;Yamamoto et al.,1999;Phani et al.,2004),但很少有学者研究返排后的裂缝几何形状。返排后的裂缝几何形状是支撑剂分布和闭合应力的函数,与停泵后的裂缝几何形状明显不同。水力压裂中支撑剂的输送和分布是注入速率、支撑剂的粒径和密度、压裂液性质(即黏度和密度)的非线性函数。因此,对于水力压裂优化,需要一个完全耦合的数值模拟过程,该过程应耦合描述裂缝敞开度的控制方程、流体流动和滤失,以及支撑剂输送。为了提高水力压裂的增产效率和提高油气采收率,该数值模拟过程还应涉及不同泵送程序、不同支撑剂粒径和不同支撑剂密度。

15.2　地层学和地质构造模拟

为了获得稳定且一致的地层几何形状和岩石物理特性,必须进行地层学和地质构造模拟。三维(3D)地质模型也可用于提供岩石力学性质和原地应力分布方面的信息,包括最大水平应力、最小水平应力、垂向应力、杨氏模量、泊松比和抗拉强度。深入了解岩石物理性质分布,对于确定水力裂缝的起裂位置和评估裂缝几何构型的演化至关重要。有多个不同的商业软件包,这些软件包可提供用于成像目的的宏观模型或用于储层模拟目的的详细岩石物理模型(Aziz et al.,1979)。它们还可以用于地层学研究,在这类研究中,曲流河、河道、断层和不连续面的存在十分重要(Mallet,2002)。通常有两种不同的方法来建立地质模型和填充数据,即包括不同形式克里格法(Xu et al.,1992)的统计方法,以及从地震或探地雷达(GPR)数据获得的确定性几何形状。需要将随机或确定性插值与控制层位的几何形状进行比较,根据钻井和测井资料(如自然电位、伽马射线、电阻率、密度和声波测井)可获得岩石物理性质,进而可获得控制层位的几何形状。要获得清晰明确的控制层位,必须具备足够的钻井和测井数据,从而提供3D地质建模所需的精度水平。然而,这类研究相对昂贵,而且如果没有充足数目的油气井,这些研究所能提供的数据有限。

从测井和地震获得的常规数据分析方法是知识驱动型的,这些方法忽略了相互关联的岩石物理参数之间的潜在联系。最近,诸如决策树(DT)、支持向量机(SVM)、数据挖掘和人工神经网络(ANN)等先进技术已被用于依据有限的测井和岩心数据来识别沉积相和岩性变化。然而,应用这些技术时也需要特别谨慎,因为这些技术可能不考虑嵌入地质构造中的重要地质现象。因此,需要结合使用先进的数学技术和知识驱动型技术来获得合理的地质模型。

15.3 水力压裂模拟器的开发

水平井多级水力压裂技术使油气行业能够从非常规资源,尤其是富含有机质的页岩储层中经济地提升产量。该过程涉及在高压下注入大量压裂液和支撑剂,进而在每一级水力压裂中产生多个裂缝。该过程可以产生高导流能力的流动通道,使得油气能够从储层流向生产井。当达到预先设计的裂缝长度后,将停止注入,并在返排阶段排出压裂液。但是,注入的支撑剂将留在裂缝中,以防止裂缝在上覆压力作用下闭合。为了从非常规资源中获得最大的油气产量,人们已经对水力压裂优化进行了广泛的研究。这些研究主要集中在不同的储层性质和作业参数对水力压裂效率的影响、多重水力压裂的相互作用,以及水力裂缝和天然裂缝的相互作用方面(Ozkan et al.,2009;Olson et al.,2009;Cheng,2012)。他们的研究表明,较早压裂产生的裂缝及已存在的天然裂缝导致的局部应力变化,会显著影响后续压裂裂缝的尺寸和方向。

用于水力裂缝扩展模拟和优化的数值方法主要是基于线弹性断裂力学(LEFM)理论,该理论创立于20世纪20年代,由该理论导出了支配水力压裂过程的基本方程。线弹性断裂力学理论的主要假定是地层具有各向同性和线弹性。该假定不考虑裂缝尖端处的变形,或者说与主体裂缝尺寸相比,裂缝尖端处的变形可忽略不计。对于具有明显塑性变形的软地层中的裂缝尖端行为来说,该假设不成立。在这种情况下,裂纹尖端塑性法(CTP)可能更适用。随着地层塑性的增强,水力压裂和裂缝扩展变得难以进行,因为原本该用于裂缝扩展的大部分能量将被地层吸收。尽管裂缝尖端塑性法在模拟裂缝尖端行为方面更具前景,但由于其复杂性而尚未得到应用。学者们对线弹性断裂力学理论进行了修正,这样即可将部分非线性裂缝尖端行为考虑进去。

在利用线弹性断裂力学理论模拟裂缝传播时,需要计算裂缝尖端附近的应力场,并将其与断裂韧性进行比较,后者是需要通过实验研究获取的地层特性。当应力场超过断裂韧性时,裂缝会在材料内部扩展。除了断裂韧性外,还需要对诸如法向应力、剪切应力、应变、杨氏模量、泊松比、抗拉强度和屈服强度等变量有充分的了解,这样才能掌握弹性理论的基础知识。

应力 σ 定义为单位面积上的力或负载,可以用式(15.1)表示:

$$\sigma = \frac{F}{A} \tag{15.1}$$

式(15.1)中,F 是施加到横截面 A 的力。应力的单位与压力相同,可以用SI单位制中的Pa(N/m^2)或油田单位制中的psi(lb/in^2)为单位。垂直于表面施加的应力分量称为法向应力,

通常用 σ 表示;平行于表面施加的应力分量称为剪切应力,通常用 τ 表示。三维空间应力包含9个分量,可以使用 3×3 矩阵表示如下:

$$\begin{bmatrix} \sigma_{xx} & \tau_{xy} & \tau_{xz} \\ \tau_{yx} & \sigma_{yy} & \tau_{yz} \\ \tau_{zx} & \tau_{zy} & \sigma_{zz} \end{bmatrix}$$

通过研究作用在无限小体积上的剪切应力的行为,可以表明 $\tau_{xy}=\tau_{yx}$,$\tau_{xz}=\tau_{zx}$ 和 $\tau_{yz}=\tau_{zy}$,这是剪切应力互易定理的基础。根据剪切应力互易定理,改变剪切应力仅表明剪切应力的方向改变,但不会改变剪切应力的大小。在总应力的切应力分量为零、通过坐标变换仅保留应力的对角分量的情况下,则可以将用来计算应力的坐标系转换为任何坐标系。在这种情况下,x、y 和 z 方向上的法向应力称为主应力,其中 σ_1 是最大主应力,而 σ_3 是最小主应力,如下所示:

$$\begin{bmatrix} \sigma_1 & 0 & 0 \\ 0 & \sigma_2 & 0 \\ 0 & 0 & \sigma_3 \end{bmatrix}$$

主应力可以由总应力矩阵的分量获得。在二维(2D)系统中,最大主应力 σ_1 和最小主应力 σ_2 可以按以下方式获得:

$$\sigma_1=\left(\frac{\sigma_x+\sigma_y}{2}\right)+\sqrt{\left(\frac{\sigma_x-\sigma_y}{2}\right)^2+\tau_{xy}^2} \tag{15.2}$$

$$\sigma_2=\left(\frac{\sigma_x+\sigma_y}{2}\right)-\sqrt{\left(\frac{\sigma_x-\sigma_y}{2}\right)^2+\tau_{xy}^2} \tag{15.3}$$

应变 ε 用于定量表示固体材料的变形,其定义为在 x、y 和 z 方向上位移的相对变化,如下所示:

$$\varepsilon=\frac{\mathrm{d}L}{L} \tag{15.4}$$

式中 $\mathrm{d}L$——位移的变化;

L——初始长度。

应力和应变关系是使用本构方程(例如胡克定律)定义的,胡克定律假定在材料的弹性行为范围内施加的载荷与位移之间呈线性关系。为了定量表示这种关系,使用了杨氏模量 E,它是应力与应变的比值,是地层刚度的表征。

$$E=\frac{\sigma}{\varepsilon} \tag{15.5}$$

抗拉强度定义为地层破裂前能够承受的最大应力。这是地层开始发生永久性损坏的应力值。屈服强度也是地层性质之一,被定义为地层开始发生塑性变形的应力值。虽然线弹性断裂力学在水力压裂模拟中被广泛应用,但其计算成本高昂,而且在预测裂缝尖端行为时准确度较低。尤其是线弹性断裂力学无法预测裂缝尖端前面的地层破坏。这是由于线弹性断裂力学仅考虑裂缝尖端处的局部应力准则(即仅考虑当应力强度因子 K_I 超过断裂韧性 K_{IC}时,裂缝的扩展方向)。

另一方面,内聚力模型(CZM)更适合于模拟裂缝尖端行为。内聚力模型将裂缝尖端区域扩充到裂缝尖端前面的"内聚区",在该区域内裂缝扩展过程会逐渐发生。内聚力模型的基础是两个重要参数的确定:凝聚强度和分离能。这样就为裂缝扩展分析引入了强度和能量两个准则,使该模型能够预测裂缝尖端前面的地层破坏。这些参数可以通过实验测量,也可以基于针对界面行为预测进行的数值模拟获得。除了线弹性断裂力学和内聚力模型以外,还有其他方法可用于水力压裂模拟,例如裂缝尖端张开位移(CTOD),但这些方法不像前两种方法的应用那样普遍。Gao 等(2015)应用不连续位移技术,借助于边界元模型研究了在局部应力发生变化及遇到任何地质不连续(例如断层)的情况下,多级水力压裂过程中压力的变化。然而,他们的模型预先设定了固定不变的裂缝长度和裂缝表面压力,忽略了地层的孔弹性效应。Morrill 和 Miskimins(2012)应用了有限元技术来优化裂缝间距,但忽略了裂缝之间的相互作用。

尽管有了线弹性断裂力学和内聚力模型,但人们仍开发了各种数值模型来模拟裂缝延伸、裂缝几何形状,以及水力裂缝周围应力变化的方向和大小。取决于所研究问题的复杂性和可用信息数量的多寡,这些模型可以是二维、准三维或三维水力压裂模型。这些模型在研究简化的水力压裂过程的一般特性和物理特性时很有用。以下是对现有模型的简要讨论,这些模型使研究人员能够开发更精确的水力压裂模拟器。

15.4 二维水力压裂模型

水力裂缝的几何形状是以下诸多因素的复杂函数:初始储层应力条件(整体和局部);储层岩石性质,例如非均质的和各向异性的岩石力学性质(杨氏模量和泊松比)、渗透率、孔隙度、天然裂缝系统,以及作业条件,例如泵注排量、泵注总液量、泵注压力。为了对这个复杂的过程进行模拟,在保留水力裂缝几何学主要特征的前提下,学者们作出了一些特定的假设来使问题简化。为此,学者们首先假设水力压裂过程发生在均质的、各向同性的地层中,这将导致从流体进入地层的点状或线状入口处开始,产生对称的双翼裂缝。基于这些假设,引入了三种常见的裂缝模拟方法:(1)Khristianovic - Geertsma de Klerk(KGD)模型;(2)Perkins and Kern(PKN)模型;(3)径向裂缝几何或硬币状模型(Abe et al. ,1976)。

KGD 模型的基础是一个水平面中的二维应变模型,该应变模型具有恒定的裂缝高度,且裂缝高度大于裂缝长度。在 KGD 模型中,假定存在一个椭圆形的水平横截面和一个矩形的垂直横截面,其中裂缝宽度与裂缝高度无关,且裂缝宽度在垂直方向上保持不变。而且仅在水平面中考虑岩石的刚性。图 15.1 给出了 KGD 模型中裂缝几何形状的示意图。

PKN 模型假定裂缝高度恒定,且与裂缝长度无关。在 PKN 模型中,在垂直平面中也假设了一个二维平面应变模型,其中裂缝在水平和垂直方向上均具有椭圆形横截面。与 KGD 模型不同,PKN 模型假定裂缝高度比裂缝长度小得多。PKN 模型还假设注入流体所施加的水力压裂能量只会被流体流动所消耗(黏度主导型流态),而忽略了断裂韧性。图 15.2 给出了 PKN

模型中的裂缝几何形状示意图。

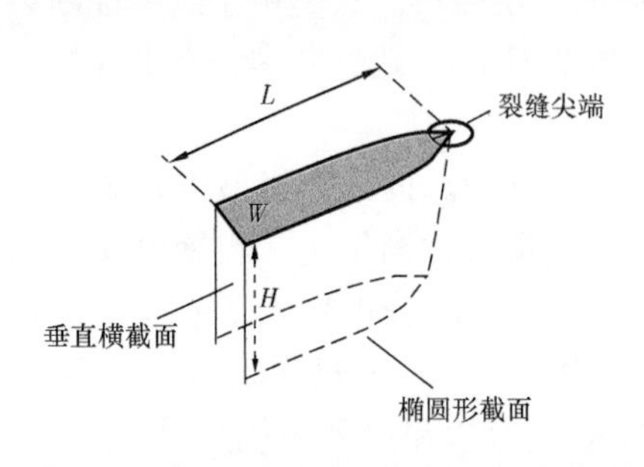

图 15.1 KGD 模型裂缝几何形状示意图

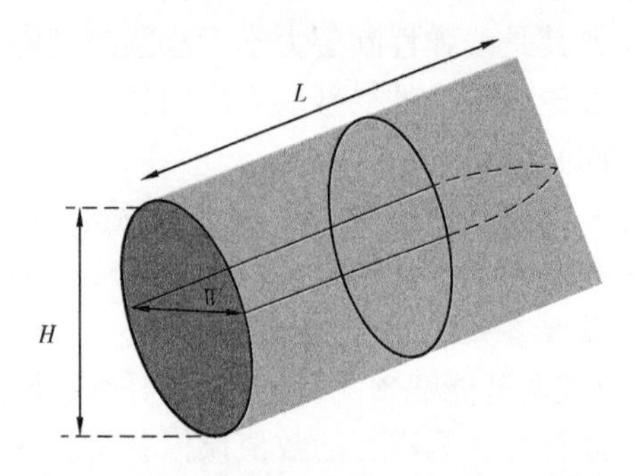

图 15.2 PKN 模型裂缝几何形状示意图

PKN 和 KGD 模型假设流体在裂缝中的流动是个一维(1D)问题,在裂缝延伸或裂缝长度的方向上受润滑理论和泊肃叶定律支配。它们还假定裂缝是受限的,水平应力、储层压力、储层温度都没有变化。

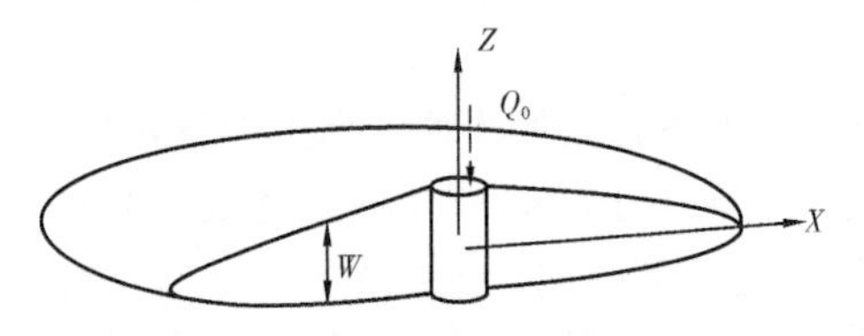

图 15.3 径向裂缝几何形状示意图

用于模拟水力裂缝在二维平面上扩展的第三种模型称为硬币状模型或径向裂缝模型。该模型已在浅地层中得到应用,此时上覆应力等于最小水平应力。在这种情况下,假设在线状流体注入源位置存在对称几何形状。在该模型中,假定泵注排量和裂缝内流体的压力保持不变。图 15.3 给出了硬币状模型的裂缝几何形状示意图。

在所有水力压裂模型中,裂缝扩展都是压裂液注入排量 Q_0 的函数,注入排量从流体进入地层的点状或线状入口处计量,至于是点状还是线状则取决于射孔孔眼的几何分布。据此,可以假定对称性双翼裂缝在垂直于地层的最小主应力 σ_0 方向上扩展。因此,产生的裂缝宽度是有效应力的函数,有效应力是孔隙压力与最小主应力 σ_0 之间的差值($p_e = p_f - \sigma_0$)。有效应力可用来很好地表征裂缝宽度,也可能用来代表水力压裂后油气井的产能。在水力压裂过程中测得的有效应力越高,油气井的预期产能就越高。

15.5 流体在水力裂缝中的流动

流体在水力裂缝中的流动受一维或二维泊肃叶定律和润滑理论支配。在流体动力学中,对于流体在一维尺寸明显小于另一维尺寸的介质中的流动,通常应用润滑理论。在水力压裂中,这意味着裂缝宽度远小于裂缝的高度和长度。在给定二维模型的情况下,假定是沿着裂缝长度方向的一维流动,可以由式(15.6)表示:

$$q = -\frac{w^3}{12\mu}\nabla p_f \tag{15.6}$$

式中 q——排量;

μ——流体黏度;

w——裂缝宽度;

∇p_f——在裂缝长度方向上的缝内压力梯度。

假设压裂液不可压缩,而且流体的滤失受 Carter 滤失模型控制,则可用式(15.7)描述裂缝中的流体物质守恒。

$$\frac{\partial w}{\partial t}+\nabla \cdot q+\xi=0 \tag{15.7}$$

在石油和天然气工业中,使用 Carter 模型将流体滤失归因于周围地层是非常普遍的,如公式(15.8)所述:

$$\xi(x,t)=\frac{2C}{\sqrt{t-t_0(x)}} \tag{15.8}$$

式中 C——滤失系数;

t——时间;

t_0——裂缝尖端到达时间。

可以如下获取流体流动方程的边界条件:假设对称双翼裂缝注入点处的流量为 $Q_0/2$,且保持不变,而在裂缝尖端处的流量为零(假设不存在流体滞后现象;或假设存在流体滞后现象,但流体流动前缘的流速为零)。流体滞后是指流体流动前缘与裂缝尖端之间的区域。取决于地层的渗透率和力学性能,可能不存在流体滞后现象,这是由于裂缝尖端和流体流动前缘以相同的速度前进。

15.6 固体弹性响应

介质的固体弹性响应由三个方程控制:平衡条件、本构定律和几何形状,可以分别使用式(15.9)至式(15.11)表示。平衡条件定义如下:

$$\nabla \cdot \sigma+g=0 \tag{15.9}$$

线弹性的本构定律由式(15.10)支配:

$$\sigma(x)=k:\varepsilon(x) \tag{15.10}$$

几何形状是固体位移的函数,表示为:

$$\varepsilon=[\nabla D+(\nabla D)']/2 \tag{15.11}$$

式中 σ——应力张量;

g——重力加速度;

k——弹性刚度;

ε——应变张量;

D——位移。

上标“′”表示共轭矩阵。还需要根据具体的上层、下层和裂缝的表面条件来定义应力边界条件。

15.7 准三维水力压裂模型

尽管使用二维模型有助于理解水力压裂的基础知识,但它们不能用于实际井场作业。因此,在假设裂缝高度保持不变的前提下开发了准三维模型,如 PKN 模型所述。随后又引入了两种不同的模型以便考虑裂缝高度的变化,即平衡模型和准动态高度模型。在平衡高度时,假设的准三维模型在垂直横截面中具有均匀分布的压力。在这些模型中也考虑了裂缝扩展韧性准则(即,当应力强度因子 K_I 克服了断裂韧性 K_{IC}时,裂缝就会扩展)。在给定动态高度时,在假设的准三维模型中流体发生二维流动(平行和垂直于裂缝前进方向;请注意在二维模型中,流体只是沿裂缝前进方向发生一维流动),并且裂缝高度的计算遵循 KGD 模型的求解方法(Dontsov et al. ,2015)。准三维模型比二维模型更实用,因为前者考虑了裂缝高度的变化,将裂缝高度视为沿裂缝前进方向上的位置以及时间的函数。然而,准三维模型仍局限于某些几何形状,并且在垂直于裂缝前进方向的每个横截面中都遵循平面应变条件。准三维模型在不同的水力压裂模式中准确度也各不相同。例如,由于局部弹性假设,这类模型在韧性主导的水力压裂模式中是不准确的。由于在垂直于裂缝前进方向的黏滞损失,这类模型在黏度主导的水力压裂模式中也不准确。图 15.4 给出了准三维水力压裂模型的示意图。

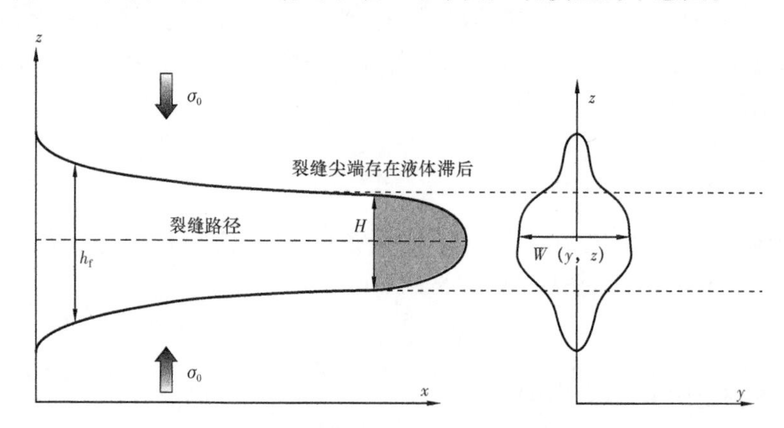

图 15.4 准三维压裂模型示意图

以水力压裂过程中的能量耗散为依据,定义了不同的水力压裂模式,这种能量耗散是由于断裂韧性或裂缝中的流体黏性流动而造成的。用一个被称为 K_m的独立于时间的参数来区分这两种能量耗散模式。高 K_m值代表韧性主导模式($K_m > 4$),低 K_m值代表黏度主导模式($K_m < 1$)。K_m值在 1~4 之间时称为中间状态。式(15.12)给出了 K_m的定义。

$$K_m = \frac{4K_{IC}\sqrt{2/\pi}}{E/(1-\nu^2)}\left[\frac{E/(1-\nu^2)}{12\mu Q_0}\right]^{1/4} \tag{15.12}$$

式中 K_{IC}——断裂韧性(属于岩石性质);

E——杨氏模量;

ν——泊松比;

Q_0——注入排量;

μ——流体的动力黏度。

水力压裂模式被定量划分为滤失主导型和存储主导型,划分的依据是参数 C_m。假定流体滤失量不是零,C_m值将在零和无穷大之间变化。较高的 C_m值表示滤失量较高,因此压裂效率较低。C_m是时间的函数,由式(15.13)定义。

$$C_m = 2C\left[\frac{E/(1-\nu^2)t}{12\mu Q_0^3}\right]^{1/6} \tag{15.13}$$

图 15.5 中给出了不同水力压裂模式的示意图(Bunger et al.,2005)。

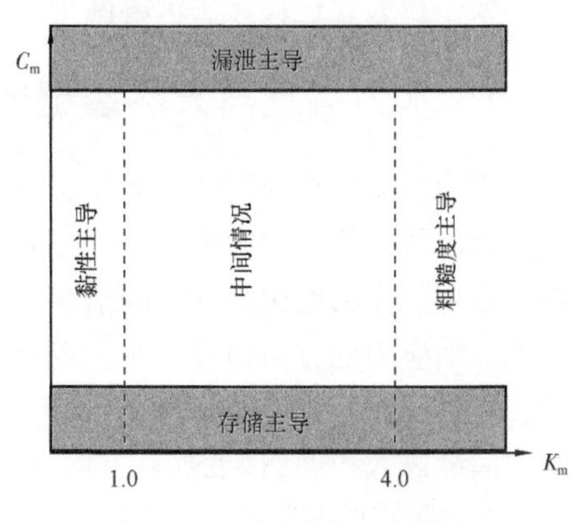

图 15.5 不同的水力压裂模式

15.8 三维水力压裂模型

考虑到裂缝几何形状对流体压力和围压的非局部依赖性,将准三维模型扩展至全三维模型是十分困难的,这还不算全三维模型所涉及的高昂计算成本。精确的模型应能将裂缝中的多相流动、流体滤失以及岩石的变形完美地结合起来。这可以通过联立求解控制该多物理量过程的偏微分方程组来实现。全耦合问题的求解是一个极其困难的工作,因此引入了简化模型,在该模型中使用了单向耦合或弱耦合。在单向耦合中,在每个时间步长求解控制裂缝中流体流动的偏微分方程组,进而获得压力分布。然后,将压力分布作为控制岩石变形和裂缝扩展的微分方程组的初始条件。在该项技术中,假设每个时间步长的裂缝压力分布与岩石变形无关;因此,压力分布不会因裂缝几何形状发生变化而更新。在全耦合和单向耦合之间还有一种介于中间状态的技术,叫做弱耦合。在弱耦合中,与单向耦合类似,在每个时间步长求解裂缝压力分布,而且压力分布与该时间步长的裂缝几何形状变化无关。然而,在一定的时间间隔后,将会基于裂缝几何形状对裂缝内压力分布进行更新。

由于位于裂缝尖端之后的流体流动前缘的动态边界条件,裂缝尖端行为和裂缝尖端处的流体滞后动力学给水力压裂模拟带来了更多困难。在文献中,已经有不同研究团队付出了许多努力来考虑这些影响因素(Garagash,2006,2007;Adachi et al.,2008;Shen,2014;Dontsov et al.,2015)。这些研究通常采用的方法是不连续位移(DD)法,该方法是边界元法的改进版本,可用于模拟具有任意裂缝几何形状的模型。在该方法中,沿着裂缝传播路径的位移将被离散成一系列有限元,并且假定在每个有限元中位移保持不变。基于格林函数进行解析求解,然后将每个有限元中的位移加和,即可得到总位移;格林函数描述了每个有限元中位移和应力张量的关系。该方法的优点是基于裂缝表面构建耦合过程的关键方程组,而不是基于整个模型。这就可以大大降低数值模拟的计算成本。该方法的缺点是当模型具有复杂结构时,需要求得其非局部核函数(Siebrits et al.,2002)。

最近,不同的有限元法已经被用于模拟水力压裂。与 DD 法相比,这些方法具有更大的灵活性,因为它们不需要明确地计算核函数。在这些方法中定义了两个耦合非线性有限元方程。一个描述弹性介质的弹性响应,另一个描述裂缝内的流体和固体传输。第一个系统用于求得缝内净压力与裂缝宽度之间的关系,第二个系统用于模拟裂缝内流体和固体的传输。通过利用牛顿—拉夫森迭代算法求解两个系统的耦合方程,即可完成本项研究工作。

15.9　水力裂缝与天然裂缝的相互作用

天然裂缝发育地层的水力压裂,与均质、各向同性地层的压裂是完全不同的,而后者恰是大多数数值模拟器的假定条件。二者之所以大相径庭,是由于水力裂缝和天然裂缝之间具有相互作用。在天然裂缝存在的情况下,取决于天然裂缝的密度与主导方向(相对于局部最小、最大原地应力的方向而言),水力裂缝可能会穿过天然裂缝、与天然裂缝合并、在短距离内破裂,或完全遵循天然裂缝方向。关于水力裂缝和天然裂缝相互作用的不同实验研究表明,如果水力裂缝以大角度(接近垂直方向)接近天然裂缝,并且破裂压力和天然裂缝应力之间存在显著差异,则水力裂缝倾向于穿过天然裂缝。如果水力裂缝以小角度接近天然裂缝,且应力条件相近,则天然裂缝会进一步张开,水力裂缝与天然裂缝合并(Lamont et al.,1963;Daneshy,1974;Blanton,1982)。在石油和天然气工业中,微地震数据和岩心描述及成像等手段已被用来绘制水力裂缝分布图,也用来研究天然裂缝和水力裂缝的相互作用。针对页岩气储层进行的这类研究表明,生成复杂裂缝的情形并不少见,而不是像预期的那样生成典型的对称性双翼裂缝。然而,微地震研究十分昂贵,并非每次压裂作业都可采用。另外,能否将实验室尺度的研究结论推而广之,应用到现场实际作业,也是一个备受关注的问题。因此,人们采用了不同的数值和解析方法来研究这些现象。Potluri 等(2005)使用 Warpinski 和 Teufel 准则(1987)研究了天然裂缝对水力裂缝扩展的影响,并得出结论,如果作用于天然裂缝的法向应力高于岩石断裂韧性,水力裂缝将穿过天然裂缝。他们还基于水力裂缝和天然裂缝之间的夹角、断裂韧性、水力裂缝和天然裂缝的压力等,为水力压裂建立了不同的准则,用于判定何时水力裂缝和天然裂缝合并并从天然裂缝尖端延伸,以及何时二者合并并在短距离后破裂。最近还有学者利用以扩展有限元法(XFEM)为基础的数值模拟技术,研究了存在天然裂缝的情况下影响水力压裂行为的主要参数。Dahi 和 Olson(2011)使用扩展有限元法研究了水力裂缝与胶结的和非胶结的天然裂缝之间的相互作用。他们的结论表明应力场的各向异性会显著增强水力裂缝和天然裂缝之间的相互作用,并建议进行更加深入的研究来量化这些影响。

15.10　多级水力压裂中不同压裂级的合并与应力阴影效应

利用水平井和多级水力压裂技术开发非常规资源(如富含有机质的页岩储层)的活动,为学术界和工业界开创了一个全新的研究领域,该研究的目的是对这些活动进行优化。设计和优化多级水力压裂作业的主要关注点之一是不同压裂级的合并。现有的商业水力压裂数值模拟软件中尚未考虑这一问题,这是由于在软件开发过程中所作的假定过于简单。因此,需要对多级水力压裂作业中出现的诱导应力的大小和应力场的重新取向进行深入的研究。

最近,在单个带压裂缝或多个裂缝中的应力变化幅度和应力重新取向方面,已有不同学者发表了数值和解析研究报告。Cheng(2012)研究了由于三条带压裂缝周围应力场的变化而引起的裂缝几何形状的变化。在其模型中,她假设裂缝长度不变,并使用 DD 法,将裂缝宽度的变化作为带压裂缝周围应力场变化的函数,量化表示裂缝宽度。Soliman 等(2004)使用解析技术计算多级水力压裂裂缝周围的应力变化大小。一般而言，正在扩展的裂缝周围的应力变化幅度是裂缝尺寸以及目标储层和上下层地层特性的函数，包括裂缝的长度、宽度、高度、地层泊松比、目标地层与上下层地层杨氏模量的相对大小、原地应力的大小和方向。

Fisher 等(2004)引入了多级水力压裂过程中出现的应力阴影效应，在这种情况下局部的最大水平应力和最小水平应力因水力裂缝的扩展而改变。取决于局部应力状态变化的幅度，这些变化将严重影响随后的水力裂缝走向，并将导致不同水力压裂级的合并或偏离预期走向。如果在压裂过程中施加于裂缝表面的压力介于局部最小水平应力和最大水平应力之间，则局部应力和后续裂缝走向都不会发生重大变化。然而，如果施加的压力超过最大水平应力，则会发生称为主应力换向的现象，导致随后的水力裂缝走向发生显著变化。Taghichian(2013)研究了有围压和没有围压情况下单个和多个带压裂缝周围的应力阴影效应。其研究结论表明破裂压力、地层泊松比和应力阴影区大小之间存在着非线性的和直接的关系。增加裂缝压力会导致应力阴影区增大，但梯度减小。Waters 等(2009)表明，单一水力裂缝周围的阴影效应会导致垂直于裂缝扩展平面的局部应力增加，进而会导致局部最大应力的重新定向，如果后续裂缝恰好落在应力阴影区的话，还会导致后续裂缝走向的意外变化。因此，需要优化水力压裂级之间的间距以提高水力压裂的增产效率。学者们不仅研究了单井水力压裂中各个压裂级之间的应力阴影效应，还研究了多口水平井压裂中各井之间的应力阴影效应。最近，新发表的文献集中在多水平井增产措施方面，其中研究了平行水平井的同步水力压裂。Mutalik 和 Gibson (2008)表明，这种技术可以将增产效率提升 21%~100%。Rafiee 等(2012)将类似的概念应用于交替式压裂，通过使用交错模式来提高增产效率。这方面的其他研究工作曾尝试使用外部水力裂缝对应力场进行预先调整，以便防止中间压裂级的偏离，如 Roussel 和 Sharma(2011)发表的文献。

第16章　水力压裂现场作业

16.1　概述

总的来说,压裂是一项规模庞大的作业过程,因为它需要大量人力和设备来完成。尤其是滑溜水压裂需要更高的排量。因此,每个钻井平台都需要很多台高压泵车。为了提高产能,水力压裂的设计和计算机模拟是十分重要的;然而,根据设计,正确实施泵注程序更为重要。因此,勘探生产公司通常会为每个油田制订出最佳的作业惯例,以最大程度地减少非生产时间,减少不必要的资本支出,消除安全事故和合规性方面的问题,提高作业效率,以实现项目经济效益的最大化。从后勤保障方面来说,压裂作业需要严格的纪律和大量的协调工作。在整个完井过程中存在很多可以改进之处。无论是哪个页岩产区,回顾前10口井的钻完井过程都可很容易地发现,随着时间的推移,作业效率逐步提高,作业成本逐步降低。在任一产区,对于同样的完井设计,最初几口井的成本通常是当前成本的2~4倍。这正是学习曲线的特征:对地层的认识逐步深入,避免压裂作业中出现问题的办法也就越来越多。新探区第一口井高昂的钻完井成本,通常不会吓跑真正的勘探生产公司,因为他们有足够的经验、技术专长和知识,他们明白随着时间的推移,作业效率将逐步提高,作业成本将逐步降低。

16.2　压裂用水

16.2.1　水源

压裂用水有几种来源,最常见的水源有:

(1)河流、湖泊等的淡水;

(2)市政供水;

(3)重复利用返排和采出水(100%再利用),经过水处理设施处理过的水,淡水、返排和采出水的混合使用。

16.2.2　水的储存

如前所述,水是水力压裂最重要的要素之一。通常需要储备一些水来弥补供应不足或用于随后的压裂作业。压裂作业中有多种储水方式,最常用的方式如下。

(1)可以在钻井平台旁边建集中式蓄水池(地面挖掘水池)存水,水池的容量可大可小。随着环保法规和制度越来越严格,美国有些州已经不允许建造集中式蓄水池。此外,水池的建造、监测和土地复原的成本可能很高。自2012年起,由于对蓄水池漏失的担忧,有越来越多的法规规范蓄水池的使用。蓄水池的尺寸大小各异,通常可以容纳5×10^6gal(约120000bbl)以上的水。储存淡水的蓄水池通常有单层衬里,而储存被污染水的蓄水池通常有双层衬里,后者还配有漏失检测装置。

(2)地上储罐(AST)自2011年以来变得越来越普遍,因为这种储水方式易于建造和监测。

不像挖掘水池那样用完之后还必须进行土地复原;地上储罐可以在2~3d内建成,且具有与挖掘水池同样的功能。地上储罐最大缺点之一是与挖掘水池相比成本较高;但是在某些州,许多勘探生产公司都被迫放弃使用挖掘水池。在一些没有更严格的环境法规的州仍然使用挖掘水池,因其成本低得多。各州与使用挖掘水池储水相关的法规大不相同。地上储罐可以在几天内拆除,拆除所需具体时间取决于罐的大小。由于法规变得越来越严格,许多作业者都放弃使用挖掘水池,因而在最近几年地上储罐变得越来越普遍。从环保的角度看,使用地上储罐的主要原因是泄漏检测比挖掘水池容易得多。地上储罐的典型尺寸为1×10^4bbl,2×10^4bbl,4×10^4bbl,6×10^4bbl。在宾夕法尼亚州,使用地上储罐储存被污染水需要办理OG71许可证。使用地上储罐临时储存淡水需要一层衬里,而储存被污染水则需要双层衬里即第二道防泄漏措施。

(3)水罐组实质上是利用管汇相互连接起来的多个压裂用罐,可以由5~60个或更多个压裂用罐组成(取决于地理位置)。每个压裂罐的容量通常为500bbl,为保证连续施工,现场必须有足够多的压裂罐。例如,如果每级压裂需要8000bbl水,那么仅仅一级水力压裂就需要16个压裂罐(假设单个罐容量为500bbl)。使用常规桥塞和射孔进行滑溜水压裂时,通常一天能完成3~8级压裂(具体取决于每级设计加砂量)。因此,可以根据进入压裂罐的排量(bbl/min)确定本次作业所需压裂罐的数量。通过埋地式或地上的临时或永久供水管线,可以连续从附近的挖掘水池或地上储罐引水至井场,所以压裂井场只需5~6个压裂罐。在少数情况下,不具备永久性或临时性供水基础设施,必须用罐车将水运到井场,这可能会十分昂贵;用罐车将水运到井场还会对环境或井场产生干扰。图16.1至图16.3分别显示了挖掘水池、地上储罐和水罐组的实例。

图16.1 挖掘水池

图16.2 地上水罐

图16.3 水罐组

16.2.3 送水至井场

通过两种方式将水送至井场。

(1)管线。在开发中后期的产区有大量的压裂活动,通常已具备埋地或地上输水管线用于供水。一些常用的输水管线的直径是8~16in,材质是PE4710(一种高密度聚乙烯)。该类管线具有不同级别的耐压规格,包括DR7(315psi),DR9(250psi)和DR11(200psi)。

(2)罐车。在开发初期或不具备供水基础设施的产区,用罐车将水送到井场。例如,如果一口待压裂的井处在不具备供水设施的新探区,预计每天要完成8级压裂,每级使用9000bbl水,那么每天将需要720罐车的水(假设罐车容量为100bbl)。这会非常昂贵,并会对当地产生一些负面影响。

设计输水管线和泵送系统时要用到伯努利原理。式(16.1)给出了不可压缩流体流动的伯努利原理。压头损失 h_L 是系统中管内摩擦(与材质有关)、管线弯曲、管径变化等引起的能量损失。由于在通常情况下管线较长,管内摩擦是主要的能量损失。

$$\frac{v_1^2}{2g} + Z_1 + \frac{p_1}{\rho g} - h_L = \frac{v_2^2}{2g} + Z_2 + \frac{p_2}{\rho g} \tag{16.1}$$

式中 v——某点的流速;

Z——某点相对于基准面的高度;

p——某点的压力;

ρ——流体的密度。

本节中讨论的方法常常用于储存再生水或淡水。在冬季,非常重要的是在现场储备足够的盐水以防止压裂设备冻结。另外,某些设备必须配备足够的加热装置来避免冻结,当然这会减慢施工进度。

16.3 水化装置

水化装置(在现场也叫"hydro"),是一个用于为线性聚合物提供足够水化时间的大罐。如果在某些压裂级中使用聚合物来克服裂缝弯曲走向造成的摩阻,并充分利用聚合物的其他益处,就需要使用水化装置为聚合物提供足够的时间使之水化。如果没有水化装置,则无法泵送聚合物。冬季天气寒冷,聚合物需要更长的时间发生水化,水化装置的重要性也就变得更加突出。如果压裂设计不使用聚合物,则不需要配备水化装置。一些作业者不相信聚合物在滑溜水压裂中的作用,也就不在现场配备水化装置。水化装置安放在用于储水的压裂罐后面;通常有5~7个压裂罐,它们通过管汇连接,位于水化装置的前面。水化装置有一个吸入口,从压裂罐中吸入水,还有一个排放口,将水排入下一件设备(混砂车,后面讨论)。有些水化装置上配有一个排放泵,有些则没有。由于水化装置后面的混砂车有从水化装置中吸水的吸入泵,所以水化装置上不一定要配备排出泵。水化装置的吸入口上有加料孔,以备需要加入聚合物时使用。此外,将化学添加剂存储在被称为"便利槽"的特殊容器中。在便利槽上装有小型泵(例如定子泵或容积泵),可通过加料孔将液体添加剂泵入水化装置中。因此,开始加入聚合物后,线性聚合物和缓冲液会被液体添加剂泵经加料孔泵入水化装置。一个水化装置的容量通常在170~220bbl之间,具体取决于其类型和尺寸。从聚合物加入到离开水化装置,需要

170~220bbl 的液体(以提供足够的时间使聚合物水化)。因此,从加入聚合物至聚合物到达孔眼需要一些时间。

例 1:

假定以下参数,计算聚合物到达孔眼需要泵入的体积:

井底孔眼斜深(MD)15500ft,套管容量为 0.0222bbl/ft,水化装置容量 180bbl,地面管线容量 50bbl。

$$\text{套管容量} = 0.0222 \times 15500 = 344\text{bbl}$$

$$344 + 50 + 180 = 574\text{bbl}$$

因此,聚合物从开始加入至到达孔眼,需要泵入 574bbl 流体。

这个例子说明在恰当的时间开始加入聚合物的重要性,因为聚合物不会立即到达孔眼、进入地层。如果在滑溜水压裂过程中井口泵压快速上升,此时才开始加入聚合物来增加缝宽以降低泵压,这是无济于事的,因为聚合物到达孔眼需要一些时间。在这种情况下通常应该停止加砂,一段时间后再重新开始加砂,以防发生代价高昂的脱砂现象。此例显示了尽早开始加入聚合物、使其发挥应有作用的重要性。

16.4 混砂车

混砂车是压裂作业的心脏,利用混砂车将其液槽中的水、支撑剂和一些化学添加剂混合成均匀的浆液,然后泵入井下。在井场压裂设备排列中,混砂车通常位于水化装置的后面。每个混砂车上都有一个液槽,液槽的底部配有一个搅拌器。搅拌器由装在一根轴上的两组叶片组成,其主要功能是保持支撑剂悬浮在液体中,且不能夹带气泡。如果搅拌器转速太慢,支撑剂很可能会聚集并沉在槽底,突然间作为高支撑剂浓度段塞被泵入井眼。如果搅拌器转速太快,则会将空气夹带入压裂液,导致增压泵吸入空气,进而导致增压效果变差。

混砂车的心脏是离心泵。使用离心泵的主要原因是因为它非常耐受具有磨蚀性的压裂液,这当然会延长泵的使用寿命。如前所述,压裂一口井需要泵送数百万磅的支撑剂,在混砂车上使用高质量的泵(例如离心泵)就显得非常重要。离心泵由一个或多个装有叶片的叶轮组成。叶轮位于旋转轴上,流体从叶轮的中心进入泵。图 16.4显示了离心泵的内部结构示意图。

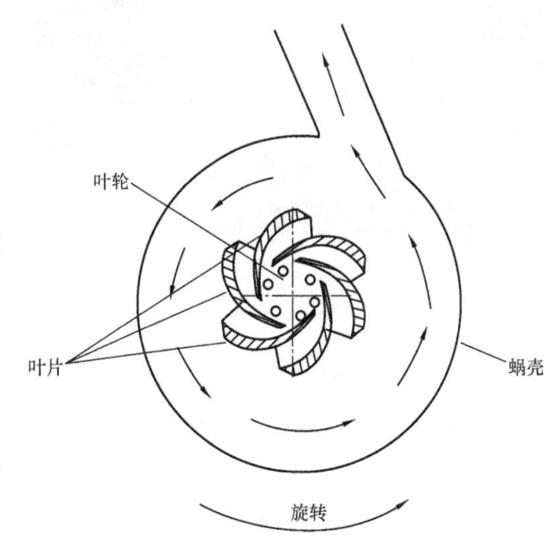

图 16.4　离心泵的内部结构示意图

混砂车上有两个离心泵。第一个称为吸入泵,它从水化装置中吸水并将其输送至液槽。第二个泵称为排液泵(也称为“增压泵”),它将混匀后的浆液从液槽输送到高压泵。换句话说,混砂车有两个口。

(1)吸入端(清液端)。混砂车的这一端有一台吸入泵,是一台离心泵,它从水化装置中吸入压裂用水并将其输送到液槽。这一端也称为“清液端”,因为尚未混入支撑剂,只有压裂用水和化学剂进入混砂车。

(2)排出端(含砂端)。水、化学剂和支撑剂的混合物从这一端排出,故称其为“含砂端”。

增压泵(或称排液泵)实际上是为位于混砂车后的所有高压泵提供排量(增压)的手段。

16.5 砂罐

由于每一钻井平台都需要数百万磅的支撑剂(取决于压裂级数),井场必须配备砂罐来储存支撑剂。一些砂罐有不同的隔仓用于存放不同类型、不同目数的支撑剂(注意:但有的砂罐没有隔仓)。通常利用特制容器或罐车将支撑剂运抵井场。取决于所在州的法规和指南,平均每辆罐车可装载 40000 ~ 50000lb 支撑剂,这是由于载重量限制。举例说,如果一个钻井平台的压裂设计共有 100 级压裂,每级使用 400000lb 支撑剂,则整个施工过程中必须有 800 辆罐车(假设每辆可装载 50000lb)将支撑剂运抵平台,并将其吹到砂罐中。将支撑剂送入砂罐的过程叫作吹砂。现在已经有几项不再需要吹砂的新技术,而是利用重力作用将支撑剂送入砂罐。在大型水力压裂作业中,从早到晚有罐车进出井场,提供作业所需的支撑剂。砂罐也称为 sand mover、sand king 或 sand castle。还有其他支撑剂系统,例如“sand storm 系统”“sand box 系统”“arrows up 系统”和“klun 系统”,但无论其名称和形状如何,所有这些系统的目的都是相同的,都用于在现场存储支撑剂。图 16.5 所示的“sand storm 系统”包含多个筒仓,每个筒仓通常可以容纳超过 40×10^4lb 的支撑剂,通常还配有电子称重计。这个系统的最大缺点是笨重,不适合用于小井场。压裂作业中使用的另一类支撑剂系统称为“sand box 系统”。在该系统中,有四罐支撑剂放在“T”形皮带上,如图 16.6所示。“sand box 系统”的优点在于高效且易于存放;其主要缺点是隔仓不断轮换,必须跟踪记录(每个隔仓的容量通常为 4×10^4lb)。

图 16.5 sand storm 系统

另一类支撑剂系统称为“arrows up 系统”,有三个隔仓位于料斗(随后讨论)上,如图 16.7 所示。该系统的优点与“sand box 系统”一样,在现场存储很容易,效率很高,且隔仓配有电子秤重计。也像“sand box 系统”一样,这个系统的主要缺点是隔仓不断变换。最后,另一种支撑剂系统称为“klun 系统”,它实际上是高高的筒仓,如图 16.8 所示。每个筒仓可容纳约 30×10^4lb甚至更多的支撑剂,且配有电子称重计。

图 16.6　sand box 系统

图 16.7　arrows up 系统

图 16.8　klun 系统

16.6　“T”形带

支撑剂从隔仓中掉落到“T”形传送带上，经传送带输送并掉落到混砂车的料斗中。之后，混砂车的螺旋推进器将支撑剂推入混砂车的液槽中。螺旋推进器是混砂车的另一个重要部件，其作用是将支撑剂推入混砂车的液槽中。因此，推进器的功用至关重要。图16.9展示了支撑剂掉落在“T”形传送带上、并由“T”形带输送到混砂车料斗的画面。图16.10展示了将支撑剂倒入混砂车料斗、螺旋推进器将支撑剂从料斗中带出，以及将支撑剂倾倒进混砂车的液槽中的画面。正是在液槽中支撑剂、水和化学添加剂被混合均匀。图16.11展示了一个充满支撑剂的混砂车料斗以及螺旋推进器。

图16.9　砂罐与“T”形传送带

图16.10　混砂车料斗以及螺旋推进器

图 16.11 螺旋推进器以及充满支撑剂的料斗

16.6.1 混砂车螺旋推进器

如前所述,在水力压裂作业中,每当支撑剂到达射孔孔眼时,就会逐渐增加支撑剂的浓度(更具进取性的泵注程序不等支撑剂到达孔眼就开始提高支撑剂浓度,支撑剂浓度提升的速度更快),具体作法取决于设计的泵注程序和本级压裂整个过程中的压力响应。通常混砂车上有 2~3 个推进器,具体数目取决于混砂车制造商和混砂车类型。在滑溜水压裂过程中,通常使用两个推进器,第三个作为备用。第三个推进器通常在高支撑剂浓度时使用,例如在使用交联聚合物溶液作为压裂液时。混砂车的每个推进器都有一个最大转速,该转速可以从混砂车制造商那里获得。需要多级转速的原因是为了在作业过程中能在较高排量下泵送较高的砂浓度。最常用的推进器直径为 12in 和 14in。通常,12in 推进器最大输送量约为 100 袋/min(每袋 100lb),14in 推进器在最大转速 350~360r/min 为 130 袋/min(取决于混砂车制造商和混砂车类型)。请注意最大转速 350~360r/min 只是就一个推进器而言,滑溜水压裂通常使用两个推进器,可以获得高达 700r/min 的转速,以满足客户的需求和设计的泵注程序。对于不同类型的支撑剂来说,推进器每转所能输送的量(lb/r)是不相同的。砂浓度越高,推进器磨损越严重,每转所能输送的量就越低。例如,全新的推进器输送渥太华砂的能力约为 36lb/r,但随着砂浓度增加,输送能力则会降低。另一方面,如果使用的砂浓度并不高(例如 0.25lb/gal),输送量也仅为 29lb/r(正常输送量可能是 36lb/r),这很可能是由于推进器已经被磨损而造成的。

转速计算:

$$\text{rpm} = \frac{Q \times \text{SC} \times 42}{\text{PPR}} \tag{16.2}$$

式中 rpm——转速,r/min;

Q——浆液排量,bbl/min;

SC——砂浓度,lb/gal;

PPR——每转输送的量,lb/r。

在现场经常用式(16.2)计算为了达到设计的砂浓度所需要的推进器转速。例如,泵入设计量的前置液、加砂准备工作就绪后,就用无线对讲机通知负责操作混砂车推进器的员工将推进器调至某一转速,以实现作业公司设计泵注程序中所要求的支撑剂浓度。这种方式被称为“手动”操控混砂车。另外,为简便易行,大多数服务公司都是“自动”操控混砂车推进器。自动操控混砂车就是输入所需的支撑剂浓度,混砂车就自动计算所需的转速。这种方法更好,因为在施工过程中无论什么原因浆液排量发生变化时,系统就会自动计算新的作业条件下所需的转速并调整推进器。例如,如果泵送排量因任何原因(如机械问题)下降了,系统就会自动计算出新转速。如果使用的是手动系统,就需要人工计算新转速,并手动调整混砂车推进器,这可能会花费一些时间。强烈建议所有服务公司都掌握混砂车的自动和手动操控。这样,在混砂车自动运行过程中,如果出现了任何问题,可以用手动操控临时替补,压裂施工可以连续进行,而不必停泵解决问题。

例 2:

在浆液排量为100bbl/min、推进器的支撑剂输送能力为36lb/r时,如果要达到0.25lb/gal的支撑剂浓度,计算所需的推进器转速。

$$\text{rpm}=\frac{Q\times \text{SC}\times 42}{\text{PPR}}=\frac{100\times 0.25\times 42}{36}=29\text{r/min}$$

达到0.25lb/gal的砂浓度所需的转速为29r/min。在本级压裂中,油公司代表通常要等待支撑剂到达射孔孔眼,以便观察地层的响应。如果井口施工压力曲线显示一切正常,就会通过增加转速来提高支撑剂浓度。假设下一个设计浓度为0.5lb/gal,且排量必须降至94bbl/min。计算达到此浓度所需的新转速。

$$\text{rpm}=\frac{Q\times \text{SC}\times 42}{\text{PPR}}=\frac{94\times 0.5\times 42}{36}=55\text{r/min}$$

如本例所示,随着支撑剂浓度的增加,转速也必须增加。请注意,如果在整个压裂级中未将系统设置为自动,排量增加或降低后,也需要调整转速。排量与转速成正比,随着排量的提高或降低,转速也应提高或降低。当且仅当使用手动系统时,会安排一个操作员负责计算随排量、支撑剂浓度、输送能力变化时的新转速。如果使用自动系统,唯一需要输入的参数是支撑剂浓度,其他所有参数将自动计算得出。

通常在整个作业期间都要调整推进器的输送能力,以保证所需的支撑剂的浓度和泵入量。整个作业期间,都会安排一位员工用皮尺测量砂罐中支撑剂的量(砂罐或隔仓中剩余的支撑剂量)。如前所述,最近出厂的砂罐系统实际上可以利用磅秤或电子计重器来计量从每个砂罐或隔仓中泵出的支撑剂量。计量支撑剂的方法有两类。第一种是位于压裂车内的监测器上显示的混砂车推进器输送的量。第二种是砂罐处的员工(或新砂罐系统中的磅秤)测出的留在罐里的支撑剂量。举例来说,负责计量的员工用卷尺测量留在隔仓中支撑剂的量之后,通报已经泵出了30000lb支撑剂。另外,压裂车中的监视器上显示泵入的支撑剂总量为40000lb(根据推进器的运转状况计算)。这表示实际泵入的支撑剂比需要泵入的少。这种情况称为“砂轻”。在这种情况下,需要降低输送能力,提高转速以达到所需的支撑剂量。

相反,如果监视器上显示的是20000lb,则这种情况称为“砂重”。因为实际上已经泵入了更多的支撑剂(30000lb)。在这种情况下,增加输送能力,降低转速,以降低实际泵送的支撑剂浓度。当且仅当支撑剂浓度较低、两种计量的差别在5000~15000lb的情况下,才比较容易弥补二者之差。如果差别太大,例如差30000lb,强烈建议不要尝试弥补。如果少泵入30000lb支撑剂,而在本级压裂中还需泵入50000lb,这意味着需要泵入更多的支撑剂来弥补本级压裂中支撑剂浓度计量不准确所造成的问题。这么做的危害性很大,这是因为为了弥补这一问题,泵注的支撑剂浓度就会很高,这可能会造成脱砂。因此,重要的是要提醒现场指挥,如果“砂轻”或“砂重”的情况很严重,不要试图去弥补,按此时的工况继续施工至本级压裂结束即可。混砂车最重要的问题是转速(rpm)和输送能力(PPR)之间的差异。从式(16.2)可以看出,这两个参数呈反比。当输送能力降低时,转速增加,泵送的支撑剂更多。当发生“砂轻”时,通常会少量降低输送能力。当输送能力增加时,降低转速,支撑剂的泵入就会慢一点。当发生“砂重”时,通常会少量提高输送能力。图16.12是推进器和混砂车液槽的另一个例子,支撑剂、水和一些化学添加剂在液槽里得以混合。

图16.12 混砂车的液槽和推进器

16.6.2 化学剂注入口

混砂车上有多个化学剂注入口。如降阻剂(FR),杀菌剂,阻垢剂等化学药品可以直接从液体添加剂泵中抽到混砂车的吸入侧或混砂罐中。其他化学药品(例如交联剂)必须由液体添加剂泵泵送至位于混砂车的排放侧注入口。这是因为混砂罐中的搅拌器无法在罐中混合这种高黏度流体。另外,表面活性剂必须在排放侧注入,因为特殊类型的表面活性剂会起泡并阻碍混砂罐的视线。因此,根据化学品和压裂液设备的不同,某些化学品从吸入侧泵入,另外一些则从排放侧泵入。图 16.13 显示了压裂现场作业使用的化学品储存罐。从图 16.13 可以看出,压裂化学品储存罐被防护罩包围着,防止其溢出时落在地上。防护罩上任何类型的泄漏均易于清理,对环境没有损害,尽管如此,大多数公司采取了许多预防措施来避免任何类型的泄漏,无论泄漏在安全壳上的量是多少。许多公司甚至采取进一步的预防措施防止任何形式的泄漏,以确保所有员工为实现零环境事故和遵守所有环境法规和法律而做出 100% 的努力。在整个压裂作业中不断对防护罩进行检查,以确保安全壳上没有孔。防护罩中的任何孔都应上报并立即修复。

图 16.13 化学剂储存罐

16.6.3 密度计

密度计用于测量入井压裂液的密度,任何一台混砂车的排出侧都会有一个密度计,用来测量从混砂罐里出来液体的支撑剂浓度。这是测量入井支撑剂浓度最准确的方式。一些服务公司尝试向客户(运营公司)隐藏这一数据,而是显示一个校正后的支撑剂浓度值,因为该值在压裂过程由于砂斗中支撑剂水平下降或上升一直波动。因此,为了使服务看起来更好,服务公司通常会隐藏这个数据,而是在压裂车的屏幕上显示校正后的值。还有一个密度计位于主干线的末端。该密度计通常是用于确保所有支撑剂都从地面管线被清除了。一旦所有的支撑剂从地面管线清除,顶替阶段开始。在顶替阶段,必须将所有支撑剂注入地层中,以确保在常规的桥塞电缆射孔作业过程中下一段的电缆能进入井下坐封桥塞与射孔中。

16.7 管汇橇

管汇橇位于混砂车后面。水、支撑剂和化学添加剂在混砂车的增压泵加速后泵入管汇橇。管汇橇是连接多个软管和压裂钢管的大型管汇,它能减少压裂作业时使用的压裂管线和软管的数量。管汇橇有两侧,低压侧是将压裂液从管汇橇转移到压裂泵。高压侧是携砂液从压裂泵中出来并进入管汇橇的地方。管汇橇的低压侧具通常能够承受 60~120psi 的压力。排出软管用来将水从混砂车送到管汇橇,再从管汇橇送到压裂泵。管汇橇的高压大约是施工井口压力表显示的压力。这边被称为高压侧的主要原因是为了表示差异(图 16.14)。

以下是携砂液从增压泵(位于混砂车上)到井口的简化步骤。

(1)位于混砂车上的增压泵提供将携砂液转移至管汇橇和所有压裂泵所需的排量。

(2)携砂液(包含水 + 支撑剂 + 化学添加剂)通过排出软管进入管汇橇,然后进入压裂泵。

(3)高压泵车通过压裂钢管将携砂液射流回管汇橇的高压侧。

(4)管汇橇是一个带有多条压裂管线(取决于高压管汇的大小)的大型管汇,并根据施工所需的排量将管线分成 2~6 行。

图 16.14　高压管汇上的高压钢管和低压软管

16.8　压裂管汇(隔离管汇)

在拉链压裂施工中有时用压裂管汇把两口井隔离。当在一口井执行压裂作业时,使用两个旋塞阀则另一口井上就可以安全地射孔。压裂管汇用两个旋塞阀隔离压裂井和电缆作业井。第一个旋塞阀位于压裂管汇上液压阀。第二个旋塞阀是手动操作的手动阀。业内最常用的压裂管汇是两通或三通。每个分支都有液压阀和手动阀,如图 16.15 所示。两通用于拉链压裂两个井,而三通用于一次拉链压裂三口井。在压裂作业中压裂管汇不是必需的,因为没有它拉链压裂也可以完成。但是,压裂管汇的使用避免了每段压裂之间管线的拆卸和安装。这样,在油气工业中使用压裂管汇节省了时间,时间就是金钱。因此,决定是否使用压裂管汇是基于成本分析的经济决策。图 16.16 展示了压裂现场压裂设备的概况。

图 16.15　三通压裂管汇

图 16.16　压裂现场概况

16.9　仪表车(控制室)

仪表车是公司代表("公司负责人")与压裂监督一起通过各种图表监督整个作业流程的地方。在水力压裂作业期间,监督各种施工图表数据并根据这些图表做出关键决策。在压裂作业期间最重要的图表如下。

(1)地面施工压力图。该图通常展示地面施工压力、井底压力、排量、混砂车浓度(混砂车中的砂浓度)和井底支撑剂浓度(计算出的地层砂浓度)。地面施工压力直接从主线上的传感器读取。井底压力是使用井底地面压力方程计算得到的。一些公司从混砂车上的密度计测得实际混砂车砂浓度。地面施工压力图上显示的排量是从混砂车上的流量计获得的。图 16.17 显示了一段含有地面施工压力、井底压力、排量、砂浓度的典型压裂曲线。

(2)井底净压力图(NBHP)。NBHP 或 Nolty 图是仪表车上显示的另一个主要图件。在常规储层压裂中,根据压力趋势,用 Nolty 曲线做出关键决策。尽管此图主要是针对常规储层,但在非常规储层中仍然被广泛使用,例如在美国各地的各页岩区块。

(3)化学添加剂图。该图显示了每种具体的化学添加剂以及整个作业过程中该化学添加剂的用量。在施工过程中监视所有泵入井下的化学添加剂是非常重要的,这能确保使用了正确的化学添加剂类型及其浓度。此外,在施工过程中只要负责化学添加剂的工作人员一旦发现了任何问题,很容易在化学添加剂图上看出来,就必须立即采取行动纠正问题。例如,降阻剂是滑溜水压裂过程中必须全程注入用来降低沿程摩阻,它是最重要的化学添加剂之一。如果某个时刻由于设备故障或任何其他原因未将其泵入井下,立即停止加砂并顶替井筒是非常重要的,因为没有降阻剂,泵注是不可能进行的。同时还必须在搅拌罐旁边放几桶降阻剂作为备用,以便在没有降阻剂的情况下直接开始顶替。如果因为没有降阻剂在搅拌罐旁边,在顶替过程中未泵送降阻剂,则必须立即将排量降低到地面压力允许的最大排量之下。大幅降低排量最终将导致地层停止进砂并可能导致代价高昂的砂堵。图 16. 18 和图 16. 19 分别展示了滑溜水压裂过程中的井底净压力响应和化学添加剂运行情况。

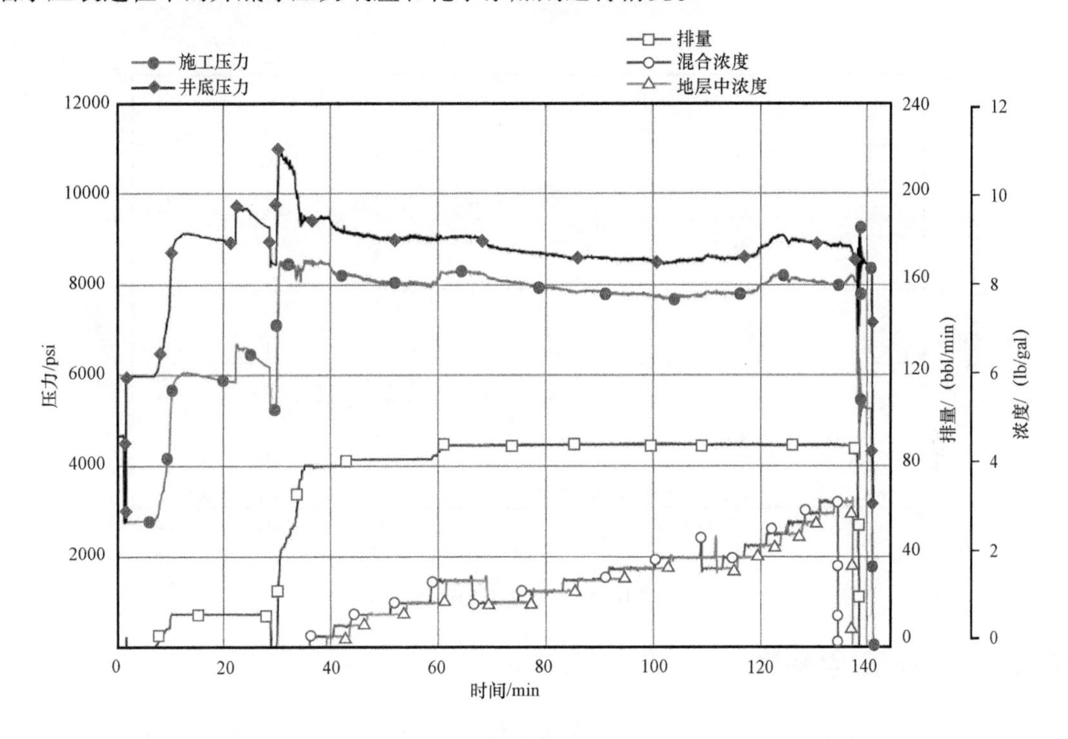

图 16. 17 压力图

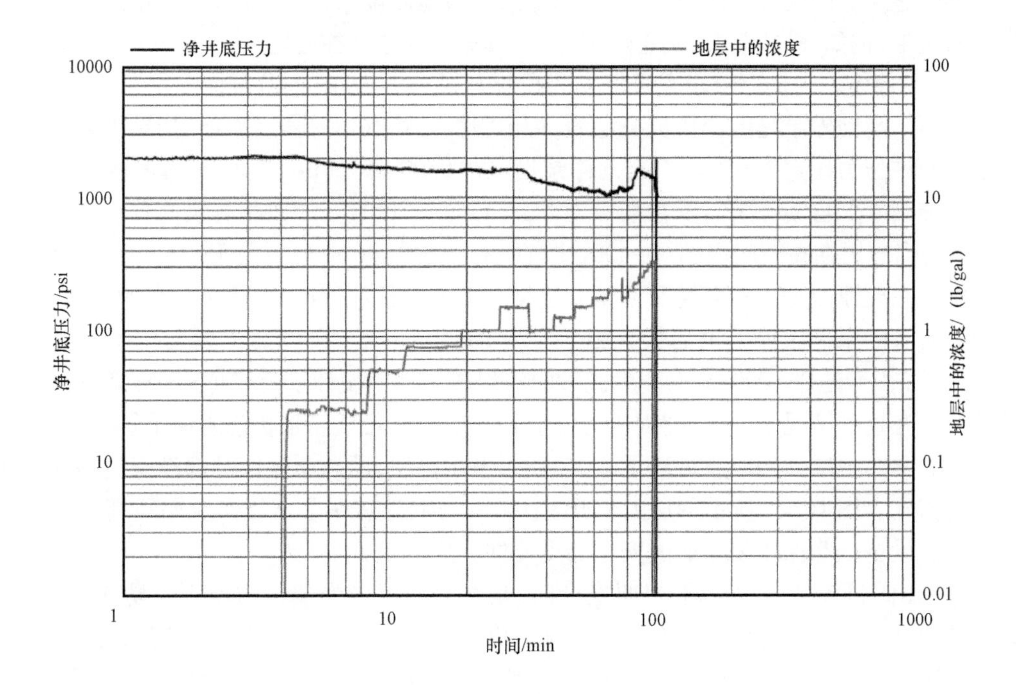

图 16. 18 井底净压力图

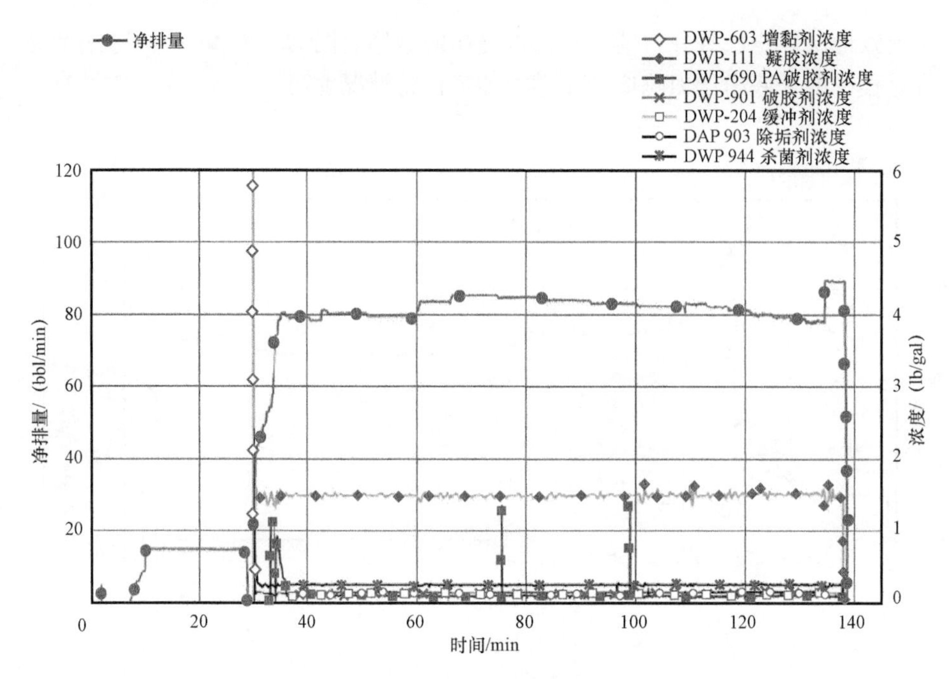

图 16.19 化学添加剂图

16.10 超压安全装置

压裂作业可能非常复杂且不可预测。在压裂作业中,必须采取预防措施以防止管线、套管及设备等的超压。因此,服务公司采取了以下两项最低限度的预防措施,以防止压裂过程中发生严重的后果,例如:管线起裂,套管爆破,井口爆炸及其他井控问题。

(1)自动停泵。自动停泵设置可以安装在所有泵车中,以防止紧急情况发生管线、井口及套管的超压。自动停泵是由操作员决定的,每个服务公司都不一样。例如,如果压裂作业期间地面最大允许压力设定为9500psi,自动停泵设定在9500~9900psi之间,具体值就根据操作员的偏好和准则了。自动停泵需要在某一压力区间内错开设置。如果所有泵的自动停泵都设置为9400psi,当压力在短时间内超过9400psi时所有压裂泵将在同一时间跳闸。不希望所有泵同时跳闸的主要原因是大多数情况下压力还是可控的,可以通过一次停泵一台的方式来控制,而不是让所有的泵一次停下来而放弃施工。图16.20显示了典型的压裂设备摆放计划。图16.21展示了由于超压1000psi而产生脱砂的压裂段。即使设计了交错停泵,所有泵也可能还是都停了。在这种情况下,通过捕捉压力峰值并使所有泵处于停泵状态避免了管线、套管及设备的超压。此时地层已经停止进液了,无论反应发生多快,压裂车操作员都没有足够的时间来采取任何措施。图16.21所示的压力突升发生在1s内,这表明了压裂作业期间具有机械及自动压力控制设备以确保压裂作业的安全的重要性。

(2)泄压阀(PRV)。泄压阀,也叫安全阀,是在自动停泵失败的情况下为防止管线、套管及设备的超压而采取的另一项安全预防措施。PRV可以轻松设置为任何特定压力,并且一旦达到设定压力就会打开。例如,如果在压裂作业期间PRV设置为9900psi,只要压力达到9900psi,PRV就会打开并释放压力。在水力压裂作业中使用的第一类PRV看成是机械安全阀。已知机械安全阀会发生故障。因此,有新的专利技术,例如引入 Safoco 的压裂释放阀可确保在一定压力下激活打开,并取代传统机械安全阀。当泄压阀打开时,压力释放到空中,所以务必远离泄压区(危险区域)。为了防止向大气中泄压,作为安全预防措施,建议在泄压阀和回流罐间安装压裂控制阀。图 16.22 展示了一个机械安全阀。

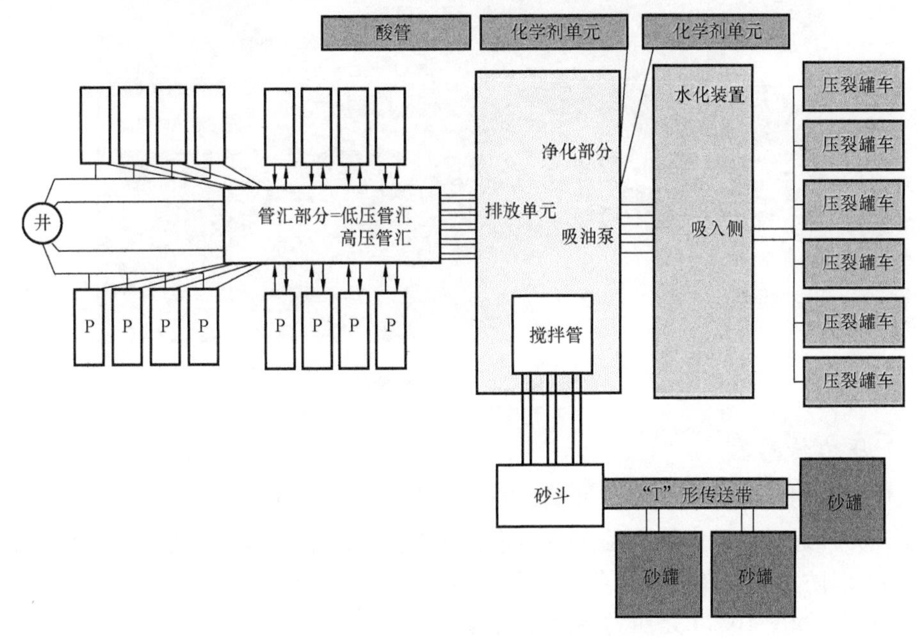

图 16.20 压裂设备摆放

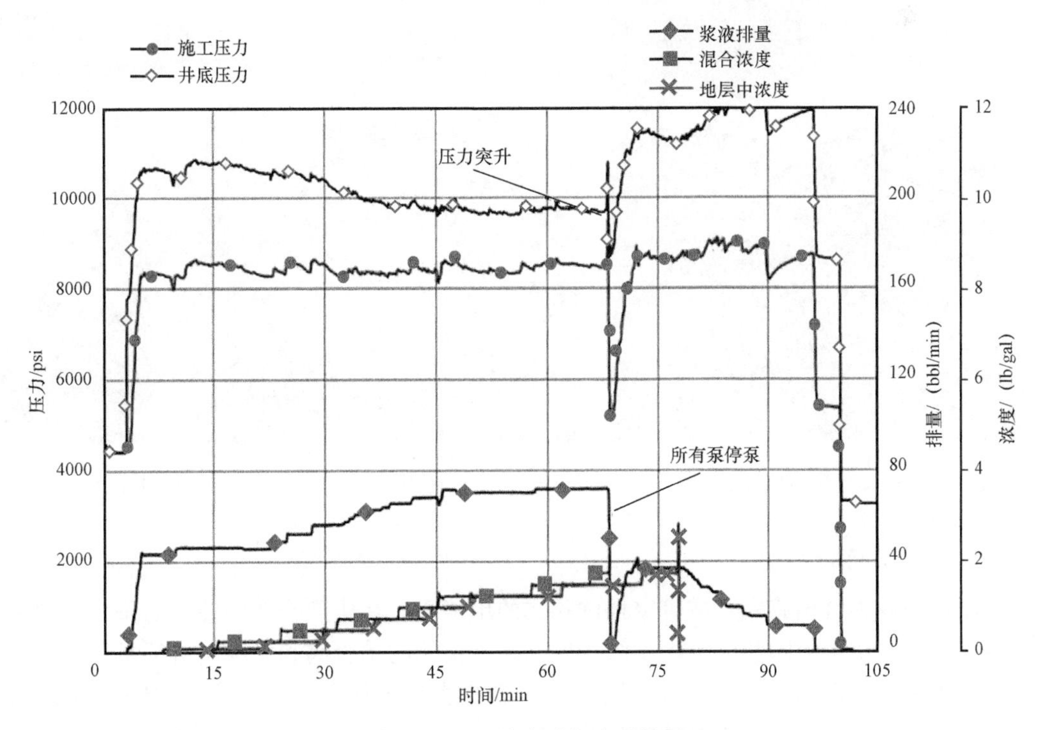

图 16.21 压力突升与自动停泵

图 16.22　机械安全阀

16.10.1　压力传感器

压力传感器用于测量压裂作业过程中的地面施工压力。每台压裂泵在排出侧都有一个压力传感器。另外通过位于主线上的压力传感器获得实时的地面施工压力。压力传感器通常覆盖有塑料盖,以防止它们在夏天或冬天弄湿。某些压力传感器在潮湿的情况下会产生读数不准确。图 16.23 和图 16.24 是压力传感器的两个示例。

图 16.23　压力传感器

图 16.24　压裂泵车上的传感器

16.10.2　单流阀和手动阀

在压裂作业中常用旋启式或带突板球阀式的单流阀。在压裂作业中使用的每个压裂泵在排放侧都需要一个单流阀和一个手动阀。位于泵排出侧的单流阀和手动阀可把泵和其余的设备和管线隔离开。例如,如果压裂过程中位于单流阀前面的压裂管线破裂,压裂液将沿阻力最小的路径流动。不带单流阀和手动阀时就不能隔离泵,所有泵则必须停泵以解决问题。当所有的泵都必须停下来以解决问题时就无法顶替,结果可能是代价高昂的脱砂。位于泵排出侧的单流阀将泵与其他设备隔离开,这样,在高压管线上有泄漏时,压裂施工还可以继续进行。在某些情况下,由于泵注了数百万磅的携砂液,旋启式或带突板球阀式的单流阀失效了。在特殊的事件中,可以关闭单向阀后的手动阀以继续施工而不用停泵。注意一些公司单流阀后没有手动阀(轮型阀)。如果第一个单流阀发生故障,强烈建议在每个泵上的单流阀之后使用手动阀。单流阀发生故障就会一直泄漏。因此,在每个泵上的单流阀之后装上手动阀非常重要。

16.11 协调

16.11.1 水的协调

压裂施工是一项需要油田公司和服务商大量组织与协调的大型作业。如前所述,每段压裂都要使用大量的水、支撑剂和化学添加剂。需要特殊说明的是,滑溜水压裂过程中的用水量巨大,其每两段压裂的平均用水量相当于一个奥林匹克规格的游泳池,体积约为15724bbl。压裂作业中最具有挑战性的一项工作就是获取作业所需的足够的水。由于每段将泵入数百万加仑的水,每个服务商通常都有一个供水小组在实际施工开始之前来研究制订供水方案,以最大限度地减少等待时间。水基本上通过聚氯乙烯(PVC)或聚乙烯管线泵入地下坑、地上储水罐或者电池式水罐。从那一点开始,水通过PVC或聚乙烯管道输送到现场工作罐。水输送到地下坑、地上储水罐或电池式水罐的速度取决于每段压裂的用水量和每天要完成的压裂段数。例如计划每天压裂六段,每段大约使用8000bbl水,那么必须输送并泵入48000bbl水,始终保持坑里的水平面。这意味着需要以约33.3bbl/min的速度泵水,以跟上压裂作业并避免耽误作业时间。因此,水的运输和协调并不像听起来那么容易,在压裂作业期间需要24h监督以确保每天的施工有足够的水量。

16.11.2 砂的协调

每个压裂阶段可使用100000~700000lb支撑剂,拥有出色的支撑剂协调员以确保连续压裂施工时按时输送足够量的支撑剂是非常重要的。支撑剂储存在砂罐里,每个砂罐的容量是有限的。其容量将取决于砂罐的类型。因此,压裂作业中运砂车不断输送支撑剂。支撑剂协调员有责任确保将合适大小和类型的支撑剂放入每个砂罐。直到现场有足够的支撑剂存在时,才可以开始这一段的压裂施工。例如某一段设计的支撑剂用量为300000lb,现场只有230000lb,有两辆砂车估计随时能到现场,在没有设计所需的支撑剂总量的情况下开始这一段的施工不是一个好的作法。有很多原因可使运砂车发生故障或延误。因此,只有砂罐里存放了足量的支撑剂时才能开始这一点的压裂施工。

16.11.3 化学添加剂的协调

水力压裂作业过程中另一个重要方面是要有足够的化学添加剂。式(16.3)用于查找每段使用的每种化学添加剂的用量。基于每段化学品的用量,可以全天组织和协调更多化学品。

$$\text{每段所需化学品} = 0.042 \times \text{化学品浓度} \times \text{清水体积} \tag{16.3}$$

这里每段所需化学药品的单位为gal,化学药品浓度是指在该阶段中要泵送的化学药品浓度(gpt),清水体积是每段估计的总清水量,单位为bbl。

例 3:

如果某一段需要泵入 8000bbl 水,则在 1.5gpt 的浓度下需要多少加仑 FR(降阻剂)?

$$FR = 0.042 \times 1.5 \times 8000 = 504\text{gal}$$

化学品协调负责人需要现场有足够量的化学药品,至少为计算得出的量的两倍。此外,完全可以通过简单的计算来避免停机时间。在油气行业中时间就是金钱,任何时候由于缺水、无砂或化学添加剂失调造成了停机,就是在损失金钱。由服务公司引起的非生产时间必须进行报告和记录,以便进行年终评估和持续改进。

16.12 分段施工

如前所述,压裂作业是压力很大的大型现场作业。水力压裂的主要特点之一是每段通常区别对待。这使得水力压裂成为有趣的作业。理论学习和理解以及对目的层的可视化和估计绝对有帮助。但是,水力压裂最重要的方面是经验。这是美国各地的大多数公司雇用经验丰富的人员负责施工的主要原因。由于工作范围广,一些公司雇用两个人来负责滑溜水压裂施工。

16.13 脱砂处理

16.13.1 脱砂后的返排提示

压裂作业中已知的重要提示是避免最开始的几段发生脱砂,因为脱砂后井底没有足够的能量来实现返排。通常,当一口井在最初的几个段出现脱砂时,实现返排的可能性是非常低的。初期阶段脱砂时,无法实现返排,需要有清除井底支撑剂的能量。没有这种能量,它就是无法成功实现返排。一口井不能返排是非常昂贵且耗时的。通常至少需要一天的时间来组装连续油管,执行清理流程,然后下入连续油管。在某些情况下,连续油管不能一直到达脱砂发生的底部深度(来自扭矩和阻力模型分析)。因此,必须使用缓冲装置执行清除操作。由于时间和费用的原因,必须特别注意避免在长水平段水平井中的最初几段或连续油管不能到达的深度发生脱砂的可能性。行业一直在钻更长的水平井(水平段长度超过 8000ft),因为从经济的角度讲,只要在生产井中出现的是无关紧要或轻微的损害,钻的水平段越长就越好。

脱砂后,在最短的时间内返排防止支撑剂沉降在根部是非常重要的。为了安全高效进行返排操作,每天与返排人员召开安全和运行会议非常重要。这样当发生脱砂时,返排人员知道他们的责任和公司代表的期望。建议不要在脱砂后开会,因为对于一次成功的返排来说必须在脱砂后几分钟内开始实施。

脱砂后返排的理念是要有足够的返排平衡速度,不能让进入地层及先前已压裂的区域的支撑剂发生回流。不同地层的返排也有所不同。但是建议在 5½in 套管内的返排速度为 8~10bbl/min,4½in 套管的返排速度为 5~7bbl/min。快速返排是将井底砂子清理干净的最好方法,但如前所述,必须最小化和避免将已进入地层的及先前已压裂区域的支撑剂带出来。当使用滑溜水压裂时,返排时至少预估两个井筒体积(堵塞深度),在交联冻胶压裂时,在注入测试前返排 1.5 个井筒体积可能就足够了。

返排罐和管线必须以无需关闭或调整即可接受高排量和大体积砂子的返排标准来安装。脱砂后的返排就像固井作业。一旦作业开始就继续到底,除非绝对紧急,否则不得停止。其原因就是在返排过程中的停顿确实损害了返排成功的概率。必须有足够数量的回流罐高速返排 2~4 个井筒体积。如果只有一个油气分离罐,则需要有一条输送管线(如聚乙烯管),以便将返排液泵送到现有的储液池中。本质上,有足够的空间来实现无停顿的返排是非常重要的。如果使用了不止一个返排罐,返排罐上平衡软管的高度必须足够高以避免被大量的砂子堵塞。

在返排至少两个井筒后,必须监控返排液以确保不再回收到砂子。对于精确的体积测量,必须定期从返排罐中清砂以确保获得适当的返排速度。

16.13.2 脱砂后的注入测试

脱砂后的注入测试需要耐心和经验。注入测试成功的关键是花费足够的时间和缓慢提高排量。在许多页岩区块,随着压力急剧下降,快速提高排量已证明是不成功的。快速提高排量会造成一次泵入的砂子太多,结果当降低排量时砂子会堵塞孔眼。

以下是脱砂后注入测试程序的建议。

(1)以尽可能低的排量注入(通常为 1.5~2bbl/min,取决于泵)。

(2)压力稳定后,通过泵入 5lb 线性凝胶和 1~2gpt 的降阻剂将排量增加到 3~4bbl/min。在泵入 100~150bbl 之后,增加线性胶至 10lb 体系并注入两个井筒体积。10lb 凝胶将帮助球软着陆(如果在回流过程中未收回),并防止剧烈的压力峰值,该峰值可能会导致所有泵跳闸。

(3)之后,根据压力反应,每次以 1bbl/min 的速度提升排量并注入 0.5~1 个井筒体积。例如,重要的是不超过 8000psi(如果最大压力为 9500psi),则有足够的空间增加压力和排量。这个过程需要足够的耐心。

(4)即使压力剧烈降低,排量的增加速度也不要一次超过 2bbl/min,如前所述,一次排量过高会一次吸走太多砂子,并可能导致故障。

(5)排量达到 10~12bbl/min 后,停止注入线性胶并继续供应降阻剂。保持排量直到所有泵送的凝胶通过孔眼。在压力允许范围内继续缓慢提升排量至 30~35bbl/min;经验法则是 30~35bbl/min,这也是服务公司在常规桥塞射孔压裂联作中确保清洁井筒和用于下一阶段泵送电缆所需要的排量。

(6)达到 30~35bbl/min 后,泵送 100~200bbl 凝胶,直到清洁孔眼。

典型的脱砂后注入测试应至少花费 5h,可长达 10~15h,视脱砂的测深而定。

16.14 压裂井口

16.14.1 油管头(B 部分)

油管头是井口的主要组成部分之一,在钻井过程结束之后和压裂作业开始之前安装。油管头用于固定生产油管,并且背面压力(套管压力)可以通过位于油管头上的翼阀终身监测。油管头还提供将采油树固定在井口上的途径。套管头被称为“A 部分”,油管头被称为“B 部分”,采油树被称为“C 部分”。图 16.25 显示了一个生产油管悬挂在油管悬挂器内的油管头。

16.14.2 下主阀(最终阀)

下主阀用于控制来自井筒的流体流量,位于油管头正上方。在所有最初的井控措施都失效了的情况下,这个阀是最后一个可以操作的阀门。在压裂施工过程中,经常检查螺栓并对所有其他阀门进行目视检查是非常重要的。在压裂过程中,大量支撑剂在高压下被大排量泵入井下,这可能导致螺栓或螺纹逐渐松动。为防止此问题,建议对所有阀门进行定期目视检查,这是必须的。此外,每个阀门都有一定的打开或关闭的圈数,这个由制造商提供。压裂施工中最重要的阀门是下主阀。如果压裂作业期间此阀被冲洗掉(通过泵送磨料流体),就会出现重大的井控问题。如果这个阀开始泄漏,则需要在情况变得更糟糕之前尽快将电缆由井口下入套管内,设置一个堵头以控制流体的流动。如果无法控制阀门的冲洗,则需要尽快撤离现场,并联系井控公司来控制井。

16.14.3 液压阀

在压裂作业期间,液压阀是另一个重要的阀,因为在压裂操作期间发生紧急情况时,该阀可通过蓄电池液压关闭,为了安全起见,此蓄电池必须离井口至少100ft远。一些服务商为了节省成本不使用液压阀。建议在紧急情况下使用液压阀,它能隔离压裂管线与井口。请注意,液压阀仅设计用于关闭没有油管或电缆井筒的井口。液压阀非常容易剪断井中的电缆,即使它不是为这种井况设计的。因此,准确标记此阀很重要,以防止在桥塞射孔联作期间意外切断电缆。液压阀如图16.26所示。

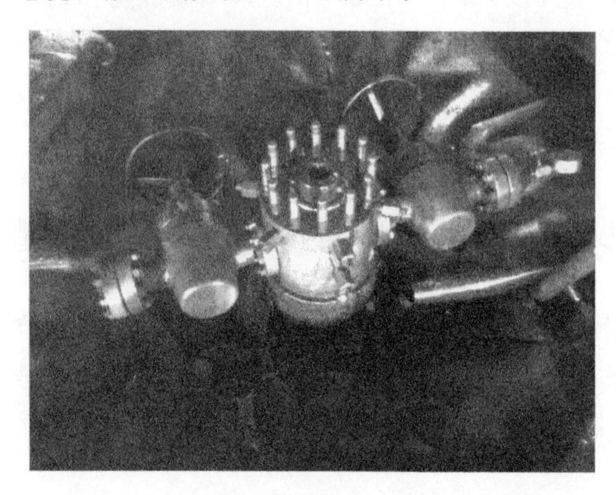

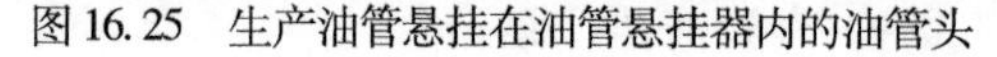

图16.25 生产油管悬挂在油管悬挂器内的油管头

图16.26 液压阀

16.14.4 “T”形四通接头

“T”形四通接头位于液压阀上方,在发生脱砂的情况下,可以连接四通接头的任一侧开始返排。四通接头的主要应用之一是在压裂过程中发生脱砂时用来返排。四通接头也在拉链式压裂作业中用于泵送电缆。在拉链压裂施工中,一口井正在压裂,而另一口正在射孔,四通接头的另一侧可用于将电缆泵送至所需深度。从四通接头出来的任何管线都必须具有ESD,ESD代表紧急关闭阀。ESD必须在开始操作之前进行测试或循环。在出现紧急情况或地面高压管线脱落时安装ESD是绝对有必要的。在那些紧急情况下,ESD在不靠近井口的情况下自动或液压关闭。工业应用中ESD有两种类型。第一种为气动ESD,在返排过程中一旦压力大幅下降,它将自动关闭。第二种 ESD,不像气动的那样常用,称为液压 ESD,在紧急情况下它不会自动关闭,必须使用远离井口的小型蓄电池。建议 ESD 蓄电池放置在井口 100ft 处。图 16.27展示了在压裂作业期间作为压裂井口一部分的四通接头。图 16.28 显示了气动 ESD 与液压 ESD。

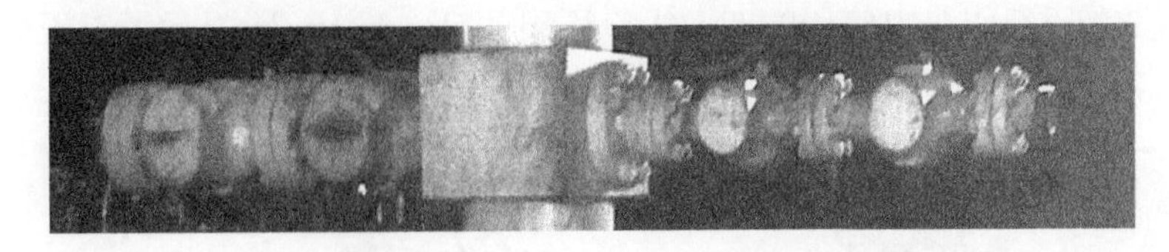

图 16.27 四通接头(2in 和 4in 侧)

(a) 气动

(b) 液压

图 16.28 ESD

16.14.5 手动阀(上主阀、压裂阀、清蜡阀、试井阀)

手动阀也称为上主阀、压裂阀、清蜡阀或试井阀,位于四通阀的上方。在压裂期间这个阀通常用于打开和关闭井口的主阀。例如,在每个压裂段施工完成后,手动阀关闭,手动阀上方的压力放空。如果此阀发生故障或泄漏,则可以使用液压阀或手动阀来关井,液压阀上部的压力放空,此时手动阀可能会上油、加固或更换。最后,如果液压阀也出现故障,最终阀(下主阀)将用来关井(图 16.29)。

图 16.29 手动阀

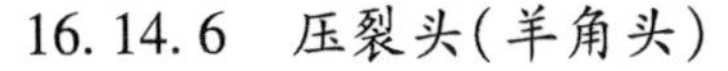

16.14.6 压裂头(羊角头)

压裂头(也称为羊角头)位于手动阀上方,通常连接 2~6 根高压管线用于压裂作业。羊角头是压裂作业的顶部,也是高压大排量向井里泵注水、支撑剂和化学添加剂的通道。在滑溜水压裂作业中,每一段都需要大排量;因此,为达到理想的排量,需要 2~6 个 4in 或 3in 的管线连接到羊角头。在压裂和射孔作业中压裂头(羊角头)的主要应用是能够安装 2~6 条管线以达到设计排量。每条管线获得最大排量的经验是 $OD^2 \times 2$。例如,一条 4in 管线允许的最大排量为 32bbl/min;因此,4 条 4in 管线的最大排量为 128bbl/min。在交联压裂液系统中,不需要这么大的排量。因此,没有必要装配 4 条 4in 的管线。本质上,每种压裂类型和地层的装备是不同的。如果交联冻胶压裂的设计排量为 50bbl/min,则只需要 2 条 4in 管线就能完成这项工作。图 16.30 是在压裂作业中使用的四向入口压裂井口。图 16.31 显示了在压裂作业中的典型井口配置。

图 16.30 四向入口压裂头(羊角头)

图 16.31 典型压裂井口

第17章　递减曲线分析

17.1　概述

经济分析是北美任何页岩区块的销售、收购、钻井和完井设计的最重要方面之一。事实上，使用新技术完井的决定完全取决于油井的经济性，这一点非常重要。进行任何类型经济分析的第一步都是预测预期产量随时间的变化情况。预测产量和随时间变化的油井动态是非常具有挑战性的，尤其是在新勘探区域或产量数据有限的地区。在本章中，讨论了确定产量随时间变化的主要方法。

17.2　递减曲线分析

自1945年以来，递减曲线分析（DCA）被广泛用于预测未来油气产量。Arnold和Anderson（1908）提出了DCA的第一个数学模型。Cutler（1924）也使用双对数图版获得双曲线下降的直线段，这种曲线是水平移动的。Larkey（1925）提出用最小二乘法外推递减曲线。Pirson（1935）提出了损失率法，得出了产量递减率—时间曲线具有常数损失率的结论。此外，Arps（1944）使用损失率法对递减曲线进行了分类，然后定义了产量—时间和产量—累计产量。他定义了三种类型的递减曲线模型：指数型、调和型和双曲线型。双曲递减曲线可以看作是一个通用模型，可以从中导出指数递减曲线和调和递减曲线。递减曲线由三个参数组成（q_i、D_i和b），它们可以从生产数据中找到。此外，以下微分方程被用于定义三种递减曲线模型：

$$d = -\frac{1}{q}\frac{dp}{dt} = Kq^b \tag{17.1}$$

式中　b——双曲递减指数；

K——比例常数；

q——产量。

在式（17.1）中，d被称为递减系数，它是自然对数生产率随时间的斜率。递减曲线方程假定产量递减与油藏压力下降成正比。此外，传统的DCA假设恒定的井底流动压力、排水面积、渗透率、表皮且认为存在边界流。这些假设大多在非常规页岩储层是无效的。DCA仍然被广泛使用的原因是因为它是一种简单、快速的工具，可以用来估计生产井和非生产井的产量随时间的变化。在当今的商业模式中，DCA通过提供近期和长期产量预测以及备案经济储量来推动业务发展。事实上，各种形式的DCA都是在短期内用于备案和估算储量。其他工具，如产量不稳定分析（RTA）和数值模拟也可用于预测油井未来的动态。机器学习方法也可以通过各种监督算法预测两年内的产量随时间的变化，如复杂的非线性多层人工神经网络。

17.3　递减曲线分析的剖析

DCA中使用的几个关键参数如下。

(1)瞬时产量。

瞬时产量(IP)以 $10^3ft^3/d$ 或 bbl/d 计量。最初的 IP 经常被误认为是 24h 生产。然而,DCA 中的 IP 是指油井能够达到的某个时间点的 IP 速率。

(2)名义递减率(D_i)。

名义递减率是递减曲线的瞬时斜率。

(3)有效递减率(D_e)。

有效递减率是指流量在一段时间内的百分比变化。有效递减率通常从时间零点算起至 1 年。例如,如果一口井的 IP 为 15 $10^3ft^3/d$,1 年后流量为 $4 \times 10^6ft^3/d$,那么有效递减率为 73.3%。有效递减率是指一年内产量减少的百分比。名义递减率越小,有效递减率就越小。有效递减率的定义见式(17.2)。图 17.1 说明了名义递减率和有效递减率之间的区别。

$$D_e = \frac{q_i - q}{q_i} \tag{17.2}$$

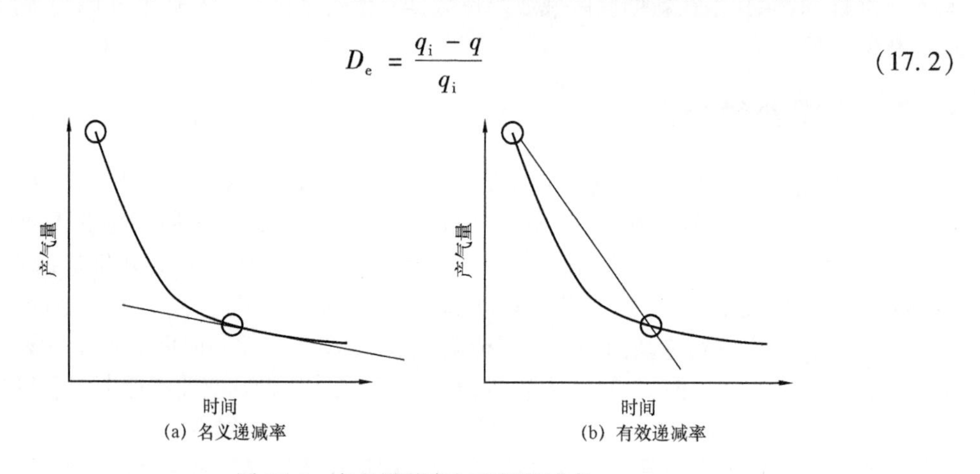

图 17.1　名义递减率与有效递减率

(4)双曲指数(b)。

b 值被称为双曲指数,它减少了随着时间推移的有效递减率。双曲指数是递减率随时间的变化率。换句话说,双曲指数是生产率对时间的二阶导数。图 17.2 说明,随着 b 值的增加,有效递减率的下降速率也增加。另外,随着有效递减率的减小,b 值的影响也会减小。

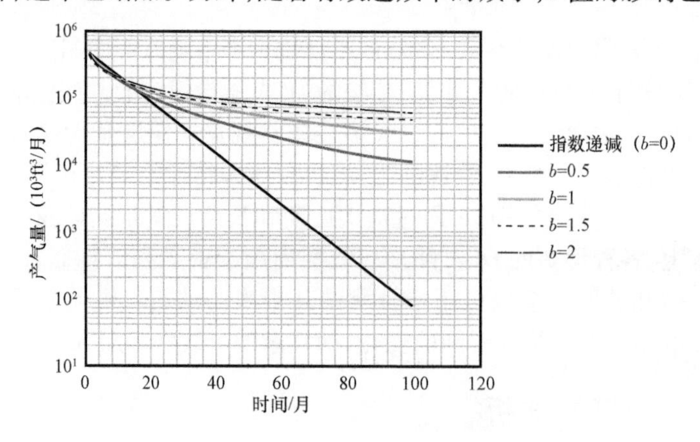

图 17.2　气井产量随不同 b 值的变化

(5)递减曲线的形状。

DCA 中影响递减曲线形状的最重要参数是 b 值。表 17.1 显示了各种油藏驱动机制的 b 值的近似范围。可以看出,非常规页岩气藏和致密气藏的 b 值通常超过 1,这是由于低渗透率造成的长期不稳定阶段。在具有双曲线递减的常规油藏中,b 值通常在 0~1 之间,这取决于油藏的驱动机制。在讨论不同类型的递减曲线之前,了解多段水平压裂中不同的井流行为是非常重要的。

表 17.1 储层驱动机制与 b 值

b 值	储层驱动机理	b 值	储层驱动机理
0	单相液体膨胀(泡点以上的油)	0.5	有效边水驱
0.1~0.4	溶解气驱	0.5~1	层状储层
0.4~0.5	单相气膨胀	>1	不稳态(致密气、页岩)

(6)非定常(不稳态流动)阶段。

在低渗透(小于 0.1mD)的非常规页岩储层中可以观察到不稳定流动,这是储层边界对压力动态没有影响的时间段。储层的作用就像它的大小,是无限大的。在此期间,井筒储存效应发生。一般情况下,不稳定流是指压力脉冲在不受储层边界干扰的情况下通过储层。

(7)过渡流阶段。

这是将不稳态与稳态或拟稳态分开的时间段。即油井排水半径达到储层边界的某些部分时。

(8)拟稳态(边界控制流)。

当存在边界控制流且过渡期结束时,会出现拟稳态流。边界控制流是当井的泄流半径达到储层边界时的流动状态。边界控制流是油藏在拟平衡状态下的一种后期流动行为。非常规页岩产量分析具有很大挑战性的一个方面是,流动在很长一段时间内处于不稳态模式。因此,从 RTA 等现代生产分析中很难确定裂缝的几何形状。

17.4 递减曲线的主要类型

递减曲线有三种主要类型,如下所示。

(1)指数递减(EXP)。

当生产率(y 轴)与时间(x 轴)在半对数图上绘制时,该图将是直线型或指数型。在指数递减中,b 等于 0。指数递减也称为“恒定速率”递减。指数递减有两项参数。第一项是初始生产率(IP),第二项是递减率。指数递减中的递减率是指产量随时间的变化率,它保持不变。

(2)双曲递减(HYP)。

当生产率(y 轴)与时间(x 轴)在半对数图上绘制时,该图将是一条曲线。双曲递减有三项参数。第一项称为 IP 率,第二项为初始下降率@ IP 率,第三项为双曲指数或 b 值。在与指数递减相反的双曲递减中(其中递减率随时间保持不变),递减率是随着时间的双曲指数而下降的函数。这是因为数据在半对数图上表现出双曲线行为。双曲递减率变化很大,通常为 40%~80%,这取决于许多因素,如储层压力、储层特征、完井特征、压力下降方案等。递减率取决于油井的生产方式。油井的生产方式和完井方式同样重要。油井越难开采(压降越高),产量递减速度越快。油井开采速度越慢(将压降降到最小),下降速度越慢。例如,两口井并排,完井设计和地层性质完全相同,根据每口井的生产方式,递减率可能有所不同。压力降落越大,递减率越高(如85%),压降越小,递减率越低(如55%)。由于油井之间的差异,在操作上以相同的方式生产所有油井是非常重要的。图17.3和图17.4是指数递减和双曲递减的例子。

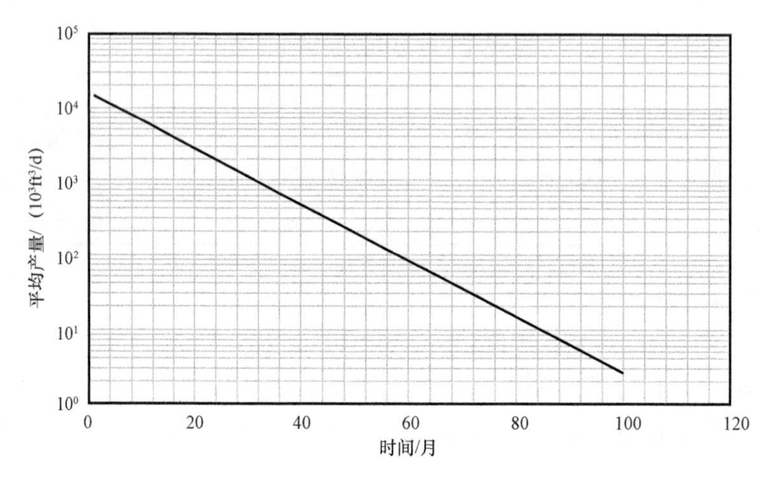

图17.3 指数递减曲线

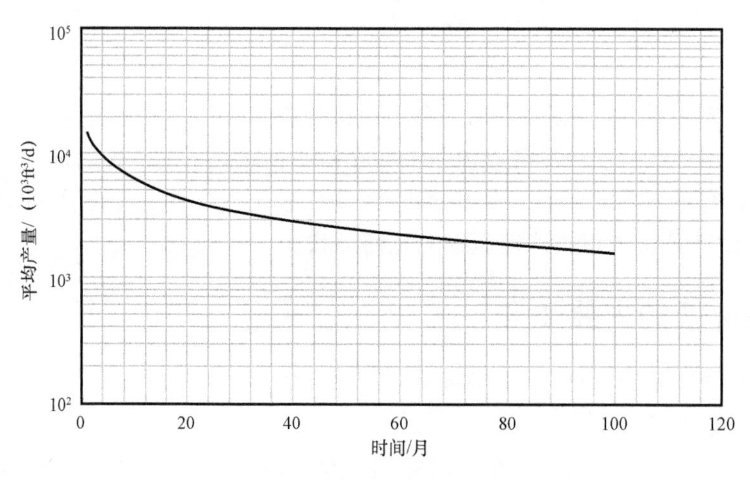

图17.4 双曲递减曲线

(3)调和递减。

当b值等于1且递减率变化率为常数时,调和递减发生。

(4)修正双曲递减曲线(混合递减)。

随着非常规页岩气藏的开发,仅选择双曲递减可能会导致对最终采收率(EUR)的高估。这是因为无限制的双曲递减往往高估了油井寿命期内的累计产量。为了解决这一点,修正双曲递减法通常用于非常规页岩储层和储量预测。油藏工程师通常会将递减曲线转换为指数递减以降低这种高估。在生产后期向指数递减的过渡称为晚期递减率。晚期递减率是双曲递减从双曲递减到指数递减的速率。例如,如果 Haynesville 页岩气井的初始 D(年有效递减率)为 65%,一旦 D 达到 4% ~11%,双曲递减就会转变为指数递减。对于开采时间不够长的储层,确定其晚期递减率是一项非常具有挑战性的工作。公司通常认为晚期递减率在 4% ~11% 之间。晚期递减率幅度越大,从双曲线到指数的转变越快,EUR 也下降。在产量数据有限的地区,更高的晚期递减率被认为是保守的。图 17.5 显示了双曲递减和修正的双曲递减,其中晚期递减率假定为 5%。可以看出,当年有效递减(D)达到 5% 时,双曲递减在油井剩余寿命(本例中为 50 年)内转变为指数递减。

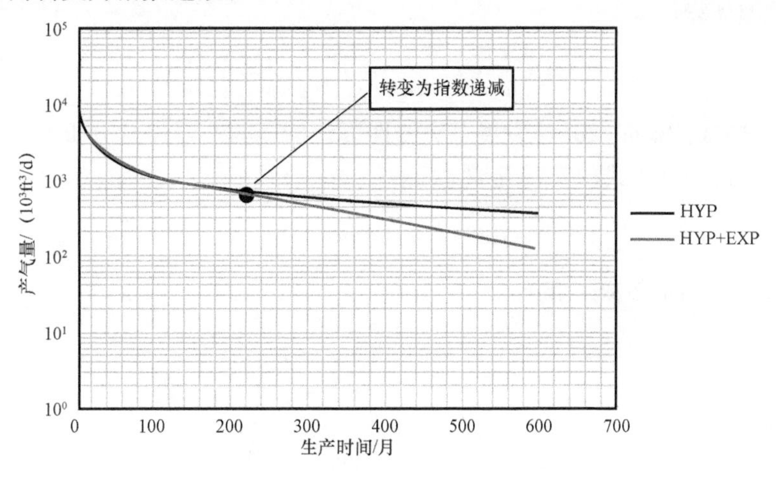

图 17.5 双曲线与修正双曲线递减

17.5 其他 DCA 技术

最近还发展了其他类型的 DCA 技术。其中一些技术如下。

(1)幂律指数递减模型(PLE):PLE 递减由 Ilk 等(2008)通过修正 Arps 的指数递减(Seshadri et al.,2010)而发展。这种方法是专门为致密气井开发的,用于模拟生产数据的不稳态下降。式(17.3)中定义了 PLE 递减模型(McNeil et al.,2009):

$$q = q_i e^{-D_\infty t - \frac{D_1}{n} t^n} \tag{17.3}$$

式(17.3)可简化为以下定义的幂律递减率:

$$q = q_i e^{-D_\infty t - D_i t^n} \tag{17.4}$$

式中 D_1——特定时间(如 1d)的递减率常数;

D_∞——无限时间的递减率常数;

D_i——每年的初始递减率,%;

n——时间指数。

与 Arps 方法相比,PLE 方法不将 b 值视为常量,而是作为递减函数。此外,通过使用 PLE 模型,在不高估储量的情况下,更容易匹配不稳态阶段和边界控制阶段的产量数据(McNeil et al.,2009)。

(2)扩展指数:Arps 模型的一个新的变化,增加了一个边界成分来限制 EUR(Valkó,

2009)。扩展指数率时间关系定义如下:

$$q = q_{\mathrm{i}}\exp\left[-\left(\frac{t}{\tau}\right)^{n}\right] \tag{17.5}$$

式中 τ——扩展指数的特征时间;

n——时间指数。

这种技术类似于 PLE 模型,但是它忽略了后期的行为。与 PLE 相比,扩展指数具有以下累计时间关系的优势:

$$Q = \frac{q_{\mathrm{i}}\tau}{n}\left\{\Gamma\left(\frac{1}{n}\right)-\Gamma\left[\frac{1}{n},\left(\frac{t}{\tau}\right)^{n}\right]\right\} \tag{17.6}$$

(3)Duong 递减:Duong(2011)发展了裂缝性页岩储层的产量递减分析。该模型考虑了长期线性流动。该模型基于式(17.7)定义。

$$q(t) = q_{\mathrm{i}}t(a,m) + q_{\infty} \tag{17.7}$$

使用式(17.8)确定参数 a 和 m:

$$\frac{q}{G_{\mathrm{p}}} = at^{-m} \tag{17.8}$$

式中 q——流量;

a——双对数图中$\frac{q}{G_{\mathrm{p}}}$对 t 的截距;

G_{p}——累计产气量。

此外,q 与 $t(a,m)$的曲线图应提供一条斜率为 q 且截距为 q_{∞} 的直线:

$$t(a,m) = t^{-m}\exp\left[\frac{a}{1-m}(t^{1-m}-1)\right] \tag{17.9}$$

注意 q_{∞} 可以是正的、零的或负的,这取决于操作条件。累计产气量可使用 q_{∞} 等于零确定,如下所示:

$$G_{\mathrm{p}} = \frac{q_1 t(a,m)}{at^{-m}} \tag{17.10}$$

Duong 检验了不同类型的井,如致密气井、干气井和湿气井,以证明其模型的准确性。他还发现,大多数页岩模型的 a 值在 0 ~ 3 之间,m 值在 0.9 ~ 1.3 之间。与幂律模型和 Arps 模型相比,他的模型得出了对累计产量的合理估计。

17.6 Arps 递减曲线预测未来产量

如前所述,名义递减率只是有效递减率的转换。

(1)指数递减方程。

式(17.11)中给出了作为有效递减率函数的名义递减率:

$$D = -\ln\left[(1-D_{\mathrm{e}})^{\frac{1}{12}}\right] \tag{17.11}$$

式中 D——月名义指数,1/次;

D_e——年有效递减率,1/次。

指数递减率方程也可写成式(17.12):

$$q_{EXP} = IP \times e^{-Dt} \tag{17.12}$$

式中 q_{EXP}——指数递减产量,$10^3ft^3/d$;

IP——初始产量(瞬时速率),$10^3ft^3/d$;

D——月度名义指数,1/次;

t——以月为单位的时间。

例1:

如果 IP 为 $800\times10^3ft^3/d$,年指数有效递减率(D)为6%,计算两年后指数递减的产量。

D = 月度名义递减率 $= -\ln[(1-D)^{\frac{1}{12}}] = -\ln[(1-6\%)^{\frac{1}{12}}] = 0.515\%$

两年时的指数递减产量:

$$q = IP \times e^{-Dt} = 800 \times e^{-0.515\% \times 24} = 707 \times 10^3ft^3/d$$

(2)双曲递减方程。

对于双曲递减,初始递减率可以用三种方法定义。名义有效递减方程、切线有效递减方程和割线有效递减方程可用于定义初始递减率。割线有效递减法是非常规页岩气藏首选的方法。图17.6显示了割线和切线有效递减率之间的差异。

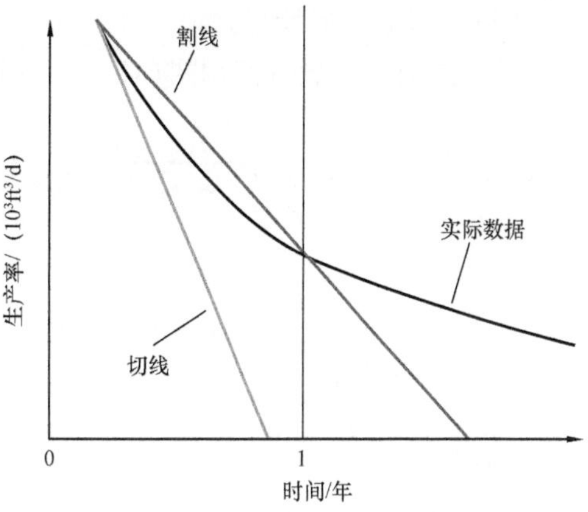

式(17.13)中给出了作为切线有效递减率函数的名义递减率:

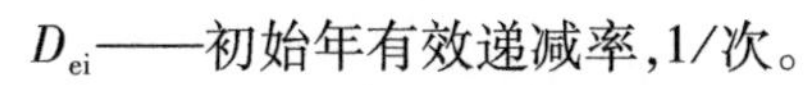

$$D_{i,tangent} = -\ln[(1-D_{ei})^{\frac{1}{12}}] \tag{17.13}$$

式中 $D_{i,tangent}$——月名义正切双曲递减率,1/次;

D_{ei}——初始年有效递减率,1/次。

图17.6 割线与切线下降率

作为割线有效下降函数的名义下降可以写成式(17.14)。

$$D_{i,secant} = \frac{1}{12b} \times [(1-D_{eis})^{-b} - 1] \tag{17.14}$$

式中 $D_{i,secant}$——月名义正割双曲递减率,1/次;

D_{eis}——初始年割线有效递减率,1/次;

b——双曲指数。

割线有效递减率由两个速率计算得出。第一个为时间在0时刻,第二个正好在1年之后。

双曲递减率方程见式(17.15)。

$$q_{\mathrm{HYP}} = \mathrm{IP} \times (1 + b \times D_{\mathrm{i}} \times t)^{-\frac{1}{b}} \tag{17.15}$$

式中 q_{HYP}——双曲线递减产量,$10^3\mathrm{ft}^3/\mathrm{d}$;

IP——初始产量(瞬时速率),$10^3\mathrm{ft}^3/\mathrm{d}$;

D_{i}——月度名义双曲递减率,1/次;

b——双曲线指数;

t——以月为单位的时间。

例2:

计算两年末双曲线递减的生产率,IP为$8000\times10^3\mathrm{ft}^3/\mathrm{d}$,初始年割线有效双曲递减率($D_{\mathrm{eis}}$)为66%,$b$值为1.3。

$$D_{\mathrm{i}} = \frac{1}{12b} \times [(1 - D_{\mathrm{eis}})^{-b} - 1] = \frac{1}{12 \times 1.3} \times [(1 - 66\%)^{-1.3} - 1] = 19.65\%$$

$$q = \mathrm{IP} \times (1 + b \times D_{\mathrm{i}} \times t)^{-\frac{1}{b}} = 8000 \times (1 + 1.3 \times 19.65\% \times 24)^{-\frac{1}{1.3}} = 1765 \times 10^3\mathrm{ft}^3/\mathrm{d}$$

(3)月双曲线累计量。

月双曲线累计量可使用式(17.16)计算。

$$N_{\mathrm{p}} = \left\{\left[\frac{\mathrm{IP}}{(1-b)\times 月度\mathrm{HYP}}\right] \times \left[1 - (1 + b \times 月度\mathrm{HYP} \times t)^{1-\frac{1}{b}}\right]\right\} \times \frac{365}{12} \tag{17.16}$$

式中 N_{p}——每月双曲线累计产量,$10^3\mathrm{ft}^3/\mathrm{d}$;

IP——初始产量,$10^3\mathrm{ft}^3/\mathrm{d}$。

例3:

假设以下参数,计算前24个月的月度双曲线累计量和月度双曲线产量:

$\mathrm{IP} = 10500 \times 10^3\mathrm{ft}^3/\mathrm{d}$,$b = 1.5$,初始年割线递减率($D_{\mathrm{eis}}$)$=61\%$

第1步,计算月度名义割线双曲递减率:

$$D_{\mathrm{i}} = \frac{1}{12b} \times [(1 - D_{\mathrm{eis}})^{-b} - 1] = \frac{1}{12 \times 1.5} \times [(1 - 61\%)^{-1.5} - 1] = 17.25\%$$

为了重复下面的计算,请使用17.254723%,而不是17.25%(四舍五入)。这个例子是用excel完成的,没有舍入,最终结果应该是相同的。

第2步,从第1个月开始计算每个月的双曲线累计量:

$$N_{\mathrm{p}} = \left\{\left[\frac{\mathrm{IP}}{(1-b)\times 月度\mathrm{HYP}}\right] \times \left[1 - (1 + b \times 月度\mathrm{HYP} \times t)^{1-\frac{1}{b}}\right]\right\} \times \frac{365}{12}$$

$$N_{p,\text{month 1}}=\left\{\left[\frac{10500}{(1-1.5\times17.25\%)}\right]\times\left[1-(1+1.5\times17.25\%\times1)^{1-\frac{1}{1.5}}\right]\right\}\times\frac{365}{12}$$

$$=295208\times10^3\text{ft}^3$$

$$N_{p,\text{month 2}}=\left\{\left[\frac{10500}{(1-1.5\times17.25\%)}\right]\times\left[1-(1+1.5\times17.25\%\times2)^{1-\frac{1}{1.5}}\right]\right\}\times\frac{365}{12}$$

$$=552264\times10^3\text{ft}^3$$

$$N_{p,\text{month 3}}=\left\{\left[\frac{10500}{(1-1.5\times17.25\%)}\right]\times\left[1-(1+1.5\times17.25\%\times3)^{1-\frac{1}{1.5}}\right]\right\}\times\frac{365}{12}$$

$$=781523\times10^3\text{ft}^3$$

$$N_{p,\text{month 4}}=\left\{\left[\frac{10500}{(1-1.5\times17.25\%)}\right]\times\left[1-(1+1.5\times17.25\%\times4)^{1-\frac{1}{1.5}}\right]\right\}\times\frac{365}{12}$$

$$=989466\times10^3\text{ft}^3$$

$$N_{p,\text{month 5}}=\left\{\left[\frac{10500}{(1-1.5\times17.25\%)}\right]\times\left[1-(1+1.5\times17.25\%\times5)^{1-\frac{1}{1.5}}\right]\right\}\times\frac{365}{12}$$

$$=1180447\times10^3\text{ft}^3$$

第 3 步,用下个月的累计产量减去每个月的累计产量来计算月产量:

$$\text{月产量}_{\text{month 1}}=295208\times10^3\text{ft}^3$$

$$\text{月产量}_{\text{month 2}}=552264-295208=257056\times10^3\text{ft}^3$$

$$\text{月产量}_{\text{month 3}}=781523-552264=229259\times10^3\text{ft}^3$$

$$\text{月产量}_{\text{month 4}}=989466-781523=207942\times10^3\text{ft}^3$$

$$\text{月产量}_{\text{month 5}}=1180477-989466=190981\times10^3\text{ft}^3$$

表 17.2 汇总了 24 个月的累计产量和月度产量。

表 17.2　累计产量和月度产量示例

时间/月	累计产量/10^3ft^3	月度产量/10^3ft^3	时间/月	累计产量/10^3ft^3	月度产量/10^3ft^3
1	295208	295208	6	1357553	177106
2	552264	257056	7	1523059	165506
3	781523	229259	8	1678695	155639
4	989466	207942	9	1825814	147119
5	1180447	190981	10	1965493	139679

续表

时间/月	累计产量/10^3ft^3	月度产量/10^3ft^3	时间/月	累计产量/10^3ft^3	月度产量/10^3ft^3
11	2098606	133113	18	2894871	102148
12	2225875	127269	19	2993949	99079
13	2347902	122027	20	3090179	96230
14	2465196	117293	21	3183757	93578
15	2578189	112994	22	3274859	91101
16	2687257	109068	23	3363641	88782
17	2792723	105466	24	3450246	86605

如前所述,在修正双曲线递减中,一旦年有效递减率达到晚期递减率,则递减曲线从双曲线切换到指数形式。因此,必须逐月计算年有效降幅,试图找到从双曲递减到指数递减的转换点。在能够计算年度有效递减率之前,必须使用式(17.17)计算月度名义递减率。

$$月名义递减率(D) = \frac{月度\ HYP}{1 + b \times 月度\ HYP \times t} \tag{17.17}$$

每月名义递减率以1/次表示,时间以月为单位。

之后,可使用式(17.18)计算年度双曲线有效递减率。

$$年有效递减率 = D_e = 1 - (1 + 12 \times b \times D)^{-\frac{1}{b}} \tag{17.18}$$

式中 D——每月名义递减率,1/次。

例4:

如果初始年割线有效递减率为85%,b值为1.3,则计算随后1个月、5个月、24个月和50个月后的年有效递减率。

第1步,计算月名义双曲线递减率:

$$D_i = \frac{1}{12b} \times [(1 - D_{eis})^{-b} - 1] = \frac{1}{12 \times 1.3} \times [(1 - 85\%)^{-1.3} - 1] = 69.09\%$$

第2步,计算1个月、5个月、24个月和50个月后的月名义递减率:

$$D_{month\ 1} = \frac{月度\ HYP}{1 + b \times 月度\ HYP \times t}$$

$$= \frac{69.09\%}{1 + 1.3 \times 69.09\% \times 1} = 36.40\%$$

$$D_{month\ 5} = \frac{69.09\%}{1 + 1.3 \times 69.09\% \times 5} = 12.6\%$$

$$D_{\text{month 24}} = \frac{69.09\%}{1 + 1.3 \times 69.09\% \times 24} = 3.1\%$$

$$D_{\text{month 50}} = \frac{69.09\%}{1 + 1.3 \times 69.09\% \times 50} = 1.5\%$$

第3步，计算1个月、5个月、24个月和50个月后的年有效递减率：

$$D_{\text{e,month 1}} = 1 - (1 + 12 \times b \times D)^{-\frac{1}{b}} = 1 - (1 + 12 \times 1.3 \times 36.40\%)^{-\frac{1}{1.3}} = 76.8\%$$

$$D_{\text{e,month 5}} = 1 - (1 + 12 \times 1.3 \times 12.6\%)^{-\frac{1}{1.3}} = 56.6\%$$

$$D_{\text{e,month 24}} = 1 - (1 + 12 \times 1.3 \times 3.1\%)^{-\frac{1}{1.3}} = 26.0\%$$

$$D_{\text{e,month 50}} = 1 - (1 + 12 \times 1.3 \times 1.5\%)^{-\frac{1}{1.3}} = 15.0\%$$

例5：

在Barnett页岩中钻取的油井呈双曲递减类型，其IP值为$6500 \times 10^3 \text{ft}^3/\text{d}$，初始割线有效递减率为55%，$b$值为1.4。计算前12个月的月生产量和年有效递减率。

第1步，计算月名义正割双曲递减率：

$$D_{\text{i}} = \frac{1}{12b} \times [(1 - D_{\text{eis}})^{-b} - 1] = \frac{1}{12 \times 1.4} \times [(1 - 55\%)^{-1.4} - 1] = 12.25\%$$

为了重复下面的计算，请使用12.25272%，而不是12.25%（四舍五入）。这个例子是用Excel完成的，没有舍入，最终结果应该是相同的。

第2步，从第1个月开始计算每个月的双曲线累计量：

$$N_{\text{p}} = \left\{ \left[\frac{\text{IP}}{(1-b) \times 月度\text{HYP}} \right] \times \left[1 - (1 + b \times 月度\text{HYP} \times t)^{1-\frac{1}{b}} \right] \right\} \times \frac{365}{12}$$

$$N_{\text{p,month 1}} = \left\{ \left[\frac{6500}{(1 - 1.4 \times 12.25\%)} \right] \times \left[1 - (1 + 1.4 \times 12.25\% \times 1)^{1-\frac{1}{1.4}} \right] \right\} \times \frac{365}{12}$$

$$= 186661 \times 10^3 \text{ft}^3$$

$$N_{\text{p,month 2}} = \left\{ \left[\frac{6500}{(1 - 1.4 \times 12.25\%)} \right] \times \left[1 - (1 + 1.4 \times 12.25\% \times 2)^{1-\frac{1}{1.4}} \right] \right\} \times \frac{365}{12}$$

$$= 354699 \times 10^3 \text{ft}^3$$

$$N_{p,month\ 3}=\left\{\left[\frac{6500}{(1-1.4\times12.25\%)}\right]\times\left[1-(1+1.4\times12.25\%\times3)^{1-\frac{1}{1.4}}\right]\right\}\times\frac{365}{12}$$

$$=508034\times10^3ft^3$$

$$N_{p,month\ 4}=\left\{\left[\frac{6500}{(1-1.4\times12.25\%)}\right]\times\left[1-(1+1.4\times12.25\%\times4)^{1-\frac{1}{1.4}}\right]\right\}\times\frac{365}{12}$$

$$=649420\times10^3ft^3$$

$$N_{p,month\ 5}=\left\{\left[\frac{6500}{(1-1.4\times12.25\%)}\right]\times\left[1-(1+1.4\times12.25\%\times5)^{1-\frac{1}{1.4}}\right]\right\}\times\frac{365}{12}$$

$$=780873\times10^3ft^3$$

$$N_{p,month\ 6}=\left\{\left[\frac{6500}{(1-1.4\times12.25\%)}\right]\times\left[1-(1+1.4\times12.25\%\times6)^{1-\frac{1}{1.4}}\right]\right\}\times\frac{365}{12}$$

$$=903921\times10^3ft^3$$

$$N_{p,month\ 7}=\left\{\left[\frac{6500}{(1-1.4\times12.25\%)}\right]\times\left[1-(1+1.4\times12.25\%\times7)^{1-\frac{1}{1.4}}\right]\right\}\times\frac{365}{12}$$

$$=1019747\times10^3ft^3$$

$$N_{p,month\ 8}=\left\{\left[\frac{6500}{(1-1.4\times12.25\%)}\right]\times\left[1-(1+1.4\times12.25\%\times8)^{1-\frac{1}{1.4}}\right]\right\}\times\frac{365}{12}$$

$$=1129292\times10^3ft^3$$

$$N_{p,month\ 9}=\left\{\left[\frac{6500}{(1-1.4\times12.25\%)}\right]\times\left[1-(1+1.4\times12.25\%\times9)^{1-\frac{1}{1.4}}\right]\right\}\times\frac{365}{12}$$

$$=1233317\times10^3ft^3$$

$$N_{p,month\ 10}=\left\{\left[\frac{6500}{(1-1.4\times12.25\%)}\right]\times\left[1-(1+1.4\times12.25\%\times10)^{1-\frac{1}{1.4}}\right]\right\}\times\frac{365}{12}$$

$$=1332445\times10^3ft^3$$

$$N_{p,month\ 11}=\left\{\left[\frac{6500}{(1-1.4\times12.25\%)}\right]\times\left[1-(1+1.4\times12.25\%\times11)^{1-\frac{1}{1.4}}\right]\right\}\times\frac{365}{12}$$

$$=1427196\times10^3ft^3$$

$$N_{p,\mathrm{month}\ 12}=\left\{\left[\frac{6500}{(1-1.4\times 12.25\%)}\right]\times\left[1-(1+1.4\times 12.25\%\times 12)^{1-\frac{1}{1.4}}\right]\right\}\times\frac{365}{12}$$

$$=1518006\times 10^{3}\mathrm{ft}^{3}$$

第3步,从下一个月的累计量中减去每个月的累计量,见表17.3。

表17.3 月生产率示例

时间/月	累计量/$10^3\mathrm{ft}^3$	月产量/($10^3\mathrm{ft}^3$/月)	时间/月	累计量/$10^3\mathrm{ft}^3$	月产量/($10^3\mathrm{ft}^3$/月)
1	186661	186661	7	1019747	115826
2	354699	168038	8	1129292	109545
3	508034	153335	9	1233317	104025
4	649420	141386	10	1332445	99128
5	780873	131454	11	1427196	94751
6	903921	123047	12	1518006	90810

第4步,计算每个月的名义月递减率:

$$D=\frac{\text{月度 HYP}}{1+b\times\text{月度 HYP}\times t}$$

$$D_{\mathrm{month}\ 1}=\frac{12.25\%}{1+1.4\times 12.25\%\times 1}=10.5\%$$

$$D_{\mathrm{month}\ 2}=\frac{12.25\%}{1+1.4\times 12.25\%\times 2}=9.1\%$$

$$D_{\mathrm{month}\ 3}=\frac{12.25\%}{1+1.4\times 12.25\%\times 3}=8.1\%$$

$$D_{\mathrm{month}\ 4}=\frac{12.25\%}{1+1.4\times 12.25\%\times 4}=7.3\%$$

$$D_{\mathrm{month}\ 5}=\frac{12.25\%}{1+1.4\times 12.25\%\times 5}=6.6\%$$

$$D_{\mathrm{month}\ 6}=\frac{12.25\%}{1+1.4\times 12.25\%\times 6}=6.0\%$$

$$D_{\mathrm{month}\ 7}=\frac{12.25\%}{1+1.4\times 12.25\%\times 7}=5.6\%$$

$$D_{\text{month 8}} = \frac{12.25\%}{1 + 1.4 \times 12.25\% \times 8} = 5.2\%$$

$$D_{\text{month 9}} = \frac{12.25\%}{1 + 1.4 \times 12.25\% \times 9} = 4.8\%$$

$$D_{\text{month 10}} = \frac{12.25\%}{1 + 1.4 \times 12.25\% \times 10} = 4.5\%$$

$$D_{\text{month 11}} = \frac{12.25\%}{1 + 1.4 \times 12.25\% \times 11} = 4.2\%$$

$$D_{\text{month 12}} = \frac{12.25\%}{1 + 1.4 \times 12.25\% \times 12} = 4.0\%$$

第5步,计算每个月的年有效递减率:

$$D_{\text{e,month 1}} = 1 - (1 + 12 \times b \times D)^{-\frac{1}{b}}$$

$$= 1 - (1 + 12 \times 1.4 \times 10.5\%)^{-\frac{1}{1.4}} = 51.5\%$$

$$D_{\text{e,month 2}} = 1 - (1 + 12 \times 1.4 \times 9.1\%)^{-\frac{1}{1.4}} = 48.5\%$$

$$D_{\text{e,month 3}} = 1 - (1 + 12 \times 1.4 \times 8.1\%)^{-\frac{1}{1.4}} = 45.8\%$$

$$D_{\text{e,month 4}} = 1 - (1 + 12 \times 1.4 \times 7.3\%)^{-\frac{1}{1.4}} = 43.4\%$$

$$D_{\text{e,month 5}} = 1 - (1 + 12 \times 1.4 \times 6.6\%)^{-\frac{1}{1.4}} = 41.3\%$$

$$D_{\text{e,month 6}} = 1 - (1 + 12 \times 1.4 \times 6.0\%)^{-\frac{1}{1.4}} = 39.4\%$$

$$D_{\text{e,month 7}} = 1 - (1 + 12 \times 1.4 \times 5.6\%)^{-\frac{1}{1.4}} = 37.6\%$$

$$D_{\text{e,month 8}} = 1 - (1 + 12 \times 1.4 \times 5.2\%)^{-\frac{1}{1.4}} = 36.0\%$$

$$D_{\text{e,month 9}} = 1 - (1 + 12 \times 1.4 \times 4.8\%)^{-\frac{1}{1.4}} = 34.5\%$$

$$D_{\text{e,month 10}} = 1 - (1 + 12 \times 1.4 \times 4.5\%)^{-\frac{1}{1.4}} = 33.2\%$$

$$D_{\text{e,month 11}} = 1 - (1 + 12 \times 1.4 \times 4.2\%)^{-\frac{1}{1.4}} = 31.9\%$$

$$D_{\text{e,month 12}} = 1 - (1 + 12 \times 1.4 \times 4.0\%)^{-\frac{1}{1.4}} = 30.8\%$$

表17.4给出了该示例的汇总。

表 17.4 双曲递减示例汇总表

时间/月	累计体积/10^3ft^3	月产量/10^3ft^3	月名义递减率/%	年有效递减率/%
1	186661	186661	10.5	51.5
2	354699	168038	9.1	48.5
3	508034	153335	8.1	45.8
4	649420	141386	7.3	43.4
5	780873	131454	6.6	41.3
6	903921	123047	6.0	39.4
7	1019747	115826	5.6	37.6
8	1129292	109545	5.2	36.0
9	1233317	104025	4.8	34.5
10	1332445	99128	4.5	33.2
11	1427196	94751	4.2	31.9
12	1518006	90810	4.0	30.8

17.7 多段递减

多段递减是另一种用于不同操作的递减曲线分析。多段递减通常包括三个部分(或更多),如下所示。

第一段:双曲递减,b 值较高。

第二段:双曲递减,b 值较低。

第三部分:从第二个双曲递减到指数递减的过渡。

使用多段递减的优点是可以对其进行修正,以更精确地适应生产数据。如前所述,在修正双曲递减中选择一个常数 b 值,直到达到晚期递减率;然而,在多段递减中,第一个双曲段持续几个月到几年,第二个双曲段则保持到最终递减。

例 6:

假设储层横向长度为 10000ft,计算下面列出的以下多段递减的 EUR 和每英尺 EUR。

第一段

$q_i/(10^3ft^3/d)$	36000
D_e/%	75
b	2
第一段时间/d	365
时间/月	12.00

第二段

D_e/%	32
b	1.1
最终时间/d	600
转换到指数递减/%	5

在多段递减中使用的方程与用于修正双曲递减的方程相同,但在多段递减中,必须计算

两个不同参数的双曲段。请使用相同的双曲线方程计算第一段，使用 $q_i = 36000 \times 10^3 ft^3/d$，年割线有效递减率为75%，$b$ 值为2，持续365d。在计算前12个月的双曲线体积（速率）后，必须使用第二段中提供的参数来计算第二段双曲段。但是，本例中没有提供第二段的起始点 q_i，必须首先计算。根据本例中的信息，第二个段的 q_i 计算如下。

计算割线有效递减率 D_i：

$$D_i = \frac{(1 - D_{eis})^{(-b)} - 1}{12 \times b} = \frac{(1 - 75\%)^{(-2)} - 1}{12 \times 2} = 0.625$$

计算每天的产量，直到达到365天（第一段）。以下是前3天的计算示例：

$$q_{day\ 1} = \frac{q_i}{(1 + b \times D_i \times t_{调整})^{\frac{1}{b}}} = \frac{36000}{\left(1 + 2 \times 0.625 \times \frac{1}{\frac{365}{12}}\right)^{\frac{1}{2}}}$$

$$= 35282 \times 10^3 ft^3/d$$

$$q_{day\ 2} = \frac{36000}{\left(1 + 2 \times 0.625 \times \frac{2}{\frac{365}{12}}\right)^{\frac{1}{2}}} = 34606 \times 10^3 ft^3/d$$

$$q_{day\ 3} = \frac{36000}{\left(1 + 2 \times 0.625 \times \frac{3}{\frac{365}{12}}\right)^{\frac{1}{2}}} = 33967 \times 10^3 ft^3/d$$

表17.5显示了365天前6天和最后6天的日产量。如前所示，使用本例中提供的第一段DCA参数生产1年后，启动第二段双曲线段的 q_i 为 $9000 \times 10^3 ft^3/d$。因此，必须使用以下参数对第二个双曲段重复进行双曲线计算：

$$q_i = 9000 \times 10^3 ft^3/d, b = 1.1, D_e = 32\%, 最终递减率 = 5\%$$

表17.5　365d 的日产量 q

时间/d	产量/($10^3 ft^3/d$)	时间/d	产量/($10^3 ft^3/d$)
0	36000	…	…
1	35282	360	9058
2	34606	361	9047
3	33967	362	9035
4	33362	363	9023
5	32789	364	9012
6	32244	365	9000

对这两个部分重复双曲线计算,然后以5%的最终递减率切换到指数递减,将得到一个总的EUR,为275326160000或$2.75 \times 10^8 ft^3/1000$EUR。图17.7说明了多段双曲DCA,并通过不同的线条突出显示了每个段的递减类型。表17.6显示了每个部分(前12个月、第二个HYP部分和EXP部分)的费率。

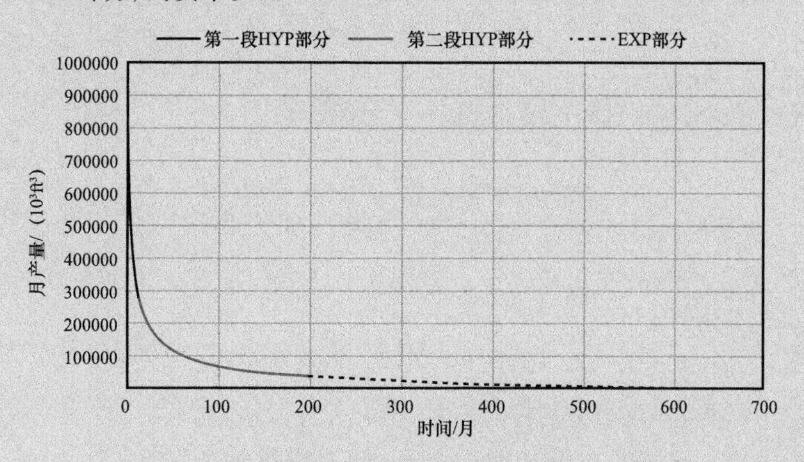

图17.7 多段DCA示意图

表17.6 多段DCA月产量

时间/月	月度HYP+EXP产量/$10^3 ft^3$	递减段	时间/月	月度HYP+EXP产量/$10^3 ft^3$	递减段
1	876000	HYP	14	258318	HYP
2	649692	HYP	15	248983	HYP
3	540704	HYP	16	240330	HYP
4	473111	HYP	…	…	…
5	425898	HYP	197	36686	EXP
6	390509	HYP	198	36529	EXP
7	362704	HYP	199	36374	EXP
8	340108	HYP	…	…	…
9	321273	HYP	596	6665	EXP
10	305259	HYP	597	6637	EXP
11	291425	HYP	598	6608	EXP
12	279316	HYP	599	6580	EXP
13	268420	HYP	600	6552	EXP

17.8 压力标准化产量

压力标准化产量是另一种可用于油井对比和计算EUR的方法。由于各种操作或技术原因,有些井无法满负荷生产,因此,必须使用压力标准化产量法计算油井生产量,以解释由操作或技术原因引起的缩减问题。压力标准化率需要简单地绘制 y 轴为$\frac{q}{\Delta p}$/ft❶ 与 x 轴为 CUM(累计产量)/ft 的曲线,递减曲线与 x 轴的交点为 EUR/ft。这种方法对于快速分析对比(如生产性能比较分析)也非常常见。可以通过以下步骤生成压力标准化产量图,并通过曲线图根据 DCA 来计算 EUR。

(1)根据迄今为止的实际产气量数据,计算横向的 CUM/ft。该计算采用每行的累计产量值,并除以井的横向长度。

(2)计算压力标准化率并除以横向长度,如下所示:

$$\text{压力标准化产量} = \frac{q}{\Delta p} = \frac{q}{p_{\mathrm{i}} - p_{\mathrm{wf}}} \tag{17.19}$$

式中 q——产量,$10^3\mathrm{ft}^3/\mathrm{d}$;

p_{i}——初始储层压力,psi;

p_{wf}——流动井底压力,psi。

取上述压力标准化率除以井的横向长度。

(3)计算 PNR/ft 后,绘制 y 轴为 PNR/ft 与 x 轴为 CUM/ft 曲线图。

(4)在计算了实际数据的 PNR/ft 和 CUM/ft 之后,下一步是使用常规 DCA 方程(双曲方程和指数方程)计算预测的 PNR/ft 与 CUM/ft。请注意,与传统 DCA 中的产量(q)不同,PNR/ft用于 PNR 方法。此外,在 PNR 方法中,CUM/ft 代替了传统 DCA 中的时间。同样双曲递减和指数递减方程仍在使用,但它们适用于 PNR/ft 与 CUM/ft。一旦预测,x 轴的交点将为该井产生 EUR/ft。

(5)下一步是创建预测曲线以应用于实际数据,类似于执行 DCA 分析。计算每行的预测量,如下所示:

$$\text{预测量} = \text{PNR IP} \times \text{DD} \times \text{LL} \tag{17.20}$$

式中 PNR IP——与 q_{i} 在 DCA 中相同,$10^3\mathrm{ft}^3/(\mathrm{psi}\cdot\mathrm{ft})$;

DD——压降,储层压力转换为 BH 条件,psi;

LL——横向长度,ft。

(6)接下来,计算每行每英尺的累计预测量。

(7)PNR 中最重要的考虑之一是通过数据拟合 $D_{\min}$。此操作可以通过拟合实际生产数据的最佳拟合线来执行,并通过迭代 $D_{\min}$,直到达到对实际生产数据的拟合。然后可以使用 $D_{\min}$ 从双曲递减方程切换到指数递减方程。如示例所示,与传统的 DCA 分析相比,PNR 分析中使用的 $D_{\min}$ 百分比要高得多。40%、50%或60%的百分比并不罕见,这都取决于通过数据的最佳拟合线。当油井不受约束(缩减)时,PNR EUR 精度效果最好。使用这种方法时,六个月的未缩减生产数据将提供最佳的 PNR EUR 准确度。

---

❶ $\frac{q}{\Delta p}$/ft 表示每英尺的$\frac{q}{\Delta p}$,后同。

例 7:

使用以下参数,生成 PNR 曲线并计算双曲线、指数和总 EUR。

PNR IP(q_i 在 DCA 中) $=0.0018\times10^3\text{ft}^3/(\text{psi}\cdot\text{ft})$

其中 $b=0.8$,有效递减率 $=84\%$,$D_{\min}=50\%$,压降 DO $=4250$ psi,横向长度 LL $=10000$ ft

第 1 步,将有效递减率转换为日名义双曲线递减率:

$$\text{日名义 HYP}=\frac{(1-\text{有效年递减值})^{-b}-1}{b\times365}$$

$$=\frac{(1-84\%)^{-0.8}-1}{0.8\times365}==0.011411$$

第 2 步,计算第 1 天的 HYP 预测量:

$$\text{第 1 天的 HYP 预测量}=\text{PNR IP}\times\text{DD}\times\text{LL}$$

$$=0.0018\times4250\times10000$$

$$=76500\times10^3\text{ft}^3$$

第 3 步,计算第 1 天的 HYP CUM/ft:

$$\text{第 1 天的 HYP CUM/ft}=0$$

第 4 步,计算第 1 天的有效递减率:

$$\text{第 1 天的有效递减率}=100\%$$

第 5 步,计算第 2 天的 HYP CUM/ft:

$$\text{第 2 天的 HYP CUM/ft}=\text{第 1 天的 HYP CUM/ft}+\left(\frac{\text{第 1 天的 HYP 预测量}}{\text{LL}}\right)$$

$$=0+\left(\frac{76500}{10000}\right)=7.65\times10^3\text{ft}^3$$

第 6 步,计算第 2 天的 HYP PNR/ft:

$$\text{第 2 天的 HYP PNR/ft}=\frac{\text{PNR IP}}{(1+b\times\text{第 2 天的 HYP CUM/ft}\times\text{日名义 HYP})^{\frac{1}{b}}}$$

$$=\frac{0.0018}{(1+0.8\times7.65\times0.011411)^{\frac{1}{0.8}}}$$

$$=0.00165434\times10^3\text{ft}^3/(\text{psi}\cdot\text{ft})$$

第7步,计算第2天的HYP预测量:

$$\text{第2天的HYP预测量} = \text{第2天的HYP PNR/ft} \times DD \times LL$$
$$= 0.00165434 \times 4250 \times 10000$$
$$= 70309 \times 10^3 ft^3$$

第8步,计算第2天的有效递减率:

$$\text{第2天的有效递减率} = 1 - e^{\frac{\left(\frac{\text{第2天的HYP PNR/ft}}{\text{第1天的HYP PNR/ft}} - 1\right) \times 365}{\text{第2天的HYP CUM/ft} - \text{第1天的HYP CUM/ft}}}$$

$$= 1 - e^{\frac{\left(\frac{0.00165434}{0.0018} - 1\right) \times 365}{7.65 - 0}} = 0.9790 \text{ 或 } 97.90\%$$

第9步,计算第3天的HYP CUM/ft:

$$\text{第3天的HYP CUM/ft} = 7.65 + \left(\frac{70309}{10000}\right) = 14.68 \times 10^3 ft^3/ft$$

第10步,计算第3天的PNR/ft:

$$\text{第3天的HYP PNR/ft} = \frac{PNR\ IP}{(1 + b \times \text{第3天的HYP CUM/ft} \times \text{日均双曲线值})^{\frac{1}{b}}}$$

$$= \frac{0.0018}{(1 + 0.8 \times 14.68 \times 0.011411)^{\frac{1}{0.8}}}$$

$$= 0.00153813 \times 10^3 ft^3/(psi \cdot ft)$$

第11步,计算第3天的HYP预测量:

$$\text{第3天的HYP预测量} = \text{第3天的HYP PNR/ft} \times DD \times LL$$
$$= 0.00153813 \times 4250 \times 10000$$
$$= 65371 \times 10^3 ft^3$$

第12步,计算第3天的有效递减率:

$$\text{第3天的有效递减率} = 1 - e^{\frac{\left(\frac{\text{第3天的HYP PNR/ft}}{\text{第3天的HYP PNR/ft}} - 1\right) \times 365}{\text{第3天的HYP CUM/ft} - \text{第2天的HYP CUM/ft}}}$$

$$= 1 - e^{\frac{\left(\frac{0.00153813}{0.00165434} - 1\right) \times 365}{14.68 - 7.65}} = 0.9739 \text{ 或 } 97.39\%$$

这些步骤可以在 Excel 或任何编程语言中重复 50 年或 18250 天(如果曲线在 50 年内保持双曲线 PNR 模式,但是这是不现实的)。请注意,这个问题的前程是 D_{min} 被给定为 50%。因此,一旦有效递减率达到 50%,则必须将递减方程转换为指数递减方程。继续这个例子,有效递减率达到 $D_{min}=50\%$ 时的转换时间为 353 天,切换时间的 PNR/ft 为 $0.000191406\times10^3ft^3/(psi\cdot ft)$。该 PNR/ft 将用作将要讨论的指数方程计算的 IP。353 天时的 HYP C UM/ft为 $548.45\times10^3ft^3/ft$ 或 $0.54845\times10^9ft^3/1000ft$。表 17.7 说明了前 12 天和最后 12 天的所有讨论步骤和计算,显示了转换时间(表中突出显示)。转换时间的 PNR/ft 将用于指数方程。

第 13 步,353 天(转换时间)的 PNR/ft 为 $0.000191406\times10^3ft^3/(psi\cdot ft)$。计算第 353 天的指数预测量如下:

$$\text{第 353 天的指数预测量} = \text{第 353 天的 PNR/ft} \times DD \times LL$$
$$= 0.000191406\times4250\times10000$$
$$= 8135\times10^3ft^3$$

第 14 步,计算 353 天的指数预测 CUM/ft,如下所示:

$$\text{第 353 天的指数预测 CUM/ft} = \frac{\text{第 353 天的指数预测量}}{LL}$$
$$= \frac{8135}{10000} = 0.8135\times10^3ft^3/ft$$

第 15 步,计算第 354 天的指数 PNR/ft:

$$\text{第 354 天的指数 PNR/ft} = \text{转化时间对应 HYP PNR/ft} \times e^{-\ln[(1-D_{min})(\frac{1}{365})]\times(\text{第353天的指数预测CUM/ft})}$$
$$= 0.000191406\times e^{-\ln[(1-50\%)(\frac{1}{365})]\times(-0.8135)}$$
$$= 0.000191111\times10^3ft^3/(psi\cdot ft)$$

表 17.7　转换时间前的双曲线 PNR 下降

时间/d	HYP PNR/ $10^3ft^3/psi$	HYP 预测量/ 10^3ft^3	HYP CUM/ 10^3ft^3	递减率/%	递减类型
1	0.00180000	76500	0	100.00	HYP
2	0.00165434	70309	7.65	97.90	HYP
3	0.00153813	65371	14.68	97.39	HYP
4	0.00144262	61311	21.22	96.88	HYP
5	0.00136231	57898	27.35	96.36	HYP
6	0.00129356	54976	33.14	95.85	HYP
7	0.00123385	52439	38.64	95.33	HYP
8	0.00118136	50208	43.88	94.82	HYP

续表

时间/d	HYP PNR/ 10^3ft^3/psi	HYP 预测量/ 10^3ft^3	HYP CUM/ 10^3ft^3	递减率/%	递减类型
9	0.00113475	48227	48.90	94.32	HYP
10	0.00109301	46453	53.72	93.82	HYP
11	0.00105534	44852	58.37	93.33	HYP
12	0.00102113	43398	62.85	92.85	HYP
…	…	…	…	…	…
342	0.00019474	8277	539.42	50.49	HYP
343	0.00019443	8263	540.25	50.44	HYP
344	0.00019412	8250	541.08	50.40	HYP
345	0.00019382	8237	541.90	50.35	HYP
346	0.00019351	8224	542.72	50.31	HYP
347	0.00019321	8211	543.55	50.27	HYP
348	0.00019290	8198	544.37	50.22	HYP
349	0.00019260	8186	545.19	50.18	HYP
350	0.00019230	8173	546.01	50.14	HYP
351	0.00019200	8160	546.82	50.09	HYP
352	0.00019170	8147	547.64	50.05	HYP
353	**0.00019141**	**8135**	**548.45**	**50.01**	**EXP**

第 16 步,计算 354 天的预测量:

$$\text{第 354 天的 EXP 预测量} = \text{第 354 天的 PNR/ft} \times DD \times LL = 0.000191111 \times 4250 \times 10000 = 8122 \times 10^3 ft^3$$

第 17 步,计算 354 天的指数预测 CUM/ft,如下所示:

$$\text{第 354 天的 EXP CUM/ft} = \text{第 353 天 EXP CUM/ft} + \frac{\text{第 354 天的 EXP 预测量}}{LL} = 0.813 + \frac{8122}{10000} = 1.626 \times 10^3 ft^3/ft$$

第 18 步,计算第 355 天的指数 PNR/ft,如下所示:

$$\text{第 355 天的 EXP PNR/ft} = \text{转化时间对应 HYP PNR/ft} \times e^{-\ln\left[(1-D_{\min})\left(\frac{1}{365}\right)\right]\times(-354\text{天EXP预测CUM/ft})}$$

$$= 0.000191406 \times e^{-\ln\left[(1-50\%)\left(\frac{1}{365}\right)\right]\times(-1.626)} = 0.000190816 \times 10^3 ft^3/(psi \cdot ft)$$

第 19 步,计算 355 天的预测量:

$$\text{第 355 天的 EXP 预测量} = \text{第 355 天的 PNR/ft} \times DD \times LL$$

$$= 0.000190816 \times 4250 \times 10000$$

$$= 8110 \times 10^3 ft^3$$

第 20 步,计算 355 天的指数预测 CUM/ft,如下所示:

$$\text{第 355 天的 EXP CUM/ft} = \text{第 354 天 EXP CUM/ft} + \frac{\text{第 355 天的 EXP 预测量}}{LL}$$

$$= 1.626 + \frac{8110}{10000} = 2.437 \times 10^3 ft^3/ft$$

第 21 步,继续这个过程,直到 18250 天 EXP(50 年)为止,并计算指数 EUR。计算出 EXP EUR 后,加上 HYP EUR 得到油井的总 EUR。18250 天 EXP 的指数累计量/ft 计算为 $1766.80 \times 10^3 ft^3/ft$ 或 $1.77 \times 10^9 ft^3/1000ft$。每 1000 EUR 的总额计算如下:

$$\text{EUR 点} = \text{353 天 HYP CUM/ft} + \text{18250 天 EXP CUM/ft@18250}$$

$$= 548.45 + 1766.80$$

$$= 2315.2 \times 10^3 ft^3/ft \text{ 或 } 2.3 \times 10^9 ft^3/1000ft$$

表 17.8 显示了指数递减期的前 12 天和最后 12 天的指数递减 PNR 下降。

表 17.8 指数 PNR 下降至 18250 天

时间/d	EXP PNR/ $10^3 ft^3/psi$	EXP 预期量/ $10^3 ft^3$	EXP CUM/ $10^3 ft^3$	递减类型
353	0.000191406	8135	0.81	EXP
354	0.000191111	8122	1.63	EXP
355	0.000190816	8110	2.44	EXP
356	0.000190522	8097	3.25	EXP
357	0.000190230	8085	4.05	EXP
358	0.000189938	8072	4.86	EXP
359	0.000189647	8060	5.67	EXP
360	0.000189357	8048	6.47	EXP

续表

时间/d	EXP PNR/ 10^3ft^3/psi	EXP 预期量/ 10^3ft^3	EXP CUM/ 10^3ft^3	递减类型
361	0.000189068	8035	7.28	EXP
362	0.000188779	8023	8.08	EXP
363	0.000188492	8011	8.88	EXP
364	0.000188205	7999	9.68	EXP
…	…	…	…	…
18239	0.000006685	284	1766.49	EXP
18240	0.000006684	284	1766.52	EXP
18241	0.000006684	284	1766.55	EXP
18242	0.000006684	284	1766.57	EXP
18243	0.000006683	284	1766.60	EXP
18244	0.000006683	284	1766.63	EXP
18245	0.000006683	284	1766.66	EXP
18246	0.000006682	284	1766.69	EXP
18247	0.000006682	284	1766.72	EXP
18248	0.000006682	284	1766.74	EXP
18249	0.000006681	284	1766.77	EXP
18250	0.000006681	284	1766.80	EXP

第18章 经济评估

18.1 概述

采用下面三种常用的模型来评估利润。每个模型都有定义成本的独特方法。这些模型如下：

(1)净现金流模型（NCF）；

(2)财务模型；

(3)税收模型。

18.2 净现金流模型(简称NCF)

NCF模型是以上三个模型中在石油和天然气行业中最常用的模型,因为它考虑了货币的时间价值,这一点将在本章后面讨论。该模型通常用于任何油气属性评估中,以根据需要计算利润和净现值(NPV),以及其他重要的资本预算和财务参数。NCF模型的一个独特功能是零时间。零时间是指进行第一笔投资的日期。例如,如果ABC公司决定投资约1000万美元用于Bakken页岩(位于北达科他州)的一口井的勘探和开发,那么将在零时间投入1000万美元。零时间是未来利润折现的时间点。如果正在进行长期经济分析,其中从今天起很多年(例如4年)将投产,则通常将所有未来现金流量折现为今天的美元,以便全面了解今天的资产价值。NCF模型中有两个重要概念。第一个被称为现金流出,本质上是项目上花费的现金(即从业务中流出的钱)。现金流出的例子有投资、运营成本和所得税。公司对特定项目进行投资以收回原始投资,并在最初投资的基础上额外获利。NCF模型中的第二个重要概念是现金流入,基本上是公司从项目中产生的现金量。现金流入的一个例子是收入。图18.1为NCF概念的流程图。

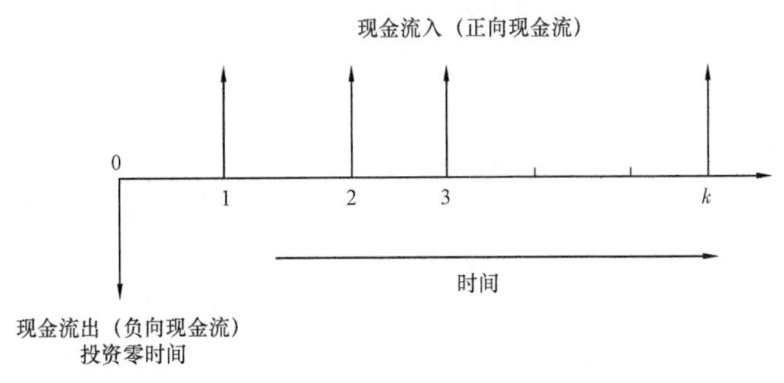

图18.1 净现金流模型(NCF)

18.3 特许权使用费

特许权使用费是支付给拥有矿产权利的土地所有者的金额。在石油和天然气工业中，第一笔付款通常是每英亩租用该土地的土地所有人所支付的款项。例如,如果某个土地所有者拥有 5000acre 的油气公司感兴趣的土地(由于潜在的或探明的储量),那么该石油和天然气公司最终将向该土地所有者支付每英亩一定数量的资金,以便能够钻探和完成特定地产。该金额因州而异,根据储层潜力和项目回报率的不同,可能低至 500 美元/acre,也可能高达 15000 美元/acre。例如,如果 Hoss Belyadi 先生在宾夕法尼亚州拥有 5000acre 土地,经营者有意以 2500 美元/acre 的价格租赁其土地,则 Belyadi 先生将获得一笔 1250 万美元的巨额支票,以允许该公司在其地产上进行钻探和完工,因为他拥有矿产权。在页岩热潮刚开始时许多人与石油和天然气公司签署协议后,一夜之间成了百万富翁。除了最初获得一大笔款项外,Belyadi 先生还将在每口井开始生产碳氢化合物时从每口称为特许权使用费的井中获得一定比例的已生产碳氢化合物利润。此百分比因合同而异,可能在 12.5%~20% 之间。

这样每年可以增加很多钱,而且在页岩气等油气项目繁荣之后,许多土地所有者通过赚钱而致富。土地所有者和经营公司在签订租赁合同时可以讨论并商定租赁合同的特许权使用费百分比以及其他条件和情况。一些公司的策略是购买土地,从而解决租赁各种地产和在到期后续签租约的麻烦。从矿物权利所有者租赁地产更为普遍。租赁地产的最大弊端之一是,运营公司的运营时间有限,通常为 5 年(可以延长)。如果石油和天然气市场通过维持可盈利的石油和天然气价格保持健康,公司将能够更轻松地决定每年要钻探和完井的井数。但是,当石油或天然气的价格波动至非经济价格时,没有以一定价格对冲其天然气的公司将很难集中在已签署租赁协议的未开发地区进行钻井和完井。因此,对于公司来说,准备好租赁地产并制订战略计划非常重要。公司需要考虑各种发展计划。如果特定的运营公司中不存在特定的战略计划,则更新到期的租赁或失去的租赁将使该公司每年损失数百万美元。由于土地和矿产权以前是特定地区先前的活动(煤矿开采等)的所有权,一些公司不必在很大程度上通过租赁和向土地所有者支付特许权使用费。

18.4 经营权益

从根本上讲,经营权益(WI)是指油气租赁或财产中所有权的百分比,该权益使所有者拥有在租赁土地上钻探、完井和生产油气的权利。例如,如果一家运营公司 XYZ 在特定资产中拥有 80% 的 WI,这意味着该特定公司有义务支付 80% 的任何投资和产生的成本。这些投资和成本包括但不限于购置、勘探、钻探、完井、运营成本等。通常,运营公司在选择获取 WI 百分比时有两个主要考虑因素。第一个考虑因素是公司拥有的资本额。如果公司的资本很少(即私人所有者或有时是家族所有者),那么仅拥有一小部分股份就非常重要。这是由于以下事实:钻井和完井需要大量资金。拥有高比例的 WI 意味着将需要大量资金来支付之前讨论的所有投资和成本。马塞勒斯(Marcellus)中有小型家族企业所有者,而其他页岩气拥有的 WI 则低至 1% 或更低。大型和中型的勘探与生产(E&P)公司通常拥有较大的 WI 百分比,但在各种非核心业务上可以拥有较小的 WI。拥有 50% 或更高 WI 的公司通常负责公司的运营。

第二个重要的考虑因素是与决定 WI 百分比的项目相关的风险和置信度。例如假设 Hoss Belyadi先生拥有一家价值 80 亿美元的公司,他正试图为钻井项目投资。他面临的唯一问题和限制是对完成后的预期结果没有信心。为了分担这个项目的风险,Belyadi 可以选择寻找一个愿意根据联合运营协议(JOA)购买该项目 50% 经营权的商业伙伴。通过这样做,在特定项目不满足期望的情况下,与该项目相关的风险将为50%。这被称为风险缓解实践,在一些没有信心、无法将大笔资金投入到特定项目中或者根本没有资本的运营商中很常见。获取第三方土地的方法多种多样,最常见的方法如下。

(1)交换:交换是通过等值的贸易租赁进行的,这些租赁通常位于具有相似英亩数的类似区域。建议在处置公司没有任何发展计划的租赁时进行交换。美国国税局(IRS)1986年《税法》第1031条和财政部条例允许投资者(例如公司)对任何类似性质的财产(具有相同性质、类别或特性的财产)进行交换而推迟资本利得税。

(2)转让:转让是在特定时间段内分配租赁权的协议。在转让中,所有者将其租赁给运营商ABC。运营商ABC将全部或部分权利转让给另一运营商。当运营商试图在其中开发的一小部分土地(在运营商的发展计划内)由另一运营商拥有或租赁时,分配是常见的。在这种情况下,拥有那部分面积的租赁权或所有权的运营商将必须进行经济分析,以确定是否要参加该井(通过JOA)还是干脆不参与并分配该面积以换取签约奖金、最高的特许权使用费、油井数据等(取决于JOA)。分配通常包括每英亩的前期奖金、最高的特许权使用费(ORRI)、油井数据和实地考察。最高的特许权使用费是指超出油气租赁提供的权益,通常是通过转让租赁来增加的。

(3)参与/联合运营协议(JOA):在JOA中,第三方保留其租赁所有权,并成为井中WI所有者的一部分。此外,第三方将必须按比例支付井成本(取决于WI百分比)。与参与油井相关的经济分析和其他风险因素将决定是否投资其油井。例如,如果X公司决定参与其正常开发区域之外的200acre土地,那么将进行钻探和完成作业的运营公司是否在该盆地拥有丰富的经验是非常重要的。这是为了确保在提交支出授权(AFE)时将要使用的资本数额在概算之内。假设正在计划钻探和完井的运营公司在该特定盆地中缺乏经验,并将总计1000万美元的AFE发送给了参与公司以供批准。此外还假设参与公司在200acre的土地上拥有5%的WI,这意味着参与公司将负责支付1000万美元投资总额中的50万美元。如果由于缺乏经验而对运营公司缺乏信心怎么办?如果运营公司超支500万美元,总计1500万美元,该怎么办?现在,前期投资已从50万美元增加到75万美元。该实例说明了在对运营公司信心不足的情况下参与油井所带来的一些风险。

18.5 净收入权益

净收入权益(NRI)是在从WI中扣除所有负担(例如特许权使用费和最高特许权使用费)后实际收到的生产百分比。例如,如果公司的WI为100%,但已同意向土地所有者支付18.5%的特许权使用费,则NRI将小于100%(在此示例中为81.5%),因为这是公司实际收到的钱付清土地使用费后所得,NRI百分比可以使用公式(18.1)计算。

$$NRI = WI - (WI \times RI) \tag{18.1}$$

式中 WI——经营权益,%;

NRI——净收入权益,%;

RI——特许权使用费,%。

例 1：

根据表 18.1 所示的 WI 和使用费百分比，计算下列预期项目(Prospect)的 NRI。

表 18.1 净收入权益(NRI)实例

项目	WI/%	RI/%
A	80	18.5
B	100	12.5
C	76	15.0

$$\text{Prospect A NRI} = [80\% - (80\% \times 18.5\%)] \times 100 = 65.2\%$$

$$\text{Prospect B NRI} = [100\% - (100\% \times 12.5\%)] \times 100 = 87.5\%$$

$$\text{Prospect C NRI} = [76\% - (76\% \times 15\%)] \times 100 = 64.6\%$$

每家公司的 NRI 会根据特许权使用费百分比协议而有所不同，因此，为进行准确的经济分析计算，必须考虑到这一点。

18.6 英国热量单位(Btu)含量

油气经济评估中要考虑的另一个重要概念是 Btu 含量。如前所述，Btu 代表英国热量单位，在每本教科书中都将其定义为将 1lb 水冷却或加热 1℉所需的能量。Btu 含量越高，燃烧的温度越高。由于采用百万英热单位(10^6Btu)出售天然气，因此在进行经济分析计算时需要将其转换为适当的单位。Btu 含量可以从气体组成分析中获得，如第 1 章所示。Btu 因子是 Btu 除以 1000。例如，如果干气井的 Btu 为 1040(根据气体组成分析)，则 Btu 因子是 1.04。必须通过使用公式(18.2)针对 Btu 含量调整当前和预测的天然气价格。

$$\text{调整后天然气价格} = \text{天然气价格} \times \text{Btu 因子} \tag{18.2}$$

调整后的天然气价格为美元/10^3ft^3，天然气价格为美元/10^6Btu。

18.7 损耗系数

干气区域的损耗系数通常较低(0.5%～3%)。干气区域的损耗是指由于可能的管线损耗或现场使用(例如为压缩机站加油)而损失的体积。由于有时某些地区每口井的少量天然气生产量将用于为压缩机站供能，在干气区域进行经济分析计算时，必须考虑很小比例的损耗。

在具有更高 Btu 的湿气区域中，损耗系数变得更加重要。损耗系数用于将产生的湿气转化为干气。碳氢化合物离开井口并到达分离器。凝析气(油)和水从分离器的底部排出并计量。湿气(干气)从分离器的顶部排出并进行计量，通常是报告给该州并用于储量预测。此时，损耗可能会起作用，但这取决于具体情况。例如，如果将湿气出售给市场(假设不需要进行处理),则损耗系数将仅是线损和现场使用量。假设线路损耗和现场使用量总计约为总体积的5%。在这种情况下,由于损失,湿气减少了5%。因此,计算时必须考虑损耗系数为95%。另一方面,如果在工厂处理天然气,并且获得残余干气和天然气液体(NGL)的收入,则会采用更大的损耗系数,包含现场使用、处理损耗、液体损耗、管线损耗等。因此,在对将要处理任何一口湿气井进行经济分析时,考虑损耗系数非常重要。湿气总损耗系数可以使用公式(18.3)计算。可以根据进气成分和每种气体组分的移除率(处理厂之间的差异)计算出液体损耗。

总损耗系数:

$$S_T = [(1 - 现场使用)(1 - 液体损耗)] \times (1 - 工厂处理损耗) \times 100 \quad (18.3)$$

式(18.3)中 S_T 为总损耗系数,%;液体损耗、现场使用、工厂处理损耗系数单位均为%。

例2:

假设以下气体组分和工厂去除率,计算液体损耗率。

从下表可以看出,液体收缩率可以如下计算:

$$100\% - 88.47\% = 11.53\%$$

气体组分	气体组成/%	工厂去除率/%	(1-工厂去除率)×气体组成/%
甲烷(C_1)	77.9731	0	77.973
乙烷(C_2)	14.6177	35.00	9.502
丙烷(C_3)	4.7239	90.00	0.472
异丁烷($i-C_4$)	0.4634	98.00	0.009
正丁烷($n-C_4$)	1.0839	99.00	0.011
异戊烷($i-C_5$)	0.2671	99.90	0
正戊烷($n-C_5$)	0.1496	99.90	0
己烷+	0.2225	99.90	0
氮气(N_2)	0.4379	0	0.438
二氧化碳(CO_2)	0.0609	0	0.061
合计	100.00		88.470

18.8 运营费用

运营费用(Opex)或成本是运营业务的持续成本。不幸的是,存在一个一般公众的普遍错误,他们认为,一旦油气井开始生产,就不会再增加运营成本了。这是一个错误的假设,因为生产每桶石油或每立方英尺天然气有许多不同的运营成本。与操作井相关的一些最重要的操作成本如下。

(1)举升成本:举升成本是指将石油或天然气从地下举升并带到地面的成本。举升成本通常包括人工成本、监督成本、供应、泵的运行成本、电费以及井口和地面生产设备的常规维护(修理)。举升成本的主要部分是人工和监督成本或井维护成本。井维护人员是运营公司雇用的承包商,通常每天在不同的井点进行日常维护,以确保井和安装在井上的地面设备正常运行。运营商还可以全职聘请井维护人员。举升成本通常分为两类。第一类举升成本被称为可变举升成本,其为生产每桶油或每立方英尺气(或凝析油)的函数。第二类称为固定举升成本,它不是产出碳氢化合物的函数,而是与油井相关的每月固定成本。由运营公司决定哪些成本属于固定举升成本或可变举升成本。每个公司的分类不同。例如,生产干气井的固定举升成本为每口井每月 650 美元,可变举升成本为 0.26 美元/10^3ft^3。如果将全部成本仅分配为每口井每月固定举升成本,则该井的经济效益将提前结束(这被认为是非常保守的)。如果将全部成本仅分配为可变举升成本,则运营成本一开始会太高。储层审计师通常不希望所有成本都为可变举升成本,因为从储层角度来看这是非常乐观的,因为与低产油井(例如,每天产 $30\times10^3ft^3$)相关的举升成本为固定的,可能会延长储层年限。因此,将固定成本和可变成本结合起来以在运营支出中保持平衡至关重要。固定举升成本下的类别不取决于随时间变化的产量。例如,除雪和植被管理被视为固定的举升成本,因为无论井的产量为多少,都必须为出入道路和现场除雪以对井进行例行维护。另外,井维护被认为是可变成本,因为该成本通常是井产量的函数。

(2)收集和压缩成本(G&C):G&C 是从位于每个井场的销售线上收集天然气并将其输送到压缩站进行压缩,然后再将其输送到市场的成本。在世界上几乎每个气田,压缩都是必不可少的操作。收集成本通常是从井场到压缩站收集气体的成本,而压缩成本是在压缩机站压缩每立方英尺气体的成本。压缩用于增加天然气压力,以便在将天然气注入传输管道之前成功满足各个市场的管道压力。例如,如果要在其中输送气体的管道的压力为 1000 psi,则压缩气体必须超过 1000 psi,才能将气体输送到传输管道,从而输送到用户。气体总是从高压移动到低压。对于要输送到输送管道中的气体,必须满足最低要求,例如压力和蒸汽百分比。G&C 成本还包括租赁的压缩设备、脱水、电子流量计的维修和保养等。G&C 成本是生产的天然气量的函数,单位为美元/10^6Btu 或美元/10^3ft^3。G&C 成本也有很小的固定部分,无论压缩的气体量如何,G&C 成本都被视为固定成本。

(3)处理成本:处理成本是将油、凝析油、湿气等处理成更有用的产品的成本。从地下生产的石油必须经过处理才能获得汽油、柴油、取暖油、煤油等产品。就像讨论的所有其他费用一样,加工石油也要收费。对于油田,处理成本通常以美元/bbl 为单位,对于湿气和凝析油田,通常以美元/10^6Btu 为单位。除非气体中含有高百分比的 H_2S(硫化氢),否则处理成本不适用于仅产生干气的油田。

(4)固定运输(FT)成本:固定运输成本是将天然气从压缩站运输到消费者的成本。FT 成本取决于许多因素,例如天然气流入的管道以及与 FT 相关的合同。此成本通常以美元/10^6Btu 或美元/10^3ft^3 为单位。

(5)总务和行政(G&A)成本:G&A 成本基本上是公司运营的成本,例如办公费用、员工薪水、专业费用、个人费用等。该费用通常为美元/10^3ft^3 或美元/bbl。在进行经济分析时,通常不包括此成本,因为它被认为是沉没成本。

(6)水处理成本:另一个重要的成本是每桶采出水的废水处理成本。一旦井投产,油井可能一直产水。经过水力压裂的油井一开始会产生更多的水,之后的产水量会随着时间的推移而减少。例如,非常规页岩储层通常在整个油井寿命期内平均产生注水总量的 10% ~30% 废水,这取决于许多因素,例如注水量、含水饱和度、目的层等。产生的水可以在其他压裂作业中重复使用,或者必须进行处理。废水处理使运营公司损失了很多钱。废水处理成本通常为美元/bbl。许多在特定盆地连续作业的运营公司将采出水与淡水混合,并在下一次水力压裂作业中将混合物泵入井下,而不是花费大量资金进行处置。当在特定区域进行连续压裂作业时,该技术有效。否则,必须花费大量金钱进行水处理。如果不进行连续压裂操作,另一种选择是将水出售或赠送给附近的运营公司,这不是出于慈善目的,而是因为有时赠送水要比花更多的钱来处理水便宜。

18.9 每月总运营成本

可以计算干气井或湿气井的总运营成本(Opex)。式(18.4)假设运营公司将负责支付所有运营成本,因为每个运营支出都将乘以 WI。根据租赁合同,运营公司可能能够从土地所有者中扣除一些运营成本(生产后扣除)。如果是这样,则必须用 NRI 替换 WI。

每月总运营成本 = 每月总天然气产量 × WI × 总损耗系数 × 可变举升成本 +

固定举升成本 × WI + 每月总天然气产量 × WI × 总损耗系数 × 收集和压缩成本 +

每月总天然气产量 × WI × 总损耗系数 × 处理成本 + 每月总天然气产量 × WI ×

总损耗系数 × 固定运输成本 + 每月总天然气液体产量 × WI × 天然气液体操作成本 +

每月总凝析油产量 × WI × 凝析油操作成本 + 每月总产出水 × WI × 水处理费用 (18.4)

式中 每月总天然气产量——递减曲线分析(DCA)或其他分析得到的每月气产量,10^3ft^3;
WI——经营权益,%;
总损耗系数,%;
可变举升成本,美元/10^3ft^b;
固定举升成本,美元/(月 · 井)
收集和压缩成本,必须根据适当的损耗系数调整并汇总,美元/10^3ft^3;
固定运输成本,美元/10^3ft^3;
处理成本,必须根据适当的损耗系数调整并汇总,美元/10^3ft^3;
每月总天然气液体产量,bbl;
天然气液体操作成本,美元/bbl;
每月总凝析油产量,bbl;
凝析油操作成本,美元/bbl;
每月总产出水,bbl;
水处理费用,美元/bbl。

请注意,由于收集和压缩成本及处理成本乘以总损耗率,因此,根据适用于每个类别的损耗率来计算总成本非常重要。

例 3:

根据表 18.2 中的产量和下面列出的运营成本,计算前三个月的总运营支出。

表 18.2 气、凝析油、天然气液体产量

时间/月	总天然气产量/10^3ft^3	总凝析油产量/bbl	总天然气液体产量/bbl
1	350000	950	19250
2	330000	800	18150
3	300000	500	16500

WI = 100%,入口 Btu = 1240(处理厂入口,Btu 因子为 1.240),出口 Btu = 1100(处理厂出口残余气 Btu,Btu 因子为 1.1),压缩机损耗 = 1.5%,液体损耗 = 7%,处理厂损耗 = 0.5%,可变举升成本 = 0.23 美元/10^3ft^3,固定举升成本 = 1600 美元/(月·井),收集和压缩成本 = 0.3 美元/10^6Btu,处理成本 = 0.28 美元/10^6Btu,固定运输成本 = 0.25 美元/10^6Btu,天然气液体分馏和运输成本 = 7 美元/bbl,凝析油运输成本 = 11 美元/bbl。假设水处理成本为 0 美元/bbl,因为前三个月将在相邻的压裂施工上使用水。

第 1 步,将所有运营成本单位从美元/10^6Btu 转换为美元/10^3ft^3,并调整损耗系数:

收集和压缩成本(G&C)以美元/10^6Btu 表示,因此必须通过将收集和压缩成本乘以入口 Btu 系数 1.240 转换为美元/10^3ft^3,然后将其计算出来,因为所讨论的方程式将收集和压缩成本乘以总损耗因子。

$$\text{G\&C 成本} = \frac{0.30 \times 1.240}{(1-1.5\%)(1-7\%)(1-0.5\%)} = 0.408\ \text{美元}/10^3\text{ft}^3$$

处理成本也以美元/10^6Btu 的形式提供,必须通过将其乘以入口 Btu 系数 1.240 转换为美元/10^3ft^3,然后总计得出液体和处理损耗。

$$\text{处理成本} = \frac{0.28 \times 1.240}{(1-7\%)(1-0.5\%)} = 0.375\ \text{美元}/10^3\text{ft}^3$$

固定运输成本(FT)也以美元/10^6Btu 表示,并且由于将出售从处理厂流出的残留气体,因此,采用美元/10^6Btu 所提供的 FT 成本必须乘以出口 Btu 系数 1.1。

$$\text{固定运输成本} = 0.25 \times 1.1 = 0.275\ \text{美元}$$

第 2 步,计算总损耗系数:

$$S_{\mathrm{T}} = (1-1.5\%) \times (1-7\%) \times (1-0.5\%) = 91.1\%$$

第 3 步,采用公式(18.4)计算每个月的总运营成本。

第一个月总运营成本 = 350000 × 100% × 91.1% × 0.23 +

1600 × 100% + 350000 × 100% × 91.1% × 0.408 +

350000×100%×91.1%×0.375+

350000×100%×91.1%×0.275+

19250×100%×7+950×100%×11=557479 美元

第二个月总运营成本=330000×100%×91.1%×0.23+

1600×100%+330000×100%×91.1%×0.408+

330000×100%×91.1%×0.375+

330000×100%×91.1%×0.275+

18150×100%×7+800×100%×11=524661 美元

第三个月总运营成本=300000×100%×91.1%×0.23+

1600×100%+300000×100%×91.1%×0.408+

300000×100%×91.1%×0.375+

300000×100%×91.1%×0.275+

16500×100%×7+500×100%×11=474610 美元

18.10 开采税

开采税是对运营公司或在某些州具有特许权使用费权益的任何人征收的生产税。该税基本上是用于开采不可再生资源(例如石油,天然气,凝析油等)的税种。开采税的百分比取决于各州。例如,西弗吉尼亚州的开采税目前为5%,而宾夕法尼亚州等一些州尚未征收开采税(宾夕法尼亚州仅支付影响费);但是,将来有可能对该行业征收此类税。使用公式(18.5)进行经济分析时,从收入中扣除开采税非常重要。

每月开采税 =每月天然气总产量×调整后天然气价格×开采税×NRI×总损耗系数+

每月天然气液体总产量×天然气液体价格×开采税×NRI+

每月凝析油总产量×凝析油价格×开采税×NRI (18.5)

式中 每月天然气总产量,采用DCA或其他分析计算得到,10^3ft^3/月;

调整后天然气价格,天然气价格必须针对所售天然气的Btu进行调整,美元/10^3ft^3;

NRI——净收入权益,%;

总损耗系数,%;

开采税,%;

每月天然气液体总产量,bbl/月;

天然气液体价格,美元/bbl;

每月凝析油总产量,bbl/月;

凝析油价格,美元/bbl。

例 4:

使用下面列出的假设条件计算干气井第一个月的开采税。

天然气一月总产量 = $250000 \times 10^3 ft^3$,天然气价格 = 3.5 美元/10^6Btu,开采税 = 5%,Btu = 1070(干气无天然气液体或凝析油),总损耗系数 = 0.98(2% 损耗),WI = 80%,RI = 15%

第一步,由于价格是 10^6Btu 单位提供的,计算调整后的天然气价格为 1070 Btu(Btu 系数为 1.07)

调整后天然气价格 = $3.5 \times 1.07 = 3.745 \times 10^3 ft^3$

第二步,计算 NRI:

NRI = $[80\% - (80\% \times 15\%)] \times 100 = 68\%$

第三步,采用公式(18.5)来计算第一个月的开采税

第一个月开采税 = $250000 \times 3.745 \times 5\% \times 68\% \times 0.98 = 31196$ 美元

18.11 从价税

从价税是拉丁语短语,意为按价值征税。这是生产矿物时要缴纳的另一种税款。比如西弗吉尼亚州和得克萨斯州必须每年征收从价税。除了联邦所得税(视州而定)之外,石油和天然气行业还必须缴纳其他类型的税。例如,在宾夕法尼亚州,没有开采税或从价税(从本书出版之日起)。相反,必须支付影响费。这并不意味着将来不再征收开采税或其他形式的税。事实上,根据该特定州的在职人员所述,可以增加此类税金。从价税可以使用公式(18.6)计算。

$$
\begin{aligned}
\text{每月从价税} = (&\text{每月天然气总产量} \times \text{调整后天然气价格} \times \text{NRI} \times \text{总损耗系数} + \\
&\text{每月天然气液体总产量} \times \text{天然气液体价格} \times \text{NRI} + \\
&\text{每月凝析油总产量} \times \text{凝析油价格} \times \text{NRI} - \text{开采税额}) \times \text{从价税}
\end{aligned} \quad (18.6)
$$

式中 每月天然气总产量,采用 DCA 或其他分析计算得到,$10^3 ft^3$/月;

调整后天然气价格,天然气价格必须针对所售天然气的 Btu 进行调整,美元/$10^3 ft^3$;

NRI——净收入权益,%;

总损耗系数,%;

开采税,%;

从价税,美元/月;

每月天然气液体总产量,bbl/月;

天然气液体价格,美元/bbl;

每月凝析油总产量,bbl/月;

凝析油价格,美元/bbl。

例5:

使用下面列出的假设条件计算干气井第一个月的从价税。

天然气第一月总产量 = 300000 × 10^3ft^3,第一月开采税 = 35000 美元,调整后天然气价格 = 2.5 美元/10^3ft^3,从价税 = 2.5%,总损耗系数 = 0.98(2% 损耗),NRI = 42%

第一月从价税 = 300000 × 2.5 × 42% × 0.98 − 35000 × 2.5% = 6843 美元

18.12 净运营支出

净运营支出是指包括开采税和从价税在内的总运营成本,可以使用公式(18.7)简单地计算。在计算联邦所得税之前,应考虑到开采税和从价税等生产税。尽管开采税和从价税被称为税,但在计算联邦所得税之前,这些税被扣除为生产税。

$$净运营支出 = 总运营支出 + 开采税额 + 从价税额 \tag{18.7}$$

式中 净运营支出,美元/月;
总运营支出,美元/月;
开采税额,美元/月;
从价税额,美元/月。

例6:

假设表18.3中运营税和生产税,计算前三个月的净运营支出。

表18.3 净运营支出示例

月度	1	2	3
总运营支出/美元	501564	455520	401365
开采税/美元	40250	35650	30000
从价税/美元	9000	8560	8250

第一月净运营支出 = 501564 + 40250 + 9000 = 550814 美元

第二月净运营支出 = 455520 + 35650 + 8560 = 499730 美元

第三月净运营支出 = 401365 + 30000 + 8250 = 439615 美元

18.13 收入

在石油和天然气行业中,收入是指从正常的业务活动、服务和产品中获得的资金。例如,运营公司收入的很大一部分来自销售碳氢化合物。避免将收入与利润混淆是非常重要的,因为收入只是公司赚取的总收入,而不考虑与项目相关的费用。公司的总收入可能是巨大的,但是由于执行该项目或与其他原因相关的大量费用,利润实际上可能为负。对于天然气生产井,可以使用公式(18.8)至公式(18.10)计算每月净天然气、NGL、CND产量。

$$每月缩减后天然气净产量 = 每月未缩减的天然气总产量 \times 总损耗系数 \times NRI \tag{18.8}$$

式中 每月缩减后天然气净产量,10^3ft^3/月;
每月未缩减的天然气总产量,10^3ft^3/月,井口体积;
总损耗系数,%;
NRI——净收入权益,%。

$$每月缩减后天然气液体净产量 = 每月缩减后天然气液体总产量 \times NRI \tag{18.9}$$

式中 每月缩减后天然气液体净产量,bbl/月,销售量;
每月缩减后天然气液体总产量,bbl/月,销售量;
NRI——净收入权益,%。

$$每月缩减后凝析油净产量 = 每月缩减后凝析油总产量 \times NRI \tag{18.10}$$

式中 每月缩减后凝析油(CND)净产量,bbl/月,销售量;
每月缩减后凝析油(CND)总产量,bbl/月,销售量;
NRI——净收入权益,%。

在计算出每月天然气、NGL和CND净产量之后,可以使用公式(18.11)简单地计算出净收入。

$$\begin{aligned}净收入 = &每月缩减后天然气净产量 \times 调整后天然气价格 + \\ &每月缩减后 NGL 净产量 \times NGL 价格 + \\ &每月缩减后 CND 净产量 \times CND 价格\end{aligned} \tag{18.11}$$

式中 每月缩减后天然气净产量,10^3ft^3/月,残余气;
调整后天然气价格,美元/10^3ft^3;
每月缩减后NGL净产量,bbl/月;
NGL价格,美元/bbl;
每月缩减后CND净产量,bbl/月;
CND价格,美元/bbl。

例7:

假设NRI为80%,总损耗系数为90%,使用表18.4计算前三个月逆凝析油井的净收入。

表18.4 净收入示例

月度	总产量			销售价格		
	未缩减天然气/10^3ft^3	缩减后NGL/bbl	缩减后CND/bbl	调整后天然气/美元/10^3ft^3	NGL/(美元/bbl)	CND/(美元/bbl)
1	450000	22500	950	3.5	35	55
2	435500	21775	750	3.4	30	56
3	395400	19770	720	3.6	33	53

第一月缩减后天然气净产量 = 450000 × 80% × 90% = 324000 × 10^3ft^3

第二月缩减后天然气净产量 = 435500 × 80% × 90% = 313560 × 10^3ft^3

第三月缩减后天然气净产量 = 395400 × 80% × 90% = 284688 × 10^3ft^3

第一月缩减后 NGL 净产量 = 22500 × 80% = 18000bbl

第二月缩减后 NGL 净产量 = 21775 × 80% = 17420bbl

第三月缩减后 NGL 净产量 = 19770 × 80% = 15816bbl

第一月缩减后 CND 净产量 = 950 × 80% = 760bbl

第二月缩减后 CND 净产量 = 750 × 80% = 600bbl

第三月缩减后 CND 净产量 = 720 × 80% = 576bbl

第一月净收入 = 324000 × 3.5 + 18000 × 35 + 760 × 55 = 1805800 美元

第二月净收入 = 313560 × 3.4 + 17420 × 30 + 600 × 56 = 1622304 美元

第三月净收入 = 284688 × 3.6 + 15816 × 33 + 576 × 53 = 1577333 美元

18.14 纽约商品交易所(NYMEX)

NYMEX 代表纽约商品交易所,实质上是位于纽约的商品交易所。交易分为两个部门。第一个部门是 NYMEX 部门,该部门是能源(石油和天然气)、铂和钯市场的所在地。第二个部门称为 COMEX(商品交易所)部门,在该部门进行诸如金、铜和银的交易(来源于投资百科)。

在一些运营公司中,NYMEX 用于估算天然气的未来价格,以进行经济分析评估。许多公司根据供求和其他各种因素开发了自己的价格预测模型。另外,一些公司更喜欢使用统一定价并执行敏感性分析,而不是使用 NYMEX 预测(带状预测)。如果使用 NYMEX,则必须以 NYMEX 为基础进行更正。基础可能会对项目的经济产生重大影响。

18.15 亨利枢纽和基准价

亨利枢纽(Henry Hub)是路易斯安那州的天然气管道,陆上和海上管道在此汇合,并且是北美最重要的天然气枢纽。亨利枢纽为 NYMEX 天然气期货的定价中心。亨利枢纽的结算价格被用作整个北美天然气市场的基准。非常重要的一点是,当使用 NYMEX 估算天然气的月度价格时,它是基于向亨利枢纽的交付量。例如,如果 2017 年 3 月 NYMEX 的天然气价格为 4 美元/10^6Btu,则必须对该价格进行调整以代表亨利枢纽的价格。亨利枢纽天然气价格与特定位置的天然气价格之间的差称为基差。例如,NYMEX 价格可能是 5 美元/10^6Btu;但是,特定管道的基差可能为 -1.5 美元/10^6Btu。因此,天然气的销售价格为 5 美元/10^6Btu 加 -1.5 美元/10^6Btu,即 3.5 美元/10^6Btu。如果将 NYMEX 用于经济分析,必须通过获取每个月的NYMEX预测并将每个月的基础预测添加到 NYMEX 来调整 NYMEX 的基础。

基准是纽约商品交易所的功能,因为地区基准是特定地区与 NYMEX 之间的差异。在一个完全平衡的市场(供应等于需求)中,基准是运输成本。例如,如果从阿巴拉契亚向纽约商品交易所或亨利枢纽(路易斯安那州)运送天然气的成本为 0.25 美元/10^6Btu,那么在一个完全平衡的市场中,阿巴拉契亚基准为 0.25 美元/10^6Btu。在阿巴拉契亚盆地,马塞勒斯页岩发展之前的基准是正值。但是,随着马塞勒斯页岩的发展以及天然气供应的猛增,整个盆地的各种基准变为负值。天气(季节性变化)、地理位置、天然气管道容量、产品质量以及供应—需求决定了特定市场(管道)上天然气的价格。

例 8:

使用提供的 NYMEX 预测数据和表 18.5 的预估基准,计算未来两年通过 ABC 管道出售的天然气的实际价格。

表 18.5 NYMEX 和基准价格示例

日期	NYMEX/(美元/10^6Btu)	基准价/(美元/10^6Btu)
1-17	3.50	-0.80
2-17	3.40	-0.70
3-17	3.51	-0.60
4-17	3.53	-0.55
5-17	3.60	-0.58
6-17	3.90	-0.80
7-17	3.87	-0.90
8-17	3.88	-0.95
9-17	3.60	-0.70
10-17	3.90	-0.60
11-17	4.00	-0.50
12-17	4.10	-0.55

从表 18.5 中可以看出,管道 ABC 的天然气价格可以通过采用每月 NYMEX 预测并加上基准价来计算。在这种情况下,负基价是由于供应过多而需求不足。例如,2017 年 10 月的 NYMEX 价格列为 3.90 美元/10^6Btu,基准价则为 -0.6 美元/10^6Btu。因此:

2017 年 10 月管道 ABC 天然气价格 = 3.9 + (-0.6) = 3.3 美元/10^6Btu

基准价预测在某些地方是正值,而在其他地方则是负值,取决于市场,最终归结为供求关系。在美国非常规页岩气开发之前,基准价曾经是正值。但是,随着非常规页岩气的发展,供应量急剧增加,而需求却没有以相同的比例变化。因此,高供给市场中的基准价已从正变为负值。在寒冷的冬季,由于需求过多而供给不足,基准价很容易从负值变为正值。这是在 2014 年冬季最寒冷的日子里,康涅狄格州由于缺乏基础设施(管道)和供应而实际上将天然气价格提高至 50 美元/10^3ft^3 的主要原因之一。

18.16 库欣枢纽(Cushing Hub)和西得克萨斯中质原油(WTI)

库欣枢纽位于俄克拉荷马州,是世界上最大的原油分销枢纽。库欣枢纽一直对交易者非常重要,因为它在美国基准石油期货中作为交割点(就像亨利枢纽一样)。就像亨利枢纽一样,该枢纽也是西得克萨斯中质原油(WTI)原油期货的定价点。WTI,也称为得克萨斯轻质低硫原油,被用作石油定价的基准。轻质低硫原油的密度约为API重力的39.6倍,硫含量约为0.24%。可以作为原油买卖双方参考价格的其他基本原油基准是布伦特原油、迪拜原油、阿曼原油和欧佩克参考篮子(OPEC Reference Basket)。凝析油价格通常是石油价格的函数,随着石油价格的上升或下降,凝析油价格将上升或下降。

18.17 蒙特北尔乌(Mont Belvieu)和石油价格信息服务(OPIS)

蒙特北尔乌(Mont Belvieu)是液态天然气期货的定价点。如前所述,亨利枢纽和库欣枢纽的结算价格被用作整个北美天然气和原油市场的基准。Mont Belvieu的结算价格被用作NGL市场的基准。石油价格信息服务(OPIS)的概念与NYMEX或WTI非常相似。OPIS被用作NGL的基准,并且是用于NGL定价的全球最大来源之一。可以像NYMEX一样使用OPIS来估算NGL的未来价格,以进行经济分析计算。NGL价格通常也是石油价格的函数。

18.18 资本支出(CAPEX)

油气经济学中的下一个重要术语是资本支出(CAPEX)。资本支出是为创造未来收益而预先投资的资金。资本支出不是成本,而是投资,因为公司将资金投资于有望为股东创造价值的项目。资本支出如下。

(1)收购。收购被视为资本支出,是指获得开发和生产石油和天然气的权利时的成本。例如,当一家公司购买或租赁从该公司不拥有的财产中提取石油和天然气的权利时,这将被视为收购资本支出。收购资本支出的其他示例包括产权查询、法律费用、记录成本等。土地部门通常负责并处理这方面的业务。土地部门的职责包括但不限于获取(续订)租约,直接与土地所有者打交道和进行谈判,产权查询等。在进行任何形式的收购之前,油藏工程师和地质学家以及其他部门将通过进行大量分析例如地质潜力分析、类型曲线分析、水利基础设施分析、中游基础设施分析、土地分析、环境分析以及最后该地区的经济分析(使用NCF模型)来评估要考虑的资产的价值。许多收购交易发生在商品价格低廉的环境中,资产以折扣价出售,这可能比常规商品定价环境中资产的内在价值便宜得多。

(2)勘探。在钻探井之前,进行地震以确定目标地层的深度、岩相、地层顶部、地层特征、方向(方位角,倾角等)以及其他有价值的信息非常重要。在勘探阶段会使用2D地震或3D地震来获取此信息。3D地震更加精确,同时提供更好的分辨率和关于特定前景的更多信息。3D地震是最常用的方法,并且比2D地震(如果有资金的话)更可取。因此,勘探支出是与地球物理和地震数据的收集和分析有关的费用。

(3)开发。这些支出与建造井场、建造或改善通道、钻探/完井、管道的收集、安装以及在运营的开发阶段发生的其他支出有关。例如,根据真正的垂直深度(TVD)、侧向长度、钻探/完井设计以及最重要的市场条件,在马塞勒斯页岩中钻完井平均要花费(500~14000)万美元。非常规页岩气在美国是绝对有前途的。但是,非常重要的一点是要了解,开发非常规页岩气需要大量资金。这是由于以下事实:不仅必须钻探这些页岩地层,而且还必须进行适当的水力压裂,才能以经济上可行的速度开采。因此,适当的经济评估和分析是油藏和规划工程师负责执行的重要工作。

Net Capex 是基于井的 WI 的净资本支出。例如,如果一家运营公司在气井中拥有 40% 的所有权(WI 为 40%),则该运营公司将仅负责支付项目总资本投资的 40%。净资本支出可以写成等式(18.12)。

$$\text{Net Capex} = 总资本支出 \times \text{WI} \tag{18.12}$$

式中 Net Capex——净资本支出,美元;

总资本支出,美元;

WI——经营权益,%。

例 9:

将钻探一口长 8000ft 的井,完井后总价格为 7500000 美元。假设 WI 为 40%,净资本支出是多少?

$$净资本支出 = 7500000 \times 0.4 = 3000000 美元$$

18.19 运营支出、资本支出和价格上涨

在进行经济分析时,价格上涨是油气属性评估中具有挑战性的主题。勘探与生产公司通常会根据公司的经营理念,对运营支出、资本支出和价格上调一定比例的费用。使用每月现金流时,根据石油评估工程师协会最佳建议,上涨必须每月以"阶梯式"方式进行。例如,如果假定价格以每年 3% 的速度增长,则每月将基于每年 3% 的有效年增长率而增长。

例 10:

在前 12 个月以 3% 的有效年利率按 3 美元/10^6Btu 天然气价格逐步上调:

1 月 $= 3 \times (1 + 3\%)^{\frac{1}{12}} = 3.007$　　2 月 $= 3.007 \times (1 + 3\%)^{\frac{1}{12}} = 3.015$

3 月 $= 3.015 \times (1 + 3\%)^{\frac{1}{12}} = 3.022$　　4 月 $= 3.022 \times (1 + 3\%)^{\frac{1}{12}} = 3.030$

5 月 $= 3.030 \times (1 + 3\%)^{\frac{1}{12}} = 3.037$　　6 月 $= 3.037 \times (1 + 3\%)^{\frac{1}{12}} = 3.045$

7 月 $= 3.045 \times (1 + 3\%)^{\frac{1}{12}} = 3.052$　　8 月 $= 3.052 \times (1 + 3\%)^{\frac{1}{12}} = 3.060$

9 月 $= 3.060 \times (1 + 3\%)^{\frac{1}{12}} = 3.067$　　10 月 $= 3.067 \times (1 + 3\%)^{\frac{1}{12}} = 3.075$

11 月 $= 3.075 \times (1 + 3\%)^{\frac{1}{12}} = 3.082$　　12 月 $= 3.082 \times (1 + 3\%)^{\frac{1}{12}} = 3.090$

2% ~4% 是许多运营公司中假定的典型上涨百分比。上涨百分比与通货膨胀率直接相关。逐步上涨是一种代表通货膨胀预期的尝试,应该与使用名义现金流量时的历史长期趋势保持一致。从经济分析的角度和净现值的计算(待讨论)来看,必须始终如一地对待通货膨

胀。使用名义利率时,也必须使用名义现金流量。另外,使用实际利率时,应使用实际现金流量。名义利率是指实际的现行利率,而实际利率是根据通货膨胀进行调整的。例如,特定投资的回报可能是5%,这被称为名义利息。但是,在扣除3%的通货膨胀后,实际利率仅为2%。名义利率用等式(18.13)表示:

$$名义利率 = 实际利率 + 通货膨胀 \tag{18.13}$$

18.20 利润或净现金流(NCF)

利润或净现金流(NCF)基本上是收入减去费用。石油和天然气行业中用于确定利润的最常用模型是NCF模型,因为该模型包含了金钱的时间价值。现金流量模型中的利润也称为净现金流(NCF)。如前所述,NCF模型具有一个独特的功能,这一独特的功能称为零时。零时是将支票写给承包商以执行工作的日期。资本支出在NCF模型中的时间为零。将现金流量模型用于经济分析非常重要,因为它包含了货币的时间价值。不包括投资在内的利润被称为营业现金流量,并在等式(18.14)中显示。

$$利润(不包含投资) = 净收入 - 净运营支出 \tag{18.14}$$

式中 利润,美元/月;
　　 净收入,美元/月;
　　 净运营支出,美元/月。

18.21 扣除联邦所得税前每月未折现的净现金流量

扣除联邦所得税前每月未折现的净现金流量可以通过等式(18.14)中的利润减去净资本支出来计算,参考等式(18.15)。

$$扣除联邦所得税前每月未折现的净现金流量 = 利润 - 净资本支出 \tag{18.15}$$

式(18.15)中利润按月以美元计算,净资本支出在零时间以美元计算。零时间的净资本支出等于净资本支出。但是,除非在零时之后发生特殊活动,否则随后几个月的净资本支出为零。此类活动的示例包括补救工作、重复压裂、抽汲、人工举升等。在开始进行经济分析中最重要的概念NPV(净现值,NPW)之前,了解折现率及其意义是非常重要的。

18.22 折现率

折现率,也称为利率、汇率、资本成本、资本机会成本、货币成本、加权平均资本成本(WACC)或最低汇率,是用来将所有未来现金流折现为今天的美元。折现率是任何行业所有经济分析的基础。基本上,这是做生意的成本。例如,如果公司的资本成本(折现率)为10%,则意味着特定项目的收益必须大于10%,否则公司将不会为股东创造任何价值。出于经济分析的目的,通常使用加权平均资本成本将所有未来现金流量折现为美元。加权平均资本成本导致货币时间价值和通货膨胀率。货币的时间价值与通货膨胀并不相同,尽管它们经常被混淆。金钱的时间价值是指今天的一美元比将来的一美元更有价值。这是因为人们对自己的钱没有耐心。如果今天给你1000美元,而不是一个月后给你1000美元,你很有可能今天拿到1000美元,因为你对钱没耐心。因此,金钱的时间价值必须与人们对金钱的不耐烦相对应。另一方面,通货膨胀是指货币购买力的下降。十年前,由于通货膨胀,5美元面额的钞票可以买到比今天5美元面额多得多的东西。因此,同一张5美元钞票的购买力由于通货膨胀而下降。

项目应采用何种折现率?这是公司内部财务人员的任务。理解折现率的概念非常重要,因为它在确定NPV时非常重要。每个公司都有资本成本。资本成本的确定可能很复杂。资本成本的计算从本质上考虑了三个重要因素。这三个因素分别是债务,普通股(权益)和优先股(权益,如果存在,某些公司没有优先股)。因此,资本成本通常是债务和权益的组合,因为许多公司使用债务和权益的组合来为其业务融资。如果公司仅使用债务为其项目融资,则资本成本称为债务成本。另外,如果公司仅使用权益来为其项目融资,则资本成本称为权益成本。如前所述,许多公司的资本成本包括债务和股权。资本成本有时也称为门槛回报率。门槛回报率是公司为投资者创造价值和回报所必须克服的最低折现率或可接受的最低回报率。

(1)债务。公司像普通人一样,必须承担债务以为其项目筹集资金。债务可以是通过从银行或金融机构发行债券、贷款和其他形式的债务来借钱。

(2)优先股。优先股是公司中对公司资产拥有较高债权的一种股权或一类所有权。之所以将这种股票称为"优先股",是因为当公司由于债务到期(破产)而无法履行其财务义务时,优先股股东会在普通股股东之前获得资金。这意味着与普通股相比,除较低的回报率(价格升值的可能性较小)外,与优先股相关的风险也较低。此外,当公司拥有过多现金并决定通过以股利的形式分配现金来奖励股东时,优先股股东要先于普通股股东支付。支付给优先股股东的股息是不同的,通常比支付给普通股股东的股息更多。优先股股东通常没有投票权,但是,在某些情况下,这些权利可以归还未收到股息的股东。

(3)普通股。普通股也是公司中的一种权益或所有权,投资者将资金投资于有风险的股票市场。普通股比优先股具有更高的风险,因为一旦破产,那些投资者将排在最后以收回其资金。从长期来看,与优先股和债券相比,普通股的回报将更高。普通股拥有选举董事会和公司政策方面的投票权。

总而言之,债务和权益(普通股和优先股)用于计算资本成本。由于资本成本包括债务成本和权益成本,因此必须将两者组合成一个方程,称为加权平均资本成本算式(WACC)见式(18.16)。

$$\text{加权平均资本成本(WACC)} = W_d R_d (1 - T) + W_p R_p + W_c R_c \tag{18.16}$$

式中 W_d——债务权重(债务公司百分比);

R_d——债务成本,%;

W_p——优先股权重,(优先股公司百分比);

R_p——优先股成本,%;

W_c——普通股权重(普通股公司百分比);

R_c——普通股成本,%;

T——公司税率,%。

18.23 债务和股权的权重

任何公司的债务和权益的权重都可以使用债务权益比率获得,该比率可在各种金融网站上公开获得。债务权重是指通过债务融资的公司百分比。另外,股权权重指的是公司以股权融资的比例。两者的结合构成了公司的资本结构。在公司的债务和股权之间取得平衡非常重要。低债务公司通常更安全地进行投资。尽管债务可以抵税(从税收的角度看是有益的),当特定公司的股票减少时,负债过多会导致公司消耗过多的资本。例如,假设你有兴趣购买的房子价值25万美元。你能够从当地银行获得20万美元的贷款。你将50000美元作为房屋的定金(20%的定金)。因此,有80%的房屋由债务融资,只有20%是股权。如果房屋价格下跌25%,你不仅会损失掉所有的权益,而且房屋的市值也将减少5%。当债务水平很高而股票减少时,该公司将损失大量资本,并在一夜之间成为历史。在研究2008年金融危机期间的一些金融机构时,这个概念非常清楚。这些机构中很多都有非常高的杠杆率。

例11:

X公司当前的债务股权比率为0.65。计算该公司的债务和股权的权重。

债务的权重=0.65/(0.65+1)=39.4%

股权的权重=1-39.4%=60.6%

18.24 债务的成本

债务成本可以通过对债务支付的百分比利率的加权平均值来计算。例如,如果马特(Matt)的房屋价格为40万美元,利率为4%,汽车价格为30000美元,利率为2.5%,而小船价格为25000美元,利率为1.5%,则其债务成本将是上述百分比利率的加权平均值,即3.76%。当税收季节到来时,马特支付的部分利息可抵税。公司通过对所有债务进行加权平均来获得债务成本。

例12:

债券发行价为950美元。2年后,公司将向投资者偿还1000美元。该特定债券的债务成本是多少?

票面价值=面值=950美元

到期价值=1000美元

$$PV = \frac{FV}{(1+i)^t} \Rightarrow 950 = \frac{1000}{(1+i)^2} \Rightarrow i = 2.59\%$$

18.25 股权成本

股权成本是股东期望从公司获得的回报率。例如,如果你决定投资一家公司,则该公司会提出一些要求,以换取获得拥有权的风险。假设投资者被说服投资于公司股票所需的回报率(需求)为20%。这20%的要求回报率称为公司的股权成本。重要的是要记住,20%不是投资者赚取的利润,而仅仅是投资者将其资金投入高风险且动荡的股票市场的需求。从公司的角度来看,股权成本被认为是成本的主要原因是,如果公司未能提供这种回报,股东将仅仅出售其股票,从而导致股价下跌。计算股权成本的方法有多种,但最常用的模型之一是资本资产定价模型(CAPM)。关于CAPM模型的总体思路是,需要以两种方式补偿投资者:

(1)货币的时间价值远远大于无风险利率;

(2)风险远远大于承担额外风险的补偿金额。

使用CAPM的股权成本见式(18.17)。

$$K_e = R_f + \beta(R_m - R_f) \tag{18.17}$$

式中 K_e——股权成本,%;
R_f——无风险利率,%;
β——贝塔系数;
R_m——预期市场回报率,%;
R_f——风险溢价,%。

无风险利率(R_f)是从没有任何风险的投资中获得的理论收益率。例如,如果理论上政府要求你投资特定债券并获得2%的回报而没有任何风险,那么无风险利率为2%。实际上,不存在无风险利率,因为即使最安全的投资也将具有很小的风险。通常,许多公司将美国国库券的利率用作无风险利率。政府国库券被称为无风险票据,因为美国政府从未拖欠其债务。

Beta或β,也称为Beta系数,用于衡量公司股价在整个市场中的波动性。Beta为1表示该公司与市场保持一致。如果Beta大于1,则证券的价格将比市场波动更大。最后,如果Beta小于1,则证券的价格将比市场波动小。拥有较高的Beta值意味着更多的风险,同时也提供了更高的回报率。石油和天然气公司的Beta值通常大于1。Beta值小于1的例子是美国国库券,因为价格不会随时间变化很大。如果市场回报率为10%,则Beta为1.5的股票将回报15%,因为它的涨幅是市场的1.5倍。Beta考虑的是系统性风险,而不是特质性风险。系统性风险是指整体市场风险。特质性风险是指由于特定证券的特殊情况而导致证券价格变动的风险。可以通过分散消除特质性风险,但不能消除系统性风险。

风险溢价或$R_m - R_f$是投资者在动荡的股市中承担额外风险后所期望得到的回报。这基本上是无风险利率和市场利率之间的差异。风险溢价解释了通货膨胀率,这是在经济分析中使用资本成本时,在运营成本、资本支出、定价等方面成本上升非常重要的主要原因。

例13:

公司的无风险利率(R_f)为6%,市场风险溢价($R_m - R_f$)为7%。假设β为1.5,使用CAPM模型的股权成本是多少?

$$K_e = R_f + \beta(R_m - R_f) = 6\% + 1.5 \times 7\% = 16.5\%$$

例 14:

公司想筹集资金。该公司将出售 1500 万美元的普通股,预期回报率为 15%。此外,该公司将发行 1000 万美元的债务,债务成本为 12%。假设公司税率为 35%,请计算 WACC。

公司总值 = 1500 万美元 + 1000 万美元 = 2500 万美元

股权的权重 = 15/25 = 0.6 或 60%

债务的权重 = 10/25 = 0.4 或 40%

采用公式(18.16):

$$\text{WACC} = 40\% \times 12\% \times (1 - 35\%) + 60\% \times 15\% = 12.12\%$$

18.26 资本预算

资本预算是确定是否投资某个项目,例如钻探/完井计划、购买机械、更换设备等的重要部分。资本预算决定了公司的战略方向和计划。资本预算通常涉及大量的资本支出(CAPEX),而错误的决定可能会导致严重的后果。如果不分析资本预算参数并提供结果,任何上市公司或私有公司的管理委员会都不会批准项目。这是一个非常简单的概念。任何公司的管理委员会都希望看到由于将资金投入到项目中以实现股东价值最大化而带来的回报。重要的资本预算标准是 NPV、内部收益率(IRR)、修正的内部收益率(MIRR)、投资回报率(ROI)、投资回收期、折现投资回收期和获利能力指数(PI)。所有这些标准对于成功地进行资本预算决策来说,理解和详细理解都是非常重要的。在将大笔资金投资到项目上以确定项目是否值得投资之前,必须对资本预算决策过程进行详细评估。现在,资本预算的概念很明确,下文将讨论决策过程中涉及的最重要的资本预算标准。

18.27 净现值

净现值(NPV)也称为 NPW(net present worth),是一种分析投资获利能力的方法。净现值基本上是用今天的美元表示的未来特定现金流的价值。由于考虑了金钱的时间价值和通货膨胀,NPV 是石油经济学中的重要计算方法。公司热衷于知道一个实际项目以今天的美元计算值多少,而不是以 10 年后的美元计算值多少。举一个简单的例子,石油和天然气运营公司使用各种技术(例如递减曲线,典型曲线,油藏模拟,瞬态分析,物质平衡,机器学习等)来预测每口井的未来采收率。那些能够产生未来现金流量的未来生产率必须折现(使用资本成本)至现值。对于一家公司宣布其进行项目的利润现金流在随后的 2 年、3 年、4 年和 5 年分别为 1000 万美元、800 万美元、1200 万美元和 1100 万美元,这确实没有任何逻辑上的意义。这是因为折现后这些现金流量的价值以今天的美元计算要少(由于货币的时间价值)。相反,使用 NPV 公式计算所有未来现金流量的现值会更有意义。一个可以用来思考 NPV 的简单见解就是,不同日期的现金流量就像不同的货币。200 美元和 200 欧元的总和是多少?不将在不同时间点出现的未来现金流量折现为今天的美元,就像说所提出的问题的答案是 400。因此,就像必须进行转换才能进行求和的货币一样,不同的时间点的现金流必须折回到今天的美元。

净现值计算假设项目的正现金流量以资本成本进行再投资。NPV 可以使用公式(18.18)计算：

$$\mathrm{NPV}=\sum_{t=0}^{n}\frac{\mathrm{CF}_t}{(1+i)^t} \tag{18.18}$$

式中　i——折现率,%；

CF_t——t 时刻的年度现金流量,美元；

t——第 t 年；

n——投资年限。

在术语"净现值"中使用"净"一词的原因是,在计算 NPV 时会减去初始投资并予以考虑。NPV 是所有未来现金流量和初始投资(CAPEX)的现值之和。NPV 计算中的折现率是考虑货币时间价值和通货膨胀的必要因素。当折现率增加时,NPV 减少。在某些运营公司中,与资本成本无关的折现率通常为 10%。许多勘探与生产公司的资本成本在 8% ~12% 之间。因此,为简便起见,许多经济分析计算中使用的行业标准折现率为 10%。

NPV 项目的经验法则如下：

(1)如果 NPV 为正,则接受独立项目；

(2)拒绝任何 NPV 值为负的项目；

(3)在可以增加最大价值的互斥项目中选择最大的正 NPV；

(4)NPV 必须与其他资本预算标准一起考虑,以作出具有教育意义的决策。

尽管经验法则说要接受任何 NPV 为正的项目,但是在投资了 20 亿美元之后,你会接受一个 NPV 为 2 万美元的项目吗？绝对不是,因为尽管 NPV 是正的,但该项目可能风险太大,最终可能会让公司付出更多的代价,而不是为股东创造任何价值。因此,在作出此类决策之前,理解投资的规模以及其他资本预算工具是极其重要的(表 18.6)。

表 18.6　NPV 示例

年度	利润/10^6 美元	年度	利润/10^6 美元
0	-100.00	3	40.00
1	20.00	4	80.00
2	30.00	5	60.00

例 15：

使用 10% 的折现率,找出表 18.6 中现金流(利润)的净现值。

$$\mathrm{NPV}=\sum_{t=0}^{n}\frac{\mathrm{CF}_t}{(1+i)^t}=-100+\frac{20}{(1+0.1)^1}+\frac{30}{(1+0.1)^2}+\frac{40}{(1+0.1)^3}+\frac{80}{(1+0.1)^4}+\frac{60}{(1+0.1)^5}=64.92\ \text{美元}$$

表 18.7 总结了每年的现值。

表 18.7 年度净现值汇总表

年度	利润/10^6 美元	净现值/10^6 美元
0(投资)	-100.00	100.00
1	20.00	18.18
2	30.00	24.79
3	40.00	30.05
4	80.00	54.64
5	60.00	37.26
总计(10% NPV)		64.92

例 16：

想象一下，你中了百万美元的彩票！不要太激动。在接下来的 20 年里你每年会得到 5 万美元。如果折现率是恒定的 8%，第一次支付是在第一年，你用现在的美元赚了多少？你会怎么做，是一次性支付还是在接下来的 20 年里每年支付？

这是一个典型的 NPV 例子。首先，在接下来的 20 年里，一次性支付而不是每年支付是非常重要的，因为这笔钱可以投资到各种项目，获得更高的回报。其次，基于货币的时间价值概念，人们对他们的钱不耐烦了，他们希望尽快拿到钱，而不是在接下来的 20 年里每年支付。此外，纳税后彩票计算出的现值为 490907 美元。

$$\begin{aligned}\text{NPV} = &\frac{50000}{(1+0.08)^1}+\frac{50000}{(1+0.08)^2}+\frac{50000}{(1+0.08)^3}+\frac{50000}{(1+0.08)^4}+\frac{50000}{(1+0.08)^5}+\\&\frac{50000}{(1+0.08)^6}+\frac{50000}{(1+0.08)^7}+\frac{50000}{(1+0.08)^8}+\frac{50000}{(1+0.08)^9}+\frac{50000}{(1+0.08)^{10}}+\\&\frac{50000}{(1+0.08)^{11}}+\frac{50000}{(1+0.08)^{12}}+\frac{50000}{(1+0.08)^{13}}+\frac{50000}{(1+0.08)^{14}}+\frac{50000}{(1+0.08)^{15}}+\\&\frac{50000}{(1+0.08)^{16}}+\frac{50000}{(1+0.08)^{17}}+\frac{50000}{(1+0.08)^{18}}+\frac{50000}{(1+0.08)^{19}}+\frac{50000}{(1+0.08)^{20}}\\=&\ 490907\ \text{美元}\end{aligned}$$

表 18.8 列出了未来 20 年以 8% 的利率折现的现金流量的摘要。从表 18.8 可以看出，第 20 年的 50000 美元的现值仅为 10727 美元。这个例子清楚地说明了勘探与生产公司希望在油井寿命的前 5~10 年中尽可能多地赚钱以便为股东创造最大价值的主要原因。通常，在一口井的使用寿命中（根据典型曲线和所作的经济假设，每口井会有所不同），现值的 70%~80% 与生产的前 8 年相关，而生产储量不到 50%。接下来的 42 年（如果油藏寿命为 50 年）将提供大约 20%~30% 的现值和超过 50% 的可采储量。通过对该作业的各种参数进行敏感性分析，可以了解价值创造和可采储量在井的整个使用寿命中的影响。如前所述，

这些百分比(价值和可采储量)将基于典型曲线和经济参数假设而有所不同。

表 18.8 现值示例摘要

年度	现金流/美元	现值/美元	年度	现金流/美元	现值/美元
1	50000	46296	11	50000	21444
2	50000	42867	12	50000	19856
3	50000	39692	13	50000	18385
4	50000	36751	14	50000	17023
5	50000	34029	15	50000	15762
6	50000	31508	16	50000	14595
7	50000	29175	17	50000	13513
8	50000	27013	18	50000	12512
9	50000	25012	19	50000	11586
10	50000	23160	20	50000	10727

NPV 的优点:

(1)NPV 考虑金钱的时间价值;

(2)考虑了项目经济期内的现金流量;

(3)NPV 可以为股东创造价值的规模感;

(4)可以添加 NPV,如果有 100 个项目,每个项目的 NPV 为 1000 美元,则总 NPV 可以很容易地总计为 100000 美元;

(5)NPV 假设所有未来现金流量均以资本成本进行再投资,在项目的整个生命周期中不必使用相同的资本成本,并且可以采用不同的折现率。

NPV 的缺点:

净现值(NPV)没有给出原始投资额的任何指示。例如,1000 万美元投资的 NPV 可能是 100 万美元,10 亿美元投资的 NPV 也可能是 100 万美元。

18.28 每月折现净现金流 BTAX 和 ATAX

税前每月未折现的 NCF 用式(18.15)表示。NPV 公式可以按月使用,以计算所有未来现金流量的税前和税后现值,如式(18.19)所示。折现每月现金流量时的唯一区别是将 NPV 公式中的时间除以 12。在税收模型中讨论了联邦所得税之后(ATAX)的每月未折现 NCF 的计算。

$$\text{BTAX 或 ATAX 月折扣 NCF} = \frac{\text{BTAX 或 ATAX 月非折扣 NCF}}{(1 + \text{WACC})^{\frac{t}{12}}} \tag{18.19}$$

式中 每月未折现净现金流 BTAX 和 ATAX,美元;

WACC——加权平均资本成本,美元;

时间以月为单位计算。

(1)BTAX NPV 为所有每月未折现税前现金流总和。

(2)ATAX NPV 为所有每月未折现税后现金流总和。

18.29 内部收益率(IRR)

内部收益率被称为现金流量折现收益率(DCFROR)或简称收益率(ROR)。IRR 是特定现金流量的 NPV 恰好为零时的折现率。内部收益率越高,项目的增长潜力越大。内部收益率是任何项目的重要决策指标。内部收益率通常用于项目评估和项目的获利能力评估。IRR 的计算公式基本上与 NPV 相同,不同之处在于 NPV 被零替换,折现率被 IRR 替换[式(18.20)]。与净现值相反,内部收益率假设项目的正现金流量按内部收益率而不是资本成本进行再投资。这是使用 IRR 方法的缺点之一,因为它错误地假设正现金流量已按 IRR 重新投资。

当特定项目的 NPV 恰好为零时,内部收益率将产生项目的资本成本。例如,如果某个特定的上市公司的资本成本为9.3%,而某个特定项目的 NPV 收益为零,则该特定项目的内部收益率将为9.3%。这意味着所有现金流入的现值足以支付资本成本。当 NPV 为零时,将不会为股东创造任何价值。内部收益率必须高于项目的资本成本,才能为股东创造价值。当内部收益率低于资本成本时,将不会为股东创造任何价值。

内部收益率(IRR):

$$0 = \sum_{t=0}^{n} \frac{\mathrm{CP}_t}{(1 + \mathrm{IRR})^t} \tag{18.20}$$

在独立项目中 IRR 的基本原理是如下。

(1)如果 IRR 大于 WACC(IRR > WACC),则该项目的收益率将超过其成本,因此该项目应被接受。

(2)如果 IRR 小于 WACC(IRR < WACC),则该项目的收益率将不会超过其成本,因此应拒绝该项目。例如,如果公司的资本成本(WACC)为12%,而特定项目的 IRR 计算为11%,则必须拒绝该项目,因为(通过债务和股本)为该项目筹集资金的成本将大于项目的实际回报。另一方面,如果公司的资本成本为12%,而特定项目的 IRR 为20%,则该项目获得批准。许多公司在投资项目之前都具有最低可接受的内部收益率。这取决于许多因素,尤其是市场条件,一个特定公司的最低可接受 IRR 可能是15%,而其他公司可能是20%或25%。通常,在油气行业中,只要没有更好的投资选择,就可以在低迷的市场条件下接受较低收益的项目。

在互斥项目中,必须选择具有较高内部收益率的项目。例如,如果项目 A 的 IRR 为15%,项目 B 的 IRR 为20%,则必须选择项目 B。

例 17:

计算表 18.9 中列出的现金流量的内部收益率。

表 18.9 内部收益率示例利润

年度	利润/10^6 美元
0(投资)	-500.00
1	-100.00
2	20.00
3	300.00
4	400.00
5	500.00
IRR	19.89%

采用公式(18.20)计算内部收益率:

$$0 = -500 + \frac{-100}{(1+\mathrm{IRR})^1} + \frac{20}{(1+\mathrm{IRR})^2} + \frac{300}{(1+\mathrm{IRR})^3} + \frac{400}{(1+\mathrm{IRR})^4} + \frac{500}{(1+\mathrm{IRR})^5}$$

正如手动计算 IRR,也可以使用反复试验或线性插值方法来计算 IRR。建议使用财务计算器或 Excel 进行此计算。在此示例中,如果在每一项的分母中 IRR 为 19.89% 时,在上述公式中输入了各种折现率,则该公式等于 0。这意味着该特定项目的 IRR 约为 20%。

如前所述,当手动计算 IRR 时,IRR 可以使用反复试验来计算,这既繁琐又费时,或者是线性插值。许多商业经济软件包使用线性插值,其中当 NPV 的符号从正变负时,软件会找到折现率,并在两个折现率之间进行线性插值。这种计算的缺陷之一是,定义不同折现率系列的两个用户将计算出不同的内部收益率。还有其他数学方法(本书中没有讨论),例如求根方法,可用于执行此类计算。在示例 16 中,以 10%、15%、18% 和 25% 的不同折现率计算净现值。之后,当 NPV 为零时,线性插值可用于计算折现率。

从表 18.10 中可以看出,NPV 从 18% 折现率的 37.08 $\times 10^6$ 美元变为 25% 折现率的 85.92 $\times 10^6$ 美元。在 NPV 为 0 时执行线性插值以找到折现率后,IRR 为 20.11%,接近 19.89%。在较高的内部收益率和较大的折现率下,这种差异可能会扩大。因此,采用各种不同折现率的用户将计算出不同的 IRR。

表 18.10 各种折现率的 NPV 示例

折现率/%	10	15	18	25
零时间/10^6 美元	-500.00	-500.00	-500.00	-500.00
折现现金流(第 1 年)/10^6 美元	-90.91	-86.96	-84.75	-80.00
折现现金流(第 2 年)/10^6 美元	16.53	15.12	14.36	12.80
折现现金流(第 3 年)/10^6 美元	225.39	197.25	182.59	153.60
折现现金流(第 4 年)/10^6 美元	273.21	228.70	206.32	163.84

续表

折现率/%	10	15	18	25
折现现金流(第5年)/10^6 美元	310.46	248.59	218.55	163.84
总计(NPV)/10^6 美元	234.68	102.71	37.08	-85.92

例 18:

给定每个折现率的净现值,使用表 18.11 计算 IRR。

表 18.11 折现率与对应的 NPV

折现率/%	0	5	10	15	20	25	30	35
NPV/10^6 美元	200	150	100	20	-6	-11	-16	-21

IRR 是 NPV 等于零的折现率。在此示例中,折现率为 15% 的 NPV 为 20×10^6 美元,折现率为 20% 的 NPV 为 -6×10^6 美元。因此,折现率在 15% ~20% 之间时,NPV 等于零。给定预定义的折现率系列,当 NPV 为 0 时,可以使用线性插值法来找到折现率。

$$Y = Y_a + (Y_b - Y_a) \times \frac{X - X_a}{X_b - X_a}$$

$$= 15 + (20 - 15) \times \frac{0 - 20000000}{-6000000 - 20000000} = 18.85\%$$

在该示例中,NPV 为 0 时的折现率等于 18.85%。

净现值曲线是各种折现率下项目净现值的图形表示。折现率和 NPV 绘制在 x 轴和 y 轴上。

例 19:

绘制项目 A 和项目 B 的净现值曲线,并确定在资本成本为 5% 的情况下哪个项目更好。

这个问题中的第一个任务是绘制项目 A 和项目 B 的折现率(x 轴)与 NPV(y 轴)。IRR 是 NPV 曲线与 x 轴相交的点,如图 18.2 所示。图 18.2 中有一个点称为交叉点(速率)。交叉点是两个项目的净现值相等时的折现率(表 18.12)。

NPV 曲线中分为三个阶段。第一阶段发生在交叉点之前,在此阶段,项目 A 的 NPV 大于项目 B 的 NPV。在此阶段,由于项目 A 的 NPV 大于项目 B,IRR 和 NPV 之间存在冲突。而项目 B 的 IRR 大于项目 A。在此示例中,公司的资本成本为 5%。当资金成本小于交叉点(比率)时,就会发生冲突。当存在冲突且资金成本小于交叉点时,必须使用 NPV 方法进行决策。因此,在此示例中,项目 A 优于项目 B,因为资金成本为 5%。当资金成本较低时,与较高的资金成本相比,延迟现金流不会受到太大的惩罚。当资金成本高(超过交叉点)时,延迟现金流将受到处罚。

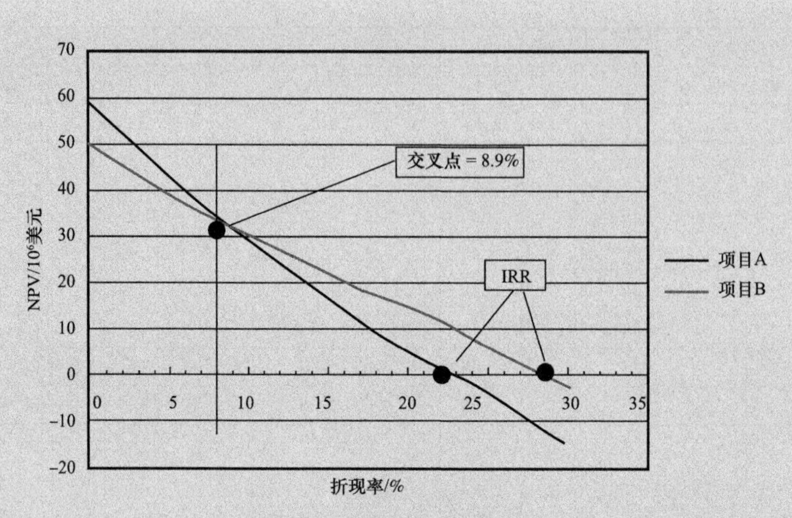

图 18.2 NPV 曲线和交叉点

表 18.12 净现值(NPV)

折现率/%	NPV(项目 A)/10^6 美元	NPV(项目 B)/10^6 美元
0	60	50
5	43	39
10	29	30
15	17	22
20	5	15
25	-4	6
30	-15	-2

在交叉点(第二阶段),两个项目的 NPV 相等。最后,在第三阶段,项目 B 的净现值大于项目 A 的净现值。请注意,如果此问题的资金成本是 10% 而不是 5%(资金成本大于交叉率),NPV 和 IRR 方法都将导致相同的项目选择。要注意,正是现金流时间的差异导致了两个项目之间的交叉。投资回收期快的项目在早期提供了更多的现金流用于再投资。如果利率高,则至关重要的是更快地收回资金,因为可以将其重新投资;而如果利率低,则不必急于更快地收回资金。

IRR 的优点:

(1)IRR 考虑了货币的时间价值;

(2)考虑了项目经济期内的现金流量。

IRR 的缺点:

(1)IRR 没有提供为股东创造的价值的规模感;

(2)无法添加 IRR,如果有四个项目的内部收益率分别为 15%、18%、22% 和 12%,则总内

部收益率将不会是67%,相反,必须将所有项目的现金流量合并,并且可以从合并后的现金流量中确定内部收益率;

(3)IRR 假设所有未来现金流量都重新投资 IRR;

(4)IRR 就像 NPV 一样,并没有表明原始投资的大小;

(5)如下情况无法计算 IRR:

① 现金流均为正值或负值;

② 未折现收入总额少于原始投资;

③ 累计现金流量变化从不止一次由正变为负。

18.30 净现值与内部收益率

净现值(NPV)基本上衡量了项目给股东带来的美元收益(增加值),但没有提供有关安全边际或风险资本额的信息。例如,如果一个项目的 NPV 被计算为 200 万美元,它并不表示该项目具有的安全边际。相反,内部收益率(IRR)会测量年收益率并提供安全边际信息。总而言之,就互斥项目和排名而言,NPV 始终优于 IRR。不幸的是,在石油和天然气行业中,IRR 经常用于作出关键决策。建议计算和了解每个项目的 IRR 方法。但是,是否执行项目的最终决定应使用 NPV 计算来确定。

修改后的内部收益率(MIRR)基本上是 IRR 的改进版本,是资本预算中使用的另一种工具。了解 IRR 和 MIRR 之间的区别非常重要。如前所述,内部收益率有缺陷地假设来自特定项目的正现金流量将以内部收益率重新投资。与 IRR 相反,MIRR 假定项目的现金流量以资金成本或特定的再投资率进行再投资。除了这一改进之外,MIRR 仅提供一种解决方案。因此,MIRR 可以定义为折现率,该折现率使项目的最终价值的现值等于成本的当前值。MIRR 的概念相当复杂,只有通过示例才能理解更多。这是在现实世界中更频繁地使用 IRR 的主要原因之一,即由于许多管理人员并未完全理解 MIRR。MIRR 可以使用式(18.21)计算。

$$\mathrm{MIRR} = \sqrt[n]{\frac{\text{未来现金值(正现金流 @ 再投资率)}}{-\text{现在现金值(负现金流 @ 资金成本或融资利率)}}} - 1 \tag{18.21}$$

例 20:

项目 A 和项目 B 的现金流量摘要见表 18.13。计算 MIRR,假设资金成本为 10%,再投资率为 12%。

第一步是以资金成本计算两个项目负现金流的现值:

$$\text{项目 A} \quad \text{现值} = \frac{-600}{(1+0.1)^0} = -600$$

$$\text{项目 B} \quad \text{现值} = \frac{-350}{(1+0.1)^0} = -350$$

表 18.13 MIRR 示例

年度	项目 A/10^6 美元	项目 B/10^6 美元
0	-600	-350
1	100	200
2	250	225
3	320	250
4	385	350
5	400	450

接下来,必须为两个项目计算以再投资率计算的正现金流量的未来价值:

$$项目A未来值 = 100\times(1+12\%)^4 + 250\times(1+12\%)^3 + 320\times(1+12\%)^2 + 385\times(1+12\%)^1 + 400\times(1+12\%)^0 = 1741.19$$

$$项目B未来值 = 200\times(1+12\%)^4 + 225\times(1+12\%)^3 + 250\times(1+12\%)^2 + 350\times(1+12\%)^1 + 450\times(1+12\%)^0 = 1786.41$$

采用 MIRR 公式:

$$项目A\ MIRR = \sqrt[5]{\frac{1741.19}{-(-600)}} - 1 = 0.2375 或 23.75\%$$

$$项目B\ MIRR = \sqrt[5]{\frac{1786.41}{-(-350)}} - 1 = 0.3854 或 38.54\%$$

在此示例中,请注意,假定第一年的现金流入在 4 年(5 -1)内进行了再投资,第二年的现金流入被假定在 3 年(5 -2)内进行了再投资,第三年的现金流入假定在 2 年(5 -3)内进行了再投资,假定第四年现金流入在 1 年(5 -4)内进行了投资,最后第五年的现金流入是在第五年年底收到的,因为它与项目的生命周期结束时一致,所以不能用于再投资。

18.31 投资回收法

投资回收法是另一种用于确定原始投资的快速获利能力的资本预算方法。支付期是指特定项目可以收回其初始投资的时间段。例如,如果最初为某个钻探和完井的特定项目投资了 7000000 美元,而花了 3.5 年才能赚回 7000000 美元的利润,则该项目的投资回收期将为 3.5 年。可以使用式(18.22)计算每个期间的现金流入均等的投资回收期。

$$投资回收期 = \frac{初始投资}{每期现金流入} \tag{18.22}$$

例 21:

给定以下未折现的现金流量,并假设现金流入不同,并使用表 18.14 计算回收期。

表 18.14 投资回收期示例

年度	现金流入/10^6 美元	年度	现金流入/10^6 美元
0	-90	3	40
1	20	4	50
2	30	5	60

第 1 年、第 2 年和第 3 年的总和为 90。从第 3 年到第 4 年的过渡是当现金流入超过最初的 1 亿美元投资时。将其放在式(18.22)中:

投资回收期 $=3+\dfrac{10}{45}=3.22$ 年

因此,最初的投资需要 3.22 年才能收回。

投资回收方式的优点:

(1)易于计算和理解;

(2)提供项目直观的风险和流动性。

投资回收方法的缺点:

(1)很容易确定,投资回收方法忽略了货币的时间价值;

(2)此方法还忽略了投资回收期之后发生的现金流量。

折现回收率方法:

与投资回收法一样,折现投资回收法是资本预算中用于确定投资获利能力的另一种方法。投资回收期与折现投资回收期之间的差异在于,在折现投资回收期中,在计算从初始投资达到收支平衡所需的年数时,应考虑货币时间价值。在计算折现投资回收期时,将使用折现的现金流量,而不是未折现的现金流量。

例 22:

假设资金成本为 10%,使用表 18.15 中所示的未折现现金流量计算折现回收期。

表 18.15 折现回收期问题示例

年度	现金流入/10^6 美元	年度	现金流入/10^6 美元
0	-90	3	40
1	20	4	50
2	30	5	60

第一步是使用 PV 公式以 10% 的折现率对每个期间的未来现金流量进行折现(表 18.16)。之后,可以使用式(18.22)轻松计算折现的投资回收期。

表 18.16　折现回收期问题解答

年度	现金流入/10^6 美元	PV 公式	PV 现金流入/10^6 美元
0	-90	$-90/1.1^0$	-90
1	20	$20/1.1^1$	18.18
2	30	$30/1.1^2$	24.79
3	40	$40/1.1^3$	30.05
4	50	$50/1.1^4$	34.15
5	60	$60/1.1^5$	37.26

$$\text{折现投资回收期} = 3 + \frac{90 - 73.02}{34.15} = 3.5\ \text{年}$$

与回收期方法一样，此方法会忽略折现回收期后的现金流量。但是，它考虑了金钱的时间价值。

18.32　盈利能力指数（PI）

PI 是资本预算中用于衡量项目盈利能力的另一种工具。如前所述，NPV 可得出项目的总金额（绝对量度），但获利能力是通过比率给出的相对量度；PI 越高，排名越高。PI 本质上表明，每投资 1 美元，就会获得多少钱。例如，项目的 PI 为 1.4 则表明，在该项目中投资的每 1 美元，预期的回报为 1.4 美元。PI 在财务经理中众所周知，代表着性价比的衡量标准。可以使用公式（18.23）计算 PI。

$$\text{盈利能力指数(PI)} = \frac{\text{不计投资的未来现金流量的现值}}{\text{初始投资}} \tag{18.23}$$

PI 经验法则：

接受 PI 大于 1 的项目（$PI > 1$）；

拒绝 PI 小于 1 的项目（$PI < 1$）。

例 23：

使用表 18.17 中的数据，假设折现率为 10%，投资额为 2 亿美元，计算 PI。

表 18.17　盈利能力指数问题示例

年度	现金流入/10^6 美元	年度	现金流入/10^6 美元
1	20	5	70
2	30	6	55
3	55	7	90
4	60		

表 18.18 汇总了每种现金流量的现值,可以按以下方式计算 PI:

表 18.18　盈利能力指数问题答案

年度	现金流入/10^6 美元	PV 公式	PV/10^6 美元
1	20	$20/1.1^1$	18.18
2	30	$30/1.1^2$	24.79
3	55	$55/1.1^3$	41.32
4	60	$60/1.1^4$	40.98
5	70	$70/1.1^5$	43.46
6	55	$55/1.1^6$	31.05
7	90	$90/1.1^7$	46.18
总计			245.97

$$PI=\frac{\text{未来现金流量的现值}}{\text{初始投资}}=\frac{245.97}{200}=1.23$$

18.33　税收模型(ATAX 计算)

税收模型用于油气资产评估中的税后计算。该模型考虑了折旧、应税收入、公司税率和折现。税收模型的折现公式与 NCF 模型相同。两种模型之间的主要区别在于,税收模型中考虑了折旧、应纳税所得额和公司税率。

有形和无形资本支出必须在税后计算中注明。一般来说,10% ~20% 的资本支出被认为是有形的,剩下的比例是无形资本支出。国税局(IRS)使用加速回收法折旧 7 年的折旧率见表 18.19。在使用加速回收折旧法时,大多数石油投资的准则寿命为 5 年或 7 年,但是,也可以使用其他表格,如 3 年的 ACR 和 10 年的 ACR。大多数石油工程师主要使用 ACR2 7 年或 ACR2 5 年折旧表进行税后经济分析。计算每年每月的折旧必须使用定义的 IRS 折旧率和适当的有形资本支出。重要的是要对有形资产和无形资产进行分类,以便在 5 年或 7 年(取决于公司)以上使用加速回收法折旧时,准确地说明有形资产的折旧情况。月折旧可以用式(18.24)计算,它假设每年的折旧率按月平均支付。折旧发生的时间会因井投产的时间不同而不同,但为了便于每月折旧计算,每年的折旧率要除以 12。

表 18.19　ACR2　7 年折旧率

年度	折旧率/%	年度	折旧率/%
1	14.29	5	8.93
2	24.49	6	8.92
3	17.49	7	8.93
4	12.49	8	4.46

$$月折旧 = \frac{年折旧率}{12} \times 有形投资 \times WI \tag{18.24}$$

式中 年折旧率——IRS－确定的加速回收方法,7 年(视公司而定),%;
有形投资——通常占钻探和完井总资本的 10% ~20%,美元;
WI——经营权益,%。

例 24:

假设使用 ACR2 7 年折旧表,钻探和完井总资本支出为 7×10^6 美元(有形支出为 15%,WI 为 65%),计算第一个月的折旧。

$$第一个月折旧 = \frac{14.29\%}{12} \times (7000000 \times 15\%) \times 65\% = 8127 美元$$

一旦计算出折旧,就可以使用式(18.25)和式(18.26)计算应纳税所得额。

$$应纳税所得额 @ 投资日期 = -(无形投资 \times WI) \tag{18.25}$$

式(18.25)中无形投资通常占钻探和完井总资本的 80% ~90%(以美元计)。

请注意,式(18.25)中,在投资日不包括投资的利润为 0,这就是为什么(无形投资 × WI)项被乘 -1 的原因。此外,在投资日折旧为 0。等式(18.25)假设在进行投资时,整个无形资本被冲销。无形资本一般在第一年冲销,但为了便于每月应税收入的计算,无形资本在这个等式的投资日冲销。

$$投资后应纳税所得额 = 扣除投资后的利润 - 折旧 \tag{18.26}$$

扣除投资的应纳税所得额为每月应纳税所得额,以美元为单位;扣除投资的利润为每月应纳税所得额,以美元为单位。

例 25:

一口井的横向长度为 80000ft,总资本支出为 8.250×10^6 美元。假设无形资本支出为 88%,WI 为 100%,则假设 ACR2(7 年折旧时间表),使用第一年的数据见表 18.20,计算在初始投资日期及之后的应纳税所得额。

表 18.20 应纳税所得额问题

月度	除去投资的利润/美元	月度	除去投资的利润/美元
0	0	7	122288
1	253794	8	114571
2	207166	9	108068
3	178231	10	102499
4	158156	11	97665
5	143241	12	93421
6	131633		

从 ACR 2 7 年表中得到第一年折旧率是 14.29%。

$$从1月到12月的折旧 = \frac{14.29\%}{12} \times (8250000 \times 12\%) \times 100\% = 11789 美元$$

$$应纳税所得额@投资日期 = -(8250000 \times 88\% \times 100\%) = -7260000 美元$$

第一月应纳税所得额 = 253794 - 11789 = 242005 美元
第二月应纳税所得额 = 207166 - 11789 = 195377 美元
第三月应纳税所得额 = 178231 - 11789 = 166442 美元
示例的剩余应纳税所得额汇总在表 18.21 中。

表 18.21　应纳税所得额答案

月度	除去投资的利润/美元	折旧/美元	应纳税所得额/美元
0(投资日期)	0	0	-7260000
1	253794	11789	242005
2	207166	11789	195377
3	178231	11789	166442
4	158156	11789	146367
5	143241	11789	131452
6	131633	11789	119844
7	122288	11789	110499
8	114571	11789	102782
9	108068	11789	96279
10	102499	11789	90710
11	97665	11789	85876
12	93421	11789	81632

公司就像个人和小企业主一样，具有特定的税级。因此，在执行 ATAX 计算时，还必须考虑公司税。公司税可以使用式(18.27)计算。

$$公司所得税 = 应纳税所得额 \times 公式税率 \tag{18.27}$$

式(18.27)中应纳税所得额单位为美元，公式税率为百分数。

现在已经讨论了折旧、应纳税所得额和公司税，折现 ATAX 未来现金流量之前的最后一步是计算 ATAX 每月未折现的 NCF。可以使用式(18.28)计算 ATAX 每月未折现的 NCF。2018 年的税制改革将公司税率从 35% 降低到 21%。

$$ATAX 每月未折现 NCF = BTA \times 每月未折现 NCF - 公司税 \tag{18.28}$$

式(18.28)中，BTAX 每月未折现 NCF 和公司税单位为美元。

例 26:

假设公司税率为 35%,请使用表 18.22 中列出的假设来计算第一年的每月公司税和 ATAX 每月未折现 NCF。

表 18.22 ATAX 每月未折现 NCF 问题

月度	BTAX 每月未折现 NCF/美元	应纳税所得额/美元	公司税率/%
0	-4379096	-3897395	35
1	253794	248058	35
2	207166	201429	35
3	178231	172495	35
4	158156	152420	35
5	143241	137505	35
6	131633	125897	35
7	122288	116552	35
8	114571	108835	35
9	108068	102332	35
10	102499	96763	35
11	97665	91928	35
12	93421	87685	35

步骤 1,计算每个月的公司税(以下示例计算):

零时公司税 = 3897395 × 35% = 1364088 美元

第一月公司税 = 248058 × 35% = 86820 美元

第二月公司税 = 201429 × 35% = 70500 美元

步骤 2,计算 ATAX 每月未折现 NCF(计算如下):

零时 ATAX 每月未折现 NCF = -4379096 - (-1364088) = -3015007 美元

第一月 ATAX 每月未折现 NCF = 253794 - 86820 = 166974 美元

第二月 ATAX 每月未折现 NCF = 207166 - 70500 = 136665 美元

表 18.23 总结了示例的所有结果。

表 18.23 ATAX 每月未折现 NCF 答案

月度	BTAX 每月未折现 NCF/美元	应纳税所得额/美元	公司税率/%	公司税/美元	ATAX 每月未折现 NCF/美元
0	-4379096	-3897395	35	-1364088	-3015007
1	253794	248058	35	86820	166974
2	207166	201429	35	70500	136665
3	178231	172495	35	60373	117858

续表

月度	BTAX 每月未折现 NCF/美元	应纳税所得额/美元	公司税率/%	公司税/美元	ATAX 每月未折现 NCF/美元
4	158156	152420	35	53347	104809
5	143241	137505	35	48127	95114
6	131633	125897	35	44064	87569
7	122288	116552	35	40793	81495
8	114571	108835	35	38092	76479
9	108068	102332	35	35816	72252
10	102499	96763	35	33867	68632
11	97665	91928	35	32175	65490
12	93421	87685	35	30690	62732

例 27:

从具有相似储层性质的油田的 200 口干气井中得到了典型曲线。你要进行经济分析，弄清楚管理层是否应该继续钻井和完井。所生成的典型曲线适用于一个 80000ft 侧向长度井,IP 为 $14500\times10^3ft^3/d$,年正割有效下降 58%,b 值为 1.5。假设以下参数,计算油井寿命内的 NPV 和 IRR(假设寿命为 50 年)。

衰减系数 = 5%, WI = 100%, RI = 20%, Btu 因子 = 1.06 ($1060Btu/ft^3$), 损耗系数 =0.985。

固定可变成本和收集成本 =426 美元(月·井),升至油井寿命的 3%,可变举升成本 = 0.14 美元/10^3ft^3,升高至油井寿命的 3%,可变收集和压缩成本 =0.35 美元/10^6Btu,升高到油井寿命的 3%,公司运输费 =0.30 美元/10^6Btu,升高到油井寿命的 3%,天然气价格 = 3 美元/10^6Btu,升高到油井寿命的 3%,开采税 =5%,从价税 =2.5%,有形投资 =1500000 美元,无形投资 =6500000 美元(假设在进行投资时冲销了全部无形资本),在开始日期(TIL 日期)之前 3 个月申请总投资,对所有使用到投资日期(时间)的中间点折现的未来现金流量,加权平均资本成本 =8.8%,公司税率 =40%。

下面所示的计算仅针对前 6 个月,其余时间建议使用 Excel 电子表格来比较此问题中报告的最终 NPV 和 IRR。该问题应根据上述假设,为如何在新井上进行经济分析提供逐步指导。本例中使用的一些假设(如 ATAX 计算方法、折现方法等)因公司而异。

步骤 1:计算每月标准双曲递减率

$$D_i = \frac{1}{12b}\times[(1-D_{eis})^{-b}-1] = \frac{1}{12\times1.5}\times[(1-58\%)^{-1.5}-1] = 14.85\%$$

步骤2:计算从第1个月开始的双曲线每月累计产量

$$N_p = \left\{ \left[\frac{IP}{(1-b) \times 月常规\ Hyp} \right] \times \left[1 - (1 + b \times 月常规\ Hyp \times t)^{1-\frac{1}{b}} \right] \right\} \times \frac{365}{12}$$

$$N_{p,month\ 1} = \left\{ \left[\frac{14500}{(1-1.5) \times 14.85\%} \right] \times \left[1 - (1 + 1.5 \times 14.85\% \times 1)^{1-\frac{1}{1.5}} \right] \right\} \times \frac{365}{12} = 411820 \times 10^3 ft^3$$

$$N_{p,month\ 2} = \left\{ \left[\frac{14500}{(1-1.5) \times 14.85\%} \right] \times \left[1 - (1 + 1.5 \times 14.85\% \times 2)^{1-\frac{1}{1.5}} \right] \right\} \times \frac{365}{12} = 776199 \times 10^3 ft^3$$

$$N_{p,month\ 3} = \left\{ \left[\frac{14500}{(1-1.5) \times 14.85\%} \right] \times \left[1 - (1 + 1.5 \times 14.85\% \times 3)^{1-\frac{1}{1.5}} \right] \right\} \times \frac{365}{12} = 1104815 \times 10^3 ft^3$$

$$N_{p,month\ 4} = \left\{ \left[\frac{14500}{(1-1.5) \times 14.85\%} \right] \times \left[1 - (1 + 1.5 \times 14.85\% \times 4)^{1-\frac{1}{1.5}} \right] \right\} \times \frac{365}{12} = 1405331 \times 10^3 ft^3$$

$$N_{p,month\ 5} = \left\{ \left[\frac{14500}{(1-1.5) \times 14.85\%} \right] \times \left[1 - (1 + 1.5 \times 14.85\% \times 5)^{1-\frac{1}{1.5}} \right] \right\} \times \frac{365}{12} = 1683079 \times 10^3 ft^3$$

$$N_{p,month\ 6} = \left\{ \left[\frac{14500}{(1-1.5) \times 14.85\%} \right] \times \left[1 - (1 + 1.5 \times 14.85\% \times 6)^{1-\frac{1}{1.5}} \right] \right\} \times \frac{365}{12} = 1941935 \times 10^3 ft^3$$

步骤3:通过减去上个月的累计产量来计算月产量

$q_{hyperbolic,month\ 1} = 411820 \times 10^3 ft^3/月$

$q_{hyperbolic,month\ 2} = 776199 - 411820 = 364379 \times 10^3 ft^3/月$

$q_{hyperbolic,month\ 3} = 1104815 - 776199 = 328616 \times 10^3 ft^3/月$

$q_{hyperbolic,month\ 4} = 1405331 - 1104815 = 300516 \times 10^3 ft^3/月$

$q_{hyperbolic,month\ 5} = 1683079 - 1405331 = 277748 \times 10^3 ft^3/月$

$q_{\text{hyperbolic, month 6}} = 1941935 - 1683079 = 258856 \times 10^3 \text{ft}^3/月$

步骤 4:计算每个月的标准递减率

$$D = \frac{每月标准双曲线递减率}{1 + b \times 每月标准双曲线递减率 \times 时间}$$

$$D_{\text{month 1}} = \frac{14.85\%}{1 + 1.5 \times 14.85\% \times 1} = 12.1\%$$

$$D_{\text{month 2}} = \frac{14.85\%}{1 + 1.5 \times 14.85\% \times 2} = 10.3\%$$

$$D_{\text{month 3}} = \frac{14.85\%}{1 + 1.5 \times 14.85\% \times 3} = 8.9\%$$

$$D_{\text{month 4}} = \frac{14.85\%}{1 + 1.5 \times 14.85\% \times 4} = 7.9\%$$

$$D_{\text{month 5}} = \frac{14.85\%}{1 + 1.5 \times 14.85\% \times 5} = 7.0\%$$

$$D_{\text{month 6}} = \frac{14.85\%}{1 + 1.5 \times 14.85\% \times 6} = 6.4\%$$

步骤 5:计算年度每月有效递减率

$$D_{\text{e, month 1}} = 1 - (1 + 12 \times b \times D)^{-\frac{1}{b}} = 1 - (1 + 12 \times 1.5 \times 12.1\%)^{-\frac{1}{1.5}} = 53.8\%$$

$$D_{\text{e, month 2}} = 1 - (1 + 12 \times 1.5 \times 10.3\%)^{-\frac{1}{1.5}} = 50.2\%$$

$$D_{\text{e, month 3}} = 1 - (1 + 12 \times 1.5 \times 8.9\%)^{-\frac{1}{1.5}} = 47.1\%$$

$$D_{\text{e, month 4}} = 1 - (1 + 12 \times 1.5 \times 7.9\%)^{-\frac{1}{1.5}} = 44.4\%$$

$$D_{\text{e, month 5}} = 1 - (1 + 12 \times 1.5 \times 7.0\%)^{-\frac{1}{1.5}} = 42.0\%$$

$$D_{\text{e, month 6}} = 1 - (1 + 12 \times 1.5 \times 6.4\%)^{-\frac{1}{1.5}} = 39.9\%$$

在计算完油井剩余寿命的年度有效递减率之后,似乎在第 145 个月,年度有效递减率达到 5% 的最终递减率。从第 145 个月开始,对于井的寿命,双曲递减方程必须切换为指数递减方程。

步骤 6:使用以下公式计算每月标准指数递减率

$$D = -\ln[(1 - D_e)^{\frac{1}{12}}] = -\ln[(1 - 5\%)^{\frac{1}{12}}] = 0.427\%$$

步骤 7:使用以下公式计算达到最终递减率 5% 后每个月的指数递减率

$$q_{\text{exponential}} = (\text{IP} \times e^{-D\times t}) \times \left(\frac{365}{12}\right)$$

双曲递减率切换为指数递减率后产量是 1404 $\times 10^3 \text{ft}^3$/d 或 42698 $\times 10^3 \text{ft}^3$/月。在该示例中,转换时间之后的第一个月(第 146 个月)称为第 1 个月,然后是油井寿命中的其余月份。

$$q_{\text{exponential, month 1}} = (1404 \times e^{-0.427\% \times 1}) \times \left(\frac{365}{12}\right) = 42516 \times 10^3 \text{ft}^3/\text{月}$$

$$q_{\text{exponential, month 2}} = (1404 \times e^{-0.427\% \times 2}) \times \left(\frac{365}{12}\right) = 42334 \times 10^3 \text{ft}^3/\text{月}$$

$$q_{\text{exponential, month 3}} = (1404 \times e^{-0.427\% \times 3}) \times \left(\frac{365}{12}\right) = 42154 \times 10^3 \text{ft}^3/\text{月}$$

$$q_{\text{exponential, month 4}} = (1404 \times e^{-0.427\% \times 4}) \times \left(\frac{365}{12}\right) = 41974 \times 10^3 \text{ft}^3/\text{月}$$

$$q_{\text{exponential, month 5}} = (1404 \times e^{-0.427\% \times 5}) \times \left(\frac{365}{12}\right) = 41795 \times 10^3 \text{ft}^3/\text{月}$$

$$q_{\text{exponential, month 6}} = (1404 \times e^{-0.427\% \times 6}) \times \left(\frac{365}{12}\right) = 41617 \times 10^3 \text{ft}^3/\text{月}$$

步骤 8:计算每月的净产气量

净产气量 = 总产气量 × 损耗系数 × NRI

第 1 月净产气量 = 411820 × 0.985 × 80% = 324514 $\times 10^3 \text{ft}^3$/月

第 2 月净产气量 = 364379 × 0.985 × 80% = 287131 $\times 10^3 \text{ft}^3$/月

第 3 月净产气量 = 328616 × 0.985 × 80% = 258949 $\times 10^3 \text{ft}^3$/月

第 4 月净产气量 = 277748 × 0.985 × 80% = 236806 $\times 10^3 \text{ft}^3$/月

第 5 月净产气量 = 258856 × 0.985 × 80% = 218865 $\times 10^3 \text{ft}^3$/月

第 6 月净产气量 = 242883 × 0.985 × 80% = 203979 $\times 10^3 \text{ft}^3$/月

步骤 9:采用阶梯增加 3% 增长率的方法计算天然气价格

第 1 月天然气价格 = 3 美元/10^6Btu

第 2 月天然气价格 = $3 \times (1+3\%)^{1/12}$ = 3.007 美元/10^6Btu

第 3 月天然气价格 = $3.007 \times (1+3\%)^{1/12}$ = 3.015 美元/10^6Btu

第 4 月天然气价格 = $3.015 \times (1+3\%)^{1/12}$ = 3.022 美元/10^6Btu

第 5 月天然气价格 = $3.022 \times (1+3\%)^{1/12}$ = 3.030 美元/10^6Btu

第 6 月天然气价格 = $3.030 \times (1+3\%)^{1/12}$ = 3.037 美元/10^6Btu

步骤 10:考虑气体热量 1060 Btu 计算调整后天然气价格

调整后天然气价格 = 天然气价格 × Btu 系数

调整后第 1 月天然气价格 = 3 × 1.06 = 3.18 美元/10^3ft^3

调整后第 2 月天然气价格 = 3.007 × 1.06 = 3.188 美元/10^3ft^3

调整后第 3 月天然气价格 = 3.015 × 1.06 = 3.196 美元/10^3ft^3

调整后第 4 月天然气价格 = 3.022 × 1.06 = 3.204 美元/10^3ft^3

调整后第 5 月天然气价格 = 3.030 × 1.06 = 3.211 美元/10^3ft^3

调整后第 6 月天然气价格 = 3.037 × 1.06 = 3.219 美元/10^3ft^3

步骤 11：计算每个月的净收入

净收入 = 每月减少后的天然气产量 × 调整后的天然气价格

第 1 月净收入 = 324514 × 3.18 = 1031955 美元

第 2 月净收入 = 287131 × 3.188 = 915328 美元

第 3 月净收入 = 258949 × 3.196 = 827526 美元

第 4 月净收入 = 236806 × 3.204 = 758630 美元

第 5 月净收入 = 218865 × 3.211 = 702883 美元

第 6 月净收入 = 203979 × 3.219 = 656691 美元

步骤 12：计算每个月的开采税

每月开采税 =（每月总产气量 × 调整后天然气价格 × 开采税 × NRI × 总损耗因子）

或者每月开采税 = 净收入 × 开采税

第 1 月开采税 = 1031955 × 5% = 51598 美元

第 2 月开采税 = 915328 × 5% = 45766 美元

第 3 月开采税 = 827526 × 5% = 41376 美元

第 4 月开采税 = 758630 × 5% = 37931 美元

第 5 月开采税 = 702883 × 5% = 35144 美元

第 6 月开采税 = 656691 × 5% = 32835 美元

步骤 13：计算每月从价税

每月从价税 = 每月总产气量 × 调整后天然气价格 × 开采税 × NRI × 总损耗因子 − 开采税额 × 从价税或（净收入 − 开采税）× 从价税

第 1 月从价税 =（1031955 − 51598）× 2.5% = 24509 美元

第 2 月从价税 =（915328 − 45766）× 2.5% = 21739 美元

第 3 月从价税 =（827526 − 41376）× 2.5% = 19654 美元

第 4 月从价税 =（758630 − 37931）× 2.5% = 18017 美元

第 5 月从价税 =（702883 − 35144）× 2.5% = 16693 美元

第 6 月从价税 =（656691 − 32835）× 2.5% = 15596 美元

步骤 14：计算增加的固定成本、可变成本和固定运输成本

第 1 月固定成本增加 = 426 美元

第 2 月固定成本增加 = $426 \times (1 + 3\%)^{1/12}$ = 427.1 美元

第 3 月固定成本增加 = $427.1 \times (1 + 3\%)^{1/12}$ = 428.1 美元

第 4 月固定成本增加 = 428.1 × (1 + 3%)$^{1/12}$ = 429.2 美元

第 5 月固定成本增加 = 429.2 × (1 + 3%)$^{1/12}$ = 430.2 美元

第 6 月固定成本增加 = 430.2 × (1 + 3%)$^{1/12}$ = 431.3 美元

总可变成本 = 可变举升成本 + 可变收集成本 + 固定运输成本

每 $10^3 ft^3$ 总可变成本 = 0.14 美元/$10^3 ft^3$ + 0.35 美元/10^6Btu × 1.06 + 0.3 美元/10^6Btu × 1.06 = 0.829 美元/$10^3 ft^3$

第 1 月可变成本增加 = 0.829 美元/$10^3 ft^3$

第 2 月可变成本增加 = 0.829 × (1 + 3%)$^{1/12}$ = 0.831 美元/$10^3 ft^3$

第 3 月可变成本增加 = 0.831 × (1 + 3%)$^{1/12}$ = 0.833 美元/$10^3 ft^3$

第 4 月可变成本增加 = 0.833 × (1 + 3%)$^{1/12}$ = 0.835 美元/$10^3 ft^3$

第 5 月可变成本增加 = 0.835 × (1 + 3%)$^{1/12}$ = 0.837 美元/$10^3 ft^3$

第 6 月可变成本增加 = 0.837 × (1 + 3%)$^{1/12}$ = 0.839 美元/$10^3 ft^3$

步骤 15:计算每月总运营成本

每月总运行成本 = 每月总产气量 × WI × 总损耗系数 × 可变举升成本 + 固定举升成本 × WI + 每月总产气量 × WI × 总损耗系数 × 可变举升成本 × 收集和压缩成本 + 每月总产气量 × WI × 总损耗系数 × 固定运输成本

第 1 月总运营成本 = 411820 × 100% × 0.985 × 0.829 + 426 × 100% = 336704 美元

第 2 月总运营成本 = 364379 × 100% × 0.985 × 0.831 + 427.1 × 100% = 298700 美元

第 3 月总运营成本 = 328616 × 100% × 0.985 × 0.833 + 428.1 × 100% = 270090 美元

第 4 月总运营成本 = 300516 × 100% × 0.985 × 0.835 + 429.2 × 100% = 247640 美元

第 5 月总运营成本 = 277748 × 100% × 0.985 × 0.837 + 430.2 × 100% = 229475 美元

第 6 月总运营成本 = 258856 × 100% × 0.985 × 0.839 + 431.3 × 100% = 214424 美元

步骤 16:计算每月净运营成本

净运营成本 = 总运营成本 + 开采税额 + 从价税额

第 1 月净运营成本 = 336704 + 51598 + 24509 = 412811 美元

第 2 月净运营成本 = 298700 + 45766 + 21739 = 366206 美元

第 3 月净运营成本 = 270090 + 41376 + 19654 = 331120 美元

第 4 月净运营成本 = 247640 + 37931 + 18017 = 303589 美元

第 5 月净运营成本 = 229475 + 35144 + 16693 = 281312 美元

第 6 月净运营成本 = 214424 + 32835 + 15596 = 262855 美元

步骤 17:计算运营现金流或不包含投资的利润

利润(不包含投资) = 净收入 - 净运营支出

第 1 月利润 = 1031955 - 412811 = 619145 美元

第 2 月利润 = 915328 - 366206 = 549122 美元

第 3 月利润 = 827526 - 331120 = 496406 美元

第 4 月利润 = 758630 - 303589 = 455041 美元

第5月利润=702883-281312=421570美元

第6月利润=656691-262855=393836美元

步骤18:计算净资本支出(因为WI为100%,净资本支出等于总资本支出)

净资本支出=总资本支出×WI

净资本支出=(1500000+6500000)×100%=8000000美元

在开始日期(生产开始之日)的三个月前申请总净投资8000000美元

步骤19:计算BTAX每月未折现净现金流量(NCF)

BTAX每月未折现净现金流量=利润-净资本支出

零时间的净资本支出等于净资本支出。但是,随后几个月的净资本支出为零。

投资日(零时间)=0-8000000=-8000000美元

第2月BTAX未折现净现金流=0美元

第3月BTAX未折现净现金流=0美元

自投资日起第4个月BTAX未折现净现金流=619145-0=619145美元

自投资日起第5个月BTAX未折现净现金流=549122-0=549122美元

自投资日起第6个月BTAX未折现净现金流=496406-0=496406美元

自投资日起第7个月BTAX未折现净现金流=455041-0=455041美元

自投资日起第8个月BTAX未折现净现金流=421570-0=421570美元

自投资日起第9个月BTAX未折现净现金流=393836-0=393836美元

步骤20:计算BTAX每月折现(中点)净现金流。要执行中点折扣,请从每个月减去0.5,如以下等式所示。

$$\text{BTAX 每月折现净现金流} = \frac{\text{BTAX 每月未折现净现金流}}{(1+\text{WACC})^{(\text{Time}-0.5)/12}}$$

投资日BTAX每月折现净现金流=-8000000美元

第2月BTAX折现净现金流=0美元

第3月BTAX折现净现金流=0美元

自投资日起第4个月BTAX现现净现金流 $=\frac{619145}{(1+8.8\%)^{(4-0.5)/12}}=604100$ 美元

自投资日起第5个月BTAX折现净现金流 $=\frac{549122}{(1+8.8\%)^{(5-0.5)/12}}=532026$ 美元

自投资日起第6个月BTAX折现净现金流 $=\frac{496406}{(1+8.8\%)^{(6-0.5)/12}}=477583$ 美元

自投资日起第7个月BTAX折现净现金流 $=\frac{455041}{(1+8.8\%)^{(7-0.5)/12}}=434720$ 美元

自投资日起第8个月BTAX折现净现金流 $=\frac{421570}{(1+8.8\%)^{(8-0.5)/12}}=399923$ 美元

自投资日起第9个月BTAX折现净现金流 $=\frac{393836}{(1+8.8\%)^{(9-0.5)/12}}=370997$ 美元

步骤 21:从生产日期开始计算每个月的折旧

$$每月折旧 = \frac{年折旧率}{12} \times 有形投资 \times WI$$

$$第一月折旧 = \frac{14.29\%}{12} \times 1500000 \times 100\% = 17863 美元$$

使用 IRS 定义的加速回收方法,未来 11 个月的折旧将相同。

步骤 22:从投资开始计算应纳税所得额

投资日应纳税所得额 = -(无形投资 × WI)

= -(6500000 × 100%)

= -6500000 美元

投资后应纳税所得额 = 不包含投资的利润 - 折旧

第 2 月应纳税所得额 = 0 美元

第 3 月应纳税所得额 = 0 美元

第 4 月应纳税所得额 = 619145 - 17863 = 601282 美元

第 5 月应纳税所得额 = 549122 - 17863 = 531260 美元

第 6 月应纳税所得额 = 496406 - 17863 = 478544 美元

第 7 月应纳税所得额 = 455041 - 17863 = 437179 美元

第 8 月应纳税所得额 = 421570 - 17863 = 403708 美元

第 9 月应纳税所得额 = 393836 - 17863 = 375974 美元

步骤 23:从投资日期开始计算每个月的公司税

公司税 = 应纳税所得额 × 公司税率

投资日公司税 = -6500000 × 40% = -2600000 美元

第 2 月公司税 = 0 美元

第 3 月公司税 = 0 美元

第 4 月公司税 = 601282 × 40% = 240513 美元

第 5 月公司税 = 531260 × 40% = 212504 美元

第 6 月公司税 = 478544 × 40% = 191417 美元

第 7 月公司税 = 437179 × 40% = 174871 美元

第 8 月公司税 = 403708 × 40% = 161483 美元

第 9 月公司税 = 375974 × 40% = 150389 美元

步骤 24:计算投资日开始的每月 ATAX 未折现 NCF

ATAX 每月未折现 NCF = BTA × 每月未折现 NCF - 公司税

投资日 ATAX 每月未折现 NCF = -8000000 - (-2600000) = -5400000 美元

第 2 月 ATAX 未折现 NCF = 0 美元

第 3 月 ATAX 未折现 NCF = 0 美元

第 4 月 ATAX 未折现 NCF = 619145 - 240513 = 378632 美元

第 5 月 ATAX 未折现 NCF = 549122 - 212504 = 336618 美元

第 6 月 ATAX 未折现 NCF = 496406 - 191417 = 304989 美元
第 7 月 ATAX 未折现 NCF = 455041 - 174871 = 280170 美元
第 8 月 ATAX 未折现 NCF = 421570 - 161483 = 260087 美元
第 9 月 ATAX 未折现 NCF = 393836 - 150389 = 243447 美元

步骤 25：计算投资日开始的每月 ATAX 折现 NCF

$$\text{ATAX 每月折现 NCF} = \frac{\text{ATAX 每月未折现净现金流}}{(1+\text{WACC})^{(\text{Time}-0.5)/12}}$$

投资日 ATAX 每月折现净现金流 = -5400000 美元
第 2 月 ATAX 折现净现金流 = 0 美元
第 3 月 ATAX 折现净现金流 = 0 美元

$$\text{自投资日起第 4 个月 ATAX 现现净现金流} = \frac{378632}{(1+8.8\%)^{(4-0.5)/12}} = 369431 \text{ 美元}$$

$$\text{自投资日起第 5 个月 ATAX 折现净现金流} = \frac{336618}{(1+8.8\%)^{(5-0.5)/12}} = 326138 \text{ 美元}$$

$$\text{自投资日起第 6 个月 ATAX 折现净现金流} = \frac{304989}{(1+8.8\%)^{(6-0.5)/12}} = 293424 \text{ 美元}$$

$$\text{自投资日起第 7 个月 ATAX 折现净现金流} = \frac{280170}{(1+8.8\%)^{(7-0.5)/12}} = 267658 \text{ 美元}$$

$$\text{自投资日起第 8 个月 ATAX 折现净现金流} = \frac{260087}{(1+8.8\%)^{(8-0.5)/12}} = 246732 \text{ 美元}$$

$$\text{自投资日起第 9 个月 ATAX 折现净现金流} = \frac{243447}{(1+8.8\%)^{(9-0.5)/12}} = 229329 \text{ 美元}$$

BTAX NPV 是 50 年内所有 BTAX 每月折现现金流量的总和。ATAX NPV 是 ATAX 50 年所有 ATAX 每月折现现金流量的总和。表 18.24 列出了 BTAX 和 ATAX NPV 的概要。

表 18.24 ATAX 和 BTAX NPV 示例（中间折现）

折现率/%	BTAX NPV/美元	ATAX NPV/美元
0	42158086	25294851
5.0	17876005	10637205
8.8	11250715	6608750
10.0	9910182	5789584
15.0	6163010	3487676
20.0	3962247	2124255
25.0	2488747	1205150
30.0	1418424	534014
40.0	-56802	-395914
50.0	-1043607	-1020815
60.0	-1760296	-1475760

续表

折现率/%	BTAX NPV/美元	ATAX NPV/美元
70.0	-2309467	-1824769
80.0	-2746487	-2102619
90.0	-3104192	-2330036
100.0	-3403442	-2520232

现在,可以通过 BTAX IRR 和 ATAX NPV 的值从正变为负,在30%~40%的折现率之间进行插值来轻松计算 BTAX IRR 和 ATAX IRR。

$$Y = Y_a + (Y_b - Y_a) \times \frac{X - X_a}{X_b - X_a}$$

$$\text{BTAXIRR} = 30\% + (40\% - 30\%) \times \frac{(0 - 1418424)}{(-56802 - 1418424)} = 39.61\%$$

$$\text{ATAXIRR} = 30\% + (40\% - 30\%) \times \frac{(0 - 534014)}{(-395914 - 534014)} = 35.74\%$$

第19章　美联储的作用

19.1　概述

联邦储备委员会(FED,简称美联储)成立于1913年,是独立于政府的。在美国,美联储致力于改善美国经济和人民生活。美联储每年举行8次FED委员会会议(每6周一次),以决定是否增加或减少利率和货币供应。联邦公开市场委员会(FOMC)成员为联邦基准利率设定了一个目标利率,根据各种经济状况因素,可以在正常日程之外举行额外的会议。FED的主要使命如下:

(1)最大限度扩大就业;

(2)最小限度增加通货膨胀。

19.2　利率管理

美联储通过控制货币供应来调节经济。美联储的责任是最大限度地增加就业,同时将通货膨胀降到最低。在2008年金融危机期间,美联储将利率降低到0并增加了货币供应,这就是美联储发挥作用的一个完美例子。在这个例子中,美联储证明了刺激经济的主要方法是降低利率和增加货币供应。当美联储降低银行利率时,银行反过来将这些储蓄分配给其他借款人和消费者。当经济陷入衰退或面临放缓(低迷)时,美联储降低利率。这种现象鼓励人们多借钱。例如,如果经济放缓,美联储将利率从10%降至5%以刺激经济,它们就有可能在不提高每月薪水的情况下借入更多资金。为了说明这一概念,考虑一个例子。试想如欲贷款购买价值50万美金住房,首付20%,按揭30年,贷款利率10%。因此,将借入的金额设定为40万,按30年10%计算费用时间表。有两种类型的现金流量,被称为永续年金和年金。永续年金是每年恒定支付相同现金C,永久性支付一个恒定的相同的现金流C,它被认为是一种普通年金的特殊形式,由于是一系列没有终止时间的现金流,因此没有终值,只有现金。永续年金的现值和增长的永续年金的现值可以通过式(19.1)和式(19.2)来计算。

$$\text{永续年金价值} = C/r \tag{19.1}$$

$$\text{持续增长现值} = C/(r-g) \tag{19.2}$$

式中　C——现金流;

r——利率;

g——增长率。

另一方面,年金支付不变的现金流量C的T期现值可以用式(19.3)和式(19.4)来计算。

$$\text{年金的现值} = \frac{C}{r}\left[1-\frac{1}{(1+r)^{T}}\right] \tag{19.3}$$

$$\text{不断增长年金的现值} = \frac{C}{r-g}\left[1-\frac{(1+g)^{T}}{(1+r)^{T}}\right] \tag{19.4}$$

可通过式(19.3)推导出解决每月按揭贷款的公式如下:

$$C = \mathrm{PV}\frac{i\,(1+r)^{T}}{(1+r)^{T}-1} \tag{19.5}$$

式中 C——月供;

PV——贷款额(以 40 万美金为例);

i——利率(除以 12 得出月利率);

n——还款月数。

因此,第二套房抵押贷款的月供计算示例如下:

$$C = 400000 \times \frac{\frac{10\%}{12}\left(1+\frac{10\%}{12}\right)^{30\times12}}{\left(1+\frac{10\%}{12}\right)^{30\times12}-1} = 3510\ \text{美元}$$

因此,30 年的每月按揭为 3510 美元。现在假定贷款利率降低至 5%,利用相同的公式计算贷款 40 万美元的月供。

$$C = 400000 \times \frac{\frac{5\%}{12}\left(1+\frac{5\%}{12}\right)^{30\times12}}{\left(1+\frac{5\%}{12}\right)^{30\times12}-1} = 2147\ \text{美元}$$

相比之下,月供由 3510 美元降至 2147 美元,降低了 1363 美元。下面,计算在贷款利率为 5% 时月供 3510 美元可贷款的金额。

$$3510 = X \times \frac{\frac{5\%}{12}\left(1+\frac{5\%}{12}\right)^{30\times12}}{\left(1+\frac{5\%}{12}\right)^{30\times12}-1} \rightarrow X = 653848\ \text{美元}$$

以 5% 的利息,借款人现在可以借款 653848 美元(245000 美元增量),并支付 3510 美元的月供,仅因为利率从 10% 降至 5%。这个例子说明了降低利率对微观经济学层面的影响。因此,美联储在宏观层面对美国经济的巨大影响是显而易见的。将利率降低会促使贷款量增加,激励人们消费,仅仅是由于可支配的钱更多。与第二套房支付 3510 美元相比,他们现在可以支付 2147 美元,并有可能支出、储蓄或投资其余部分。消费将刺激经济,创造更多的就业机会,因为主要消费者由驱动经济。向消费者提供的钱越多,他们就会花得越多。随着更多的人因为便宜的钱而购买、消费和工作(由于高消费需求),显然仍然存在有限的供应量。因此,由于供应量有限(或供应减少),廉价的货币会引起通货膨胀。比如一辆奔驰 E 级售卖 6 万美元,100 个人走进奔驰 4S 店,而店中只有 10 台奔驰库存,需求量稳定的情况下店主会提高售价。这将导致通货膨胀,从而降低金钱的购买力。这个影响是美联储的内在问题。请注意,与美联储增加或降低利率的时间相比,在经济中有一个滞后。当美联储意识到因降低利率而带来的通货膨胀的影响时,他们现在可以改变他们提高利率的决定,以冷却经济并平衡通货膨胀。利率的上升和经济的放缓将导致更少的人借贷和消费,随着经济的降温而价格下降。如果央行大幅提高利率以平衡通货膨胀,那么可能导致衰退的借款能力就降低了。如果经济放缓或遇到衰退,美联储可以再次降低利率。

19.3 货币供应管理

如上文所述,美联储调控经济的第二种方式是通过货币供应。这一过程被称为量化宽松(QE)或发行货币。美联储最著名的实施量化宽松的完美例子是 2008 年金融危机,以帮助美国经济走出衰退。增加货币供应是通过从银行购买债券(银行资产负债表上的债券)来实现的,方法是将债券放入其投资组合,并向银行提供现金。这些银行的投资组合中不再有债券,而是手头有现金。手握现金不会给银行带来任何利润;因此,银行现在会把现金借给借款人和消费者来盈利。因此,美联储不仅降低了利率,还通过印刷货币或 QE 向银行提供货币供应。当利率较低时(廉价货币时期),由于银行有多余的现金,它们将以较低的利率提供良好的交易,以鼓励借款人和消费者消费和刺激经济。因此,在经济好的时候,银行可以更自由地把钱借给消费者。支出的雪球效应将逐渐将经济从衰退中拉出来,这一过程被称为复苏。因此,美联储工作分为两个阶段,包括刺激支出期和减缓支出期。当通货膨胀上升时,为了冷却经济,美联储可以通过提供银行债券来从系统中提取现金,这将减少货币供应。他们还将提高利率,以降低借贷能力。因此,银行手头现金较少,贷款利率较高,在向消费者贷款方面,政策收紧。在里根总统执政时期,通货膨胀的影响非常大,以至于银行必须极大地增加利率以维持平衡。30 年期房产抵押贷款利率已经超过 20%,图 19.1 展示了联邦基准基金利率。19 世纪 80 年代以后,随着经济降温和通货膨胀的平衡以后,美联储开始降低利率。在写这本书的时候,所有央行都在系统中注入了如此多的资金(流动性),以至于通货膨胀可能变得非常严重。此时唯一的解决办法就是提高利率并降低货币发行量。因此,美联储面临着的另一个突出的固有挑战即政策实施时间与其政策的广泛影响之间存在固有的滞后因素,这很可能导致另一场经济衰退。

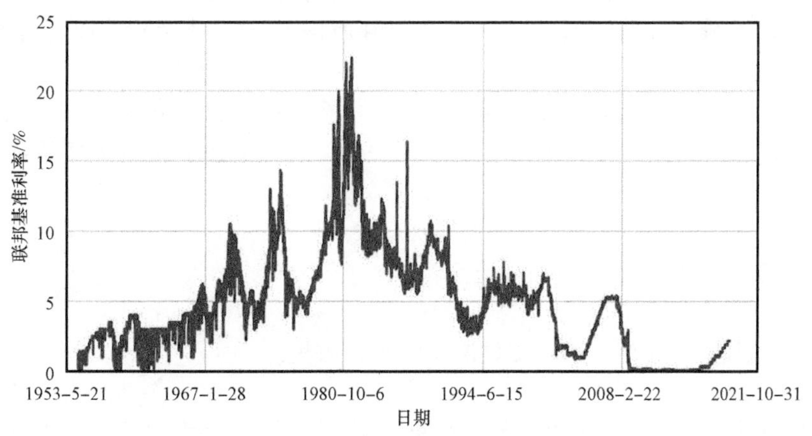

图 19.1 联邦基准利率(数据源自 http://www.macrotrends.net/)

1971 年,许多人还记得尼克松总统宣布取消美元金本位的那一天,这基本上意味着货币可以随意地印刷出来,并且只能得到其他政府以美元计价的信托基金的支持。在这个关键时刻,货币贬值开始了,由于通货膨胀而降低了货币的购买力。

美联储设置的联邦基准利率如图 19.1 所示。联邦基准利率是指一家银行从另一家银行借款(通常是隔夜拆借)的银行间贷款。这种互动发生的原因是银行需要有最低的准备金余额。在每天结束时,一些银行低于最低准备金要求,而另一些银行则有盈余。因此,需要隔夜提振资金的银行可以以联邦基准利率向其他拥有盈余资金的银行借款。另一方面,贴现率是 FED 向银行和金融机构提供的利率。贴现率通常高于联邦基金利率。联邦基金和贴现率都由 FED 决定。贴现率作为最后的手段,银行需要从 FED 贷款给自己,而不是贷款给其他银行。

最惠贷款利率、主要利率是银行业使用的另一个术语,指的是银行向消费者和借款人提供的利率。最惠贷款利率被称为贷款利率的基准。最惠贷款利率高于联邦基准利率,通常根据客户的信用评分、价值和抵押品能力(借款人的风险水平),在最惠贷款利率上加上保证金。在设定信用卡、抵押贷款、小企业贷款和住房权益贷款利率时,以优惠利率作为基准。有成功记录和优秀信用评分的企业主被称为“最惠借款人”(提供最低风险的借款人),并能为主要利率提供质量。主要利率通常是通过联邦基准利率增加 3% 来计算的。截至 2018 年 12 月,联邦基准利率为 2.25%,最惠贷款利率为 5.25%(联邦基准利率附加 3%)。以下是每个费率的摘要:

(1)联邦基准利率→银行间借贷;

(2)贴现利率→美联储面对银行及金融机构借贷;

(3)最惠贷款利率→银行面对消费者借贷。

19.4 历史上重要的金融和政治事件

以下所列的重要历史事件必须直观地理解(来自投资百科)。

1913 年

联邦储备银行成立了。美联储是由国会创建的,旨在提供灵活、稳定的货币和金融体系。

美国宪法第 16 修正案获得通过,要求批准联邦所得税,这基本上授权政府对收入征税。

1929 年

巨大的股市崩盘发生了,导致了大萧条,这是一场世界性的经济危机,并持续到 20 世纪 30 年代中期。许多人经历了大萧条,亲身经历了困难,他们学会了在消费和储蓄习惯方面更加保守。[1]

1935 年

《社会保障法》立法,并由罗斯福总统签署。

1943 年

现时纳税机制通过,允许政府在支付职工薪水前收税。

1944 年

《布雷顿森林协议》是世界金融史的一个重要组成部分,它将世界置于美国同意用金本位

[1] https://www.investopedia.com/terms/s/stock-market-crash-1929.asp

的美元标准之上。这被认为是44个国家的代表制定的新的国际货币体系。美元实质上成为世界储备货币。[1]

1971年

尼克松总统结束了《布雷顿森林协议》。1973年,协议正式结束。无金本位约束印钞开始了。如果尼克松没有结束《布雷顿森林协议》,今天的金融危机本来可以被潜在地阻止。

1974年

在尼克松总统终止《布雷顿森林协议》后,与沙特阿拉伯签署了一项石油美元协定,以使以美元计价的石油价格合同标准化。美元得到了石油的支持,所有国家都必须以美元购买石油。这是从固定汇率和黄金支持货币向非支持浮动汇率的范式转变。[2]

1978年

国会通过了1978年《收入法》,该法允许雇员的一部分薪资免税,作为递延补偿。这就是401K的诞生。[3]

1987年

在金融界,黑色星期一是指1978年香港股市崩盘,最终影响了美国股市(在一些国家,由于时区差异,它被称为黑色星期二)。美联储主席艾伦·格林斯潘(1987—2006年)通过了格林斯潘看跌(Greenspan Put),该看跌指的是依靠股票市场看跌期权策略,这种策略可以帮助投资者减轻由于股价突然下跌而造成的损失。在1987年股市崩盘后,格林斯潘基本上通过降低利率和增加货币供应来支撑市场。从1987年到2000年,当数百万中产阶级和投资者(特别是被动的)通过他们的住房、401K、IRA和其他公司(政府)养老金计划的通货膨胀变得非常富有时,道琼斯指数的价值几乎呈指数增长。[4]

21世纪

21世纪头十年发生了三起巨大的事件。

2000年:互联网普及和增长经历了一段指数式增长的时期后,互联网崩溃了。

2007年:因房价的大幅下跌导致经济危机。[5]

2008年:2008年的金融危机始于2007年的次贷危机,并导致了一场全面的国际银行业危机。这导致有150年历史的美国最古老的银行之一雷曼兄弟申请破产倒闭。[6]

正如20世纪这些简短的历史事实所证明的那样,市场经历周期和这些周期(包括繁荣和萧条)总是会发生,并预计将持续下去。

例1:

当中得彩票后支付了20年每年收益130000美元的年金(假设贴金利率为10%)。

a. 这笔年金的当前价值?

---

[1] https://www.investopedia.com/terms/b/brettonwoodsagreement.asp

[2] https://www.investopedia.com/terms/p/petrodollars.asp

[3] https://www.investopedia.com/ask/answers/100314/why-were-401k-plans-created.asp

[4] https://www.investopedia.com/terms/s/stock-market-crash-1987.asp

[5] https://www.investopedia.com/terms/s/subprime-meltdown.asp

[6] https://www.investopedia.com/articles/economics/09/financial-crisis-review.asp

$$年金的现值 = \frac{C}{r}\left[1 - \frac{1}{(1+r)^T}\right] = \frac{130000}{10\%}\left[1 - \frac{1}{(1+10\%)^{20}}\right] = 1106763 美元$$

b. 支付30年的当前价值?

$$年金的现值 = \frac{C}{r}\left[1 - \frac{1}{(1+r)^T}\right] = \frac{130000}{10\%}\left[1 - \frac{1}{(1+10\%)^{30}}\right] = 1225763 美元$$

c. 永久年金的现值?

$$年金的现值 = \frac{C}{r} = \frac{130000}{10\%} = 1300000 美元$$

第20章　NGL和凝析气的处理、产量计算和盈亏平衡分析

20.1　概述

天然气加工需要从天然气中分离出所有液态碳氢化合物和水，以生产符合管道外输标准的干天然气。在富Btu地区，经加工和分馏处理后的液化天然气（NGL）有多种用途，例如，用于石油化工厂和炼油厂作为原料，以及用于提高油井采收率（在三次采油中使用）。天然气成分需符合运输法规限制要求，才能经管道运输。此类限制条件包括对出口Btu和韦伯参数（WI）的限制。WI常被用作确定天然气销售和合约中规定的天然气成分上限和下限参数。不同地区的天然气市场历来都相互独立，拥有各自的天然气质量规范。因此，各天然气运输公司也都有各自的外输规范规定（整套要求）。通常，符合管道外输要求的标准为$1100Btu/ft^3$和1400WI。部分管线和合约允许更高的气体Btu，但最高不超过$1150Btu/ft^3$，而通常情况下，大部分管线和合约要求的Btu均为1100。可通过式(20.1)计算WI：

$$WI = \frac{体积高位发热量}{\sqrt{相对密度}} \tag{20.1}$$

“盈亏平衡分析”是最重要的非常规油气藏分析之一。通过此类分析可以确定湿气/反凝析气区内的盈亏平衡NGL定价和盈亏平衡Btu含量；在这些NGL定价和Btu含量下，天然气加工比天然气混合更为经济。在湿气区，在一定的盈亏平衡Btu含量下，可使天然气加工合理——这取决于多个变量，如天然气成分分析、Btu含量、NGL组分定价（乙烷、丙烷、异丁烷、正丁烷、C_{5+}）、天然气定价、资本支出以及与加工天然气相关的运营成本[如加工费（美元/10^6Btu）]、NGL（不包括乙烷）运输和分馏（运输、分馏、装载和营销）、脱乙烷、乙烷运输和营销，以及与天然气加工相关的电燃料消耗。在高Btu地区，湿气流可与低Btu气体（来自相同或其他地层）混合，降低Btu含量使其符合管道外输规范（虽有变化，但通常值都为$1100Btu/ft^3$）。某些地区不具备天然气混合能力，这可能是由于生产的天然气中Btu含量较高，或者没有适当的管道基础设施或因低Btu构造，无法按照管道规范混合天然气。因此，为达到管道外输质量规范要求的Btu含量，需要进行天然气加工。除非要将部分资金投入管道基础项目建设，否则必须进行天然气加工。许多具备天然气混合能力的公司拥有很高的灵活性，即，不用被迫在NGL和凝析气（CND）定价较低时进行天然气加工。例如，在2014年油价暴跌时，与油价变化一致的NGL和凝析气定价使得在盈亏平衡Btu下进行天然气加工的合理性远高于预期。如假定CND和NGL价格分别为77美元/bbl和50美元/bbl，为使天然气加工和分馏费用合理，CND和NGL价格的暴跌会改变整个盈亏平衡Btu含量的动态变化。许多运营商因为没有其他选择，因而尽管无利可图，仍被迫进行天然气加工。到企业将工作重心从湿气区转移到干气区时，需要一段时间才能将资产从富液区转移到干气区。

那些 Btu 含量接近外输规范规定的 Btu 含量(即 1100)的地区面临的挑战最大。例如,如果某个湿气区内 Btu 含量约为 1130,而符合外输规范规定的 Btu 含量为 1100,则必须对天然气进行加工,使其达到售卖要求,除非可将这些天然气与 Btu 更低的天然气混合,或一些运营商为实现各自天然气交易而彼此之间达成过一些协议(取决于公司的战略定位)。对于大部分工作区域都位于存在凝析气问题困扰地区内的部分运营商,这可能会带来挑战;这些地区内 Btu 含量预计将极为接近外输规范规定的 Btu 含量。

理想的情况是,有能力在保证经济效益的条件下(高 NGL 定价和低天然气定价环境)进行天然气加工,并在低 NGL 定价和高天然气定价环境下进行天然气混合。运营商在可以进行选择时,能灵活根据市场条件(从定价角度来看通常是不可预见的)二者择一。对在不同 NGL 和天然气定价环境下的盈亏平衡 Btu 含量进行的分析也很重要。在高 NGL 定价和低天然气定价的环境下,对较低 Btu 含量(如 1150Btu/ft^3)的湿气进行加工具有经济合理性。这在高天然气定价和低 NGL 定价环境中却相反:通过经济分析,无法证明对高 Btu 湿气进行加工是合理的。因此,市场条件会直接影响作出是否进行天然气加工的决定,且必须进行详尽分析,确定在哪种盈亏平衡 NGL 和 Btu 含量条件下,有必要进行天然气加工。

如果证实了天然气加工在经济上合理,且具备加工湿气系统的能力(具备湿气加工基础设施),则将在天然气加工厂(也称作低温处理厂或汽提厂)开展天然气加工。加工厂是对天然气进行冷却以凝析或液化天然气的工厂。加工厂加工后得到的总气流(富气)会被分为三股,即从总气流中提取出 NGL、残余气体和乙烷(可以回收,也可以废弃)。在经过透平膨胀机或 JT(焦耳—汤姆逊)装置处理后,通常配置在低温处理厂内的脱乙烷塔(也被称为甲烷馏除器)会调整乙烷百分比含量,使其符合回收要求。如果有一定比例(如 30%)乙烷得到回收,则剩余乙烷(在本示例中即为剩余的 70%)将返回残余气流。理论上而言,当乙烷回收率达到 100% 且返回残余气流的乙烷比例为 0 时,脱乙烷塔被称为“甲烷馏除器”。而当回收的乙烷比例为 0 且乙烷 100% 返回残余气流时,紧接在透平膨胀机或 JT 装置之后的乙烷回收装置被称为“脱乙烷塔”。需要注意的是,这些术语在不同国家和地区互换使用,但都是指紧接在透平膨胀机或 JT 装置之后的乙烷回收装置。乙烷回收率取决于乙烷市场情况(定价)以及所需达到的加工之后的 Btu 含量。还可以通过经济分析,计算如何进行盈亏平衡乙烷定价来实现更高的乙烷加工比率下更高的项目净现值(NPV)。在一定的乙烷价格下,更高的乙烷回收率能创造收益。如果定价低于盈亏平衡乙烷定价,则乙烷回收会导致 NPV 损失。例如,如果加工 1300Btu 湿气后没有回收任何乙烷(低乙烷定价导致乙烷回收率为 0),而出口加工厂 Btu 为 1155、符合外输规范规定质量的 Btu 为 1100,则必须回收足够比率的乙烷,将出口 Btu 降低到符合管道外输标准的 Btu,即 1100。

这种情况下,可能要求以较低定价回收一定比率乙烷,确保残余气体 Btu 含量符合管道规范。因此,必须充分审核并分析每份合约的条款和细节,确保与中下游公司协商时,为各位股东作出能获得最高经济效益的决定。在美国部分地区,由于乙烷定价低,乙烷回收并不能带来经济效益,但运营商有时别无选择。

在经低温处理工厂加工后,剩余的 NGL 气流会被导入分馏工厂;在分馏工厂中,会将丙烷、异丁烷、正丁烷、异戊烷、正戊烷以及 C_{5+} 等各天然气组分分离,并分别进行运输、营销和售卖。残余气体为加工之后的剩余干气(低 Btu 含量);通过干气管线对其进行输送、营销和售卖。大部分运营商的做法是:将经加工后的 NGL 送入分馏工厂对其各组分进行分馏,随后进行输送、装载并投入市场。但也能以 y 级价格(通常更低)出售 NGL;在这种情况下,将报出一定的 y 级价格出售 NGL。此外,中游或下游公司将对未分馏 NGL 进行处置。y 级组分包括 C_{2+}。

20.2 NGL 产量计算

NGL 产量计算是湿气经济分析中最重要的计算之一。在进行经济分析时,NGL 产量计算对于计算 NGL 每月容量十分重要。由于 NGL 在分馏厂进行分馏之前的所有组分都将保持为气相,因此 NGL 产量不会随时间而变化(只要天然气成分不变)。

(1)NGL 产量计算的第一步是通过天然气成分分析计算出 GPM($gal/10^3ft^3$)中携带的 NGL 量,如方程(20.2)所示。

$$\text{NGL 携带量}\left(\frac{\text{入口天然气组分}\times\dfrac{\text{每种天然气组分 gal}}{\text{lb}\cdot\text{mol}}}{379.49}\right)\times 1000 \tag{20.2}$$

已知 $1\ \text{lb}\cdot\text{mol}=379.4\ \text{ft}^3$,则可计算出各天然气组分的 NGL 携带量。

注意 gal/(lb · mol)可用于下文实例中的各组分。

(2)第二步是基于加工厂中各天然气组分的回收占比(%)计算残余摩尔百分比(%)。加工厂通常提供的各天然气组分回收量都在该工厂处理能力范围之内。乙烷回收率可根据对其的经济率分析结果而发生变化。残余摩尔百分比可根据方程(20.3)计算得出。

$$\text{各天然气组分残余摩尔百分比}=(1-\text{各组分工厂脱除比率})\times\text{入口天然气成分比} \tag{20.3}$$

求出所有天然气组分的残余摩尔百分比总和,可得出剩余摩尔百分比(工厂出口)。通过工厂入口和出口产量之差可知液体缩减量。

(3)可通过方程(20.4)计算出口或提取后残余气体的新摩尔百分比。

$$\text{提取后残余气体}=\frac{\text{各天然气组分剩余摩尔百分比}}{\text{总剩余摩尔百分比}} \tag{20.4}$$

(4)接下来的一步是计算经工厂处理后 NGL 的脱除量或 GPM 剥离量,进而计算 NGL 产量。可通过方程(20.5)计算。

$$\text{经工厂处理后 NGL 的脱除量(GPM)}=\text{各组分 NGL 携带量(GPM)}\times\text{各组分工厂脱除率} \tag{20.5}$$

通过求各组分经工厂处理后 NGL 的脱除量之和,可以得出 NGL 产量($gal/10^3ft^3$)。可将计算出的 GPM 中 NGL 的产量乘以 1000 并除以 42,将该 NGL 产量转换为以 $bbl/10^6ft^3$ 计。

(5)最后,使用方程(20.6)计算各组分 GPM 的百分比。

$$\text{各组分经工厂处理后 NGL 的脱除量}=\frac{\text{各组分的 GPM 百分比}}{\text{经工厂处理后 NGL 的总脱除量(NGL 产量)}} \tag{20.6}$$

(6)已知各组分 GPM 百分比,可使用方程(20.7)计算出 NGL 价格的加权平均值。

$$\begin{aligned} \text{NGL 价格加权平均值} = &(\text{乙烷价格} \times \text{乙烷 GPM\%}) + \\ &(\text{丙烷价格} \times \text{丙烷 GPM\%}) + \\ &(\text{异丁烷价格} \times \text{异丁烷 GPM\%}) + \\ &(\text{正丁烷价格} \times \text{正丁烷 GPM\%}) + \\ &(C_{5+} \text{价格} \times C_{5+}\text{GPM\%}) \end{aligned} \tag{20.7}$$

例 1:

以具备下列性质(入口天然气成分)的天然气样本为例。通过假设下列各组分定价,计算液体缩减率和 NGL 产量,以及 NGL 加权平均定价:

乙烷价格 =0.28 美元/gal,丙烷价格 =0.66 美元/gal,异丁烷价格 =0.87 美元/gal,正丁烷价格 =0.86 美元/gal,C_{5+} 价格 =1.22 美元/gal。

(1)第一步是通过天然气成分分析(表 20.1),计算 GPM 中 NGL 的携带量。甲烷组分 NGL 携带量的计算示例如下:

$$\text{NGL 携带量} = \left(\frac{\text{入口天然气组分各组分} \times \dfrac{\text{gal}}{\text{lb} \cdot \text{mol}}}{379.49} \right) \times 1000$$

$$= \left(\frac{81.7043\% \times 6.417}{379.49} \right) \times 1000 = 13.82\text{gal}/10^3\text{ft}^3 (\text{for } C_1)$$

表 20.1 不同天然气组分表

投入			产出
天然气组分	入口天然气成分比/%	gal/(lb · mol)	NGL 携带量/(gal/10^3ft^3)
甲烷(C_1)	81.7043	6.4170	13.82
乙烷(C_2)	12.1416	10.1230	3.24
丙烷(C_3)	3.9237	10.4280	1.08
异丁烷($i-C_4$)	0.3849	12.3860	0.13
正丁烷($n-C_4$)	0.9003	11.9330	0.28
异戊烷($i-C_5$)	0.2219	13.8430	0.08
正戊烷($n-C_5$)	0.1243	13.7210	0.04
己烷	0.1848	16.5170	0.08
氮气(N_2)	0.3637	4.1643	0.04
二氧化碳(CO_2)	0.0506	6.4593	0.01

(2)下一步是计算加工厂相关液体缩减率和提取后残余气体量。请注意,加工厂必须提供各天然气组分经工厂加工后的脱除百分比。下例中,假设乙烷回收率为 30%,但该组分回收率可能会远高于 30%,且必须进行迭代计算,找出盈亏平衡乙烷定价,如本章后文所

示。甲烷组分的剩余摩尔百分比和残余气体百分比如下所示：

各天然气组分的剩余摩尔百分比 = (1 - 工厂脱除百分比) × 入口天然气成分比

$$提取后残余气体 = \frac{各天然气组分剩余摩尔百分比}{总剩余摩尔百分比} = \frac{81.7043\%}{91.03\%} = 89.76\%$$

工厂出口 Btu 百分比为 91.03%,可用于液体缩减率计算,具体如下：

液体缩减率 = 工厂入口处 Btu 百分比 - 工厂出口 Btu 百分比 = 100% - 91.03% = 8.97%

(3)下一步是计算各天然气组分经工厂加工后 NGL 的脱除量(表 20.2),并将所有组分经工厂加工后的 NGL 脱除量相加,得出 NGL 产量(表 20.3)。乙烷组分计算示例如下：

表 20.2　经工厂加工后天然气组分变化表

投入			已知	计算结果	
天然气组分	入口天然气成分比/%	gal/(lb · mol)	工厂脱除量/%	(1 - 工厂脱除量) × 入口天然气成分比/%	提取后(残余气体)/%
甲烷(C_1)	81.7043	6.4170	0	81.70	89.76
乙烷(C_2)	12.1416	10.1230	30.00	8.50	9.34
丙烷(C_3)	3.9237	10.4280	90.00	0.39	0.43
异丁烷($i-C_4$)	0.3849	12.3860	98.00	0.01	0.01
正丁烷($n-C_4$)	0.9003	11.9330	99.00	0.01	0.01
异戊烷($i-C_4$)	0.2219	13.8430	99.90	0	0
正戊烷($n-C_5$)	0.1243	13.7210	99.90	0	0
己烷	0.1848	16.5170	99.90	0	0
氮气(N_2)	0.3637	4.1643	0	0.36	0.40
二氧化碳(CO_2)	0.0506	6.4598	0	0.05	0.06
总计	UNIX		加工厂处理后	91.03	

经工厂处理后 NGL 的脱除量 = 各组分 NGL 携带量 × 各组分工厂脱除百分比

$$= 3.24 \times 30\%$$

$$= 0.972\ \mathrm{gal/10^3ft^3}$$

将经工厂处理后的 NGL 脱除量相加(本示例中为 2.552 $\mathrm{gal/10^3ft^3}$),得出 NGL 产量,并可通过下式将该结果从 $\mathrm{gal/10^3ft^3}$ 转换为 $\mathrm{bbl/10^6ft^3}$：

$$\text{NGL 产量} = 2.552\ \frac{\mathrm{gal}}{10^3\mathrm{ft}^3}\quad \frac{2.552 \times 1000}{42} = 60.75\ \frac{\mathrm{bbl}}{10^6\mathrm{ft}^3}$$

表 20.3　经工厂处理后 NGL 变化表

投入		计算结果	已知	计算结果
天然气组分	入口天然气成分比/%	NGL 携带量/(gal/10^3ft^3)	工厂脱除量/%	经工厂处理后 NGL 的脱除量/(gal/10^3ft^3)
甲烷(C_1)	81.7043	13.82	0	0
乙烷(C_2)	12.1416	3.24	30.00	0.972
丙烷(C_3)	3.9237	1.08	90.00	0.971
异丁烷($i-C_4$)	0.3849	0.13	98.00	0.123
正丁烷($n-C_4$)	0.9003	0.28	99.00	0.280
异戊烷($i-C_5$)	0.2219	0.08	99.90	0.081
正戊烷($n-C_5$)	0.1243	0.04	99.90	0.045
己烷	0.1848	0.08	99.90	0.080
氮气(N_2)	0.3637	0.04	0	0
二氧化碳(CO_2)	0.0506	0.01	0	0
总计	100.0000		NGL 产量	2.552

(4)接下来,计算乙烷各组分的 GPM(表 20.4):

$$\text{各组分的 GPM} = \frac{\text{各组分经工厂处理后 NGL 的脱除量}}{\text{经工厂处理后 NGL 的总脱除量(NGL 产量)}} = \frac{0.972}{2.552} = 38.08\%$$

表 20.4　天然气组分表

天然气组分	各组分的 GPM/%	天然气组分	各组分的 GPM/%
甲烷(C_1)	0	正戊烷($n-C_5$)	1.76
乙烷(C_2)	38.08	己烷	3.15
丙烷(C_3)	38.03	氮气(N_2)	0
异丁烷($i-C_4$)	4.83	二氧化碳(CO_2)	0
正丁烷($n-C_4$)	10.98	总计	100.00
异戊烷($i-C_5$)	3.17		

(5)使用本示例提供的 NGL 组分定价,通过下式确定 NGL 价格的加权平均值:

$$\begin{aligned}\text{NGL 价格加权平均值} &= 0.28\times 38.08\% + 0.66\times 38.03\% + \\ &\quad 0.87\times 4.83\% + 0.86\times 10.98\% + \\ &\quad 1.22\times(3.17\% + 1.76\% + 3.15\%) \\ &= 0.5926\ \text{美元/gal 或 } 24.89\ \text{美元/bbl}\end{aligned}$$

NGL 产量保持不变,但 CND 产量不同;这是因为随着 CND 产出,NGL 未保持为气相。因此,要估算 CND 产量和随时间变化的生产容量,需针对不同 Btu 下的 CND 产量绘图,通过数据实现与方程的最佳匹配。可使用通过数据得出的最佳匹配方程估算出相应时间范围内的 CND 产量。对于非线性问题,通过非线性机器学习算法可以得到更为准确的结果。基本上,可利用实际历史生产情况预测 CND 随时间变化的产量。如果无法获得历史生产情况,可采取数值模拟和编写状态方程的方式解决问题。

20.3 天然气混合与加工分步指南和计算

上级可能会要求计算盈亏平衡 Btu 含量、盈亏平衡 NGL 定价和盈亏平衡乙烷定价,确定在湿气区进行天然气加工的合理性。同时,还要求进行敏感性分析并制作各种表,呈现针对各种情况的盈亏平衡分析情况。其提供的类型曲线参数具体如下:

气体类型曲线:IP = 16000 × $10^6 ft^3/d$, D_e = 71%, b = 1.5。末期衰退 = 5%,侧向长度 = 8000ft。

CND 产量类型曲线:假设第 1 月为 10 bbl/$10^6 ft^3$、第 2 月为 9 bbl/$10^6 ft^3$、第 3 月为 8 bbl/$10^6 ft^3$、第 4 月至整个气井生命周期(假设为 50 年)为 7 bbl/$10^6 ft^3$。

假设热值为 1240 Btu/ft^3(天然气成分数据见表 20.5)。

压缩装置缩减率 = 2.5%,加工厂缩减率 = 0,湿气 Btu = 1240,矿税 = 15%、WI = 100%、NRI = 85%、总资本支出 = 8000000 美元、WACC = 10%、开采税 = 5%、从价税 = 2.5%、有形支出 = 12%、无形支出 = 88%、联邦税率 = 21%、各种抽油成本 = 0.15 美元/$10^3 ft^3$、集气成本 = 0.2 美元/10^6 Btu、牢靠运输费用假设为一项沉没成本、固定运营成本 = 1300 美元/(月·井)、加工(+燃料电加工) = 0.32 美元/10^6 Btu、NGL 运输、分馏、装载和市场营销(不包括乙烷) = 0.09 美元/gal、CND 运输和市场营销 = 0.025 美元/gal、脱乙烷 = 0.03 美元/gal、乙烷运输和市场营销 = 0.01 美元/gal。

在本示例中,不考虑 OPEX、CAPEX 或定价的增加。

定价信息:

CND 定价 = 0.92 美元/gal、乙烷 = 0.15 美元/gal、丙烷 = 0.45 美元/gal、异丁烷 = 0.71 美元/gal、正丁烷 = 0.64 美元/gal、C_{5+} = 1.06 美元/gal,已实现的天然气定价 = 2.5 美元/10^6 Btu(1 美元/10^6 Btu 至 5 美元/10^6 Btu 条件下的价格敏感度不同)。

表 20.5 天然气组分分析示例

天然气组分	天然气组分占比/%	浓度/[gal/(lb·mol)]	工厂脱除量/%
甲烷	78.812	6.4170	0
乙烷	14.255	10.1230	32.00
丙烷	4.293	10.4280	92.00
异丁烷	0.519	12.3860	98.00
正丁烷	0.957	11.9330	98.00
异戊烷	0.232	13.8430	99.00

续表

天然气组分	天然气组分占比/%	浓度/[gal/(lb·mol)]	工厂脱除量/%
正戊烷	0.201	13.7210	99.00
己烷	0.269	16.5170	99.00
惰性气体	0.463		
总计	100.000		

该分析分为以下部分:

(1)假设在将1240Btu天然气送入管道运输之前可通过气体混合的方式将其售出,由此计算不同天然气定价下缴纳联邦所得税后的净现值(ATAX NPV)。在此情况下,可以方便地混合天然气,且可将天然气加权平均值降至符合管道外输标准的Btu值,即1100(假设1100为符合管道外输标准的Btu值),因此根据较高的Btu含量(1.24)得到增长24%的天然气定价,且不支付任何与天然气加工或分馏相关的运营费用。

(2)假设必须加工并分馏天然气,并须结合涉及天然气和加工(分馏)运营成本的NGL生产,由此计算不同天然气定价下缴纳联邦所得税后的净现值(ATAX NPV)。在这两种情景下都会产生CND,因此必须对CND运营费用加以考虑。

(3)假设存在天然气混合的可能性,将由天然气混合还是加工(分馏)产生更高的净现值(NPV)来决定是否混合。

从计算NGL产量和总缩减率开始分析。如上文所示,可在本示例中重复上文操作流程,填写表20.5中的相应内容。表20.6中NGL产量和总缩减率分别为3.03gal/10^3ft^3(或72.24bbl/10^6ft^3)和11.11%(100%~88.89%)。同时,计算NGL定价的加权平均值:

$$\begin{aligned}\text{NGL 价格加权平均值} &= 0.15\times40.10\% + 0.45\times35.77\% + 0.71\times5.47\% + \\ &\quad 0.64\times9.72\% + 1.06\times(2.76\% + 2.37\% + 3.81\%) \\ &= 0.4169\ \text{美元/gal 或 } 17.51\ \text{美元/bbl}\end{aligned}$$

表20.6 NGL产量和总缩减率计算

NGL携带量/gal/10^3ft^3	(1-工厂脱除率12%)×入口天然气成分比/%	提取后(残余气体)/%	工厂NGL脱除率/%	各组分的GPM百分比/%
13.3267	78.81	84.45	0	0
3.8027	9.69	10.39	1.2168	40.10
1.1797	0.34	0.37	1.0853	35.77
0.1693	0.01	0.01	0.1659	5.47
0.3009	0.02	0.02	0.2949	9.72
0.0845	0	0	0.0836	2.76
0.0726	0	0	0.0719	2.37
0.1169	0	0	0.1157	3.81
合计	88.89		3.03	100.00

场景 a：假设具备混合能力且天然气 Btu 含量可实现 1240 Btu/ft^3，由此计算缴纳联邦所得税后的净现值。

本示例中所有步骤均与上一章所述的干气相关步骤相同，但必须对凝析气生产和运营成本加以考虑。可根据所提供的、修改后的双曲线参数得出随时间变化的气体未缩减率。表 20.7 所示为根据递减曲线分析一章中的方程得出的首年天然气和凝析气容量之和。可通过下式计算出头两个步骤中凝析气的净售出量：

$$\text{CND 净售出量}_{\text{第1月}} = \text{未缩减气体毛量}_{\text{第1月}} \times \text{CND 产量}_{\text{第1月}} \times \text{净利息收入(NRI)}$$

$$= \frac{427755}{1000} \times 10\ \frac{bbl}{10^6 ft^3} \times 85\% = 3636bbl$$

$$\text{CND 净售出量}_{\text{第2月}} = \text{未缩减气体毛量}_{\text{第2月}} \times \text{CND 产量}_{\text{第2月}} \times \text{净利息收入(NRI)}$$

$$= \frac{346163}{1000} \times 9\ \frac{bbl}{10^6 ft^3} \times 85\% = 2648bbl$$

还需注意缩减气体容量也可通过下式计算得出：

$$\text{缩减气体毛量} = \text{未缩减气体毛量} \times (1 - \text{压缩装置缩减率})$$

表 20.7 首年天然气和凝析气容量

日期	时间/月	未缩减气体毛量/$10^3 ft^3$/月	缩减气体毛量/$10^3 ft^3$/月	缩减气体净量/$10^3 ft^3$/月	CND 净售出量/$10^3 ft^3$/月
2018 年 1 月	0	0	0	0	0
2018 年 2 月	0.5	427755	417061	354502	3636
2018 年 3 月	1.5	346163	337509	286882	2648
2018 年 4 月	2.5	294989	287614	244472	2006
2018 年 5 月	3.5	259351	252868	214937	1543
2018 年 6 月	4.5	232850	227029	192974	1385
2018 年 7 月	5.5	212230	206925	175886	1263
2018 年 8 月	6.5	195646	190755	162142	1164
2018 年 9 月	7.5	181966	177417	150804	1083
2018 年 10 月	8.5	170452	166191	141262	1014
2018 年 11 月	9.5	160603	156588	133100	956
2018 年 12 月	10.5	152064	148263	126023	905
2019 年 1 月	11.5	144577	140963	119818	860

请注意，在此情境下，由于对天然气进行了混合，NGL 的净售出量将为零。即使进行天然气混合，由于可使用车辆将 CND 运送出现场，因而可单独售卖 CND。假设由于 Btu 为 1240 而将 2.5 美元/10^6Btu 的天然气价格提高 24%，由此可发现该场景下具有如下优势：

$$\text{调整后的已实现的天然气定价} = \frac{2.5\ \text{美元}}{10^6 Btu} \times 1.24 = \frac{3.1\ \text{美元}}{10^3 ft^3}$$

此外，必须对 CND 运营成本加以考虑，具体如下（假设运营商支付 CND 费用）：

$$\text{CND 运营成本} = \text{CND 售出毛量} \times \text{WI} \times \text{CND 费用}\left(\frac{\text{美元}}{\text{gal}}\right) \times 42$$

因此,可按照下式计算头两个月 CND 的运营成本:

$$\text{第 1 月} = \left(\frac{3636}{85\%}\right) \times 100\% \times 0.025 \times 42 = 4492 \text{ 美元}$$

$$\text{第 2 月} = \left(\frac{2648}{85\%}\right) \times 100\% \times 0.025 \times 42 = 3271 \text{ 美元}$$

剩余计算与本书经济评价一章中所述相应内容相同。表 20.8 所示为该场景中不同天然气定价和折扣率下税后的净现值。请注意,后文将对比本场景和 b 场景中,使用 10% 折扣率下缴纳联邦所得税后的净现值。

表 20.8 也列出了假设场景 a 中 2.5 美元/10^6Btu 为固定已实现的天然气定价时不同 Btu 含量下税后的净现值。由表 20.9 可知,随着 Btu 的增长,如果类型曲线保持不变,税后的净现值也会增长。将在接下来与场景 b 的对比中,使用到表 20.8 所列信息。

场景 b 评价。

第 1 步:根据所提供的各组分经工厂处理后的脱除百分比计算出口 Btu 含量。已知入口 Btu 含量为 1240;因此,计算出出口 Btu 值十分重要。可将表 20.10 中“提取后”(残余气体)一列中的值用于计算出口 Btu 值,具体如下。

(1)从相态手册获取各组分热值信息。

(2)将提取后的(残余气体)量乘以 Btu 因子(Btu 值除以 1000 得到的结果被称为 Btu 因子)。

(3)加入“提取后量 × Btu 因子”组分,获取未修正的 Btu 因子。

表 20.8 不同天然气定价和折扣率下未加工天然气税后净现值

折扣率/%	税后净现值/美元								
	1.00 美元/10^6Btu	1.50 美元/10^6Btu	2.00 美元/10^6Btu	2.50 美元/10^6Btu	3.00 美元/10^6Btu	3.50 美元/10^6Btu	4.00 美元/10^6Btu	4.50 美元/10^6Btu	5.00 美元/10^6Btu
0	2664194	8618029	14571863	20525698	26479533	32433368	38387202	44341037	50294872
5	-362073	3481492	7325056	11168621	15012186	18855750	22699315	26542880	30386444
10	-1653428	1334516	4322461	7310405	10298350	13286295	16274239	19262184	22250128
15	-2371391	154527	2680446	5206365	7732284	10258202	12784121	15310040	17835959
20	-2837329	-606113	1625102	3856318	6087534	8318749	10549965	12781180	15012396
25	-3169438	-1145938	877563	2901063	4924564	6948065	8971565	10995066	13018566
30	-3421056	-1553703	313649	2181001	4048354	5915706	7783058	9650411	11517763
35	-3619948	-1875324	-130700	1613924	3358548	5103172	6847796	8592420	10337043
40	-3782121	-2137143	-492164	1152814	2797793	4442771	6087750	7732728	9377707
45	-3917524	-2355472	-793420	768632	2330684	3892735	5454787	7016839	8578891
50	-4032706	-2541019	-1049331	442356	1934043	3425731	4917418	6409106	7900793
55	-4132178	-2701137	-1270096	160945	1591986	3023027	4454068	5885109	7316150

续表

折扣率/%	税后净现值/美元								
	1.00 美元/10^6 Btu	1.50 美元/10^6 Btu	2.00 美元/10^6 Btu	2.50 美元/10^6 Btu	3.00 美元/10^6 Btu	3.50 美元/10^6 Btu	4.00 美元/10^6 Btu	4.50 美元/10^6 Btu	5.00 美元/10^6 Btu
60	-4219160	-2841068	-1462975	-84882	1293211	2671303	4049396	5427489	6805582
65	-4296023	-2964659	-1633295	-301932	1029432	2360796	3692160	5023523	6354887
70	-4364553	-3074810	-1785067	-495324	794419	2084162	3373905	4663648	5953390
75	-4426127	-3173750	-1921373	-668995	583382	1835760	3088137	4340514	5592892
80	-4481827	-3263226	-2044626	-826026	392575	1611175	2829775	4048375	5266976
85	-4532511	-3344629	-2156748	-968866	219015	1406897	2594778	3782660	4970541
90	-4578875	-3419081	-2259287	-1099493	60300	1220094	2379888	3539682	4699476
95	-4621487	-3487499	-2353510	-1219521	-85533	1048456	2182445	3316433	4450422
100	-4660818	-3550640	-2440461	-1330283	-220105	890074	2000252	3110430	4220609

表 20.9 不同 Btu 含量和固定已实现的天然气定价(2.5 美元/10^6 Btu)下未加工气体税后的净现值场景 a(天然气混合)

热值/(Btu/ft^3)	缴纳联邦所得税后的净现值/美元	热值/(Btu/ft^3)	缴纳联邦所得税后的净现值/美元
1100	5799450	1275	7688144
1125	6069263	1300	7957958
1150	6339077	1325	8227771
1175	6608890	1350	8497585
1200	6878704	1375	8767398
1225	7148517	1400	9037212
1250	7418331		

(4)计算天然气成分的压缩因子。

(5)将未修正的 Btu 因子除以 z,再乘以 1000,得到处理后(后处理)的压缩因子(z 系数)下 Btu 修正后的结果。

由本示例可以看出,可用于经济分析的后处理 Btu 为 1099 Btu/ft^3。

表 20.10 Btu 计算

天然气组分	提取后残余气体含量/%	热值/(Btu/ft^3)	Btu 因子	提取后* Btu 因子
甲烷(C_1)	88.21	1012	1.012	0.893
乙烷(C_2)	10.85	1774	1.774	0.192
丙烷(C_3)	0.38	2522	2.522	0.010
异丁烷($i-C_4$)	0.01	3259	3.259	0
正丁烷($n-C_4$)	0.02	3270	3.270	0.001
异戊烷($i-C_5$)	0	4010	4.010	0
正戊烷($n-C_5$)	0	4018	4.018	0

续表

天然气组分	提取后残余气体含量/%	热值/(Btu/ft^3)	Btu 因子	提取后 * Btu 因子
己烷	0	4767	4.767	0
氮气(N_2)	0.51	不适用	不适用	不适用
二氧化碳(CO_2)	0	不适用	不适用	不适用
总计	100.00	未修正 Btu 因子		1.096
		压缩因子(z)		0.9975
		Btu 修正后的值		1099

第 2 步:接下来的这一步与本书所述以往步骤的不同之处在于对缩减气体毛量的计算;由于会产出 NGL,因而可按照下式计算该场景下缩减气体的毛量,且对液体缩减率的计算如下。

$$\text{缩减气体毛量} = \text{未缩减气体毛量} \times (1 - \text{压缩装置缩减率}) \times (1 - \text{液体缩减率}) \times (1 - \text{工厂缩减率})$$

注意,除压缩装置缩减率外,还必须考虑液体缩减率和加工厂缩减率,如下所示。在本示例中,已知加工厂缩减率为 0,因此可忽略不计;但计算得出的液体缩减率为 11.11%。

前两步缩减气体毛量如下:

$$\text{缩减气体毛量}_{\text{第1月}} = 427755 \times (1 - 2.5\%) \times (1 - 11.11\%) \times (1 - 0) = 370725 \times 10^3 ft^3$$

$$\text{缩减气体毛量}_{\text{第2月}} = 346163 \times (1 - 2.5\%) \times (1 - 11.11\%) \times (1 - 0) = 300011 \times 10^3 ft^3$$

可通过将缩减气体毛量乘以 NRI 的方式得出缩减气体净量。

$$\text{缩减气体净量}_{\text{第1月}} = (370725 \times 85\%) = 315117 \times 10^3 ft^3$$

$$\text{缩减气体净量}_{\text{第2月}} = (300011 \times 85\%) = 255010 \times 10^3 ft^3$$

第 3 步:NGL 净售出量的计算如下。

$$\text{NGL 净售出量} = \frac{\text{未缩减气体毛量}(10^3 ft^3)}{1000} \times \text{NGL 产量}\left(\frac{bbl}{10^6 ft^3}\right) \times (1 - \text{压缩装置缩减量}) \times NRI$$

这两步的 NGL 净售出量可通过下式得出:

$$\text{NGL 净售出量}_{\text{第1月}} = \frac{427755}{1000} \times 72.24 \times (1 - 2.5\%) \times 85\% = 25609bbl$$

$$\text{NGL 净售出量}_{\text{第2月}} = \frac{346163}{1000} \times 72.24 \times (1 - 2.5\%) \times 85\% = 20724bbl$$

第 4 步:必须基于下文给出的残余气体 Btu 量(第 1 步中计算得到的出口 Btu 值),即 2.5 美元/10^6Btu,计算已实现的天然气定价。

$$\text{调整后的已实现天然气定价} = 2.5 \times \left(\frac{1099}{1000}\right) = \frac{2.7475\ \text{美元}}{10^6\text{Btu}}$$

第 5 步:可通过下式计算头两步中天然气气流、凝析气流和 NGL 气流的总收入。

$$\text{总收入} = (\text{缩减气体净量} \times \text{调整后的已实现天然气定价}) + \left(\text{CND 净售出量} \times \frac{\text{CND 定价}}{\text{gal}} \times 42\right) + \left(\text{CND 净售出量} \times \frac{\text{CND 定价}}{\text{gal}} \times 42\right)$$

$$\text{总收入}_{\text{第1月}} = (315117 \times 2.7475) + \left(3636 \times \frac{0.92}{\text{gal}} \times 42\right) + \left(25609 \times \frac{0.4169}{\text{gal}} \times 42\right) = 1454687\ \text{美元}$$

$$\text{总收入}_{\text{第2月}} = (255010 \times 2.7475) + \left(2648 \times \frac{0.92}{\text{gal}} \times 42\right) + \left(20724 \times \frac{0.4169}{\text{gal}} \times 42\right) = 1165843\ \text{美元}$$

第 6 步:可通过下式计算头两个月的开采税和从价税。

$\text{开采税}_{\text{第1月}} = \text{总收入}_{\text{第1月}} \times \text{开采税率} = 1454687 \times 5\% = 72734$ 美元

$\text{开采税}_{\text{第2月}} = 1165843 \times 5\% = 58292$ 美元

$\text{从价税}_{\text{第1月}} = (\text{总收入}_{\text{第1月}} - \text{开采税}_{\text{第1月}}) \times \text{从价税率} = (1454687 - 72734) \times 2.5\% = 34549$ 美元

$\text{从价税}_{\text{第2月}} = (1165843 - 58292) \times 2.5\% = 27689$ 美元

第 7 步:可通过下式对采集成本进行求和计算。

$$\text{采集成本之和} = \frac{\text{压缩装置缩减量}}{(1 - \text{液体缩减量})(1 - \text{液体损耗率})} = \frac{0.2\ \text{美元}/10^6\text{Btu}}{(1 - 2.5\%)(1 - 11.11\%)} = \frac{0.231\ \text{美元}}{10^6\text{Btu}}$$

第 8 步:可通过下式计算总 OPEX(不包括开采税和从价税)。

$$\text{总 OPEX} = (\text{固定 OPEX} \times \text{WI}) + (\text{缩减气体毛量} \times \text{可变 OPEX} \times \text{WI}) + \text{CND 售出毛量} \times \text{WI} \times \text{CND 费用} \times 42 + \left(\text{缩减气体毛量} \times \text{WI} \times \text{采集费用之和} \times \frac{\text{入口 Btu}}{1000}\right) + \left[\text{缩减气体毛量} \times \text{WI} \times \frac{\text{加工费用}\left(\frac{\text{美元}}{10^6\text{Btu}}\right) \times \left(\frac{\text{入口 Btu}}{1000}\right)}{(1 - \text{液体缩减率})}\right] +$$

[NGL 售出毛量 ×(脱乙烷量 + 乙烷 T&M × 42) × WI × 乙烷出口成分量] +

[NGL 售出毛量 × 分馏费用 × 42 ×(丙烷 + 异丁烷 + 正丁烷 + 异戊烷 + 正戊烷 +

C_5 + 出口成分量) × WI]

如上文所述,计算富液地区的运营成本比计算干气地区的运营成本更为复杂。请注意,上述方程中提到的出口组分表示之前计算的“各组分 GPM”。

插入所述方程中的数字,可得出前 2 个月的总 OPEX 值,如下所示:

$$总\ OPEX_{第1月} = 421429\ 美元$$

$$总\ OPEX_{第2月} = 340928\ 美元$$

剩余计算与本书经济评价一章中所述相应内容仍相同。

当场景 b(天然气加工)中税后的净现值高于场景 a(天然气混合)中税后的净现值时,从经济角度看来,天然气加工是合理的。该判定是在假设不同天然气定价、NGL 定价和 Btu 含量的条件下得出的。该分析的结果总结如下。

(1)在本示例中列出的假设条件的基础上,在 1 美元/10^6Btu 为已实现的天然气定价下,要使天然气加工合理,盈亏平衡 NGL 定价约为 14.28 美元/bbl(表 20.11);因为在该定价下,计算得出的天然气加工时税后的净现值为 -1641522 美元(表 20.11),高于天然气混合时税后的净现值(可从表 20.8 得出;在折扣率为 10% 且天然气定价为 1 美元/10^6Btu 时,该值为 -1653428美元)。在已实现天然气定价为 2 美元/10^6Btu 的条件下,能证明天然气加工合理的盈亏平衡 NGL 定价约为 18.06 美元/bbl。最后,在已实现的天然气定价为 3 美元/10^6Btu 的条件下,盈亏平衡 NGL 定价约为 21.42 美元/bbl。因此,当固定 Btu 含量为 1240 时,随着天然气定价增长,要使天然气加工合理,盈亏平衡 NGL 定价也会增长。由此可知,对于天然气加工而言,天然气定价越低、NGL 定价越高越好;这是因为大部分收益是由售卖 NGL 组分创造的。表 20.11 对该场景进行了总结。请注意,本章所有表格中各场景的单元格号都表示税后的净现值。

表 20.11 场景 b 中在已实现的不同天然气定价(美元/10^6Btu)和 NGL 定价/(美元/bbl)条件下税后净现值

NGL 定价/美元/bbl	税后净现值/美元							
	1.0 美元/10^6Btu	1.5 美元/10^6Btu	2.0 美元/10^6Btu	2.5 美元/10^6Btu	3.0 美元/10^6Btu	3.5 美元/10^6Btu	4.0 美元/10^6Btu	5.0 美元/10^6Btu
10.08	-3113202	-749763	1613676	3977114	6340553	8703992	11067431	15794308
10.50	-2966034	-602595	1760844	4124282	6487721	8851160	11214599	15941476
10.92	-2818866	-455427	1908012	4271450	6634889	8998328	11361767	16088644
11.34	-2671698	-308259	2055180	4418618	6782057	9145496	11508935	16235812
11.76	-2524530	-161091	2202348	4565786	6929225	9292664	11656103	16382980
12.18	-2377362	-13923	2349516	4712954	7076393	9439832	11803271	16530148
12.60	-2230194	133245	2496684	4860122	7223561	9587000	11950439	16677316
13.02	-2083026	280413	2643852	5007290	7370729	9734168	12097607	16824484

续表

NGL定价/美元/bbl	税后净现值/美元							
	1.0 美元/10^6Btu	1.5 美元/10^6Btu	2.0 美元/10^6Btu	2.5 美元/10^6Btu	3.0 美元/10^6Btu	3.5 美元/10^6Btu	4.0 美元/10^6Btu	5.0 美元/10^6Btu
13.44	-1935858	427581	2791020	5154458	7517897	9881336	12244775	16971652
13.86	-1788690	574749	2938188	5301626	7665065	10028504	12391943	17118820
14.28	-1641522	721917	3085356	5448794	7812233	10175672	12539111	17265988
14.70	-1494354	869085	3232524	5595962	7959401	10322840	12686279	17413156
15.12	-1347186	1016253	3379692	5743130	8106569	10470008	12833447	17560324
15.54	-1200018	1163421	3526860	5890258	8253737	10617176	12980615	17707492
15.96	-1052850	1310589	3674028	6037466	8400905	10764344	13127783	17854660
16.38	-905682	1457757	3821196	6184634	8548073	10911512	13274951	18001828
16.80	-758514	1604925	3968363	6331802	8695241	11058680	13422119	18148996
17.22	-611346	1752093	4115531	6478570	8842409	11205848	13569287	18296164
17.64	-464178	1899261	4262699	6626138	8989577	11353016	13716455	18443332
18.06	-317010	2046429	4409867	6773306	9136745	11500184	13863623	18590500
18.48	-169842	2193597	4557035	6920474	9283913	11647352	14010791	18737668
18.90	-22674	2340765	4704203	7067642	9431081	11794520	14157959	18884836
19.32	124494	2487933	4851371	7214810	9578249	11941688	14305127	19032004
19.74	271662	2635101	4998539	7361978	9725417	12088856	14452295	19179172
20.16	418830	2782269	5145707	7509146	9872585	12236024	14599463	19326340
20.58	565998	2929437	5292875	7656314	10019753	12383152	14746631	19473508
21.00	713166	3076605	5440043	7803482	10166921	12530360	14893799	19620676
21.42	860334	3223773	5587211	7950650	10314089	12677528	15040967	19767844
21.84	1007502	3370941	5734379	8097818	10461257	12824656	15188135	19915012
22.26	1154670	3518109	5881547	8244986	10608425	12971864	15335303	20062180
22.68	1301838	3665277	6028715	8392154	10755593	13119032	15482471	20209348
23.10	1449006	3812445	6175883	8539322	10902761	13266200	15629639	20356516
23.52	1596174	3959613	6323051	8686490	11049929	13413368	15776807	20503684
23.94	1743342	4106781	6470219	8833658	11197097	13560536	15923975	20650852

(2)接下来的分析确定了当固定已实现天然气定价为2.5美元/10^6Btu和不同Btu含量条件下的盈亏平衡NGL定价。如果固定已实现定价为2.5美元/10^6Btu,当Btu为1200时,盈亏平衡NGL定价约为21.84美元/bbl。在相等的、已实现的天然气定价固定为2.5美元/10^6Btu和1300Btu/ft^3的条件下,要证实天然气加工合理,需将盈亏平衡NGL定价降低为约17.64美元/bbl。最后,在相同的固定已实现天然气定价为2.5美元/10^6Btu和1400Btu/ft^3的条件下,要使天然气加工合理,盈亏平衡NGL定价需为约15.96美元/bbl。因此,在固定的已实现天然气定价条件下,随着Btu含量增长,盈亏平衡NGL定价将降低,由此使天然气加工合理。表20.12所示为对本项分析的总结。

表 20.12 天然气定价为 2.5 美元/10^6Btu 条件下不同的 NGL 定价、不同 Btu 含量对应的税后净现值

NGL 定价/美元/bbl	税后净现值/美元							
	1150Btu/ft^3	1175Btu/ft^3	1200Btu/ft^3	1225Btu/ft^3	1250Btu/ft^3	1300Btu/ft^3	1350Btu/ft^3	1400Btu/ft^3
10.08	3108067	3349579	3591152	3832445	4073509	4554717	5034230	5511352
10.50	3193952	3452074	3710453	3969045	4227802	4745578	5263238	5780082
10.92	3279836	3554469	3829753	4105644	4382094	4936440	5492245	6048811
11.34	3365720	3656864	3949053	4242243	4536387	5127302	5721252	6317540
11.76	3451504	3759259	4068353	4378843	4690679	5318163	5950259	6586270
12.18	3537488	3861554	4187653	4515442	4844972	5509025	6179267	6854999
12.60	3623372	3964050	4306953	4652041	4999265	5699887	6408274	7123729
13.02	3709257	4066445	4426253	4788640	5153557	5890748	6637281	7392458
13.44	3795141	4168840	4545553	4925240	5307850	6081610	6866239	7661188
13.86	3881025	4271235	4664854	5061839	5462142	6272472	7095296	7929917
14.28	3966909	4373630	4784154	5198438	5616435	6463333	7324303	8198546
14.70	4052793	4476025	4903454	5335038	5770728	6654195	7553310	8467376
15.12	4138678	4578420	5022754	5471637	5925020	6845057	7782318	8736105
15.54	4224562	4680815	5142054	5608236	6079313	7035918	8011325	9004835
15.96	4310446	4783210	5261354	5744836	6233606	7225780	8240332	9273564
16.38	4396330	4885605	5380654	5881435	6387898	7417642	8469339	9542294
16.80	4482214	4988000	5499954	6018034	6542191	7608503	8698347	9811023
17.22	4568098	5090395	5619254	6154633	6696483	7799365	8927354	10079752
17.64	4653983	5192790	5738555	6291233	6850776	7990227	9156361	10348482
18.06	4739867	5295186	5857855	6427832	7005069	8181088	9385363	10617211
18.48	4825751	5397581	5977155	6564431	7159361	8371950	9614376	10885941
18.90	4911635	5499976	6096455	6701031	7313654	8562812	9843333	11154670
19.32	4997519	5602371	6215755	6837630	7467946	8753673	10072390	11423399
19.74	5083403	5704766	6335055	6974229	7622239	8944535	10301398	11692129
20.16	5169288	5807161	6454355	7110828	7776532	9135397	10530405	11960858
20.58	5255172	5909556	6573655	7247428	7930824	9326258	10759412	12229583
21.00	5341056	6011951	6692956	7384027	8085117	9517120	10988419	12498317
21.42	5426940	6114346	6812256	7520626	8239410	9707932	11217427	12767047
21.84	5512824	6216741	6931556	7657226	8393702	9898343	11446434	13035776
22.26	5598709	6319136	7050856	7793825	8547995	10089705	11675441	13304505
22.68	5684593	6421531	7170156	7930424	8702287	10280567	11904448	13573235
23.10	5770477	6523926	7289456	8067024	8856580	10471428	12133456	13841964
23.52	5856361	6626322	7408756	8203623	9010373	10662290	12362463	14110694

(3)可将表20.12用于编制下列两个条件下的表格。

① 如果在天然气加工场景(场景b)中各Btu含量和NGL定价下税后的净现值大于天然气混合场景(场景a)下缴纳联邦所得税后的净现值,则继续进行加工。

② 如果上述场景不成立,则不再对天然气进行加工和混合(当然是在能力允许的情况下)。

(4)如表20.13所示,在固定NGL定价为15.96美元/bbl和固定天然气定价为2.5美元/10^6Btu的条件下,要使天然气加工合理,盈亏平衡Btu含量需为1400 Btu/ft^3。在NGL定价为17.64美元/bbl和天然气定价为2.5美元/10^6Btu的条件下,要使天然气加工合理,盈亏平衡Btu含量需为1300 Btu/ft^3。最后,在NGL定价为21.84美元/bbl和天然气定价为2.5美元/10^6Btu的条件下,要使天然气加工合理,盈亏平衡Btu含量需仅为1200 Btu/ft^3。该分析表明,在固定天然气价格条件下,如果NGL定价增长,要使天然气加工合理,盈亏平衡Btu含量将降低。本示例说明在Btu含量降低的条件下,要实现天然气加工的合理性,需要较高的NGL定价;这是因为已证实当NGL定价较高时,对每桶NGL进行提取都是合理的。例如,如果NGL价格为75美元/bbl,要对天然气进行加工,只需要极低的Btu含量,且整个加工过程同样能带来经济效益。

表20.13 天然气定价为2.5美元/10^6Btu条件下不同NGL定价、不同Btu含量对应的工艺选择

NGL定价/美元/bbl	工艺选择							
	1150Btu/ft^3	1175Btu/ft^3	1200Btu/ft^3	1225Btu/ft^3	1250Btu/ft^3	1300Btu/ft^3	1350Btu/ft^3	1400Btu/ft^3
10.08	不加工	不加工	不加工	不加工	不加工	不加工	不加工	不加工
10.50	不加工	不加工	不加工	不加工	不加工	不加工	不加工	不加工
10.92	不加工	不加工	不加工	不加工	不加工	不加工	不加工	不加工
11.34	不加工	不加工	不加工	不加工	不加工	不加工	不加工	不加工
11.76	不加工	不加工	不加工	不加工	不加工	不加工	不加工	不加工
12.18	不加工	不加工	不加工	不加工	不加工	不加工	不加工	不加工
12.60	不加工	不加工	不加工	不加工	不加工	不加工	不加工	不加工
13.02	不加工	不加工	不加工	不加工	不加工	不加工	不加工	不加工
13.44	不加工	不加工	不加工	不加工	不加工	不加工	不加工	不加工
13.86	不加工	不加工	不加工	不加工	不加工	不加工	不加工	不加工
14.28	不加工	不加工	不加工	不加工	不加工	不加工	不加工	不加工
14.70	不加工	不加工	不加工	不加工	不加工	不加工	不加工	不加工
15.12	不加工	不加工	不加工	不加工	不加工	不加工	不加工	不加工
15.54	不加工	不加工	不加工	不加工	不加工	不加工	不加工	不加工
15.96	不加工	不加工	不加工	不加工	不加工	不加工	不加工	加工
16.38	不加工	不加工	不加工	不加工	不加工	不加工	不加工	加工
16.80	不加工	不加工	不加工	不加工	不加工	不加工	加工	加工
17.22	不加工	不加工	不加工	不加工	不加工	不加工	加工	加工
17.64	不加工	不加工	不加工	不加工	不加工	加工	加工	加工

续表

NGL定价/美元/bbl	工艺选择							
	1150Btu/ft^3	1175Btu/ft^3	1200Btu/ft^3	1225Btu/ft^3	1250Btu/ft^3	1300Btu/ft^3	1350Btu/ft^3	1400Btu/ft^3
18.06	不加工	不加工	不加工	不加工	不加工	加工	加工	加工
18.48	不加工	不加工	不加工	不加工	不加工	加工	加工	加工
18.90	不加工	不加工	不加工	不加工	不加工	加工	加工	加工
19.32	不加工	不加工	不加工	不加工	加工	加工	加工	加工
19.74	不加工	不加工	不加工	不加工	加工	加工	加工	加工
20.16	不加工	不加工	不加工	不加工	加工	加工	加工	加工
20.58	不加工	不加工	不加工	加工	加工	加工	加工	加工
21.00	不加工	不加工	不加工	加工	加工	加工	加工	加工
21.42	不加工	不加工	不加工	加工	加工	加工	加工	加工
21.84	不加工	不加工	加工	加工	加工	加工	加工	加工
22.26	不加工	不加工	加工	加工	加工	加工	加工	加工
22.68	不加工	不加工	加工	加工	加工	加工	加工	加工
23.10	不加工	不加工	加工	加工	加工	加工	加工	加工
23.52	不加工	加工	加工	加工	加工	加工	加工	加工

上一个分析表明了如何进行盈亏平衡乙烷定价,以增加乙烷回收率,为股东带来更高收益。因此,对不同的乙烷回收率和乙烷定价进行了对比,确定出所需盈亏平衡乙烷定价,确保在该定价下提高乙烷回收率能创造收益。正如本示例所述,尽管定价较低,但部分公司仍被迫回收足量乙烷,以符合管道外输标准要求。尽管这些公司知道回收乙烷只会削减收益(净现值),但由于无从选择,只得回收足量乙烷,使残余天然气中的 Btu 符合管道外输标准。在本示例列出的天然气定价为 2.5 美元/10^6Btu 以及所有其他定价假设条件下,要实现回收更多乙烷来为股东创造收益,盈亏平衡乙烷定价应约为 0.12 美元/gal。如果乙烷定价低于 0.11 美元/gal,随着乙烷回收率提高,缴纳联邦所得税后的净现值将降低。另一方面,如果乙烷定价高于 0.12 美元/gal,随着乙烷回收率提高,缴纳联邦所得税后的净现值也会增加(表 20.14)。

表 20.14 天然气定价为 2.5 美元/10^6Btu 条件下不同乙烷定价、不同乙烷回收率下的税后净现值(加工前天然气热值为 1240Btu)

乙烷定价/美元/bbl	税后净现值/美元							
	0%	10%	20%	30%	40%	50%	60%	70%
0.03	6327463	6181968	6033121	5880764	5724725	5564823	5400864	5232643
0.04	6327463	6200452	6070090	5936217	5798662	5657245	5511771	5362034
0.05	6327463	6218937	6107059	5991670	5872600	5749667	5622678	5491425
0.06	6327463	6237421	6144028	6047124	5946538	5842089	5733584	5620816
0.07	6327463	6255905	6180997	6102577	6020476	5934511	5844491	5750207
0.08	6327463	6274390	6217966	6158030	6094413	6026934	5955397	5879598

续表

乙烷定价/美元/bbl	税后净现值/美元							
	0%	10%	20%	30%	40%	50%	60%	70%
0.09	6327463	6292874	6254934	6213483	6168351	6119356	6066304	6008989
0.10	6327463	6311359	6291903	6268937	6242289	6211778	6177210	6138380
0.11	6327463	6329843	6328872	6324390	6316226	6304200	6288117	6267771
0.12	6327463	6348328	6365841	6379843	6390164	6396622	6399024	6397162
0.13	6327463	6366812	6402810	6435297	6464102	6489044	6509930	6526553
0.14	6327463	6385296	6439779	6490750	6538040	6581466	6620837	6655944
0.15	6327463	6403781	6476748	6546203	6611977	6673889	6731743	6785335
0.16	6327463	6422265	6513716	6601656	6685915	6766311	6842650	6914726
0.17	6327463	6440750	6550685	6657110	6759853	6858733	6953556	7044117
0.18	6327463	6459234	6587654	6712563	6833790	6951155	7064463	7173508
0.19	6327463	6477719	6624623	6768016	6907723	7043577	7175370	7302899
0.20	6327463	6496203	6661592	6823470	6981666	7135999	7286276	7432290
0.21	6327463	6514687	6698561	6878923	7055604	7228421	7397183	7561681
0.22	6327463	6533172	6735530	6934376	7129541	7320844	7508039	7691072
0.23	6327463	6551656	6772498	6989829	7203479	7413266	7618996	7820463
0.24	6327463	6570141	6809467	7045283	7277417	7505688	7729902	7949854
0.25	6327463	6588625	6846436	7100736	7351354	7598110	7840809	8079245
0.26	6327463	6607110	6883405	7156189	7425292	7690532	7951716	8208636
0.27	6327463	6625594	6920374	7211643	7499230	7782954	8062622	8338027

第21章　井距和完井优化

21.1　概述

关于现场优化的最关键目标之一为同时优化井距和完井设计。不幸的是,这个优化问题是分开评估的:油藏工程提出最佳井距,而完井工程给出完井设计。尽管这种方法可能有其优点,但更多的公司意识到,为了给股东带来最佳的经济成果,必须在同一水平上同时考虑完井设计和井距。优化完井设计和井距是各种经济参数的直接函数。任何龙卷风图表都将表明,商品价格对油井的经济影响最大。因此,正如本书经济评估一章所述,商品价格对完井设计和井距分析的影响最大。因此,必须根据公司的定价前景,以各种商品价格评估此组合。如Belyadi等(2016a,2016b)所强调的,除了定价,资本支出、运营支出、净资产收益率和横向长度也对井距和完井设计的经济前景产生重大影响。还必须考虑削减。随着天然气价格的上涨,更紧密的间距和更昂贵的完井设计变得可取。相反,随着天然气价格的下降,更宽的间距和更便宜的完井设计则变得必要。如果某油田在2010年开始开发,当时油价超过100美元/bbl,并使用500ft井距(侧向井距)和非常昂贵的完井设计,那么当油价仅为50美元/bbl时,相同的井距和完井设计是否仍然有效?答案是否定的,这一概念将在本章后面的示例中进行说明。在较高的商品价格下,应尽快生产油气。因此,建议将油井加密并采用昂贵的完井设计以加快产量。相反,在较低的商品价格下,无需通过将井间距缩小和采用昂贵的压裂设计来加快生产。

21.2　天然气价格和资本支出影响

除了天然气定价外,CAPEX是参与井距和完井设计优化的另一个重要因素。能源行业是最不稳定的行业之一。石油和天然气行业中的服务公司会根据商品价格的上涨和下跌以及供求关系不断改变其提供的服务价格。如果所有其他经济指标假设均保持不变,增加在井上花费的总资本支出将增加井间距。另一方面,降低资本支出将要求更紧密的井距。像CAPEX一样,OPEX的变化也可能对最佳经济井距设计产生影响。增加OPEX(如果所有其他假设都保持不变)将导致更宽的井距,因为每百万英热单位或每桶生产商品的成本更高。

21.3　水平井段长度影响

另一个重要的考虑因素是水平井段长度。随着水平井段长度增加,单位英尺的总美元减小。这种关系是由于钻井的单位英尺的CAPEX减小而完井的单位英尺的CAPEX保持不变或略有增加(取决于套管设计和压裂作业期间更高的摩擦压力缓解策略)造成的。因此,随着水平井段长度的增加,单位英尺的总资本支出减小,这表明井距更小。因此,敏感性分析表明,钻更长的侧向井将导致井距更紧密(假设所有其他参数保持不变)。为了使问题简单化,考虑一下限制因素。首先,定义缩减。缩减是指没有足够的地面设备来维持油井最大产能生产。此外,削减生产量可能是由于系统缩减,当管道尺寸和生产类型曲线中的估计不足会导致系统缩减。如果某个系统接近其最大产能,则在生产线上增加更多的油井将导致管路压力增加,并导致同一系统上其他油井的生产速度降低。在不同盆地不同公司的某些系统中,这是一个普遍的问题。仔细的计划和生产类型曲线估计当然可以帮助缓解此问题。当由于地面设备限制或系统缩减而导致缩减时,井间距会受到直接影响。随着系统内缩减的增加,更紧密的井距将更具成本效益。例如,如果一口井的侧向长度为15000ft,而在第1月、第2月、第3月和第4个月内产量分别为 $60 \times 10^6 ft^3/d$、$40 \times 10^6 ft^3/d$、$30 \times 10^6 ft^3/d$、$20 \times 10^6 ft^3/d$,则将其缩减至 $15 \times 10^6 ft^3/d$,直到套管或管道压力达到生产线压力(生产速度将开始下降)时,这种缩减或退缩将表明井距变密。这是一口井的示例场景,如将要说明的那样,如果考虑到缩减,则需要在现场进行评估以确定最佳的井距。

21.4 库存影响

较低的商品定价环境将要求更大的井距,为什么有些公司会选择不增加井距? 答案可能取决于库存。公司拥有多少年的库存? 例如,如果到2000年增加井距,这种增加将如何影响公司在分析师报告中报告的剩余未开发位置的数量? 显而易见,答案可能会变得复杂,尤其是当某些公司库存有限时。如果剩余的存货不成问题,那么在商品价格较低的情况下,增加井距应该是最具成本效益的。基于各种因素,确定最佳井距和完井设计可能会非常复杂。因此,必须格外小心,以确保为公司作出最佳的经济决策。

21.5 同时优化井距和完井设计

下面,将说明用于同时优化完井设计和井距的工作流程。研究的首要问题之一是各种完井设计(压裂设计)对压裂几何学的影响。每英尺的沙子和水增加或每簇的沙子和水增加会增加裂缝表面积和裂缝半长吗? 如果每英尺增加沙子和水会增加压裂半长,那么增加沙子和水的量并在更大的井距处接触更多的SRV是否会更具成本效益(假设尚未进行优化)? 这个问题的答案取决于所讨论的经济参数以及从一种设计到另一种设计的裂缝表面积的增加。在寻求更大的井距之前,重要的是考虑通过设计泵(大小)并观察其影响来优化当前井距。如果所有替代方案均无法通过保持相同的井距来提高生产性能,下一步则应考虑增加井距。这样做的想法是确保增加井距不会遗留任何东西。例如,如果增加井间距后,原来的井间距可以通过调整压裂设计(例如,调整团簇间距,抽水转向等)产生更多,则将损失数百万甚至数十亿(在某些情况下)。因此,作为工程师,其尽职调查是确保所有其他选择在增加井距之前都没有真正失败。

21.6 外井和独立井对优化设计的影响

如前文在回流一章中所讨论的,当无边界井(外井)的生产优于有边界井(内井)时,它们的生产表明可以考虑扩大井距。Belyadi 等人分析了位于华盛顿州和格林县(宾夕法尼亚州)的马塞勒斯页岩中的120口井之后。Belyadi 等(2015)表明,基于速率瞬变分析并为每口井获得 $A\sqrt{K}$,最好的井是无边界的或独立的。此外,美国其他许多非常规领域也表现出相似的状况。如前所述,该项比较应该是在紧密井距下开发的油田的指示之一,可以考虑增加井距。这种关系表明了解全油田开发中每个油田的性能而不是一口井的性能的重要性。例如,一口独立井的性能(附近没有其他井)可能并不代表资产的潜在价值。特别是当已知独立井或无边界井具有出色的生产成果时,这种理解就变得尤为重要。是否可以在建议的更紧密的井距下,在一个全油田开发中反复复制独立井的性能?还是应该增加井距以复制这种性能?这个问题可能是公司在就非常规油藏中新勘探区的性能作出结论性决定之前应该回答的最重要的问题。一般而言,大多数上市公司在这方面都做得很好,可以为投资者和股东提供最准确的信息。

21.7 裂缝对设计优化的影响

如前所述,公司可能决定使用更紧密的井距来打开更多的油藏面积,并增加页岩油藏的产量。他们还可能基于高商品天然气价格、较低的资本支出,作出钻更长的侧向长度或由于系统退缩而增加削减量(假设所有其他参数保持不变)的决定。但是,在狭窄的井距中减小井距可能会导致水力压裂过程中井间连通。这种效应被称为压窜,在设计井距时必须考虑。压窜不仅是短距离现象,还会影响同一井场和相邻井场中的附近井,而且据报道,井距超过2000ft时也是如此。当压裂冲击影响到间距较大的井时,可能是由于天然裂缝的存在,这些裂缝促进了生产井(母井)和水力压裂井(子井)之间的压力和流体连通。当子井被水力压裂时,子井的裂缝延伸可能会到达生产井(母井),并对其生产性能造成不利影响。除了母井产量下降外,子井的表现通常也要差20% ~40%(Klenner et al. ,2018),具体取决于母井生产的时间长度。由于该区域更多的压力消耗,母井排在管道中的时间越长,通常意味着母井的裂缝越严重。

井的干扰可能只是井之间的压力连通,或更严重的情况是井之间的压力和压裂流体连通。在某些情况下,压窜对生产有中性影响,在其他情况下,则可改善油井的性能。然而,大多数压窜似乎不利于母井的生产性能。子井的性能也会受到母井压力消耗的影响。压窜的严重程度可用于量化压裂命中对母子井的影响。由于子井和母井的生产对石油和天然气行业具有更高的重要性,因此压窜造成的生产变化可以用来量化压窜的严重程度。Weichun 等(2018)还引入了一项新技术,以确定页岩压裂水平井之间的压力干扰。他们说明了 Chaw Pressure Group (CPG)的用法。等式(21.1)量化了压窜影响。可以执行此分析通过对数—对数图绘制 Δp、$\Delta p'$和 $\Delta p/2\Delta p'$与物质平衡时间的关系图。当 CPG 的斜率稳定后,可以记录为压力干扰(MPI)的大小,并可以用于执行各种分析。在多相流中可能需要 BHP 量规,以确保可以正确执行此分析。

$$\text{Chow Pressure Group} = \Delta p/2\Delta p' \tag{21.1}$$

图21.1显示了 Marcellus 页岩中的"压窜"实例。当子井在附近井场中被水力压裂时,产气1000d后,压窜对母井的正常流速产生了严重影响。不同的条件可以促进现场压窜的发生,包括以下三点。(1)由于母井产生的压降(低压区域)或由于向子井注入高压流体而产生的压力源水力压裂过程中的井。由于母井生产或子井增产而引入压力汇或压力源将改变油田的有效应力,并将局部改变最大应力和最小应力的方向,这将导致水力压裂向母井的传播路径偏移。(2)由于在水力压裂过程中对子井的良好刺激而导致的断层、密封的自然裂缝或不连续性激活,结果,将为压裂液产生新的路径,使其从活化的断层、自然裂缝或任何活化的不连续面

到达母井。(3)母子井之间的井间距紧密,导致受激储层体积重叠,从而增加了压力和流体连通的风险。

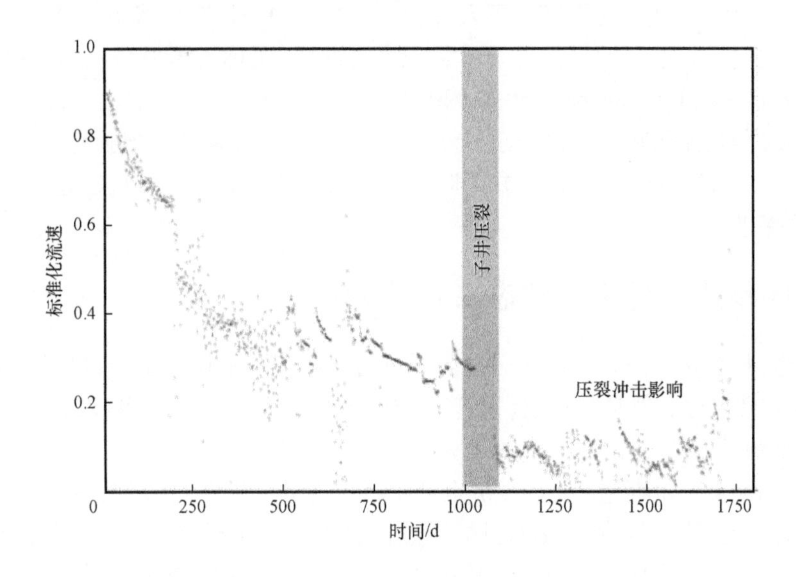

图 21.1 压裂对原井井底流量的影响

21.8 压裂冲击监测和缓解策略

识别压裂冲击的常规方法是通过在生产过程中以及在该地区的子井被增产的过程中监控母井中的压力和流速。注意到在子井增产期间压力和流量测量值的急剧变化或突然波动,使人们能够检测母井中的压窜。使用这种方法,可以在很少涉及井和压裂作业的情况下有效,直接地检测压窜发生率。但是,随着井数和压裂作业数量的增加,导致压力和速率响应更加复杂,区分每个母—子井连通变得极为困难。还有其他可用于检测压裂冲击的技术,例如测量生产的碳氢化合物的密度。在严重的压裂冲击条件下,来自子井增产的压裂液将进入母井并改变产出的碳氢化合物的密度。还可以通过研究微地震事件或跟踪在水力压裂过程中注入的示踪剂来间接检测压裂,这些示踪剂显示裂缝的延伸以及增产井与邻近井之间的可能连通。尽管已在现场使用了不同的技术来检测压裂发生,但仅作了很少的努力来预测压裂发生并实时检测。最近,Chamberlain(2018)使用人工智能(AI)技术,基于实际现场数据实时预测和检测压裂。与以前的研究不同,在以前的研究中,通过压力累积测试或速率瞬变分析来使用数值或分析解决方案来识别井间干扰,该方法使用了实际的现场数据,并且开发了一个可以定位和确定井间距离的模型。页岩层中的水力压裂干扰(压窜),在这项技术中,已将具有指定参数和目标输出的自适应估算(ADAM)神经网络与气体流量、油管压力和 Marcellus 页岩中 200 口以上井的累计气体预测图结合起来用于识别井的干扰效应。他们的模型显示了一个很好的前提,那就是 AI 可以用于使用现场实时,数据更可靠、更准确地预测压窜和开发缓解策略。

根据现场开发中观察到的干扰类型,可以使用各种策略来减轻压窜的影响。缓解策略可以是:(1)增加母井和子井的井距;(2)通过增加每个阶段的簇数或每英尺泵入更少的沙子和水来改变完井设计;(3)错开井口或将一口子井的前几个阶段(靠近母井)堆叠压裂,以提供与其他压裂井(子井附近或旁边)的压力屏障;(4)关闭子井周围的母井以恢复压力;(5)使用储罐开发方法,其中将一口井或几口井压入井(井场 A)后关闭,然后将下一相邻井场(井场 B)再倒回井场 A 保持该地区的高压,此过程将压力缓冲器(也称为压力墙)放置在先前压裂的井和正在压裂的新井之间(Thompson et al. ,2018)。

尽管压裂预测、探测和修复仍处于早期开发阶段,并且尚未开发出独特的协议来量化其对页岩储层油气生产的影响,但在设计井距时必须考虑这些概念,这一点极为重要。完成设计优化,并优化钻探进度。

21.9 设计和井距优化的动态工作流程

如前所述,井距和完井设计优化必须同时进行。在任何油田开发中,目标功能通常是使单位英亩的 NPV 最大化。但是,有些公司基于 IRR 进行决策。Belyadi 等(2016a,b)说明了 NPV 和 IRR 指标如何产生单独的结果,并分析了受控压降井。他们基本上表明,如果目标是使 NPV 最大化,则与 IRR 指标相比,在经济上证明减少井的合理性是,需要使欧元的百分比上升幅度较小。类似地,使 NPV 最大化的目标函数将表明与 IRR 相比,将井以更紧密的间距放置。因此,井距和完井设计优化的首要任务是选择目标函数。目标函数通常由执行团队根据他们对公司的愿景进行指导。在本章中,NPV 指标将用于井距和完井优化。

有多种优化井距和完井设计的方法。最有前途的方法是根据实际生产历史校准模型,并使用该校准模型运行各种敏感性分析。Belyadi 和 Smith(2018)说明了用于完井设计和井距优化的动态工作流程。他们在论文中进行了以下分析。

(1)使用残差优化算法进行粗化分析:创建一个具有多层而不是单层的模型。这种优化算法通过最小化粗化和原始模型之间的差异,从原始细网格模型中的所有可能层分组中确定最佳的分层组,称为“残差”。该算法保留了高渗透率条纹、孔隙度、流动障碍等,从而将原始地质(精细)网格模型中储层非均质性的损失降至最低。Li 和 Beckner 在 1999 年发表了一篇论文,将残差函数定义为:

$$R = \sum_{k=1}^{n_z} \sum_{j=1}^{n_y} \sum_{i=1}^{n_x} \frac{(P_{ijk}^{c} - P_{ijk}^{f})^2}{n_x n_y n_z}$$

式中 R——残差;

P_c——在精细层模型的位置(i,j,k)上映射(按比例缩小)的粗糙层属性;

P_f——在精细层模型的位置(i,j,k)处的属性;

n_x,n_y——精细层模型的 x 和 y 方向上的像元数;

n_z——精细层模型的层数。

残差方程中的 P 可以是表征储层非均质性可接受的任何变量。

(2)创建了基本模式,其裂缝半长呈正态分布,而不是固定的裂缝半长。

(3)使用一些最不确定的参数,例如基质渗透率、压裂渗透率和宽度(裂缝导流能力)以及裂缝半长乘数(将应用于裂缝半长的分布),以使用马尔科夫链、蒙特卡罗模拟或其他算法进行历史拟合。HM 分析还可以根据需要使用其他参数,例如裂缝高度、压实/膨胀表、NFZ 渗透率(增强的渗透率区域)和相对渗透率。

(4)通过将历史拟合的完井参数应用到各种井距方案中,并针对每种情况获取生产剖面,进行了敏感性分析。

(5)最后,在各种天然气价格下进行了经济敏感性分析。这种方法的优点是,各种井距和完井设计的实际生产历史将用于决策。此外,测试结果必须是受控测试,以了解每个参数对生产结果的影响。缺点是这些设计缺乏数据。以下是从 HM 获得预测后进行现场经济分析的示例。

全油田完井设计和井距优化示例:提供了九种不同类型完井设计和井距的生产类型曲线(按月体积计算的随时间变化的流量)。经理要求你为全油田开发找到最佳的井距和完井设计,如图 21.2 所示。针对以下情况提供了生产类型曲线:

(1)2000lb/ft,2750lb/ft 和 3500lb/ft(砂/ft 设计)的 1000ft 井距;

(2)2000lb/ft,2750lb/ft 和 3500lb/ft(砂/ft 设计)的 850ft 井距;

(3)2000lb/ft,2750lb/ft 和 3500lb/ft(砂/ft 设计)的 700ft 井距。

所有经济假设见表 21.1。

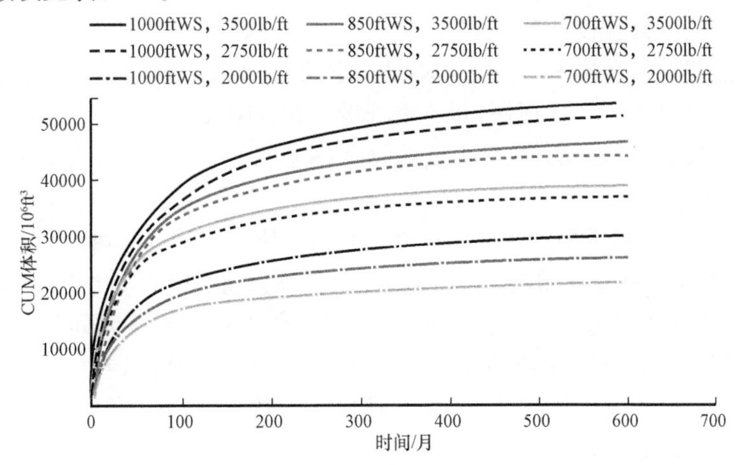

图 21.2 生产 CUM 体积与时间的关系(示例)

表 21.1 经济假设示例

压缩损耗率/%	2.00	每月投产油井数量/口	12
天然气热值/(Btu/ft^3)	1065	油田总面积/acre	300000
经济权益/%	100	每口井的平均水平段长度/ft	14000
土地使用税率/%	20	可变运营支出/(美元/10^3ft^3)	0.15
净收入 NRI 利息/%	80	集输运营支出/(美元/10^63Btu)	0.350
开采税率/%	5	公司运营支出/(美元/10^6Btu)	0.25
从价税率/%	2.50	固定运营成本/[美元/(月·井)]	1000
有形资本支出比/%	11	3500lb/ft 设计的投资成本/美元	14095157
无形资本支出比/%	89	2750lb/ft 设计的投资成本/美元	11095157
联邦税率/%	21	2000lb/ft 设计的投资成本/美元	8595157
加权平均资本率/%	10.00		

A 部分(基础案例):针对每种情况,计算全场 ATAX NPV(基于平均 LL 为 140000,总种植面积为 300000acre,并且每月如假设表 21.1 中所示依次转入 12 口井)。建议今后进行最佳现场设计。请按照以下固定天然气价格执行此分析(请勿为该分析提高天然气价格、OPEX 或资本支出):1.5 美元/10^6Btu,2 美元/10^6Btu,2.5 美元/10^6Btu,3 美元/10^6Btu,3.5 美元/10^6Btu 和 4 美元/10^6Btu。

B 部分:使用与基本案例相同的假设重复分析,但将总 CAPEX 分别增加和减少 30%。根据这两种情况报告最佳设计和井距。

C 部分:通过假定 10% 的特许权使用费(而不是给定的 20%)(在基本案例中提供)来重复分析,并根据 10% 的特许权使用费报告最佳设计和井距。

D 部分:提供的体积为未缩减体积(假设不受限制生产)。通过将给定的产量降低到 $10\times10^6ft^3/d$ 和 $20\times10^6ft^3/d$ 来重复分析,并通过找到最佳的完井设计和井距来重复分析。

E 部分:通过假设剩余 50000acre(而不是最初的 300000acre)来重复分析。

F 部分:假设 20% 的 WACC(而不是给定的 10%)(在基本案例中提供),重复分析,并报告基于 20% 的 WACC 的最佳设计和井距。

G 部分:通过假设每月排 36 口井(而不是给定的每月 12 口井)(在基本案例中提供)来重复分析,并基于每月排 36 口井(更快)报告最佳设计和井距种植面积。

注意:正如经理告诉你的那样,你需要根据 ATAX NPV 字段作出最终决定,公司的重点是为股东创造长期价值。

解决方案 A 部分。最重要的考虑因素之一是为最终决定选择哪种经济指标。如前所述,选择各种经济指标将直接影响最终的结果。对于此问题,将选择现场 NPV 来进行最终设计和确定合理间距。解决此问题的一种较简单的方法是,假设资本在零时间(生效日期 = 开始日期)被花费,则计算每口井的 ATAX NPV。所有未来现金流量均折现至生效日期。在计算完每口井的 ATAX 净现值后,可以通过计划井(每月在线上转 12 口井)直至钻探整个井来简单地计算出净现值。可以执行以下分析步骤。

步骤 1:计算每种情况井的泄油半径。

$$700\text{ft 井距的池油半径} = \frac{\text{横向长度}\times\text{井距}}{43560} = \frac{14000\text{ft}\times700\text{ft}}{43560} = 224.9\text{acre}$$

步骤 2:计算可容纳 300000acre 净面积的油井总数。

$$\text{可容纳 300000acre 净面积,井距为 700ft 的总井数} = \frac{300000}{224.9} = 1333.5\text{ 口}$$

步骤 3,按照第 18 章所述的相同步骤进行计算,可以计算每口井的 ATAX NPV。在计算了假设开始日期为生效日期的 ATAX NPV 后,每月计划 12 口井,直到钻完所有井为止。700ft WS (WS 为井距)和 3500lb/ft 设计的每口井的 ATAX NPV 计算为 5120653 美元,2 美元/10^6Btu 天然气价格。通过假设在线上转 12 口井来调度 5121 百万美元,可以创建表 21.2。请注意,此表仅显示前 12 个月和后 12 个月。现场未折现的净现值仅需将每口井的 TIL 乘以 ATAX 的净现值即可。对于此示例,乘以 12 并乘以 5120653 美元,得出 61448 百万美元。折现后的净现值可以简单地计算如下:

$$1 月折现后的 NPV = \frac{61448}{(1+10\%)^{\frac{1}{12}}} = 60962 百万美元$$

$$2 月折现后的 NPV = \frac{61448}{(1+10\%)^{\frac{2}{12}}} = 60479 百万美元$$

$$3 月折现后的 NPV = \frac{61448}{(1+10\%)^{\frac{3}{12}}} = 60001 百万美元$$

表 21.2 现场折现 NPV 分析

时间/月	每月井数/口	总井数/口	每井的 NPV (开始日期 = 有效日期)/ 10^6 美元	油田未折现 NPV/ 10^6 美元	油田折现 NPV/ 10^6 美元
1	12	12	5121	61448	60962
2	12	24	5121	61448	60479
3	12	36	5121	61448	60001
4	12	48	5121	61448	59526
5	12	60	5121	61448	59055
6	12	72	5121	61448	58588
7	12	84	5121	61448	58125
8	12	96	5121	61448	57665
9	12	108	5121	61448	57209
10	12	120	5121	61448	56756
11	12	132	5121	61448	56307
12	12	144	5121	61448	55862
…	…	…	…	…	…
100	12	1200	5121	61448	27769
101	12	1212	5121	61448	27550
102	12	1224	5121	61448	27332
103	12	1236	5121	61448	27116
104	12	1248	5121	61448	26901
105	12	1260	5121	61448	26688
106	12	1272	5121	61448	26477
107	12	1284	5121	61448	26268
108	12	1296	5121	61448	26060
109	12	1308	5121	61448	25854
110	12	1320	5121	61448	25649
111	12	1332	5121	61448	25446
112	1.5	1333.5	5121	7524	3091

步骤4:针对各种天然气定价、完井设计和井间距重复该过程,以创建表21.3。请注意,这些是为说明概念而创建的合成案例,并非在美国或世界各地的任何页岩油藏中都是最佳设计。本书的最后一章将使用实际的公开数据进行全面分析。表21.3中9种方案的最高ATAX净现值是2750lb/ft和1000ft WS,最高3.25美元/10^6Btu天然气定价。最佳设计更改为3500lb/ft和1000ft WS,天然气价格为3.5美元/10^6Btu以上。这些数字表明,较高的天然气价格可以证明更昂贵的完井设计是合理的。请注意,为简化分析,此示例仅使用9种情况;但是,除了所示的方案以外,还可以使用其他方案来完全捕获在操作范围内的更多完井设计和井距。但是,如先前在本示例中讨论和显示的那样,较高的天然气价格将证明较昂贵的完井设计是合理的。

表21.3 不同天然气价格、完井参数和井间距条件下的油田ATAX NPV

完井参数和井间距	ATAX NPV/10^6美元										
	4.00美元/10^6Btu	1.50美元/10^6Btu	1.75美元/10^6Btu	2.00美元/10^6Btu	2.25美元/10^6Btu	2.50美元/10^6Btu	2.75美元/10^6Btu	3.00美元/10^6Btu	3.25美元/10^6Btu	3.50美元/10^6Btu	3.75美元/10^6Btu
3500lb/ft,1000ft WS	-755	2910	6575	10241	13906	17571	21237	24902	28567	32232	35898
3500lb/ft,850ft WS	-1614	2097	5808	9519	13231	16942	20653	24364	28075	31787	35498
3500lb/ft,700ft WS	-2852	833	4518	8203	11888	15573	19258	22943	26628	30313	33998
2750lb/ft,1000ft WS	**552**	**4038**	**7523**	**11008**	**14494**	**17979**	**21464**	**24950**	28435	31920	35406
2750lb/ft,850ft WS	-111	3418	6947	10476	14005	17534	21063	24592	28121	31650	35179
2750lb/ft,700ft WS	-1096	2408	5912	9416	12920	16424	19929	23433	26937	30441	33945
2000lb/ft,1000ft WS	-848	1201	3249	5298	7346	9395	11443	13492	15540	17589	19637
2000lb/ft,850ft WS	-1380	695	2769	4843	6917	8991	11066	13140	15214	17288	19362
2000lb/ft,700ft WS	-2136	-76	1983	4043	6102	8162	10221	12281	14341	16400	18460

注:黑体显示了每个预测天然气价格下基于最大ATAX NPV的最优每英尺砂量,后同。

解决方案B部分。

总资本支出增加30%:CAPEX是另一个经济不确定性,解释其对完井设计和井距的影响比较敏感。本部分将以A部分的解决方案为基础案例。如表21.4所示,在对总CAPEX进行30%的增加(对于本示例中提供的三种设计)并重新运行分析之后,在不同的天然气价格下,最佳设计保持在2750lb/ft和1000ft WS。重要的是要注意,在基本情况(A部分)中,最佳设计从2750lb/ft更改为3500lb/ft,起价为3.5美元/10^6Btu天然气定价;但是,在将总资本支出提高30%之后,更高的天然气价格最高为4美元/10^6Btu,尚不能证明抽出3500lb/ft的较昂贵的完井设计是合理的。当然,如果以天然气价格高于4美元/10^6Btu的价格显示该示例,则该示例最终将越过并证明更昂贵的完井设计是合理的。因此,表21.4表明随着CAPEX的增加,更昂贵的设计可能不是最佳解决方案。必须进行敏感性分析,以确保基于原始CAPEX假设选择的基础设计仍然成立。当供应商决定根据市场状况大幅提高其各种服务的定价时,将应用此分析。当这种现象发生时,必须重复优化模型以确认为项目选择的最佳设计。

表 21.4 不同天然气价格、完井参数和井间距条件下的油田 ATAX NPV(假设总 CAPEX 增加 30%)

完井参数和井间距	ATAX NPV/10^6 美元										
	1.50 美元/10^6Btu	1.75 美元/10^6Btu	2.00 美元/10^6Btu	2.25 美元/10^6Btu	2.50 美元/10^6Btu	2.75 美元/10^6Btu	3.00 美元/10^6Btu	3.25 美元/10^6Btu	3.50 美元/10^6Btu	3.75 美元/10^6Btu	4.00 美元/10^6Btu
3500lb/ft,1000ft WS	-3089	577	4242	7907	11572	15238	18903	22568	26234	29899	33564
3500lb/ft,850ft WS	-4230	-519	3193	6904	10615	14326	18038	21749	25460	29171	32882
3500lb/ft,700ft WS	-5821	-2136	1549	5234	8919	12604	16289	19975	23660	27345	31030
2750lb/ft,1000ft WS	**-1285**	**2201**	**5686**	**9171**	**12657**	**16142**	**19627**	**23113**	**26598**	**30084**	**33569**
2750lb/ft,850ft WS	-2170	1359	4888	8417	11946	15475	19004	22533	26062	29591	33120
2750lb/ft,700ft WS	-3433	71	3575	7080	10584	14088	17592	21096	24600	28104	31608
2000lb/ft,1000ft WS	-2271	-222	1826	3875	5923	7972	10020	12069	14117	16166	18214
2000lb/ft,850ft WS	-2975	-900	1174	3248	5322	7396	9471	11545	13619	15693	17767
2000lb/ft,700ft WS	-3946	-1887	173	2233	4292	6352	8411	10471	12530	14590	16650

总资本支出减少 30%:当将总 CAPEX 降低 30%(对所有三个完井设计方案)时,也会重复进行此分析。如表 21.5 所示,与基本方案相比,为证明更昂贵的完井设计合理的收支平衡气价有所下降。最佳设计是 2750lb/ft 和 1000ft WS,最高价格为 2.5 美元/10^6Btu 天然气。但是,以 2.75 美元/10^6Btu 的天然气定价(而不是基础设计的 3.5 美元/10^6Btu 的天然气定价),最佳设计改为 3500lb/ft 和 1000ft WS。这一变化说明,与基本情况相比,减少 CAPEX 将证明更昂贵的完井设计合理。另外,减少资本支出将证明更紧密的井距。在此示例中,提供的最小井距和最大井距分别为 700ft 和 1000ft,并且可以采用其他井距方案(例如 500ft、600ft、1100ft、1200ft 等)进行更具结论性的分析。

表 21.5 不同天然气价格、完井参数和井间距条件下的油田 ATAX NPV(假设总 CAPEX 减少 30%)

完井参数和井间距	ATAX NPV/10^6 美元										
	1.50 美元/10^6Btu	1.75 美元/10^6Btu	2.00 美元/10^6Btu	2.25 美元/10^6Btu	2.50 美元/10^6Btu	2.75 美元/10^6Btu	3.00 美元/10^6Btu	3.25 美元/10^6Btu	3.50 美元/10^6Btu	3.75 美元/10^6Btu	4.00 美元/10^6Btu
3500lb/ft,1000ft WS	1578	5244	8909	12574	16240	**19905**	**23570**	**27235**	**30901**	**34566**	**38231**
3500lb/ft,850ft WS	1001	4712	8424	12135	15846	19557	23268	26980	30691	34402	38113
3500lb/ft,700ft WS	116	3801	7486	11171	14856	18542	22227	25912	29597	33282	36967
2750lb/ft,1000ft WS	**2389**	**5874**	**9360**	**12845**	**16330**	19816	23301	26787	30272	33757	37243
2750lb/ft,850ft WS	1948	5477	9006	12535	16064	19593	23122	26651	30180	33709	37238
2750lb/ft,700ft WS	1241	4745	8249	11753	15257	18761	22265	25769	29274	32778	36282
2000lb/ft,1000ft WS	575	2624	4672	6721	8769	10818	12866	14915	16963	19012	21060
2000lb/ft,850ft WS	215	2289	4364	6438	8512	10586	12660	14735	16809	18883	20957
2000lb/ft,700ft WS	-326	1734	3793	5853	7913	9972	12032	14091	16151	18210	20270

解决方案 C 部分:进行敏感性分析时要包括的另一个因素是特许权使用费。使用 10% 的 RI(而不是最初的 20% 的特许权使用费)来重复基本情况,以了解对完井设计和井距的影响。从表 21.6 中可以看出并预期,与基本情况相比,为证明更昂贵的完井设计合理的收支平衡的天然

气价格有所下降。从 3 美元/10^6Btu 的天然气价格开始(基本情况下为3.5 美元/10^6Btu),3500lb/ft 的完井设计是合理的。因此,随着 RI 的降低,可以抽出更昂贵的完井设计是合理的。

表 21.6 不同天然气价格、完井参数和井间距条件下的油田 ATAX NPV(RI =10%)

完井参数和井间距	ATAX NPV/10^6 美元										
	1.50 美元/10^6Btu	1.75 美元/10^6Btu	2.00 美元/10^6Btu	2.25 美元/10^6Btu	2.50 美元/10^6Btu	2.75 美元/10^6Btu	3.00 美元/10^6Btu	3.25 美元/10^6Btu	3.50 美元/10^6Btu	3.75 美元/10^6Btu	4.00 美元/10^6Btu
3500lb/ft,1000ft WS	1994	6117	10241	14364	18488	22611	**26735**	**30858**	**34981**	**39105**	**43228**
3500lb/ft,850ft WS	1169	5344	9519	13694	17870	22045	26220	30395	34570	38745	42920
3500lb/ft,700ft WS	-88	4057	8203	12349	16494	20640	24786	28931	33077	37223	41368
2750lb/ft,1000ft WS	**3166**	**7087**	**11008**	**14929**	**18850**	**22771**	26692	30613	34534	38455	42376
2750lb/ft,850ft WS	2535	6506	10476	14446	18416	22386	26356	30327	34297	38267	42237
2750lb/ft,700ft WS	1532	5474	9416	13358	17301	21243	25185	29127	33069	37011	40953
2000lb/ft,1000ft WS	688	2993	5298	7602	9907	12211	14516	16821	19125	21430	23734
2000lb/ft,850ft WS	176	2509	4843	7176	9510	11843	14177	16510	18844	21177	23511
2000lb/ft,700ft WS	-591	1726	4043	6360	8677	10994	13311	15628	17945	20262	22579

解决方案 D 部分:随着横向长度的增加,某些系统将缺乏满负荷生产的能力。因此,在执行各种敏感分析以找到最佳设计和井距时,必须考虑此问题,因为这将直接影响最佳解决方案。每天减少 $10 \times 10^6 ft^3$ 和 $20 \times 10^6 ft^3$,将改变最初几个月到几年的生产曲线形状(取决于每口井的产量)。图 21.3 和图 21.4 分别说明了 9 个讨论的案例随时间变化的总产量,分别为 $10 \times 10^6 ft^3/d$ 和 $20 \times 10^6 ft^3/d$ 的降低。请花一些时间在 Excel 中建立递减函数,并比较各种递减率下曲线的形状。

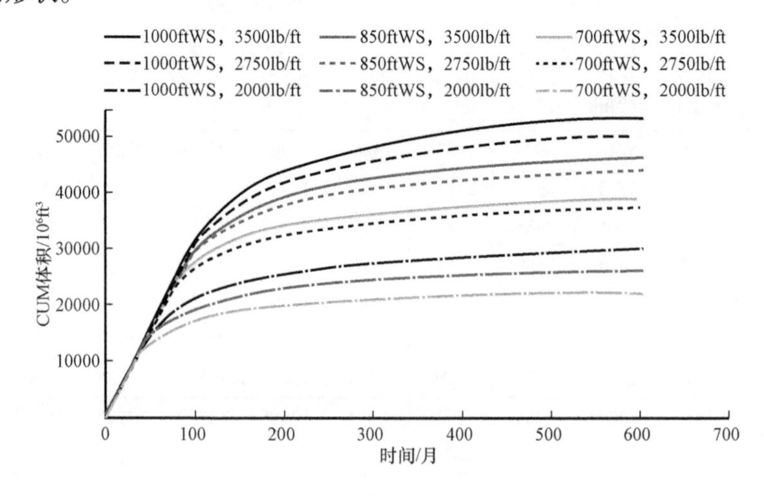

图 21.3 每天减少 $10 \times 10^6 ft^3$ 时的总产量与时间的关系

减产本质上是通过将生产推迟到未来以防止油井满负荷生产。通过使最佳设计更改为更紧密的井距和更小的设计,此功能对项目的总现场 NPV 有直接影响。如表 21.7 所示,当假定 10 ×

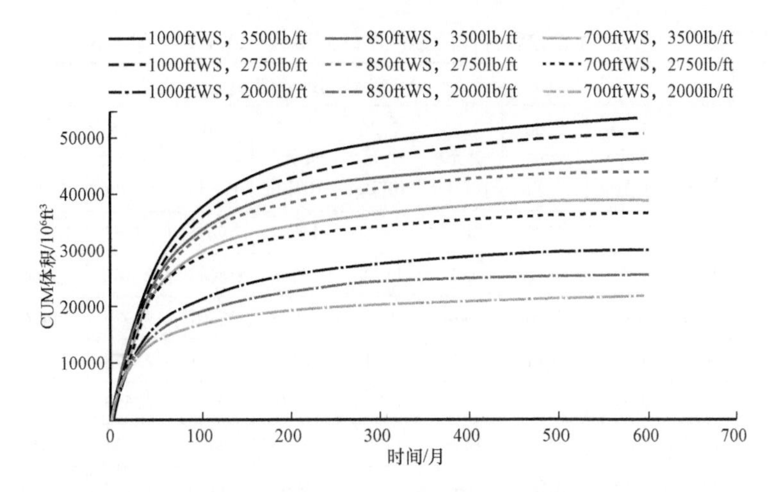

图 21.4 每天减少 $20\times10^6ft^3$ 时的 CUM 产量与时间的关系

10^6ft^3/(d·井)限油时,最佳设计从 2750lb/ft 和 1000ft WS 更改为 2750lb/ft 和 850ft WS(天然气价格为 3 美元/10^6Btu)。尽管更大的间距和更大的完井设计是可获利的(如基础案例所示,起价为 3.5 美元/10^6Btu 天然气价格),但产量的下降改变了此过程的整体动力,并且仅表明较小的设计和更窄的井距,因为无法生产这些量。该示例仅表明,由于系统或焊盘水平的缩减,在限制生产的同时花费相同的资本支出会导致最佳设计更改为更紧密的井距和更小的设计。表 21.8 显示了以 $20\times10^6ft^3$/(d·井)削减的重复分析(与 $10\times10^6ft^3$/(d·井)削减相比的削减)。尽管在这种情况下方向性指导是相同的,但此表说明减产也很重要。除了知道将要减产外,量化每口井的确切减产量对于为股东作出正确的井距和完井设计决策非常重要。同样重要的是要注意,应该解决或潜在地避免严重减产的地区,因为对其他核心地区的经济分析可能会超过对具有优质储层的严重减产地区的经济分析。尽管储层的质量可能是第一级资产,但严重的减产可能会严重降低第一级资产的价值,因此,将较低级别的资产转移到经济上来。在这种情况下,应重新评估、处理或改善大量减产的核心资产,以确保为股东创造最高的净资产价值。

表 21.7 不同天然气价格、完井参数和井间距条件下的油田 ATAX NPV[$10\times10^6ft^3$/(d·井)削减]

完井参数和井间距	ATAX NPV/10^6 美元										
	1.50 美元/10^6Btu	1.75 美元/10^6Btu	2.00 美元/10^6Btu	2.25 美元/10^6Btu	2.50 美元/10^6Btu	2.75 美元/10^6Btu	3.00 美元/10^6Btu	3.25 美元/10^6Btu	3.50 美元/10^6Btu	3.75 美元/10^6Btu	4.00 美元/10^6Btu
3500lb/ft,1000ft WS	-2472	306	3084	5862	8640	11418	14196	16974	19752	22530	25307
3500lb/ft,850ft WS	-3198	-306	2586	5479	8371	11264	14156	17049	19941	22834	25726
3500lb/ft,700ft WS	-4237	-1267	1702	4671	7641	10610	13580	16549	19518	22488	25457
2750lb/ft,1000t WS	**-972**	**1725**	**4422**	**7120**	**9817**	**12514**	15211	17909	20606	23303	26001
2750lb/ft,850ft WS	-1518	1285	4087	6889	9691	12493	**15295**	**18098**	**20900**	**23702**	**26504**
2750lb/ft,700ft WS	-2325	545	3414	6283	9152	12022	14891	17760	20629	23498	26368
2000lb/ft,1000t WS	-1219	638	2494	4351	6208	8064	9921	11778	13634	15491	17348
2000lb/ft,850ft WS	-1723	173	2070	3967	5863	7760	9657	11553	13450	15346	17243
2000lb/ft,700ft WS	-2436	-532	1373	3277	5181	7086	8990	10894	12799	14703	16608

表 21.8 不同天然气价格、完井参数和井间距条件下的油田 ATAX NPV[$20\times10^6 ft^3$/(d·井)削减]

完井参数和井间距	ATAX NPV/10^6美元										
	1.50美元/10^6Btu	1.75美元/10^6Btu	2.00美元/10^6Btu	2.25美元/10^6Btu	2.50美元/10^6Btu	2.75美元/10^6Btu	3.00美元/10^6Btu	3.25美元/10^6Btu	3.50美元/10^6Btu	3.75美元/10^6Btu	4.00美元/10^6Btu
3500lb/ft,1000ft WS	-1282	2111	5503	8896	12289	15682	19075	22468	25860	29253	**32646**
3500lb/ft,850ft WS	-2104	1354	4812	8270	11728	15186	18644	22102	25560	29018	32476
3500lb/ft,700ft WS	-3279	185	3650	7114	10578	14043	17507	20971	24436	27900	31364
2750lb/ft,1000ft WS	**104**	**3357**	**6611**	**9864**	**13118**	**16371**	**19625**	**22878**	**26131**	**29385**	32638
2750lb/ft,850ft WS	-528	2786	6100	9414	12728	16041	19355	22669	25983	29297	32610
2750lb/ft,700ft WS	-1464	1850	5164	8478	11792	15106	18420	21734	25049	28363	31677
2000lb/ft,1000ft WS	-908	1109	3126	5143	7161	9178	11195	13213	15230	17247	19264
2000lb/ft,850ft WS	-1439	604	2648	4691	6734	8778	10821	12865	14908	16952	18995
2000lb/ft,700ft WS	-2191	-159	1872	3903	5935	7966	9997	12028	14060	16091	18122

解决方案 E 部分:关于完井设计和井距的另一个重要考虑因素是剩余英亩数。当将大型上市公司与小型上市公司或私有公司进行比较时,井距和完井设计优化的整体动态将发生变化。如果一家小公司的某个油田的核心只剩下 50000acre,而另一个运营商在同一油田的核心有 300000acre,则这两家公司的最佳井距会因库存差异而有所不同。因此,在设计井距和完井设计时,库存至关重要。对 50000acre(而不是最初的 300000acre)重复进行相同的分析,结果总结在表 21.9 中。从表 21.9 中可以看出,最佳设计是 2750lb/ft 和 1000ft WS,直到天然气价格为 2.25 美元/10^6Btu。优化设计在 2.5 美元/10^6Btu 和 3 美元/10^6Btu 之间更改为 850ft WS 和 2750lb/ft。最佳设计再次变为 700ft WS 和 2750lb/ft,介于 3.25 美元/10^6Btu 和 3.75 美元/10^6Btu 之间。最后,以 4 美元/10^6Btu 的天然气价格,最佳设计更改为 3500lb/ft 和 700ft WS。请花一些时间比较此方案以及与基本方案(A 部分)讨论的其他方案。

表 21.9 不同天然气价格、完井参数和井间距条件下的油田 ATAX NPV(50000acer)

完井参数和井间距	ATAX NPV/10^6美元										
	1.50美元/10^6Btu	1.75美元/10^6Btu	2.00美元/10^6Btu	2.25美元/10^6Btu	2.50美元/10^6Btu	2.75美元/10^6Btu	3.00美元/10^6Btu	3.25美元/10^6Btu	3.50美元/10^6Btu	3.75美元/10^6Btu	4.00美元/10^6Btu
3500lb/ft,1000ft WS	-160	618	1396	2174	2952	3730	4509	5287	6065	6843	7621
3500lb/ft,850ft WS	-357	463	1283	2102	2922	3742	4561	5381	6201	7020	7840
3500lb/ft,700ft WS	-665	194	1054	1914	2774	3633	4493	5353	6212	7072	**7932**
2750lb/ft,1000ft WS	**117**	**857**	**1597**	**2337**	3077	3817	4557	5297	6037	6777	7517
2750lb/ft,850ft WS	-25	755	1534	2314	**3093**	**3872**	**4652**	5431	6211	6990	7769
2750lb/ft,700ft WS	-256	562	1379	2197	3014	3832	4649	**5467**	**6285**	**7102**	7920
2000lb/ft,1000ft WS	-180	255	690	1125	1560	1994	2429	2864	3299	3734	4169
2000lb/ft,850ft WS	-305	153	611	1070	1528	1986	2444	2902	3360	3818	4276
2000lb/ft,700ft WS	-498	-18	463	943	1424	1904	2385	2865	3346	3826	4307

解决方案部分 F:将 WACC 从 10% 增加到 20% 也将对最佳设计产生直接影响,正如表 21.10 所示,现在的经营成本要昂贵得多。与最佳设计更改为 3.5 美元/10^6Btu 的 3500lb/ft 和 1000ft WS 的基本情况相反,在这种情况下,最佳设计更改发生在 4 美元/10^6Btu。发生这种变化的原因是借钱成本以及市场预期的提高,这将导致更便宜的完井设计以及更长的天然气定价期。

表 21.10　不同天然气价格、完井参数和井间距条件下的油田 ATAX NPV(20%WACC)

完井参数和井间距	ATAX NPV/10^6 美元										
	1.50 美元/10^6Btu	1.75 美元/10^6Btu	2.00 美元/10^6Btu	2.25 美元/10^6Btu	2.50 美元/10^6Btu	2.75 美元/10^6Btu	3.00 美元/10^6Btu	3.25 美元/10^6Btu	3.50 美元/10^6Btu	3.75 美元/10^6Btu	4.00 美元/10^6Btu
3500lb/ft,1000ft WS	-1689	616	2922	5227	7533	9838	12144	14450	16755	19061	**21366**
3500lb/ft,850ft WS	-2220	76	2372	4667	6963	9259	11555	13851	16147	18442	20738
3500lb/ft,700ft WS	-2932	-710	1512	3734	5956	8178	10400	12622	14844	17065	19287
2750lb/ft,1000ft WS	**-605**	**1587**	**3779**	**5972**	**8164**	**10356**	**12549**	**14741**	**16934**	**19126**	21318
2750lb/ft,850ft WS	-1027	1156	3340	5523	7706	9889	12072	14255	16438	18621	20804
2750lb/ft,700ft WS	-1611	502	2615	4727	6840	8953	11066	13179	15292	17405	19518
2000lb/ft,1000ft WS	-1268	21	1309	2598	3886	5175	6463	7752	9040	10329	11618
2000lb/ft,850ft WS	-1592	-309	975	2258	3541	4824	6107	7390	8673	9957	11240
2000lb/ft,700ft WS	-2020	-778	464	1706	2948	4190	5431	6673	7915	9157	10399

解决方案部分 G:如表 21.11 所示,最佳设计从 2.75 美元/10^6Btu 的 2750lb/ft 和 1000ft WS 更改为 2750lb/ft 和 850ft WS,这是因为与基本情况相比,种植面积开发速度更快。最佳设计再次从 3.75 美元/10^6Btu 更改为 3500lb/ft,同时保持 850ft 的井距。该部分的结果说明,更快的种植面积开发将导致更紧密的井距。本节分析的结果与 E 部分中减少的库存示例一致。

表 21.11　不同天然气价格、完井参数和井间距条件下的油田 ATAX NPV(6 口井/月的 TIL)

完井参数和井间距	ATAX NPV/10^6 美元										
	1.50 美元/10^6Btu	1.75 美元/10^6Btu	2.00 美元/10^6Btu	2.25 美元/10^6Btu	2.50 美元/10^6Btu	2.75 美元/10^6Btu	3.00 美元/10^6Btu	3.25 美元/10^6Btu	3.50 美元/10^6Btu	3.75 美元/10^6Btu	4.00 美元/10^6Btu
3500lb/ft,1000ft WS	-915	3526	7966	12406	16847	21287	25728	30168	34609	39049	43490
3500lb/ft,850ft WS	-2017	2620	7258	11895	16532	21170	25807	30444	35082	**39719**	**44357**
3500lb/ft,700ft WS	-3720	1086	5892	10698	15504	20309	25115	29921	34727	39533	44339
2750lb/ft,1000ft WS	**669**	**4891**	**9114**	**13336**	**17559**	21781	26004	30226	34449	38671	42894
2750lb/ft,850ft WS	-139	4271	8680	13090	17500	**21910**	**26319**	**30729**	**35139**	39548	43958
2750lb/ft,700ft WS	-1430	3140	7710	12280	16850	21420	25990	30560	35130	39700	44269
2000lb/ft,1000ft WS	-1027	1454	3936	6418	8900	11381	13863	16345	18827	21309	23790
2000lb/ft,850ft WS	-1724	868	3460	6052	8643	11235	13827	16419	19011	21603	24194
2000lb/ft,700ft WS	-2785	-100	2586	5272	7958	10644	13330	16016	18702	21388	24074

第 22 章　分层经济开发

22.1　概述

在开发一个油田时，分层协同开发是另一个重要问题。如果存在不止一种可行的发展模式，分层经济开发就成为一个重要的战略和经济问题。在这种情况下，必须决定是开发两个地层还是只开发一个地层，这会导致额外地层的机会成本损失。促成这一经济和战略决策的因素包括天然气（石油）定价、开发每个地层的资本支出、开发井的水平长度、周期时间、NRI（向土地所有者支付的特许权使用费的金额）、运营成本等。在高商品价格下，为了股东可以同时开发两个地层并产生净资产价值。然而，在商品价格较低的情况下，证明共同开发的合理性可能更具挑战性，特别是当一个地层的生产性能低于另一个地层时。

随着油井水平长度的增加，单位英尺的资本支出减少，这有助于因资本减少而形成一个更有力的共同开发案例。此外，如果协同开发通过将连入生产管线（TIL）日期推到未来的某个日期，从而导致钻井计划的周期时间增加，则会对共同开发方案的净现值产生负面影响。例如，如果 X 地层 6 口井的开钻日期为 2020 年 1 月，这 6 口井全部转为一条生产线需要 7 个月的时间（直到 2020 年 8 月 8 日），那么在 X 地层和 Y 地层共开发 12 口井（X 地层 6 口井，Y 地层 6 口井），可能导致 TIL 日期推迟 × 个月。这种延迟将导致共同开发方案的净现值低于仅开发一个地层所产生的净现值。此关系仅适用于共同开发导致 TIL 日期延迟的情况。当井口埋在地下时，在特定日期将有限数量的油井转入生产线，再随后将剩余的井转为油井就不是同一个问题。在这些情况下，当延迟 TIL 日期时，共同开发不会对油田的资产净值产生不利影响。

NRI 是另一个重要因素，有助于研究该油田共同开发的经济可行性。在大部分面积为收费面积的地区，意味着由于拥有矿权而无需向土地所有者支付特许权使用费，油田共同开发的经济可行性显著提高。随着自然资源利用率的增加，共同开发的经济可行性也将增加。除 NRI 外，OPEX 可能对油田的共同开发产生一些影响。随着运营成本的降低，共同开发的经济可行性增加。

油气田协同开发的另一个重要方面被称为两个共同开发地层之间的“裂缝连通性”。开发一个地层会对多产地层的生产性能产生负面影响还是对两个地层都有影响？目的层是否具有强大的屏障，以避免两个共同开发地层之间的裂缝连通？如果是，两个地层的生产性能都不应受到共同开发的影响。另一方面，如果两个相关地层之间确实存在裂缝连通，则其中一个或两个地层的生产性能将被影响。例如，如果 X 地层的预期类型曲线的 IP 值为 $14000 \times 10^3 ft^3/d$，b 值为 1.2，割线年有效递减率为 60%，最终递减率为 5%，开发上覆或下伏地层是否会对该区域的上述类型曲线产生负面影响？如果是，在共同开发变得不经济之前，基本型曲线的生产性能下降多少可以容忍？同样，这些问题的答案是天然气定价、资本支出、水平长度、周期时间、NRI、OPEX 等的函数。

22.2　协同开发分析的分步工作流

公司的战略资本预算指标是决定是否共同开发油田的另一个重要影响因素。公司的度量取决于 NPV 还是 IRR? 这个问题的答案将取决于公司对资本支出的限制程度。是否存在公司必须立即解决的短期债务和其他债务,或者债务和负债是不是一个紧迫的问题? 一般来说,规模较小的私营或上市公司倾向于选择内部收益率(IRR)而非净现值(NPV),因为它们受到资本约束,更喜欢快速的投资回报。然而,更大和更成熟的公司倾向于选择净现值而不是内部收益率来为股东创造长期价值,而不是专注于短期目标。这个经验法则并不是一成不变的,但这是在选择净现值和内部收益率时的共识。因此,如果一家公司的指标是净现值,那么即使一个地层的生产性能低于另一个地层,并且假设两个地层之间没有沟通,并且天然气价格以及讨论的其他经济参数是合适的,那么就有利于共同开发。然而,如果一个公司的指标是内部收益率,那么根据各种经济因素的不同,共同发展很可能是不利的。内部收益率指标在正确的商品定价和其他变量下是合理的,但它不如净现值指标有利。协同开发决策是一个复杂的过程,涉及许多因素。因此,必须进行详细的储层分析和经济分析,才能为公司作出正确的决策。以下是进行此类分析时应遵循的一些准则。

(1)通过回答以下问题来了解地质情况:当进行水力压裂时,两个地层之间是否存在一个能够阻止裂缝连通的有效屏障? 这个问题的答案可以通过研究两个地层的岩石物理和地质力学性质,如最小水平应力、杨氏模量、泊松比等来获得。水力裂缝数值模拟也可以用来估计增产过程中裂缝高度的增长。示踪剂分析和微地震分析也可用于确定一个地层的裂缝高度增长是否进入另一个共同开发的地层。

(2)当然,建模可以在执行实际测试之前完成。然而,实地测试对公司作出数百万美元的决定至关重要。该测试可通过仅使用一个感兴趣的地层(称为 X)开发一个井场(例如,6 口井)。然后,开发另一个井场,共开发 12 口井(X 地层 6 口井,Y 地层 6 口井)。接下来,在分析油井之前,收集至少 6 个月的生产数据(最好更长),也就是说,6 个月的生产数据通常是进行任何类型有意义的产量不稳定分析以及其他储层分析(如数值模拟和历史拟合)所需的最短时间。

(3)对 X 地层已完钻的 6 口独立井绘制一条类型曲线,然后对 X 地层 6 口共同开发井和 Y 地层其他 6 口共同开发井绘制第二条曲线。

(4)测试完成后,应绘制以下三种曲线。

① X 地层单层开发,开发区平均水平长度井的标准曲线。图 22.1 所示为 6 口 X 地层井的独立开发方案。单独开发时,指的是油井不与任何上覆或下伏地层共同开发。

② X 地层协同开发,开发区域平均水平长度井的曲线。

③ Y 地层协同开发,开发区平均水平长度井的 Y 地层共同开发曲线。图 22.2 所示为 6 口 X 地层(实线)和 6 口 Y 地层(虚线)井的共同开发方案。

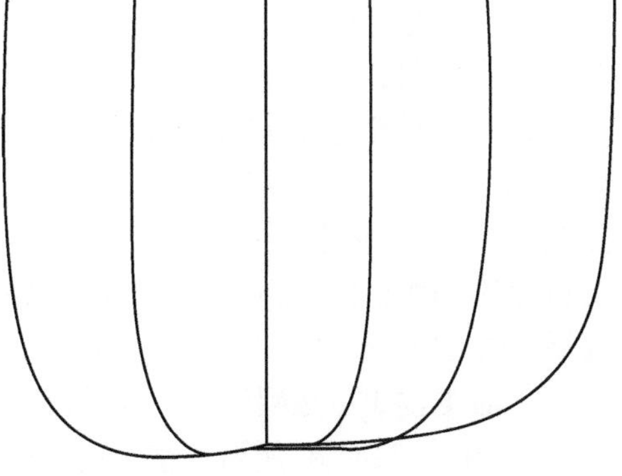

图 22.1　X 地层单独开发方案

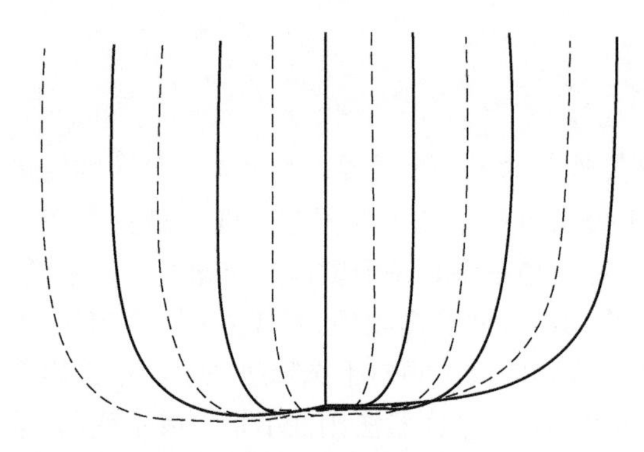

图 22.2 X 地层(实线)和 Y 地层(虚线)共同开发

(5)记录在共同开发曲线上观察到的任何负面影响,与独立型曲线相比,可能表明水力裂缝连通。使用各种诊断图,如压力标准化率(标准化 $q/\Delta p$)—CUM/ft,p_{wf}—CUM/ft,以及叠加图(归一化 $\Delta p/q$)与时间平方根的关系,来推测共同开发的负面影响(如果有的话)。此外,使用数值模拟对每个方案的生产数据进行历史匹配,并获得每个方案的基本裂缝几何形状。独立类型曲线上的断裂几何图形是否与共同开发场景的断裂几何图形不同?理论上,如果两个地层不连通,裂缝的几何形状应该彼此接近,并且不应观察到显著差异。

(6)收集所有的经济参数,尤其是资本支出。值得注意的是,共同开发最大优势之一是共享基础设施资本。因此,在共同开发方案中,将应用于共同开发方案中的 Y 地层支出将不包括一些资本支出,如井场建设、集输基础设施、水利基础设施等,当然这些都将取决于开发和调查的各个领域。在执行共同开发经济分析方案时,不应包括其中一些支出,原因是共享资本被认为是沉没的,因为在开发独立的形成方案时需要这些基础设施。

(7)使用 X 地层独立曲线对 X 地层进行 6 口井经济分析,并记录该方案的净现值和内部收益率。

(8)利用 X 地层共同开发曲线和 Y 地层共同开发曲线,进行 12 口井经济分析,并记录该方案的净现值和内部收益率。基本上,将 6 个独立的 X 地层与 12 个共同开发的 X 地层和 Y 地层进行比较,以确定每个方案的每英亩净资产价值。

(9)一旦完成,一个方案应该是更好的,这取决于所选择的净现值或内部收益率的资本预算指标。很明显,净现值指标将比内部收益率指标更倾向于共同开发,因为目标是创造长期股东价值。

最终决定将取决于所讨论的许多因素,并且必须在地区间进行评估。在某些地区,地质特征可能表明两个地层之间的裂缝连通性;但是,当涉及共同开发时,其他地质区域和有效的裂缝屏障将有完全不同的情况。

(10)将这两种情况称为基本情况,并开始对商品定价、资本支出、周期时间、水平长度、运营成本、NRI 等进行敏感性分析,建议如下。

① 如果开发气田,则根据市场情况,以 1.5 美元/10^6Btu,2 美元/10^6Btu,……,6 美元/10^6Btu,6.5 美元/10^6Btu 等不同的平缓上调的天然气价格重新进行分析,并尽可能接近实际实现的天然气定价(当前市场条件)。例如,如果当前实现的天然气定价为 3 美元/10^6Btu,则围绕该定价执行各种固定或升级的天然气定价敏感性。如果正在开发石油或任何其他类型的地层,请遵循相同的方法。很明显,随着大宗商品价格的上涨,共同开发的理由将得到加强。

② 根据油田可达到的平均水平长度,在不同水平长度(如 8000ft、9000ft、…、20000ft)下进行经济分析。很明显,随着水平长度的增加,由于每英尺的资本支出减少,共同开发方案将变得有利。

③ 如果循环时间受共同开发的影响,找出每个水平长度的 TIL 日期延迟,并对延迟的 TIL

日期重新进行相同的分析,以找出周期计时延迟的影响。这种灵敏度只适用于仅当在共同开发时循环时间以任何形状或形式受到影响或延迟时。

④ 如果从土地角度来看,有任何改进 NRI 的空间,对各种可行的 NRI 进行敏感性分析,以显示影响。

⑤ 运营成本通常会随着时间的推移而提高,建议用较低或较高的运营成本对共同开发的影响进行各种敏感性分析。

(11)找出不同水平长度的盈亏平衡商品定价,在这种情况下,共同开发变得经济。存在一个盈亏平衡定价,在这种定价下,共同开发变得经济,这是多个变量的函数,如定价、水平长度、资本支出、运营成本、NRI 和类型曲线假设。类型曲线假设也会对分析产生重大影响。

例如,如果 Y 地层在共同开发时可以产生与 X 地层相似的产量,而不会产生任何类型的裂缝连通或对一个或另一个地层造成有害影响,则协同开发是油田开发的正确解决方案。然而,当 Y 地层产量为 X 地层的 1/2 或 1/3 时,决策变得更具挑战性。在这种情况下,共同开发将是许多讨论变量的函数,需要更高的天然气定价、更长的水平长度的井、更高的 NRI 井、更低的运营成本和显著的资本削减来证明共同开发的合理性。

(12)找出可以容忍的产量损失百分比,与单独开发 X 地层相比,仍然可以产生更高的 ATAX NPV。在不同的商品定价下进行此分析。

在决定是否协同开发时,必须考虑不共同开发的损失机会成本,前提是仅当在地质上和实际上,由于基底地层的压力下降和损耗而阻止了回采和开发跳过的地层。这是因为,如果只开发一个地层,那么压力下降或枯竭会对生产井造成潜在的负面影响,而这些油井在经过多年的开发后,将在基底地层的正上方或下方开发跳过的地层。从本质上讲,它被称为使用或失去投资性,因为不使用该地层将无法在以后开发。当存在裂缝连通的可能性时,这种讨论是有效的。共同产层也可能出现在彼此完全远离的地层中。例如,如果一个地层位于 9000TVD,而另一个地层位于 15000TVD,则无需担心裂缝连通或压力汇。在这些情况下,如果两个地层在经济上都可行,则多层共同开采可能会对油田产生显著的有利影响。

有时,根据每个公司的库存量,与其他公司相比,一些公司的多层合采更为可行。如果 X 公司在世界各地拥有不同的资产,那么决定采用一种形式开发还是采用共同开发方式就完全不同了,因为与共同开发相比,该公司在投资价值更高的项目上具有灵活性。另一方面,如果 X 公司仅在一个盆地拥有面积,而不进行共同开发,则 A 级资产将耗尽,根据所讨论的其他许多因素,共同开发可能是理想的解决方案。共同开发的另一个考虑因素是共同基础设施和液体处理。例如,如果天然气达到了 1000 亿美元/ft^3(Btu/Btu)的基础设施建设成本达到了 1000 亿美元/ft^3(Btu),那么就可以增加天然气的湿式基础设施系统,用于处理液体并降低至管道质量的 Btu。通过制订正确的开发策略和时间来共同开发每个地层,可以简单地混合天然气,以获得管道质量的 Btu 天然气。这可以为公司的长期股东增加很多价值,而且公司确实在某些领域利用了这种优势。

第23章　生产系统分析和井口设计

23.1　概述

气井产能是指气井在给定的井底或井口压力下的产量。节点分析在确定油管的尺寸和是否需要油管方面起着至关重要的作用。节点分析对于确定不同生产条件下的流量约束至关重要。如果不进行合适的节点分析,就不可能优化单井产量。管材尺寸不合适,如小于所需的油管内径,则会不同寻常地降低生产速度,从而损失资金的时间价值。另一方面,如果是大于所需尺寸,则会导致需要更快地使用人工举升,如柱塞举升、气举等,将水和凝析液从井筒举升到地面。随着日益增多的超长水平井开发,水平段长超过10000ft,在某些地区,甚至接近20000ft,许多作业人员并不是在返排起始使用油管,以确保能够利用资金的时间价值生产出必要的产量。

23.2　节点分析

节点分析可以确定何时需要油管。流入动态关系(IPR)是储层在给定井底压力下向井筒供气的能力。流入动态关系曲线有时也称为供液能力曲线。另外,流出动态关系也被称为油管动态曲线(TPC),它反映了在给定井口压力下,油管将流体输送到地面的能力。结合IPR曲线和TPC曲线,可以确定井在给定压力和流量下的合理生产点。

可以使用不同的模型来获取需要的参数构建IPR曲线。1994年,Economides提出了径向流动气藏中拟稳态流动的通解见式(23.1):

$$q=\frac{Kh[m(p)-m(p_{\mathrm{wf}})]}{1424\ T\left[\ln\left(\frac{0.472r_{\mathrm{e}}}{r_{\mathrm{w}}}\right)+s+D_q\right]} \tag{23.1}$$

式中　q——日产气量,$10^3\mathrm{ft}^3/\mathrm{d}$;

k——有效渗透率,mD;

h——有效厚度,ft;

$m(p)$——储层压力下的拟压力,$\mathrm{psi}^2/(\mathrm{mPa\cdot s})$;

$m(p_{\mathrm{wf}})$——井底流压下的拟压力,$\mathrm{psi}^2/(\mathrm{mPa\cdot s})$;

T——储层温度,°R;

r_{e}——泄油半径,ft;

r_{w}——井筒半径,ft;

s——表皮系数;

D——非达西系数。

式(23.1)可采用压力平方法简化为:

$$q = \frac{Kh[p^2 - p_{wf}^2]}{1424\ \mu zT\left[\ln\left(\frac{0.472r_e}{r_w}\right) + s + D_q\right]}$$

当压力大于3000psi时,高压缩气体特征与液体相似,可以用以下压力法近似式(23.1):

$$q = \frac{Kh[p - p_{wf}]}{141.2 \times 10^3\ B_g\mu\left[\ln\left(\frac{0.472r_e}{r_w}\right) + s + D_q\right]}$$

式中 B_g——平均地层体积系数。

23.3 拟压力概念及计算

在讨论经验模型之前,了解拟压力的概念及其在非常规油气藏生产分析中的应用是非常重要的。拟压力基本上是气体黏度和压缩因子随压力变化的规整化压力。式(23.2)中定义了气体拟压力。

$$m(p) = 2\int_{p_1}^{p} \frac{p}{\mu z}\mathrm{d}p \tag{23.2}$$

式中 p_1——任意基础压力;

μ——气体黏度;

z——气体压缩因子。

采用梯形法可以计算拟压力见式(23.3)。

$$m(p) = \sum_0^p \left(\frac{2p}{\mu z}\right)\Delta p \tag{23.3}$$

梯形的面积由式(23.4)给出:

$$梯形面积 = h\left(\frac{b_1 + b_2}{2}\right) \tag{23.4}$$

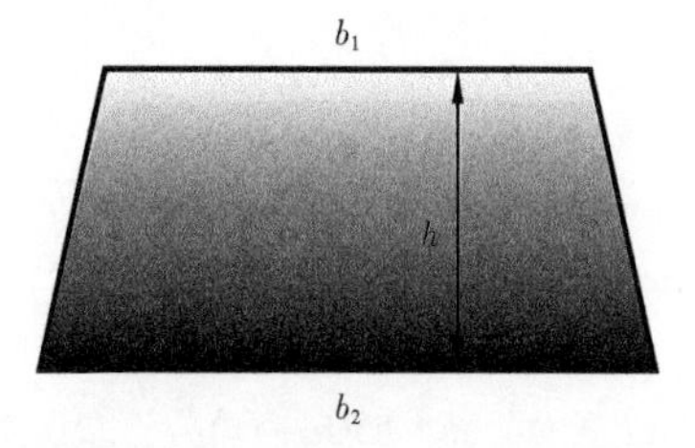

在产量不稳定分析中使用的大多数诊断图版中,拟压力计算都是必要的计算。因此,了解拟压力计算背后的概念是非常重要的。

例 1:

在表 23.1 中计算给定气体黏度和压缩因子的拟压力。

表 23.1　已知数据

p/psia	气体黏度/(mPa·s)	z
0	0	0
150	0.01238	0.9856
300	0.01254	0.9717
450	0.01274	0.9582
600	0.01303	0.9453
750	0.01329	0.9332
900	0.01360	0.9218
1050	0.01387	0.9112
1200	0.01428	0.9016
1350	0.01451	0.8931
1500	0.01485	0.8857
1650	0.01520	0.8795
1800	0.01554	0.8745
1950	0.01589	0.8708
2100	0.01630	0.8684
2250	0.01676	0.8671
2400	0.01721	0.8671
2550	0.01767	0.8683
2700	0.01813	0.8705
2850	0.01862	0.8738
3000	0.01911	0.8780
3150	0.01961	0.8830

压力在 0～150psi 之间:

$$\text{梯形面积} = \frac{\left(\frac{2p}{\mu z}\text{at 150psi} + \frac{2p}{\mu z}\text{ at 0psi}\right) \times (150 - 0)}{2}$$

$$= \frac{(24587 + 0) \times (150 - 0)}{2} = 1844001\text{psia}^2/(\text{mPa}\cdot\text{s})$$

即　拟压力 = $1844001\text{psia}^2/(\text{mPa}\cdot\text{s})$

压力在 150～300psi 之间:

$$梯形面积 = \frac{\left(\frac{2p}{\mu z}\text{at 300psi} + \frac{2p}{\mu z}\text{ at 150psi}\right) \times (300 - 150)}{2}$$

$$= \frac{(49240 + 24587) \times (300 - 150)}{2} = 5537030\text{psia}^2/(\text{mPa} \cdot \text{s})$$

$$拟压力 = 1844001 + 5537030 = 7381032\text{psia}^2/(\text{mPa} \cdot \text{s})$$

表 23.2 给出了算例的输出,包括梯形面积和拟压力。

表 23.2 拟压力计算结果

p/psia	气体黏度/mPa·s	z	$2p/\mu$/[psia/(mPa·s)]	梯形面积/psia^2/(mPa·s)	拟压力/psia^2/(mPa·s)
0	0	0	0		
150	0.01238	0.9856	24587	1844001	1844001
300	0.01254	0.9717	49240	5537031	7381032
450	0.01274	0.9582	73725	9222432	16603463
600	0.01303	0.9453	97424	12836223	29439686
750	0.01329	0.9332	120946	16377771	45817457
900	0.01360	0.9218	143581	19839524	65656981
1050	0.01387	0.9112	166161	23230649	88887630
1200	0.01428	0.9016	186410	26442823	115330453
1350	0.01451	0.8931	208351	29607097	144937550
1500	0.01485	0.8857	228091	32733175	177670724
1650	0.01520	0.8795	246851	35620634	213291358
1800	0.01554	0.8745	264906	38381753	251673111
1950	0.01589	0.8708	281853	41006901	292680013
2100	0.01630	0.8684	296717	43392703	336072716
2250	0.01676	0.8671	309649	45477402	381550118
2400	0.01721	0.8671	321656	47347829	428897946
2550	0.01767	0.8683	332402	49054335	477952281
2700	0.01813	0.8705	342158	50592040	528544321
2850	0.01862	0.8738	350335	51936980	580481301
3000	0.01911	0.8780	357599	53095011	633576312
3150	0.01961	0.8830	363833	54107395	687683707

23.4　Rawlins 和 Schellhardt 方程(回压模型)

在矿场应用中,由于获取解析方程中所有参数的费用高,节点分析多采用经验方法。经验模型有不同的类型,但最常用的是回压模型。Rawlins 和 Schellhardt(1935)方程可以用来构建 IPR 曲线。在 Rawlins 和 Schellhardt 方程中,需要多产量测试来求得 C 和 n 值。至少需要测试两个不同产量下的稳定压力来估算常数。这种方法是各种商业软件中最常用的方法之一。

回压模型:

$$q_g = C({p_R}^2 - {p_{wf}}^2)^n \tag{23.5}$$

式中　q_g——产气量,$10^3 ft^3/d$;

p_R——地层压力,psi;

p_{wf}——井底流动压力,psi;

C——常数,$10^3 ft^3/psi^{2n}$;

n——紊流因子(代表非达西效应)。

方程(23.5)中,n 是非达西效应或近井区域紊流效应,$0.5 < n < 1.0$。当 $n = 1$ 时,表明地层中气体流动为层流状态;而当 $n = 0.5$ 时,地层中的流动基本表现为湍流。C 值表示井产量对压力变化响应幅度。需要注意的是,C 值越大,产能越高(对 C 值的变化非常敏感),C 值的范围没有限制。

应用回压模型分为以下三个步骤。

第一步,通过多流量测试计算 n 值,如下:

$$n = \frac{\log\left(\frac{q_1}{q_2}\right)}{\log\left(\frac{p_R^2 - p_{wf1}^2}{p_R^2 - p_{wf2}^2}\right)} \tag{23.6}$$

第二步,通过变换 Rawlins 和 Schellhardt 方程计算 C 值:

$$C = \frac{q_1}{(p_R^2 - p_{wf1}^2)^n} \tag{23.7}$$

第三步,利用 Rawlins 和 Schellhardt 方程计算所需井底流压下的日产气量(产能率):

$$q = C(p_R^2 - p_{wf}^2)^n \tag{23.8}$$

例 2:

以下是气井两点测试的例子:

油藏平均压力为 4000psi,井底流压为 900psi,应用回压模型估算气井在拟稳态流动条件下的产能。

测点 1:p_{wf1} 为 3000psi,q_1 为 $1200 \times 10^3 ft^3/d$。

测点 2:p_{wf2} 为 1600psi,q_2 为 $1700 \times 10^3 ft^3/d$。

求解步骤如下。

(1)计算 n 值:

$$n=\frac{\log\left(\frac{q_1}{q_2}\right)}{\log\left(\frac{p_R^2-p_{wf1}^2}{p_R^2-p_{wf2}^2}\right)}=\frac{\log\left(\frac{1200}{1700}\right)}{\log\left(\frac{4000^2-3000^2}{4000^2-1600^2}\right)}=0.534$$

(2)计算 C 值:

$$C=\frac{q_1}{(p_R^2-p_{wf1}^2)^n}=\frac{1200}{(4000^2-3000^2)^{0.534}}=0.2654$$

(3)计算井底流压为900psi 时的产气量:

$$q=C(p_R^2-p_{wf}^2)^n=0.2654(4000^2-900^2)^{0.534}=1814\times10^3\text{ft}^3/\text{d}$$

在确定产能方程后可以绘制 IPR 曲线,步骤如下。

(1)通过变换 Rawlins 和 Schellhardt 方程[式(23.1)]求解 p_{wf}:

$$p_{wf}=\sqrt{p_R^2-\left(\frac{q}{C}\right)^{\frac{1}{n}}}$$

(2)求解 C。

(3)求解绝对无阻流量(AOF)以理解地面压力为0对应的产量。由于它量化了气井从储层向井筒的流动能力,因此常用来衡量气井动态。AOF 本质上量化了100%压降时的绝对流量。

$$\text{SF AOF(绝对无阻流量)}=C(p_R^2-0)^n=C(p_R^2)^n$$

(4)将 SF AOF 流量分为10等分,计算每一等分流量下对应的井底流动压力。

(5)绘制井底流压(y 轴)与产量(x 轴)关系图构建 IPR 曲线。

例3:

在以下已知条件下构建 IPR 曲线。

已知:地层压力 =8550psi,流压 =4000psi,气产量 =20000 $\times10^3\text{ft}^3/\text{d}$,$n=0.5$。

求解:

(1)求解 p_{wf}:

$$p_{wf}=\sqrt{p_R^2-\left(\frac{q}{C}\right)^{\frac{1}{n}}}$$

(2)求 C:

$$C=\frac{q}{(p_R^2-p_{wf}^2)^n}=\frac{20000}{(8550^2-4000^2)^{0.5}}=2.647\times10^3\mathrm{ft}^3/(\mathrm{d}\cdot\mathrm{psi}^{2n})$$

(3)求无阻流量:

$$\mathrm{SF\ AOF}=C(p_R^2)^n=2.647(8550^2)^{0.5}=22629\times10^3\mathrm{ft}^3/\mathrm{d}$$

(4)将无阻流量分为10等分,求每个产量下对应的流压:

$$2263\times10^3\mathrm{ft}^3/\mathrm{d}\rightarrow p_{wf}=\sqrt{p_R^2-\left(\frac{q}{C}\right)^{\frac{1}{n}}}=\sqrt{8550^2-\left(\frac{2263}{2.647}\right)^{\frac{1}{0.5}}}=8507\mathrm{psi}$$

$$4526\times10^3\mathrm{ft}^3/\mathrm{d}\rightarrow p_{wf}=\sqrt{p_R^2-\left(\frac{q}{C}\right)^{\frac{1}{n}}}=\sqrt{8550^2-\left(\frac{4526}{2.647}\right)^{\frac{1}{0.5}}}=8377\mathrm{psi}$$

表23.3和图23.1显示了产量与流入动态曲线(或p_{wf})。

表23.3　流入动态关系例子

q/($10^3\mathrm{ft}^3$/d)	井底流压/psi	q/($10^3\mathrm{ft}^3$/d)	井底流压/psi
0	8550	13577	6840
2263	8507	15840	6106
4526	8377	18103	5130
6789	8156	20366	3727
9052	7836	22629	0
11315	7405		

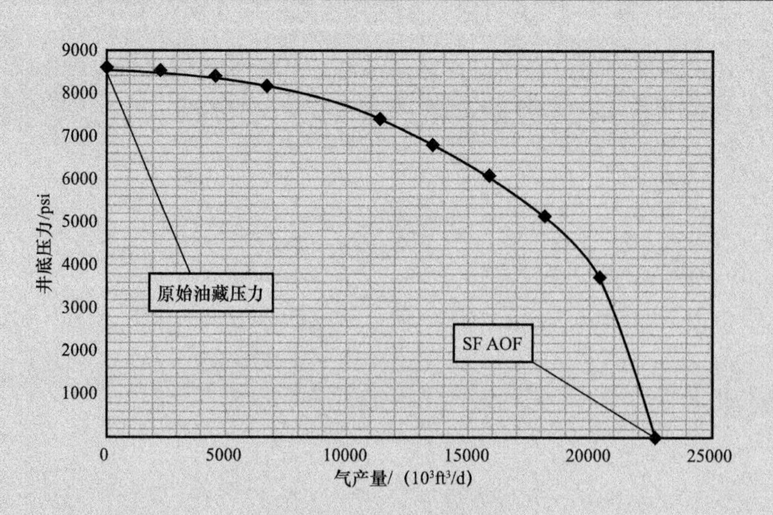

图23.1　流入动态曲线

油管尺寸和安装时机的确定是调查区域、井内估计流量、储层压力、产能约束、冲蚀速度限制等因素的函数。如果根据节点分析和冲蚀速度计算确定一口井在给定的流量下只能采用5½in 套管生产(将讨论),则不应选用油管。然而,如果由于在产能缩减到一定程度的地区开发时系统规模不足,管道产能有限,因此从一开始就进行油管作业可能更有意义,因为产能缩减不会使油井以最大产能生产。纵观各个盆地,有的系统在进行产量预测时规模不足,有的则相对于原来估计的规模过大。对股东而言,这种差异在创造最大现值方面具有严峻挑战。如果一个系统由于对气井较低产能预期而被低估(如油藏工程师对典型曲线的低估),有些井将没有机会在其产能峰值时生产,并将以一定的速度进行缩减,直至油井自然递减。同时,在一些因各种教科书上提及的各种原因推荐管理压力降落区(如超压油藏),削减是有益的。如果一个系统对高压压降不敏感,削减则会降低价值。因此,在这一场景中会有两种选择。第一种选择是在系统基础设施上投入更多的资金,以扩大能够充分利用资金的时间价值的生产能力。第二种选择是在没有任何制度约束的情况下投资其他多产领域,以利用时机,为股东创造最大价值。这些方案必须逐个进行评估,经济分析应该是解决方案。

如果一个系统由于过度估计区域典型曲线或初始战略开发面积而导致规模过大,除非作出其他安排以充分利用该系统,否则极易降低价值。本课题指出了准确预测气井生产动态,从产量曲线(各地区典型曲线)出发制订稳固策略,实现油田资产净值最大化的重要性。基础设施决策非常复杂。举例来说,假设一个干气田在 5 年内完全开发,随着时间的推移,将 500 口井相连,准确预测每口井的生产动态。突然,在油价居高的同时,天然气价格明显下降到该领域的不经济水平。较高的油价和较低的气价会引起经营者将注意力转移到湿气和油藏,因为经营者有更高回报率的石油项目要重点关注。当然,以这个例子为例,假设经营者拥有多元化的油气资产组合。由于市场条件的不同,这种多样化的投资组合将导致产生一个处理大量天然气的系统,其产量远远低于目标。此时,对冲商品定价避险的理念应运而生。因此,系统能力和规模不足(过度)可能是一个挑战,必须认真努力使股东价值最大化。

23.5 油管动态曲线

如前所述,储层物性控制着井的流入动态。但是,可实现的气产量是由井口压力和生产管柱的流动动态决定的,可以是油管、套管,也可以两者兼而有之。利用平均温度和压缩因子法,可以用下列方程构造 TPR 曲线(Katz et al. ,1959):

$$p_{\mathrm{wf}}^2 = \mathrm{e}^s p_{\mathrm{hf}}^2 + \frac{6.67\times10^{-4}(\mathrm{e}^s-1)fq_{\mathrm{sc}}^2 z^2 T^2}{d_{\mathrm{i}}^5\cos\theta} \tag{23.9}$$

式中 p_{wf}——井底流压,psia;

p_{hf}——井口流压,psia;

f——摩阻系数;

q_{sc}——产气量,$10^3\mathrm{ft}^3/\mathrm{d}$;

z——平均气体压缩因子;

T——平均温度,°R;

d_{i}——油管直径,in;

θ——倾角,(°)。

式(23.9)中 s 和摩阻系数 f 可计算如下:

$$s = \frac{0.0375\gamma_g L\cos\theta}{zT} \tag{23.10}$$

式中 γ_g——气体相对密度;

L——实测油管深度,ft;

θ——倾角,(°);

z——平均压缩因子;

T——平均温度,°R。

对于适用于大多数气井的全湍流流动,采用简单的经验关系式(Katz et al,1990):

$$\text{对于 } d_i < 4.227\text{in} \rightarrow f = \frac{0.01750}{d_i^{0.224}} \tag{23.11}$$

$$\text{对于 } d_i > 4.227\text{in} \rightarrow f = \frac{0.01603}{d_i^{0.164}} \tag{23.12}$$

注意:该方法忽略了水产量。

例 4:

在下列假设下,构建并绘制例 3 中 IPR 曲线示例的 TPR 曲线:

气体相对密度 =0.57,油管直径 =1.995in,油管深度 =9825 ft,倾角 =70°,油层压力 =8550psi,井口压力 =3000psia,流动井底压力(砂面流动压力)=4000psi,井口温度 =100°F,井底温度 =180°F,n 值 =0.5,气速 =20000 ×10^3ft^3/d,TVD =9527ft,C =2.647 ×10^3ft^3/(d · psi^{2n}),假设产水为零。

步骤 1:计算平均温度、平均压力和压缩因子(z)。

$$T_{avg} = \left(\frac{\text{井口温度} + \text{井底温度}}{2}\right) + 460 = \left(\frac{100 + 180}{2}\right) + 460 = 600°R$$

$$p_{avg} = \frac{\text{井口压力} + \text{储层压力}}{2} = \frac{3000 + 8550}{2} = 5775\text{psi}$$

在 600°R 和 5775psi 下,压缩因子(z)为 1.0311(假设没有 N_2、CO_2和 H_2S)

步骤 2:计算 s 如下。

$$s = \frac{0.0375\gamma_g L\cos\theta}{zT} = \frac{0.0375 \times 0.57 \times 9825 \times \cos(70°)}{1.0311 \times 600} = 0.1161$$

步骤 3:计算摩阻系数 f。由于油管内径小于 4.227in,利用下列方程:

$$f = \frac{0.01750}{d_i^{0.224}} = \frac{0.01750}{1.995^{0.224}} = 0.0149$$

步骤4:计算每个流量下的井底流动压力,构建TPC(从前面的例3)。样本计算流量取值为$2263\times10^3\text{ft}^3/\text{d}$和$4526\times10^3\text{ft}^3/\text{d}$分别对应的井底流压如下。

$q=2263\times10^3\text{ft}^3/\text{d}$:

$$p_{\text{wf}}^2=\text{e}^s p_{\text{hf}}^2+\frac{6.67\times10^{-4}(\text{e}^s-1)fq_{\text{sc}}^2z^2T^2}{d_{\text{i}}^5\cos\theta}=\text{e}^{0.1161}\times3000^2+$$

$$\frac{6.67\times10^{-4}(\text{e}^{0.1161}-1)\times0.0149\times2263^2\times1.0311^2\times600^2}{1.995^5\cos(70°)}$$

$$=10329847\rightarrow p_{\text{wf}}$$

$$=3214\text{psi}$$

$q=4526\times10^3\text{ft}^3/\text{d}$:

$$p_{\text{wf}}^2=\text{e}^{0.1161}\times3000^2+$$

$$\frac{6.67\times10^{-4}(\text{e}^{0.1161}-1)\times0.0149\times4526^2\times1.0311^2\times600^2}{1.995^5\cos(70°)}$$

$$\rightarrow p_{\text{wf}}=3316\text{psi}$$

表23.4和图23.2给出了IPR和TPR结果。从图23.2可以看出,在5000psi时,交点为$18.2\times10^6\text{ft}^3/\text{d}$。图中说明,在5000psi的井底压力下,根据本例提供的假设,该井所能达到的流量为$18.2\times10^6\text{ft}^3/\text{d}$。

表23.4 油管动态关系实例数据

$q/(10^3\text{ft}^3/\text{d})$	IPR曲线对应的p_{wf}/psi	TPR曲线对应的p_{wf}/psi
0	8550	3179
2263	8507	3214
4526	8377	3316
6789	8156	3480
9052	7836	3697
11315	7405	3958
13577	6840	4256
15840	6106	4583
18103	5130	4934
20366	3727	5303
22629	0	5688

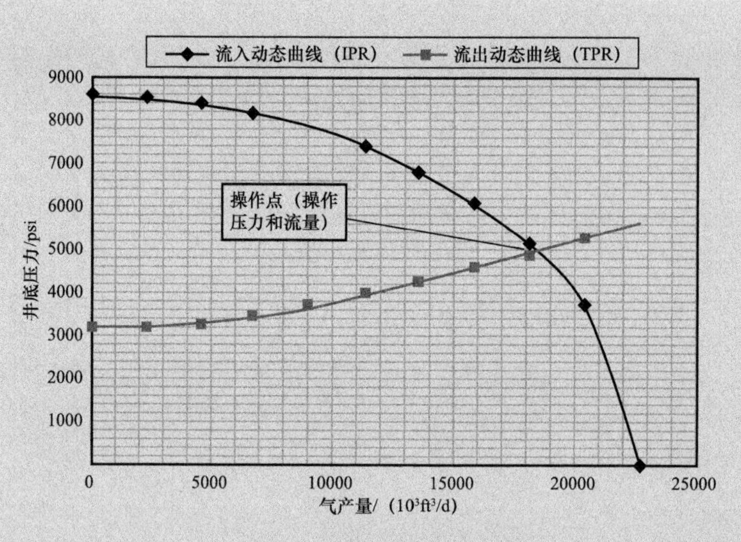

图 23.2 油管动态关系实例

这种分析可以在不同的油管和套管尺寸下进行,以确定预期流量所需的油管尺寸。例如,如果初产期井底流压为 3500psi 时的预期流量为 $12\times10^6ft^3/d$,节点分析表明,该井采用 2⅜in 油管在流压 3500psi 时流量为 $15\times10^6ft^3/d$,只要不超过冲蚀速度(下文将加以论述),则使用 2⅜in 油管是合理的,而不是采用更大的油管或套管尺寸,节点分析可用于油管尺寸和时机优化。

23.6 腐蚀速度计算

计算套管和油管的冲蚀速度,确保流经油管的速度不超过油管的冲蚀速度至关重要。腐蚀速度计算是油管、管道和系统设计的重要组成部分。如果油管尺寸不正确,或者超过了通过油管或套管的最大允许生产速率,就会发生管道的冲蚀,导致井筒内洗管和分管时的重大作业问题。因此,冲蚀速度的计算对于正确理解管道和系统的约束和能力至关重要。美国石油学会推荐实践 14E(API RP 14E,1991)提出的冲蚀速度的关联式。计算管道的冲蚀速度可以采取以下步骤。

步骤 1:计算气液比如下。

$$气液比 = \frac{气速\times1000000}{油速\times水速} \tag{23.13}$$

式(23.13)中气液比的单位为 ft^3/bbl,气速的单位为 $10^6ft^3/d$,油速的单位为 bbl/d,水速的单位为 bbl/d。

步骤 2:计算液体相对密度。

$$液体相对密度 = \frac{油速\times油的相对密度+水速\times水的相对密度}{油速+水速} \tag{23.14}$$

步骤 3:计算液体速率/1000bbl。

$$\frac{液体}{1000\text{bbl}}=\frac{油速+水速}{1000} \tag{23.15}$$

步骤 4:计算气液混合密度(p 为操作压力)。

气液混合密度(lb/ft³)

$$=\frac{(12409\times 液体相对密度\times p)+(2.7\times 气液比\times \gamma_g\times p)}{(198.7\times p)+(气液比\times T\times z)} \tag{23.16}$$

步骤 5:计算流体冲蚀速度(FEV)。

$$流体冲蚀速度=\frac{C}{\sqrt{气液混合密度}} \tag{23.17}$$

步骤 6:计算所需最小截面积(Min CSA)。

$$\begin{aligned}\text{Min CSA}&=\left(\frac{9.35+\dfrac{z\times T\times 气液比}{21.25\times p}}{\text{FEV}}\right)\times\frac{液体速率}{1000\text{bbl}}\\&=\left[\frac{9.35+\dfrac{0.94\times(100+460)\times 7500}{21.25\times 3514.7}}{28.88}\right]\times 2=4.31\text{in}^2\end{aligned} \tag{23.18}$$

步骤 7:计算管道截面积。

$$管道截面积=\frac{\pi}{4}\times(2.441^2)=4.68\text{in}^2 \tag{23.19}$$

步骤 8:

如果管道截面积 > 所需的最小截面积→没有腐蚀;

如果管道截面积 < 所需的最小截面积→腐蚀。

例 5:

干气区一口新井正在进行 TIL(折线)。经理要求你进行冲蚀速度计算,并确定在下列条件下流动是否会超过油管的冲蚀速度:

气速 $=15\times10^6$ft³/d,油速 =0bbl/d,水速 =2000bbl/d,气的相对密度 =0.61,水的相对密度 =1,操作压力 =3500psig 或 3514.7psia,操作温度 =100°F,$z=0.94$,C 因子 =125,油管 ID =2.441 in。

步骤 1:计算气液比。

$$气液比=\frac{气速\times 1000000}{油速+水速}=\frac{15\times 1000000}{0+2000}=7500\text{ft}^3/\text{bbl}$$

步骤 2:计算液体相对密度。

$$液体相对密度=\frac{油速\times油的相对密度+水速\times水的相对密度}{油的相对密度+水速}$$

$$=\frac{0\times0+2000\times1}{0+2000}=1.0000$$

步骤3:计算液体速率/1000bbl。$\frac{液体}{1000bbl}=\frac{油速+水速}{1000}=\frac{0+2000}{1000}=2$

步骤4:计算气液混合密度。

$$气液混合密度=\frac{(12409\times液体相对密度\times p)+(2.7\times气液比\times\gamma_g\times p)}{(198.7\times p)+(气液比\times T\times z)}$$

$$=\frac{(12409\times1.0000\times3514.7)+(2.7\times7500\times0.61\times3514.7)}{(198.7\times3514.7)+[7500\times(100+460)\times0.94]}$$

$$=18.73lb/ft^3$$

步骤5:计算流体冲蚀速度。

$$FEV=\frac{C}{\sqrt{气液混合密度}}=\frac{125}{\sqrt{18.73}}=28.88ft/s$$

步骤6:计算所需的最小截面积。

$$Min\ CSA=\left(\frac{9.35+\frac{z\times T\times气液比}{21.25\times p}}{FEV}\right)\times\frac{液体}{1000bbl}$$

$$=\left[\frac{9.35+\frac{0.94\times(100+460)\times7500}{21.25\times3514.7}}{28.88}\right]\times2=4.31in^2$$

步骤7:计算管道截面积。

$$管道截面积=\frac{\pi}{4}\times(2.441^2)=4.68in^2$$

步骤8:由于管道截面积大于最小截面积(4.68 >4.31),故没有腐蚀。

23.7 采气操作问题

天然气生产井面临的三大挑战如下:

(1)压降管理;

(2)积液;

(3)堵塞管道和设备的天然气水合物。

本书第6章已讨论过压力降管理。积液是液柱静水压力高于流动井底压力时发生的现象。当气体流速(速度)不足以将井筒中所有流体携带出去,就会发生液体加载。随着气藏的衰竭,举升流体所需的能量将减少。需要注意的是,新井、老井、衰竭井、能量充足井、垂直井或水平井上都可能发生积液。新井上会发生积液现象(被认为违反直觉)。例如,假设一口新的 Haynesville 页岩气井最初预计产量为 $25\times10^6 ft^3/d$(IP)。节点分析建议推迟 6 个月下入油管,以使其更接近套管的临界速度。这种延迟将防止超过油管的冲蚀速度,并由于油管的限制而暂不下入。然而,连入管线后,但转井成线后(从井中生产),井产量下降至 $7\times10^6 ft^3/d$ 时低于预期,这一结果远远低于套管临界携液速度。因此,该井即使是全新的,也会从一开始就会产生积液。在这种情景下,油管将尽快在井内安装,以高效地携带出液体、解决井筒积液问题。随着气体流速的减小,积液流型也不同,可分为以下几种。

(1)雾状流——液体通常是以雾气夹带在气流中产生的。

(2)环状流——液体不再呈雾状及凝结在生产油管管壁上。液体有足够的能量向上和向外移动,但环状流被认为比雾状流的效率低。

(3)段塞流——是气井普遍存在的现象,随着气产量和速度的不断降低,重力对液体的影响增大。这种增加将导致液体停止向上移动,气体可以通过液体的中心。当足够多的液体积聚时,就产生了约束气体流动的液体"段塞"。

(4)泡状流——没有液体向上运动,这实质上意味着井已被淹了。

井地面开始有段塞流,其思路是提前预测每口井的积液量以防止积液问题。由于生产效率低下(如果不及时识别和处理得当),积液使得任何操作人员都会付出很大代价。现今,每口井上的积液计算都可以方便快捷地完成。它决定着油管下入时机及人工举升方式优选。采油工程师通常负责识别积液及采取相应的补救措施。

有各种迹象表明什么时候开始积液。实际上,当井筒不断有段塞状液体时很容易在地面识别出井积液,一旦出现,井维护工就能很容易地检测到。下面是可以观察到的最常见的积液迹象:

(1)在井表面开始出现液塞;

(2)随时间油套管压差增大;

(3)井底流压急剧变化(井底流压增加);

(4)井产量急剧下降。

需要注意的是,积液的聚集增加了井底压力,降低了气产量。如果存在井底积液,根据地面压力数据计算流动井底压力将是错误的。因此,进行任何类型的包含流动井底压力的有效分析都是不准确的。已经发展了各种方法来预测临界携液流量及预防井底积液。对于经常进行产量不稳定分析的操作人员来说,确保所分析的井不存在积液是至关重要的,因为几乎所有的 RTA 计算都依赖于计算的井底流动压力。

23.8 Turner 流量

Turner 等(1969)提出的方法被称为 Turner 方法。Turner 的连续携液临界流速方程表示为:

$$v_{sl} = 1.92\left(\frac{\sigma^{\frac{1}{4}}(\rho_L - \rho g)^{\frac{1}{4}}}{\rho_g^{\frac{1}{2}}}\right) \tag{23.20}$$

式中 v_{sl}——临界沉降速度,ft/s;

σ——界面张力,10^{-5}N/cm;

ρ_L——液体密度,lb/ft^3;

ρ_g——气体密度,lb/ft^3。

注意:水—气界面张力为 60×10^{-4}N/cm,凝析液—气界面张力为 2×10^{-4}N/cm。

注意:8.7lb/gal 的水密度为 65lb/ft^3,冷凝密度可假设为 45lb/ft^3。

利用公式(23.21)可计算出气井最小卸载流量。

$$Q_{gm} = \frac{3.06pv_{sl}A}{Tz} \tag{23.21}$$

式中 Q_{gm}——气井最小卸载流量,10^6ft^3/d;

p——目标深度处的压力,psia;

A——油管横截面积,ft^2;

T——温度,°R;

z——气体压缩因子。

23.9 Coleman 流量

Turner 和 Coleman 关联式作出的假设之一是井筒中自由流动的液体形成悬浮在气流中的液滴。作用在液滴上的两个力是重力和曳力,其中一个将液滴拉下(重力),另一个将液滴推上(曳力)。Turner 相关性由液滴理论发展而来,随后将理论计算与经验数据进行比较,并应用20%的 fudge 因子。Coleman 方程发现对低压井(小于500 psi)去掉 Turner 曾加入的20%因子能得到较好的预测,除此之外,Coleman 的方法论与 Turner 是一致的。Coleman 的临界速度如下:

$$v_{sl} = 1.59\left(\frac{\sigma^{\frac{1}{4}}(\rho_L - \rho_g)^{\frac{1}{4}}}{\rho_g^{\frac{1}{2}}}\right) \tag{23.22}$$

Ansari 等人(2018)使用一种称为 K-means 聚类的无监督机器学习算法来检测积液,并自动化了 Marcellus 页岩积液检测过程。这部分内容将在机器学习一章中详细讨论。

例6:

利用以下数据,应用 Turner 和 Coleman 两种方法计算临界速度和流量:

BHP = 700psi、温度 = 140°F、气体相对密度 = 0.59、水—气界面张力 = 6×10^{-4}N/cm、水密度 = 65 lb/ft^3、油管外径 = $2^3/8$ in(ID = 1.995in)、摩尔分数 N_2、CO_2、H_2S = 0。

步骤1:计算 700psi、140°F 下的气体压缩因子。

$$z = 0.9402$$

步骤2:用下列公式计算气体密度:

$$\rho_g = \frac{2.699\gamma_g p}{Tz} = \frac{2.699 \times 0.59 \times 700}{(140 + 460) \times 0.9402} = 1.976\text{lb/ft}^3$$

步骤3:计算 Turner 和 Coleman 临界速度。

Turner 临界速度:

$$v_{sl} = 1.92\left(\frac{\sigma^{\frac{1}{4}}(\rho_L - \rho_g)^{\frac{1}{4}}}{\rho_g^{\frac{1}{2}}}\right) = 1.92\left(\frac{60^{\frac{1}{4}} \times (65 - 1.976)^{\frac{1}{4}}}{1.976^{\frac{1}{2}}}\right) = 10.71\text{ft/s}$$

Coleman 临界速度:

$$v_{sl} = 1.59\left(\frac{\sigma^{\frac{1}{4}}(\rho_L - \rho_g)^{\frac{1}{4}}}{\rho_g^{\frac{1}{2}}}\right) = 1.59\left(\frac{60^{\frac{1}{4}} \times (65 - 1.976)^{\frac{1}{4}}}{1.976^{\frac{1}{2}}}\right) = 8.87\text{ft/s}$$

步骤4:计算 2⅜in 油管(ID=1.995in)的截面积。

$$A = \frac{\pi}{4}D^2 = \frac{\pi}{4}\left(\frac{1.995}{12}\right)^2 = 0.0217\text{ft}^2$$

步骤5:计算 Turner 和 Coleman 临界流量。

$$Q_{gm,Turner} = \frac{3.06pv_{sl,Turner}A}{Tz} = \frac{3.06 \times 700 \times 10.71 \times 0.0217}{(140 + 460) \times 0.9402}$$

$$= 0.883 \times 10^6\text{ft}^3/\text{d} \text{ 或 } 883 \times 10^3\text{ft}^3/\text{d}$$

$$Q_{gm,Coleman} = \frac{3.06pv_{sl,Coleman}A}{Tz} = \frac{3.06 \times 700 \times 8.87 \times 0.0217}{(140 + 460) \times 0.9402}$$

$$= 0.731 \times 10^6\text{ft}^3/\text{d} \text{ 或 } 731 \times 10^3\text{ft}^3/\text{d}$$

例7:

构建数据表,并显示每个压力和气体相对密度下的 Turner 和 Coleman 临界流量(表中结果的单位为 $10^3\text{ft}^3/\text{d}$)。

不同的 BHP 见表23.5。

温度=150°F。

根据表23.5变化气体相对密度。

水—气界面张力=6×10^{-4}N/cm。

水体密度=65lb/ft^3。

油管 = 2⅞in ≥ ID = 2.441in。

摩尔分数 N_2、CO_2 和 H_2S = 0。

(1)首先必须计算各种 BHP 和气体相对密度下的气体压缩因子。对于这一分析,Brill 和 Beggs(1974)提出的方法可以用来计算不同 BHP 和气体相对密度下的 z 值。下面列出执行 z 计算的逐步方程。请在 Excel 中创建一个电子表格,其中 z 可以通过改变气体相对密度(γ_g)、BHP、BHT 以及 N_2、CO_2、H_2S 的摩尔分数来计算。建立电子表格后,在保持温度和 N_2、CO_2、H_2S 摩尔分数不变的情况下,通过改变表 23.5 所示的 BHP 和气体相对密度,利用 Excel 中的数据表可以计算出 z。

$$p_{pc} = 678 - 50(\gamma_g - 0.5) - 206.7\gamma_{N_2} + 440\gamma_{CO_2} + 606.7\gamma_{H_2S}$$

$$T_{pc} = 326 + 315.7(\gamma_g - 0.5) - 240\gamma_{N_2} - 83.3\gamma_{CO_2} + 133.3\gamma_{H_2S}$$

$$p_{pr} = \frac{p}{p_{pc}}$$

$$T_{pr} = \frac{T}{T_{pc}}$$

$$A = 1.39(T_{pr} - 0.92)^{0.5} - 0.36T_{pr} - 0.10$$

表 23.5 BHP 和天然气相对密度数据表

BHP/psi	天然气相对密度									
	0.55	0.56	0.57	0.58	0.59	0.60	0.61	0.62	0.63	0.64
5000										
4800										
4600										
4400										
4200										
4000										
3800										
3600										
3400										
3200										
3000										
2800										
2600										
2400										
2200										

续表

BHP/psi	天然气相对密度									
	0.55	0.56	0.57	0.58	0.59	0.60	0.61	0.62	0.63	0.64
2000										
1800										
1600										
1400										
1200										
1000										
800										
600										
400										
200										

$$B = (0.62 - 0.23T_{pr})p_{pr} + \left(\frac{0.066}{T_{pr} - 0.86} - 0.037\right)p_{pr}^2 + \frac{0.32p_{pr}^6}{10^E}$$

$$C = 0.132 - 0.32\log(T_{pr})$$

$$D = 10^F$$

$$E = 9(T_{pr} - 1)$$

$$F = 0.3106 - 0.49T_{pr} + 0.1824T_{pr}^2$$

$$z = A + \frac{1 - A}{e^B} + Cp_{pr}^D$$

(2)按照前文所讨论的步骤,利用计算得到的 z(步骤 1)计算 Turner 和 Coleman 速率($10^3ft^3/d$),见表 23.6 和表 23.7。

表 23.6 不同 BHP 和气体相对密度下的 Turner 流速

BHP/psi	Turner 流速/($10^3ft^3/d$)									
	0.55	0.56	0.57	0.58	0.59	0.60	0.61	0.62	0.63	0.64
5000	3400	3370	3340	3310	3281	3253	3225	3197	3170	3144
4800	3361	3331	3302	3273	3245	3218	3191	3164	3138	3112
4600	3318	3289	3261	3234	3206	3180	3154	3128	3103	3078
4400	3272	3244	3217	3191	3165	3139	3114	3089	3065	3041
4200	3222	3195	3170	3144	3119	3095	3071	3047	3024	3001
4000	3168	3143	3118	3094	3070	3046	3024	3001	2979	2957

续表

BHP/psi	Turner 流速/(10^3ft^3/d)									
	0.55	0.56	0.57	0.58	0.59	0.60	0.61	0.62	0.63	0.64
3800	3110	3086	3062	3039	3016	2994	2972	2951	2930	2909
3600	3047	3024	3001	2979	2958	2937	2916	2896	2876	2857
3400	2978	2957	2935	2914	2894	2874	2855	2836	2817	2799
3200	2905	2884	2864	2844	2825	2806	2788	2770	2752	2735
3000	2825	2805	2786	2768	2749	2732	2714	2698	2681	2665
2800	2739	2720	2702	2685	2667	2651	2635	2619	2603	2588
2600	2647	2629	2612	2595	2579	2563	2548	2533	2518	2504
2400	2548	2531	2514	2498	2483	2468	2453	2439	2426	2413
2200	2441	2425	2409	2394	2379	2365	2351	2338	2325	2313
2000	2327	2312	2297	2282	2268	2255	2242	2229	2217	2205
1800	2206	2191	2176	2162	2149	2136	2123	2111	2100	2088
1600	2076	2061	2047	2034	2021	2009	1996	1985	1974	1963
1400	1936	1923	1909	1896	1884	1872	1860	1849	1838	1828
1200	1787	1773	1761	1748	1737	1725	1714	1703	1693	1683
1000	1624	1612	1600	1588	1577	1566	1556	1546	1536	1526
800	1446	1435	1424	1413	1403	1393	1383	1373	1364	1355
600	1247	1236	1227	1217	1208	1198	1190	1181	1173	1165
400	1013	1004	996	988	980	972	965	957	950	943
200	713	706	700	694	689	683	678	672	667	662

表 23.7 不同 BHP 和气体相对密度下的 Coleman 流速

BHP/psi	Coleman 流速/(10^3ft^3/d)									
	0.55	0.56	0.57	0.58	0.59	0.60	0.61	0.62	0.63	0.64
5000	2816	2791	2766	2741	2717	2694	2670	2648	2625	2603
4800	2783	2758	2734	2711	2687	2665	2642	2620	2598	2577
4600	2748	2724	2701	2678	2655	2633	2612	2590	2570	2549
4400	2709	2687	2664	2642	2621	2599	2579	2558	2538	2519
4200	2668	2646	2625	2604	2583	2563	2543	2523	2504	2485
4000	2624	2603	2582	2562	2542	2523	2504	2485	2467	2449
3800	2575	2555	2536	2517	2498	2479	2461	2444	2426	2409
3600	2523	2504	2485	2467	2449	2432	2415	2398	2382	2366
3400	2467	2448	2431	2414	2397	2380	2364	2348	2333	2318
3200	2405	2388	2372	2355	2339	2324	2309	2294	2279	2265

续表

BHP/psi	Coleman 流速/($10^3ft^3/d$)									
	0.55	0.56	0.57	0.58	0.59	0.60	0.61	0.62	0.63	0.64
3000	2340	2323	2307	2292	2277	2262	2248	2234	2220	2207
2800	2268	2253	2238	2223	2209	2195	2182	2169	2156	2143
2600	2192	2177	2163	2149	2136	2122	2110	2097	2086	2074
2400	2110	2096	2082	2069	2056	2044	2032	2020	2009	1998
2200	2022	2008	1995	1983	1970	1959	1947	1936	1926	1915
2000	1927	1914	1902	1890	1878	1867	1856	1846	1836	1826
1800	1827	1814	1802	1791	1780	1769	1758	1748	1739	1729
1600	1719	1707	1695	1684	1674	1663	1653	1644	1634	1625
1400	1604	1592	1581	1570	1560	1550	1541	1531	1522	1514
1200	1480	1469	1458	1448	1438	1429	1419	1411	1402	1394
1000	1345	1335	1325	1315	1306	1297	1288	1280	1272	1264
800	1198	1188	1179	1170	1162	1153	1145	1137	1130	1122
600	1032	1024	1016	1008	1000	992	985	978	971	964
400	839	832	825	818	811	805	799	793	787	781
200	590	585	580	575	570	566	561	557	552	548

表23.6和表23.7中,在固定的气体相对密度下,BHP减小,因此Turner流速和Coleman流速下降。此外,在固定的BHP下,由于气体相对密度的增加,Turner流速和Coleman流速降低。

第24章　机器学习在水力压裂优化中的应用

24.1　概述

在过去几年里,人工智能(AI)和机器学习(ML)的应用在各行业都获得了很大的普及。普及率的上升归因于诸如在不同的研究领域支持大数据获取和存储的传感器及高性能计算服务(如 Apache Hadoop,NoSQL 等)等新技术。大数据是指数据量太大无法使用通用工具进行处理(如收集、存储和分析)技术,例如 TB 级的数据。在油气领域,除了压力、排量以及地表和井下地震测量之外,现在,能够使用光纤来收集信息,这些光纤可以在时间和空间上提供高分辨率的温度和声学测量;也收集了大量相应井的评估、钻井、完井、增产和生产动态数据。仅仅是由于缺乏知识和所收集数据的复杂性,尚未对这些宝贵而昂贵的数据进行详细研究和分析。使用不同的数据挖掘和机器学习技术,人工智能在石油和天然气行业中使研究人员不仅可以使用此信息优化钻井、完井、增产和作业程序,还可以作出实时决策,以避免出现任何故障,也就是说,实时运营中心或 RTOC。人工智能的应用将助力石油行业利用工业开发的新技术监控系统,例如传感器技术、高性能计算,并使用当前和以前收集的数据来增加不同的项目的净现值(NPV)。

本章重点介绍 AI 和不同 ML 算法的基本定义。本章还提供了一些人工智能研究在非常规油藏完井和增产优化方面的实际应用示例。随着数据种类和体量的增加,人类的认知不再能够从数据中解密重要信息。因此,数据挖掘和 ML 技术用于从原始数据中得出推论并在数据中找到隐藏的模式。在讨论 ML 在不同行业中各种应用之前,回顾以下在本章中使用的基本定义。

24.2　理论

24.2.1　人工智能

人工智能是机器智能,而不是自然的人类智能。它本质上是计算机科学的一个分支,用于研究人类智力过程的模拟,例如通过电脑学习、推理和自我纠正。

24.2.2　数据挖掘

数据挖掘被定义为用一组不用的技术如 ML 从一组隐藏且对用户不可明确使用的数据库中提取特定信息的过程。数据挖掘通过 ML 算法来查找各种线性和非线性关系之间的联系。公司通常使用数据挖掘来帮助收集有关业务各个方面的数据,例如销售趋势、生产绩效、完工数据、股票市场关键指标和信息等。数据挖掘也可通过网站、在线平台和社交媒体进行收集和编译信息。

24.2.3　机器学习

ML 是 AI 的子集。它定义为使用各种教计算机查找数据中的模式以用于未来的预测或作为质量检查进行性能优化的技术集合。使用 ML 发现的模式可以用于制订重要的业务决策,为任何公司的股东增值。机器学习和数据挖掘密切相关;但是,数据挖掘处理搜索特定信息,并且更易于解释,而 ML 专注于通过建立准确和高精度的模型来完成某项任务。有三种主要的 ML 类型,如下所示。

24.2.3.1 监督式学习

在这种类型的 ML 中,M 组输入(x_i)和输出(y_i)对可用作训练模型的训练集,以高精度地查找存在于训练数据中的模型。x 是一个 $M \times N$ 矩阵,其中 M 是每个要素的频率,N 是输入要素、属性或功能的数量。y_i 是响应特征的向量。x 和 y 都可能显示为数字、文本、图像等。数字形式的响应特征(y_i)表示回归问题。否则,这是分类或模式识别问题。假设 x_i 是在 Marcellus 页岩储层中钻完的 100 口井五要素的矩阵(束缚水饱和度、原始地质储量、簇间距、支撑剂/簇数、平均排量/簇数),y_i 是这 100 口井每英尺水平段 360d 的累产气量。如果问题是要找到这些特征和累产气量之间的模式,那么正在研究回归问题。但是,如果不是每英尺水平段 360d 的累产气量,y_i 表示在这 100 口井的增产过程中井间干扰或没有干扰,那么问题就是分类问题。在这两种情况下,都使用监督学习算法,因为可以使用成对的输入 x_i 和输出 y_i。监督机器学习的算法包括人工神经网络(ANN),决策树,随机森林算法(RF),线性回归(LR),多线性回归(MLR),逻辑回归,K 最邻近算法(KNN)和支持向量机(SVM)。

24.2.3.2 无监督的机器学习

在这种类型的 ML 中,只有输入特征集 x_i 可用,试图解密存在于输入数据中的模式。这种技术和监督技术之间的主要区别在这里,没有任何输出与预测对比,而在监督学习中,该模型可以始终将预测与实际可用输出进行比较。无监督学习减少了组织内的浪费和劳力,因为无监督学习算法可以代替人类努力来筛选大量数据以进行聚类。无监督 ML 算法的例子包括 K-均值聚类、层次聚类、DBSCAN 聚类和先验算法。

24.2.3.3 强化学习

强化学习是一种指导动作以使立即动作和后续动作的收益最大化的学习技术。在这种类型的机器学习算法中,机器通过使用计算方法从动作中学习来不断地训练自己。想象一下你是个好奇的孩子,在厨房里看着你的父母用刀将蔬菜和水果切成块。你以某种方式设法学会了拿刀并使用它把苹果切成块。你已经了解到,刀可用于切割蔬菜和水果的积极方面。现在,你尝试弄乱并设法削到了自己。然后你会意识到,如果使用不当,它可能会造成伤害自己的负面作用。此学习过程可帮助孩子学习正确使用刀的方法并采取正面而不是负面的行动。人类通过互动和强化学习来学习。通过反复试验,有奖有罚的学习是强化学习最重要的特征。

24.2.4 机器学习在各行业中的应用

大多数公司,特别是科技行业的公司,每年花费大量资金用于机器学习以预测可产生数十亿美元收益的属性。当使用像 Zillow 或其他房屋寻找等应用程序时,可使用各种类型的机器学习算法估算房屋的价格。例如,如果收集了某一地区 100 所房子有关卧室数量、浴室、面积、建成年份、地理位置、房屋类型、停车条件、制冷(暖气)、房屋状况、犯罪率等信息的数据库,可用于预测市场上新上市房子的价格。然而,预测的准确性高度取决于所使用的技术及执行预测的人的专业知识。如果执行预测是一位房地产专家,曾接受过数据科学方面的培训,人们会期望他的预测是高度准确的。那股票市场的预测呢?机器学习算法可以用来根据有关公司的所有重要财务信息来预测股票如何表现吗？同样，各种对冲基金公司使用各种机器学习算法来预测股票的价格。

机器学习在人力资源领域也有许多应用。大型组织可以使用其中一种应用程序来寻找更容易辞职的高价值员工。如果这些明星员工可以提前识别，可以提供晋升、加薪或其他类型的福利来保留这些员工。此外，机器学习当前被大量用于营销个性化。亚马逊经常使用机器学习向客户推荐产品。如果你之前曾在亚马逊上购买过商品，几天后你会收到可能会感兴趣的其他产品的电子邮件或通知，或者就在网络上弹出数字广告。机器学习的另一个重要用途是欺诈保护。例如，PayPal 使用各种机器学习算法通过比较数百万笔交易，准确地区分合法和欺诈行为，以此来打击洗钱活动。在线搜索机器算法是 Google 通过不断改进算法来使用的另一个广泛应用的领域。如果某个关键词如"水力压裂模拟"在 Google 引擎上搜索，用户不断进入第二页或第三页以获取有关搜索，搜索引擎会假设认为搜索结果不够准确，将尝试赎回错误，并在下一次搜索"水力压裂模拟"产生更好的结果。强大的机器学习算法可以区分最佳搜索引擎，例如 Google 和其他竞争对手。

自然语言处理(NLP)是使用机器学习的另一个领域，在这里机器学习广泛用来快速引导客户获得特定信息。如果不使用机器学习和强化学习，今天的自动驾驶汽车将无法实现。Facebook 广泛使用机器学习来预测其内容。如果你只是在特定主题上停顿一下，Facebook 注意到该主题引起了你的兴趣，因此，当你下次回到 Facebook 时，会给你推荐相关主题。此过程非常强大，自此 Facebook 通过广告赚取了其利润的大部分。提供愉快的用户体验及正确定位客户对于他们的商业策略至关重要。市场购物篮分析，商店使用无监督的机器学习把应当一起销售的商品放在一起是机器学习在零售业务的另一个重要应用。可以看出，机器学习正在改善人们的生活，用这项新技术为各个行业的股东创造价值非常重要。

在油气行业中，机器学习也有多种应用，大公司通过全职团队来利用机器学习和数据科学的进步。机器学习可用于预测的领域包括但不仅限于钻头故障诊断和预防，设备故障和检测，脱砂预测，压窜和液体加载检测，气体和液体泄漏检测，柱塞气举优化，油藏模拟，储层物性预测，井索引和排名，完井和储层优化，电泵(ESP)优化，油气价格预测，井场和资产评估预测，创建合成测井曲线，预测岩石物理和地质力学特性以及估算最终采收率(EUR)等许多想法，这些想法将随着油气行业处于各个部门使用机器学习的起步阶段而发展。

24.2.5 数据科学知识和行业专业知识

行业专业知识在执行和实施成功的机器学习项目时是非常重要的。不幸的是，当没有行业专业知识的数据科学家试图处理机器学习项目时，与知识渊博的数据科学家和具有多年经验的专家相结合比，其结果可能不那么理想。在组织内部使用和实施机器学习是结合行业专业知识和数据科学知识最有可能获得最佳结果。在各种组织中都有很多花股东的钱滥用机器学习导致错误结果的案例。这种滥用源于缺乏统计知识和机器学习算法限制或缺乏行业专业知识。因此，这两者的结合是机器学习项目成功的关键。很多公司都成立了自己的咨询部门并提供 AI 服务，但是他们不符合项目的某些标准。因此，企业在仓促进行项目之前，必须对提供的各种咨询进行全面调查。如果有一个由数据科学家和机器学习专家组成的完整团队，并根据需要外包工作，可能会更经济。

与机器学习相关的另一个问题是数据收集和前处理。数据前处理对于成功实施机器学习项目必不可少。如果没有正确应用此步骤,则整个分析很容易失败,这不是因为机器学习算法,而是由于缺乏以产生最佳结果的方式前处理数据。数据前处理包括但不限于数据清理、异常值检测、数据标准化,以及输入/功能选择。在机器学习中,通常 80% 的时间用于预处理,而只有 20% 的时间用于执行实际分析。因此,公司在数据基础架构和存储创建方面的支出是必要的。很多公司转向云服务器以适应数据的增长。这是朝着自动化和机器学习的未来迈出的一大步。目前,历史悠久的公司可以访问大型非结构化数据集。一方面,能够访问大量数据是很好的,但是另一方面,在执行各种机器学习项目时,数据的结构、格式和可访问性方面的差异会导致效率低下。目标是将 80% 的预处理时间减少到尽可能少的百分比,以便将来成功地高效使用机器学习和自动化。笔者预测,随着公司开始使用机器学习的流程,处理时间将显著减少。

24.3 方法

24.3.1 构建机器学习模型的工作流程

不同的公司有自己的最佳实践和工作流程来执行人工智能(AI)相关的项目。然而,以下是用于机器学习模型开发的常规步骤。

步骤 1:

(1)数据收集:收集特定机器学习项目的相关数据是任何类型机器学习工作流程的第一步。

(2)数据集成:由于与机器学习项目相关的数据通常来源不同,因此需要对数据进行集成,以确保其格式适合进行进一步分析。

步骤 2:

(1)数据清洗:下一步是获取数据的基本统计,包括每个特征的频率、最小值、最大值、平均值、中值、标准差、直方图、概率密度函数(PDF)、累积密度函数(CDF)。这一步将帮助相关人员识别缺失的值、错误、拼写错误等。

(2)异常值检测:可以使用不同的技术,如交叉图、热图和 z 分数测试(本章后面将讨论)来获取数据中可能的异常值。

(3)数据插补:如果有些井缺少特定参数的信息,在继续之前,要么需要删除这些参数或井,要么需要将缺失的数据插补,再到下一步。有不同的插补方法,如插补均值法(IMV)、软插补法(Soft Impute)及 KNN 模型。在研究使用的所有技术中,KNN 是最有前途的,具有最高的准确性。

步骤 3:

(1)数据分析:分析数据时,必须确保度量和单位一致。例如,如果流量按天测量,压力按分钟测量,则需要某种平均技术(例如算术平均、调和平均、移动平均等),以使平均每日压力值与流量保持一致。必须确保所有参数具有相同的精度和单位。

(2)参数选择:在进行模型开发之前,重要的一步是减少将要使用的参数的数量。这种减少可以通过使用不同的技术来量化每个参数 x_i 对输出 y_i 的影响并选择 N 个最重要的参数来实现。此外还希望看到数据库中的某些参数,这些参数与问题的物理性质高度相关,或者根据经验发现它们很重要。不同的技术如模糊模式识别,RF,支持向量回归,F-回归测试和 ANN 等可以解决这个问题。

步骤4:

归一化、正规化和标准化:为了确保学习算法不偏向于数据的大小,需要将数据(输入和输出)归一化。这也可以加快优化算法,如梯度下降,将在模型开发中使用的每个输入值在大致相同的范围内。这个过程可以使用方程(24.1)来实施。

参数归一化:

$$X' = \frac{X - \min(x)}{\max(x) - \min(x)} \tag{24.1}$$

式中 X'——归一化数据点;

X——输入数据点。

数据归一化保证每个参数将重新缩放到[0,1]的范围。由于机器学习中使用的大多数技术是基于多元高斯分布,归一化技术用于将每个参数的数据分布转换为高斯分布或钟形分布。标准化将具有高斯分布的每个特征转换为均值为零且方差为1的高斯分布。一些学习算法(例如 SVM),假设数据以相同的方差顺序分布在零附近。如果不满足此条件,则算法将偏向具有较大方差的参数。方程(24.2)可用于数据的标准化。

参数标准化:

$$X' = \frac{X - \mu}{\sigma} \tag{24.2}$$

式中 X'——标准化数据点;

μ——数据集的平均值;

σ——数据集的标准偏差。

当涉及机器学习中的参数归一化时,归一化到单位长度是另一种广泛使用的技术。在这项技术中,每个分量都除以矢量的欧几里德长度。

参数归一化到单位长度:

$$X' = \frac{X}{\| X \|} \tag{24.3}$$

步骤5:

(1)模型开发:数据重新调节且选出重要参数后,下一步是使用各种机器学习算法开发智能模型。可以根据所研究问题的性质选择不同的监督、无监督和强化学习算法。

(2)监督学习算法:如果问题需要监督学习算法,那么数据库将分为训练、验证和测试三个子集。

(3)抽样:在将数据库划分为训练集、验证集和测试集时,必须随机选取子集,特别注意每个子集的分布,并与数据库的原始分布进行比较。理想情况下,与原始数据集相比,培训、验证和测试子集应该具有非常相似的统计描述。

步骤6:

盲集检验:模型经过训练和验证后,下一步是将训练模型应用于盲集,观察模型的预测和泛化能力。

步骤7:

保存并应用模型:一旦满足了训练模型,就可以部署或集成到实时运行中心。图24.1给出了讨论的所有步骤。

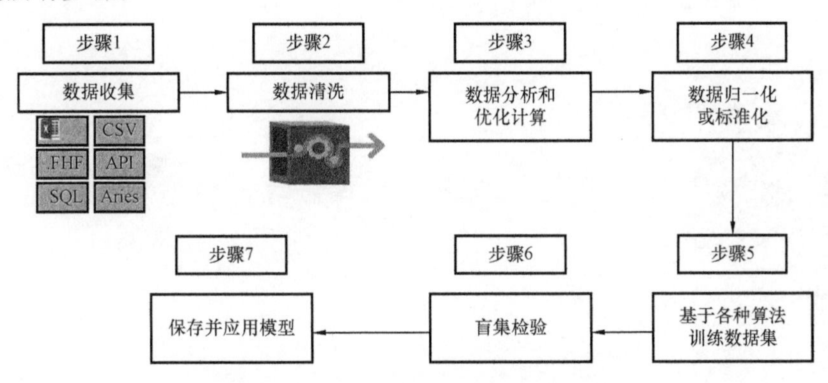

图24.1 构建机器学习模型的工作流程

24.3.2 人工神经网络(ANN)

人工神经网络(ANN)是各行业中最常用的监督机器学习算法之一。人工神经网络的想法来自大脑神经元,在数据接收、处理和传输过程中充当了人类神经系统的人工版本。在人工神经网络中,神经元被置于一个定义明确的输入、输出和隐含层结构中。神经网络的三个主要部分如下。

(1)输入层:这是将所有输入参数导入模型的层。输入层神经元的数量等于输入参数,这是问题陈述和目标的函数。对于模型中要包含的输入参数的数量没有经验法则。

(2)隐含层:根据问题的复杂性,神经网络模型可以由一个或多个隐含层和多个隐含神经元组成。复杂度越高,在数据输入时需要处理的隐藏神经元和层数越多。隐藏的神经元和层主要用于处理从输入层接收到的输入。这些隐含层揭示了输入层和输出层之间的现存模式。

(3)输出层:通过隐含层对数据进行处理后,数据在输出层可用。输出层神经元的数目等于目标参数的数目。ANN模型可用于单个输出或多个输出(目标)的情况。

输入层和输出层是根据专业知识选择的。通过对不同数量的神经元和隐含层进行迭代,可以优化隐藏神经元和隐含层,从而得到在盲数据集上精度最高的最佳模型。通常,在第一隐含层神经元的数目上,1.5倍或2倍的输入参数是非常理想的选择。但是,建议从与隐藏神经元数量相同的输入参数开始,增加输入参数的数量,直到获得盲数据集的最高模型精度。还可以添加更多的隐含层来查看训练集和盲测集的模型精度是否增加。如果问题可以用一个隐含层来解决,则建议避免有太多的隐含层,以避免过度拟合。这种说法也适用于神经元数目的选择。如果一个模型用数量有限的神经元,其准确性已经很高了,再增加神经元的数量并不能提高模型的准确性,那就坚持使用更简单的模型来避免过度拟合。图24.2给出了一个包含9个输入参数的 ANN 模型,包括总 GIP、砂簇比、水簇比、射孔数量、段间距、簇间距、着陆点、井距、井界性(输入层)、1 个隐含层、18 个隐含神经元以及一个目标参数欧元/1000ft(输出层)。

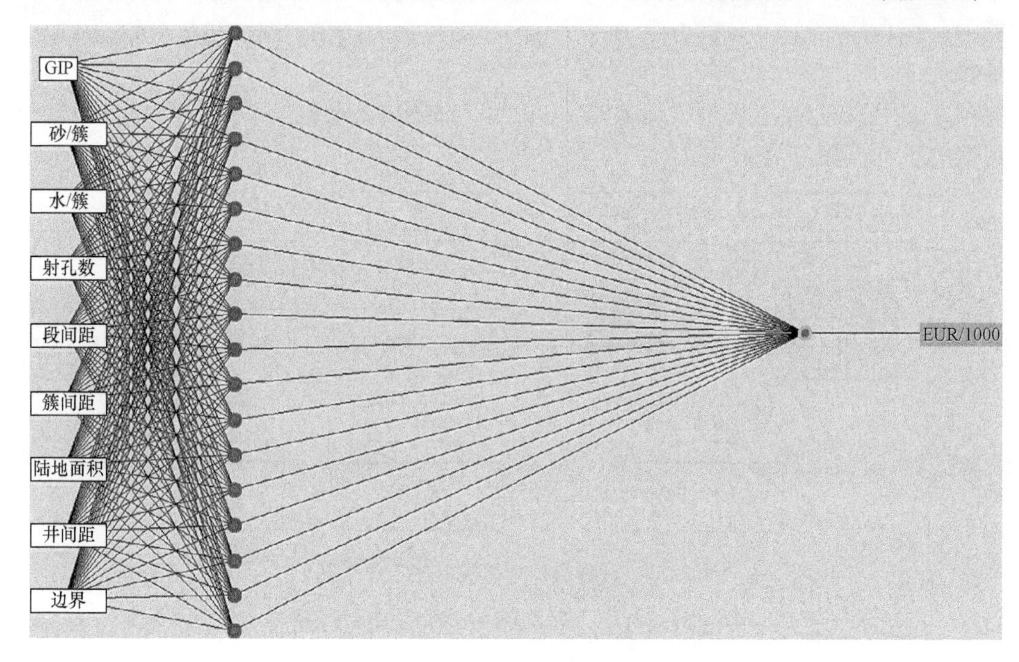

图 24.2 人工神经网络例子

人工神经网络可分为有监督和无监督学习神经网络。这两种算法在石油和天然气工业中都得到了广泛的应用。在不同的项目中使用了监督神经网络,如完井设计优化以提高 Marcellus 页岩储层的整体净现值,以及钻井过程中钻头泥包的诊断和预防。此外还使用无监督神经网络对 Marcellus 页岩进行了实时加液诊断,并对 Marcellus 页岩的井间干扰"压窜"进行了预测和定量。并且,监督学习是石油和天然气行业最常用的算法。

如前所述,在监督学习中,输入参数和输出目标都是可获得的。这种可获得性可以通过最小化成本函数来帮助 ANN 同时使用输入和输出来训练模型。成本函数是根据模型的输入和输出参数之间的关系来测量模型的准确性和性能。可以通过迭代运行模型以最小化预测值与实际值的差值来实现成本函数最小化。此处的目的是使成本函数最小化,如式(24.4)所示。成本函数也称为损失函数或误差函数。简单地说,成本函数的定义是:实际数据点(γ)与模型预测值($\widehat{\gamma}$)之间的差值,将差值平方,相加,最后取平均值。为了计算简单,它不是除以 n,而是除以 $2n$。梯度下降法是一种著名的最小化成本函数的优化算法。梯度下降法使模型能够找到最小化成本函数所需的方向(梯度)。

成本函数:

$$J(\theta_0,\theta_1) = \frac{1}{2n}\sum_{i=1}^{n} (\widehat{\gamma} - \gamma_i)^2 = \frac{1}{2n}\sum_{i=1}^{n} [h_\theta(X_i) - \gamma_i]^2 \tag{24.4}$$

在这种情况下,梯度下降算法多次改变 θ 值来最小化成本函数。学习速率定义了每次要达到最小成本函数需要对 θ 进行多少改变。换句话说,学习速率决定了权重(线性或逻辑回归中的系数)变化的快慢。该算法通过选择较大的学习速率达到最小的成本函数。然而,也有可能过度,即,偏离最小值。也可以使用自适应学习速率,其中最初使用较高的学习速率,并且降低学习速率,直到成本函数最小。学习速率通常在 0 ~ 1 之间。如果学习速率过高,算法可能会漏掉重要的步骤(并且无法收敛);如果学习速率过低,则可能需要过长时间才能达到目标,即使成本函数最小化。

理想情况下,在 ANN 模型中使用梯度下降法时,成本函数应该达到总体最小值,而不遇到任何局部最小值。但是,成本函数也有可能卡在某个局部最小值中。该算法可能错误地将其认定为总体最小值而可能会导致次优解。为了避免这种情况,在梯度下降算法中可以使用动量系数,相对于使用每一步梯度,它也保留了前面步骤的梯度一定的百分比。动量系数也在0 ~1之间。一个小的动量值可能会导致模型产生落在局部极小值上而不能跳过它。另外,模型的收敛需要更长的时间。大一点的动量可以导致更快的收敛。没有一种方法可以适用于所有问题的学习速度和动量。这些是在 ANN 模型中使用梯度下降法时的重要参数,可以用迭代算法来寻找问题的最优解。找到正确的学习速率与动量是期望局部最小值的函数平滑度的函数,还有其他因素。如果模型持续下降到局部最小,可能需要选择较高的动量来避免这个问题。

如图 24.2 所示,在 ANN 结构中,隐含层的每个神经元层连接到输入层的所有神经元。ANN 为每个连接分配权重,这些权重乘以每个参数的值,并在隐含层的每个神经元上求和。每个神经元可以有多个输入连接,但只能提供一个输出。激活函数将神经元的输入传递到输出。引入了不同的激活函数,但最常见的激活函数是恒等式、对数函数、“S”形和正切双曲线激活函数。表 24.1 给出了最常见的激活函数及其特征。在人工神经网络的训练过程中,每个连接的权值可以随机初始化,也可以由用户分配。在训练过程中,随着神经网络结构使成本函数最小化,这些权值也会逐渐变化。分配给每个参数的最终权重决定了该参数在输出目标(指标)中的重要性。

表 24.1 可用于神经网络训练的激活函数示例

激活函数	方程	图像
恒等式	$F(x)=x$	
对数函数	$F(x)=1/[1+\exp(-x)]$	
双曲正切函数	$F(x)=\tanh(x)$	

续表

激活函数	方程	图像
反正切函数	$F(x)=\tan^{-1}(x)$	
二进制函数	$F(x)=0, x<0$ $F(x)=1, x>0$	

为了训练 ANN 模型,通常使用数据库的最大部分来教导机器从数据库中学习。重要的是要注意,在多次尝试获得的训练集中,模型可能具有最高的准确性,但在进行预测和泛化时,它在盲数据集上仍可能无法获得最佳的表现。当机器在迭代过程中记忆训练集时(例如 ANN 中的反向传播算法),就会出现此问题,因此会失去预测和泛化能力。在机器学习中,这个问题称为过度拟合,模型在训练集中记住了训练集趋势、噪点和细节而不是直观地理解数据集中的趋势。为了避免过度拟合问题,当模型在验证集上测试其预测能力时,应设置停止学习的标准,如果没有达到较高的验证精度,则应继续再训练。

24.3.3 人工神经网络中的权重和偏差

在提供一个例子说明权值和偏差在 ANN 模型中的应用前,直观地理解"权重"和"偏差"的概念是很重要的。通过将输入乘以权重并将结果传递给某种类型的激活函数(取决于问题的性质)来计算网络的输出。假设一个逻辑激活函数,改变权重基本上改变了函数的陡度。如果改变陡度不足以使模型收敛呢?偏差允许模型将整个曲线向左或向右移动。一种更简单地理解偏差的方法是把它看作一个线性方程($y=mx+b$)的常数 b(y 轴截距)。在图 24.3 中,X_1、X_2、X_3 为三个输入参数(假设一个三输入参数的 ANN 模型),θ_1、θ_2、θ_3、θ_4、θ_5、θ_6、θ_7、θ_8、θ_9、θ_{10}、θ_{11} 为每个神经元和输入参数的权重,X_0是输入偏差,为 1。θ_0、θ_4、θ_8 为每个神经元的偏差,θ_a是最后的偏差,θ_b、θ_c、θ_d 是最终的权重(也来自一个 ANN 模型的输出)。最后,$h_\theta(x)$是输出的分析。在图 24.3 中,逻辑函数仅用于说明,激活函数可以根据模型而变化。

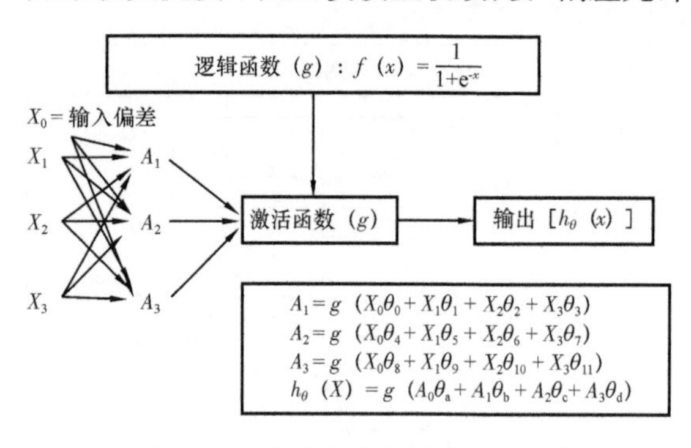

图 24.3 权值与偏差的概念和计算

例 1:

一个具有 5 个输入参数和一个包含 11 个隐藏神经元的隐含层的 ANN 分类模型已经过高精度训练。表 24.2 和表 24.3 总结了每个参数和神经元的权重和偏差。将此训练模型应用于表 24.4 提供的输入矩阵(表 24.5 中也提供了每个输入参数的最小值和最大值)。使用逻辑函数进行变换,并将结果归类在 0 ~ 1 之间的结果,将小于 0.5 的结果归类为“好”,将大于 0.5 的结果归为“坏”。

表 24.2 每个输入参数和神经元(模型输出)的权重和偏差

参数	偏差	参数 A	参数 B	参数 C	参数 D	参数 E
神经元 1	1.86	7.54	-1.83	-9.59	2.35	11.28
神经元 2	3.23	-2.36	-2.88	3.85	-5.18	-10.06
神经元 3	-0.33	0.13	0.46	0.06	0.44	1.24
神经元 4	-1.19	-5.10	5.42	-10.42	2.36	-5.68
神经元 5	-0.29	1.40	-1.62	-16.96	1.01	3.73
神经元 6	4.05	-13.85	-2.71	10.65	-9.33	9.42
神经元 7	-0.75	-2.38	1.01	0.98	0.67	13.81
神经元 8	-0.21	0.08	0.34	-0.07	0.01	1.08
神经元 9	-0.77	0.17	0.47	0.17	0.03	8.08
神经元 10	1.24	-3.34	2.51	8.28	-2.07	-4.04
神经元 11	6.38	-5.61	1.36	-6.95	-0.02	-9.05

表 24.3 最终偏差与第二组权重

最终偏差	1.24	权重 2.6	10.67
权重 2.1	10.83	权重 2.7	13.14
权重 2.2	-12.33	权重 2.8	1.07
权重 2.3	1.37	权重 2.9	7.21
权重 2.4	-8.95	权重 2.10	-7.63
权重 2.5	12.24	权重 2.11	-12.94

表 24.4 输入参数

参数 A	7890	参数 D	0.006
参数 B	94	参数 E	-0.09771
参数 C	0		

表 24.5 盲数据集归一化训练后数据集的最小值和最大值

参数	最小值	最大值	参数	最小值	最大值
参数 A	6447	13827	参数 D	0.006	0.022562
参数 B	10	104	参数 E	-1.07086	19.92199
参数 C	0	4.12			

步骤1:将训练模型应用于盲数据集模型的第一步是使用训练数据集中的最小值和最大值对输入数据(盲数据)进行归一化。由于训练数据在训练模型之前使用归一化,因此还必须将归一化应用于盲数据(输入数据):

$$参数\ A\ 归一化 = \frac{7890 - 6447}{13827 - 6447} = 0.1955$$

$$参数\ B\ 归一化 = \frac{94 - 10}{104 - 10} = 0.8936$$

$$参数\ C\ 归一化 = \frac{0 - 0}{4.12 - 0} = 0$$

$$参数\ D\ 归一化 = \frac{0.006 - 0.006}{0.022562 - 0.006} = 0$$

$$参数\ E\ 归一化 = \frac{-0.09771 - (-1.07086)}{19.92199 - (-1.07086)} = 0.04636$$

步骤2:下一步是将步骤1中标准化输入参数的矩阵乘以每个神经元的偏差和权重(将1用作输入参数偏差以具有相同数量的矩阵乘法)。得到结果如下:

1	1.86
0.1955	7.54
0.8936	-1.83
0	-9.59
0	2.35
0.04636	11.28

$$\begin{aligned}神经元1的矩阵乘法 &= (1 \times 1.86) + (0.1955 \times 7.54) + [(0.8396 \times (-1.83)] + \\ &\quad [0 \times (-9.59)] + (0 \times 2.35) + (0.04636 \times 11.28) \\ &= 2.22\end{aligned}$$

当以同样的方法应用于剩下的10个神经元时,结果总结如下:

神经元1	2.22	神经元7	0.33
神经元2	-0.27	神经元8	0.16
神经元3	0.16	神经元9	0.06
神经元4	2.39	神经元10	2.64
神经元5	-1.28	神经元11	6.09
神经元6	-0.64		

步骤 3:将逻辑函数(因为训练数据集使用逻辑函数)应用于步骤 2 得到的矩阵乘法结果。

$$\text{神经元 1 的“S”形函数} = \frac{1}{1 + e^{-2.22}} = 0.9019$$

剩余神经元的“S”形函数总结如下:

“S”形函数#1	0.9019	“S”形函数#7	0.5825
“S”形函数#2	0.4321	“S”形函数#8	0.5398
“S”形函数#3	0.5403	“S”形函数#9	0.5139
“S”形函数#4	0.9163	“S”形函数#10	0.9334
“S”形函数#5	0.2171	“S”形函数#11	0.9977
“S”形函数#6	0.3452		

步骤 4:下一步是通过步骤 3 中获得的“S”形函数结果,对最终偏差和第二组权重执行另一个矩阵乘法。

$$\begin{aligned}\text{输出} = &(1.24 \times 1) + (10.83 \times 0.9019) + (-12.33 \times 0.4321) + \\ &(1.37 \times 0.5403) + (-8.95 \times 0.9163) + (12.24 \times 0.2171) + \\ &(10.67 \times 0.3452) + (13.14 \times 0.5825) + (1.07 \times 0.5398) + \\ &(7.21 \times 0.5139) + (-7.63 \times 0.9334) + (-12.94 \times 0.9977) \\ = &-3.5439\end{aligned}$$

步骤 5:最后一步是将逻辑函数应用于从步骤 4 获得的输出,如下所示。

$$\text{将“S”形函数应用于输出} = \frac{1}{1 + e^{-3.5439}} = 0.02808$$

由于 0.02808 小于 0.5,因此此输入数据集的分类将为“好”。可以将相同的工作流程应用于输入的任何数据点,以确定每个数据行的分类。当需要实时地应用一个已经训练好的模型时,分步计算是非常有用的。此外,可以将相同的工作流程应用于回归模型。

24.4 监督机器学习,以 Marcellus 页岩完井和增产优化为例

在油气行业里,确定最佳的完井和增产设计(CSD)以实现页岩储层最终采收率的最大化已成为主要研究课题之一。这是由于优化 CSD 提高油气产量是一个复杂的问题。这种发展基于以下事实:优化 CSD 以提高烃产量是一个复杂的问题。除了完井和增产参数会严重影响页岩储层的油气生产效率外,储层质量、钻井、作业、油田开发和生产历史等大量参数也可以发挥重要作用。因此,不能保证在一个区块成功的 CSD 会导致另一区块的成功。

通常,油气行业会使用交叉图,将不同的完井和增产措施参数与水平段每英尺累计产油气量进行对比,以研究这些参数并量化其影响。接下来,对于 CSD 的优化,使用不同的完井和增产参数进行不同的油藏数值模拟。然后,将从每个模拟中获得的预期产量与油田的类型井作图,以获得最佳的 CSD。然而,由于问题的复杂性和致密地层油气生产过程中不同参数之间的高度非线性关系,这些常规方法在页岩油气藏的油气生产中并不成功。

在此示例中,简要回顾了应用监督的 ANN 模型以量化每个参数对 Marcellus 页岩储层累计产气量的影响并获得最佳完井和增产设计的步骤。为此,首先实施了常规的产量不稳定分析,以获取所研究领域的基础知识。使用流态识别和流量 $A\sqrt{K}$分析已完成此步骤。

识别每口井的流态是非常重要的,以确保没有将不稳定流态数据与边界控制流态数据混合。在生产初期和渗透率极低地层中可以观测到不稳定流态。在不稳定流态中,在无限大的储层中,当压力响应向外移动时会发生流动。在非常规油气藏开发后期,根据基质渗透率的变化,油气藏处于拟平衡状态,流体处于边界控制流动状态,可以获得原始油气等信息。在这个例子中,研究了 Marcellus 的 123 口井,几乎所有的井都表现出了不稳定流态。在某些情况下,可以观察到不稳定流和边界流过渡时期的迹象。然而,可以安全地假设所有的井都处于不稳定流动状态。为此目的,将标准化的产量,即流量除以初始和拟稳态下井底流动压力之差,与物料平衡时间(即累计产气量与瞬时产量之比)在双对数刻度上作图。半斜率型曲线左侧数据为不稳定流态,如图 24.4 所示。接下来,用流量 $A\sqrt{K}$分析,其中 A 为接触表面积,K 为接触储层的有效渗透率,将完井设计和着陆区与生产动态联系起来。流量 $A\sqrt{K}$可以通过归一化压力与时间的平方根的直线的斜率来得到。只要是不稳定流态,$A\sqrt{K}$就会保持恒定。在被调查的井中,$A\sqrt{K}$和 EUR(预期最终采收率)之间存在很大的相关性。使用 $A\sqrt{K}$对井进行排序,每英尺加砂量越高、段间距越小,所调查区域的井的产量就越好。

以下是 Belyadi 等(2015)通过实时分析 Marcellus 页岩储层 123 口井的产量和诊断图中获得的经验教训。

(1)油田产量最高的 10 口井位于 Marcellus 的中部。

(2)外围采用 300ft 段间距设计的井似乎比内部采用 150ft 段间距设计的井表现更好。

(3)泵入 100 目砂的比例越高,接触面积越大,产量越高。

(4)油田中许多表现最好的井具有更长的水平度。利用从 RTA 和产量分析中学到的经验来开发一个基于物理的人工智能模型。遵循了之前在图 24.1 中讨论的工作流程,建立了 Marcellus页岩完井和增产优化的智能模型。数据前处理工作流程的前三个步骤,包括数据收集、清理和分析。在这个例子中,井况信息、储层性质、钻井、完井、增产措施参数、累计产气量和凝析油量都被收集到一个 Excel 文件中。表 24.6 为 Marcellus 页岩 123 口井用于开发智能模型的参数列表。为了计算累计的天然气和凝析油产量,使用了井的开井天数,将由于修井作业而关闭或不生产的天数移除。接下来,对每口井分配平均储层特性、钻井、完井、增产和生产数据。已经执行了数据清理以识别异常值和丢失的信息。离群点检测采用 Z - score 测试和交叉图。例如,使用 Z - score 测试和交叉图,一个井的射孔密度为 24,这似乎是一个异常值。如图 24.5 所示,其他井射孔密度均在 40 及以上。然而,通过与服务商联系,得知这口特殊的井是一口老井,是老的完井设计,所以它不是一个离群值,应该保存在数据集中。

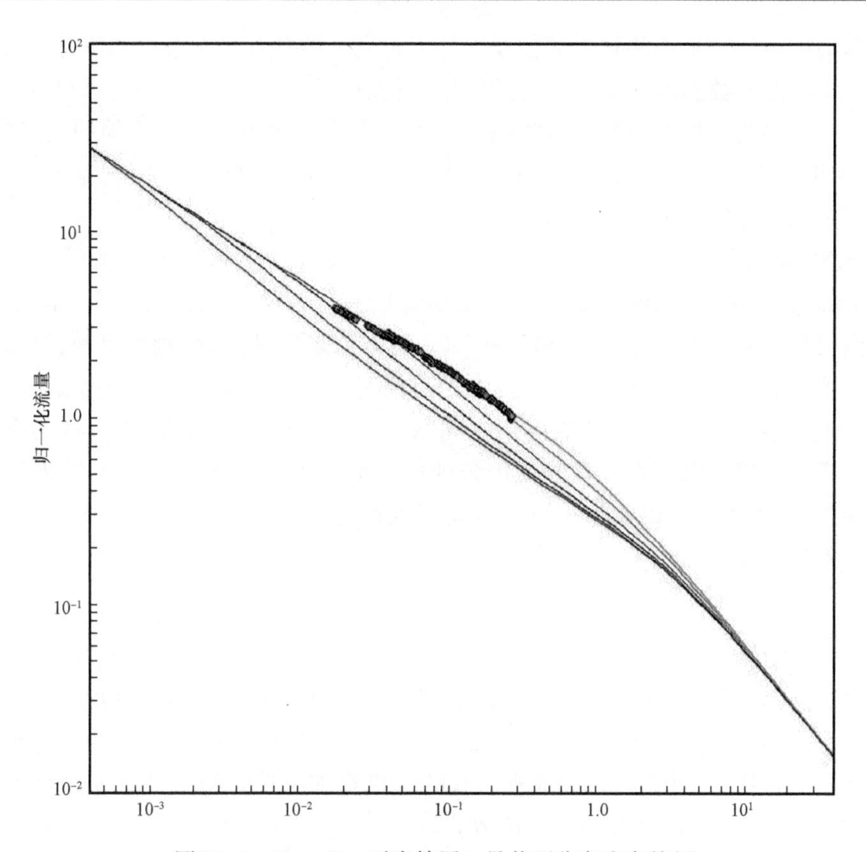

图 24.4 Marcellus 页岩储层 1 号井不稳定流态特征

表 24.6 用于智能模型开发的参数列表

油藏参数	钻井参数	压裂参数	完井参数	产量数据
气体含量	补充钻井	平均施工压力/psi	簇间距/ft	90 天总气体量/(10^3ft^3/ft)
孔隙度/%	距离(井距)	平均施工排量/(bbl/min)	压裂段数	90 天总凝析油量/(bbl/ft)
总厚度/ft	有界/无界	压裂液体积/(bbl/ft)	每段簇数	180 天总气体量/(10^3ft^3/ft)
密度		100 目	射孔密度	180 天总凝析油量/(bbl/ft)
总有机碳含量/%		每英尺支撑剂量/(lb/ft)		180 天总气体量/(10^3ft^3/ft)
				360 天总凝析油量/(bbl/ft)

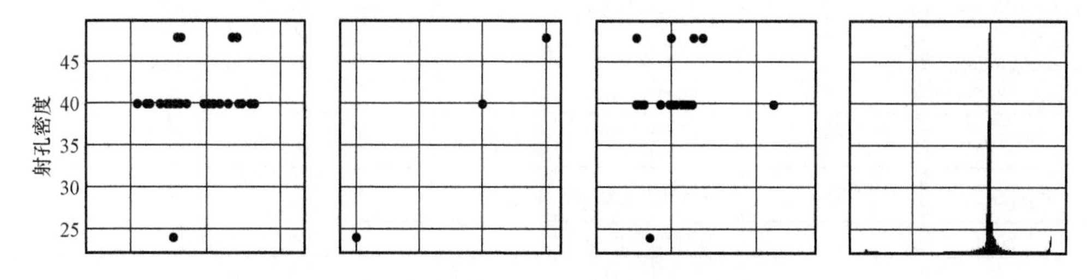

图 24.5 使用交叉图检测射孔密度离群值

在数据集中也发现了一些缺失的数据。并不是所有的井都具有报告的所有参数。但是对于 AI 的应用,需要有数据库中所有条目的数据,所以在开始分析之前,需要填写所有缺失的数据。在 123 口井的数据集中,有 17 口井缺少一个或多个参数值。使用不同的技术如 IMV、软插补和 KNN 模型来估算这些值。在所有使用的技术中,KNN 更有前途,具有更高的准确性,在本例的其余部分也使用了这种技术。

通常,KNN 的工作方式是一次花费一列基于所选邻居数量来预测数值。但是,通过使用一个名为 Fancyimpute 的 Python 包,可以一次估算所有包含缺失数据的样本。除了将数据集根据目标值(即每英尺水平段 90d、180d 和 360d 的累计采气量)分别划分以外,没有进行任何特殊选择来填充数据。为了确认 KNN 技术的准确性,先从数据集中删除已知值,然后使用 KNN 算法进行估算。为此,从原始数据集中删除了 200 个随机测量值,然后将其重新生成并与实际数据进行比较。误差百分比是使用公式(24.5)计算的。数据填充的结果确定了参数之间的平均误差,本例平均误差为 9.7%,这是可以接受的。

平均误差率计算:

$$误差 = \left|\frac{X_{\text{fill}} - X_{\text{org}}}{X_{\text{org}}}\right| \tag{24.5}$$

对于参数选择和降维,使用开源 Python 软件包执行了不同的技术,例如线性支持向量回归、线性最小二乘和 F - 回归测试。Python 的"sklearn"包提供了基于"liblinear"实现的支持向量回归。对于大量样本,惩罚函数和成本函数的选择更加灵活。给定具有 n 维特征和一个目标变量(实数)的数据,目标是找到一个函数 $f(x)$,假设 x 和 y 之间的关系近似线性,那么它与目标 y 的偏差最大。如图 24.6 所示,该技术在 90d、180d 和 360d 的每英尺水平段累计产气量中,始终将储层和完井(增产)参数视为对所有目标影响最大的参数。

参数变量	相关性排序(单位水平段长90天累产)	参数变量	相关性排序(单位水平段长180天累产)	参数变量	相关性排序(单位水平段长360天累产)
簇间距/ft	21.0	簇间距/ft	22.8	簇间距/ft	18.7
每段压裂簇数/簇	19.1	支撑剂量/(lb/ft)	18.7	气体含量/%	15.6
100目砂占比/%	11.8	100目砂占比/%	12.4	支撑剂量/(lb/ft)	10.5
支撑剂量/(lb/ft)	10.4	气体含量/%	8.4	井控面积/acre	7.7
压裂液体积/(bbl/ft)	7.9	每段压裂簇数/簇	5.3	100目砂占比/%	6.1
气体含量/%	6.0	井控面积/acre	5.0	每段压裂簇数/簇	5.0
厚度/m	4.1	压裂液体积/(bbl/ft)	4.1	压裂液体积/(bbl/ft)	4.3
孔隙度/%	3.5	井间距/m	3.6	井间距/m	3.7
平均施工排量/bbl/min	3.4	厚度/m	2.9	压裂段数/段	3.3
平均施工压力/psi	2.9	压裂段数/段	2.8	孔隙度/%	3.0
压裂段数/段	2.6	孔隙度/%	2.4	TOC含量/%	3.0
射孔密度/(孔/ft)	2.4	TOC含量/%	2.2	岩石密度/(g/cm^3)	2.7
岩石密度/(g/cm^3)	1.5	射孔密度/(孔/ft)	2.1	厚度/m	2.0
井控面积/acre	1.2	平均施工排量/bbl/min	2.0	邻井数/口	1.9
井间距/m	0.9	平均施工压力/psi	1.9	平均施工排量/bbl/min	1.8
邻井数/口	0.8	岩石密度/(g/cm^3)	1.8	平均施工压力/psi	1.8
TOC含量/%	0.5	邻井数/口	1.6	射孔密度/(孔/ft)	1.7

图 24.6　采用线性 SVR 方法对影响累计产气量的参数变量的选择和排序

此外还执行了 Ridge 回归,这是一种强大的技术,通常用于在大量参数的情况下创建模型。它通过惩罚参数系数的大小以及最小化预测观测值与实际观测值之间的误差来工作。这些称为正则化技术。Ridge 回归执行 L2 正则化,即添加等于系数大小平方的惩罚。该模型解决了损失函数为线性最小二乘函数、正则化为 L2 范数的回归模型。此估计量具有对多变量回归的内置支持。对于每英尺水平段 90d、180d 和 360d 的累计产气量的目标参数,簇间距对产量的影响最大,其次是完井和改造参数,例如每英尺泵入的支撑剂量。重要的是要注意一些参数,例如含气体和边界正变得越来越重要。在早期(例如 90d),它们不会对每英尺水平段的累计产气量产生很大影响,因为在天然裂缝和基质中将主要产生游离气,并且不受井间干扰的影响;然而,随着时间的流逝(例如,在 360d 之后),开始生产吸附气体,含气量和边界变得更加重要。在这些情况下,可能会发生干扰。此外,油田的削减也可能对油井的前 6 个月产生直接影响。因此,最安全的假设是使用每英尺 360d 的累计产气量作为所有这些用于参数排名的模型的输出。Ridge 回归也已应用于数据集;但是,该技术并未在所有目标参数之间产生一致的排名。对于此示例,还执行了 F 回归测试。F 回归测试表明,MLR 模型中的任何独立参数都很重要。由于 F 回归一次仅考虑一个变量,并且本例的参数高度相关,因此并不能在所有目标参数之间得出一致的排名。

RF 是另一种强大的监督机器学习算法,可用于参数排序。RF 可以应用于回归和分类问题。对于分类问题,RF 使用基尼(Gini)重要性或杂质平均减少量(MDI)来计算每个输入参数相对于输出参数的重要性。请注意,基尼系数的重要性也被称为节点杂质的总减少。本质上,它衡量的是当一个变量被删除时,模型的准确性降低了多少。下降越大,变量越显著。此外还对这个数据集应用了 RF 算法,以确保从 LSVR 得到的特征排序与 RF 一致。对于这个分析,它是一致的,因此,它在参数排序分析提供了更多的信心。请注意,在应用任何讨论的算法之前,输入和输出数据都需要归一化或标准化。此外,如果数据的形状不是高斯分布或正态分布,那么应用对数变换尝试改变分布使之接近正态分布可能是有益的。

首先,生成 10 个最重要的参数、交叉图和热图,如图 24.7 和图 24.8 所示。这两个图都是使用 Python 中的“seaborn”包生成的。参数之间的相关性是由 Pearson 相关系数定义的,Pearson相关系数是两个参数 X 和 Y 之间的线性相关性的度量,如方程(24.6)所示。Pearson 相关系数的值在 -1 ~1 之间,其中 1 为全正线性相关,0 为无线性相关, -1 为全负线性相关。在图 24.7 和图 24.8 中,正相关用黑色表示,负相关用灰色表示。关联的大小是量化的,并由颜色的强度表示。在本研究中,任何高于 90% 的相关系数都被认为是高度相关的。从图 24.7 中可以看出,含气量与体积密度具有 97% 的负相关性,表明体积密度已用于计算含气量。随着体积密度的增加,气体含量减少。因此,体积密度可以从参数列表中删除,因为它有与气体含量类似的信息。图 24.8 显示了相关交叉图,其中数据库中的每个参数将在单行的 y 轴和单列的 x 轴上共享。主对角线的处理方式有所不同,绘制了一个图以显示该列中参数数据的单变量分布。交叉图还提供了参数之间相互关系的可视化表示,并可用于识别油田内 CSD 的多样性。

Pearson 相关系数:

$$P_{X,Y} = \frac{cov(X,Y)}{\sigma_X \sigma_Y} \tag{24.6}$$

式中 $cov(X,Y)$——参数 X 和 Y 之间的协方差;

σ_X——参数 X 的标准偏差;

σ_Y——参数 Y 的标准偏差。

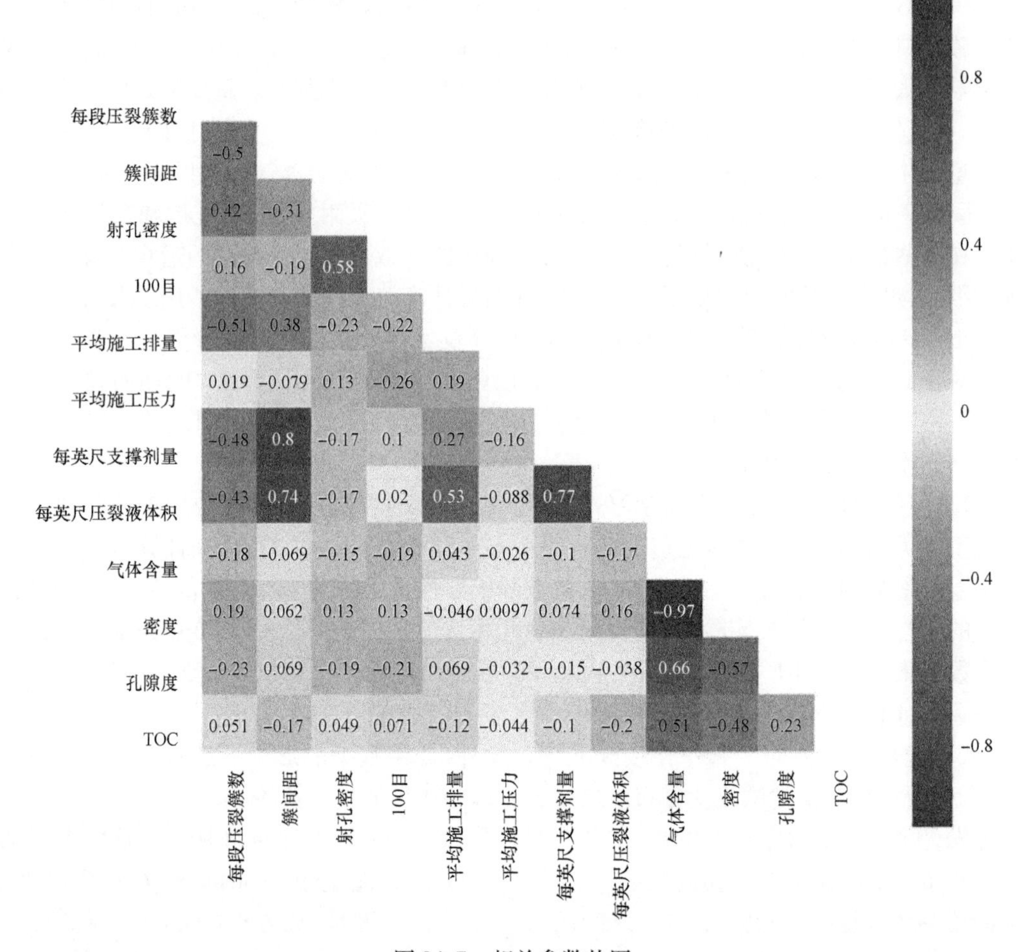

图 24.7 相关参数热图

图 24.8 还显示了水平段每英尺支撑剂泵入量与流体产量的高度正相关。只要该图不是基于旧的设计,也可以用于离群值检测。

数据分割是一种使用人工神经网络技术分离数据集用于建模和训练的实践。在这个数据分区示例中,使用了拉丁超立方体抽样(LHS)。LHS 是一种根据提供的数据集分布生成样本的技术。为了正确和准确地采样数据集,需要特别小心地执行数据分区。样本必须能够保存原始数据的统计描述。在主要侧重于较高产油井的数据集上训练模型并在较低产油井进行测试将导致结果不准确和模型有偏差。在图 24.9 中可以找到 180d 产量分布以及使用 LHS 算法获得的训练和测试分区的示例。如图 24.9 所示,训练数据子集和测试数据子集均保持了原始的分布特征,且精度较高。这种保留保证了在预测模型开发的下一阶段中,模型开发过程的无偏性和准确性。训练集将分为训练集和验证集,测试将作为盲集使用。

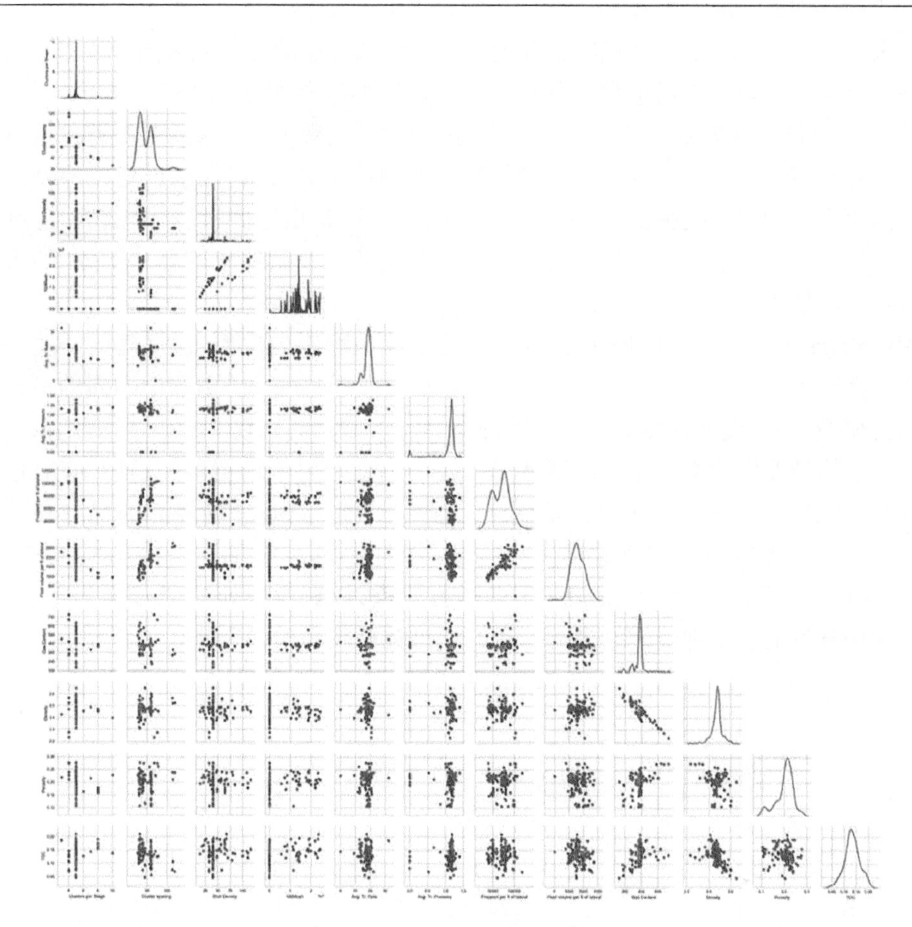

图 24.8 相关参数交叉图

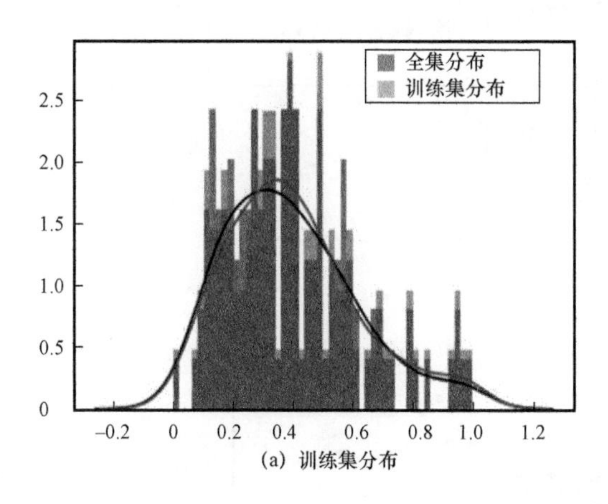

(a) 训练集分布

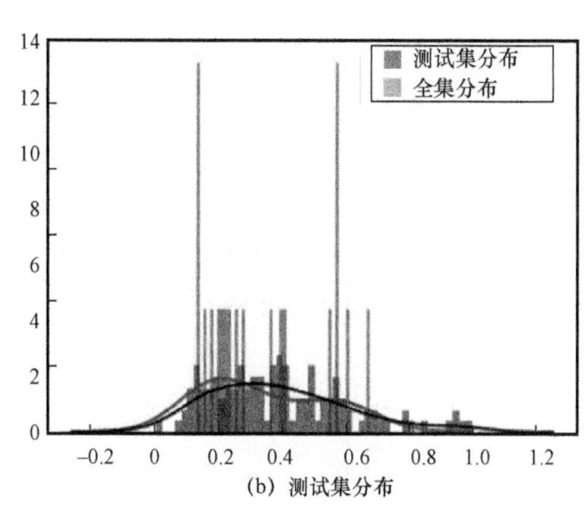

(b) 测试集分布

图 24.9 训练集和测试集分布

24.4.1 神经网络培训、验证及测试

在对数据进行了训练和测试后,开始了模型开发。在此示例中,将 Python 中称为"MLPRegressor"的多层感知器回归器用于模型开发。此功能需要以下参数:隐含层大小、层

数、激活、求解器、学习率、最大迭代次数和动量。层数和每层的神经元数高度依赖于参数的数量和问题的复杂性。对于激活函数,可以使用不同的选项,例如逻辑“S”形函数、正切双曲函数“tanh”“relu”函数(其为修正线性单位函数)和“恒等”函数 $f(x)=x$。求解器包括不同的选项,例如使用准牛顿技术的“lbfgs”、使用随机梯度下降技术的“sgd”和基于随机梯度的技术来优化本章前面定义的平方损失的“adam”。学习速率可以是恒定的,逐渐降低的,也可以是自适应的,并且动量的值在 0~1 之间。其中一些参数仅适用于某些求解器。例如,如果求解器定义为“sgd”,则使用动量和学习率。

为 MLPRegressor 找到一组正确的参数,从而生成最精确的模型,这是模型开发中的一个关键因素。在这个例子中,使用了全因子设计,根据“MLPRegressor”函数中不同的参数组合建立了不同的模型,并对模型在测试集中的准确性进行了计算和比较。对于精度计算,每个模型运行 25 次,平均精度作为交叉验证测试计算。这个过程产生了最精确的模型,有时也被其他文献称为“网格搜索”。对于这个具体的例子,选择一个包含 30 个神经元的单层和一个逻辑求解器将会得到训练集和测试集最精确的模型,分别有 92% 和 84% 的准确率。在图 24.10 中,计算每次运行(即 25 次运行)的损失值并进行分类,以获得最佳模型的损失值。图 24.11 还显示了使用开发的人工神经网络模型获得的测试数据集和模型预测。

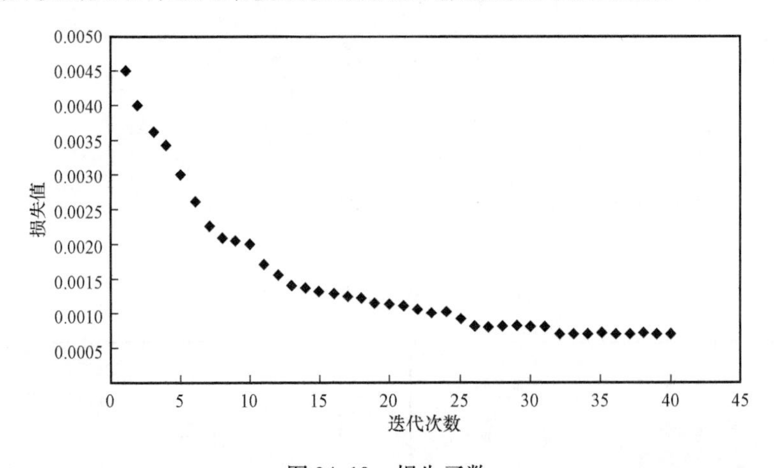

图 24.10 损失函数

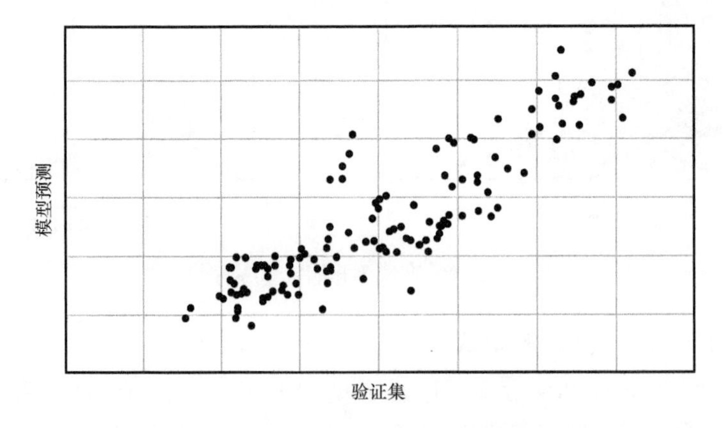

图 24.11 人工神经网络模型盲测预测

24.4.2 典型曲线

一个经过测试数据集验证的人工神经网络模型可以用来生成不同的典型曲线。典型曲线可用于不确定性量化和设计优化,其中每个输入参数对目标的影响可以根据另一个输入参数进行量化。在这种情况下,一个参数将在参数变化范围内改变,而其他参数保持现场平均值。例如,在保持其他参数为现场平均值时,水平段每英尺注入支撑剂量对每英尺360d累计产气量的影响可以得到。如图24.12所示,当其他参数固定为油田平均值时,每英尺注入更多支撑剂,导致每英尺累计产气量增加。然而,为了在任何特殊情况下获得最优的每英尺支撑剂量,经济分析揭示了是否增加了产量来证明在更高每英尺支撑剂量上的额外资本支出是合理的。图24.13还显示了簇间距对累计产气量的影响。在这个具体的油田示例中,簇间距的减小导致每英尺累计产气量的增加。这种典型曲线分析表明,簇间距越小,分段越多,然而,正如第18章所讨论的,经济分析必须是决定因素。图24.14显示了含气量对每英尺累计产气量的影响,正如预期的那样,较高的天然气含量将导致每英尺的累计天然气产量更高。也可以生成其他类型曲线,但是,根据图24.8中得到的每个参数的分布,研究每个参数所使用的特定值的频率是至关重要的。还应该对每个参数使用直方图分布,以确保分布的高端或低端有足够的数据可用。

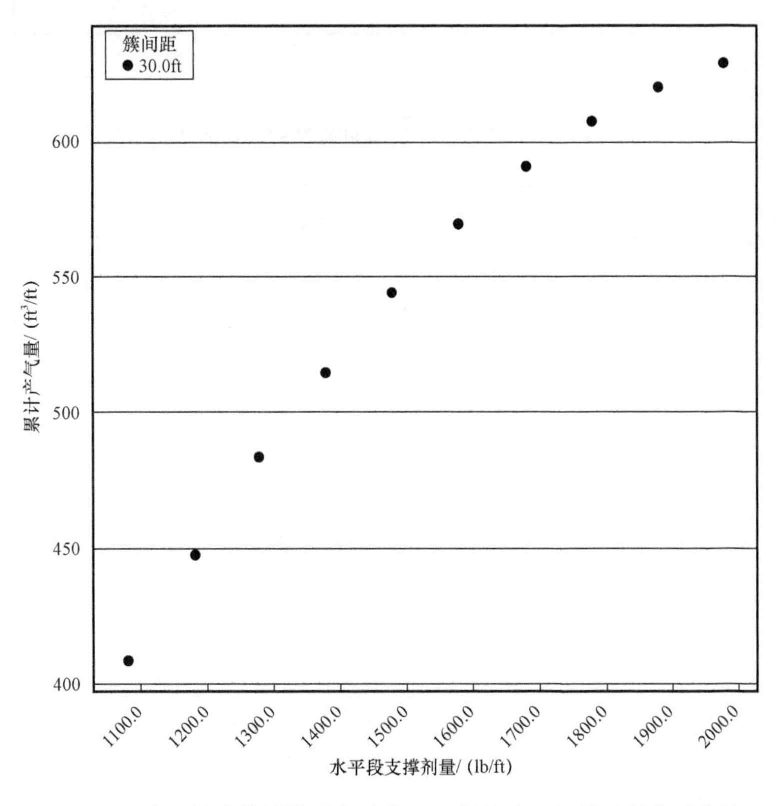

图24.12 水平段支撑剂量对水平段360d累计产气量影响的典型曲线

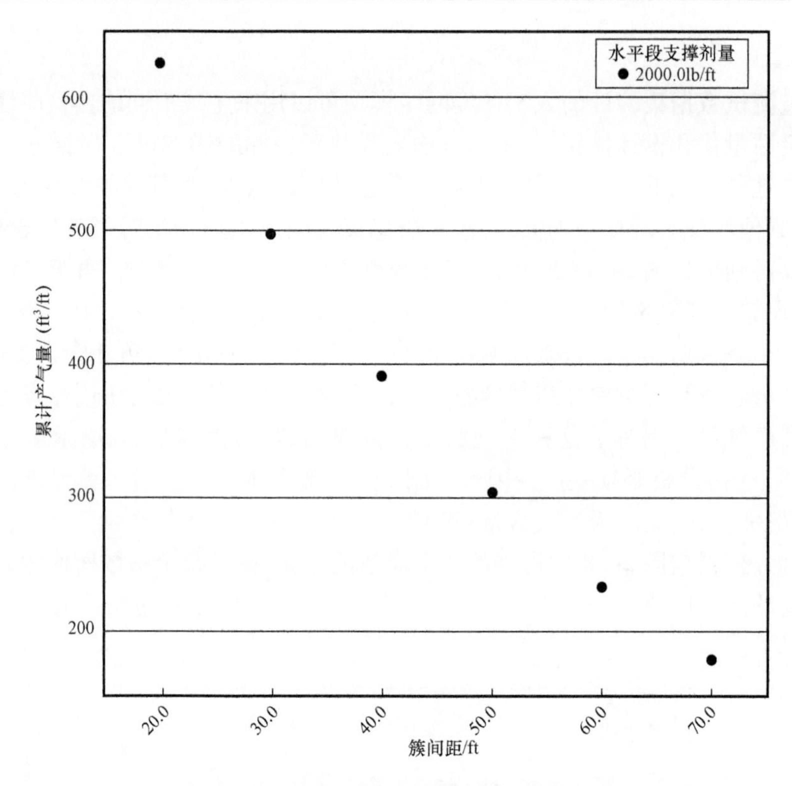

图 24.13 簇间距对水平段 360d 累计产气量的典型曲线

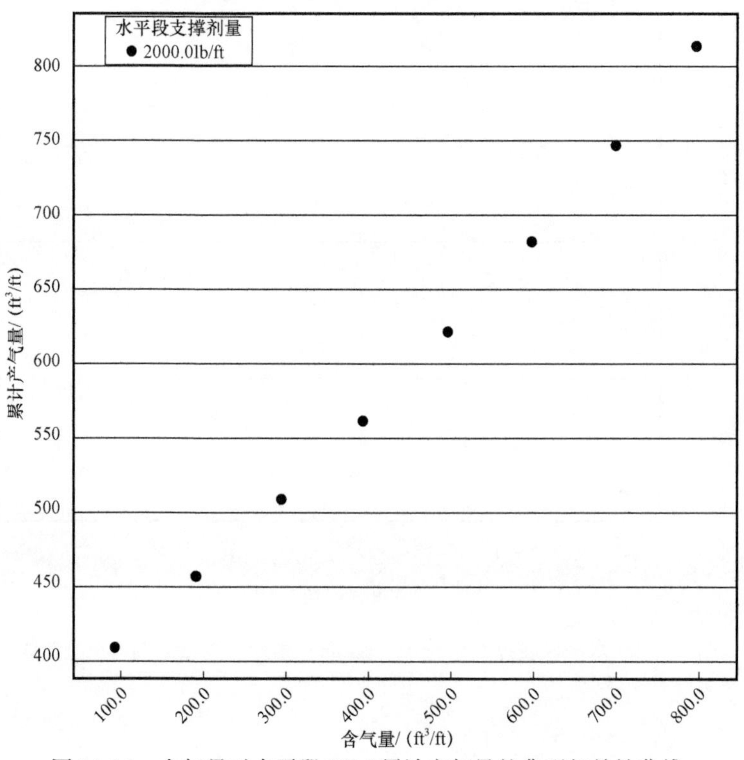

图 24.14 含气量对水平段 360d 累计产气量的典型相关性曲线

24.4.3 现场完井设计优化(蒙特卡罗分析)

针对油田完井优化问题，采用人工神经网络模型进行蒙特卡罗模拟。为此，从相应的分布中随机选择完井参数。其他参数如储层、钻井等使用现场平均参数。运行1000个不同的模拟方案，获得了现场360d累计产气量的P10、P50和P90值。将油田360d累计产气量的实际平均值与P10、P50和P90值进行对比，得到一组最大产量完井参数。这组数据成为了最佳完井和增产措施设计参数。图24.15为现场累计产气量P10、P50、P90的蒙特卡罗模拟结果与现场实际产气量对比。如图24.15所示，实际油田产量略低于P50油田潜力，表明该具体油田完井质量较差，增产措施设计也较差。好消息是，通过改变未来井的完井和增产措施设计，该油田目前的天然气产量很有可能大幅增加。

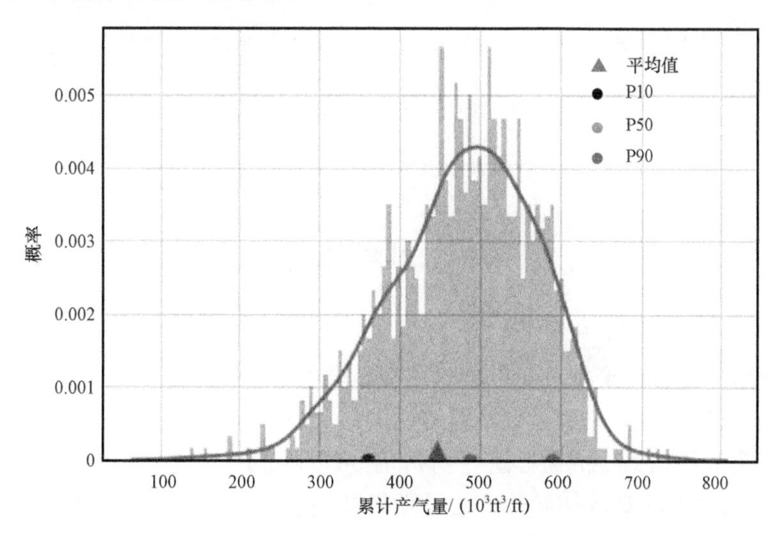

图24.15 蒙特卡罗模拟

24.5 K-均值聚类——无监督机器学习

K-均值聚类(K-means)是用于聚类分析的最常用的无监督机器学习算法之一。K-means的一个应用是将数据聚集到不同的组中，而不是手工划分它们。K均值的另一个应用是异常值检测。尽管可以使用其他离群值检测算法，例如局部离群值因子(LOF)，但K-means在检测数据集中的离群值时也很有用。K均值是一种简单易用的技术，用于将数据集分类为一定数量的聚类(K聚类)。确定群集数量可能是K-means算法中最具挑战性的部分。领域专业知识在确定集群数量方面起着重要作用；但是，使用此算法时另一种发现所需集群数量的方法是在不同的集群(2个集群、3个集群等)上多次运行K-means算法，并在x轴上绘制“集群数量”，在y轴上绘制“误差平方和”，直到观察到肘点。将聚类数目增加到肘部点以外并不能显著改善K-means算法的结果。因此，如图24.16所示，可以选择该点作为相应问题的最佳聚类数。

当数据集没有标签(没有输出)时，K-means是将数据划分到K个聚类数的强大技术。有些项目要求在将数据导入受监督的机器学习算法之前先对数据进行聚类(分区)。

K－means可用于执行第一个任务,分配和标记数据。在对数据进行分区和聚类(为每一行数据分配一个输出)之后,数据集现在可以应用监督的机器学习算法了。当同时使用无监督和受监督的机器学习时,它被称为半监督的机器学习,在不同行业的某些应用程序中,它的功能非常强大。

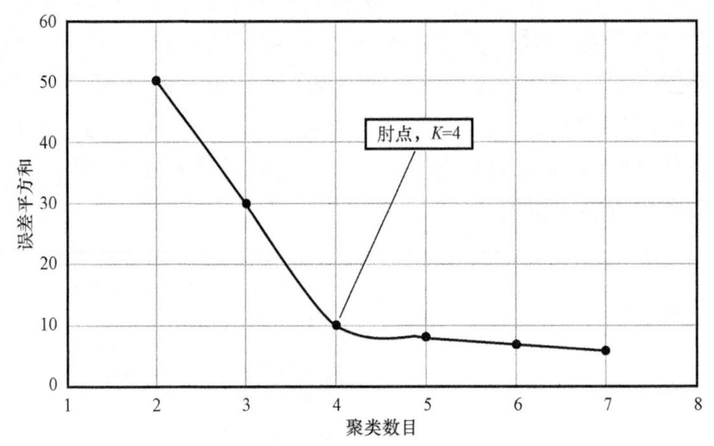

图 24.16　最佳聚类数的确定

24.5.1　K－means 是如何工作的?

以下是进行 K－means 聚类分析的典型步骤。

(1)K－means 算法的第一步是确定所讨论的质心(簇)数。

(2)下一步是对数据集中的质心进行初始化,可以随机初始化,也可以有目的地选择。大多数开源机器学习软件的默认初始化方法是随机初始化。如果随机初始化不起作用,那么仔细选择初始中心体可能对模型有帮助。

(3)下一步,模型将查找每个数据点(实例)与随机选择(或精心选择)的簇形质心之间的距离。然后,该模型将根据下面的距离计算将每个数据点分配到每个簇形质心。例如,如果在一个数据集中随机选择了两个质心,该模型将计算从每个数据点到质心 1#和 2#的距离。在这种情况下,根据每个数据点到随机初始化的聚类中心的距离,将每个数据点聚集在形心 1#或 2#之下。计算距离的方法多种多样。以下函数是常用的技术,最常用的是 Euclidean 距离函数:

$$\text{Euclidean 距离函数} = \sqrt{\sum_{i=1}^{k}(x_i - y_i)^2} \tag{24.7}$$

$$\text{Manhattan 距离函数} = \sum_{i=1}^{k}|x_i - y_i| \tag{24.8}$$

$$\text{Minkowski 距离函数} = \left[\sum_{i=1}^{k}(|x_i - y_i|)^q\right]^{\frac{1}{q}} \tag{24.9}$$

(4)下一步是对每个簇形质心内的数据点(实例)的值取平均值(在步骤 3 中赋值),并为每个簇计算一个新的簇形质心(移动簇形质心)。

(5)由于在步骤 4 中创建了新的质心,在步骤 5 中,每个数据点将根据距离计算函数中的值重新分配到新生成的质心。

(6)重复步骤4和步骤5,直到模型收敛,这意味着额外的迭代不会导致最终质心选择的显著变化。换句话说,簇形质心将不再移动。

图24.17逐步说明了二维空间中小的数据集的K-均值聚类。图24.18还显示了一个分为两个和三个聚类的数据集。加号表示每个群集的最终质心。

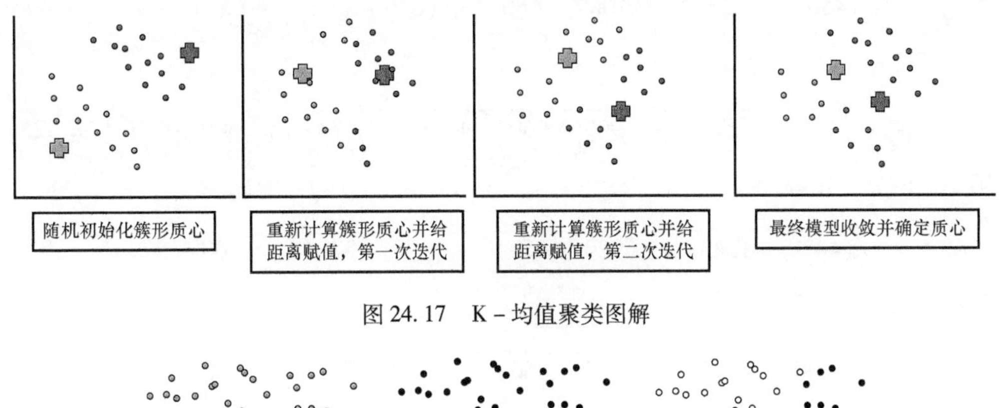

图24.17 K-均值聚类图解

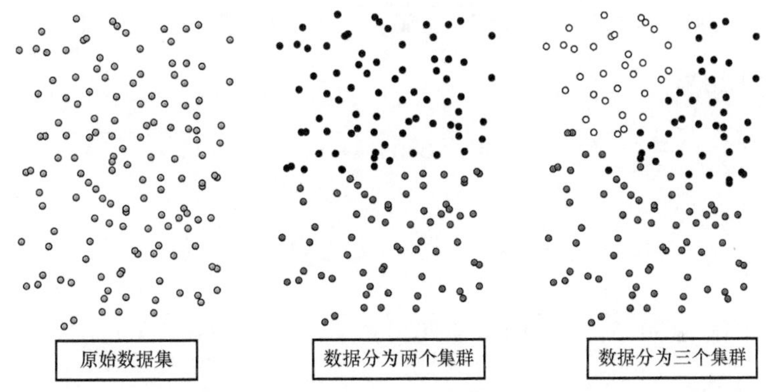

图24.18 数据集分为两个和三个集群

24.5.2 距离方程计算实例

利用欧氏距离函数,计算以下两点之间的距离:(2,5,-1)和(5,-16,9)。

$$\sqrt{\sum_{i=1}^{k}(x_i-y_i)^2}=\sqrt{(5-2)^2+(-16-5)^2+(9-(-1))^2}=23.4$$

在最终质心收敛之后,可以将它们简单地应用于任何新数据集,以确定每个新实例将属于哪个群集。可以针对静态数据或动态数据完成此应用程序。与其他算法相比,K-均值聚类的简单优势之一是它可以在实时应用中使用,因为它可以轻松地通过计算实现(将在下文中进行说明)。为了说明这个概念,来看一个例子。

例2:

来自400口井的生产数据(例如日产气量,套管压力,油管压力和管线压力)被收集到一个数据源中。采用随机初始化的K-均值聚类,采用两个簇的欧式距离函数,将数据收敛到表24.7所示的两个簇形质心。使用表24.8中提供的数据来确定数据集中的每一行将属于哪个群集(1或2)。

步骤1:计算簇1的距离函数。

第1行的簇1距离

$$= \sqrt{(4500-4323)^2+(1000-660)^2+(850-572)^2+(500-377)^2} = 490$$

第2行的簇1距离

$$= \sqrt{(4460-4323)^2+(960-660)^2+(810-572)^2+(500-377)^2} = 425$$

第3行的簇1距离

$$= \sqrt{(4420-4323)^2+(920-660)^2+(770-572)^2+(500-377)^2} = 363$$

第4行的簇1距离

$$= \sqrt{(4380-4323)^2+(880-660)^2+(730-572)^2+(500-377)^2} = 303$$

第5行的簇1距离

$$= \sqrt{(4340-4323)^2+(840-660)^2+(690-572)^2+(500-377)^2} = 249$$

步骤2:计算簇2的距离函数。

第1行的簇1距离

$$= \sqrt{(4500-3923)^2+(1000-2073)^2+(850-600)^2+(500-479)^2} = 3170$$

第2行的簇1距离

$$= \sqrt{(4460-3923)^2+(960-2073)^2+(810-600)^2+(500-479)^2} = 3223$$

第3行的簇1距离

$$= \sqrt{(4420-3923)^2+(920-2073)^2+(770-600)^2+(500-479)^2} = 3277$$

第4行的簇1距离

$$= \sqrt{(4380-3923)^2+(880-2073)^2+(730-600)^2+(500-479)^2} = 3332$$

第5行的簇1距离

$$= \sqrt{(4340-3923)^2+(840-2073)^2+(690-600)^2+(500-479)^2} = 3388$$

表24.7 最终簇质心示例

参数	簇1	簇2
日产气量/10^3ft^3	4323	3923
套管压力/psi	660	2073

续表

参数	簇 1	簇 2
油管压力/psi	571	600
管线压力/psi	377	479

表 24.8　示例数据集

日产气量/$10^3 ft^3$	套管压力/psi	油管压力/psi	管线压力/psi
4500	1000	850	500
4460	960	810	500
4420	920	770	500
4380	880	730	500
4340	840	690	500

步骤 3:如果为每行计算的距离最小,则将该行分配给该群集。在此示例中,为每行中的群集 1(步骤 1)计算的距离小于为每行中的群集 2(步骤 2)计算的距离。因此,所有新的数据行将被归类为群集 1。

步骤 4:如果每一行的计算距离最小,则将该行分配给该簇。在本例中,每一行簇 1(步骤 1)的计算距离小于每一行簇 2(步骤 2)的计算距离。因此,所有新的数据行都将聚集为簇 1。

24.5.3　K - 均值聚类用于液体加载检测

Ansari 等(2018)阐述了 K - 均值聚类如何用于检测液体加载。他们使用基本的生产数据,如日产气量、套管压力、油管压力、管线压力和含水率作为模型的输入。第一个试验涉及使用监督的机器学习算法,如 ANN,以 Turner 和 Coleman 为主要标准,将每一行数据分类为“加载”或“卸载”。虽然这种技术成功地预测了井的加载状态和条件,但其思想是建立一个完全独立于 Turner 和 Coleman 技术的模型。这种努力主要是因为 Turner 和 Coleman 技术是几十年前以经验为主开发的,Turner 和 Coleman 计算得到的输出结果可能会错误地将井分类为已加载的井,反之亦然。因此,采用无监督的机器学习算法,用 K - 均值聚类来确定井的加载状态。为了证明这一概念,他们将 K - 均值聚类方法应用于同一平台的两口井。在获得最终的质心后,这些质心被成功地应用于 10mile 半径范围内不同平台上的多个井中。由下可见,K - means聚类应用于完全盲数据集的预测能力非常高。因此,K - 均值聚类可以实时应用于油井生产参数的优化,并在油井状态加载时得到通知,从而避免气量损失。图 24.19 通过将出现卸载的点归类为“卸载”,将出现加载的点(不稳定点)归类为“加载”,展示了 K - 均值聚类的预测能力。图 24.19 中显示的 Turner 产量仅用于说明目的,并没有在模型中使用。在进行各种油藏或完井分析时,这种非监督技术也可以作为离群点工具。

24.5.4 无监督机器学习算法的其他应用

异常检测是无监督机器学习算法的另一种应用。DBSCAN 是一种功能强大的无监督机器学习算法,通常用于异常检测,尤其是在生产曲线自动拟合中。无监督机器学习(例如 K 均值)的另一个应用是典型曲线聚类分析。过去,操作员使用手动分析和直觉来定义其典型曲线的边界。但是,无监督机器学习算法对于典型曲线聚类可能非常强大。K-均值算法是各种行业使用最广泛的无监督机器学习算法之一,它是一种将各种输入参数聚类到不同簇并为每个簇找到质心的强大技术。此分析的最终可交付成果将提供具有每个簇形质心的集群数量。当新的数据点可用时,可以以某种方式自动处理,以便将每个新数据点分配给预定义的簇形质心。与使用人工偏差绘制边界相比,这种自动化活动可以用来准确地绘制跨越公司的面积的典型曲线边界。为了进行此类分析,建议使用重要的地质、完井和生产参数,如整个目标层的总 GIP 或油量、BTU、地质复杂性、EUR,以及一些完井参数(如果认为有必要的话)。可以使用不同的参数组合来执行此分析,基于该区域的现有知识,查看哪种参数组合将提供公司矿权范围内的最佳聚类输出。这就是领域专家在选择正确的集群数量和正确的参数组合方面发挥重要作用的地方。

除了典型曲线聚类之外,岩性分类是无监督 K-均值算法的另一项强大功能。

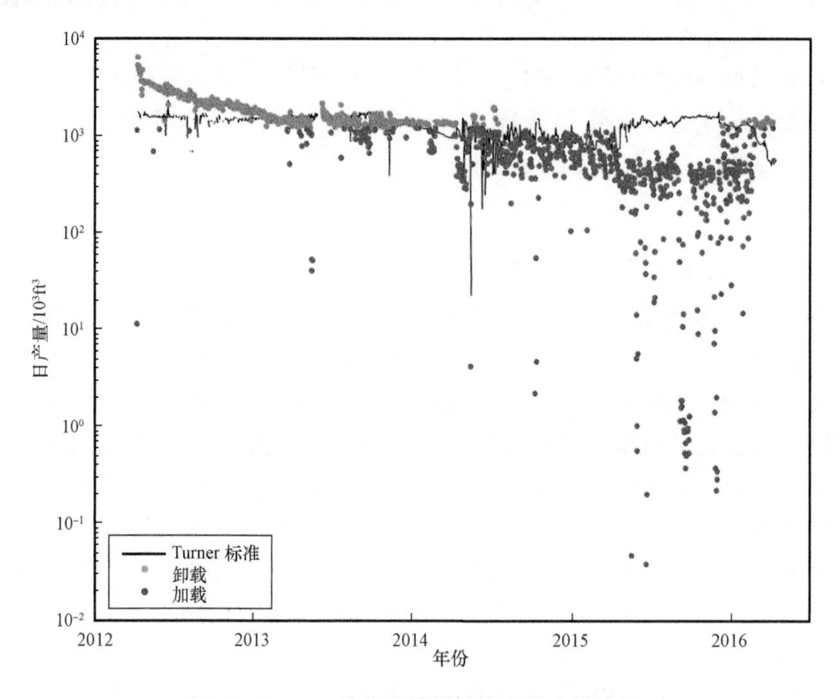

图 24.19 K-均值聚类算法在盲井中的应用

第 25 章　Marcellus 页岩油藏实际开发与增产数值模拟

25.1　概述

本章的目的是提供真实的 Marcellus 页岩油藏开发和增产实例，包括优化完井设计和经济分析。Marcellus 形成的黑色页岩从纽约延伸到宾夕法尼亚州、俄亥俄州、马里兰州和西弗吉尼亚州。对于这项研究，选择了位于西弗吉尼亚州摩根敦莫农纳利亚县的 MIP－3H 水平井进行多级水力压裂。MIP－3H 井位于上 Marcellus 页岩的 Cherry Valley 石灰岩层位。有关 MIP－3H井的数据可在以下位置 http://mseel. org/获取。可用于 MIP－3H 井的现场数据包括垂直段和水平段的测井曲线、完井、微地震、光纤和生产数据，见表 25. 1（http://mseel. org/research/research. html）。

表 25. 1　MIP－3H 井的可用数据

阶段	可用数据参数
测井	定向勘探（深度，倾斜度，方位角），MWD 测井（MD）电缆测井（TVD）
	声波，密度，中子，孔隙度，电阻率，井径，地球力学，伽马
	岩性，TOC，元素，FMI，NMR，生产日志
完井	施工报告：分段设计（射孔间隔，射孔枪/相位） 注入流体设计：注入排量，压裂液/材料
微地震光纤	时间，位置幅度（159～1383 样本/阶段，第 7～28 阶段）
	温度 DTS（生产期间：每天 8 个样品，压裂期间：每分钟 2 个样品），声学 DAS
生产	生产日志（气速/簇，第 1～28 阶段） 天然气和水井的日流量限制为 $10 \times 10^6 ft^3/d$

25.2　问题陈述

对于此示例，假设你是 Marcellus North 部门的项目经理，并且已被指示通过定义最佳的水力压裂砂计划，然后获取井的净现值来优化油田开发，以便为钻井提供指导。分析油井的真正内在价值。该项目的目的如下。

（1）找到最优的加砂程序。

（2）使用该项目结尾处提供的各种价格，找到井的 BTAX 和 ATAX NPV。

以下是完成此项目必须采取的步骤。

（1）进行文献调研，并就当前有关油藏建模，完井设计，并根据已发布的信息和你的现场工程师的经验进行预测。

（2）对井进行岩石物理分析，以找到基本的储层属性。

(3)使用 CMG GEM 建立页岩气储层模型,并进行水平井钻探和多级水力压裂。

(4)进行敏感性分析和不确定度定量(CMG CMOST)。

(5)现场生产数据历史拟合(CMG CMOST)。

(6)单井动态分析(IHS HARMONY)。

(7)使用现场施工获得的裂缝注入测试结果(DFIT)评估基本的储层和裂缝特性。获得孔隙压力和裂缝闭合压力,并使用这些值来运行模型(请参阅本书的第 14 章)。

(8)高杨氏模量和低泊松比的地层易碎,是滑溜水压裂作业的理想选择。因此,使用设计为 40/100 目和 60% 40/70 目的砂浓度 1000lb/ft、1500lb/ft、2000lb/ft、2500lb/ft、3000lb/ft、3500lb/ft 和 4000lb/ft 的各种砂量设计滑溜水压裂作业。必须使用从 DFIT 获得的闭合压力来确定 40/70 目砂类型。在设计每英尺砂量表时,请在所有压裂段中保持相同的砂浓度(例如 0.25lb/gal,0.5lb/gal,0.75lb/gal 等),并且仅更改每个压裂段的净水量即可获得上述每平方英尺砂的载荷(请参阅第 10 章水力压裂设计)。

(9)一旦创建了加砂程序,先将这些加砂程序输入首选的商业压裂软件(例如 FracPro)中,并在压裂软件中运行这些加砂程序以获取每种设计的裂缝几何形状(支撑缝长,支撑缝宽和支撑导流能力)。在获得每种设计的裂缝几何形状后,写下每种裂缝几何形状的重要参数。最后,采用每种设计的裂缝几何形状,并使用 CMG GEM 成分模拟器通过数值模拟获得每种方案的产量与时间的关系。从每个设计获得的裂缝半长必须为井距提供一些指导。为了节省时间,每个数值模拟(7 个案例)只能运行 10 年,因为前 10 年是油井寿命中最重要的阶段。

(10)接下来,获取每种情况下的产量与时间的关系,并按照步骤进行 BTAX 和 ATAX 经济分析。

根据第 18 章中的工作流程,绘制 ATAX NPV 与 1000lb/ft、1500lb/ft、2000lb/ft、2500lb/ft、3000lb/ft、3500lb/ft 和 4000lb/ft 的各种加砂程序,根据所有加砂设计中的最高 NPV,有一个最佳制砂计划(使用 3 美元/10^6Btu 天然气价格和该项目结束时列出的假设见表 25.2。

表 25.2 不同加砂量设计方案的估算总建设成本

加砂量/(lb/ft)	总资本支出/10^6 美元	加砂量/(lb/ft)	总资本支出/10^6 美元
1000	5.2	3000	6.7
1500	5.6	3500	7.0
2000	5.9	4000	7.4
2500	6.3		

(11)接下来,运行一个修正的双曲递减曲线,拟合最佳砂层计划产量与时间的关系,该曲线是通过数值方法获得的,以获得 50 年(而不是通过数值方法获得的前 10 年)的产量与时间的关系。假设最终递减率为 5%,并使用介于 1.0~1.7 的双曲指数(b 值)将递减曲线拟合到最佳和设计进度获得的数值递减曲线。记录修改后的递减曲线参数,并使用从该递减曲线生成的月度数据来运行未来的所有经济分析。

(12)根据修正的双曲递减拟合,获得以下每种定价下的 BTAX 和 ATAX 净现值,并获得下列各种定价下的油井净现值:

① 2.5 美元/10^6Btu 天然气价格按每月阶梯式递增,年递增 3%。

② 3.0 美元/10^6Btu 天然气价格按每月阶梯式递增,年递增 3%。

③ 3.5 美元/10^6Btu 天然气价格按每月阶梯式递增,年递增 3%。

④ 4 美元/10^6Btu 的天然气价格按每月阶梯式递增,年递增 3%。

⑤ 使用本项目提供的纽约商品交易所,然后在最后一次提供的纽约商品交易所定价结束时,采用 3%/年的月度阶梯式方式。

以下经济假设可用于上述任务:

(1) Btu 为 1060Btu/ft^3(干气)。

(2) 收缩率为 1%(或因压缩机站的管路损耗和燃料而导致的收缩率为 0.99)。使用 10 年递减曲线(比率与时间),并使用通过拟合 50 年的数值数据而获得的修正双曲递减曲线。

(3) 可变起重成本为 0.22 美元/10^3ft^3,按每月阶梯式递增,年递增 3%。

(4) 固定起重成本为 100 美元/(月·井),按每月阶梯式递增,年递增 3%。

(5) 可变收集成本为 0.3 美元/10^6Btu,按每月阶梯爬坡方式递增,年递增 3%。

(6) 公司的运输(FT)成本为 0.2 美元/10^6Btu,按每月阶梯式递增,年递增 3%。

(7) WI 为 100%。

(8) NRI 为 85%。

25.3 第一阶段:岩石物理与测井分析

给定 MIP3H 测井记录,可以进行岩石物理和测井分析(表 25.1)。MSEEL 网站上公开了实际的测井记录。LAS 和 pdf 格式可供公众使用,http://mseel.org/Data/Wells Datasets/MIP 3HPilot/GandG and Reservoir Engineering/。为此,Petra(地质解释软件)用于绘图、测井构造和交叉绘图研究。使用以下命令执行详细的测井解释(图 25.1)识别每个编队的顶部和底部(表 25.3)和岩石物理特性,例如孔隙度、渗透率和目标地层的饱和度。伽马射线和电阻率测井被用作主要测井,以识别地层的顶部和底部。第一轨道,从左到右(图 25.1),显示三个高分辨率的伽马射线、铀浓度(HURA)和总有机物含量(TOC)的对数。HURA 表示破裂或有机物的存在。从 7450~7560ft 处观察到放射测井的大峰值,这表明上 Marcellus 和下 Mocrellus 页岩层 TOC 增加。TOC 日志还显示较高和较低 Marcellus 范围内的值。下一条轨迹是深电阻率测井曲线 RT_HRLT(也称为真实地层电阻率)和浅电阻率测井曲线,即微柱面聚焦测井曲线(RXOZ 公司)。地层电阻率测井曲线显示上 Marcellus 和下 Marcellus 层均具有高电阻率,表明在这些区域中存在烃类储层。

表 25.3　MIP-3H 井不同地层的顶部、底部和厚度汇总

地层名称	顶界/ft	底界/ft	厚度/ft
Middlesex	6602	7175	573
Genesseo	7175	7196	21
Tully	7196	7283	87
Hamilton	7283	7454	171
上 Marcellus	7454	7520	66
Cherry Valley	7520	7528	8

续表

地层名称	顶界/ft	底界/ft	厚度/ft
下 Marcellus	7528	7553	25
Onondaga	7553	7583	30
Huntersville	7583	7849	266

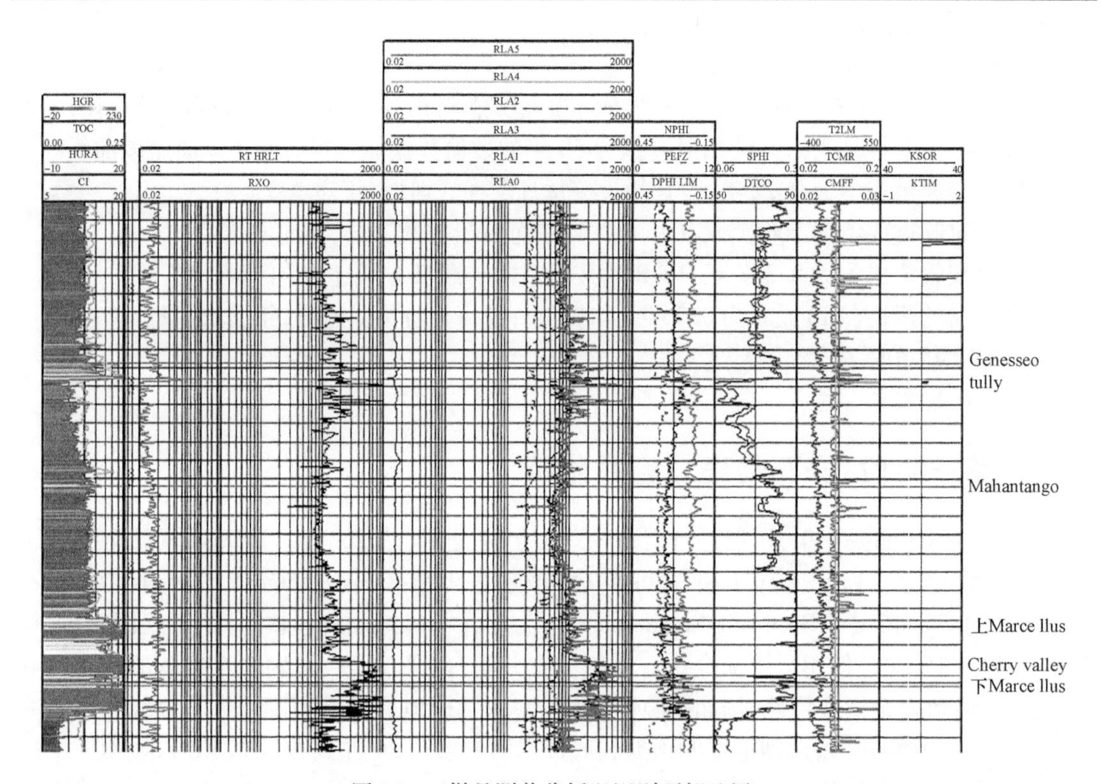

图 25.1 样品测井分析以识别顶部地层

下一条轨迹是一组从 0 ~ 5 的不同深度电阻率测井曲线，其中 0 对应于钻孔处的钻井液电阻率，而 1 ~ 5 显示了冲洗带电阻率与真实地层之间的中等深度电阻率值。RLA5 与第二条迹线中的 RT_HRLT 测井曲线相匹配，显示出地层的高电阻率，表明在上 Marcellus 和下 Marcellus 页岩中存在碳氢化合物。下一道是光电吸收测井曲线(PEFZ)，其中 z 是地层的平均原子序数以及密度孔隙率和中子孔隙率曲线。这些测井的结合将有助于确定地层的矿物学和轻烃(气)岩层的存在。与在上 Marcellus 和下 Marcellus 页岩感兴趣区中观察到的中子孔隙率测井相比，在地层中存在气体时，密度孔隙率测井显示更高的值。下一条是声波孔隙度(SPHI)和 Delta - T 压缩测井曲线(DTCO)，两者都显示出相同的趋势。具有密度和中子孔隙率测井的声波孔隙度可以帮助岩性识别，力学性能形成和异常地层压力识别。Delta - T 压缩测井曲线也可以用于计算泊松比。下一个轨道包括总磁共振孔隙率(TCMR)、自由流体体积(CMFF)、CMRT - B 对数和 T_2 分布对数(T_{2LM})。TCMR 测井用于计算黏土束缚水量，这有助于计算更准确的烃饱和度，并提供与岩性无关的孔隙度值，这在复杂结构中特别有用。CMFF 表示标准的自由流体孔隙率，而 T_{2LM} 是对数平均值 T_2 弛豫时间，将使用 SDR 方程式获得 NMR 渗透率，如式(25.4)所示。最后一个磁道包括使用等式计算的 Timur - Coates 和 SDR 磁导率值,见式(25.4)式(25.7)。

在该地层柱中,Marcellus 页岩(Marcellus 的上部和下部)是天然气生产的关注区。对上部和下部 Marcellus 进行的详细测井分析得出了 Marcellus 页岩的平均岩石物理参数,例如孔隙度、含水饱和度和渗透率。上部和下部的 Marcellus 星线是通过大于 250 的高伽马射线来识别的,其 NPHI(中子孔隙率)大于 DPHI(密度孔隙率),光电对数(PE)值为 3.5,TOC 高且含水饱和度低。孔隙率和含水饱和度是使用平均孔隙率和阿尔奇方程[式(25.1)和式(25.2)]获得的。

从 NPHI 和 DPHI 测井获得的平均孔隙度:

$$\phi_{平均} = \sqrt{\frac{\mathrm{DPHI}^2 + \mathrm{NPHI}^2}{2}} \tag{25.1}$$

阿尔奇公式:

$$S_W = \sqrt[n]{\frac{a\ R_w}{\phi^m R_t}} \tag{25.2}$$

在阿尔奇公式中,使用 $a=1$,$m=1.7$ 和 $n=1.7$,其中 a 为常数,m 为胶结因子,其取值在 2 周围,n 为饱和指数。胶结因子与地层的孔隙连通性直接相关。随着孔隙连通性的降低,m 值增加。在碳酸盐岩储层中,m 值可高达 5(Tiab and Donaldson,2015)。使用式(25.3)求得水电阻率。$R_{中频}$值(钻井液的电阻率)为 0.02Ω · m。使用 R_o(钻井液滤液侵入区电阻率)和 R_t(真实地层电阻率)测井曲线在 Petra 中创建整个测井间隔的 R_w 测井曲线,其中 R_w 为:

$$R_W = R_{mf} \times \frac{R_t}{R_{xo}} \tag{25.3}$$

使用式(25.1)和式(25.2)计算上部和下部 Marcellus 页岩的平均孔隙度和含水饱和度分别为 $\phi=8\%$,$S_w=15\%$ 和 $\phi=5.5\%$,$S_w=17\%$。

使用核磁共振(NMR)测井曲线获得目标地层的渗透率。建议使用不同的方程式,例如 Timur - Coates 和 SDR 方程式,使用 NMR 测井法计算地层的渗透率,如下所示。

Timur - Coates 方程:

$$K_{\mathrm{TIM}} = a\phi_{\mathrm{NMR}}^m\left(\frac{\mathrm{FFV}}{\mathrm{BFV}}\right)^n \tag{25.4}$$

束缚水体积:

$$\mathrm{BFV} = \phi S_{\mathrm{wirr}} \tag{25.5}$$

自由水体积:

$$\mathrm{FFV} = \phi(1 - S_{\mathrm{wirr}}) \tag{25.6}$$

SDR 公式:

$$K_{\mathrm{SDR}} = b\phi_{\mathrm{NMR}}^m(T_{\mathrm{2LM}})^n \tag{25.7}$$

式中 ϕ_{NMR}——从 NMR 测井获得的总孔隙度;

S_{wirr}——不可还原的含水饱和度;

T_{2LM}——对数平均值 T_2。

对于任何特定的形式,都需要确定指数 m 和 n 以及常数 a 和 b。从这些测井曲线获得的 Marcellus 页岩的渗透率范围为 0.0001 ~ 0.001mD。最近,NMR 高分辨率指示剂已用于通过 NMR 测井获得地层的渗透率。然而,在储层有效应力条件下岩心样品渗透率的测量仍不稳定,并能提供更准确和可靠的信息。

25.4 地质力学测井

地质力学测井曲线是根据不同的测井曲线进行计算的,例如声波测井、密度测井和孔隙度测井。它们用于获得不同地层的地质力学特性,例如体积模量、剪切模量、杨氏模量、泊松比、无侧限抗压强度和闭合应力。地质力学岩石特性的测井曲线将有助于水力压裂设计工程师研究水力压裂工作的工程设计可能性,并将其与传统的几何设计进行比较。如第 5 章所述,页岩气储层采用滑溜水水力压裂法产生具有最大接触表面积的复杂压裂系统,而页岩油储层采用交联凝胶流体系统产生双翼压裂系统。但是,除了水力压裂流体系统外,地层的地质力学特性还极大地影响水力压裂产生裂缝。如第 13 章中所述,人工裂缝在最大水平应力的方向上传播并垂直于最小水平应力。人工裂缝扩展也是地层的脆性和脆性比的函数。这些参数是静态杨氏模量和泊松比的函数,如式(13.8)和式(13.11)所示。水力压裂设计的思想是找到最佳的压裂段长、簇数和每个压裂段中放置压裂簇的最佳位置,即高杨氏模量、低泊松比和低各向异性闭合应力区域。井的横向截面中较低的封闭应力区域表示引发和传播裂缝的能量较小。因此,可以使用更长的级间距和每个级更多的簇。但是,各向异性闭合应力高的区域需要更多的能量来扩展裂缝,因此,建议使用较短的阶段长度和较少的团簇。在各向异性闭合应力较高的区域,建议平台长度短于 200ft。为了获得最佳的射孔位置,使用从这些参数在井壁横截面中的分布所获得的标准来选择表明较高脆性指数的高杨氏模量和低泊松比区域。图 25.2 显示了沿 MIP - 3H 井各个阶段测得的各向异性闭合应力。如图 25.2 所示,阶段 17、阶段 18、阶段 19 和阶段 20 表现出较高的各向异性应力,这表明与具有较低各向异性闭合应力的阶段 13、阶段 14、阶段 15 和阶段 16 相比,需要更短的阶段长度。

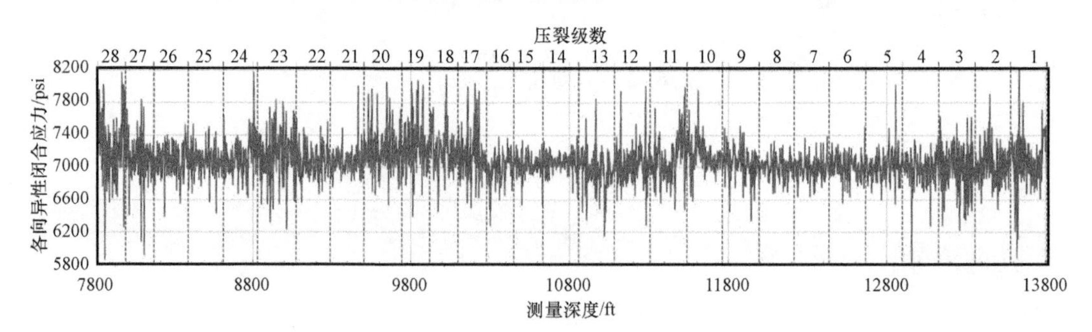

图 25.2 各向异性闭合应力

图 25.3 显示了在 MIP-3H 井沿井剖面中进行的地质力学测井。从左侧开始,第一个轨迹显示了不同应力的值,包括 C11,C12,C13,C33,C44,C55 和 C66。他们测量压缩应力(C11)、弹性常数(C12 和 C13)和剪切模量常数(C33,C44,C55 和 C66)。然后,这些变量可用于获得剪切模量、无侧限抗压强度和闭合应力。接下来的轨道分别是垂直静态杨氏模量、水平静态杨氏模量、垂直泊松比和水平泊松比。为了计算这些参数,首先使用体积密度测井和剪切波的 Δt_s 值获得剪切模量,如下所示:

$$G = 1.34 \times 10^{10} \times \frac{\rho_b}{\Delta t_s} \tag{25.8}$$

然后,将剪切模量用于计算动态杨氏模量,如下所示:

$$E = 2G(1 + \nu) \tag{25.9}$$

此处,v 是从泊松比曲线中得出的。基于动态杨氏模量,静态杨氏模量可以按式(25.10)获得:

$$E_{stat} = 0.835E_{dyna} - 0.424 \tag{25.10}$$

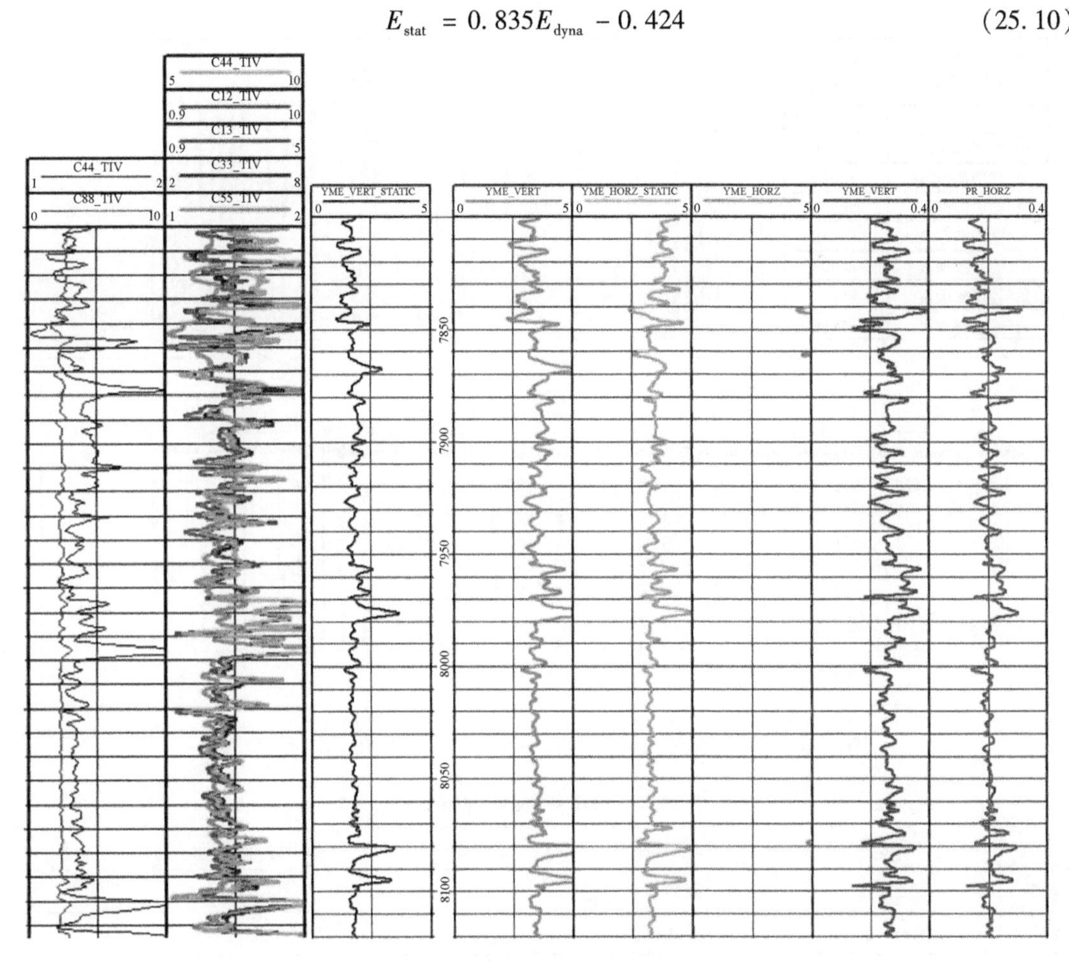

图 25.3 沿井剖面的地质力学测井

泊松比对数还可用于获得裂缝闭合压力，该压力大约等于在第 13 章中式（13.14）可获得的最小水平应力。

使用地质力学测井来定位每段的孔眼，以提高水力压裂作业的效率，也就是说工程设计。

在这里，寻找杨氏模量较高且泊松比较低的位置。为此，首先要获得沿井剖面的杨氏模量和泊松比的分布，杨氏模量和泊松比的任何值都比其平均值加上 3 个标准差（$E \geqslant \overline{E} + 3\sigma_E$，$v \geqslant \overline{v} + 3\sigma_v$）大则被认为是高的，平均值减去 3 个标准偏差到平均值加上 3 个标准偏差之间的任何值都被认为是平均值（$\overline{E} - 3\sigma_E < E < \overline{E} + 3\sigma_E$，$\overline{v} - 3\sigma_v < v < \overline{v} + 3\sigma_v$），并且任何小于平均值减去 3 个标准偏差的值（$E \leqslant \overline{E} - 3\sigma_E$，$v \leqslant \overline{v} - 3\sigma_v$），则被认为是低的。图 25.4 显示了 222ft 水力压裂阶段每阶段 5 个簇的射孔位置。Y 轴的 1 对应于好的射孔位置，而 0 对应于不好的射孔位置。蓝色代表射孔的最佳位置，即较高的杨氏模量和较低的泊松比（如先前定义），红色代表良好的射孔位置，即较高的杨氏模量和平均泊松比或较低的泊松比和平均杨氏模量。每个簇的顶部和底部的真实测量深度也显示在图 25.4 中。表 25.4 显示了 MIP－3H 完井设计的实际概述。在不同的水力压裂中采用了多种设计参数，以便为该区域将来继续钻井优化设计。

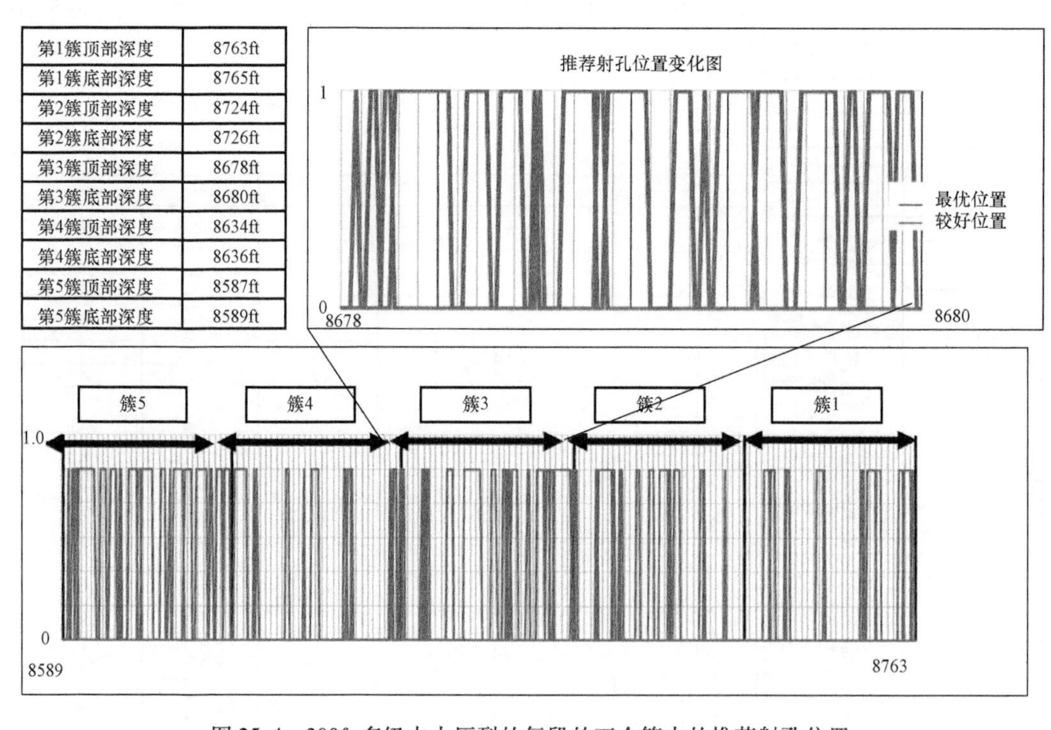

图 25.4　300ft 多级水力压裂的每段的五个簇中的推荐射孔位置

表 25.4　MIP－3H 完井情况概述

段数	28	簇间距	34ft 或 60ft
簇数	133	每个簇的射孔数量	6、8 或 10
簇长度	3ft、4ft 或 5ft	射孔区间	MD 7750ft 或 13815ft

25.5 第二阶段:页岩气藏基础模型开发

CMG GEM 模拟器和非常规模拟器用于开发双渗透率 Marcellus 页岩气藏模型。模型开发的过程包括以下内容。

(1)储层数据收集和准备:储层尺寸,数值网格类型和尺寸,结构图和 isopac 图的地层,地层和天然裂缝的孔隙度和渗透率,地层的吸附特性,地层可压缩性,PVT 信息和流体特性,相对渗透率曲线等。

(2)初始油藏条件:初始油藏压力,温度和水气接触。

(3)钻井信息:井的类型,轨迹,约束,射孔,作业和生产。

(4)水力压裂:断裂特性,网格细化,非达西效应,断裂位置。

建立了基本的 Marcellus 页岩气藏模型,包括 5 层:Hamilton,上 Marcellus,Cherry vallay,下 Marcellus 和 Onondaga 地层。每个地层的顶部和底部使用表 25.3 所列数据。使用前面讨论的测井分析和岩心分析报告可获取每一层的岩石物理特性。http://mseel.org/research/research.html 中介绍了详细的资料,其中假设整个地层均质。选择上 Marcellus 层作为目标区域,因为它具有较大的厚度、较高的孔隙度、较低的含水饱和度和较高的 TOC。尽管重点是 MIP - 3H 油井,但是 MIP - 4H 井,MIP - 5H 井和 MIP - 6H 井也包含在模型中,以研究油井对 MIP - 3H 油井生产产生干扰的可能性。模型的物理尺寸定义为 18000ft × 4500ft × 300ft。为了形成目标,选择上 Marcellus 正交角点精细网格尺寸为 50ft × 50ft × 10ft,并且使用粗网络重置模型 500ft × 500ft × 100ft 的尺寸。表 25.5 显示了从测井分析、文献综述和上 Marcellus 页岩油井报告的岩心分析中获得的基本模型参数。表 25.6 显示了所有层获得的平均孔隙度、初始含水饱和度和基质渗透率。对于相对渗透率曲线,使用由 Osholake(2010)提出的模型。

表 25.5 基础模型上 Marcellus 页岩属性值

参数	取值	单位	参数	取值	单位
基质渗透率	200	nD	含气饱和度	85	%
基质孔隙度	8	%	裂缝孔隙度	0.1	%
裂缝半长	300	ft	裂缝渗透率	300	mD
含水饱和度	15	%	朗格缪尔吸附常数	0.0002	lb^{-1}
裂缝高度	325	ft	最大吸附质量(CH_4)	269.86	ft^3/t
裂缝宽度	0.027	ft			

表 25.6 所有层的平均孔隙度、初始含水饱和度和基质渗透率

地层	平均孔隙度/%	平均初始含水饱和度/%	平均基质渗透率/nD
Hamilton	4.5	27	180
上 Marcellus	8.0	15	200
Cherry valley	6.0	13	330
下 Marcellus	6.0	16	380
Onondaga	3.0	46	37

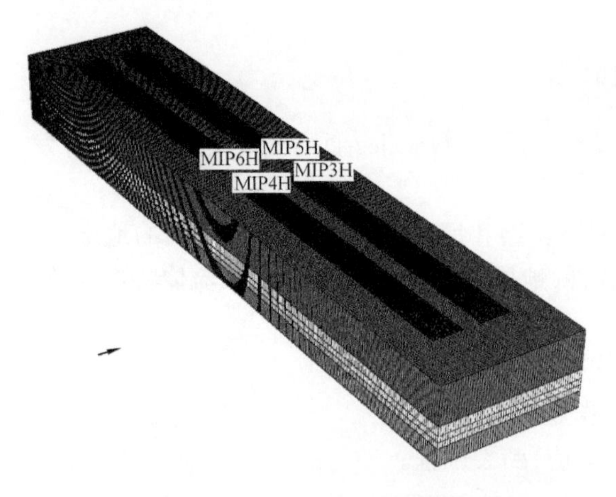

图 25.5　3D Marcellus 页岩基础模型

图 25.5 显示了使用 CMG GEM 作为基本模型构建的 3D 数值模型,并且表 25.7 给出了用于该模型的平均气体成分。储层模型包括 4 个生产井,包括 MIP－3H 井,MIP－4H 井,MIP－5H 井和 MIP－6H 井。然而,本研究对 MIP－3H 井进行了研究,并建立了储层模型,并与 MIP－3H 井的生产和压力行为进行了历史匹配。MIP－3H 井的横截面平均分为 28 个段,每段 4～5 个簇,簇间距为 43ft。

表 25.7　Marcellus 页岩井的平均天然气组成

组分	C_1	C_2	C_3	CO_2	N_2
含量平均值	0.852	0.113	0.029	0.004	0.003

由于上 Marcellus 的细网格基本模式为 50×50×10,横向部分的每个网格都将射孔,以说明 MIP－3H 井中的 133 个簇。为了简单起见,假设采用几何完成设计,而未使用机械测井建议的工程设计。图 25.6 至图 25.8 分别显示了 MIP－3H 井的产气量、产水量以及累计产量,套管和油管压力随时间的变化。基于模型的运行条件,在其中加载了压力降低来模拟现场生产。

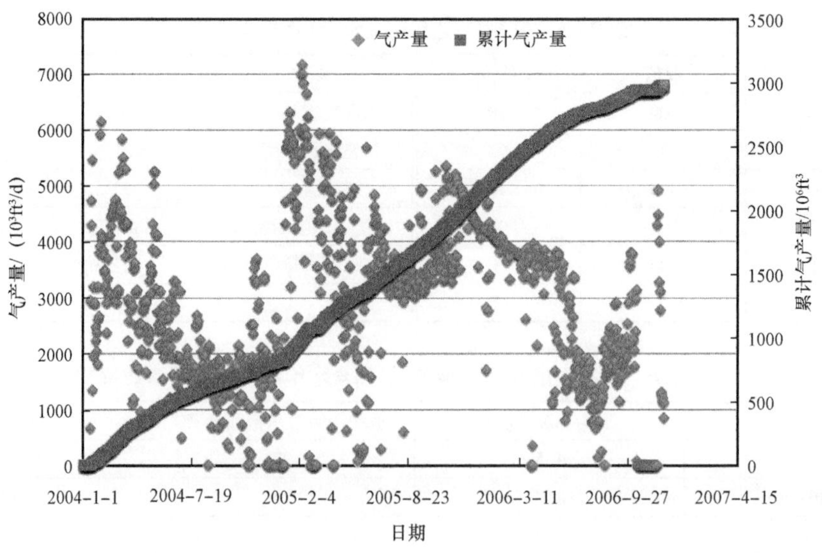

图 25.6　MIP－3H 井日产气量和累计气体产量

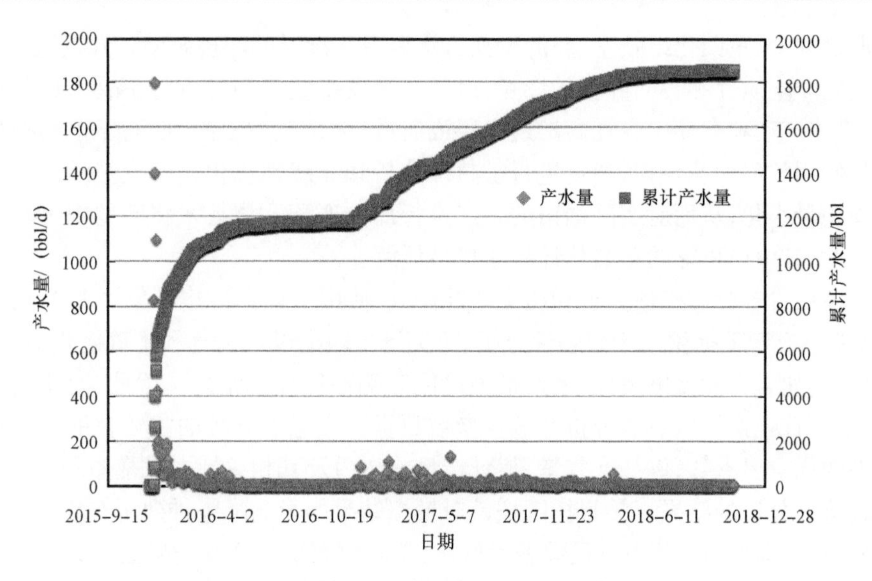

图 25.7　MIP－3H 井的日产水量和累计水产量

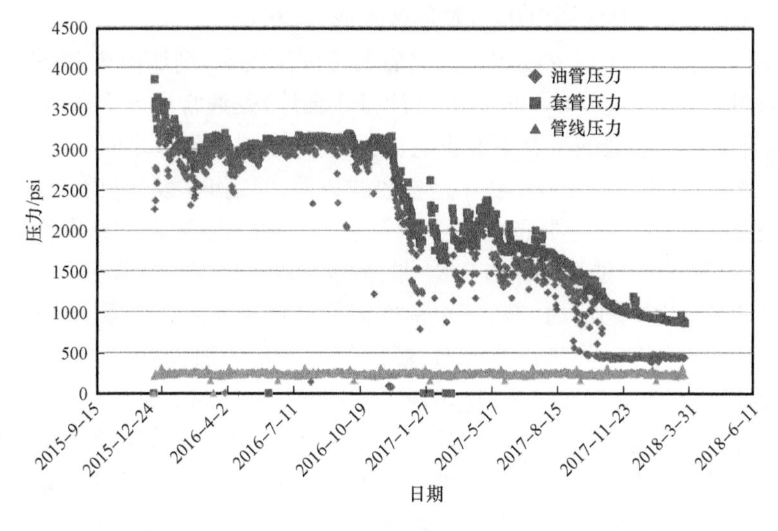

图 25.8　MIP－3H 井的套管、油管和管线压力

25.6　第三阶段:灵敏度分析和历史匹配

建立 Marcellus 页岩储层基础模型后,它必须能够再现与 MIP－3H 井的实际产量相对应的天然气产量、产水量、累计产量以及压力曲线。

由于基本模型通常无法准确预测这些参数,因此容量将需要更多关注。这种无能的主要原因是,通过测井和岩心分析获得的平均岩石和流体性质不能代表油田规模中的这些参数。它们是小规模获得的,例如压碎的样品和实验室或受限于测井仪的分辨率和调查半径。

本文研究了各种不同的分析和数值技术,以将这些特性从实验室提升到现场尺度的平均值。最常用的方法是积分变换方法、随机对流方法、矩方法、中心极限或鞅法、投影算子、数学均质化和混合理论、重归化组技术、空间变换方法以及连续时间随机游动。开发这些技术是为了获得储层的非均质性和各向异性的影响,以及在开发基础模型时可能不会考虑的特征的存在,例如在流体流动和存储中存在高渗透率层或通道"贼层"。但是,在石油和天然气工业中,更常见的是使用数值油藏模拟,通过进行敏感性分析和非线性优化来使模拟结果与实际油田值之间的误差最小化,从而对实际油田的生产进行历史匹配。该技术将问题视为具有多个解的欠定反问题,其中最可能的参数估计将用作最佳解。

为了对该项目进行敏感性分析和历史匹配研究,使用了计算机建模集团 LTD 的商用软件 CMG CMOST。CMOST 提供用于敏感性分析、历史记录匹配以及优化和不确定性分析的模块。有许多参数,例如岩石和流体属性、增产措施可能影响储层模拟结果。因此,要优化历史数据拟合过程,必须首先执行敏感性分析并减少参数数量。敏感性分析的主要目的是获得影响储层模拟结果的最重要参数,例如产气量、累计产量或压力及其相关性。风暴图和帕累托图通常用于显示敏感性分析的结果。帕累托图按其对模拟结果的影响降序排列所有参数。标准化的帕累托图显示 t 检验的值,其中负系数表示反比,正系数表示与仿真结果具有直接关系。如果参数落在"p 级别"行的左侧,则意味着无法在指定的 p 级别对该参数的重要性进行"统计意义"声明。出于工程目的,考虑使用 95% 置信区间或 $p = 0.05$。

为了进行敏感性分析,本研究使用了不同的实验设计技术,例如两级 Plackett - Burman 和三级 Full Factorial 设计。Plackett - Burman 设计(PB 设计)是通常用于筛选研究的最紧凑的两级设计。PB 设计捕获了参数的所有主要影响,但不能完全捕获参数之间的交互对仿真结果的影响。PB 设计需要 $N+1$ 个仿真,其中 N 是参数的数量,但是 PB 设计只能使用 4 的倍数。例如,对于 10 个参数,PB 设计中运行的仿真数量等于 12。如果参数采用确定性值,则优良作法是将基准值乘以 1.2(即,增加 20%)和 0.8(即,减少 20%)来定义上限和下限。如果参数具有正态分布,则可以使用平均值加(减)三个标准偏差来定义上限和下限。如果参数不是正态分布,则首先将参数的分布转换为正态分布,然后使用平均值加(减)三个标准偏差。还可以定义两个不同的相对渗透率表或结构图,并将它们分配给上层和下层。

表 25.8 显示了针对随机放置在 P_1 至 P_10 中的 10 个参数的 PB 设计表的示例,其中 -1 对应于每个参数的下层,而 1 对应于每个参数的上层。为了减少 PB 表中的混淆效果,建议进行第二轮模拟,在该模拟中将与原始设计相同数量的模拟添加到表中。

表 25.8 10 个变量的 Plackett - Burman 设计

运行次数	P_1	P_2	P_3	P_4	P_5	P_6	P_7	P_8	P_9	P_10
1	1	1	1	1	1	1	1	1	1	1
2	-1	1	-1	1	1	1	-1	-1	-1	1
3	-1	-1	1	-1	1	1	1	-1	-1	-1
4	1	-1	-1	1	-1	1	1	1	-1	-1
5	-1	1	-1	-1	1	-1	1	1	1	-1
6	-1	-1	1	-1	-1	1	-1	1	1	1
7	-1	-1	-1	1	-1	-1	1	-1	1	1
8	1	-1	-1	-1	1	-1	-1	1	-1	1
9	1	1	-1	-1	-1	1	-1	-1	1	-1

续表

运行次数	P_1	P_2	P_3	P_4	P_5	P_6	P_7	P_8	P_9	P_10
10	1	1	1	-1	-1	-1	1	-1	-1	1
11	-1	1	1	1	-1	-1	-1	1	-1	-1
12	1	-1	1	1	1	-1	-1	-1	1	-1
13	-1	-1	-1	-1	-1	-1	-1	-1	-1	-1
14	1	-1	1	-1	-1	-1	1	1	1	-1
15	1	1	-1	1	-1	-1	-1	1	1	1
16	-1	1	1	-1	1	-1	-1	-1	1	1
17	1	-1	1	1	-1	1	-1	-1	-1	1
18	1	1	-1	1	1	-1	1	-1	-1	-1
19	1	1	1	-1	1	1	-1	1	-1	-1
20	-1	1	1	1	-1	1	1	-1	1	-1
21	-1	-1	1	1	1	-1	1	1	-1	1
22	-1	-1	-1	1	1	1	-1	1	1	-1
23	1	-1	-1	-1	1	1	1	-1	1	1
24	-1	1	-1	-1	-1	1	1	1	-1	1

但是与原始运行相比,这些符号将反转。表 25.8 显示 12 个原始模拟运行(即 1 ~ 12)和 12 个折叠模拟运行结果(即 13 ~ 24)。运行完所有实验后,将计算主要效果,并以帕累托图和风暴图的形式显示,以识别最重要的参数及其对模拟结果的影响程度。表 25.9 显示了为进行敏感性分析而获得的储层、完井和作业参数及其基准值、上限值和下限值。

图 25.9 显示了在 $a = 0.05$ 或 95% 置信区间内的标准化效果的帕累托图。虚线表示 $a = 0.05$ 的相应标准化效果。虚线右侧的参数,即水力压裂渗透率、水力裂缝半长、基质渗透率、裂缝宽度和最大泵入排量,对模拟结果有重要影响。

表 25.9 敏感性分析参数及其变化程度

参数	低等级(21)	基础	更高级别(1)
基质孔隙度 ϕ	0.02	0.08	0.12
基质渗透率 K/nD	10	200	1000
裂缝半长 X_f/ft	100	300	500
水力压裂渗透率 K_f/mD	1600	3000	7000
等效裂缝宽度 w/ft	0.011	0.015	0.019
含水饱和度 S_w	0.12	0.15	0.18
最大吸附质量 V_L/(mol/lb)	0.1110	0.1617	0.1970
Langmuir 吸附常数 P_L/psi	0.0001	0.0002	0.0045
最高产量/($10^6 ft^3$/d)	5	7	10
甲烷扩散系数 D/(cm^2/s)	1×10^{-5}	5×10^{-5}	1×10^{-4}

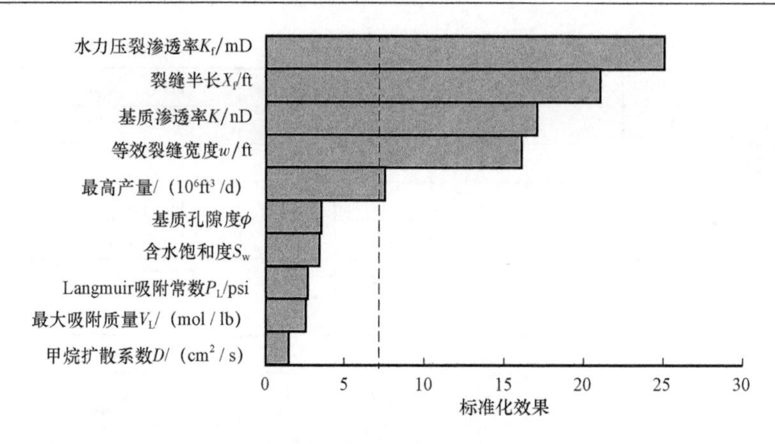

图 25.9 标准化效果的帕累托图($\alpha=0.05$)

而其他参数则在95%置信区间内未显示统计显著性。这并不意味着这些参数并不重要。图25.10显示了从PB设计敏感性分析获得的龙卷风图。如图25.10所示,包括渗透率和裂缝半长在内的增产参数对MIP-3H井的累计产气量影响最大,而气体吸附和扩散系数对累计产气量的影响最小。使用帕累托图和龙卷风图获得的结果一致,可以在历史记录匹配过程中用于进一步分析。

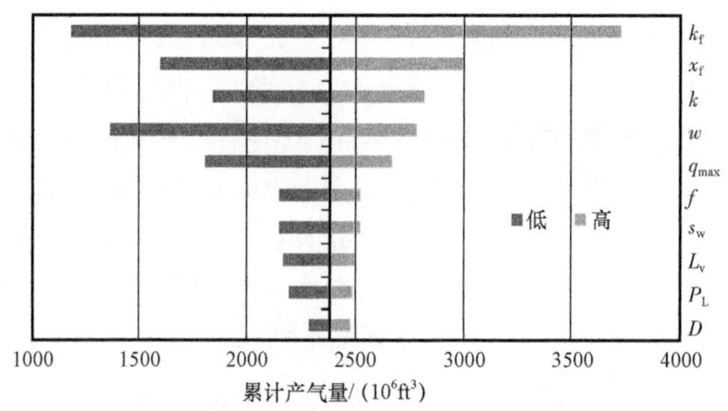

图 25.10 天然气产量 MIP-3H 井风暴图

为了捕获全部不确定性以及不同参数之间的相关性对仿真结果的影响,需要执行完整的因子设计。完全阶乘设计(FFD)量化了所有可能的参数组合及其相关性对模拟结果的影响。L个变化级别的N个参数所需的仿真运行总数等于L^N。

对于敏感性分析,采取了以下五个步骤:

(1)确定感兴趣的参数及其统计描述(分布,均值,标准差以及上下限);

(2)使用 Plackett - Burman 线性筛选方法以找到最重要的参数;

(3)使用全因子设计进行全面分析,以量化每个参数及其相互作用对模拟结果的影响;

(4)生成响应面;

(5)在响应面上执行蒙特卡罗模拟,以评估油藏性能的不确定性。

在获得影响储层模拟结果的最重要参数(天然气和水的速率以及累计产量和压力)后,这些参数将被带入 CMG CMOST 历史拟合算法,以进行更全面的分析,以获得可导致储层优化的参数。模拟结果与实际井场历史相匹配。在执行历史记录匹配之前,最好的做法始终是确保输入数据中没有错误,并且所有初始条件和边界条件均有效。通过三步历史匹配程序和历史匹配,首先是平均油藏压力,其次是水流量,最后是井底流动压力。最好先匹配油田平均参数,然后再调整模型以匹配各个井需要的参数。

在这项研究中,使用了称为设计探索控制演化(DECE)的 CMG CMOST 优化算法,其中可以使用连续或离散的参数。图 25.11 图中显示了深灰色的实际 MIP-3H 井累计产气量,黑色为基础案例储层模拟结果,浅灰色为不同的实现方式,浅黑色为最佳历史匹配解。如图 25.11 所示,在油田历史和最佳油藏模拟结果之间找到了很好的匹配。图 25.12 以深灰点显示实际的 MIP-3H 井每日产气量,以黑色显示基本情况模拟结果,以黑色显示最佳历史匹配气量。如图 25.12 所示,在 MIP-3H 井的每日天然气流量和最佳解决方案之间找到了很好的协议。最后,图 25.13 以深灰点显示 MIP-3H 井底压力(BHP),以黑色显示模拟基本情况,以浅黑色

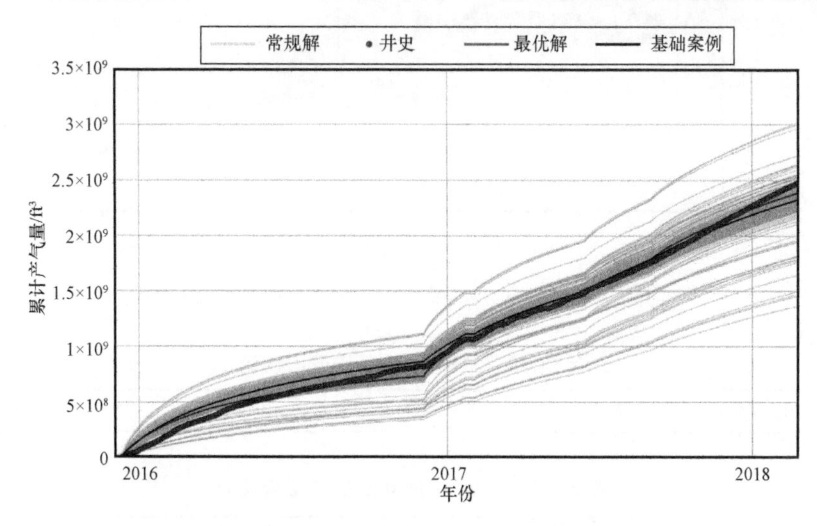

图 25.11 与历史记录相匹配的 MIP-3H 井累计产气量

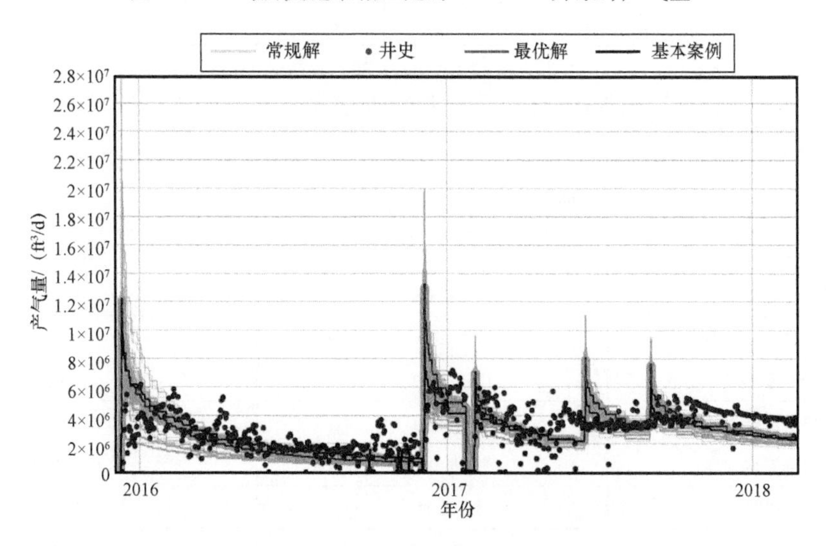

图 25.12 MIP-3H 井的历史记录匹配产气量

显示最佳历史匹配解决方案。产气量和井底压力计算中的较高误差是由于缺乏关于节流井时间表的足够信息,也就是说,如 MMI-3H 井所示,只有关闭信息可用。表 25.10 和表 25.11 显示全局误差为 8.36%,累计天然气产量误差为 1.93%,气速计算误差为 15.8%,井底压力计算误差为 10.74%。

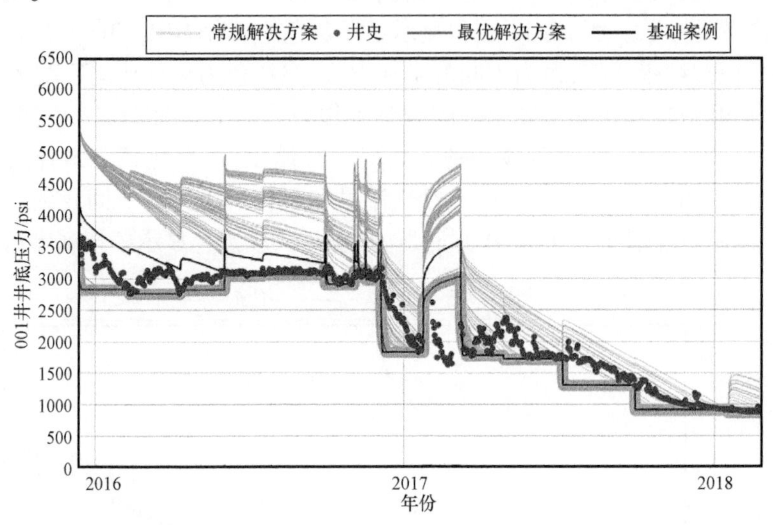

图 25.13 与历史记录相匹配的 MIP-3H 井井底压力

表 25.10 MIP-3H 井关井时间表

2016-7-18	2016-9-30	2016-11-3	2016-11-16	2017-1-24—31	2017-2-1—3	2017-3-5—7

表 25.11 MIP-3H 井的历史拟合误差

单位:%

全局误差	累计产气量	产气量	BHP
8.36	1.93	15.8	10.74

通过历史拟合获得最佳储层岩石、增产和作业参数,与累计气产量、产气量和井底压力(BHP)相匹配(表 25.12)。

表 25.12 使用 MIP-3H 井的历史拟合获得的最佳值

参数	基值	最佳值
基质孔隙度 ϕ	0.08	0.04
基质渗透率 K/nD	200	400
裂缝半长 X_f/ft	300	280
水力压裂渗透率 K_f/mD	3000	3206.937
等效裂缝宽度 w/ft	0.015	0.02095
含水饱和度 S_w	0.15	0.10
Langmuir 吸附常数/psi^{-1}	0.0002	0.00489
最大吸附质量(CH_4)/(ft^3/t)	269.86	210

续表

参数	基值	最佳值
最大流量/($10^6 ft^3/d$)	7	10
甲烷扩散系数 D/(cm^2/s)	5.0×10^{-5}	1×10^{-4}

在将 Marcellus 页岩储层模型与实际油田生产历史进行历史拟合之后,可以根据项目描述的要求使用该模型预测未来 10 年的天然气产量。

25.7 第四阶段:油井性能分析

在石油和天然气行业,预测油气井的生产率和最终采收率对油井性能分析特别重要。传统的油井性能分析基于生产率,其中经验方程和曲线拟合用于获得产量预测和 EUR。这些技术易于应用,可用于复杂的流动行为。但是,这些技术假设操作条件是在生产条件下,并可能导致非唯一的解决方案。Arps 在 1945 年引入了他的经验性递减曲线分析(DCA)进行 EUR 计算,随后 Fetkovich 在 1980 年发表了他的著作。最初,使用 Arps 技术进行油井性能分析。然而,由于预测的不确定性和 Arps 方程的假设,开发了不同的速率瞬变分析(RTA)技术,通过释放 Arps 方程的假设并考虑更实际的操作条件来提高预测精度。所谓的"现代油井性能分析"既使用生产率,又使用压力,而不是经验公式,它是基于物质平衡方程支配的流体流动和存储的物理原理。除了预测产量并估算最终的烃采收率之外,当可获得井(油田)的压力和生产历史时,RTA 还可以用于获取重要的井(油田)信息,例如渗透率、表皮以及储层的形状和边界。该信息可用于减少完井设计中的不确定性并提高采收率。在边界控制的井流行为的均质各向同性储层中,RTA 分析非常可靠。但是,在处理非常规油藏(如页岩气藏或油藏)时,这些条件均无效。页岩储层的岩石性质高度复杂且非均质,由于这些地层的渗透率极低,因此它们表现出长期的瞬变流动特性。因此,将 RTA 用于页岩储层需要更多的关注。通常,将使用不同技术的传统和现代油井性能分析结合使用,并将获得的结果进行比较,以得出更可靠的油井性能分析。对于 RTA,本研究使用了 IHS 和商业软件中可用的不同类型的曲线和非常规方法。

25.8 裂缝气井的 Agarwal - Gardner 型曲线

这项研究中进行的第一种类型曲线分析是 1999 年开发的 Agarwal - Gardner 类型曲线(Agarwal et al.,1999)。这种类型的曲线可用于获取天然气位置和储层参数,例如天然裂缝储层的渗透率、裂缝半长和表皮系数。该类型曲线的主要应用是径向流态。为了使用这种技术获得到位的天然气,需要储层数据、流体性质和操作条件。在这种技术中,归一化率[式(25.11)]相对于材料平衡的拟时间(t_{mp}),绘制了 y 轴上的纵坐标。式(25.13)在对数图中的 x 轴上。可以使用在两个图的轴保持平行的同时与数据匹配的最佳类型曲线计算渗透率、储层半径、表皮、裂缝半长和原位气体。从匹配的类型曲线$\left(\frac{r_e}{x_f}\right)$中即油藏在裂缝半长上的半径,以及从匹配点开始,数据($\widehat{qt}_{mp}$)和类型曲线的(q_D, t_D)会被记录下来,以进行进一步的计算。

归一化率:

$$\widehat{q}=\frac{q}{p_{\text{pi}}-p_{\text{pwf}}} \tag{25.11}$$

式中 q——产气量,$10^6\text{ft}^3/\text{d}$;

p_{pi},p_{pwf}——拟初始压力和拟流动 BHP,$10^6\text{psi}^2/(\text{mPa}\cdot\text{s})$。

拟压力定义如下:

$$p_{\text{p}}(p)=2\int_0^p \frac{p}{\mu z}\text{d}p \tag{25.12}$$

式中 μ——气体黏度,mPa·s;

z——气体压缩因子。

拟物质平衡时间:

$$t_{\text{mp}}=\frac{\mu c_t}{q(t)}\int_0^t \frac{q(t)}{\mu(\bar{p})c_{\text{t}}(\bar{p})}\text{d}t \tag{25.13}$$

式中 c_{t}——总气体可压缩性;

p——平均压力,psi。

图 25.14 显示了 MIP-3H 井的 Agarwal-Gardner 型曲线分析。水力压裂的半长为 212ft,$r_{\text{e}}/x_{\text{f}}$ 值为 5.0。

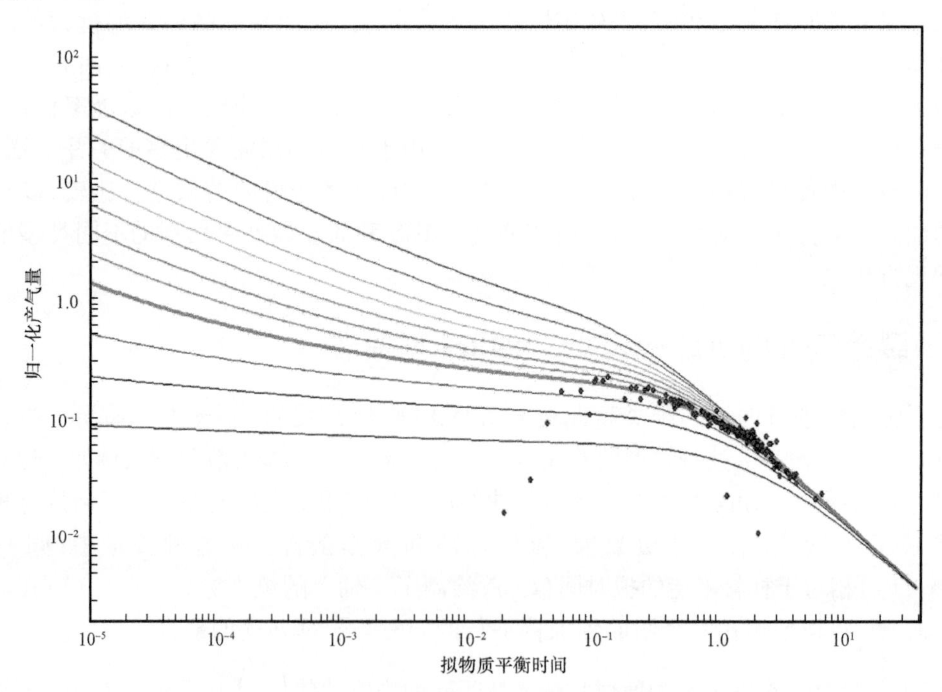

图 25.14 MIP-3H 井的 Agarwal-Gardner 型曲线分析

25.9 Blasingame 型曲线

本研究中使用的下一种类型曲线是 1994 年开发的 Blasingame 型曲线(Doublet et al.,1994)。该技术适用于裸眼水平井,并可以提供地层渗透率、原位烃和储层排水面积。Blasingame为无量纲变量引入了新的积分函数,该变量可用于不同的流态,例如线性流、双线性流和径向流。Blasingame 递减曲线基于恒定速率解,其中仅绘制谐波下降。像 Agrawal - Gardner 类型曲线一样,Blasingame 类型曲线中绘制的数据是气井的归一化产气量与拟物质平衡时间。通过将 Blasingame 型曲线拟合到 MIP - 3H 井,获得的信息与 Agrawal - Gardner 型曲线分析一致。图 25.15 显示使用 Blasingame 类型曲线获得的匹配。

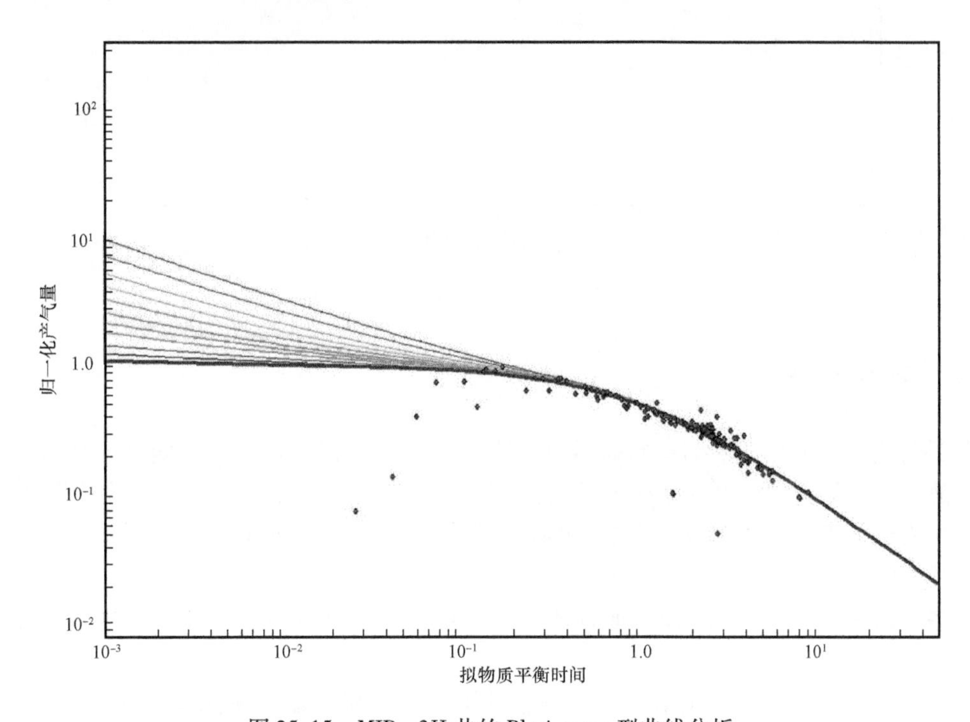

图 25.15 MIP - 3H 井的 Blasingame 型曲线分析

25.10 Wattenbarger 型曲线

Wattenbarger 型曲线分析更适合于扩展线性流,因此可用于具有超低渗透率的页岩储层(Kanfar et al.,2012)。像与 Agrawal - Gardner 型曲线匹配的 Wattenbarger 型曲线的过渡部分有关裂缝半长和储层边界的信息。Wattenbarger 型曲线假设在矩形储层的中心发生水力压裂,该处的初始瞬变流量垂直于水力压裂。Wattenbarger 型曲线还绘制了归一化产气量与拟物质平衡时间的关系图,根据该匹配项,可以计算出储层面积和原位天然气,如图 25.16所示。

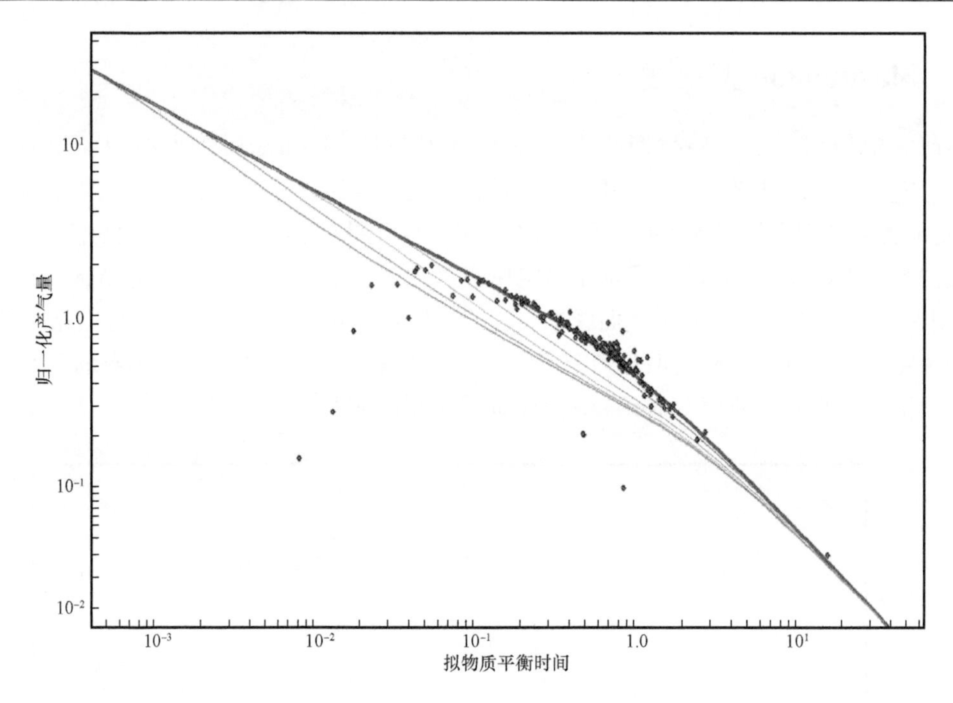

图 25.16　MIP－3H 井的 Wattenbarger 型曲线分析

25.11　瞬态曲线

瞬态曲线也用于分析早期或瞬态数据(图 25.17)。此技术通常用于瞬态时间较长的情况。像前面讨论的其他类型的曲线一样,它们也对气井使用归一化产气量对拟物质平衡时间。瞬态匹配用于估算渗透率和表皮系数、OGIP 和 EUR。EUR 取决于储层大小;因此,不建议在这些计算中使用过渡部分。

这些方法主要用于流态诊断,通常不用于 EUR 和 OGIP 预测。因此,用这些技术确定 EUR 时必须谨慎。

IHS、非常规油藏分析和速率瞬变方法也已用于本研究。首先,使用可变流量压力技术,其中归一化压力 $\widehat{p}$,即式(25.14),相对于时间的平方根绘制。$A\sqrt{K}$是常用的比较参数,用于井间比较,因为它是非常规油藏的特征。请注意,在进行井间对比之前,必须根据井的横向长度对 $A\sqrt{K}$进行标准化。$A\sqrt{K}$/ft 也可以用作建立 ML 模型时的输出参数,因为它表示流程每口井的容量。由于 $A\sqrt{K}$/ft 和 EUR/ft 之间的相关性,许多操作员将 $A\sqrt{K}$/ft 作为输出进行 ML 分析。

归一化压力:

$$\widehat{p} = \frac{\Delta p_{\mathrm{p}}}{q} \tag{25.14}$$

通过数据的直线的斜率“m”可用于求得 $A\sqrt{K}$[式(25.15)]:

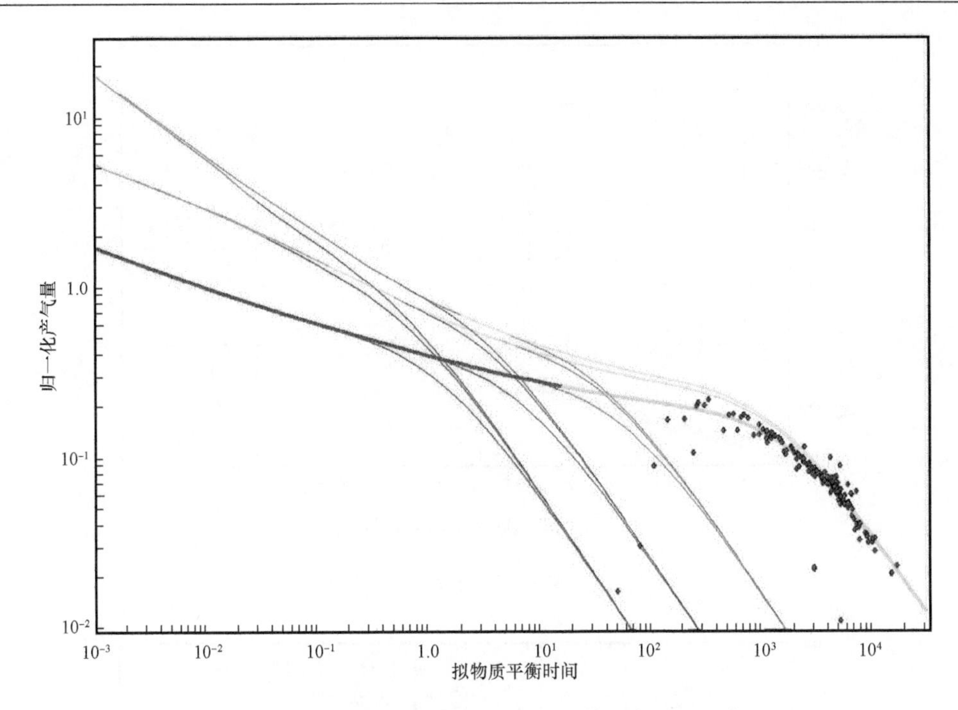

图 25.17　瞬态曲线分析 MIP－3H 井可变流量压力

$$A\sqrt{K}=\frac{1262\ T}{\sqrt{\phi\mu C_{t}m}} \tag{25.15}$$

式中　T——储层温度,℉;

ϕ——孔隙度;

μ——气体黏度,mPa·s;

C_{t}——总压缩率。

流量 $A\sqrt{K}$定义为接触表面积乘以渗透率的平方根。直线行为表明存在线性流。图 25.18 显示了 MIP－3H 井的叠加时间图和通过数据的直线。直线的斜率导致 $A\sqrt{K}$值等于 $101850\mathrm{mD}_{1}^{\frac{1}{2}}\mathrm{ft}^{2}$。请注意,在用于任何类型的比较分析之前,必须将该值标准化为横向长度。图 25.18 无法将其用于就地原始气体(OGIP)计算,因为数据未显示线性流的终点,因此尚未达到边界支配流。但是,可以使用式(25.16)估算最小 OGIP。

使用时间图平方根的 OGIP:

$$\mathrm{O}\overline{\mathrm{GIP}}=\frac{200.8TS_{\mathrm{gi}}}{(\mu C_{t}B_{\mathrm{g}})_{i}}\times\frac{\sqrt{t_{\mathrm{elf}}}}{m} \tag{25.16}$$

图 25.19 显示了 MIP－3H 井的流动物质平衡图,其中标出了气体归一化产量与归一化气体累计产量的关系。直线拟合扩展名表示 $5552\times10^{6}\mathrm{ft}^{3}$ OGIP。如前所述,由于尚未观察到瞬态流动的结束,此 OGIP 是此分析中的最小 OGIP。一旦观察到瞬变流的结束,就可以从该分析中确定 OGIP 的更准确估算。

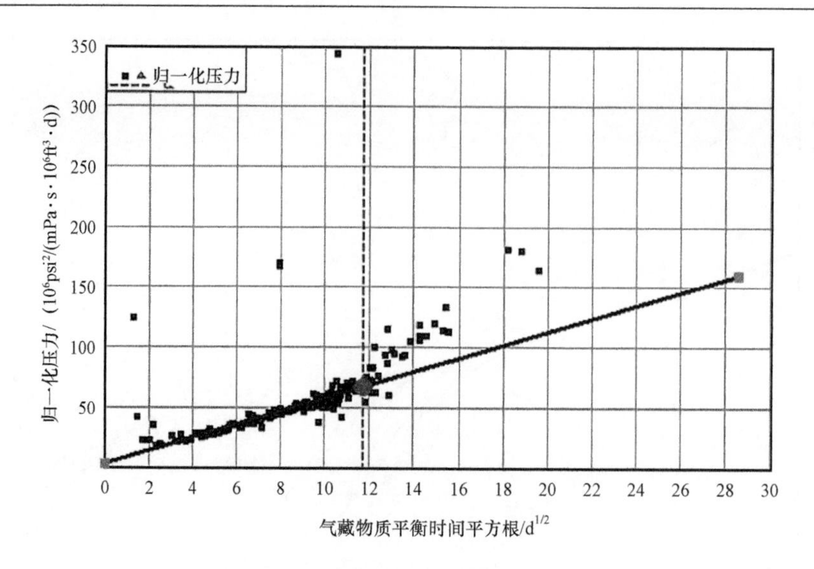

图 25.18　MIP－3H 井的叠加时间图

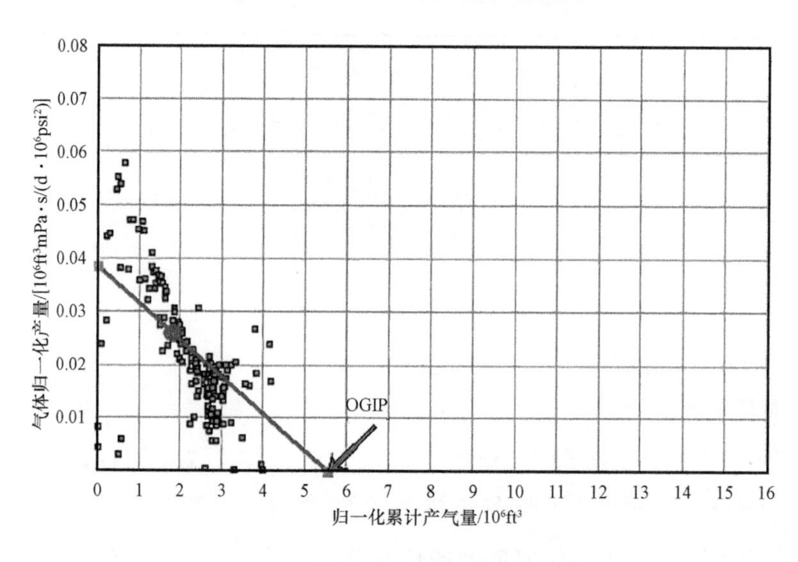

图 25.19　MIP－3H 井流动物质平衡图

接下来,使用类型曲线,其中在对数图上绘制归一化的气体产量与气体物质平衡时间的关系,即累计气体产量与瞬时速率的比率,以识别流动状态。在图 25.20 中,深灰色的$\frac{1}{2}$斜线对应于线性流,而灰色的单位斜线表示边界支配流。MIP－3H 井数据以深灰色的斜率落在$\frac{1}{2}$斜线上,表明存在线性流动。

使用 IHS Harmony 软件中可用的递减曲线、物料平衡、类型曲线和非常规方法对 MIP－3H 井进行了性能分析,结果总结见表 25.13。

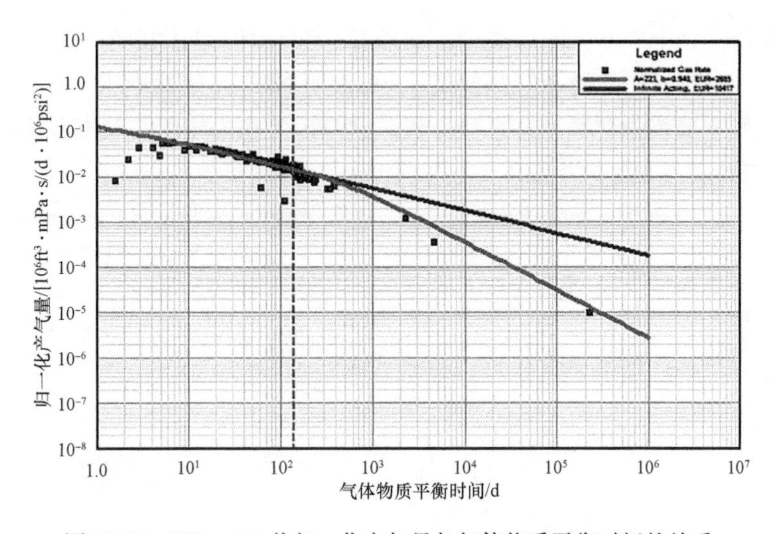

图 25.20 MIP－3H 井归一化产气量与气体物质平衡时间的关系

表 25.13 使用油井性能分析获得的估计参数

参数	RTA 估算值
$A\sqrt{K}$/(mD$^{1/2}$ · ft^2)	101850
渗透率/mD	1.24×10^{-4}(通过分析为 16.566×10^{-4})
裂缝半长/ft	212

然后,当使用 HIS Harmony 软件包中的各种分析模型和混合模型执行历史匹配时,可以将从叠加时间分析获得的基本参数用作起点。一旦获得理想的 HM,就可以进行预测,并且可以为每口井预测可靠的 EUR。从叠加时间分析中使用的最重要的参数是标准化的 $A\sqrt{K}$,用于孔与孔之间的比较和使用 HIS Harmony 软件包中的分析或混合模型进行 HM 时,可以将其余参数(例如裂缝半长,有效渗透率等)用作起始参数。

25.12 液体滞留

液体滞留是指管道中的水、气体冷凝物或两者的积聚,这会影响天然气产量,如果不及时诊断,可能会压井。液体加载的主要原因是气体流速低。如果气体速度降至将液体输送到地面所需的临界速度以下,则液体开始在垂直井的井下、水平井的侧向断面甚至在水力压裂中聚集。在非常规气藏中使用不同的模型(例如液滴,薄膜或瞬态多相流模型)来预测液体加载中。Turner 等(1969)和 Coleman(1991)等提出的终端速度方程是石油和天然气工业中用来预测液体负荷的最常用模型。他们介绍了使用液滴运动模型防止液体滞留所需的最小气体速度(请参见生产分析和井口设计一章)。液体滞留的另一个迹象是套管压力过高。由于井下液体的积聚,流动的井底压力上升,导致套管压力升高。图 25.21 显示了用 Coleman 速率和 Turner 速率绘制的 MIP－3H 井气体速率。它显示出气体速率(深灰色)大于 Coleman 速率和

Turner 速率,表明该井中未发生液体滞留。灰线显示了 MIP - 3H 井的产水量。图 25.8 介绍的结果还显示了 MIP - 3H 井的套管和管道压力,表明 MIP - 3H 井中未发生液体滞留。如果发生液体滞留,则需要格外注意油井性能分析。这是因为在未使用井底压力计的情况下,在滞留井时计算出的井底流动压力不准确。

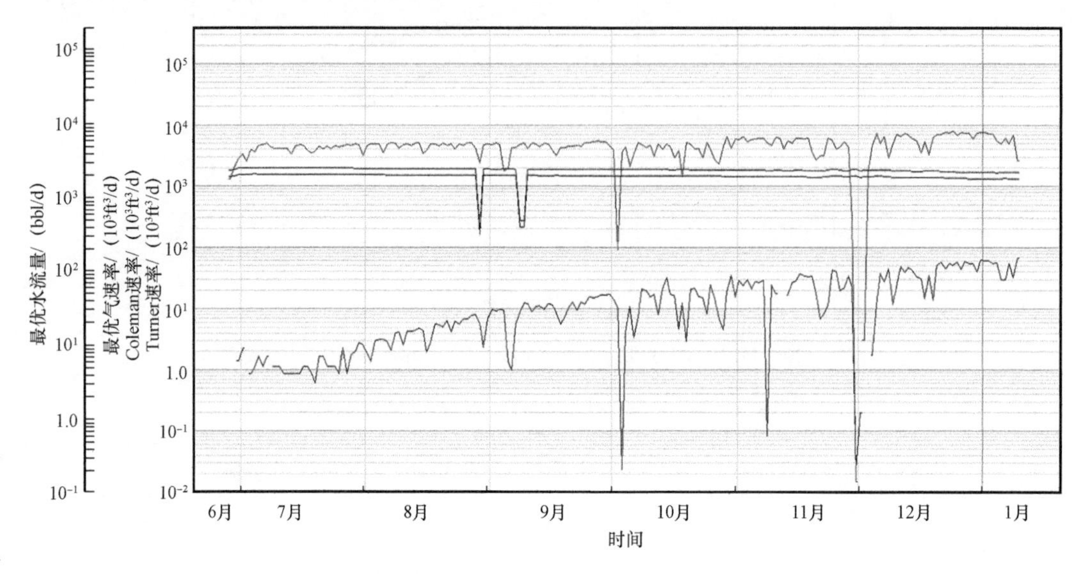

图 25.21 MIP - 3H 井速率与时间的关系

25.13 注入诊断压裂测试(DFIT)

使用 FracPro 进行水力压裂增产优化之前,在 MIP - 3H 井中进行的诊断性压裂测试显示了瞬时关井压力(ISIP)、裂缝梯度、净伸展压力、流体滤失机制、闭合时间、闭合时间压力(最小水平应力)、最大水平应力的近似值、各向异性、流体效率、有效渗透率、透射率和孔隙压力(有关 DFIT 分析的更多详细信息,请参阅第 14 章)等参数。如 DFIT 章节中所述,G 函数图、平方根图和对数图可一起使用或分别使用以识别闭合压力。对于此分析,建议将所有三个图相互结合使用以确定闭合压力。如图 25.22 所示(G 函数图),获得的闭合压力为 7402psi,这是二阶导数曲线开始偏离穿过原点的外推线的点(在图 25.22 上突出显示)。此外,从图 25.22 中可以看到 PDL 数值,它是穿过原点的外推线上方的凹形向下形状。这表明存在天然裂缝,并且可能使用了较小的砂粒,例如 100 目支撑剂以堵塞水力压裂期间的天然裂缝和微裂缝措施。

裂缝闭合前分析(BCA)的另一种形式称为平方根分析,其中 BHP 相对于时间的平方根作图。该图还可用于查找裂缝闭合压力。该图中绘制了压力的一阶导数和二阶导数。为了识别裂缝闭合压力点,在二阶导数曲线上绘制了从原点开始的线性外推线。当二阶导数曲线偏离直线时,可以近似地闭合裂缝。图 25.23 中显示了 MIP - 3H 井的时间平方根,其中二阶导数曲线偏离了直线,根据 G 函数分析,裂缝闭合压力近似为 7402psi。图 25.24 显示了 MIP - 3H 井的测井对数图。

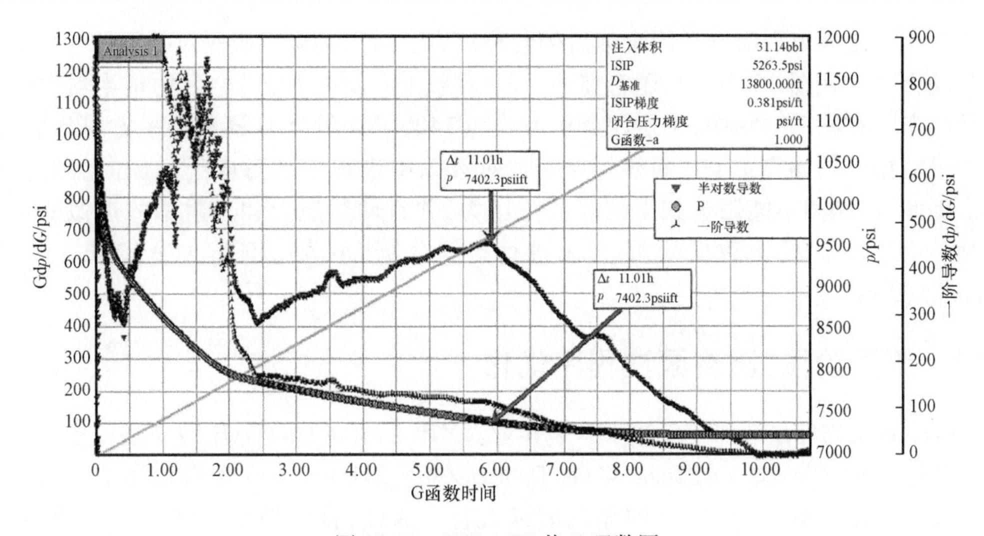

图 25.22 MIP-3H 井 G 函数图

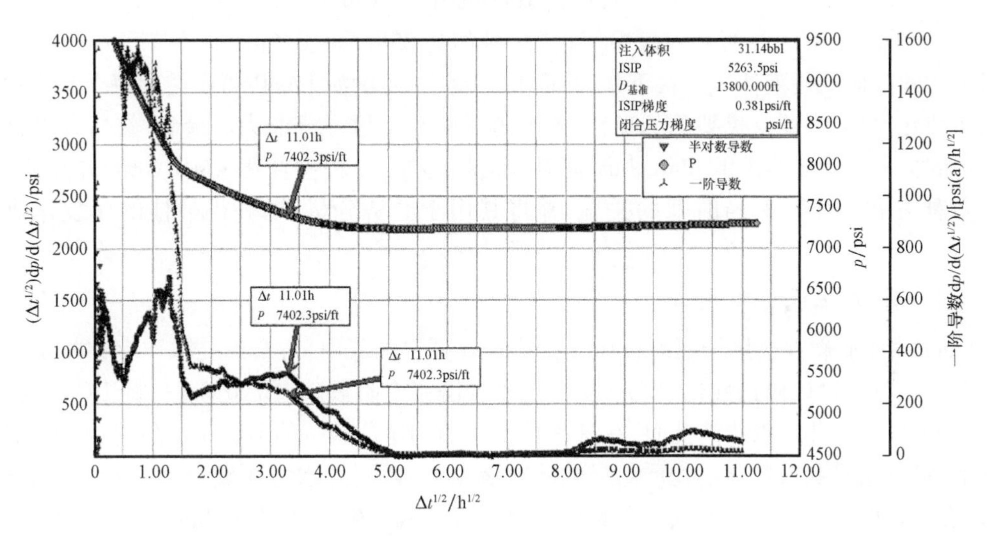

图 25.23 MIP-3H 井时间平方根图

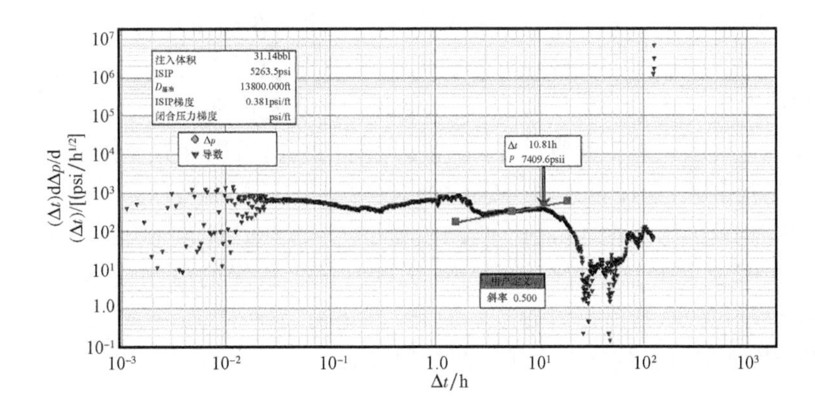

图 25.24 MIP-3H 井对数—对数图

图25.23足以识别闭合和闭合前后的各种流态。可以确定对数—对数图的二阶导数的各种流动方式。在图25.24中,闭合前的半斜率线(1/2斜率)和闭合后的负半斜率线显示出线性流态。在图25.24中,确定闭合压力约为7400 psi(符合G函数和平方根分析)。闭合压力是数据开始偏离正1/2斜线的点。在对数图中未观察到对应于拟径向流的负单位斜率。因此,霍纳图不能用于获得储层孔隙压力,并且储层压力和透射率的近似变得具有挑战性。由于该DFIT上数据的质量,未进行封闭分析(ACA),例如ACA(Nolte,1997)和Soliman等(2005)。

25.14 第五阶段:压裂泵注程序优化

Marcellus页岩储层选择了滑溜水压裂作业。MIP-3H井的实际压裂泵注程序表可在以下网址获得:http://mseel.org/Data/Wells_Datasets/MIP_3H/finish/。资料里详细介绍了优化压裂作业的进度计划,以使项目的净现值最大化。为此,首先使用40% 100目和60%的40/70目组合设计不同的支撑剂计划,包括1000lb/ft、1500lb/ft、2000lb/ft、2500lb/ft、3000lb/ft、3500lb/ft和4000lb/ft,在所有砂级中都相同(例如0.25lb/gal、0.5lb/gal、0.75lb/gal等),并更改每个加砂阶段的用液体积。接下来,在商业压裂软件(例如FracPro)中使用每个泵注程序来获取压裂几何形状,即支撑裂缝的半长、支撑的宽度和支撑导流能力。最后,将每种设计的裂缝几何数据导入历史匹配的Marcellus页岩储层模型中,该模型使用CMG GEM建立模型,以获取每种方案的生产率与时间的关系,并将其用于经济分析,以获得最佳的压裂作业泵注程序。

25.14.1 水力压裂施工设计

FracPro商业软件已用于压裂设计。在非常规页岩油藏中,桥塞射孔联作完井技术是一种常用方法。每级设计包括酸化、填充、支撑剂和冲洗四个阶段。在酸化阶段,将HCL(盐酸)或HF(氢氟酸)泵入井下以清洁孔眼,在这种情况下,使用了15%的HCL酸,泵速为85bbl/min。接下来,将仅由水和某些化学物质组成的前置液泵入,以引发水力压裂,并产生所需的压裂长度、宽度和高度。水力压裂的大部分是通过前置液注入产生的,因此在此阶段注入设计的前置液体积非常重要。在抽出计算出的前置液体积后,可以开始支撑剂阶段。支撑剂阶段是将支撑剂、水和化学物质(称为泥浆)的组合泵入井下的阶段。在滑溜水压裂中,必须在开始支撑剂阶段之前建立足够的流速。完成设计好的泵注程序后,支撑剂停止泵入并进行顶替。顶替阶段意味着仅向井下泵送水和化学添加剂,以清除生产套管内部,直到套管中所有剩余的支撑剂已被清除或泵入地层。给定套管尺寸、等级、重量和射孔,可以计算顶替量。在本研究中,砂浓度和泵注排量是常数,并计算了每一级的绝对体积因子(AVF)、砂浆体积、总净液量、阶段支撑剂、总支撑剂、每英尺水量、砂液比和泵注时间等。有关更多详细信息和样本计算,请参考本书的第10章,即压裂施工设计。使用Excel更改每个砂级的净水量,以确保达到每英尺40%100目和60% 40/70目所需的砂子。表25.14显示了使用Excel获得的2000lb/ft砂子,40%100目和60%40/70目的滑溜水压裂泵注程序表。

表 25.14 2000lb/ft 铺砂浓度下 40%100 目支撑剂和 60%40/70 目支撑剂的滑溜水泵注程序表

阶段名称	注入排量/bbl/min	流体名称	阶段液体体积/bbl	阶段携砂液体积/bbl	液体占比/%	支撑剂浓度	阶段支撑剂量/lb	支撑剂占比/%	累计注入支撑剂量/lb	阶段时长/min
投球	15	滑溜水	300	300	3.40	0	0	0	0	20.00
5% HCL	85	酸	60	60	0.68	0	0	0	0	0.71
前置液	85	滑溜水	350	350	3.97	0	0	0	0	4.12
100 目	85	滑溜水	400	405	4.54	0.25	4200	0.9	4200	4.76
100 目	85	滑溜水	400	409	4.54	0.50	8400	1.9	12600	4.81
100 目	85	滑溜水	400	414	4.54	0.75	12600	2.8	25200	4.87
100 目	85	滑溜水	410	429	4.65	1.00	17220	3.9	42420	5.04
100 目	85	滑溜水	500	528	5.67	1.25	26250	5.9	68670	6.22
100 目	85	滑溜水	500	534	5.67	1.50	31500	7.1	100170	6.28
100 目	85	滑溜水	500	540	5.67	1.75	36750	8.3	136920	6.35
100 目	85	滑溜水	500	545	5.67	2.00	42000	9.5	178920	6.42
40/70 目	85	滑溜水	450	460	5.10	0.50	9450	2.1	188370	5.41
40/70 目	85	滑溜水	450	465	5.10	0.75	14175	3.2	202545	5.47
40/70 目	85	滑溜水	450	470	5.10	1.00	18900	4.3	221445	5.53
40/70 目	85	滑溜水	450	475	5.10	1.25	23625	5.3	245070	5.59
40/70 目	85	滑溜水	450	481	5.10	1.50	28350	6.4	273420	5.65
40/70 目	85	滑溜水	450	486	5.10	1.75	33075	7.4	306495	5.71
40/70 目	85	滑溜水	450	491	5.10	2.20	37800	8.5	344295	5.77
40/70 目	85	滑溜水	500	551	5.67	2.25	47250	10.6	391545	6.48
40/70 目	85	滑溜水	500	557	5.67	2.50	52500	11.8	444045	6.55
顶替液	85	滑溜水	350	350	3.97	0	0	0	444045	4.12

项目	数值		
总液量/bbl	8820		
压裂段长/ft	222		
每英尺铺砂量/(lb/ft)	2000		
每英尺液体量/(bbl/ft)	40		
注入排量/(lb/gal)	1.20		
不包括酸和投球的总携砂液体积/bbl	8939		
前置液占比/%	3.92		
100 目质量/lb	178920	100 目质量占比/%	40
40/70 目质量/lb	265125	40/70 目质量占比/%	60

在要求对所有每英尺砂量设定条件下使用滑溜水泵注程序表进行敏感性分析后,可使用偏差测量、套管和油管信息将井眼配置导入 FracPro,可从以下网址中获得详细的信息和资料清单:http://mseel.org/Data/Wells_Datasets/MIP_3H/Completions/。从以前的测井分析中,包

括 Hamilton、上 Marcellus、Cherry valley，下 Marcellus 和 Onondaya 在内的所有五个层的层属性都导入了 FracPro。每层的杨氏模量和泊松比值均取自地质力学测井，而孔隙压力梯度假定为 0.64psi/ft。对于断裂韧性和破裂压力梯度，假定的典型值为 2050psi · $in^{0.5}$ 和 1.16psi/ft，随后进行迭代，以与进行的 DFIT 和主要水力压裂处理的压力响应相匹配。在执行模拟之前，必须历史记录匹配 Mini – Frac 作业期间获得的净压力或阶段的实际水力压裂。为此，使用了实测参数并调整了未知参数和模型设置以匹配实测压力数据。对于初始值，使用 7402psi（从 DFIT 获得）的闭合压力和 700psi 的近井眼摩阻来进行压力拟合。滤失系数已迭代更改，直到历史匹配的压力曲线与实际压力匹配为止，如图 25.25 所示。必须拟合泵注后的压力下降段。

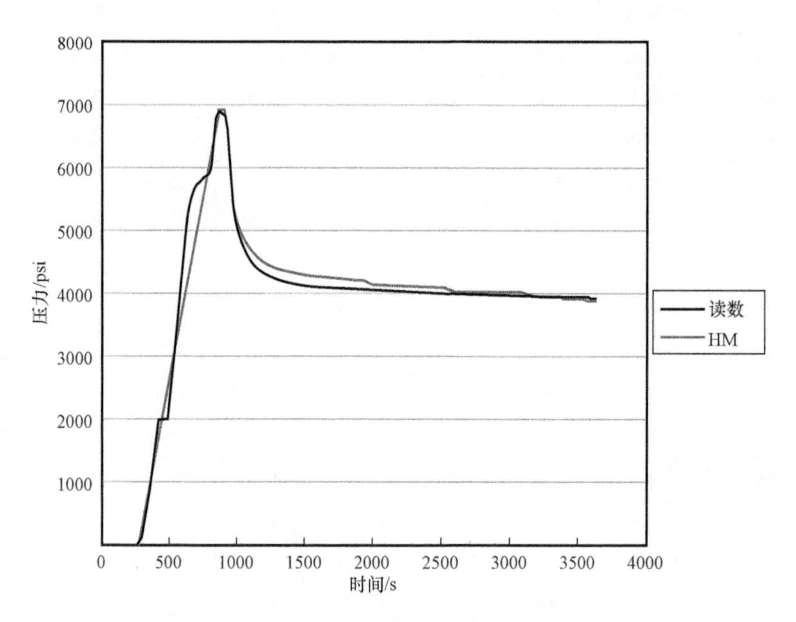

图 25.25 Mini – Frac 测试的压力历史记录匹配

表 25.15 显示了使用 FracPro 针对不同的砂型获得的裂缝尺寸和性质的摘要。这些值输入到 Marcellus 页岩历史拟合模型中，以调整水力压裂特性。获得了与每种水力压裂情景相对应的累计天然气产量（约 2 年零 2 个月），并显示在表 25.16 中。

表 25.15 使用 FracPro 针对不同加砂强度获得的水力压裂尺寸和性质汇总

加砂强度/(lb/ft)	半缝长/ft	支撑剂半缝长/ft	平均裂缝宽度/in	裂缝渗透率/mD	无量纲导流能力
1000	321	196	0.16	3390	27452
1500	352	209	0.20	4071	38460
2000	362	218	0.22	4455	44900
2500	407	261	0.27	5247	53689
3000	471	279	0.27	5592	56144
3500	476	283	0.28	5660	58119
4000	481	285	0.28	5726	59480

表 25.16 不同泵注程序表获得的累计天然气产量

加砂强度/(lb/ft)	累计气产量/$10^6 ft^3$	加砂强度/(lb/ft)	累计气产量/$10^6 ft^3$
1000	2453	3000	3893
1500	2582	3500	4195
2000	2717	4000	4254
2500	3216		

使用历史匹配的 Marcellus 页岩气模型,从不同的泵注方案获得的不同水力压裂特性获得的累计产气量表明,在增产过程中每英尺注入的砂越高,累计产气量就越高。但是,为了获得最佳的泵注计划,需要使用为此项目提供的信息进行经济分析。

25.14.2 经济学分析以获得最佳的泵注计划

按照 1000lb/ft、1500lb/ft、2000lb/ft,2500lb/ft、3000lb/ft、3500lb/ft 和 4000lb/ft,以基于所有制砂设计中最高的 NPV 获得最佳的输砂计划。使用不同的总资本支出来执行经济分析。表 25.2 显示每月的天然气净产量,用作计算的基础。对于天然气价格,首先,每个 10^6Btu 的固定基值分别为 2.5 美元、3 美元、3.5 美元和 4 美元,并且按月逐步提高,明智的年度增长设为 3%。接下来,执行 NYMEX,即基于 Henry Hub 定价的两年的估计每月天然气价格。经过 2 年的 NYMEX 预测后,每月按阶梯式增长法每年增加 3%。表 25.17 展示了根据不同的天然气价格为不同的泵注时间计算出的 NPV。在所有天然气定价方案中,根据本研究中使用的假设和 NPV 值,发现 3000 lb/ft 的加砂强度是最佳设计,但高天然气定价分别为 3.5 美元/10^6Btu

表 25.17 为每个加砂强度和价格计算的净现值

加砂强度/(lb/ft)	净现值/10^6 美元			
	2.5 美元/10^6Btu	3.0 美元/10^6Btu	3.5 美元/10^6Btu	4.0 美元/10^6Btu
1000	2.04	4.77	7.14	9.50
1500	2.05	4.39	6.73	9.07
2000	2.01	4.65	7.29	9.93

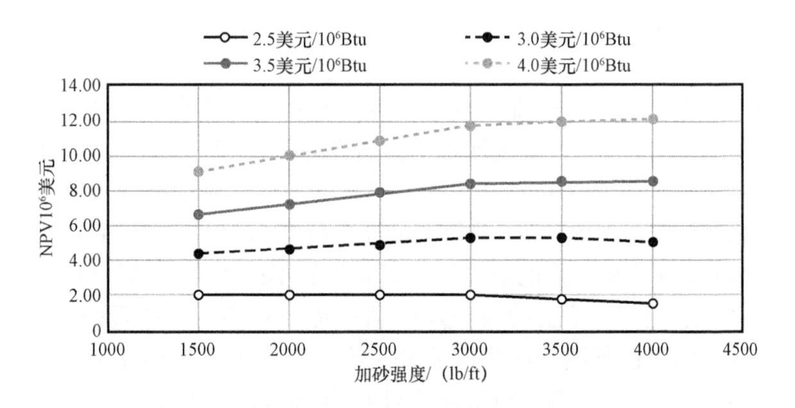

图 25.26 在不同的天然气价格下,每种加砂强度的 NPV 计算值

和 4.0 美元/10^6Btu 时,其中 4000lb/ft 似乎是最佳情况。图 25.26 显示了针对不同定价方案的基于 NPV 值的最佳加砂计划。

最佳的压裂作业价值在最佳经济情况下进行迭代。

25.15 第六阶段:修正的双曲递减曲线

在双曲递减率中,递减率 D 是生产率的函数,可以定义如下:

$$D = K_q^b \tag{25.17}$$

其中 b 是常数,K 定义如下:

$$K = \frac{D_i}{q_i^b} \tag{25.18}$$

D_i 和 q_i 分别是递减速率和初始产量。在非常规油藏中双曲递减的应用往往会高估累计产量。因此,在非常规油藏中,假设在某些终末下降速率下从双曲递减更改到指数递减曲线。对于此示例,假定终末下降率为 5%。也就是说,当年度有效下降率 D_e 达到 5% 时,双曲递减将变为指数递减(有关更多详细信息,请参阅本书的第 17 章)。修正后的双曲递减率通过最佳的采砂计划产量与时间的拟合来得出,该产量与时间是通过数据获得的,从而获得了 50 年的产量与时间的关系。为此,使用了商业软件 HIS Harmony,并将每月生产预测用于经济分析。

表 25.18 总结了 10 年和 50 年生产中获得的 NPV 的比较,最佳加砂强度为 3000lb/ft。

表 25.18 最优加砂强度 10 年和 50 年 NPV 的比较

加砂强度/(lb/ft)	净现值/10^6 美元			
	2.5 美元/10^6Btu	3.0 美元/10^6Btu	3.5 美元/10^6Btu	4.0 美元/10^6Btu
3000(10 年)	2.02	5.24	8.46	11.69
3000(50 年)	3.13	7.33	11.34	15.3

25.16 结论

利用包括储层、完井、增产和作业在内的实际 MIP-3H 井数据,对非常规储层改造技术进行了全面的研究和分析,并开发了最为匹配的页岩气储层模型,该模型可以在累计产气量、含气量等方面与实际井表现相似产量和井底压力。通过进行油井性能分析研究,并将结果与通过 Marcellus 页岩储层模型的历史拟合获得的最佳参数进行了比较。然后使用历史匹配模型,使用商业软件 FracPro 预测从不同的泵注设计下获得的不同水力压裂特性的累计产气量。针对不同情况进行了经济分析,得出的最佳加砂强度为 3000lb/ft。然后修改双曲递减曲线分析,并采用 3000lb/ft 的最佳泵注设计获得了 50 年的产量预测。最后通过经济分析,获得了该项目的 ATAX NPV,并使用历史匹配模型将其与 10 年预测进行了比较。

参考文献

Abe, H. , Mura, T. , Keer, L. , 1976. Growth-rate of a penny-shaped crack in hydraulic fracturing of rocks. J. Geophys. Res. 81(29), 5335 - 5340.

Adachi, J. , Detournay, E. , 2008. Plane strain propagation of a hydraulic fracture in a permeable rock. Eng. Fract. Mech. 75, 4666 - 4694.

Adesida, A. , Akkutlu, I. Y. , Resasco, D. E. , Rai, C. S. , 2011. Characterization of Barnett Shale Pore Size Distribution using DFT Analysis and Monte Carlo Simulations. SPE 147397.

Agarwal, R. G. , Gardner, D. C. , Kleinsteiber, S. W. , Fussell, D. D. , 1999. Analyzing Well Production Data Using Combined-Type-Curve and Decline-Curve Analysis Concepts. Society of Petroleum Engineers.

Akkutlu, I. Y. , Fathi, E. , 2012. Multiscale gas transport in shales with local Kerogen heterogeneities. SPE J. 17 (4).

Ambrose, R. J. , Hartman, R. C. , Diaz-Campos, M. , Akkutlu, I. Y. , Sondergeld, C. H. , 2010. New pore-scale considerations in shale gas in-place calculations. SPE-131772.

Ambrose, R. J. , Hartman, R. C. , Diaz-Campos, M. , Akkutlu, I. Y. , 2012. Shale gas in-place calculations. Part I—new pore-scale considerations. SPE J. 17(1), 219 - 229.

Anderson, M. A. , 1988. Predicting reservoir condition, pv compressibility from hydrostatic stress laboratory data. SPE J. 3, 1078 - 1082.

Anderson, J. R. , Pratt, K. C. , 1985. Introduction to Characterization and Testing of Catalysts. Academic Press, Sydney.

Aria, A. , Gharib, M. , 2011. Carbon nanotube arrays with tunable wettability and their applications. NSTI-Nanotech. 1.

Arnold, R. , Anderson, R. , 1908. Preliminary report on Coalinga oil district. U. S. Geol. Survey Bull. 357, 79.

Arps, J. J. , 1944. Analysis of Decline Curves. Petroleum Engineering. A. I. M. E. Houston Meeting.

Aziz, K. , Settari, A. , 1979. Petroleum Reservoir Simulation. Applied Science Publishers Ltd. , London.

Bailey, S. , 2009. Closure and Compressibility Corrections to Capillary Pressure Data in Shales. Colorado School of Mines. October 19.

Bao, J. Q. , Fathi, E. , Ameri, S. , 2014. A coupled method for the numerical simulation of hydraulic fracturing with a condensation technique. Eng. Fract. Mech. 131, 269 - 281.

Bao, J. Q. , Fathi, E. , Ameri, S. , 2015. Uniform investigation of hydraulic fracturing propagation regimes in the plane strain model. Int. J. Numer. Anal. Methods Geomech. 39, 507 - 523.

Bao, J. Q. , Fathi, E. , Ameri, S. , 2016. A unified finite element method for the simulation of hydraulic fracturing with and without fluid lag. Eng. Fract. Mech. 162, 164 - 178.

Barree, B. , 2013. Overview of Current DFIT Analysis Methodology.

Barree, R. D. , Baree, V. L. , Craig, D. , 2007. Holistic fracture diagnostics. In: Rocky Mountain Oil & Gas Technology Symposium, April 16 - 18, Denver, Colorado. SPE-107877.

Belyadi, F. , 2014. Impact of gas desorption on production behavior of shale gas. PhD dissertation submitted to West Virginia University.

Belyadi, H. , Smith, M. , 2018. A Fast-Paced Workflow for Well Spacing and Completions Design Optimization in Unconventional Reservoirs. In: SPE Eastern Regional Meeting. SPE-191779.

Belyadi, H. , Yuyi, S. , Junca-Laplace, J. , 2015. Production analysis using rate transient analysis. In: SPE Eastern

Regional Meeting, 13 – 15 October, Morgantown, West Virginia, USA. SPE-177293.

Belyadi, H., Fathi, E., Belyadi, F., 2016a. Managed Pressure Drawdown in Utica/Point Pleasant with Case Studies. SPE Eastern Regional Meeting. SPE-184054.

Belyadi, H., Yuyi, J., Ahmad, M., Wyatt, J., 2016b. Deep Dry Utica Well Spacing Analysis with Case Study. SPE Eastern Regional Meeting. SPE-184045.

Besler, M., Steele, J., Egan, T., Wagner, J., 2007. Improving well productivity and profitability in the Bakken—a summary of our experiences drilling, stimulating, and operating horizontal wells. In: SPE Annual Technical Conference and Exhibition held in Anaheim. SPE-110679.

Binder, R. C., 1973. Fluid Mechanics. Prentice-Hall Inc, Englewood Cliffs, NJ.

Blanton, T. L., 1982. An experimental study of interaction between hydraulically induce and pre-existing fractures. In: SPE 10847. SPE/DOE Unconventional Gas Recovery Symposium, Pittsburgh, PA.

Brace, W. W., 1968. Permeability of granite under high pressure. J. Geophys. Res. 73, 2225.

Britt, L. K., 2011. Keys to Successful Multi-Fractured Horizontal Wells in Tight and Unconventional Reservoirs. NSI Fracturing & Britt Rock Mechanics Laboratory presentation.

Bui, K., Akkutlu, I. Y., 2015. Nanopore wall effect on surface tension of methane. J. Mol. Phys.

Bunger, A. P., Detournay, E., Garagash, D. I., 2005. Toughness-dominated hydraulic fracture with leak-off. Int. J. Fract. 134, 175 – 190.

Cheng, Y., 2010. Impacts of the number of perforation clusters and cluster spacing on production performance of horizontal shale gas wells. 138843-MS SPE Conference Paper.

Cheng, Y., 2012. Mechanical interaction of multiple fractures-exploring impacts of the selection of the spacing number of perforation clusters on horizontal shale-gas wells. SPE J. 17(4), 992 – 1001.

Cinco-Ley, H., Samaniego, V. F., 1981. Transient pressure analysis for fractured wells. J. Petrol. Technol. 33(9).

Coleman, S. B., Clay, H. B., McCurdy, D. G., Norris III, L. H., 1991. A new look at predicting gas-well load-up. J. Pet. Technol. 43 (3), 329 – 333. Trans., AIME, 291. SPE-20280-PA, https://doi.org/10.2118/20280-PA.

Cramer, D. D., 1987. The application of limited-entry techniques in massive hydraulic fracturing treatments. In: SPE Production Operations Symposium, March 8 – 10, Oklahoma City, OK.

Cronquist, C., 2001. Estimation and Classification of Reserves of Crude Oil, Natural Gas and Condensates. SPE Book Series, Houston, TX, pp. 157 – 160.

Culter, W. W., 1924. Estimation of underground oil reserves by well production curves. U. S. Bur. Mines Bull. 228.

Culter, W. W., Johnson, H. R., 1940. Estimating Recoverable Oil of Curtailed Wells. Oil Weekly.

Curtis, M. E., Ambrose, R. J., Sondergeld, C. H., Rai, C. S., 2010. Structural characterization of gas shales on the micro- and nano-scales. In: CUSG/SPE 137693.

Curtis, M. E., Sondergeld, C. H., Rai, C. S., 2013. Investigation of the microstructure of shales in the oil window. In: Unconventional Resources Technology Conference, August 12 – 14, Denver, CO.

Dahi, A., Olson, J., 2011. Numerical modeling of multistranded-hydraulic-fracture propagation: accounting for the interaction between induced and natural fractures. SPE J. 16(3).

Daneshy, A. A., 1974. Hydraulic fracture propagation in the presence of planes of weakness. In: SPE 4852, SPE-European Spring Meeting, Amsterdam.

Dontsov, E. V., Peirce, A. P., 2015. An enhanced pseudo-3D model for hydraulic fracturing accounting for viscous height growth, non-local elasticity, and lateral toughness. Eng. Fract. Mech. 42, 116 – 139.

Doublet, L. E., Pande, P. K., McCollum, T. J., Blasingame, T. A., 1994. Decline curve analysis using type curves—analysis of oil well production data using material balance time: application to field cases. In: Paper SPE 28688 presented at the 1994 Petroleum Conference and Exhibition of Mexico held in Veracruz, MEXICO, 10 – 13 October.

Drake, L. C. , Ritter, H. L. , 1945. Macropore-size distributions in some typical porous substances. Ind. Eng. Chem. Anal. Ed. 17(12), 787 – 791.

Dubinin, M. M. , 1960. The potential theory of adsorption of gases and vapors for adsorbents with energetically nonuniform surfaces. Chem. Rev. 60(2), 235 – 241.

Dubinin, M. M. , 1966. Chemistry and Physics of Carbon. Marcel Dekker, New York.

Duong, A. N. , 2011. Rate-decline analysis for fracture-dominated shale reservoirs. SPE Reserv. Eval. Eng. 14(3).

Economides, M. , Martin, T. , 2007. Modern Fracturing. ET Publishing, Houston, TX.

Economides, M. J. , Hill, A. D. , Whlig-Economides, C. , 1994. Petroleum Production Systems. Prentice Hall PTR, New Jersey, pp. 74 – 75.

Ellsworth, W. L. , 2013. Injection-induced earthquakes. Science 341(6142).

Ely, J. , 2012. Proppant Agents. Waynesburg, PA.

Fathi, E. , Akkutlu, I. Y. , 2009. Nonlinear sorption kinetics and surface diffusion effects on gas transport in low permeability formations. In: SPE Annual Technical Conference held in New Orleans, LA, October 4 – 7.

Fathi, E. , Akkutlu, I. Y. , 2011. Gas transport in shales with local Kerogen heterogeneities. In: SPE Annual Technical Conference and Exhibition(ATCE)2011 in Denver, CO. SPE-146422-PP.

Fathi, E. , Akkutlu, I. Y. , 2013. Lattice Boltzmann method for simulation of shale gas transport in Kerogen. SPE J. 18(1).

Fathi, E. , Akkutlu, I. Y. , 2014. Multi-component gas transport and adsorption effects during CO injection and enhanced shale gas recovery. Int. J. Coal Geol. 123, 52 – 61.

Fathi, E. , Tinni, A. , Akkutlu, I. Y. , 2012. Correction to Klinkenberg slip theory for gas dynamics in nano-capillaries. Int. J. Coal Geol. 103, 51 – 59.

Feng, F. , Akkutlu, I. Y. , 2015. Flow of hydrocarbons in nanocapillary: a non-equilibrium molecular dynamics study. In: SPE Asia Pacific Unconventional Resources Conference and Exhibition, November 9 – 11, Brisbane, Australia.

Finsterle, S. , Persoff, P. , 1997. Determining permeability of tight rock samples using inverse modeling. Water Resour. Res. 33(8).

Fisher, M. K. , Heinze, J. R. , Harris, C. D. , Davidson, B. M. , Wright, C. A. , Dunn, K. P. , 2004. Optimizing horizontal completion technologies in the Barnett shale usingmicroseismic fracturemapping. In: Annual Technical Conference and Exhibition, Houston, TX. SPE 90051.

Gadde, P. , Yajun, L. , Jay, N. , Roger, B. , Sharma, M. , 2004. Modeling proppant settling in water-fracs. In: Proc. SPE-89875-MS, SPE Annu. Tech. Conf. Exhib, September 26 – 29, Houston, TX.

Gan, H. , Nandie, S. P. , Walker, P. L. , 1972. Nature of porosity in American coals. Fuel 51, 272 – 277.

Gao, Q. , Cheng, Y. , Fathi, E. , Ameri, S. , 2015. Analysis of stress-field variations expected on subsurface faults and discontinuities in the vicinity of hydraulic fracturing. SPE-168761SPE Reserv. Eval. Eng. J.

Garagash, D. , 2006. Propagation of a plane-strain hydraulic fracture with a fluid lag: earlytime solution. Int. J. Solids Struct. 43(43), 5811 – 5835.

Garagash, D. , 2007. Plane-strain propagation of a fluid-driven fracture during injection and shut-in: asymptotics of large toughness. Eng. Fract. Mech. 74, 456 – 481.

Gijtenbeek, K. , Shaoul, J. , Pater, H. , 2012. Overdisplacing propped fracture treatments-good practice or asking for trouble? In: SPE EAGE Annual Conference and Exhibition. SPE-154397.

Goodway, B., Perez, M., Varsek, J., Abaco, C., 2010. Seismic petrophysics and isotropic-anisotropic AVO methods for unconventional gas exploration. Lead. Edge 29(12), 1500 – 1508.

Gudmundsson, J. S., Hveding, F., Borrehaug, A., 1995. Transport or natural gas as frozen hydrate. In: The Fifth International Offshore and Polar Engineering Conference, June 11 – 16, The Hague, the Netherlands.

Haimson, B., Fairhurst, C., 1967. Initiation and extension of hydraulic fractures in rocks. Soc. Petrol. Eng. J. 7, 310.

Hartman, R. C., Ambrose, R. J., Akkutlu, I. Y., Clarkson, C. R., 2011. Shale gas in place calculations. Part II: multicomponent gas adsorption effects. In: SPE 144097, SPE Unconventional Gas Conference, Woodland, TX.

Hayashi, K., Haimson, B. C., 1991. Characteristics of shut-in curves in hydraulic fracturing stress measurements and determination of in situ minimum compressive stress. J. Geophys. Res. 96(B11), 18311 – 8321.

Heidbach, O., 2008. Helmholtz Centre Potsdam GFZ German Research Centre for Geosciences.

Homfray, I. F., Physik, Z., 1910. Chemistry 74, 129.

Ilk, D., Rushing, J. A., Perego, A. D., Blasingame, T. A., 2008. Exponential vs. hyperbolic decline in tight gas sands—nderstanding the origin and implications for reserve estimates using Arps' decline curves. In: SPE Annual Technical Conference and Exhibition held in Denver, CO, September 21 – 24.

Jones, S., 1997. A technique for faster pulse-decay permeability measurements in tight rocks. SPE Form. Eval., 19 – 25.

Kanfar, M. S., Wattenbarger, R. A., 2012. Comparison of empirical decline curve methods for shale wells. In: Proceedings of the SPE Canadian Unconventional Resources Conferences, Calgary, AB, Canada, 30 October-1 November.

Kang, S. M., Fathi, E., Ambrose, R. J., Akkutlu, I. Y., Sigal, R. F., 2010. CO_2 applications. Carbon dioxide storage capacity of organic-rich shales. SPE J. 16(4), 842 – 855.

Katz, D. L., et al., 1959. Handbook of Natural Gas Engineering. McGraw-Hill Publishing Co., New York City.

Kim, Y. I., Amadei, B., Pan, E., 1999. Modeling the effect of water, excavation sequence and rock reinforcement with discontinuous deformation analysis. Int. J. Rock. Mech. Min. 36, 949 – 970.

Kim, B. H., Kum, G. H., Seo, Y. G., 2003. Adsorption of methane and ethane into singlewalled carbon nanotubes and slit-shaped carbonaceous pores. Korean J. Chem. Eng. 20, 104 – 109.

King, G., 2010. 30 Years of gas shale fracturing: what have we learnt? SPE 133456. In: SPE Annual Technical Conference and Exhibition, September 19 – 22, Florence, Italy.

Klenner, R., Liu, G., Stephenson, H., Murrell, G., Iyer, N., Virani, N., Anveshi, C., 2018. Characterization of fracture-driven interference and the application of machine learning to improve operational efficiency. In: SPE Liquids-Rich Basins Conference. SPE-191407-MS.

Kong, B., Fathi, E., Ameri, S., 2015. Coupled 3-D numerical simulation of proppant distribution and hydraulic fracturing performance optimization in Marcellus shale reservoirs. Int J. Coal Geol. 147 – 148, 35 – 45.

Krumbein, W. C., Sloss, L. L., 1963. Stratigraphy and Sedimentation. W. H. Freeman, San Francisco.

Lamont, N., Jessen, F., 1963. The effects of existing fractures in rocks on the extension of hydraulic fractures. J. Pet. Technol., 203 – 209. February.

Langmuir, I., 1916. The constitution and fundamental properties of solids and liquids. Part I. Solids. Am. Chem. Soc., 2221 – 2295.

Larkey, C. S., 1925. Mathematical determination of production decline curves. Trans. AIME 71, 1315.

Legarth, B., Huenges, E., Zimmermann, G., 2005. Hydraulic fracturing in sedimentary geothermal reservoir: results and implications. Int. J. Rock Mech. Min. Sci. 42(7 – 8), 1028 – 1041.

Levasseur, S., Charlier, R., Frieg, B., Collin, F., 2010. Hydro-mechanical modell ing of the excavation damaged zone around an underground excavation at Mont Terri Rock Laboratory. Int. J. Rock Mech. Min. Sci. 47(3), 414 – 425.

Li, D., Beckner, B., 2015. A practical and efficient uplayering method for scale-up of multimillion-cell geologic model. In: SPE-57273, Asia Pacific Improved Oil Recovery Conference, 25 – 26 October 1999, Kuala Lumpur, Malaysia.

Luffel, D. H., 1993. Matrix permeability measurement of gas productive shales. In: Paper SPE 26633, SPE Annual Technical Conference and Exhibition. SPE, Houston, TX.

Mallet, J. L., 2002. Geomodeling. Oxford University Press Inc, New York, NY.

Massaras, L., Dragomir, A., 2007. Enhanced fracture entry friction analysis of the rate step down test. In: SPE Hydraulic Fracture Technology Conference. SPE-106058.

Mavor, M. J., Owen, L. B., Pratt, T. J., 1990. Measurement and evaluation of coal sorption isotherm data. In: SPE-20728, Paper presented during the Annual Technical Conference and Exhibition of the SPE held in New Orleans, LA, September 23 – 26.

McClure, B., 2010. Investors Need A Good WACC. Investopedia Newsletter.

McNeil, R., Jeje, O., Renaud, A., 2009. Application of the power law loss-ratio method of decline analysis. In: Canadian International Petroleum Conference, June 16 – 18, Calgary, Alberta.

Miller, M., 2010. Gas shale evaluation techniques-things to think about. In: OGS Workshop presented July 28, 2010, Norman, OK.

Mobbs, A. T., Hammond, P. S., 2001. Computer simulations of proppant transport in a hydraulic fracture. SPE Prod. Facil. 16(2).

Morrill, J., Miskimins, J., 2012. Optimizing hydraulic fracture spacing in unconventional shales. In: Paper SPE 152595 presented at Hydraulic Fracturing Technology Conference, Woodlands, February 6 – 8.

Murdoch, L. C., 2002. Mechanical analysis of idealized shallow hydraulic fracture. J. Geotech. Geoenviron. Eng. 128 (6), 289 – 313.

Mutalik, P. N., Gibson, B., 2008. Case history of sequential and simultaneous fracturing of the Barnett shale in Parker county. In: Presented at the 2008 SPE Annual Technical Conference and Exhibition held in Denver, September 21 – 24.

Myers, A. L., Prausnitz, J. M., 1965. Thermodynamics of mixed-gas adsorption. AICHE J. 11(1), 121 – 127.

Newman, G. H., 1973. Pore-volume compressibility of consolidated, friable and unconsolidated reservoir rock under hydrostatic loading. J. Pet. Technol. 25(2).

Ning, X., 1992. The measurement of matrix and fracture properties in naturally fractured low permeability cores using a pressure pulse method. PhD thesis, Texas A&M University.

Nolte, K. G., 1997. Background for After-Closure Analysis of Fracture Calibration Tests. Society of Petroleum Engineers.

Olson, J., Dahi, A., 2009. Modeling simultaneous growth of multiple hydraulic fractures and their interaction with natural fractures. In: Paper SPE 119739 presented at Hydraulic Fracturing Technology Conference, Woodlands, January 19 – 21.

Osholake, T. A., 2010. Factors Affecting Hydraulically Fractured Well Performance in the Marcellus Shale Gas Reservoirs. The Pennsylvania State University.

Ousina, E., Sondergeld, C., Rai, C., 2011. AnNMRstudy on shale wettability. In: Canadian Unconventional Resources Conference Calgary, Alberta, November.

Ozkan, E., Brown, M., Raghavan, R., Kazemi, H., 2009. Comparison of fractured horizontal-well performance in conventional and unconventional reservoirs. In: Paper SPE 121290 presented at the SPE Western Regional Meeting, San Jose, March 24 – 26.

Passey, Q. R., Bohacs, K. M., Esch, W. L., Klimentidis, R., Sinha, S., 2010. From oil-prone source rock to gas-producing shale reservoir-geologic and petrophysical characterization of unconventional shale-gas reservoirs. In: SPE 131350 presented at the CPS/SPE International Oil & Gas Conference and Exhibition, Beijing, China, June 8 – 10.

Phani, B. G., Liu, Y., Norman, J., Bonnecaze, R., Sharma, M., 2004. Modeling proppant settling in Water-Fracs. In: 89875-MS SPE Conference Paper.

Pirson, S. J., 1935. Production decline curve of oil well may be extrapolated by loss-ratio. Oil Gas J.

Potluri, N., Zhu, D., Hill, A. D., 2005. Effect of natural fractures on hydraulic fracture propagation. In: SPE 94568, SPE European Formation Damage Conference, The Netherlands, 25 – 27 May.

Rafiee, M., Soliman, M. Y., Pirayesh, E., 2012. Hydraulic Fracturing Design and Optimization: A Modification to Zipper Frac. SPE 159786.

Rahmani Didar, B., Akkutlu, I. Y., 2013. Pore-size dependence of fluid phase behavior and properties in organic-rich shale reservoirs. In: SPE-164099, Paper Prepared for Presentation at the SPE Int. Symposium on Oilfield Chemistry held in Woodlands, TX, USA, April 8 – 10.

Rawlins, E. L., Schellhardt, M. A., 1935. Backpressure Data on Natural Gas Wells and Their Application to Production Practices. 7 Monograph Series, U. S. Bureau of Mines.

Rickman, V. R., Mullen, M. J., Petre, J. E., Erik, J., Grieser, W. V., Vincent, W., Kundert, D., 2008. A practical use of shale petrophysics for stimulation design optimization: all shale plays are not clones of the Barnett shale. In: SPE Annual Technical Conference and Exhibition, September 21 – 24, Denver, CO.

Rodvelt, G., Ahmad, M., Blake, A., 2015. Refracturing Early Marcellus Producers Accesses Additional Gas. In: SPE Eastern Regional Meeting. SPE-177295.

R. N. P. Roussel, M. Sharma, Strategies to minimize frac spacing and stimulate. Natural fractures in horizontal completions. (2011).

Ruthven, D. M., 1984. Principles of Adsorption and Adsorption Processes. John Wiley & Sons Inc, New York.

Rylander, E., Singer, P., Jiang, T., Lewis, R., McLin, R., 2013. NMRT2 distributions in the Eagle Ford shale: reflections on pore size. In: SPE 164554 presented at the Unconventional Resources Conference, Woodlands, TX, April 10 – 12.

Santos, J. M., Akkutlu, I. Y., 2012. Laboratory measurement of sorption isotherm under confining stress with pore volume effects. In: SPE 162595, Calgary, Canada.

Saunders, J. T., Tsai, B. M. C., Yang, R. T., 1985. Adsorption of gases on coals and heattreated coals at elevated temperature and pressure: 2. Adsorption from hydrogen-methane mixtures. Fuel 64(5), 621 – 626.

Schlebaum, W., Scharaa, G., Vanriemsdijk, W. H., 1999. Influence of nonlinear sorption kinetics on the slow desorbing organic contaminant fraction in soil. Environ. Sci. Technol. 33, 1413 – 1417.

Seshadri, J., Mattar, L., 2010. Comparison of power law and modified hyperbolic decline methods. In: Paper SPE 137320 presented at the Canadian Unconventional Resources & International Petroleum Conference, Calgary, Alberta, Canada, October 19 – 21.

Shen, Y., 2014. A variational inequality formulation to incorporate the fluid lag in fluiddriven fracture propagation. Comput. Methods Appl. Mech. Eng. 272(HF-69), 17 – 33.

Shi, J. Q. , Durucan, S. , 2003. A bidisperse pore diffusion model for methane displacement desorption in coal by CO_2 injection. Fuel 82, 1219 – 1229.

Siebrits, E. , Peirce, A. P. , 2002. An efficient multi-layer planar 3D fracture growth algorithm using a fixed mesh approach. Int. J. Numer. Methods Eng. 53, 691 – 717.

Sing, K. S. , 1985. Reporting physisorption data for gas/solid systems with special reference to the determination of surface area and porosity. Pure Appl. Chem.

Singh, S. K. , Sinha, A. , Deo, G. , Singh, J. K. , 2009. Vaporliquid phase coexistence, critical properties, and surface tension of confined alkanes. J. Phys. Chem. C 113(17), 7170 – 7180.

Singha, P. , Van Swaaijb, W. P. M. , (Wim) Brilmanb, D. W. F. , 2013. Energy efficient solvents for CO2 absorption from flue gas: vapor liquid equilibrium and pilot plant study. Energy Procedia 37, 2021 – 2046.

Soliman, M. Y. , East, L. , Adams, D. , 2004. Geomechanics aspects of multiple fracturing of horizontal and vertical wells. In: SPE International Thermal Operations and Heavy Oil Symposium and Western Regional Meeting, March 16 – 18, Bakersfield, CA.

Soliman, M. Y. , Craig, D. , Barko, K. , Rahim, Z. , Ansah, J. , Adams, D. , 2005. New Method for Determination of Formation Permeability, Reservoir Pressure, and Fracture Properties from a Minifrac Test. Paper ARMA/USRMS 05-658.

Soltanzadeh, H. , Hawkes, C. D. , 2009. Induced poroelastic and thermoelastic stress changes within reservoirs during fluid injection and production. In: Porous Media: Heat and Mass Transfer, Transport and Mechanics. Nova Science Publishers Inc, Hauppauge, NY (Chapter 2).

Srinivasan, R. , Auvil, S. R. , Schork, J. M. , 1995. Mass transfer in carbon molecular sieves—an interpretation of Langmuir kinetics. Chem. Eng. J. 57, 137 – 144.

Stevenson, M. D. , Pinczewski, W. V. , Somers, M. L. , Bagio, S. E. , 1991. Adsorption/desorption of multi-component gas mixtures at in-seam conditions. In: SPE23026, SPE Asia-Specific Conference, Perth, Western Australia, November 4 – 7.

Tadmor, R. , 2004. Line energy and the relation between advancing, receding, and young contact angles. Langmuir 20(18), 7659 – 7664.

Taghichian, A. , 2013. On the geomechanical optimization of hydraulic fracturing in unconventional shales. A thesis submitted to University of Oklahoma.

Thompson, J. , Franciose, N. , Schutt, M. , Hartig, K. , McKenna, J. , 2018. Tank development in the Midland Basin, Texas: a case study of super-charging a reservoir to optimize production and increase horizontal well densities. In: Unconventional Resources Technology Conference. URteC: 2902895.

Tiab, D. , Donaldson, E. C. , 2015. Petrophysics. In: Theory and Practice of Measuring Reservoir Rock and Fluid Transport Properties, fourth ed. Gulf Professional Publishing.

Tinni, A. , Fathi, E. , Agrawal, R. , Sondergeld, C. , Akkutlu, I. Y. , Rai, C. , 2012. Shale permeability measurements on plugs and crushed samples. In: SPE-162235 Selected for presentation at the SPE Canadian Resources Conference held in Calgary, Alberta, Canada, 30 October – 1 November.

Todd Hoffman, B. , 2012. Comparison of various gases for enhanced recovery from shale oil reservoirs. In: 154329-MS SPE C SPE Improved Oil Recovery Symposium, April 14 – 18, Tulsa, OK.

Turner, R. G. , Hubbard, M. G. , Dukler, A. E. , 1969. Analysis and prediction of minimum flowrate for the continuous removal of liquids from gas wells. J. Pet. Technol. 21(11), 1475 – 1482. Trans. , AIME, 246. SPE-2198-PA, https://doi.org/10.2118/2198-PA.

Valkó, P. P. , 2009. Assigning value to stimulation in the Barnett shale: a simultaneous analysis of 7000 plus production histories and well completion records. In: Paper SPE 119369 presented at the SPE Hydraulic Fracturing Technology Conference, The Woodlands, TX, January 19 – 21.

Virk, P. S., 1975. Drag reduction fundamentals. AICHE J. 21(4), 625 – 656.

Waples Douglas, W., 1985. Geochemistry in Petroleum Exploration. Brown and Ruth laboratories Inc, Denver, CO.

Warpinski, N. R., Teufel, L. W., 1987. Influence of geologic discontinuities on hydraulic fracture propagation. J. Pet. Technol. 39(2), 209 – 220.

Warren, J. E., Root, P. J., 1963. The behavior of naturally fractured reservoirs. SPE 426-PA, SPE J. 3(3), 245 – 255.

Washburn, E. W., 1921. Note on the method of determining the distribution of pore sizes in a porous material. Proc. Natl. Acad. Sci. U. S. A. 7, 115 – 116.

Waters, G., Dean, B., Downie, R., Kerrihard, K., Austbo, L., McPherson, B., 2009. Simultaneous Hydraulic Fracturing of Adjacent Horizontal Wells in the Woodford Shale. SPE 119635.

Weichun, C., Scott, K., Flumerfelt, R., 2018. A new technique for quantifying pressure interference in fractured horizontal shale wells. In: SPE Annul Technical Conference and Exhibition. SPE-191407-MS.

Xu, W., Tran, T. T., Srivastava, R. M., Journel, A. G., 1992. Integrating Seismic Data in Reservoir Modeling: The Collocated Cokriging Alternative. Society Petroleum Engineers.

Yamada, S. A., 1980. A review of a pulse technique for permeability measurements. SPE J., 357 – 358.

Yamamoto, K., Shimamoto, T., Maezumi, S., 1999. Development of a true 3D hydraulic fracturing simulator. In: SPE Asia Pacific Oil, pp. 1 – 10.

Yang, J. T., 1987. Gas Separation by Adsorption Processes. Butterworth Publishers.

Yang, Y., Aplin, A. C., 1998. Influence of lithology and compaction on the pore size distribution and modelled permeability of some mudstones from the Norwegian margin. Mar. Pet. Geol. 15, 163 – 175.

Yee, D., Seidle, J. P., Hanson, W. B., 1993. Gas sorption on coal measurements and gas content. In: Law, B. E., Rice, D. D. (Eds.), Hydrocarbons from Coal. AAPG Studies in Geology, pp. 203 – 218(Chapter 9).

Yuyi, J., Belyadi, H., Blake, A., Wyatt, J., Dalton, J., Vangilder, C., Roth, B., 2016. Dry utica proppant and frac fluid design optimization. In: SPE Eastern Regional Meeting. SPE-184078.

Zamirian, M., Aminian, K., Ameri, S., Fathi, E., 2014a. New steady-state technique for measuring shale core plug permeability. In: SPE-171613-MS, SPE/CSUR Unconventional Resources Conference, September – 2 October Calgary, Canada.

Zamirian, M., Aminian, K., Fathi, E., Ameri, S., 2014b. A fast and robust technique for accurate measurement of the organic-rich shales characteristics under steady-state conditions. In: SPE 171018, SPE Eastern Regional Meeting, October 21 – 23, 2014, Charleston, WV.

Zimmerman, R. W., 1991. Compressibility of Sandstones. Elsevier Science Publishing Company Inc, New York, NY.

国外油气勘探开发新进展丛书（一）

书号：3592
定价：56.00元

书号：3663
定价：120.00元

书号：3700
定价：110.00元

书号：3718
定价：145.00元

书号：3722
定价：90.00元

国外油气勘探开发新进展丛书（二）

书号：4217
定价：96.00元

书号：4226
定价：60.00元

书号：4352
定价：32.00元

书号：4334
定价：115.00元

书号：4297
定价：28.00元

国外油气勘探开发新进展丛书（三）

书号：4539
定价：120.00元

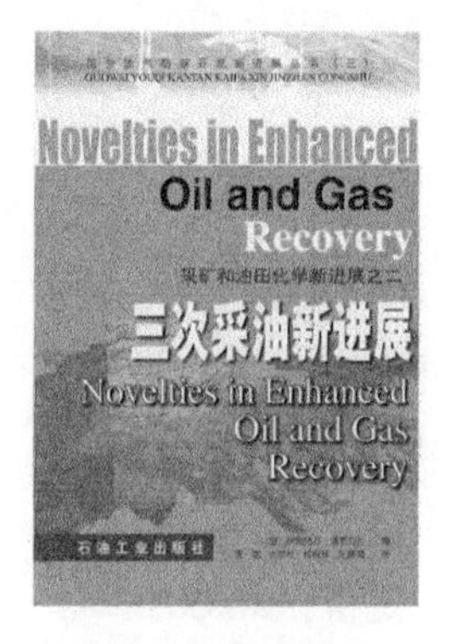

书号：4725
定价：88.00元

书号：4707
定价：60.00元

书号：4681
定价：48.00元

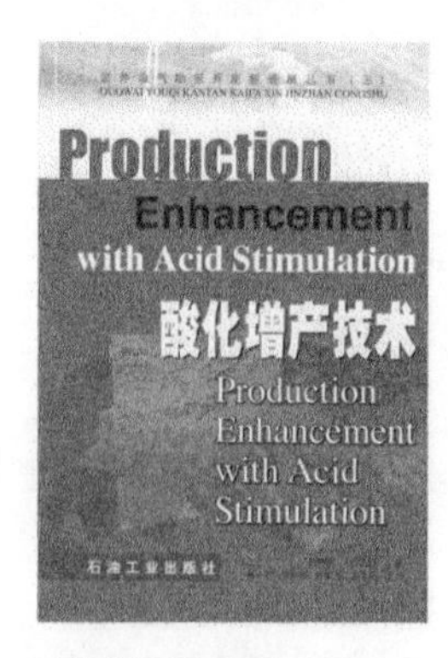

书号：4689
定价：50.00元

书号：4764
定价：78.00元

国外油气勘探开发新进展丛书（四）

书号：5554
定价：78.00元

书号：5429
定价：35.00元

书号：5599
定价：98.00元

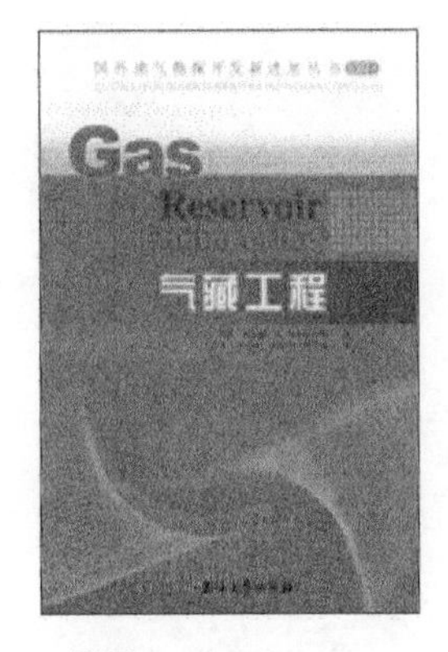

书号：5702
定价：120.00元

书号：5676
定价：48.00元

书号：5750
定价：68.00元

国外油气勘探开发新进展丛书（五）

书号：6449
定价：52.00元

书号：5929
定价：70.00元

书号：6471
定价：128.00元

书号：6402
定价：96.00元

书号：6309
定价：185.00元

书号：6718
定价：150.00元

国外油气勘探开发新进展丛书（六）

书号：7055
定价：290.00元

书号：7000
定价：50.00元

书号：7035
定价：32.00元

书号：7075
定价：128.00元

书号：6966
定价：42.00元

书号：6967
定价：32.00元

国外油气勘探开发新进展丛书(七)

书号:7533
定价:65.00元

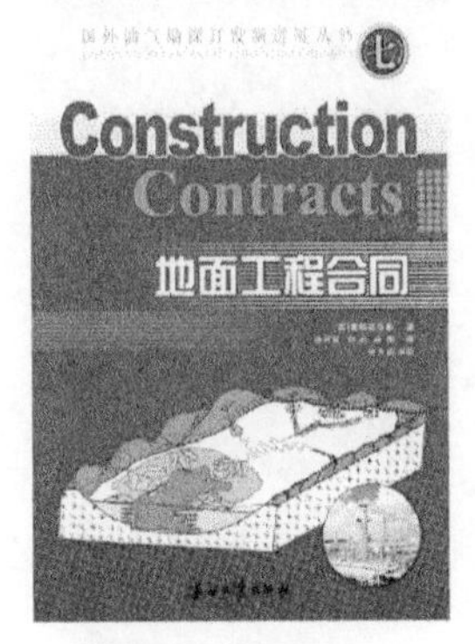

书号:7802
定价:110.00元

书号:7555
定价:60.00元

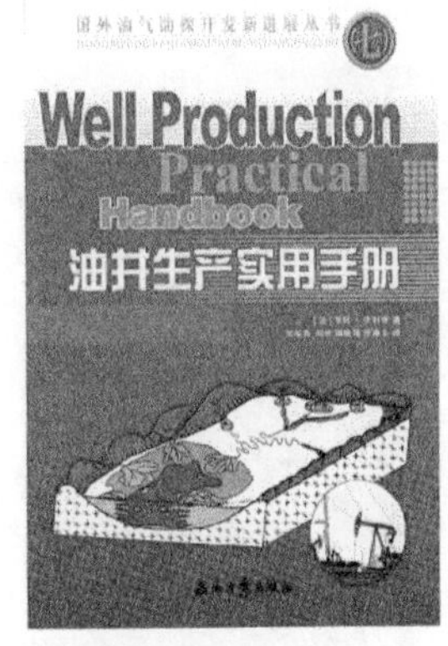

书号:7290
定价:98.00元

书号:7088
定价:120.00元

书号:7690
定价:93.00元

国外油气勘探开发新进展丛书(八)

书号:7446
定价:38.00元

书号:8065
定价:98.00元

书号:8356
定价:98.00元

书号：8092
定价：38.00元

书号：8804
定价：38.00元

书号：9483
定价：140.00元

国外油气勘探开发新进展丛书（九）

书号：8351
定价：68.00元

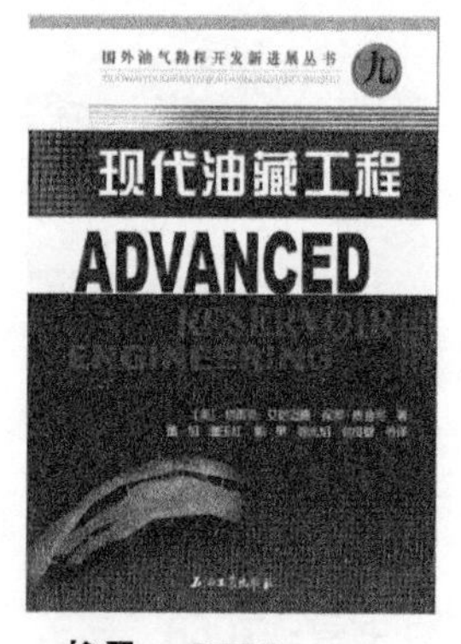

书号：8782
定价：180.00元

书号：8336
定价：80.00元

书号：8899
定价：150.00元

书号：9013
定价：160.00元

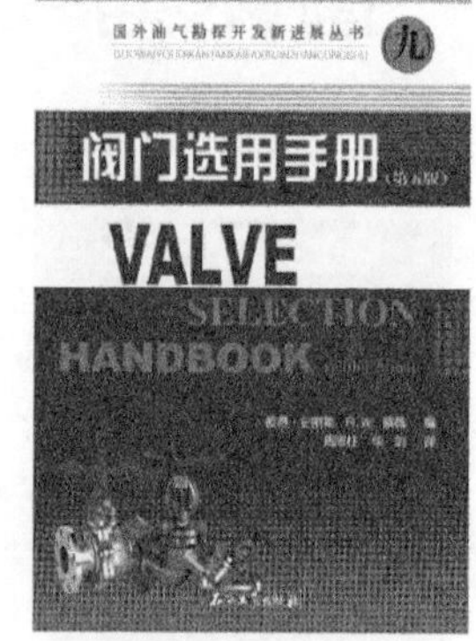

书号：7634
定价：65.00元

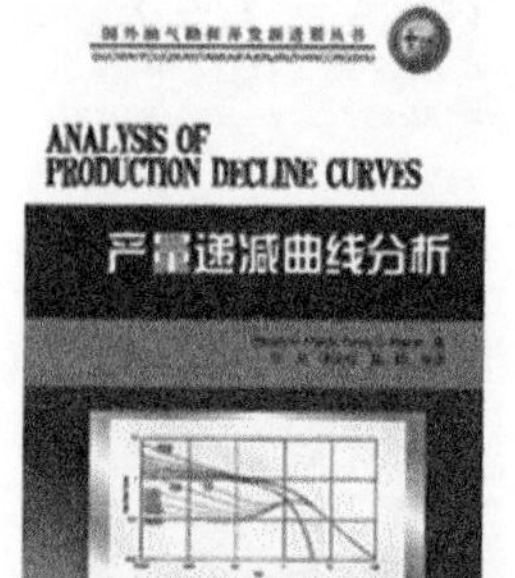

书号：0916
定价：80.00元

书号：0867
定价：65.00元

书号：0732
定价：75.00元

国外油气勘探开发新进展丛书（十二）

书号：0661
定价：80.00元

书号：0870
定价：116.00元

书号：0851
定价：120.00元

书号：1172
定价：120.00元

书号：0958
定价：66.00元

书号：1529
定价：66.00元

国外油气勘探开发新进展丛书（十三）

书号：1046
定价：158.00元

书号：1167
定价：165.00元

书号：1645
定价：70.00元

书号：1259
定价：60.00元

书号：1875
定价：158.00元

书号：1477
定价：256.00元

国外油气勘探开发新进展丛书（十四）

书号：1456
定价：128.00元

书号：1855
定价：60.00元

书号：1874
定价：280.00元

书号：2857
定价：80.00元

书号：2362
定价：76.00元

国外油气勘探开发新进展丛书（十五）

书号：3053
定价：260.00元

书号：3682
定价：180.00元

书号：2216
定价：180.00元

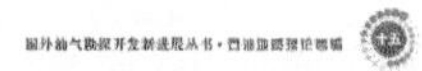

书号：3052
定价：260.00元

书号：2703
定价：280.00元

书号：2419
定价：300.00元

国外油气勘探开发新进展丛书（十六）

书号：2274
定价：68.00元

书号：2428
定价：168.00元

书号：1979
定价：65.00元

书号：3450
定价：280.00元

书号：3384
定价：168.00元

书号：5259
定价：280.00元

国外油气勘探开发新进展丛书（十七）

书号：2862
定价：160.00元

书号：3081
定价：86.00元

书号：3514
定价：96.00元

书号：3512
定价：298.00元

书号：3980
定价：220.00元

国外油气勘探开发新进展丛书（十八）

书号：3702
定价：75.00元

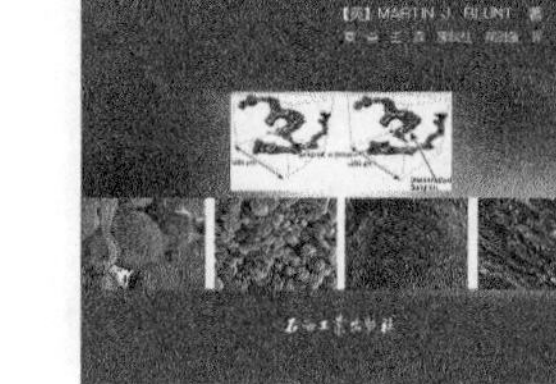

书号：3734
定价：200.00元

书号：3693
定价：48.00元

书号：3513
定价：278.00元

书号：3772
定价：80.00元

书号：3792
定价：68.00元

国外油气勘探开发新进展丛书(十九)

书号:3834
定价:200.00元

书号:3991
定价:180.00元

书号:3988
定价:96.00元

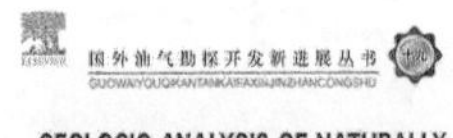

书号:3979
定价:120.00元

书号:4043
定价:100.00元

书号:4259
定价:150.00元

国外油气勘探开发新进展丛书(二十)

书号:4071
定价:160.00元

书号:4192
定价:75.00元

书号:4770
定价:118.00元

书号：4764
定价：100.00元

书号：5138
定价：118.00元

书号：5299
定价：80.00元

国外油气勘探开发新进展丛书（二十一）

书号：4005
定价：150.00元

书号：4013
定价：45.00元

书号：4075
定价：100.00元

书号：4008
定价：130.00元

书号：4580
定价：140.00元

国外油气勘探开发新进展丛书(二十二)

书号：4296
定价：220.00元

书号：4324
定价：150.00元

书号：4399
定价：100.00元

书号：4824
定价：190.00元

书号：4618
定价：200.00元

书号：4872
定价：220.00元

国外油气勘探开发新进展丛书(二十三)

书号：4469
定价：88.00元

书号：4673
定价：48.00元

书号：4362
定价：160.00元

书号：4466
定价：50.00元

书号：4773
定价：100.00元

书号：4729
定价：55.00元

国外油气勘探开发新进展丛书(二十四)

书号：4658
定价：58.00元

书号：4785
定价：75.00元

书号：4659
定价：80.00元

书号：4900
定价：160.00元

书号：4805
定价：68.00元